TPO品牌男装设计与制板

刘瑞璞
常卫民 ◎ 编著

Serialized Brand and Pattern Design of TPO for Men's Wear

化学工业出版社
·北 京·

本书以国际男装TPO标准规则为出发点，以实现男装设计与制板的有效结合为目标，对男士的西装、外套、户外服、裤子、背心和衬衫等主要品类的款式和纸样的系列设计方法进行了详细、全面、综合的解析。以TPO为原则的"系列"设计形式，有助于改善国内"一款一板"的传统打板方法，具有全新的技术含量和市场化操作方式，能激发男装设计的主动性和创新性，从而提升男装的内涵和附加值。

本书既可作为高等院校服装专业教师实践教材和学生的自学用书，也可作为男装设计、技术、工艺和产品开发人士的学习与培训参考书。

图书在版编目（CIP）数据

TPO品牌男装设计与制板/刘瑞璞，常卫民编著．—北京：化学工业出版社，2015.2（2024.11重印）
ISBN 978-7-122-20937-5

Ⅰ．①T… Ⅱ．①刘…②常… Ⅲ．①男服-服装设计②男服-服装量裁 Ⅳ．①TS941.718

中国版本图书馆CIP数据核字（2014）第127795号

责任编辑：李彦芳　　装帧设计：史利平
责任校对：边　涛

出版发行：化学工业出版社（北京市东城区青年湖南街13号　邮政编码100011）
印　　装：涿州市般润文化传播有限公司
889mm×1194mm　1/16　印张20　字数595千字　2024年11月北京第1版第9次印刷

购书咨询：010-64518888　　售后服务：010-64518899
网　　址：http://www.cip.com.cn
凡购买本书，如有缺损质量问题，本社销售中心负责调换。

定　　价：68.00元

前言

为什么我国改革开放30多年来没有造就出一个世界级的时装品牌；为什么我国长期以来不能摆脱为世界品牌贴牌生产赚取廉价加工费的产业格局；为什么我国的大部分服装设计师似乎永远不能逃脱抄袭的樊篱；为什么我国的服装制板师总是在抹板（测量品牌衣服变成样板）和拷板（采用各种不适当手段拷贝品牌样板）之间行走；为什么服装款式设计和板型设计不能协调，各说各话；为什么国内服装企业一夜之间千树万树梨花开转眼间又是你方唱罢我登场，即使坚守的服装品牌要么是在惨淡经营，要么骨子里早已换了主业。从这个意义上评价的国产服装品牌，能够坚持十几年二十几年就已经绝对可以称之为成功企业，哪还敢梦想成为像英国的Burberry（巴宝莉）和美国的Brooks Brother（布克兄弟）这些百年老牌。

这里还能提出许多为什么，如为什么有些服装企业聘用了国内的某个大牌设计师就亏损，不能长期支撑的企业主们也锻炼得聪明起来，他们越发地青睐于大牌设计师的秀场影响力。为什么我国服装专业的高等教育总量比全世界的总和还要多（包括高学历毕业生），而国际时装品牌机构没有一个中国大陆背景的设计师（总监），国内服装行业对口率还不到50%；为什么我国可以培养服装设计博士学位，这比欧美、日本等发达国家至少高出一到两个等级，但依然不能主宰时尚界，反而长期被国际时装主流牵着走……

言至此，绝不是梦想着靠某本书去拯救我国服装业这个局面，只是想客观地、理性地、符合行业规律地从服装产品开发和制板技术这个关键点去探索一下开发国际品牌的规则与成功经验。我从1991年开始研究这一理论并出版过若干个版本，但从来没有以TPO品牌规则为指导，这次也算是一次阶段性的总结。我们发现，世界成功的时装品牌都延续着从欧洲大陆、美国到日本的发展路线，正在上升的韩国时装品牌也不例外，而其中的推手就是The Dress Code（服装密码），它是以欧洲文明为标志在第二次世界大战以来被国际主流社会固定下来的服装密码、服装规则、服装惯例。日本人深知它是进入国际上流社会的入场券和潜规则。想成为发达国家和具有成熟的国际市场标志，The Dress Code的研究和推广是不可或缺的，因此，日本在1963年，也就是举办东京奥林匹克运动会的前一年，提出了加速提升日本国民国际形象的TPO计划，这个计划在时尚界的巨大成功，就是日本人的优雅着装被以欧美为代表的国际主流社会所接纳，与此同时，东京从此奠定了它作为世界时装中心的地位。遗憾的是，国内服装理论界始终把TPO视为一种时装概念，甚至有相当的业内人士根本不认可TPO有一整套理论体系和实用价值，否则为什么它没诞生在欧洲或英国，反而是在日本呢？TPO计划的理论基础来源于The Dress Code，它的理论建设发源于英国，发迹于美国，研究The Dress Code的资深理论家，是美国人阿兰弗雷泽（Alan Flusser）。当一种文化或制度成为世界的主流和强势的时候，渴望的一定是旁观者，客观者研究的兴趣总是大于主观者。敦煌学研究在西方不在东方这是个极端的案例，但有它的客观性，研究如何使用筷子的人一定是西方人而不是中国人，相反研究如何使用叉子的人一定是东方人而不是欧洲人。如果我们的研究不能摆脱自我无意识的思维，也就无法学习和超越本民族以外的其他文明。

因此，我们必须进入The Dress Code内部，去研究它的规则、知识系统、运营方法、作业技术等。《TPO品牌男装设计与制板》和《TPO品牌女装设计与制板》的写作我摸索了20多年，还会继续研究下去，希望有识之士与我共勉。这套书的特色如下。

一、解决设计与制板结合的关键

任何一个领域，都有其独特的语言，服装行业也不例外。男装的设计语言隐藏在TPO知识系统之中，值得我们认真系统地解读。所谓TPO规则，是指着装所需要考虑的时间（Time）、地点（Place）和场合（Occasion）的基本准则。它源于英国，被称为The Dress Code（最初指绅士着装密码，后泛指服装密码），后被美国发扬光大，成为社交界、时尚界和主流社会的国际着装准则，而真正作为一个计划被正式提出是在1963年的日本。这是为迎接1964年东京奥运会，日本男装协会为使日本大众尽快树立起最基本的现代男装国际规范和标准，提高国民形象素质而提出的。这个举动不仅为日本规范国民形象行为打下了基础，也在世人面前树立了良好的国民形象，成为国际社交的日本模式被广泛认可和接受。

这一规则不会随时尚的变化而改变。在国际上大多数发达国家男装市场的产品开发中，TPO原则早已成为一种“不成文的规定”。对于这些发达国家而言，The Dress Code的积淀和传承几乎成为品牌的指标和品位生活的标签，设计师们对此都心照不宣。任何一个国际时装发布会、任何一个品牌都不能逾越这个规则而独立操作。作为服装生产的重要一环——纸样设计也必然以TPO作为理论前提。我们对此不了解不是因为它无用，而是因为我们没有步入设计大国，无法进入它的系统内部，更无法认识它的真谛。

面对服装国际化趋势的深化和寻求设计大国之路的压力与迫切，我国对于这一规则的使用还存在一些明显不足。第一，是纸样设计对TPO知识认识的不足。就我国而言，对TPO知识的理解还处于一个初级阶段，运用过程中往往是断章取义，以致我们在开发产品时只能盲目跟随发达国家的脚步，却没有了解其本质的内涵。第二，设计过程中多表现为感性大于理性。国内男装的设计理念存在一定问题，设计过程中想当然，表现出无方法、无规律可循的被动局面，致使男装设计秩序的混乱；制板过程纸样与纸样之间缺少关联，难以形成系列开发的技术体系，造成效率不高而工作量大，偶然性强。第三，设计和制板脱节。在服装行业内部，设计师对服装结构和工艺的认识模糊，设计只是流于纸上谈兵，制板师也很少了解设计，这样的现象屡见不鲜，导致服装从设计到制板再到生产几个环节之间不能有效地衔接。TPO知识系统则是连接它们的纽带，也可以认为是国际品牌准入的规则，因此，解决The Dress Code问题成为关键。

二、市场操作、理性观念、文化内涵三位一体

基于上述现状的分析，我们看到了国内男装设计的不足，也初步了解了我国与发达国家之间的差距，因此探讨在TPO规则指导下男装款式与纸样系列设计的方法意义重大，市场

操作、理性观念和文化内涵三位一体则是这种方法研究的基本思路。

首先，对于系列纸样设计而言，探索这种“系列”的设计形式，有助于改善国内“一款一板”的传统打板方式，具有全新的技术含量和市场化操作方式。

其次，提高设计的理性观念。“系列纸样设计”方法，必须在TPO知识系统指导下进行，必须符合纸样设计的结构规律和技术要素。因此，这个方法能够从一个更为理性的角度提供给设计师一种专业而务实的设计思维方式，改变目前仅靠“模仿和跟随”作设计和打板的低水平状态，能够有效提高设计的主动性和创新性。加强款式与纸样设计之间的联系，对现代企业男装系列产品的开发具有重要的指导性意义，也促使我国的服装开发实现从无序到有序、从感性到理性转变的技术与手段的理论探讨。

最后，可以提升款式和纸样设计的文化内涵。将TPO知识引进纸样设计，可以促使设计者深入挖掘服装的历史根源，了解服装结构的形成机理与原始功用，即符合特定人群的时间、地点、场合的生活方式与社交要求。从而赋予纸样设计更深层次的文化内涵和科学规律，找到二者之间的结合点，使之不再只是单纯的技术研究、开发。通过引进TPO规则，研究这个规则，进而在纸样设计中执行规则，从根本上改变我国男装设计中重形式不重内涵，重款式不重结构、重装饰不重技术的缺陷。

三、系列方法表现的逻辑性与可控性自主设计特色

本书学习内容可以概括为两大方面，即“系列方法”的学习和基于TPO知识系统的款式与纸样结合的案例分析与设计训练。“系列方法”的主要特色是一种锁链式、环环相扣的递进设计模式，通过服装元素的分解、打散、重组等一系列方法来完成系统的设计过程。运用系列方法所做的设计不同于以往的跳跃性、单款独进的思维模式，它是具有逻辑性和可控性的自主设计方式，设计师能够全局掌控设计方向，迅速抓住设计要点，在设计之前就可以预期结果，使设计有的放矢。款式与纸样的系列案例分析与设计训练，是根据TPO知识

系统的分类方法，共涉及了六个男装品类：西装、外套、裤子、户外服、衬衫、背心，这几乎涵盖了该方法在男装的所有主要类型中的应用，并结合男装品牌设计的流程规律进行有效市场开发，可以充分体现该方法的普遍适用性和时效性。

案例分析与设计训练要充分发挥逻辑性、可控性的自主设计特色，通过导入TPO知识可实现男装款式和纸样系列设计方法无限拓展的有效性和技术平台。

刘瑞璞

2014.8

目录

上篇 • 男装款式与纸样系列设计方法

上篇

男装款式与纸样系列设计方法

第一章 ◆ 男装系列设计特点与TPO的导入

一、男装设计特点

设计一个产品，必须先要了解其主要特点才能准确把握其设计方向，避免设计结果偏离最初的构想。关于男装设计，可以概括为三大特点，即稳定性、功能化和质量感。

1. 稳定性

随着时代的发展和观念的不断变换，似乎男装也在试图像女装那样追求丰富的个性表现，变化夸张的款式以及多姿多彩的图案，这仿佛在宣告恪守传统律条的男装已不复存在，永恒也在摇摆不定。其实并非如此，我们看到的只是表面现象，而非时尚的本质，才造成这种认识上的误差。如果能够认真解读男装的发展，会发现男装的规律是“本质稳定、局部相异”，男装设计的规范是绝对的，变化则是相对的，是“以不变应万变”。

男性在现代社会的工作性质和他所扮演的社会角色都在一定程度上限制着他“变”的因素，要求他们表现出庄重、沉稳的感觉，而不能像“万花筒”一样在流行中肆无忌惮地发挥个性，所以男装的稳定性是社会发展的必然要求。这种稳定性通常表现为以下两方面。

（1）款式变化相对固定

由于构成男装的基本元素是有规定性的，设计只能在这些既定因素的基础上，适当加入流行元素，进行小范围的变通。如图1-1是丘吉尔在第二次世界大战时期穿着的西装三件套，图1-2为Giorgio Armani 2010年春夏男装发布会中的三件套，我们可以清楚地看出时隔半个多世纪，三件套西装无论是款式还是搭配都没有发生太大的变化，依旧保持着原有的形制，仅在面料使用上有所区分，这种现象在男装中普遍存在。

图1–1　第二次世界大战期间丘吉尔的着装

图1–2　Giorgio Armani 2010年春夏发布会

（2）男装的结构严谨

纸样设计不会过度追求形式的变化，“程式”是其不变的法则，可变的是强调内部结构的细微调整，相比较女装而言，技术发挥的空间会变得很大，这正是男装结构的魅力所在。以西装为例，西装的板型系统包括三种基本板型——四开身、六开身、加省六开身，以及纸样的两种补正——O板和Y板，这几种结构在西装纸样设计中相对稳定，成为西装板型程式，几乎在包括女装在内的西装纸样设计都不可能脱离或者逾越它们，而且具体到每种结构的数值浮动范围也都表现出相当稳定和保守的特点。

2. 功能化

如今服装设计一方面表现出多元化、个性化的形态，另一方面则向着更强调功能与形式统一的方向发展，简约就是这种发展方向的集中表现，而男装表现得尤为明显。一些设计师很善于使用图案等表现手法来完成设计，却导致作品呈现出强烈的装饰意味和浮躁气息，这正是男装最忌讳的。男装设计应以恰如其分的形式来表现功能作为基本的出发点，任何没有功能意义的装饰都不可取，而且越是趋于休闲的服装类型，越是要以结构功能的合理性为设计的基础。因此，一部男装发展史就是一部科技史，TPO知识系统正是在此基础上建立起来的。

设计不应超越生活之外，而是要服务于生活。悉数男装款式中的经典元素，几乎都有它的原始功用。例如雨衣外套中的插肩袖，最早是具有穿脱方便和排雨的功能，现如今已经演变成为一种经典的款式造型；防寒服中的袖襻则是为了调节袖口松度起到防风保暖的功效；风衣外套右肩的披肩是为了适应男装门襟左搭右的习惯，重叠在门襟处从而起到全方位加固防护的作用……男装的每一处设计都是具有实际功能的，如果将这些功能的部分改变成单纯的装饰，则会给人华而不实的感觉，最糟糕的是把固有的历史文化信息加以误读和篡改，穿出文化就更无从谈起。“只有带装饰的实用，没有无实用的装饰”这个原则应当贯彻男装设计的始终。

当然，在保证功能这个主要特点的同时，男装设计同样需要兼顾比例、平衡、韵律、视错、强调、变化与统一的协调形式美法则，不能因为功能而使服装完全丧失美感。重要的是不能将功能和形式美法则对立起来，也不能因为表现一方而以牺牲另一方为代价。

3. 质量感

男装的高品质一定是“内外结合”的，总体上要有质量感。所谓“内”即是板型过硬、工艺精良。“外”则是款式细腻、面料考究。男装追求的是“苛刻的完美主义”，强调功夫在内，精益求精。不张扬但有品质，才是设计的核心理念。男装对于工艺的要求苛刻是由于款式变化非常微妙，不宜察觉变化的变化是它的境界。因此，男装在制作中不能有任何偏差，每个细节都是衡量男装质量感的重要标志。例如，条纹面料要注意在接缝处对齐条格（图1-3）；纽扣的选择除了要考虑款式、花色还要考虑质量的整体风格，不能胡乱搭配，必要时要用与服装相同的面料包覆（图1-4）；搭配是否到位是质量感表达的重要手段，当达不到既定的搭配比例时，质量感会大打折扣。如内穿衬衫的衣领要高于外衣领2cm左右（图1-5），袖口则要比西装袖长出2cm以上，如果工艺没有满足这些，就会使其效果消失，品质也会降低；还有更多的局部造型则是通过我们看不见的“归”“拔”等工艺处理手法来实现。

男装品质反映在方方面面，有时一个角度或是一条缝迹线的偏差就能导致品质的全局丧失，对于男装而言恰恰是这些微妙的细节起着举足轻重的作用。只有在细节上精益求精，才能形成高品位的质量感。

以上三个特点属于男装的共性特征，但它在具体应用过程中并不是僵化的、一成不变的，而是具有可变通性和建设性的。不同的文化背景、民族传统，对于这些特点的诠释存在一定差异。在分析共性的同时还需要进行本土化研究，融入新的观念和地域特点，可以使设计更好地适应不同的市场需求，但TPO知识系统的掌握是它们的基本前提，且这个基础掌握的程度直接影响到未来本土化的成功和发展空间的广阔度。

图1-3　条纹对接整齐

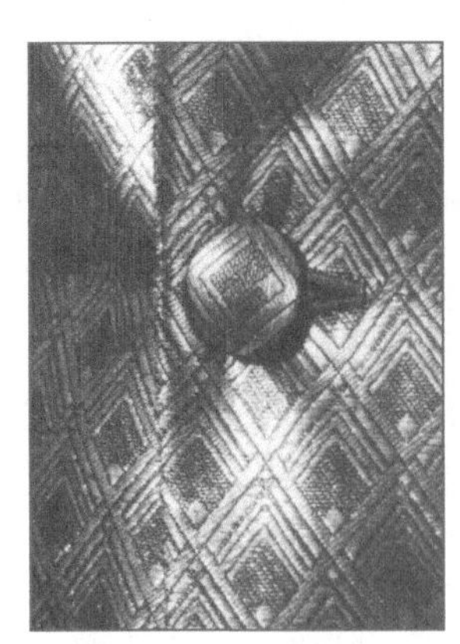
图1-4　包扣

图1-5　衬衫领高度

二、TPO知识系统框架的梳理和分析

若要进行男装设计，仅了解特点还远远不够，对于国际上通用的设计规范——TPO规则及其知识系统需要有深刻的认识与把握，才能使设计符合国际潮流，得到国际市场认可。因为它是国际化服装品牌，特别是男装奢侈品牌准入的规则，可以预判我国服装品牌，取决于是否掌握这个规则。不按照这个规则进行市场运作和企业文化建设就不可能打造出世界级品牌。

1. TPO知识系统

TPO知识系统是一套较为完整和成熟的、追求绅士修养的着装体系。根植于英国近代工业文明的The Dress Code原则，渗透着欧洲传统文化的渊源，对欧洲社会的贵族文化起到了至关重要的作用，从而影响到全世界，一百多年来，它始终作为国际主流社会社交的基本准则和密约。如今，这些以欧洲文明为发端的TPO规则已经被国际社会普遍接受和认同，并固定下来形成国际惯例，成为中产阶级和贵族阶层必备的功课和修养。

在国际惯例着装体系中，基于男装知识的长期积累，TPO系统已经较为完备，它针对男装外套、礼服、常服、户外服以及各个类别的配服、配饰等作了系统的诠释和总结，并构建了男装系统平台，以这个平台为基点，对服装类别逐次分流，形成了分类合理、层次分明的现代男装体系（图1-6）。

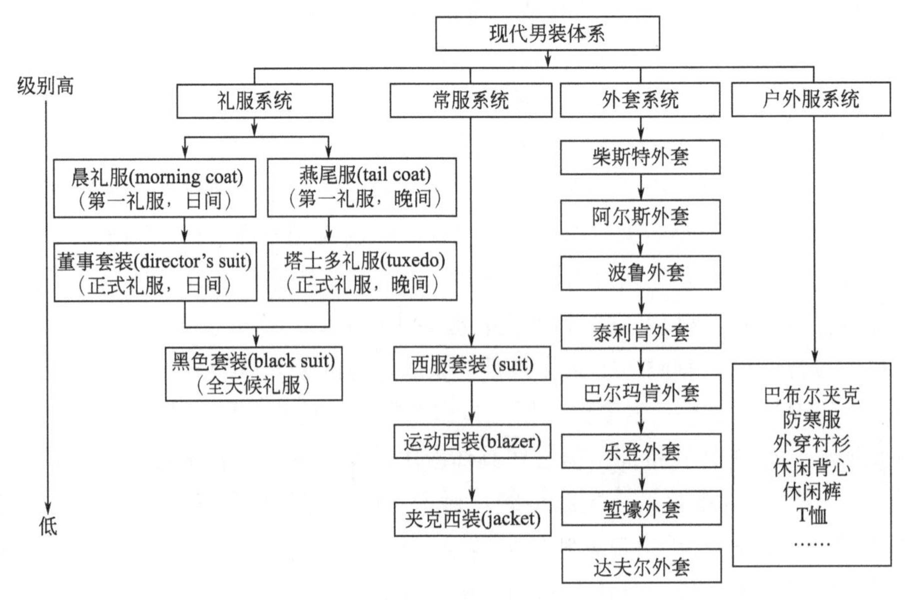

图1-6　男装TPO知识系统

在广度上，这个系统涵盖了现阶段几乎所有主流男装类别；在深度上，该系统从国际主流的社交方式出发，形成由TPO环境、标准款式、标准色、标准面料、配服、配饰和变通规律构成的知识架构，并加入关键词和搭配禁忌的提示信息，直观、全面、准确地描述了各男装类别在TPO知识系统中的定位与社交流程，为男装设计与制板技术的实现提供了可靠、系统、专业和国际化的理论基础。

2. TPO男装的分类体系

国际服装品牌的分类是根据主流社交规则进行的，大的分类包括礼服、常服、户外服和外套。

（1）礼服体系

礼服体系根据The Dress Code惯例，通常请柬上有关于正式或半正式礼服提示的礼服系统，主要包括第一礼服、正式礼服和全天候礼服。

第一礼服。晚间第一礼服为燕尾服（tail coat，图1-7），象征最高礼仪级别。它的标志性搭配就是“白领结”，若请柬上提示“white tie”就是穿燕尾服的暗示。日间第一礼服为晨礼服（morning coat，图1-8），配银灰色领带和黑灰条相间的裤子，用于白天的重大仪式、庆典、婚礼等场合。燕尾服和晨礼服的级别相同，但时间不同，不能混淆应用。第一礼服造型均保持了“维多利亚”结构（参见本书燕尾服经典款式图），体现了男装的历史传承有序和崇尚经典的风貌。

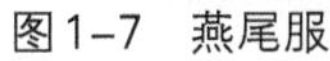

图1–7　燕尾服

图1–8　晨礼服

正式礼服。夜间正式礼服为塔士多礼服（tuxedo，图1-9），是燕尾服的简装版，标准搭配是黑领结和黑色背心（或卡玛绉饰带），驳领材质为缎面。标准色为黑色，若为上白下黑搭配，则具有夏季晚礼服的提示。日间正式礼服为董事套装（director’s suit，图1-10），改进了晨礼服的繁琐，是晨礼服的简装版，款式相对简洁，但搭配元素仍保留着晨礼服的传统，也是银灰色领带和黑灰条相间的裤子，从图1-10的装备判断，它是在白天举行的古典音乐会。正式礼服抛弃了燕尾服和晨礼服传统复杂的维多利亚结构，以六开身结构固定下来，成为现代男装结构的经典。

全天候礼服。全天候礼服为黑色套装（black suit，图1-11），标准色为深蓝色，不受时间局限，在社交场合得到广泛应用。它是国际社会公认的准礼服，在不能确定场合的礼服级别时穿黑色套装最为保险。它有两种形制可供选择，分别是双排扣戗驳领和单排扣平驳领款式。单排扣款式与西服套装相同，但需要使用深蓝色面料，才具有“黑色套装”的内涵。

图1-9　塔士多礼服

图1-10　董事套装

双排扣戗驳领　单排扣平驳领

图1-11　黑色套装

（2）常服体系

在公务和商务中日常使用的西装，根据级别的微妙差别和风格特点又分为西服套装、运动西装和夹克西装。

西服套装。西服套装（suit，图1-12）的英文表述“suit”是个专用名词，只有上下相同颜色、相同面料组成的西装才称为西服套装。此外，它还有标志性的元素，如标准色为鼠灰色。

运动西装。布雷泽（blazer，图1-13）是运动西装的标准叫法，典型元素是金属纽扣和上深下浅的搭配。据考证布雷泽最早是在英国剑桥大学和牛津大学的划船比赛中使用的制服，因此它充满了体育精神，具有浓厚的英国贵族血统而成为绅士的符号。它的最大特点是通过有序搭配产生的级别可高可低，既可作为正装中较为个性的着装风格，与黑色套装、西服套装同级使用；也可作为休闲款式，在非正式场合穿用。

夹克西装。夹克西装（jacket，图1-14）属于休闲类西装，标准元素是贴口袋，多使用粗纺朴素风格的面料，体现休闲品位。搭配是上下分制而且自由，即上下不同颜色、不同面料，除可以采用西服套装、运动西装的搭配形式，也可以不系领带和有色衬衣搭配使用，适用于非正式场合。

图1-12　大卫·贝克汉姆（David Beckham）的西服套装

图1-13　伍迪·艾伦（Woody Allen）的运动西装

图1-14　“憨豆先生”的夹克西装

（3）户外服体系

户外服包含了休闲服和运动服两个品种，根据户外事项而细分为工装裤、钓鱼背心、牛仔裤、运动夹克、防寒服、外穿衬衫等，最具有代表性和绅士品位的是巴布尔夹克，这类服装主要强调实用性能和有品位的休闲生活（图1-15）。

图1-15　户外服（巴布尔夹克）

（4）外套体系

外套体系是指与从礼服、常服到户外服可以搭配有效组合的外套系统。柴斯特菲尔德外套为礼服外套，适合于正式场合，共有三个版本，即传统版、标准版和出行版。其中古典型的标志是黑色天鹅绒的翻领。常见的波鲁外套、泰利肯外套、巴尔玛肯外套则属于常服外套，堑壕外套、达夫尔外套及其以下级别的外套为休闲外套。值得注意的是，它们虽然在礼仪上有级别的划分，但在每个个体之间没有严格的界限，不同风格的经典外套可能在同一场合出现（图1-16）。

图1-16　外套

（自左至右堑壕外套、巴尔马肯外套、柴斯特菲尔德外套和堑壕外套）

以上提及的均为主服，其实配服也相当重要，不能忽略。配服主要是裤子、背心、衬衫等。裤子根据级别的不同分为礼服裤、常服西裤、休闲裤、运动裤等，通过面料、颜色和长短来区分应用的场合。同样，不同级别的服装也会有相应的背心和衬衫来搭配。

由此可见，男装具有程式化的习惯和级别规范，因此，设计男装时不能忽视TPO的存在，不能任意为之，想当然地处置任何一个细节，而是应该运用TPO系统规范展开设计，使每款设计的产生都有理有据，这样才能保证服装的品位和品牌特质（图1-17）。

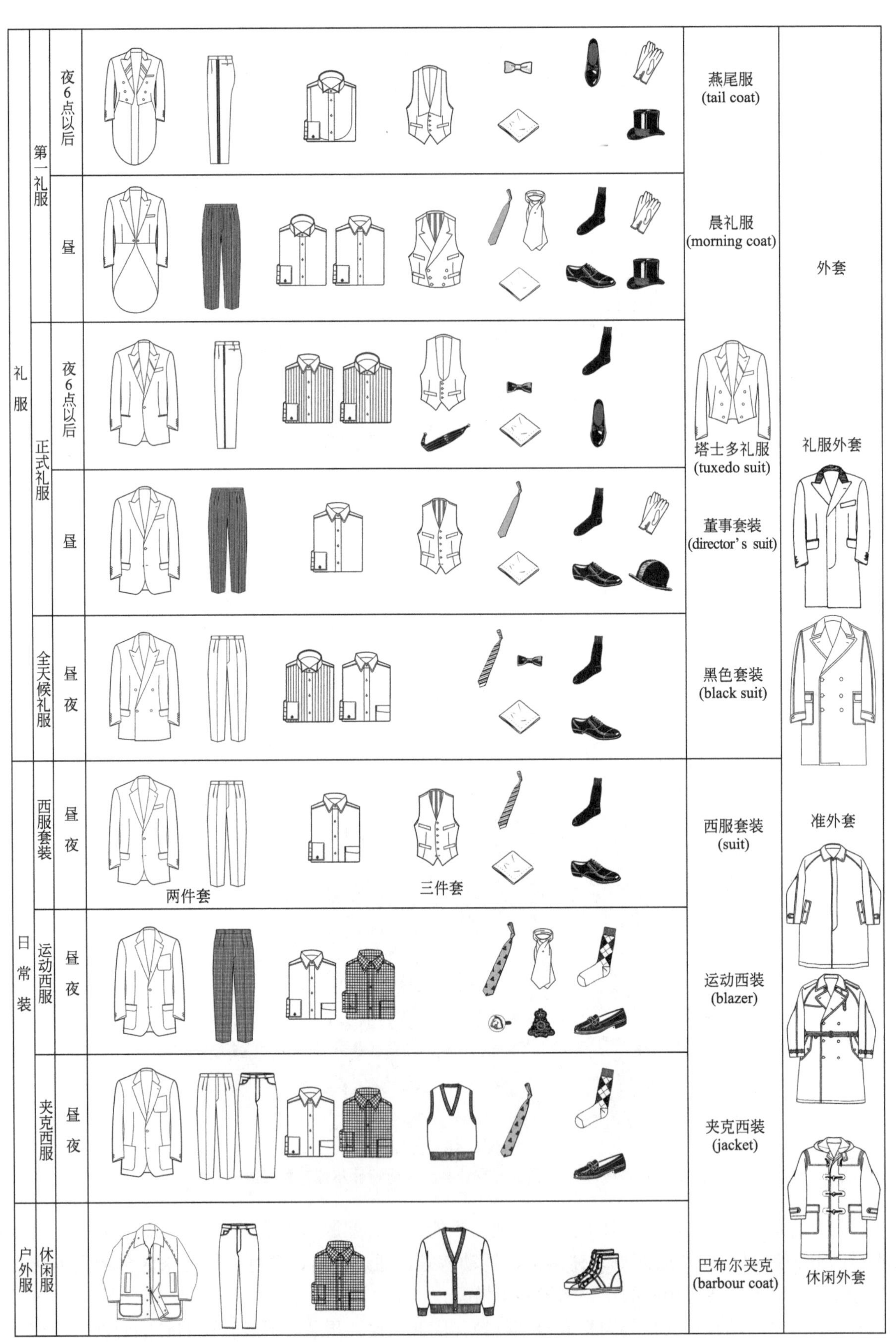

注：本图引自刘瑞璞编著《服装纸样设计原理与技巧·男装编》

图1-17　基于TPO男装从礼服到户外服一览表

三、男装设计导入TPO原理

服装是文化的载体，包括款式和结构（纸样）的造型设计作为服装设计中的核心环节理应具有文化性。因此，纸样设计不应片面强调技术性，还要考虑到它的文化特质。作为国际化男装，它的文化信息主要来自于TPO。TPO知识系统在男装设计中无处不在，它指导并控制着设计的各个环节，要进行款式和纸样设计，就必须先导入TPO，否则设计将会成为无源之水，无本之木。

如果单纯地谈TPO知识和设计之间的关系和应用原理可能过于抽象，难以理解。这里以Giorgio Armani 2007年秋冬发布会上的晚礼服为案例来具体分析TPO知识是如何具体指导设计的。

首先，分析直观信息（图1-18）。运用TPO知识系统进行简单的解读便可以得出它的设计套路，这里出现的礼服为塔士多（tuxedo），即通常人们理解的晚礼服，它适用于夜间、室内、正式场合。其与TPO中准塔士多礼服相比，晚礼服构成的元素应有尽有——一粒扣门襟、圆摆、双嵌线口袋，搭配黑色卡玛绉饰带和漆皮鞋，但它们根据主体风格的要求都增加了概念元素。

直观信息

◆ 品牌：Giorgio Armani（2007年秋冬）
◆ 男装名称：塔士多（tuxedo，晚礼服）
◆ 女装名称：晚礼服
◆ TPO：夜间、室内、正式场合
◆ 男装元素：腰间黑色卡玛绉饰带、双嵌线口袋、一粒扣门襟、圆摆、漆皮鞋

图1–18　塔士多礼服的直观信息

塔士多礼服的设计流程如图1-19所示。先根据TPO知识得出塔士多礼服的标准款式和标准搭配：戗驳领、单排一粒扣、圆摆、双嵌线口袋、左胸有手巾袋，搭配卡玛绉饰带、前胸有襞褶的礼服衬衫、黑领结及漆皮鞋。然后，在设计这款服装时先将卡玛绉饰带、双嵌线口袋和漆皮鞋三个常规元素直接引用到设计中，之后确定一个较为感兴趣的概念设计点，这里是将设计点定位在领型上，集中进行领子的设计，以此表达该品牌的时尚理念。由此便可得出全新的塔士多礼服设计，最后根据款式在结构上的提示完成纸样设计部分。

从逆向的流程中可以清楚看到，设计的依据来源就是TPO知识系统中经典塔士多礼服的全部信息，可见，如果没有TPO知识系统做支撑，是无法想象如何完成一套礼服的设计。因此，这里讲的并不是一个特例，它是普遍存在于国际男装品牌中的，任何一个品牌都可以运用这个原理进行解析。

图1-20是美国传统绅士品牌Brooks Brothers，可以说它是绅士着装规则（the dress code）始作俑者，美国常青藤风格的一百多年的历史，它就是推手。因此，它是TPO知识系统中的标志性品牌。从其搭配方式及元素——金属纽扣、卡其布休闲裤、上深下浅的色彩搭配就可看出该品牌对TPO运动西装解读的精准而典雅。毫无疑问，这是TPO规则在发挥着作用，而它使用的纸样即为标准的运动西装纸样。

图1-21是Burberry 2008年秋冬品牌发布会上的达夫尔外套，连身帽、绳结扣、驼色面料的使用都是标准的达夫尔外套元素，只是改变了比例，增加了衣长和服装的松度。

图1-22是E Zegna 2009年秋冬发布的男装，根据TPO知识系统可以分析出它的基础款式为白兰度夹克（摩托夹克），标志性的元素就是斜门襟、白色金属拉链，在这个基础上又融入具有现代感的流行元素——

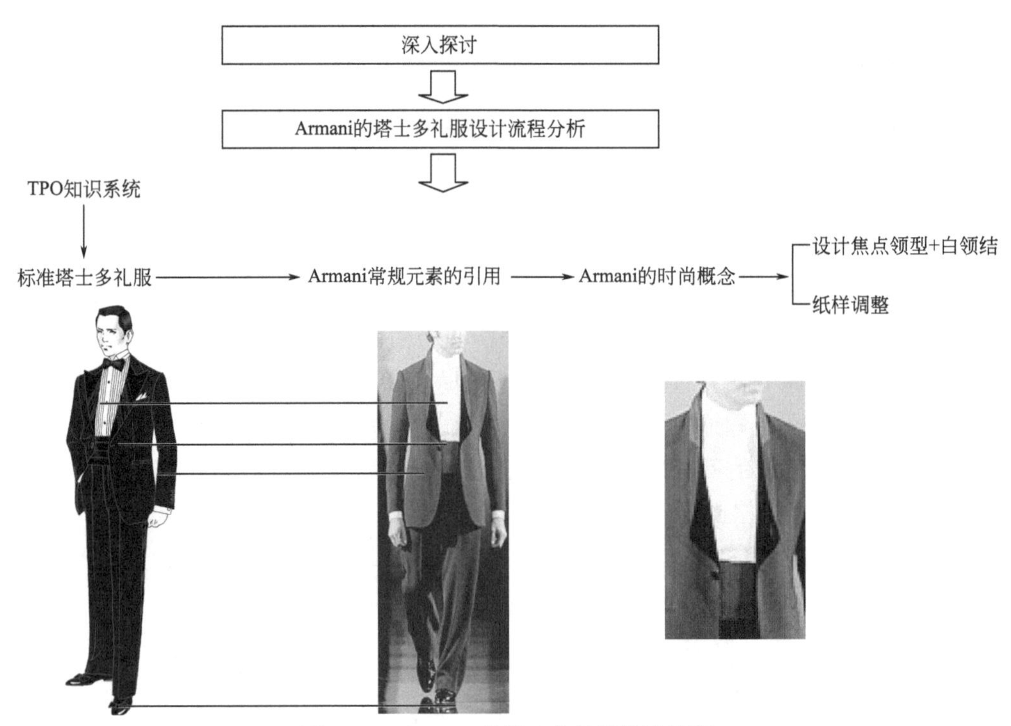

图1-19 Armani的塔士多礼服设计流程

亮片的使用，更加强调了不对称设计。由此，我们可以推断，这个款式的纸样是在白兰度夹克的标准纸样上做微调得出的。

图1-23是Gucci 2009年秋冬发布会上的一款外套，款式特征为右肩有披肩，拿破仑领，有腰带，袖口有袖串带，利用TPO知识可以辨别它是堑壕外套，但是将原来的插肩袖变为了装袖，且去掉了肩襻和领襻，这需要在纸样设计时做“减法”处理，将堑壕外套纸样中的一些细节省略，保留主体结构完成纸样设计。

图1-20 Brooks Brother的运动西装

图1-21 Burberry的达夫尔外套

图1-22 E Zegna的白兰度夹克

图1-23 Gucci的堑壕外套

通过以上几个品牌案例分析，可以得出这样的结论，设计的根本理论来源就是TPO知识系统，它不能脱离这个规则而独立操作。如果设计师能够按照TPO规则的指导将每一男装类型的标准款式都做出纸样，那么这些基本纸样只需局部的调整就能够适应大多数男装款式的变化，这是一种便捷有效的纸样设计方法，这也就是本书接下来要研究的主要内容——系列设计方法，纸样系列设计则是其中的核心部分。

第二章 ◆ 男装系列设计方法

所谓系列，是表达一类产品中具有相同或相似的元素，并以一定的次序和关联性构成各自完整又相互联系的作品。系列设计强调主题下个体的关联性，然而每个单品又具有完整而鲜明的个性特征。

男装系列设计方法，概括地讲，是以TPO作为设计语言的最基本要素，通过对要素分析拆解，打散重构形成完整的系列。这是一种实验科学，需要通过多次实验来验证可行性，强调理性、实用、有序。TPO知识系统在系列方法研究中起到统领的作用，它严格控制每个环节的实施，确保每个环节有序地进行。

一、男装系列设计原则

男装系列设计的原则可以概括为将男装元素基于时间和空间的逻辑和秩序的规划准则。

1. 时间原则

时间原则是指夜间和日间的服装元素运用有序，社交级别越高，时间元素构成越规范。例如燕尾服和晨礼服虽然同属于第一礼服，级别相同，但不能夜间穿晨礼服，日间穿燕尾服。随着级别的降低，时间制约有所下降，但仍有明显提示。

2. 空间原则

空间原则可以从两个方面理解。

（1）元素的流动性

上一级元素向下一级元素流动容易，下一级元素用于上一级元素时要慎重。例如礼服构成的元素向常服中流动一般是畅通的，反过来常服元素向礼服中流动要困难得多，它遵循的是“水往低处流”的社交法则。

（2）元素的互通性

相临级别服装的元素互通容易，远离级别的服装元素互通要慎重。以常服为例，西服套装、运动西装和夹克西装是三个相邻的服装类型，它们之间的元素互用无禁忌。不过，设计者仍然需要明确是以哪个类型作为设计主线，不能完全没有章法毫无顾忌。因为三个类型中仍存在面料、颜色、搭配的差别。如以夹克西装作为主线，不论款式是什么，都要使用类似于粗纺面料、上下不同材质不同颜色的搭配方式等，这些是只属于夹克西装独特的、标志性的语言。远离级别元素的互换使用需要格外谨慎。如果是礼服元素戗驳领运用于户外服设计，会感匪夷所思。相反，若是户外服中的贴口袋运用于礼服中，同样会有不伦不类的感觉，设计者的专业能力会受到质疑。

有许多人没有按照这个规则来选择自己的衣着是因为无知，有些则是为了表达个性或是因为某种特别的喜好而去颠覆这个规则。当我们遇到这种情况时，不能妄下判断，而要进行综合分析，才能了解这样的行为是属于“无知”还是“甚知”。我国香港特别行政区行政长官曾荫权出席任何场合都不扎领带，而是戴具有晚礼服含义的蝴蝶结，这是属于“甚知”的一类，但时间和空间的标志仍很明显。当正式会面时，他会选择灰色西服套装搭配黑色领结，体现郑重；当参加一些比较正式的活动时，则选择红色领结，既庄重又不失个性；当他与娱乐明星会面时，他选择了夹克西装的搭配，并且换上了有图案花色的领结，给人感觉休闲而放松。这足以说明他对TPO规则中时间、空间把握的娴熟。由此提示我们，只有在完全了解的情况下，才可以打破常规，创造出自己的风格。但如果没有这种修养，还是应多做些TPO的功课（图2-1）。

图2-1　曾荫权的着装

二、男装款式系列设计方法

男装款式系列设计方法是探索国际上行业通行的方法，表现为“规律之中的无限变通”。这里所说的“规律”就是指TPO规则指导下的设计规范与准则，在这个条件下将构成服装的元素拆解，找出元素与元素之间的关联性与变化规律进行设计重构，表现出服装形态的连续性面貌，这就是款式系列。服装的款式设计从单一、感性、无序过渡到理性、有序、客观、实在的设计过程。不是仅靠设计师个人的兴趣和感觉解决问题，而需要按照一定的逻辑来完成。且设计中要始终坚持以TPO知识作为指导，重视功能设计，关注款式系列的整体发展脉络，这既是设计师的理念也是他们必要的训练。

1. 基于TPO知识的款式系列设计方法

男装款式系列设计与女装不同，款式外观变化不明显，但规律走势清晰，通过寻找系列设计中存在某种可延伸的元素，以某个典型款式为基础，分别抓住几个主要元素的变化规律，由简单到复杂推进。

（1）确定标准款式

根据TPO系统确定所要设计的服装类型的标准款式，所谓的标准款式是通过历史积淀下来的经典才进入TPO知识系统，设计师要对此了如指掌。标准款式需具备两个基本特征：一是构成该款式的元素属于历史经典；二是该款式所涵盖的“可设计点”信息量完备，能够为后续的系列设计工作搭桥铺路。

（2）析解标准款式的构成元素

将标准款式的构成元素拆解，并进一步逐个分析每个元素的可变空间，选定这个类别的几个主要可开发的元素，分别进行款式的变化设计，要力求将每个元素的变化都发挥到极致，设计的有效性才高。

（3）将元素组合并延展设计

作多元素的组合设计，把单元素设计过程中的一些有价值的、设计者感兴趣的“设计点”进行排列组合，元素组合表现出关联性和秩序性，在组合过程中，又会产生新的想法，巧妙地将这些想法结合起来再适当做延展设计，通过这些局部元素的不断加入进行深化设计，款式的规模和质量都会大幅提高。

（4）综合所有款式形成系列

在综合元素设计时，款式数量将呈现倍数增长趋势，设计者要根据市场和流行经验，保留好的设计加以培养，其余可以作为设计储备，这个环节也是必要的，它可以确保推向市场的款式具有理论上的实际价值（图2-2）。

既然是系列设计，就应该表现出一定的款式规模，但并不是一味地拼凑数量，每个系列的渐变都应该是富有创意的，否则会使整体的系列设计丧失特色。设计还需要遵循统一与变化相协调的规律，若过于追求统一效果、强调共性特征，会使系列款式平淡、空洞、乏味。若过于追求大跨度多元素的变化，会造成系列形式的混乱，缺乏整体感。因此，要想得到好的系列，就不能顾此失彼，既保持统一又不失个性，才

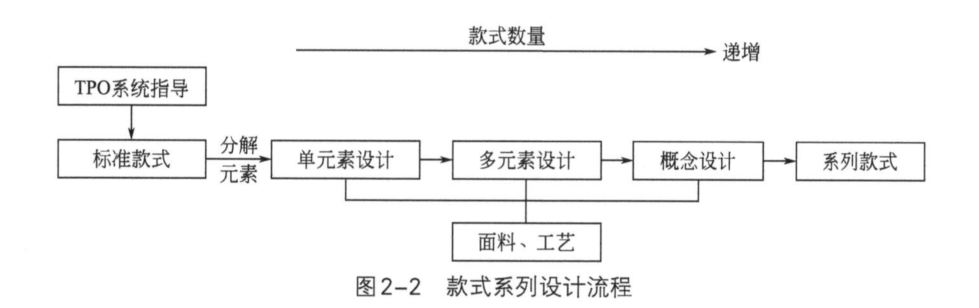

图2-2　款式系列设计流程

能使系列处于生动、和谐的状态。切忌面面俱到、全面开花，在众多元素中集中使用一两个有培养前途的元素更加有效。这种方法能激发设计师发散性的创作灵感，打破时装杂志式的思维定式，形成更多原创设计。

2. 面料和工艺是丰富服装式样的重要途径

有些设计师喜欢沉浸在繁复的款式变化和夸张的造型中难以自拔，但很多时候我们发现，男装的款式大致固定，如若配合面料和工艺的变化，其设计的丰富性会提升很多。追溯历史，大部分男装的经典款式都定型于第二次世界大战期间，因为当时战争的需求、物资的匮乏迫使人们精简所有服装部件，存留下来的均是极尽实用之能效，以求还原服装最真实、最客观的状态。因此，这些经典的元素几乎已经不容改变，所以我们应该另辟蹊径，寻求其他更多的途径来丰富设计，比如面料选择、工艺设计的丰富等。

（1）面料选择

随着材料科学的日益发达，面料的变化逐渐成为设计的一大亮点，它的性质很大程度上决定了服装的款式风格和工艺技术。面料在色彩、纱线、花型等方面的创新成为设计师塑造一个个风格各异服装形象的重要手段。以一个大家熟知的英国古老品牌Burberry为例，通过总结从2007～2010年时装发布会上的作品不难看出，历年都会出现的堑壕外套，每一年的款式变化幅度都非常有限，仅仅是长短、松量以及一些细节的变化处理，而最大的特色则是面料材质的千变万化。根据当季的流行趋势，设计师使用不同的面料和色彩来诠释时尚，既巧妙地缔造了时尚又不违背经典。如果只是借助款式的变化来吸引观众，只能使男装流于花哨，更缺乏应有的深刻性（图2-3）。

图2-3　历年Burberry发布会上的堑壕外套

（2）工艺设计

工艺设计是男装设计必不可少的重要环节，通常它是由面料质地所决定的。表现服装空间和造型的独特风格，有时仅凭借款式和纸样设计无法解决一些造型细节，而高超的工艺手段则会将面料特质表现充分，使不可能变为可能，它往往会成为一个品牌津津乐道的资本，Burberry的堑壕外套历经将近100年的设计历史，就是对面料与工艺不断创新的历史。

三、男装纸样系列设计方法

在国内企业板房中，通常都是对应一个款式完成一个样板的“经验式”打板模式，这样的方法会使同类纸样之间缺少联系，不适合大批量的生产，若是能把打板的过程系列化，找到其中的关联点，就可以大大减少重复性工作，提高效率，节约人力和物力。系列纸样设计不仅能满足这些要求，同时还赋予纸样设计以文化内涵。

男装纸样系列设计方法可以描述为“深度、广度兼容并蓄”。“深度”是指一个款式对应多个结构板型；“广度”则是固定一个板型通过局部的少量调整变化多个款式。通过二者的综合使用，能够层层推进和丰富纸样系列。值得注意的是，由于男装设计是强调内敛含蓄，故而更加侧重于纸样的“深度”设计。

纸样系列设计是定性分析和定量分析相结合，侧重定量的研究。在遵守TPO规则的前提下，通过系列纸样设计的量化分析，可以检验系列设计方法的科学性。

进行男装纸样系列设计，需要了解一个基本操作原理，就是先由“男装基本纸样”推导出“亚基本纸样”，再由亚基本纸样得到“类基本纸样”，最后形成“系列纸样”（图2-4）。

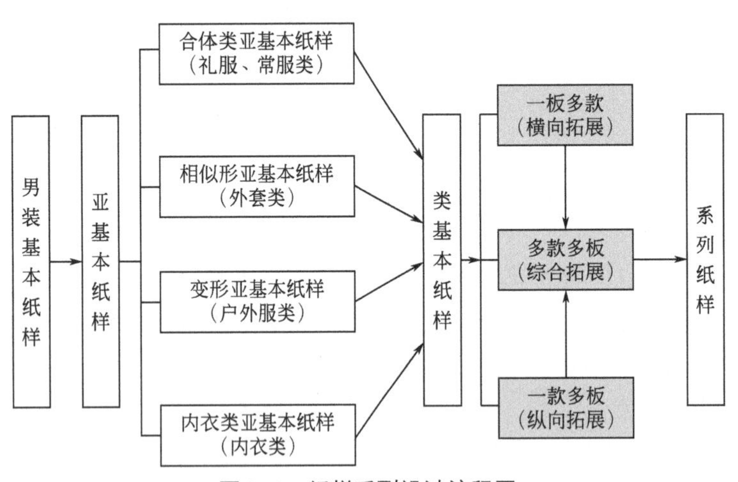

图2-4　纸样系列设计流程图

根据产品定位先确定一个标准规格尺寸，制作完成男装的基本纸样，这是所有工作的基础。

1. 亚基本纸样

亚基本纸样是根据服装大类划分的要求，在基本纸样基础上加以调整、设计完成的。一般可以分为以下四种。

（1）合体类亚基本纸样

它保持基本纸样中的基本松量不变，或者仅做微调处理，因此可以直接使用基本纸样。它适用于常服类和礼服类，这两类服装相对合体，合理的松量和活动量控制在16cm左右，上下浮动2cm。

（2）相似形亚基本纸样

它是在基本纸样基础上通过相似形放量完成的，适用类型为传统外套，考虑到服装内、外层的制约关系，外套的放量至少大于内层服装放量10cm。

（3）变形亚基本纸样

它是在基本纸样基础上根据宽松化的变形放量完成的，多用于户外服设计。它由于不受内层服装的影响，服装采用宽松的无省结构，追加的放量视款式而定，是所有类型中宽松程度最大的，要注意的是外穿衬衫也属此类，但领造型要做还原处理。

（4）内衣类亚基本纸样

它是在基本纸样基础上作松量收缩处理完成的，通常运用于礼服背心和内穿衬衫等内衣类设计。男装内衣最低的必要松量要控制在8cm左右，因此，可设计量非常有限。

需要注意的是，这几种亚基本纸样并无明显的界限，它们之间是互为制约、互为转化的关系。

2. 类基本纸样

类基本纸样是指每个服类的最典型款式的纸样，针对不同的情况和需求，设计者可以自由决定，最明智的办法还是从TPO知识系统中寻找。确定典型款式之后，在亚基本纸样基础上完成典型款式纸样，就可视为类基本纸样，并通过它实现系列纸样设计。每个纸样系列设计分别从三个角度进行，即一板多款、一款多板和多板多款。

（1）一板多款

一板多款是指纸样的横向拓展设计，属于“文化层面”的系列。先确立标准板型，保持主体的结构不变，而只是根据流行的变化对这一标准款式做局部的调整，此时需要考虑TPO的规则限制，找到不同款式纸样之间的联系，这是对传统的“一款一板”的制板方法的有效改进。

（2）一款多板

一款多板是指纸样的纵向延伸设计，例如西装针对不同的造型和体型有四种基本结构，即四开身、六开身、加省六开身以及O板的差别，它们几乎不受流行的影响，每个款式保持不变，使用这几种板型进行微妙的结构调整，这就是所谓的一款多板。一个款式使用多个板型，这是纸样在工艺层面的升华。

（3）多板多款

多板多款是纵向和横向纸样设计的综合运用，使款式和板型有更多机会磨合与适应，形成较为完善的纸样系列设计，因此也是系列纸样设计最普遍使用的方法，也是技术含量最高、最难以把握的方法。

四、款式与纸样系列设计的关系

在系列设计过程中，款式与纸样是互为条件、相互作用、密不可分的。功能是所有设计的出发点，如果只是效果图漂亮，服装没有结构、没有规格，纸样就无法实现。因此，设计时要慎重地考虑款式创新在纸样设计中的可行性，否则所画的图形就犹如纸上谈兵，毫无价值可言。与此同时，在纸样中也要尽可能满足款式的每一个细节。不能看到复杂的结构就随意地修改款式或者干脆选择放弃，而应该进行多次尝试，找到合理的解决途径，这样才能不断产生新的设计火花，实现质的飞跃。男装款式设计需要摒弃华而不实的元素，从而使服装更符合消费者的生活方式需求，纸样设计则要依托款式去深入探讨每一个结构和技术问题。正因如此，导入TPO知识系统指导款式和纸样设计是十分有效的，原因是TPO规则和设计语言系统是由漫长历史和经验积淀而成，难以超越，善于利用它们也是明智的。

款式设计常常拘泥于图案、外观的改变，这是十分狭隘的设计，这样做设计发展空间小，流于表面、缺乏灵性，只有充分考虑到结构问题，才能上升设计高度，使服装有更深层次的发展空间。单纯的款式变化或是纸样变化都是有限的，会导致产品缺乏耐看性，只有善于利用款式与结构的紧密结合才能将设计理念提升到一个更高的境界，达到功能性和装饰性的和谐统一。款式和纸样的互动才是服装设计的根本。

由此可见，TPO和款式、纸样三者之间的关系可谓三位一体（图2-5）。款式和纸样系列设计都离不开TPO知识系统的控制作用，而系列设计的过程又能够不断地丰富TPO知识系统，使它更完善、更具体、更丰富。系列设计本身是理性而规律化的设计过程，强调思维方式和工作方式的系统化、程式化。具体到款式和纸样两个方面，应该设法找到它们之间的关联性，而不是割裂开来看待，只有它们同时发挥作用，才能实现设计的最优化。

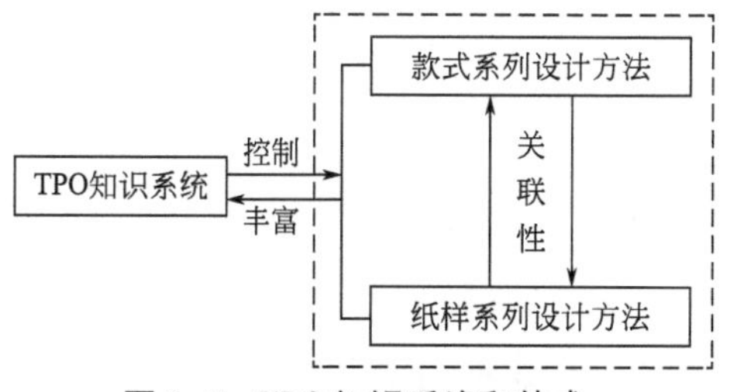

图2-5　TPO知识系统和款式、纸样系列设计的关系

第三章 ◆ 西装款式及纸样系列设计实务

虽然上一章已经详细阐述了款式系列设计和纸样系列设计的方法，但这只是普遍规律的理论分析。不同的服装类型存在差异，具有各自的特殊性，因此需要在尊重方法的前提下特殊对待。接下来的章节选择几个最具典型性和代表性的服装类型进行细致的剖析，其余的系列设计会在本书的下篇训练手册中有更加系统的介绍。

一、西装款式系列设计

1. 西装TPO的基本信息

根据TPO知识系统的分类要求，塔士多礼服、董事套装、黑色套装、西服套装、运动西装、夹克西装的款式特征和纸样结构属于同类型，这里将它们称为“西装系统”，在系列设计中一并给予考虑（图3-1）。

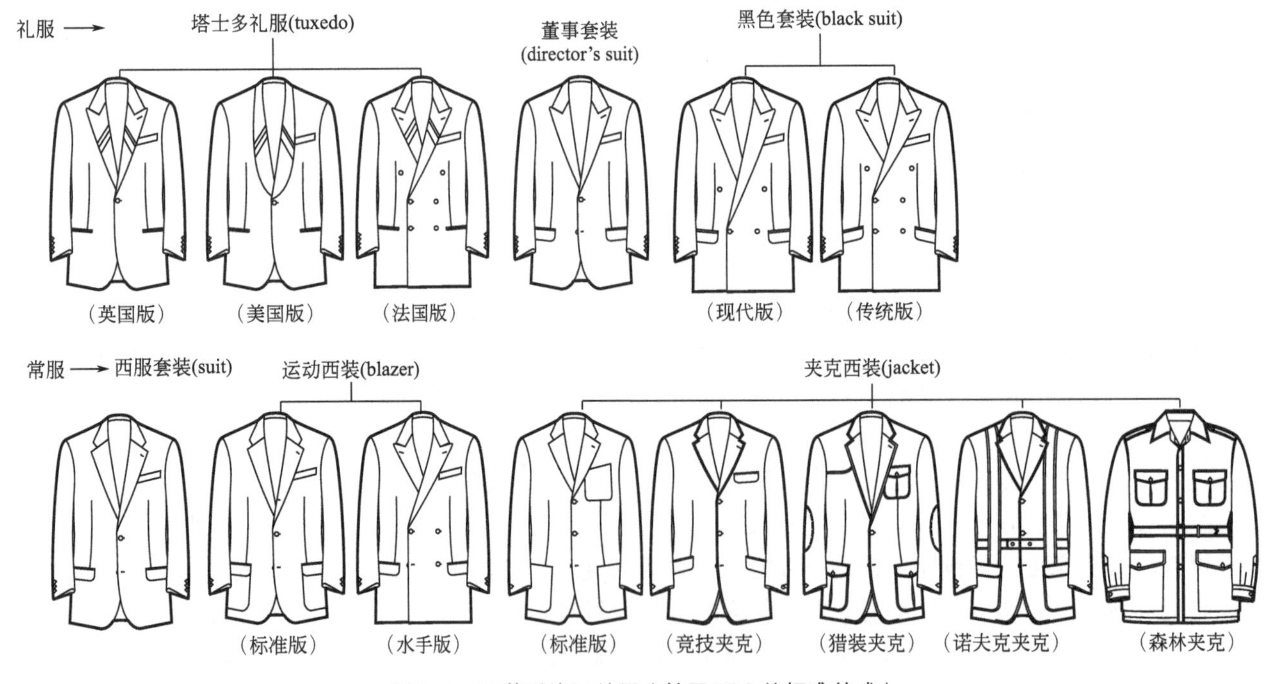

图3-1　西装系统汇总图（基于TPO的标准款式）

提及西装设计，往往给人以误解，似乎这个过于传统的服装类型无多大的设计空间。很多设计师习惯于天马行空的展示概念，却对西装的本质要素视而不见而难于进入消费市场。其实，只要掌握一定的要领，了解其中的变化规律，就可以建立起一个有效的职业装设计系统。

“西装系统”的款式较为内敛含蓄，设计多体现在细节变化上，消费者也是从这些细节去选购的，过度地改变这些习惯是冒险的。因此，款式系列设计采用“细节扩展设计法”是明智的。所谓“细节扩展”是以标准款式为基准，从细节着眼，对既定的元素做细节改变，扩展系列，这样的款式系列变化并不十分明显但很耐看，西装这个类型表现尤为明显。

2. 西装构成元素分析

选择最常用的西服套装作为“西装系统”系列设计的基本款即标准款式。根据TPO所确认西服套装的标准款式分解其元素为：①平驳领，②单排两粒扣门襟，③圆下摆，④双开线有袋盖口袋，⑤左胸有手巾袋，⑥三粒袖扣，⑦后侧开衩（图3-2）。

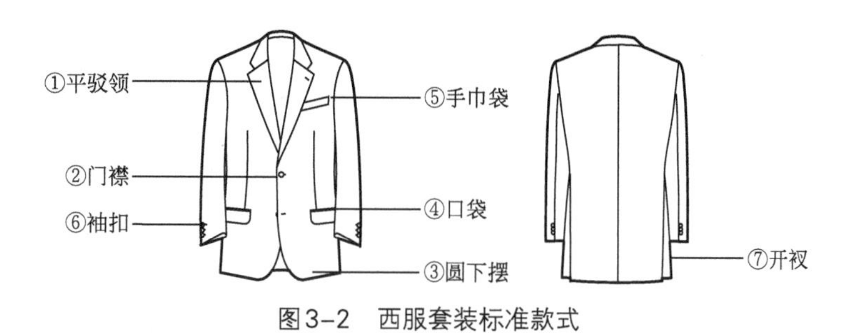

图3-2　西服套装标准款式

3. 西装系列设计

根据单元素设计方法，可以在全部7个元素中选择最具表现力和发展潜力的一两个元素，如门襟、领型、口袋。

（1）门襟和袖扣的变化

袖扣从四粒至一粒、门襟扣从一粒至三粒展开设计，这样设计并非异想天开，而是有理可依、有据可循的。根据TPO设计的原则，相邻级别的元素之间能够互用，这组系列实际上是塔士多礼服的一粒扣门襟和四粒袖扣、运动西装和夹克西装的三粒扣门襟和一、二粒袖扣样式在西服套装设计中的应用。同时也暗示我们在西服套装中选择谁的因素越纯粹、越多，其性格倾向越偏向谁，如图3-3中左一偏向礼服；右一则偏向休闲西装。因此做好TPO的功课就显得很重要，也是判断品牌的重要标志。

图3-3　西服套装系列一（门襟、袖扣变化系列）

（2）单元素的领型系列设计

通过改变驳领串口线分别设计成扛领、垂领，改变驳领宽度得到宽驳领和窄驳领，还有比较概念的锐角领和折角领（半戗驳领）。若上述各变化因素再进行排列组合，设计会更加细腻耐看，如用扛领加窄驳领加折角领等，这时则要视流行而定（图3-4）。不过根据造型规律扛领通常伴随着高驳点；垂领伴随着低驳点，这时门襟的跟进设计会使这组系列更加完美（图3-5）。

图3-4　西服套装系列二（领型变化系列）

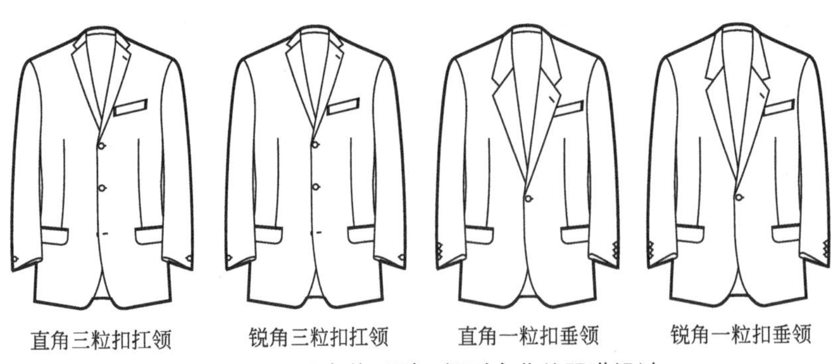

图3-5 西服套装系列二领型变化的跟进设计

（3）口袋单元素的系列变化

可以加入小钱袋设计，也可以是双开线口袋（一般不加小钱袋）或竞技夹克的斜口袋（可加小钱袋）。值得注意的是，不同口袋样式的使用都有社交学上的暗示，不能随心所欲，这就是TPO的魅力。如加小钱袋只能在右襟大袋上，有崇尚英国九格的暗示；采用双开线口袋，因来源于塔士礼服多有升级的提示；采用斜口袋因取自竞技夹克西装，故有降级的提示（图3-6）。

图3-6 西服套装系列三（口袋变化系列）

（4）选择两个元素的组合系列设计

原则上两个元素无需内在联系，如同时改变领型和口袋的款式系列，此时的款式变化比单纯的单元素设计丰富，个性特征也会凸显（图3-7）。

图3-7 西服套装系列四（两元素组合系列）

（5）综合元素的系列设计

综合元素的系列设计是将两个以上元素进行排列组合的系列设计，这是走向高级和成熟设计的有效训练。重要的是虽然各元素之间没有制约的因果关系，但元素之间的协调是必需的，因为西服套装的主题是确定的（图3-8）。

西服套装的款式变化虽小，但变化规律明显，我们可以将上述西服套装款式系列设计视为一个坐标，对整个“西装系统”具有示范意义。这个系统有严格的级别界限，西服套装处在它们的中间位置，级别越高（如塔士多礼服），限制越多、变化越少、程式化越明显；级别越低，限制越少、变化空间越大（如夹克西服）。这需要设计师充分了解TPO知识与规则，才能全局掌控方向，使款式系列设计有条不紊地进行。

图3-8　西服套装系列五（综合元素系列）

二、男装基本纸样的绘制

根据系列纸样设计从基本纸样、亚基本纸样到类基本纸样的流程，首先要获得基本纸样，而且可以从它直接进入西装的类基本纸样展开系列纸样设计。

男装基本纸样在欧美和日本都广泛应用，多数是以胸围为基础确立关系式，以比例为原则，以定寸作补充的方法进行。本文采用的是第四代男装基本纸样，它是在《服装纸样设计原理与应用·男装编》（中国纺织出版社出版）第三代男装标准基本纸样（图3-9）的基础上作的微调处理，体现在袖窿深的公式从原来的$\frac{B}{6}$+9.5（cm）调整为$\frac{B}{6}$+10（cm），使袖窿加大，体现了现代男装休闲的趋势。使用的规格为94A6，即胸围=94cm，腰围=82cm，A表示胸腰差为12cm，6表示身高为175cm，背长为43cm。本文所有上装的纸样设计均使用此规格的基本纸样（图3-10）。

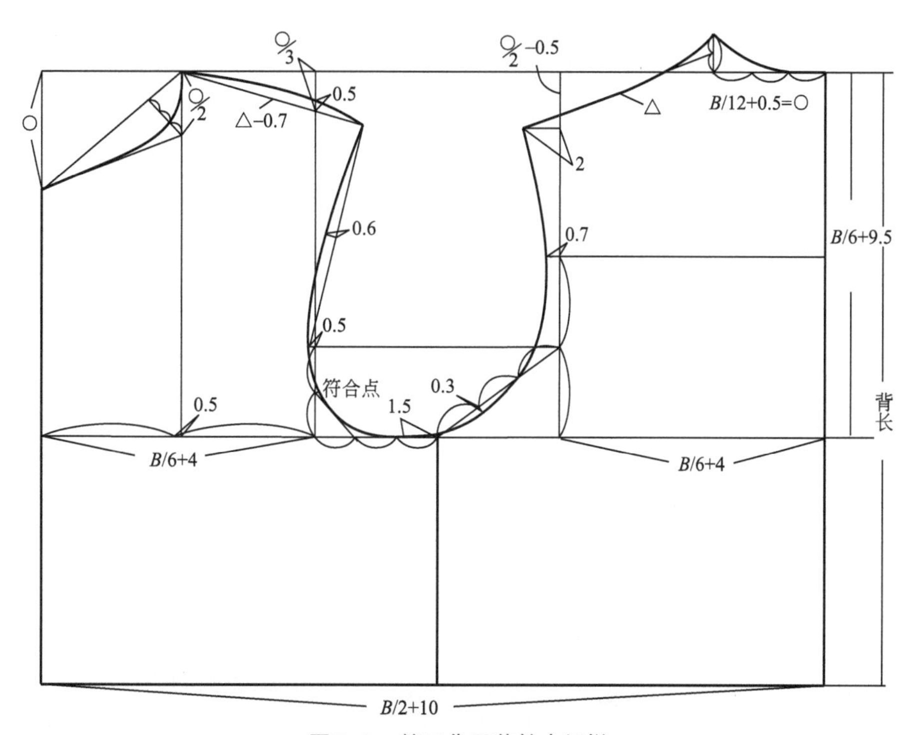

图3-9　第三代男装基本纸样

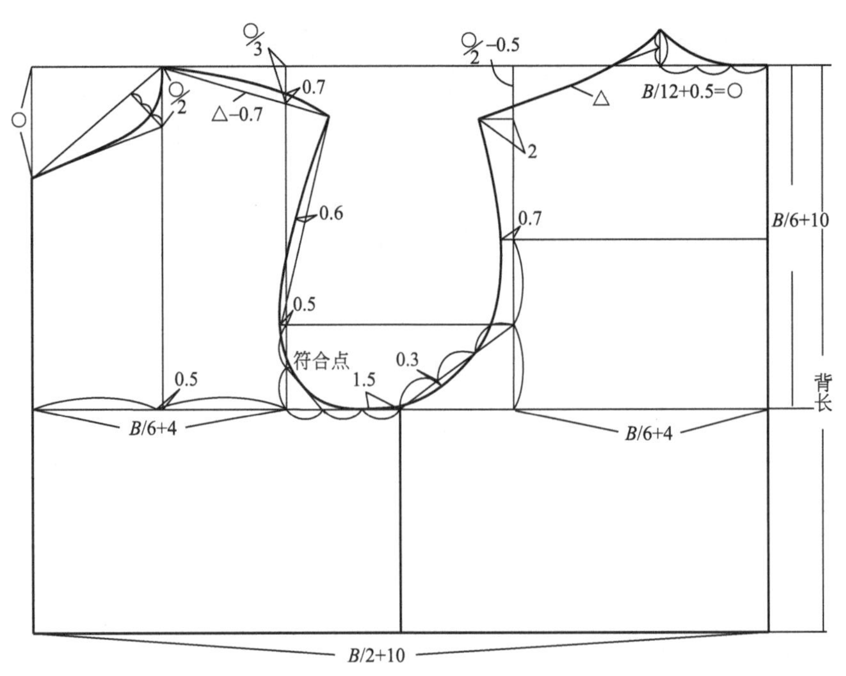

图3-10　第四代男装基本纸样

三、西装类基本纸样的确认

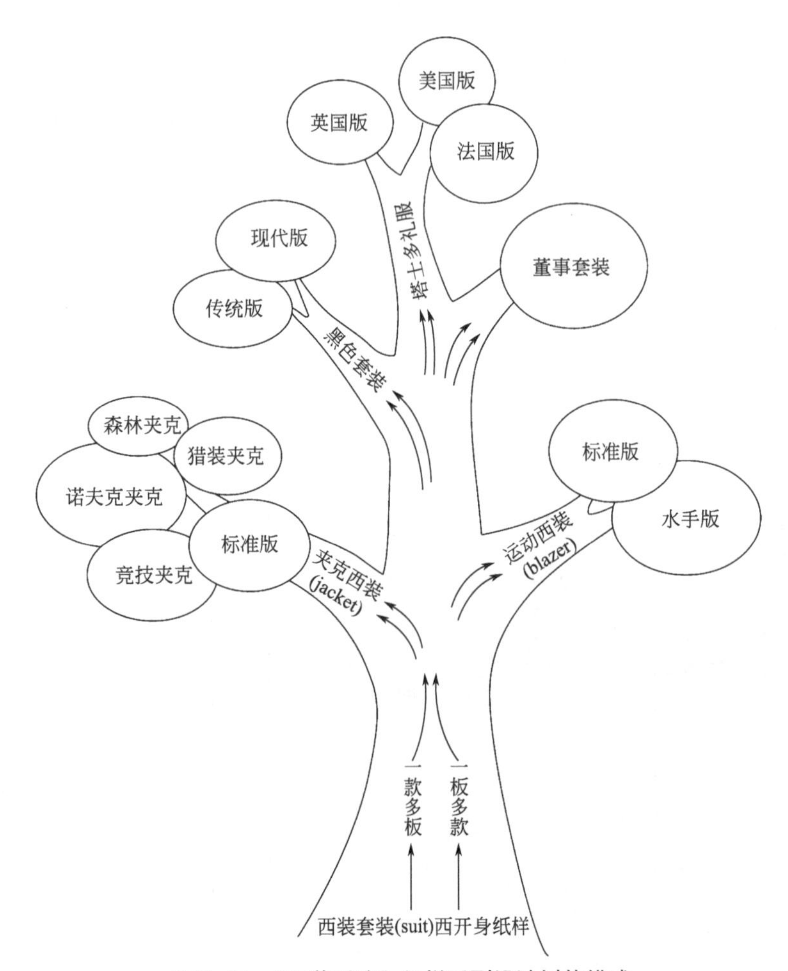

图3-11　“西装系统”纸样系列设计树状模式

从纸样结构上看，整个“西装系统”同属于合体型结构，技术含量高，纸样设计变化丰富而细腻。

我们可以用树状形式形象地展示出西装系统纸样系列设计的脉络：以西服套装四开身纸样作为系列生成的基本来源，然后分别进行西服套装纸样的“一款多板”和“一板多款”系列设计。利用基本纸样完成四开身西服套装纸样并作为西装系统纸样系列设计的类基本纸样，辐射出运动西装、夹克西装、黑色套装、董事套装和塔士多礼服及其不同的版本，继而平行展开各自的纸样系列设计(图3-11)。

按照树状模式的思路，先得到西服套装四开身纸样（图3-12)，这是所有工作的基础。作为“西装系统”的类基本纸样还要通过封样、确认样板才可以进入一款多板、一板多款和多款多板的设计程序（图3-13)。

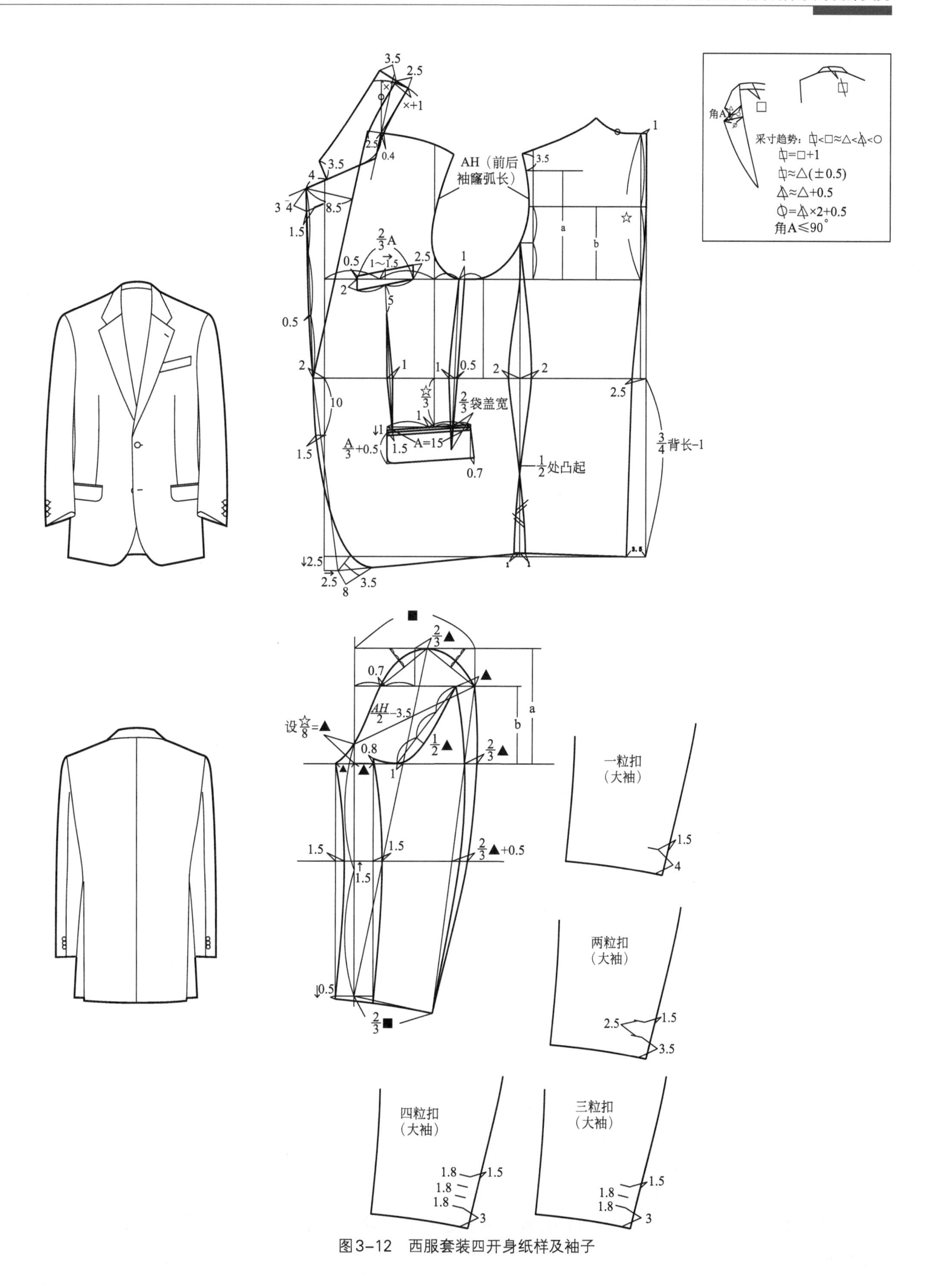

图3-12　西服套装四开身纸样及袖子

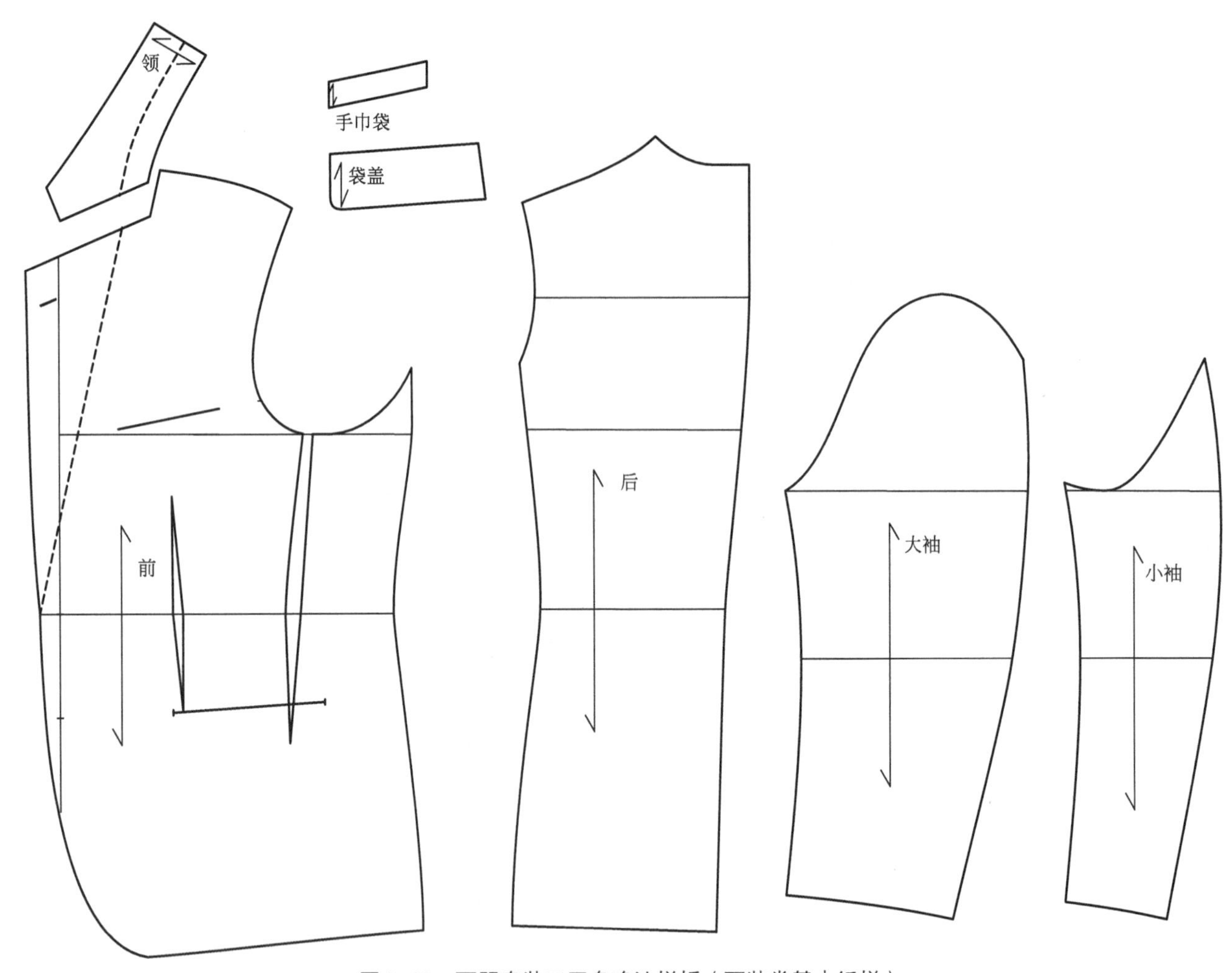

图3-13　西服套装四开身确认样板（西装类基本纸样）

四、西装一款多板纸样系列设计

一款多板纸样系列设计是将西服套装标准四开身作为类基本纸样，在此基础上展开一款多板的纵向纸样系列设计。将四开身的侧省变成断缝，从而形成一个侧片，得到西服套装六开身（图3-14）。然后在六开身基础上，将袋口线切开，通过收摆将腹省转到口袋切开位置的前侧缝中，注意对准胸点的丁字省设计与腹省处理要配合进行而得到西服套装加省六开身（图3-15）。

无论是六开身还是加省六开身都只有前片结构发生改变，领子、后片、口袋、袖子都保持原样，也说明一款多板不仅在款式上没有变化，在板型上的处理也很微妙且规范，反映在造型上，非专业人士很难察觉，这也是男装板型设计的魅力。O板则是这种表达的集大成者。所谓的O板其实可理解为板型的回归，它与欧洲的古代男装有着相似之处即使用大撇胸。O板加省六开身纸样，是针对特殊体型，挺腹、垂肩、弓背的要求对纸样的修正处理，但它并非是单纯地按照特体尺寸打板，而是需要通过尺寸配比来调整数据，进而达到掩盖人体缺点的目的。因此O板和“欧板”的高品质是同级的，在纸样的难度上也深化了。根据不同规格调整胸腰差与撇胸和弓背的参数关系见下表。即使不是特体，也可以通过O板使西装更加有造型感。在这里选择BE体进行设计，即胸腰差=4cm，撇胸=3cm，弓背=1cm。纸样设计过程中，对撇胸和弓背处理后，将胸围线、腰围线等重要辅助线还原为垂直（水平）线，重新修正袖窿弧线和后中线，再按照加省六开身纸样的操作方法打板，由于是BE体，腰围收省量应适当减小，腰省变为丁字省（图3-16）。

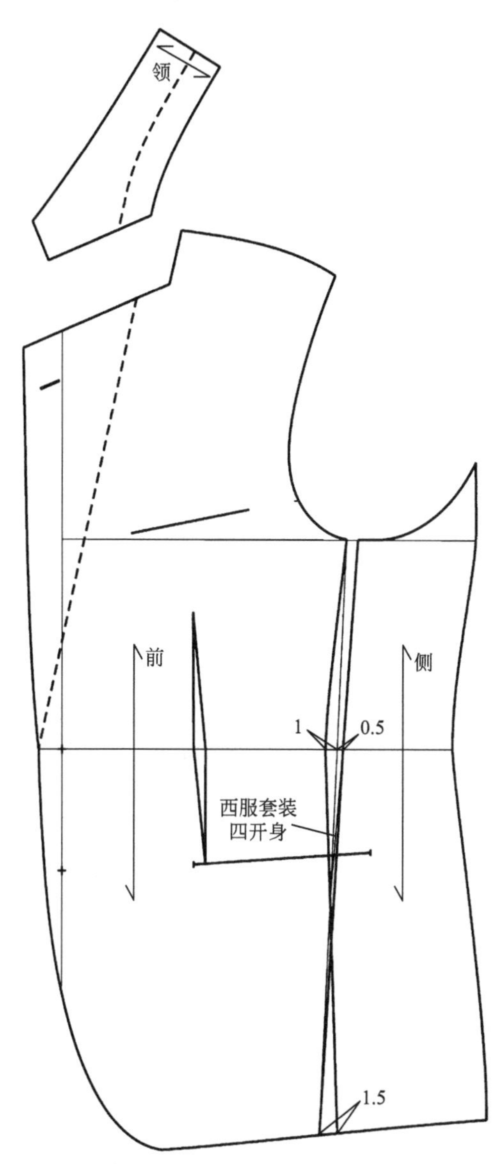

图3-14　西服套装六开身纸样

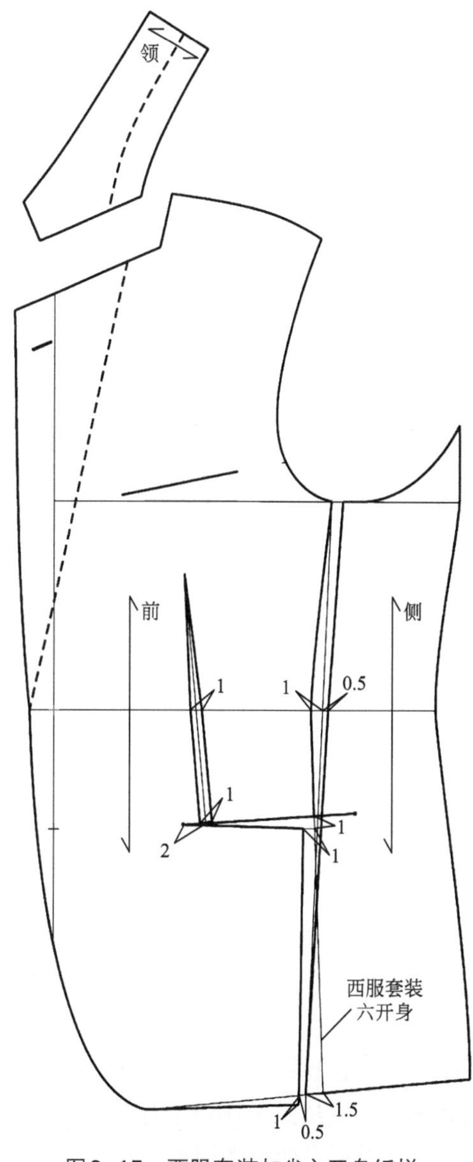

图3-15　西服套装加省六开身纸样

O板胸腰差与撇胸和弓背的参数关系表（单位cm）

胸腰差	Y	YA	A	AB	B	BE	E
	16	14	12	10	8	4	0
撇胸	1	1	1	1	1～2	2～3	3～4（上限）
弓背	0～0.5			0.5		1（上限）	

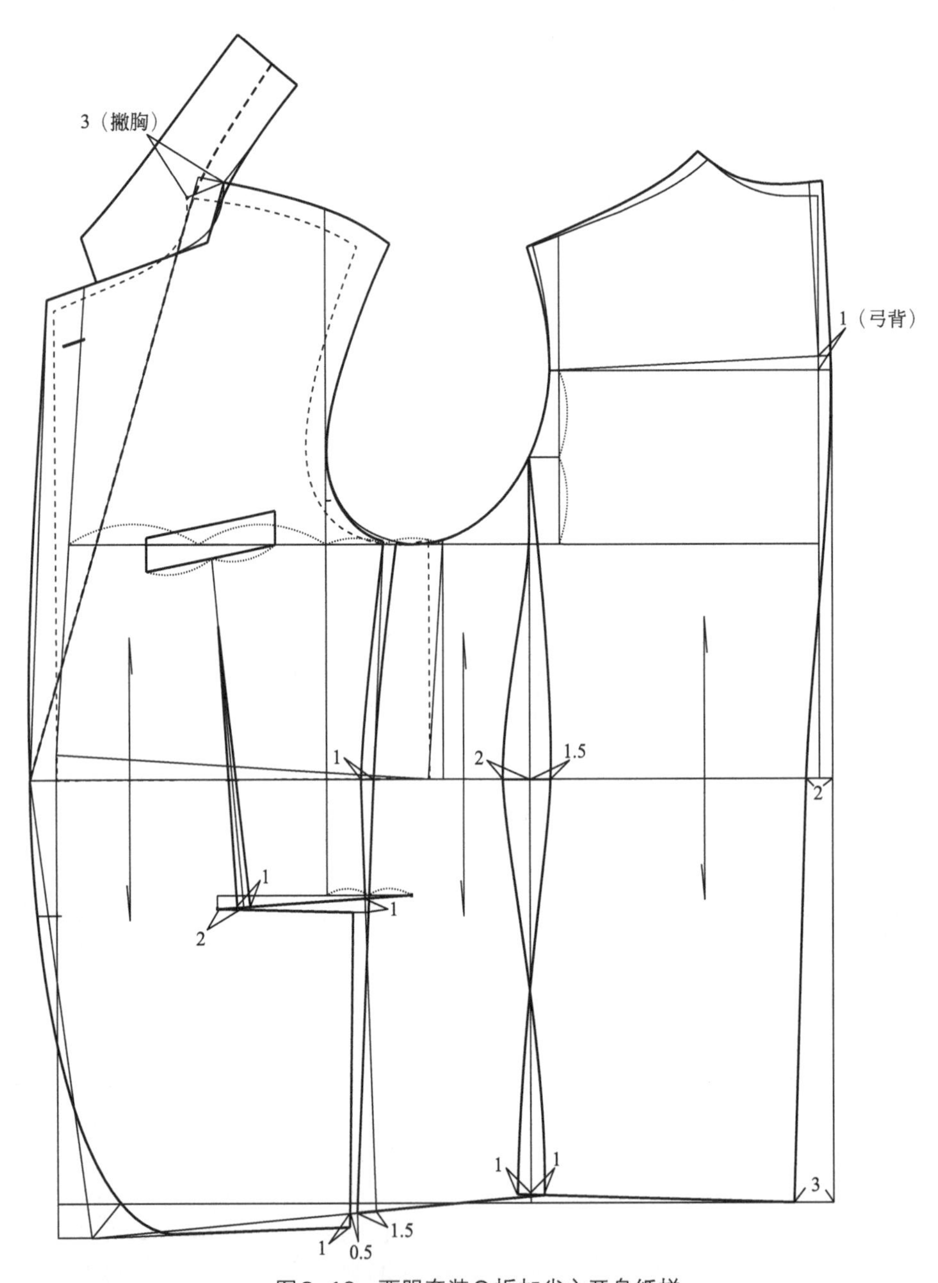

图3-16　西服套装O板加省六开身纸样

按照常规，西服套装四开身标准纸样所完成的造型特点为H廓型，六开身和加省六开身也只是H廓型的深化处理。当跳出H廓型时，四开身就显出它的局限性了。因此，六开身和加省六开身又成为进入其他廓型的跳板。如O板是在加省六开身基础上实现的。还有另两种造型——X型和Y型也要通过六开身和加省六开身完成。X造型是在六开身基础上均匀收腰和增加下摆完成的（图3-17）。Y型的处理又细分为强调宽度的设计——加宽肩大于侧体进行收小下摆纸样处理（图3-18）和强调厚度的设计——加宽侧体大于加宽肩进行收小下摆纸样处理（图3-19）。

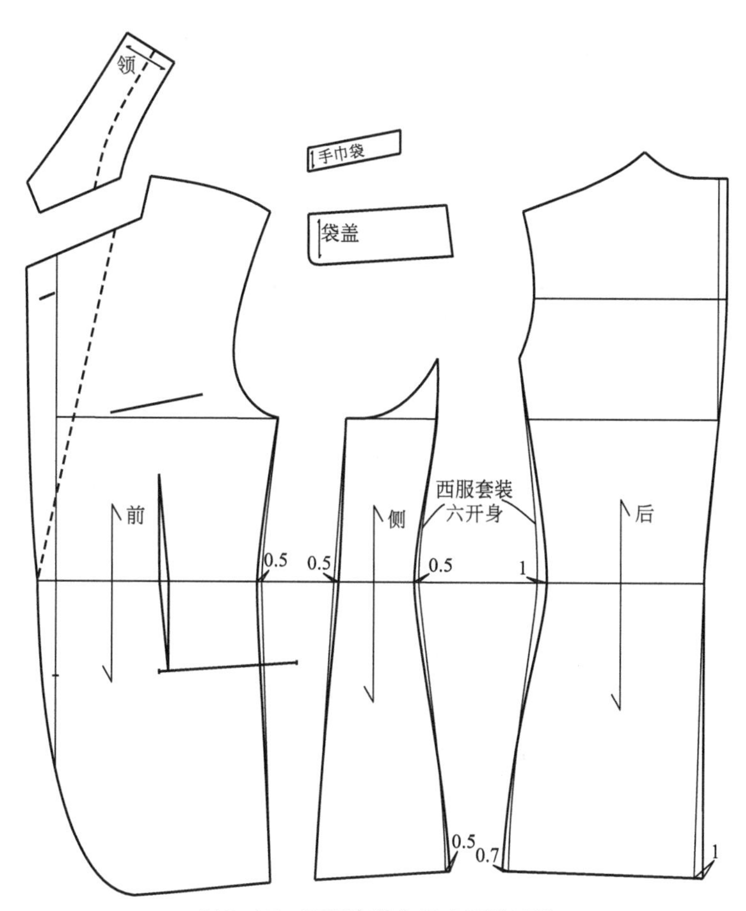

图3-17 西服套装六开身X型纸样

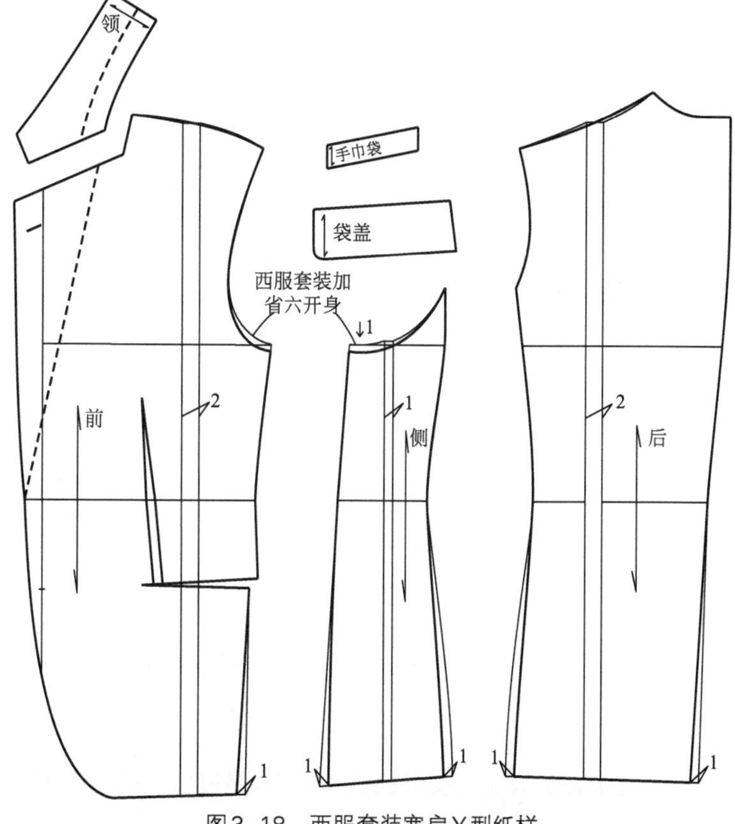

图3-18 西服套装宽肩Y型纸样

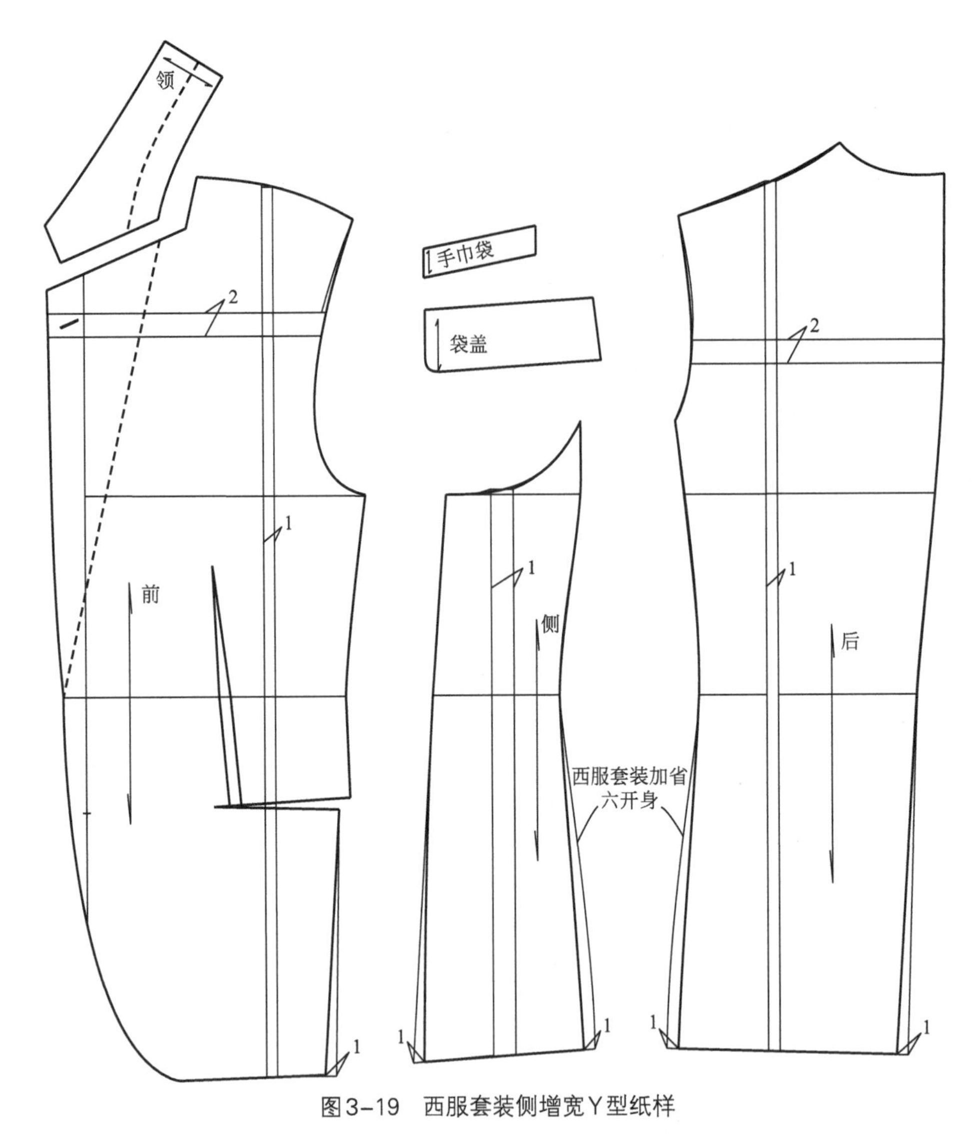

图3-19　西服套装侧增宽Y型纸样

至此完成了西服套装的一款多板纸样系列设计，这一部分主要强调的是款式不变的前提下，根据造型需要调整主体结构，它的技术含量要高于“一板多款”，是西装纸样系列设计的重点和难点。

五、西装一板多款纸样系列设计

一板多款纸样系列设计在已经完成的西服套装款式系列中选取几个典型款式进行“横向”纸样设计。这一部分强调纸样系列的“文化”内容，TPO规则指导作用明显。选择加省六开身西服套装纸样作为“多款”纸样系列设计的类基本纸样，是因为它比四开身和六开身更加完备，造型空间更大，而且要被固定下来，即“一板”。选择最优化的作类基本纸样就很重要了（当然根据简化工艺或成本的需要也可选择其他作类基本纸样）。在此基础上通过局部结构有规律的设计完成系列，如领型系列设计。

1. 扛领设计

串口线上抬升至前领口深的$\frac{1}{2}$（$\frac{1}{2}$点为上限），同时改变串口线的角度略作倾斜，得到扛领的板型（图3-20）。

2. 平驳领设计

平驳领改变八字领角度，在标准板基础上仅在翻领角作细微处理，使串口线与翻领线的夹角小于90°（图3-21）。

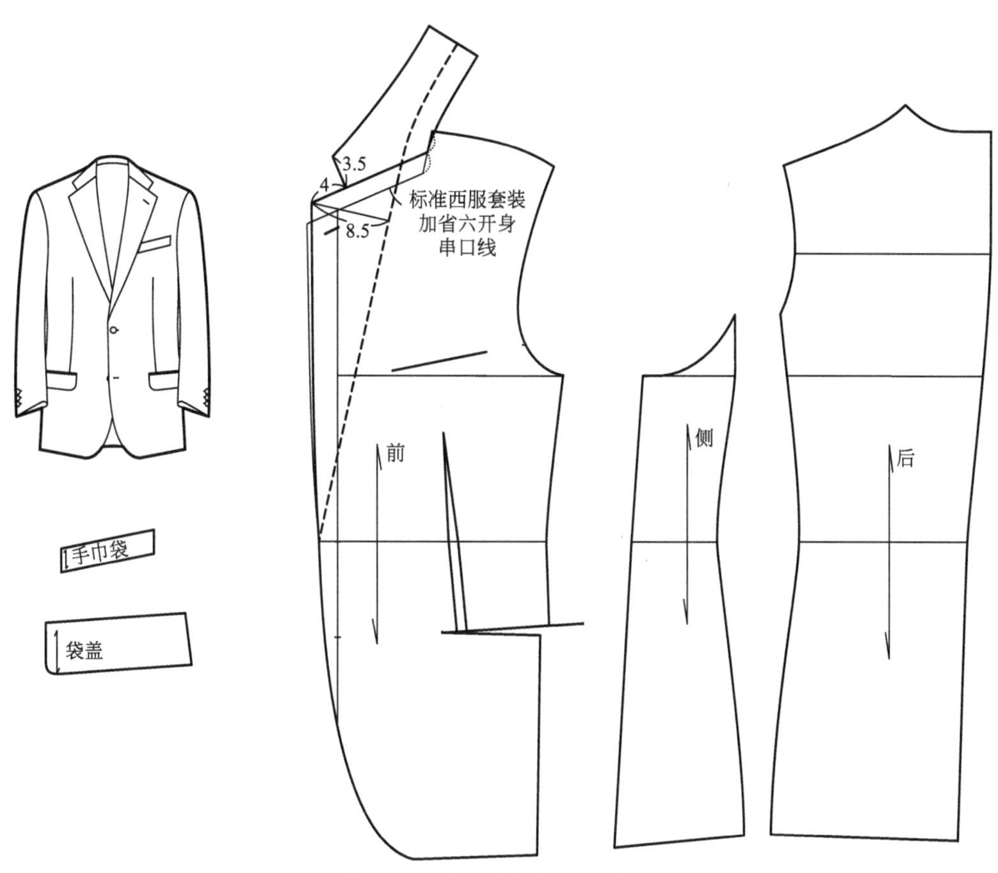

图3-20 西服套装“一板多款”系列一（扛领设计）

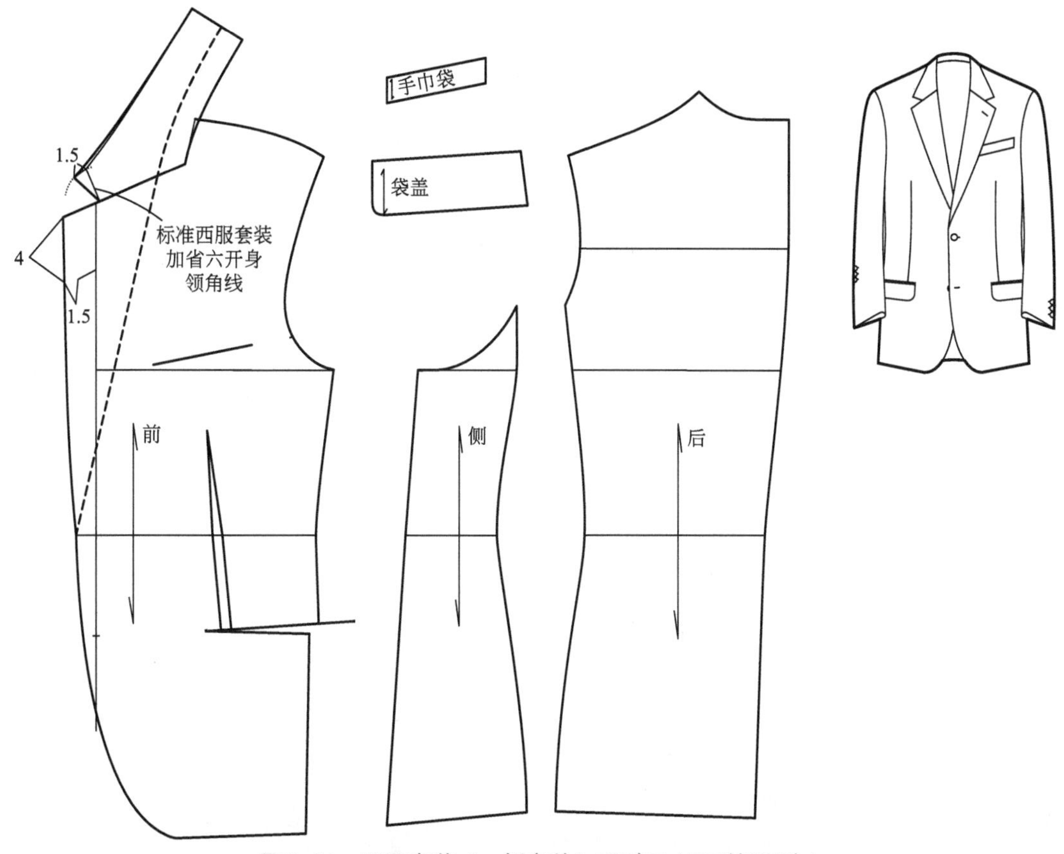

图3-21 西服套装“一板多款”系列二（平驳领设计）

3. 窄驳领设计

驳领的宽度采用7.5cm（标准为8.5cm），领座的领面调整为2 ∶ 3（cm），标准为2.5 ∶ 3.5（cm）。同时加入小钱袋的设计，需要将原袋位下降1.5cm，确定新的袋位后，再向上5cm确定小钱袋位置，以此来满足外观的视觉平衡（图3-22）。

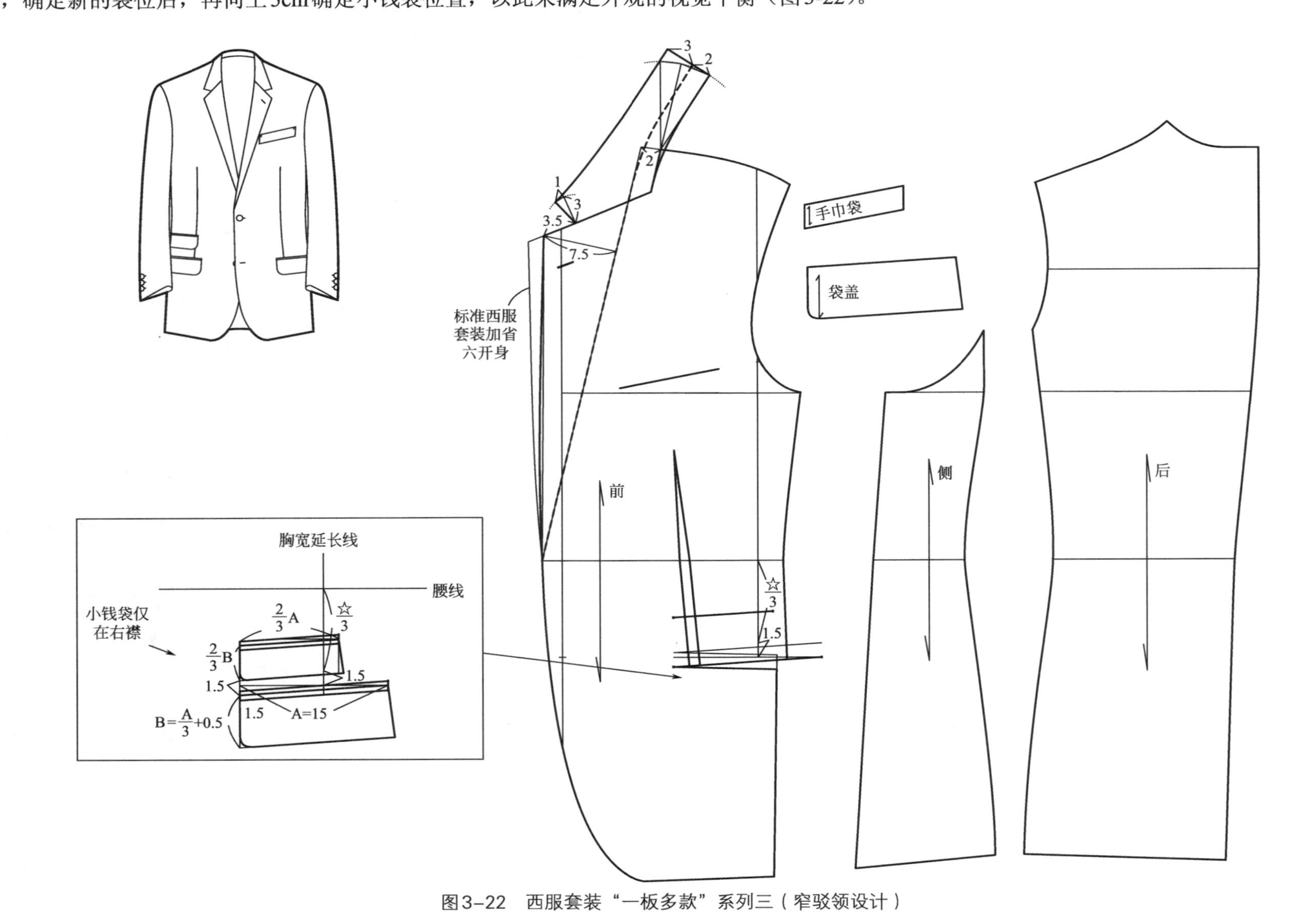

图3-22　西服套装“一板多款”系列三（窄驳领设计）

4. 一粒扣门襟半戗驳领的设计

驳点在标准纸样上降低半个扣距确定为一粒扣门襟。半戗驳领按照戗驳领的制图方法做出扛领式戗驳领结构，再将驳领角降低5cm，得到半戗驳领结构（图3-23）。

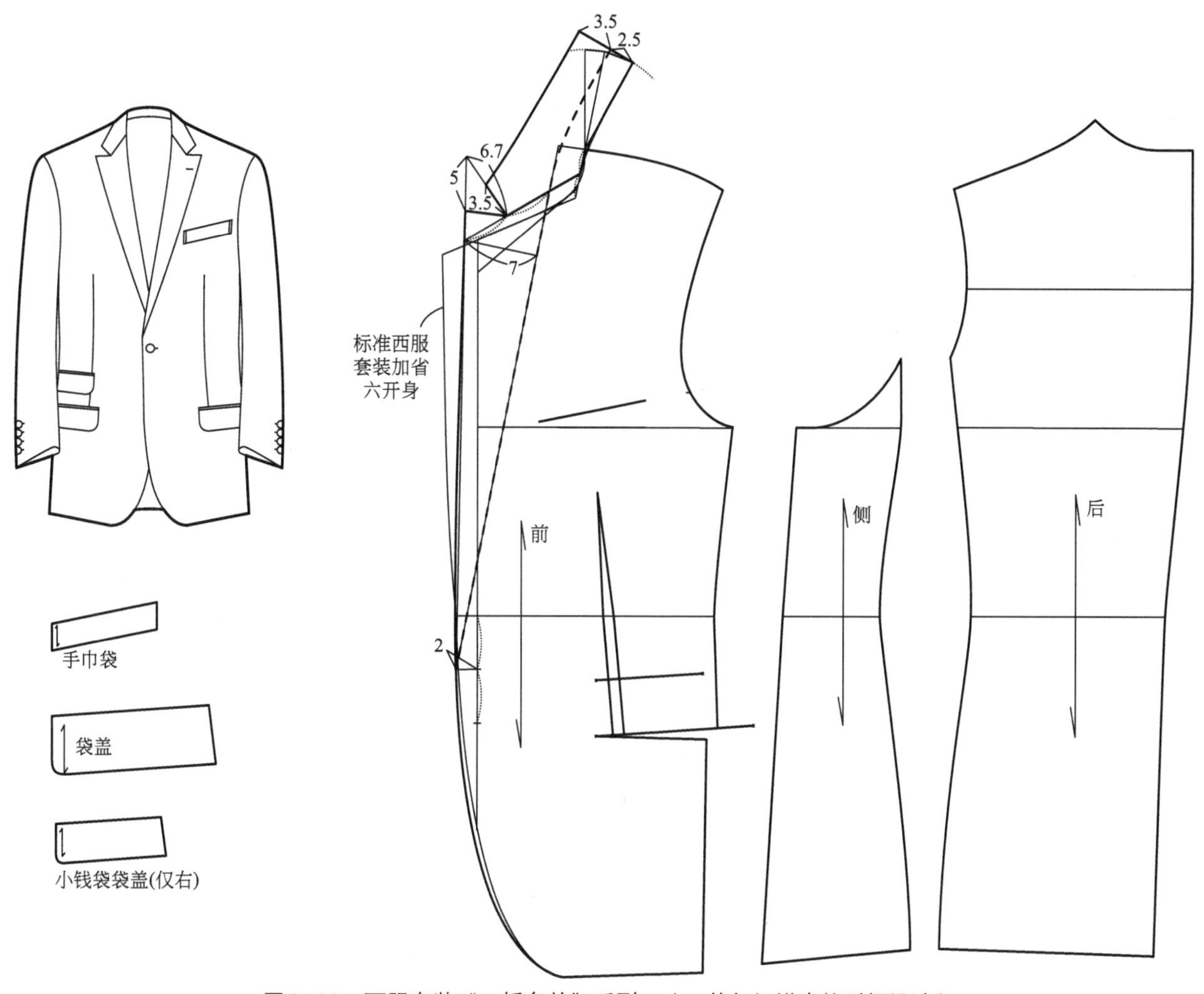

图3-23　西服套装“一板多款”系列四（一粒扣门襟半戗驳领设计）

以上几个款式的纸样系列都是在西服套装加省六开身结构中展开的，同样也可以使用四开身、六开身、O板、X板、Y板作为主体结构进行“一板多款”的系列纸样设计，如果款式和板型同时进行系列设计，这就是“多款多板”系列设计。

六、西装多款多板纸样系列设计

在西服套装四开身纸样基础上既改变款式也改变板型的类基本纸样系列设计，需注意的是要根据TPO规则确定相对稳定的品种，如运动西装类、夹克西装类或礼服西装类，甚至分出日间礼服和晚礼服。例如运动西装用四开身纸样、夹克西装用六开身，当然它们改变的局部尺寸要有所调整（图3-24、图3-25）。礼服纸样系列设计同样可以采用此法，传统版黑色套装用四开身结构，单排扣门襟变为双排扣门襟，领型从平驳领变为戗驳领（图3-26）。董事套装从西服套装四开身结构变平驳领为戗驳领，四开身变为六开身（图3-27）。西服套装四开身驳点下降半个扣位得到一粒扣门襟，加上戗驳领结构，从四开身变成加省六开身的塔士多礼服纸样（图3-28）。进一步深化设计可以固定同一类型采用不同板型或固定同一板型采用不同类型。

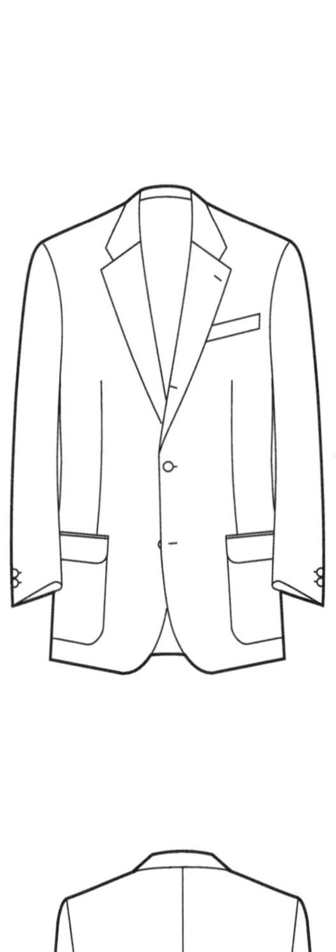

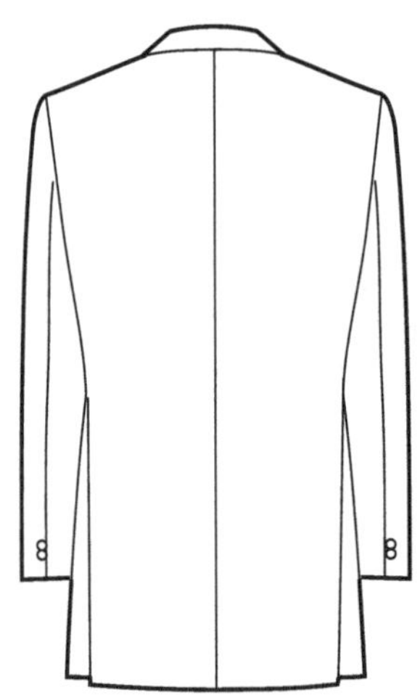

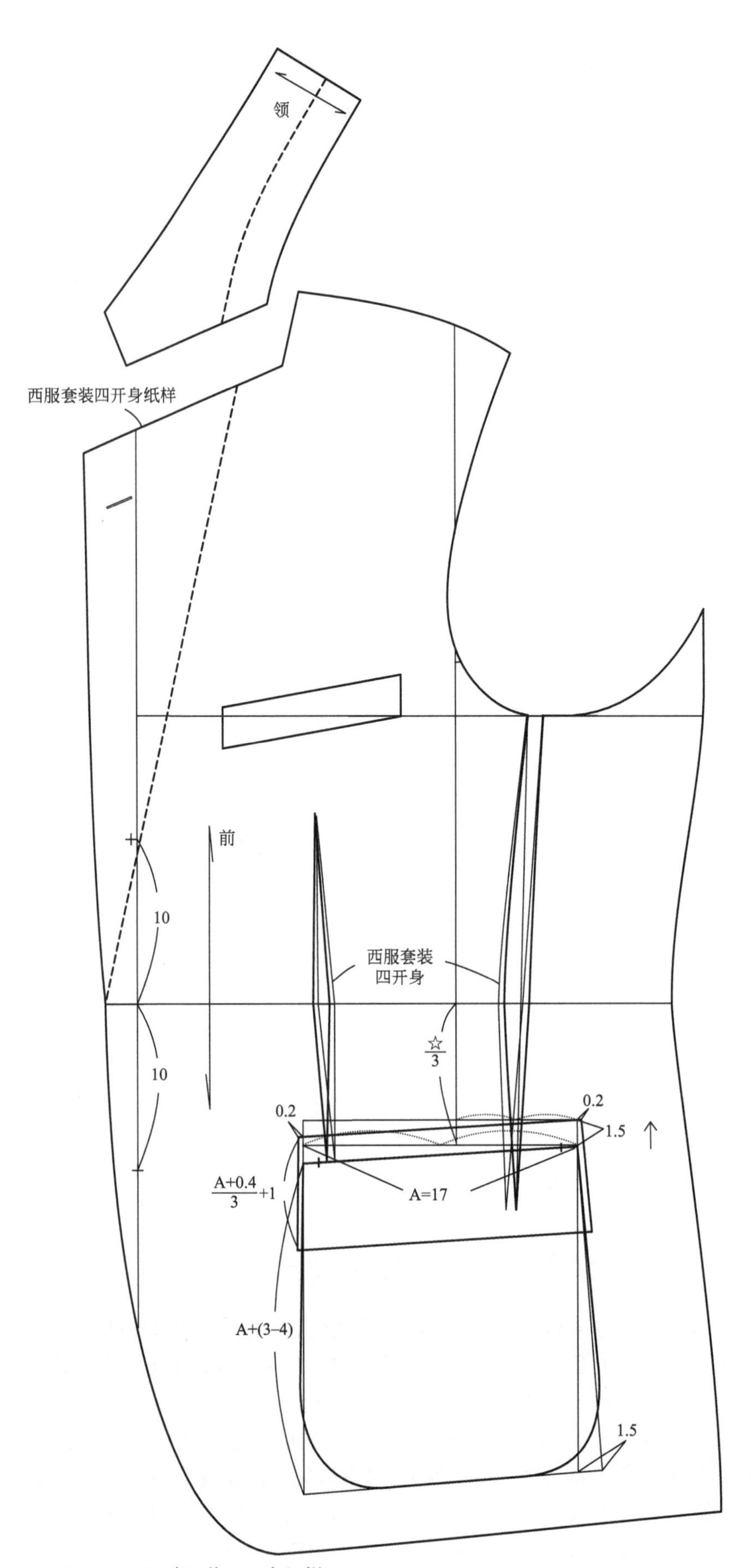

图3-24 运动西装四开身纸样

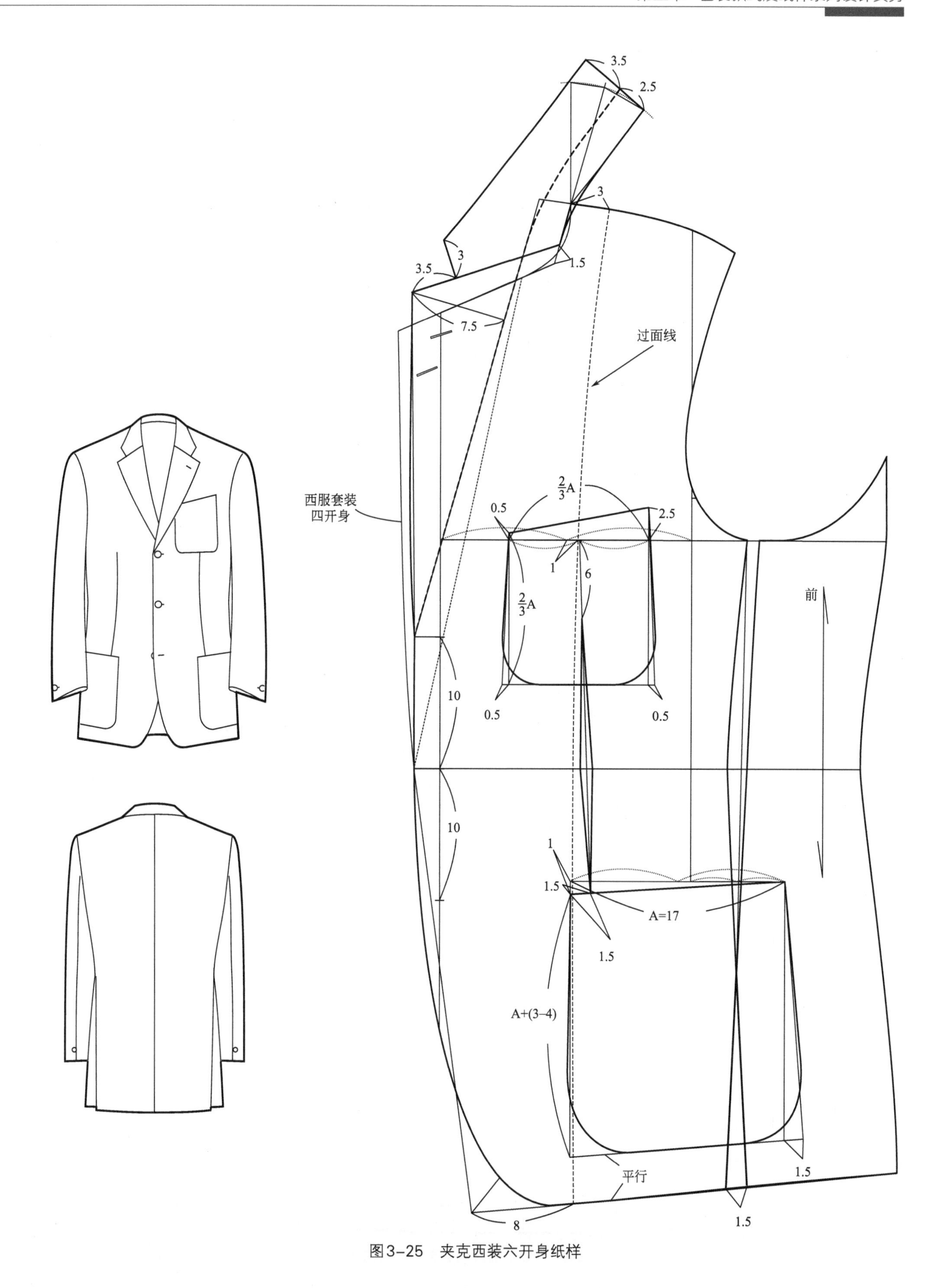

图3–25　夹克西装六开身纸样

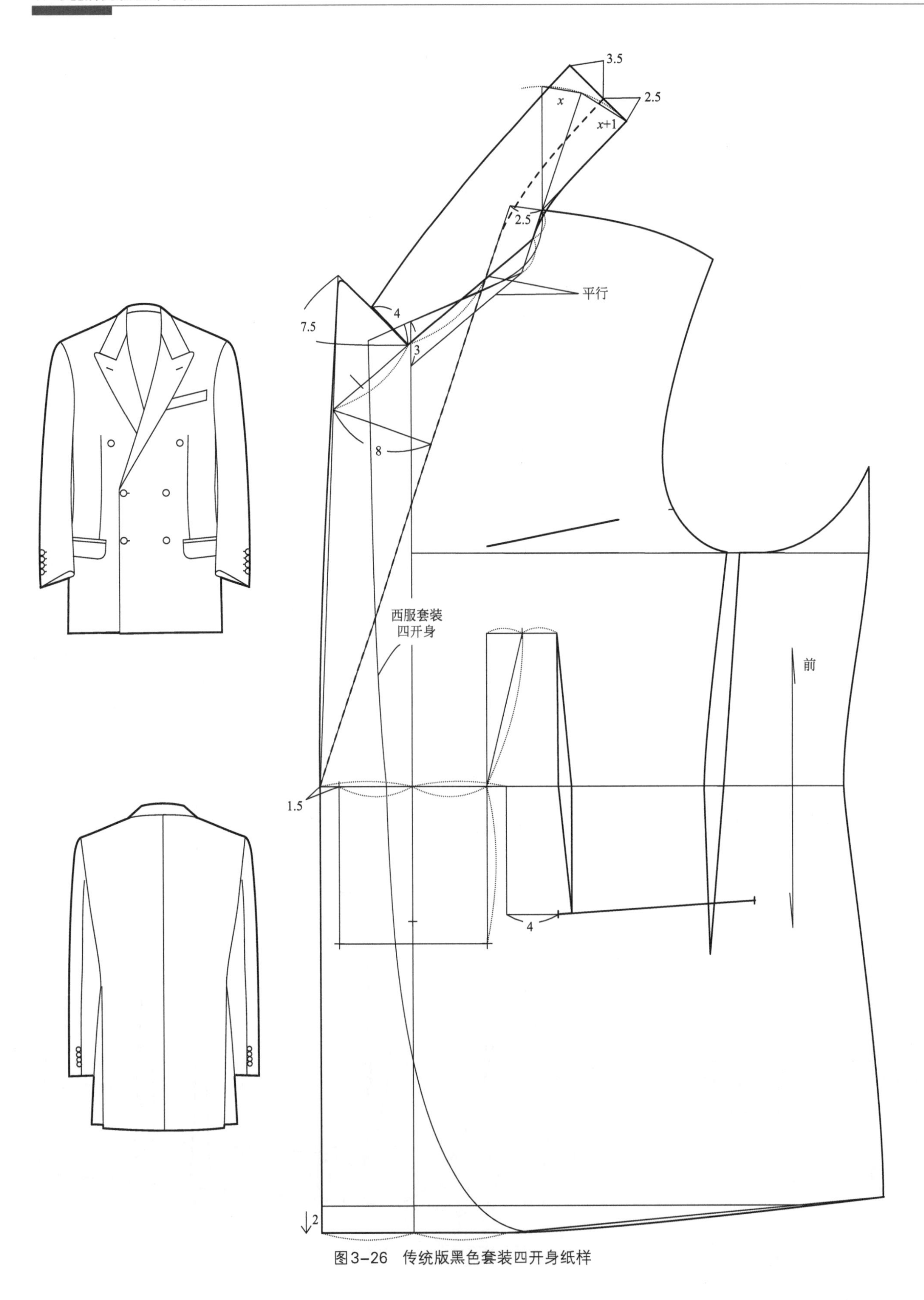

图3-26　传统版黑色套装四开身纸样

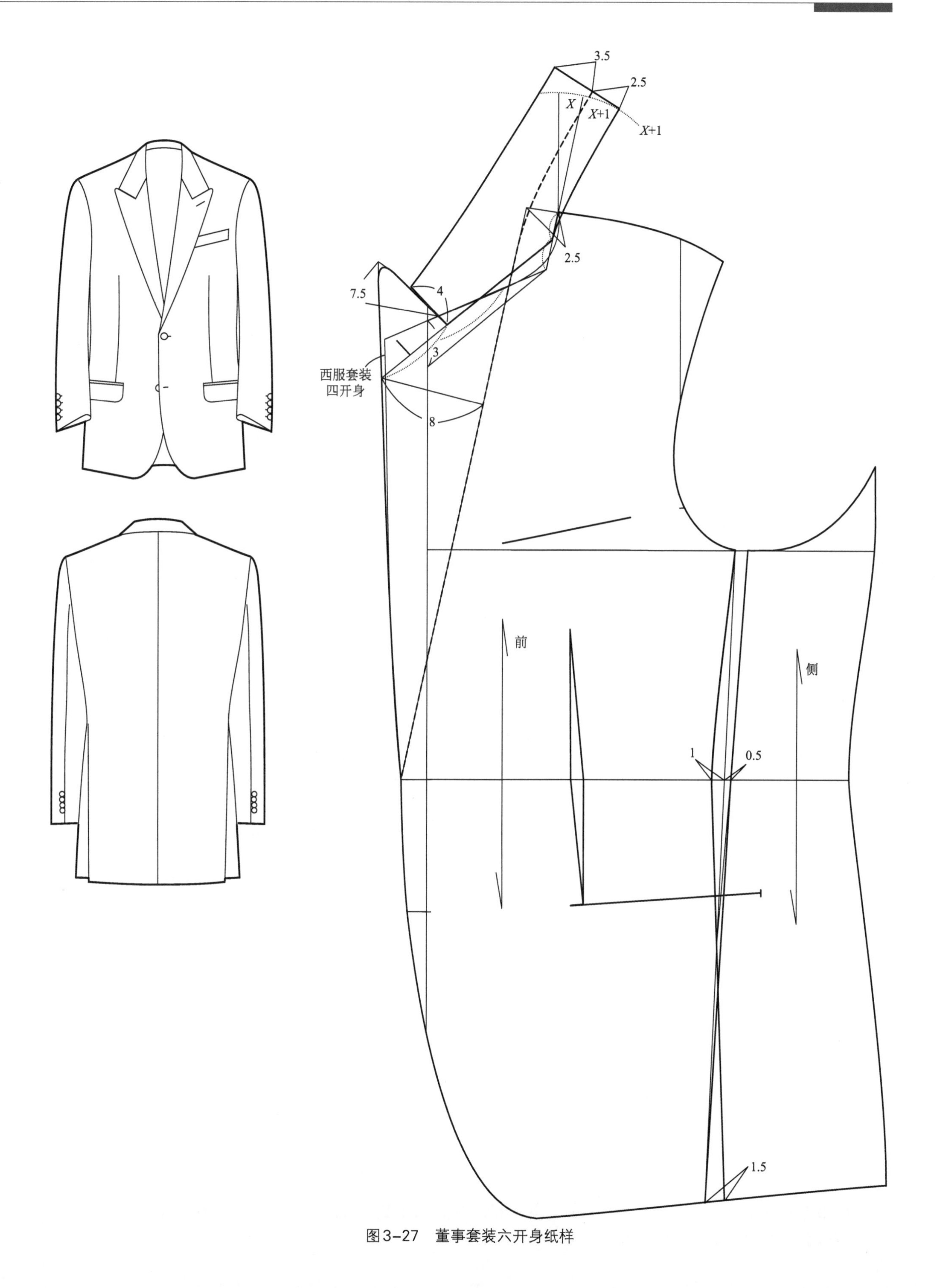

图3-27　董事套装六开身纸样

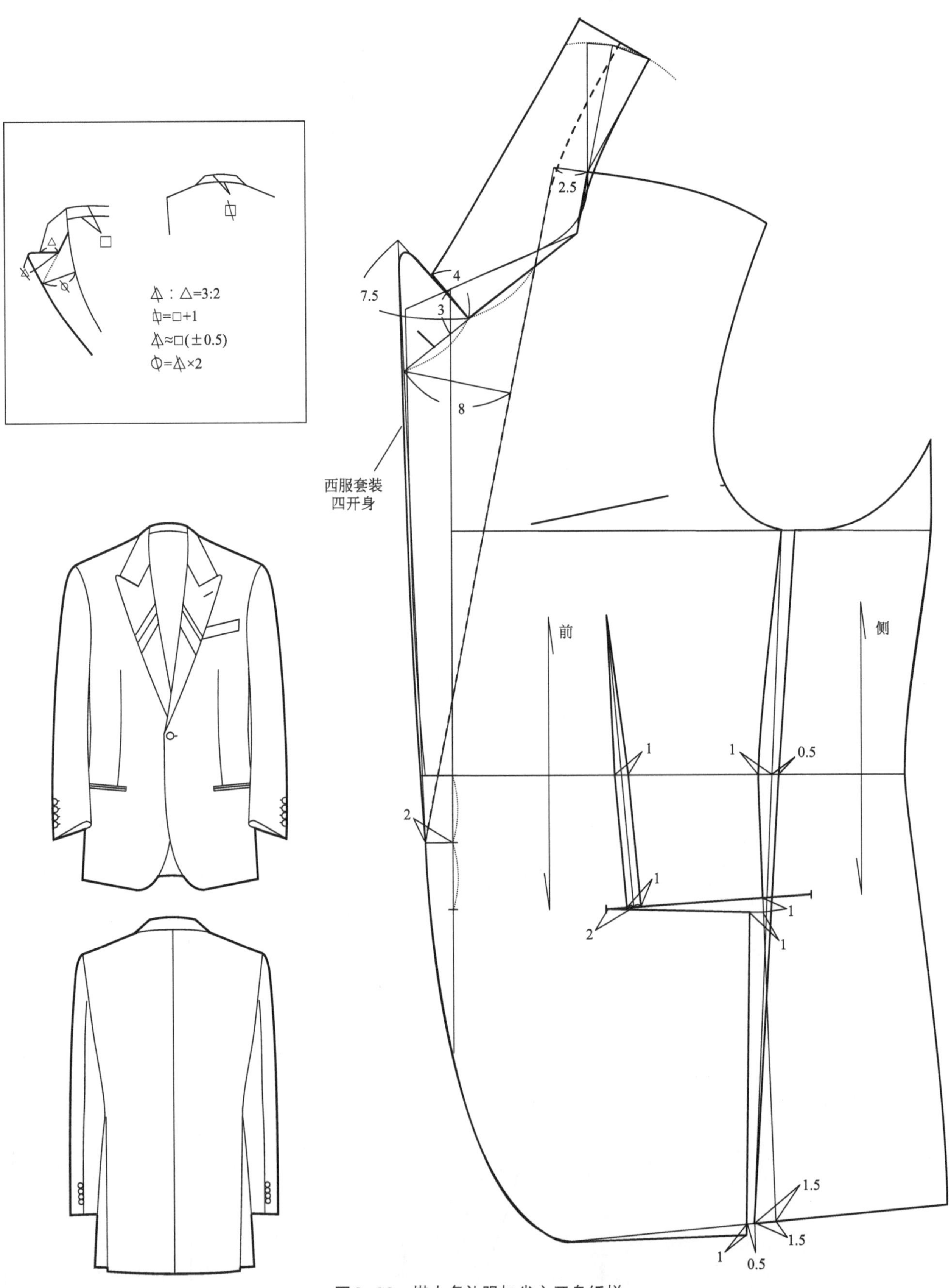

图3-28　塔士多礼服加省六开身纸样

如果充分利用"一款多板"和"一板多款"相结合的纸样系列设计方法，会使"多款多板"的设计空间变得巨大（参阅下篇）。

第四章 ◆ 外套款式及纸样系列设计实务

外套是现代绅士最后的守望者，因此，它的造型元素相当稳定，设计方法基本采用其基本元素进行重构。按照TPO礼仪级别划分为礼服外套、常服外套和休闲外套，并形成相对稳定的经典款式（图4-1）。外套设计中面料和色彩的作用举足轻重，经典外套在20世纪初定型下来基本都和面料有关，如华达呢与巴尔玛肯，礼服呢与柴斯特，厚呢与波鲁，麦尔登和苏格兰，复合呢与达夫尔等。因此，只考虑款式的改变要有所顾及，如从中性外套巴尔玛肯入手是明智的。

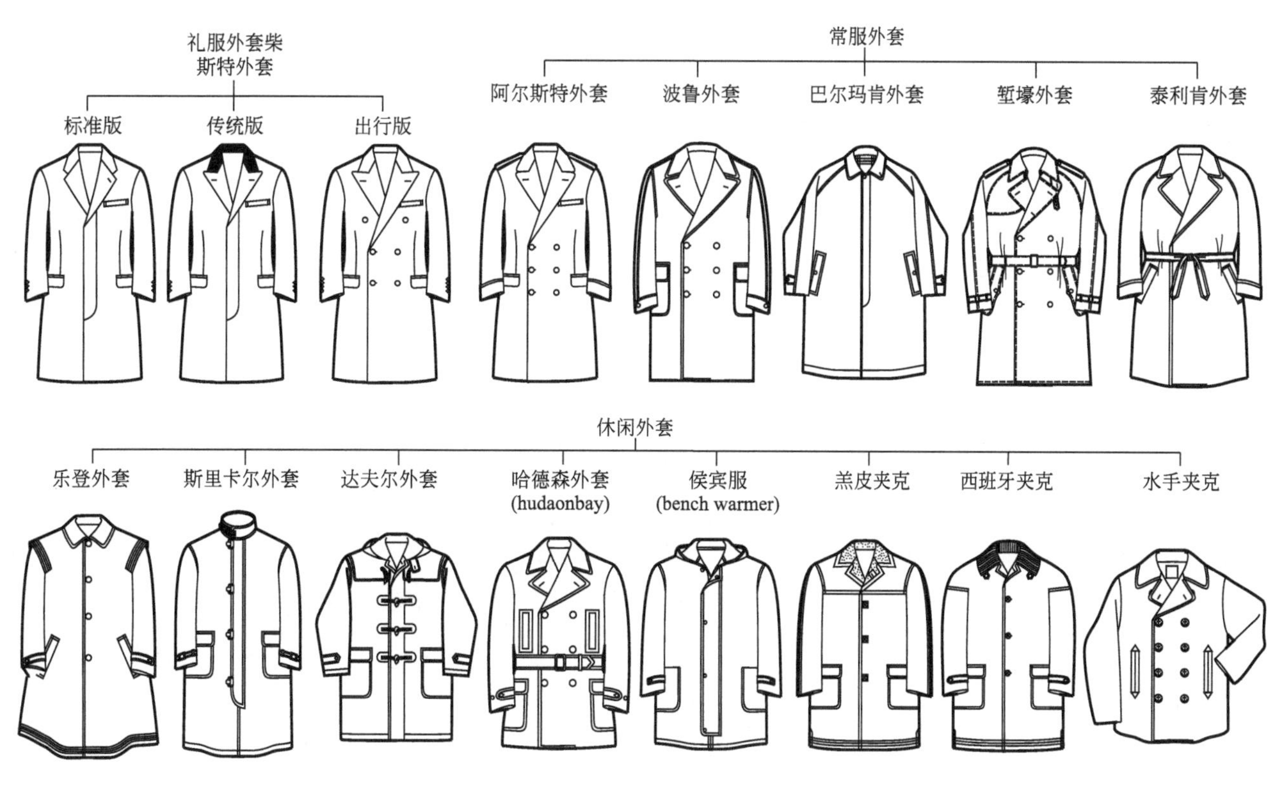

图4-1　TPO系统中的经典外套

一、外套款式系列设计

1. 外套TPO的基本信息

外套的构成元素经过历史的积淀已经非常完备了，同时由于备受绅士们的重视，它的造型语言经典而考究。因此，外套款式系列设计不要轻易放弃其固有的语言元素，采用“元素互借设计法”，即不同外套的元素打散重组、互换使用，在重组中赋予元素新的概念和语言表达的全新内涵。而以创造新的元素去彻底颠覆这个传统是危险的，也是徒劳的，特别是作为市场化品牌开发。外套的款式设计尤为强调级别的秩序性，设计中要注重TPO原则的指导作用，承上启下应用元素，如果“越级”使用元素，需要慎重考虑它的可行性，否则会造成设计秩序和礼仪级别的混乱。以巴尔玛肯外套为例进行外套款式系列设计深入分析。

图4-2　巴尔玛肯外套标准元素

巴尔玛肯外套是准绅士们使用概率最高的常服外套，又称万能外套、雨衣外套等。最早作为雨衣使用，因源于英国的巴尔玛肯地区而得名。其款式特征为巴尔玛肯领（可开关领）、暗门襟、斜插袋、插肩袖等，这一切都是因防雨的功能而设计（图4-2）。从外套的TPO分布情况看，巴尔玛肯上一级与波鲁相邻，下一级与堑壕外套、泰利肯外套相近。根据“相邻元素互通容易”的原则，运用上一级相邻的波鲁元素尚可，但再向上一级使用柴斯特外套的礼服元素时会受TPO规则限制。根据“上一级元素向下一级流动容易”的原则，向下级看，与巴尔玛肯邻近的几款外套的元素均可使用，不受限制。

2. 外套系列设计

（1）连身袖经典造型设计

根据这样的思路，以袖子设计为例，在巴尔玛肯和波鲁之间就自然而然出现了插肩袖、包袖和它们中间状态的前装后插的袖子系列设计（图4-3）。

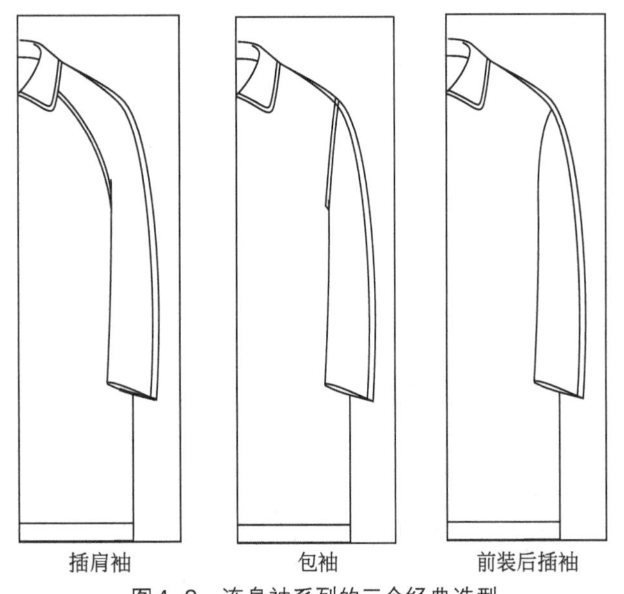

图4-3　连身袖系列的三个经典造型

（2）加入波鲁元素

巴尔玛肯款式系列的深化设计是保持巴尔玛领不变，分别加入波鲁的标志性元素——包袖、贴口袋、袖克夫以及双排扣，形成三款具有波鲁风格的巴尔玛肯概念外套（图4-4）。鉴于造型的要求，这个系列必须考虑面料问题，贴口袋、克夫的设计都不宜用防雨材质，而最好采用波鲁常用的羊毛面料制作会产生融合的感觉，否则会导致设计感的缺位（图4-4）。

（3）加入泰利肯元素

在此基础上加入泰利肯外套元素保持巴尔玛领标志性语言不变，会使巴尔玛肯款式系列丰富起来。第一款使用不对称双排扣暗门襟，同时袖子变成前装后插袖的袖型；第二款在前款的基础上加入腰带设计；第三款使用泰利肯的克夫设计；第四款、第五款变为明门襟的概念，区别主要在袖型上（图4-5）。

（4）加入乐登元素

加入乐登外套元素，分别在袖襻、明门襟和下摆上做三缝绗缝的细微变化，不过这需要在中厚的粗呢料中实现（图4-6）。

（5）加入斯里卡尔元素

加入斯里卡尔雨衣外套元素，通过袖型、口袋元素排列组合，再加入立领、明门襟和袖襻的新元素完成系列设计（图4-7）。

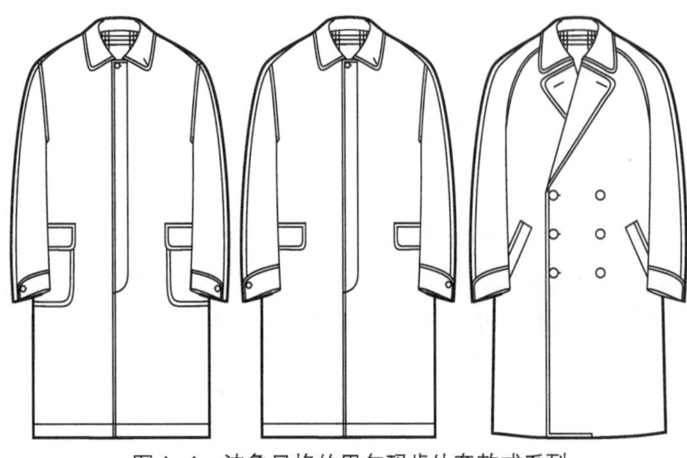

图4-4　波鲁风格的巴尔玛肯外套款式系列

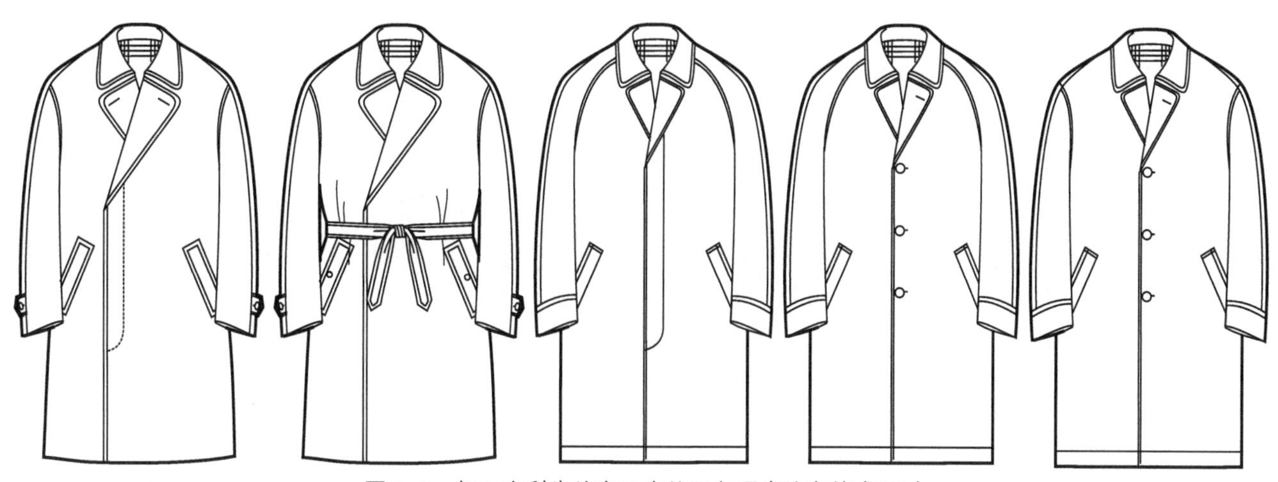

图4-5　加入泰利肯外套元素的巴尔玛肯外套款式系列

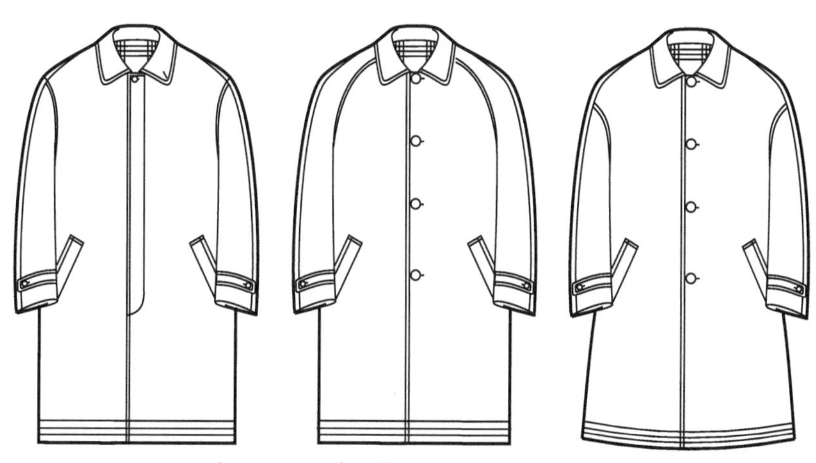

图4-6　加入乐登元素（绗缝）的巴尔玛肯外套款式系列

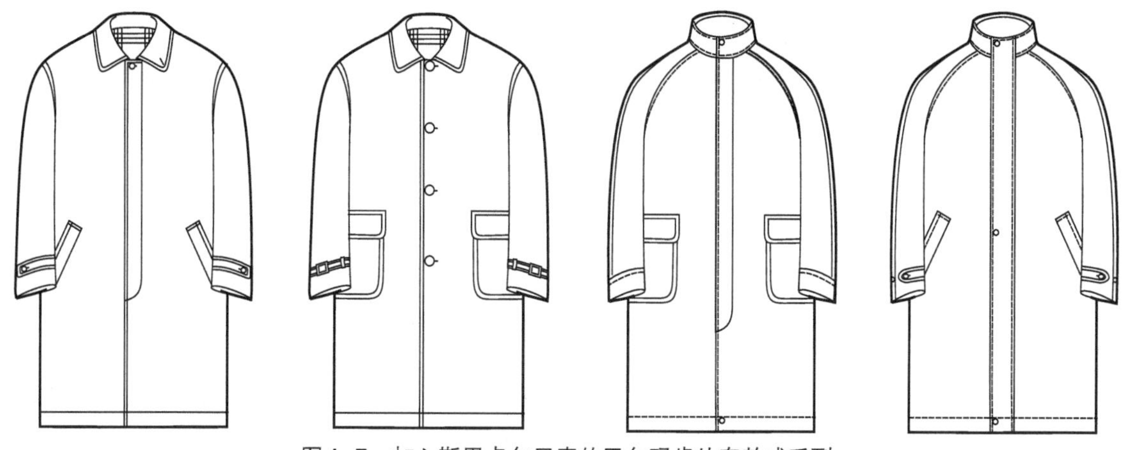

图4-7　加入斯里卡尔元素的巴尔玛肯外套款式系列

（6）加入堑壕元素

巴尔玛肯加入堑壕外套的元素是最合乎逻辑的，因为历史上堑壕外套就是在巴尔玛肯基础上演变而来并成为新的经典。堑壕外套可用的元素很多，常常成为风衣外套系列设计用之不竭的元素。通常情况下每次只使用1～2个元素进行变化。第一款，加入腰带和袖襻；第二款，变换口袋和袖襻；第三款将巴尔玛领换成拿破仑领；第四款、第五款，再继续加入腰带，并采用拿破仑领双排扣设计产生更加混合型的概念（图4-8）。

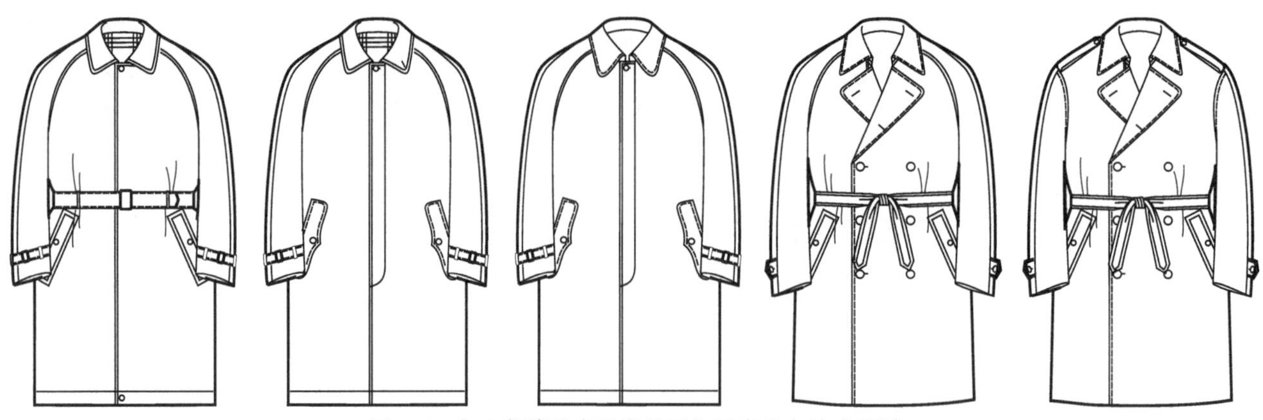

图4-8　加入堑壕外套元素的巴尔玛肯外套款式系列

巴尔玛肯外套和堑壕外套经常使用“元素互换法”展开设计，将各自系列分别融入对方的元素，任何一个细节点如领襻、袖襻、口袋等都可作为互换元素，因此它们的概念往往很模糊，但不能胡乱混用，需要慎重考虑元素与款式整体风貌的统一。运用此方法也可以设计任何一类外套，其他系列见下篇。

二、外套亚基本纸样的确认

外套类型多样，但在结构上它们都分布在有省的X型和无省的H型两个板型系统中，柴斯特外套以X板型特点展开纸样系列设计；其他外套均以H板型特征展开纸样系列设计。设计流程通过基本纸样、亚基本纸样（相似形），分别进入X型类基本纸样和H型类基本纸样完成各自的系列设计（图4-9）。

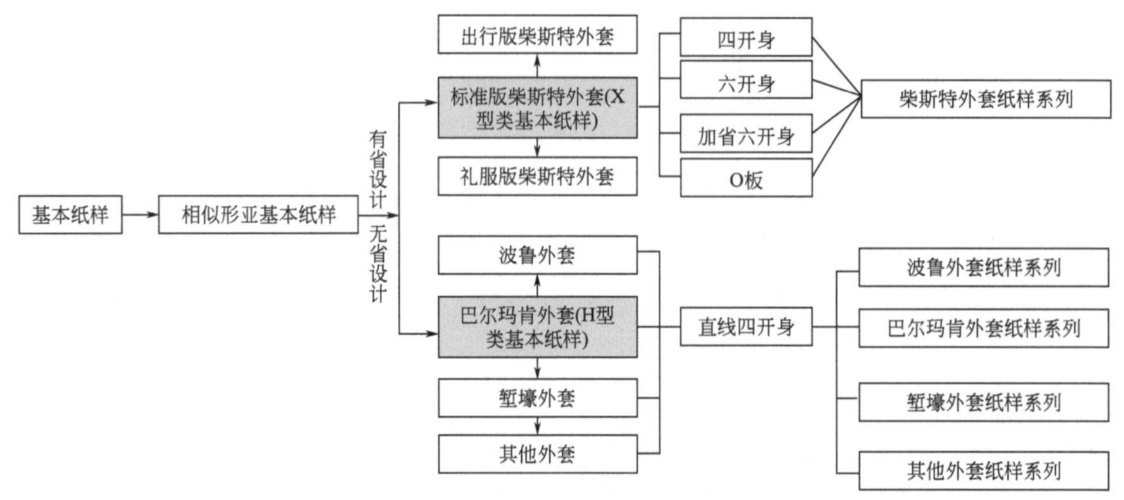

图4-9　外套纸样系列设计流程

外套亚基本纸样是在男装基本纸样基础上通过相似形放量完成的。外套的穿法一般是由衬衫、背心、套装和外套一层层进行的，因此，外套结构受内层服装结构的影响明显，这就是外套亚基本纸样采用相似形放量的原理。放量设计要大于内层服装松量10cm以上，才能保证穿着的舒适性，所以采用相似形放量是客观要求，不能单纯理解为造型设计。放量分为围度放量和长度放量两种。

围度放量包括前后侧缝和前后中缝，追加放量分配是按“几何级数递减”方法进行的。如设追加量为14cm（在大于等于10cm前提下根据造型需要调整），一半制图放量则为7cm，按照几何级数比例调整后分配，后侧∶前侧∶后中∶前中≈2.5∶2∶1.5∶1。这组数值不是严格的几何级数比例，是根据综合分析进行微调的结果。微调原则即强调、可操作和不可分。“强调”是针对纸样中需要强调的某个部位，适当增加量，但要保证递减原则不变；“可操作”是采用定性和定量相结合的方法，强调定性分析，具体操作若配比中出现过小的数值可以忽略不计，出现不规整数值按规整分配操作；“不可分”指追加量总体较小时，不需要每个位置都给出放量。

长度放量的原则是无论哪个部位的后片放量均大于前片放量。肩升高量=前后中放量之和2.5cm，后肩＞前肩=1.5 ∶ 1；后颈点升高量=$\frac{\text{后肩升高量}}{2}$≈0.7cm或0.8cm（根据“可操作”的微调原则将0.75中的0.05舍掉或是进位）；肩加宽量=$\frac{\text{前后中放量}}{2}$≈$\frac{1.5+1}{2}$≈1cm或1.5cm；袖窿开深量=前后侧放量−$\frac{\text{肩升高量}}{2}$=4.5−$\frac{1+1.5}{2}$≈3cm；腰线下调量=$\frac{\text{袖窿开深量}}{2}$ $\frac{3}{2}$=1.5cm。

通过以上操作，可得出外套的亚基本纸样（图4-10），它可以作为所有外套的基本纸样，并在此基础上设计外套类基本纸样的X型或H型。

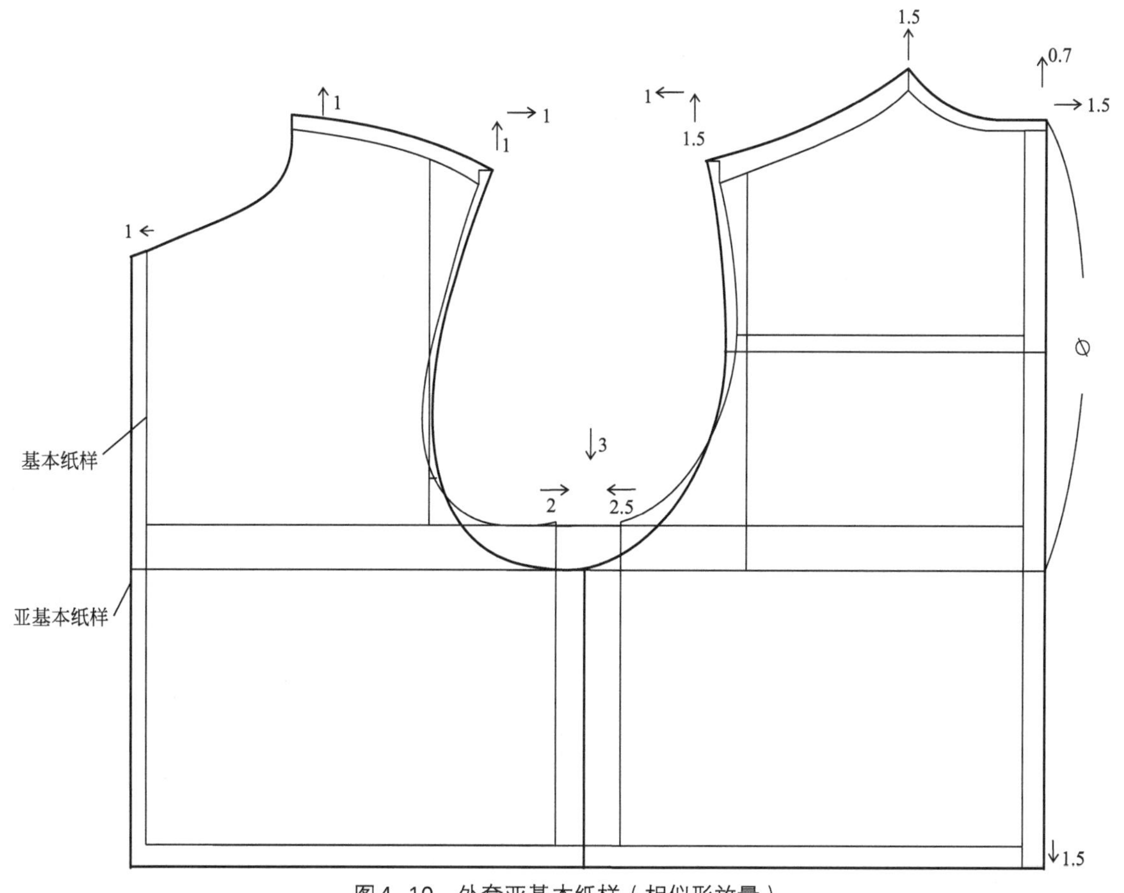

图4–10　外套亚基本纸样（相似形放量）

三、外套类基本纸样的确认

外套类基本纸样分两种。第一种是以柴斯特外套为代表的有省结构，即X型系统；第二种是以巴尔玛肯外套为代表的无省结构，即H板型系统。它们需要分别设计。

X型有省结构的典型是柴斯特外套，它可作为这类外套系列纸样设计的基本纸样。理论上它仍属于西装的结构系统，是西装主体结构的放大。选择标准柴斯特外套款式又有四开身、六开身、加省六开身以及O板四种不同结构，款式变化较少，即“一款多板”系列纸样设计。标准柴斯特四开身（类基本纸样）由于驳点较高，需要将串口线上调，使领型与衣身协调（图4-11）；扣距为西装扣距的1.5倍，口袋在标准西装口袋的基础上加宽2cm，即17cm。袖子则采用新袖窿参数设计合体型两片袖，领子的设计方法与西装相同，参见图3-12。

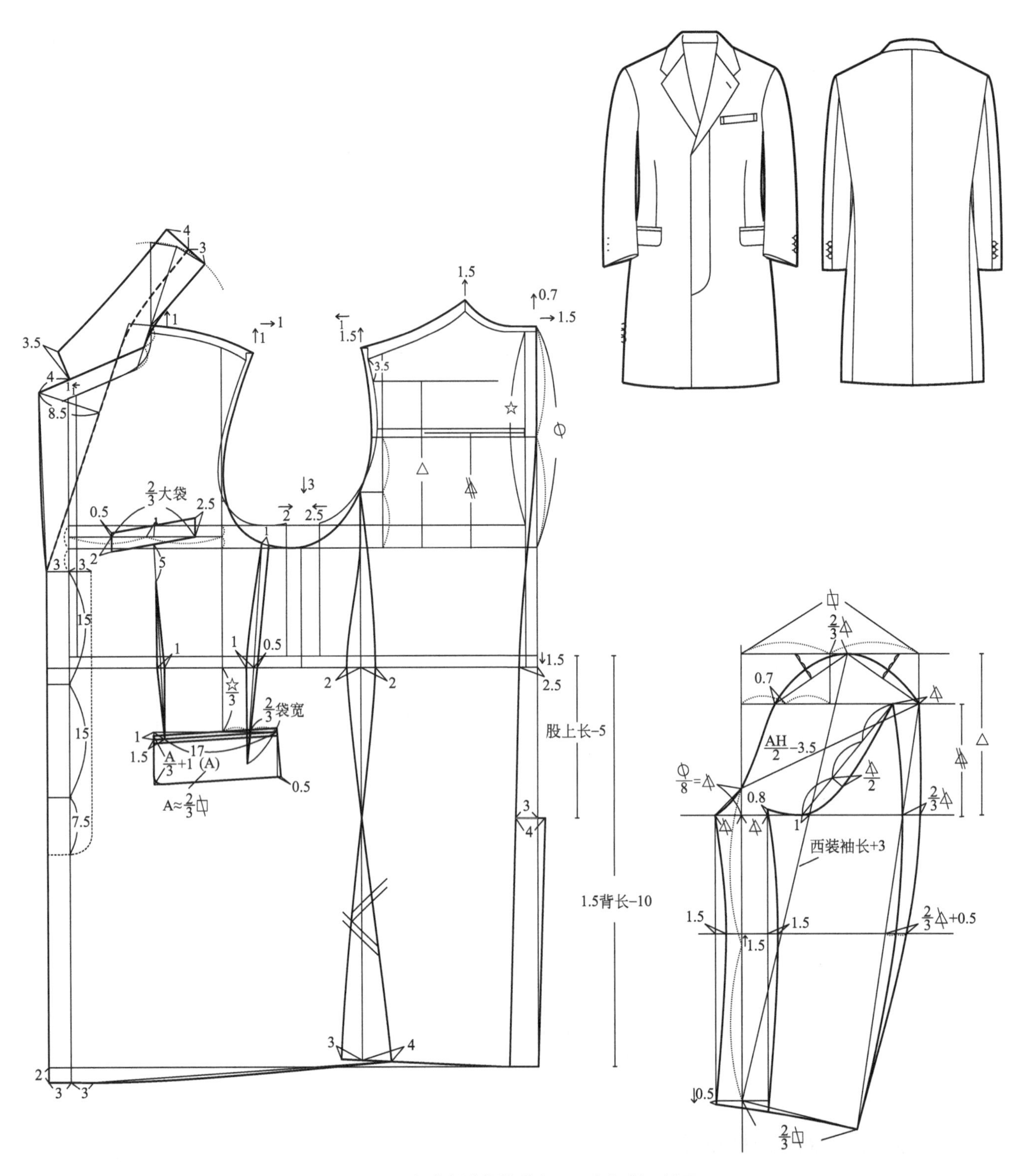

图4–11　标准版柴斯特外套四开身纸样及袖子

柴斯特纸样系列设计方法与西服套装完全相同。以此作为类基本纸样，通过一款多板、一板多款和多款多板方法实现柴斯特外套纸样系列设计。具体实务案例见下篇。

除柴斯特以外的所有外套都属于无省外套，即H型无省结构，这是外套的主流板型。这种结构是在X型的基础上除去省结构、变收腰曲线为直线完成的。波鲁外套、巴尔玛肯外套和堑壕外套等主体结构完全相同，只是通过袖型、领型和口袋等细节的处理加以区别。因巴尔玛肯外套在它们中间更具典型性，故将巴尔玛肯外套定为H型外套中的类基本纸样（图4-12）。

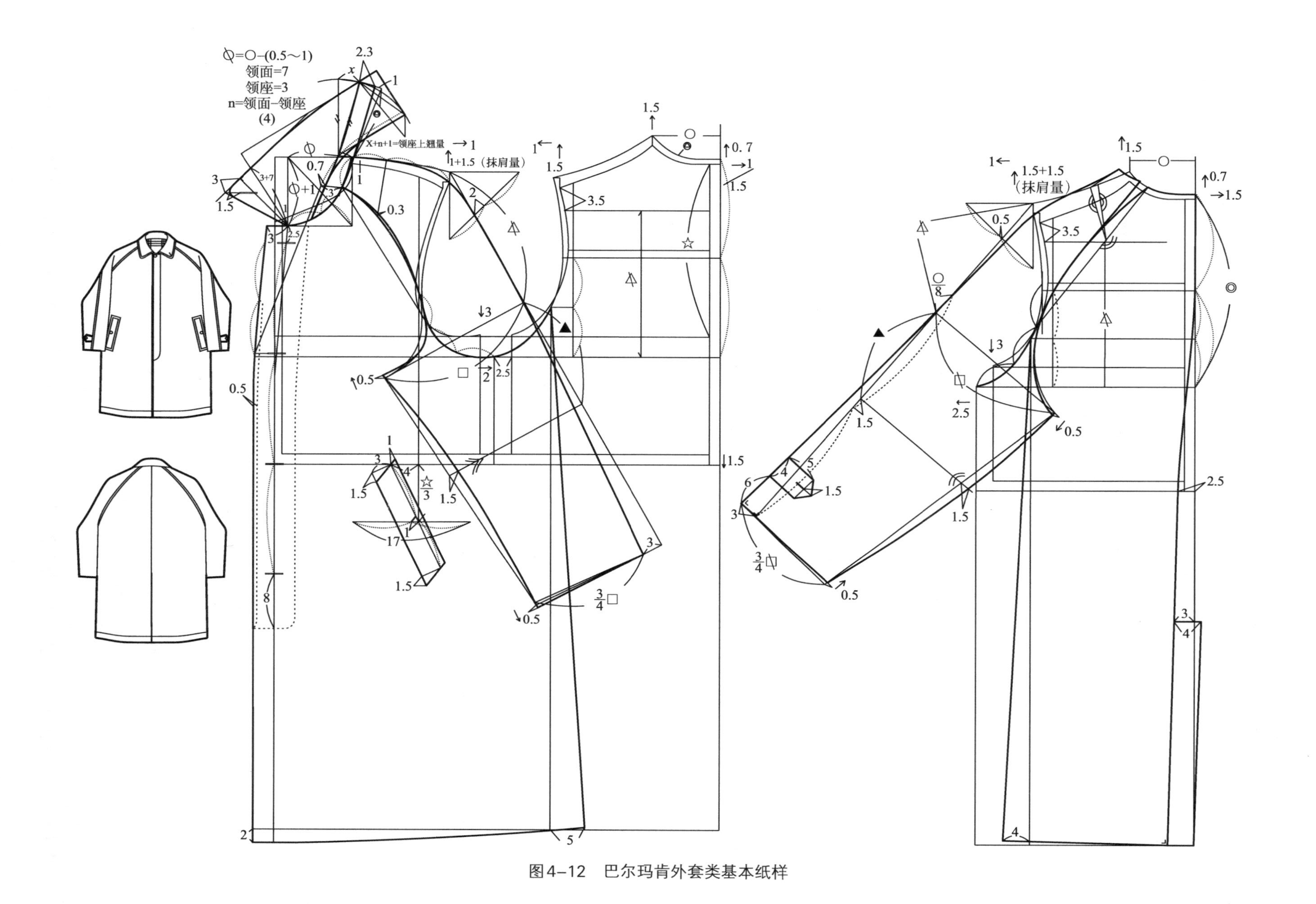

图4-12　巴尔玛肯外套类基本纸样

四、巴尔玛肯外套纸样系列设计

巴尔玛肯外套纸样系列设计，H型结构相对稳定，不存在“一款多板”的系列设计，“一板多款”成为主要的纸样系列设计方法。

1. 口袋的变化

主体结构和领型不变，将原来的斜插袋换成波鲁外套风格的复合贴口袋，袖型使用包袖结构，克夫缩小处理，在袖中线以内（图4-13，尺寸设计见下篇波鲁外套）。

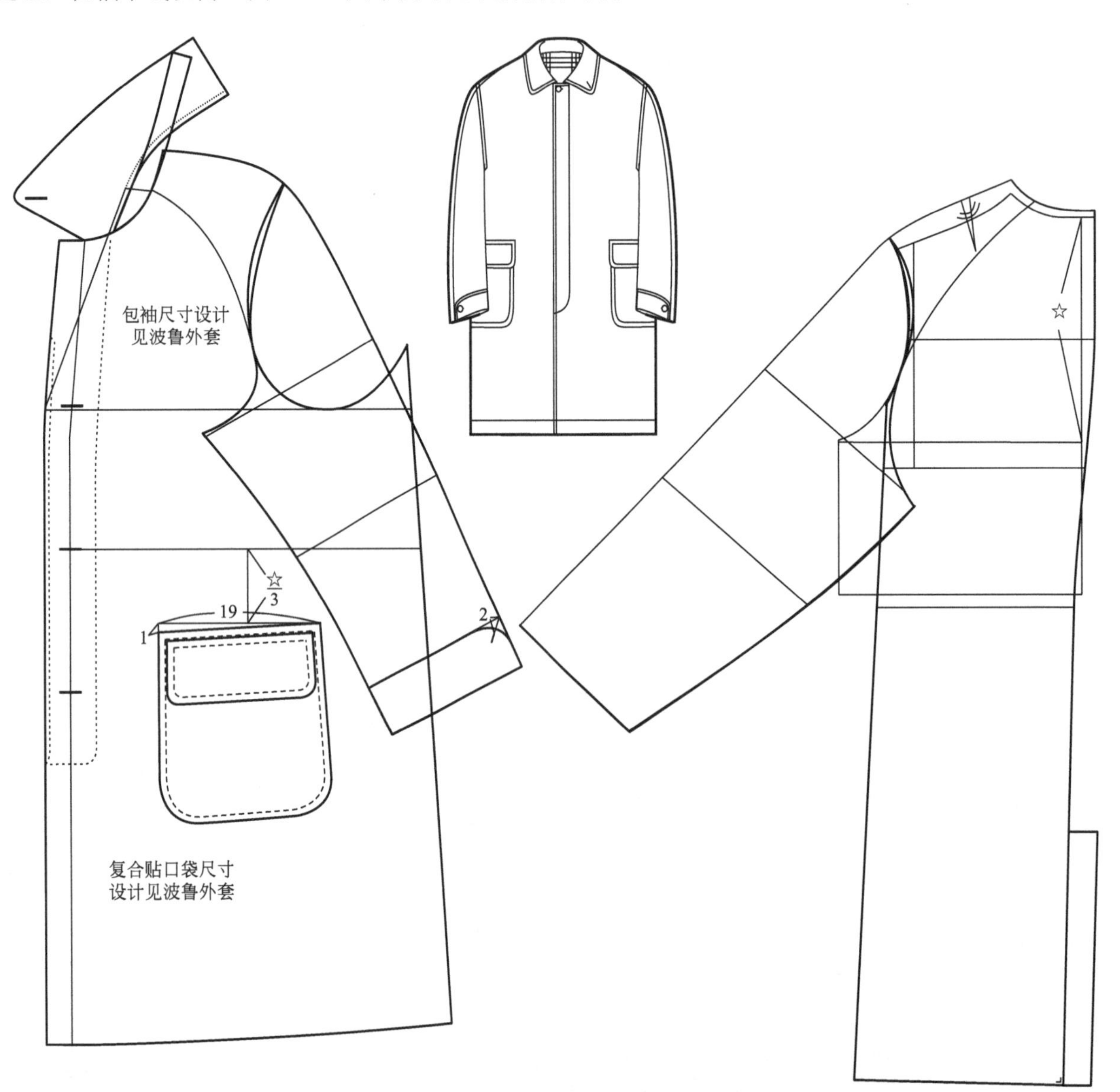

图4-13　加入波鲁元素的巴尔玛肯外套纸样

2. 袖的变化

以巴尔玛肯前中线为基准做不对称双排扣暗门襟设计，驳点定在腰围线向上7cm的位置，此时倒伏量有所改变，需要重新设计巴尔玛领。前片为包袖结构，形成前装后插的概念袖型（图4-14）。

3. 门襟的变化

在系列二上继续变化，变成双排扣明门襟，扣距使用1.5倍的西装纸样扣距，还原插肩袖型（图4-15）。

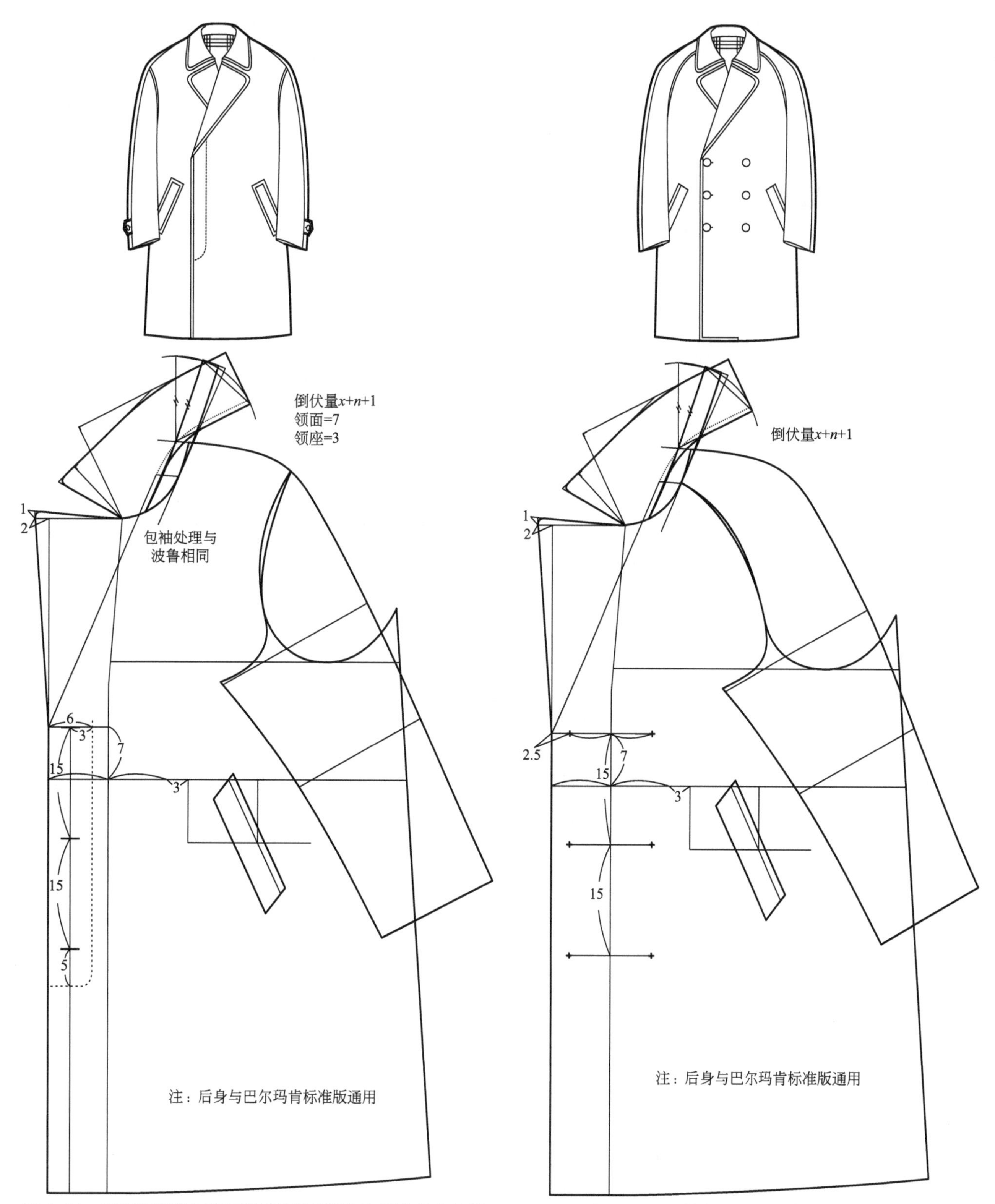

图4-14　不对称双排扣暗门襟前装后插袖巴尔玛肯外套纸样

图4-15　双排扣明门襟巴尔玛肯外套纸样

4. 引入其他外套元素的变化

衣身主体不变，核心技术是将巴尔玛领变成拿破仑领结构，同时口袋和袖口换成堑壕外套风格（图4-16，尺寸设计见下篇堑壕外套）。

在巴尔玛肯标准纸样上，将原来的暗扣变明扣，袖襻从后袖移到前袖，下摆采用绗缝说明它引入乐登外套的元素（图4-17）。

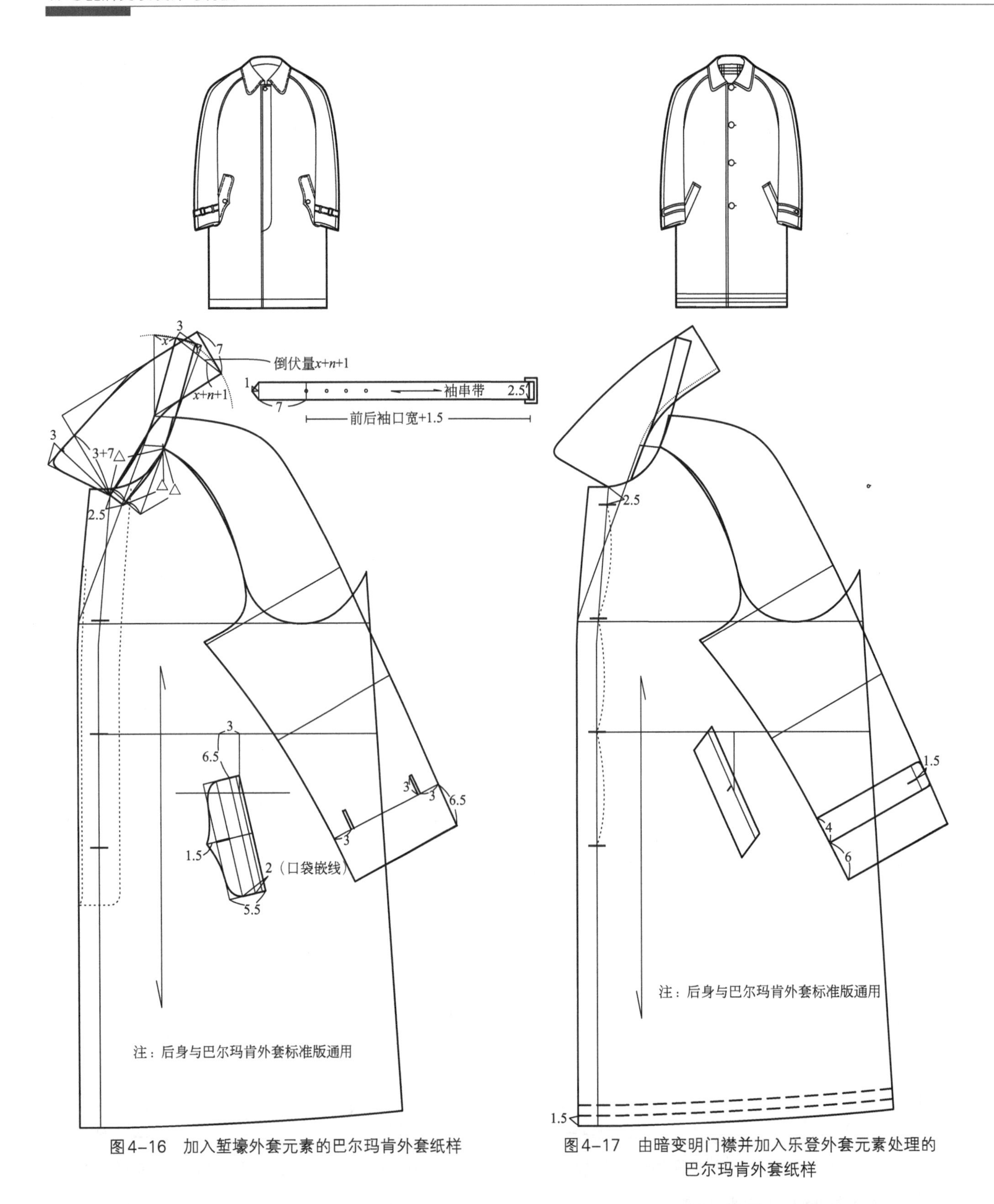

图4-16　加入堑壕外套元素的巴尔玛肯外套纸样

图4-17　由暗变明门襟并加入乐登外套元素处理的巴尔玛肯外套纸样

纸样系列一至系列四，后片相对不变，只需局部调整与前片呼应部分即可完成设计。在设计路线和操作方法上表现出很强的规律性、逻辑性和预期性，而成为市场化纸样系列设计训练的有效方法。

其他外套（如波鲁、堑壕外套等）的纸样系列设计可以由标准巴尔玛肯外套纸样作为类基本纸样变化而来。

第五章 ◆ 户外服款式及纸样系列设计实务

户外服在男装中是最具功能性的非礼仪服装，常常用于劳作、旅游、体育克运动等户外活动。男装本身就是功能的诠释者，而这其中又以户外服的表现最为突出。随着工作和生活压力的增大，人们越来越向往自由、无束缚的生活状态，也渴望在着装上得到释放。户外服集实用性、功能性、运动性、舒适性于一体，造型随意、方便耐穿的特征与大众追求务实精神的社会潮流不谋而合。因此，它在男装中是最有活力的品种。相对于华美的外观，户外服更加注重人性化的设计。追求功能语言是客观实在，而非符号性的。实用性和功能性是户外服设计的核心内容，设计中须考虑防水、防风、保暖、透气、耐磨等实际功用，任何没有实用的装饰都是不可取的，即使一个小的细节也不能给人矫揉造作的感觉。

户外服分为外衣类和外穿衬衫两种，外衣类品种较有代表性的是巴布尔夹克、白兰度夹克、斯特加姆夹克、高尔夫夹克、牛仔夹克等（图5-1）。外穿衬衫在衬衫章节具体介绍。

图5-1　男装经典户外服（外衣类）

一、户外服款式系列设计

户外服强调概念设计，这取决于它处在TPO非礼服级别，无太多礼仪限制，满足功能是它的基本需求。因此，户外服款式系列设计采用“基本型发散设计”是一种有效的方法。首先，选择一个基本款式作为基本型，将基本型中的各个元素深入分析之后，设定一个系列的基本变化款，在这个基础上不断加入新元素，进行发散设计。在形成系列款式的一定规模后，保留好的部分，去掉无关紧要的款式，由此及彼地衍生出其他系列，周而复始，不断形成质量更高的系列。巴布尔（Barbour）夹克是户外服款式中的经典，下面以巴布尔夹克为例进行设计。

1. 巴布尔夹克TPO的基本信息

巴布尔夹克是创始人John Barbour 的姓。Barbour的设计不是为了城市生活，而是为了上山打猎、下海捕鱼而作。巴布尔最值得骄傲的地方是它与牛仔裤有同样的耐穿性，不同的是牛仔裤完全没有它那样高贵的血统。它的外观历久弥新，古旧却仍然质地优良，是一种典型的贵族气质的休闲夹克。它的现代制品，面料不再是粗制帆布，而是一种户外服常见的尼龙加防水涂层面料，内衬用苏格兰棉布，结实耐用。由于它们在户外运动上的优越表现，深受英国皇室的追捧。成为男装高品质户外服的首选。

2. 巴布尔夹克构成元素分析

由于它的原始功用为户外狩猎，这就决定了构成它的所有元素都是由此而生，故设计中要以体现实用功能为依托。也是出于保持它的文化特质的考量进行款式设计，深刻理解其每个设计点非常必要，只有在此基础上做出的设计才是好的设计。巴布尔夹克基本款式大体可以被分解为领、门襟、袖子、口袋、下摆、襻饰、分割等元素（图5-2）。

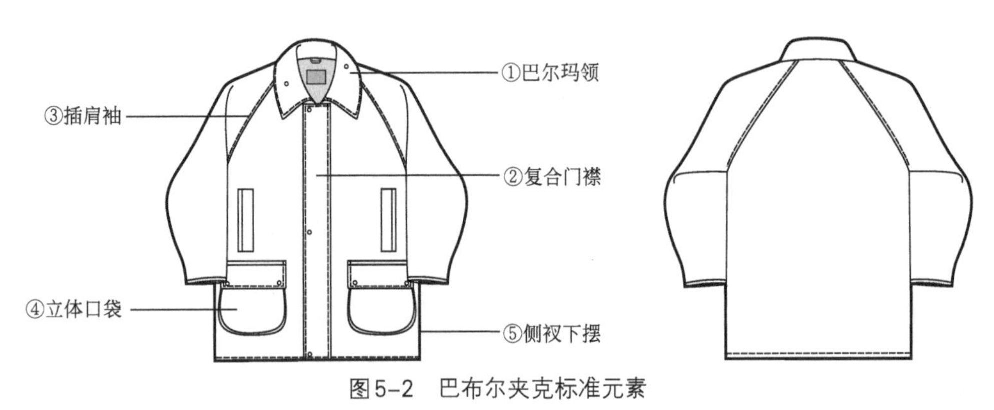

图5-2　巴布尔夹克标准元素

如果详细剖析每个元素，会发现每个元素都有各自功能的设计空间。

（1）领子

领子根据TPO的指导，因为它特有的实际功能的要求，运用于礼服中的开门领，如戗驳领、平驳领等并不适合此类服装，而具有防风、防雨、防寒作用的关门领和可开关领更为合适。

（2）门襟

门襟同样遵循实用的原则，为阻挡外界环境的侵袭，多用暗门襟（单衣）和复合门襟（棉服）。

（3）袖子

袖子的变化为常规的装袖和连身袖两种，连身袖可以结合结构线一同设计。

（4）口袋

口袋受功能的限制，不宜使用西装类口袋形式，而大多采用容量大的贴口袋和复合口袋。口袋的设计可以产生丰富的变化，形成概念设计，因此是户外服设计的重点。

（5）下摆

户外服下摆以直摆为主，在概念设计中根据需要亦可选用圆摆。

（6）襻饰

襻饰的设计可用于领口、袖口、下摆等开口位置，起到收紧和固定的功效。

（7）分割

分割可以与口袋、袖子等结合使用形成独特的功能和造型，使设计理念进一步提升。

（8）其他

其他肩盖布、带、褶等也都是巴布尔夹克的设计焦点，这些元素巧妙地应用于设计，可以使款式系列更为丰富。

3. 实用为先、循序渐进的设计原则

巴布尔夹克款式系列设计具有多变性和派生性，应遵循“实用为先，循序渐进”的原则展开。

（1）口袋的变化

在其他元素相对不变前提下，以口袋元素作为设计焦点。口袋的变化丰富，可使用贴口袋、立体袋、复合贴袋，也可以是走明线的暗袋，但均以实用作为评判设计优劣的标准（图5-3）。

图5-3　以口袋为设计焦点的巴布尔夹克款式系列

（2）连身袖的变化

在口袋系列设计的基础上再加入连身袖元素，可塑性强，款式线变化多样，能够产生独特的造型设计概念（图5-4）。

图5-4　加入连身袖元素的巴布尔夹克款式系列

（3）分割线的变化

分割线的设计并非单纯地在衣身上进行装饰线设计，而是结合口袋和连身袖结构合理使用，使元素与元素之间所表达的装饰语言与功能语言结合得天衣无缝（图5-5）。

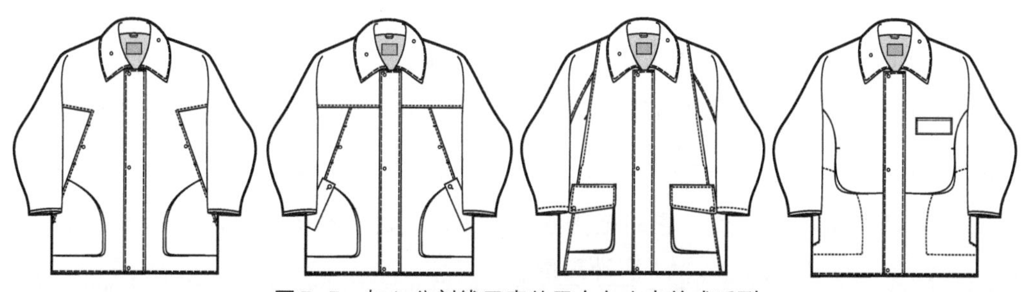

图5-5　加入分割线元素的巴布尔夹克款式系列

（4）综合元素变化

上述系列运用了三个基本元素进行设计，综合这些款式，再融入领型和门襟的改变，形成更为综合概念的风格系列（图5-6）。至此，巴布尔夹克形成无限拓展的系列款式设计机制，并且达到了结构、功能、审美的“三位一体”。设计由感性升级为理性，有自由进入到秩序，以此我们可以举一反三，运用于整个户外服系列设计。

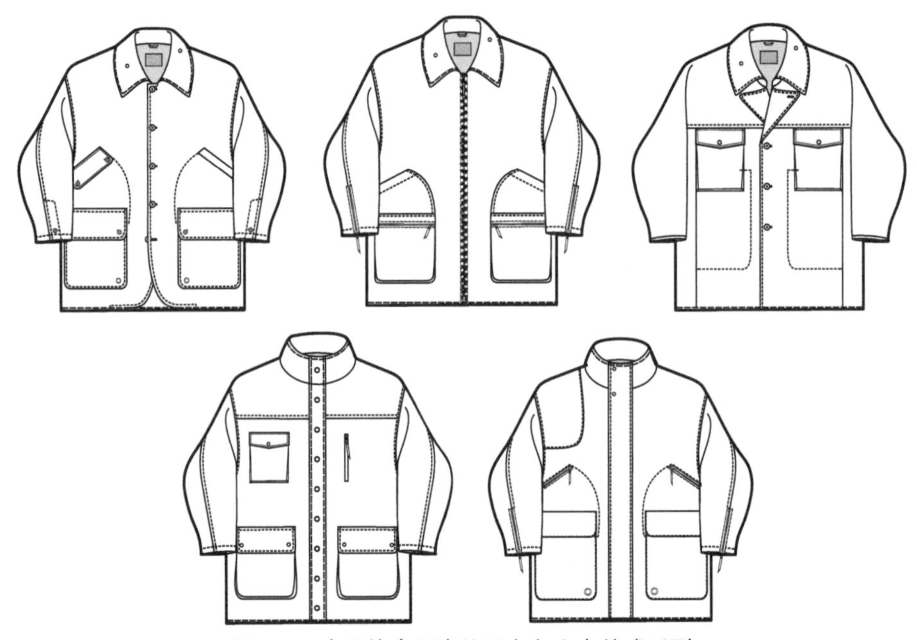

图5-6　应用综合元素的巴布尔夹克款式系列

需要特别强调的是，户外服设计中也要考虑审美因素，此类服装应用于非正式场合，在保证设计的均衡和协调的同时，要尽量避免左右对称的设计，否则会产生过于正统和呆板的效果。还要做到“瞻前顾后”，考虑前后身的结构呼应。在元素表现主题上切忌全面开花，如果前身变化丰富，后身则尽可能简化设计。

二、户外服亚基本纸样和类基本纸样的确认

根据外套的经验，户外服亚基本纸样和类基本纸样的生成步骤是相同的，只是放量机理不同。户外服属休闲服类，为保证服装足够的活动量，纸样需要改变基本松量。户外服的穿着自由，不受内层服装的限制，因此应采用变形放量设计（外套为相似形）。变形放量设计属于“无省”的范畴，放量时要遵守“整齐划一”的原则，在相似形放量的基础上调整为前后侧缝放量相等、前后中缝相等，强调可操作性。

在基本纸样基础上，制作亚基本纸样。首先设定追加量，如设追加量10cm，一半制图加放量为5cm，后侧、前侧、后中、前中的配比关系可以是2 ∶ 2 ∶ 0.5 ∶ 0.5，此组数据强调服装的厚度造型。选择1.5 ∶ 1.5 ∶ 1 ∶ 1的配比，说明强调前后身宽度。这里选择1.5 ∶ 1.5 ∶ 1 ∶ 1的配比，之后按照公式计算出其他部位的放量。肩升高量参数是前后中放量的和为2cm，根据后身大于前身的放量原则，后肩∶前肩=1.5 ∶ 0.5。后颈点升高量=$\frac{\text{后肩升高量}}{2}$≈0.7cm或0.8cm。肩加宽量=后侧缝放量+1=$\frac{1.5+1.5}{2}$+1=2.5cm（公式中的1cm为可调节量的中间值，它的范围是0～2cm，如果希望肩窄，可以不加量，如果肩宽则可以加到2cm）。袖窿开深量=侧缝放量−$\frac{\text{肩升高量}}{2}$+肩加宽量=（1.5+1.5）−$\frac{2}{2}$+2.5=4.5cm。腰线下降量=

$\frac{袖窿开深量}{2}\approx 2cm或2.5cm$。

各部位放量的数值确定后，在基本纸样上进行处理。在确定后肩和后领口之后，在前片对准前中线做前领口实现去撇胸处理，这是无省板型的特点，再使前肩长等于后肩长。然后按照比例关系得到“剑形”袖窿。由于户外服有其独特的工艺手法，需要先缝合袖子和大身后再整体缝合侧缝线到袖缝线，因此“剑形”袖窿是这种工艺的必然（图5-7）。

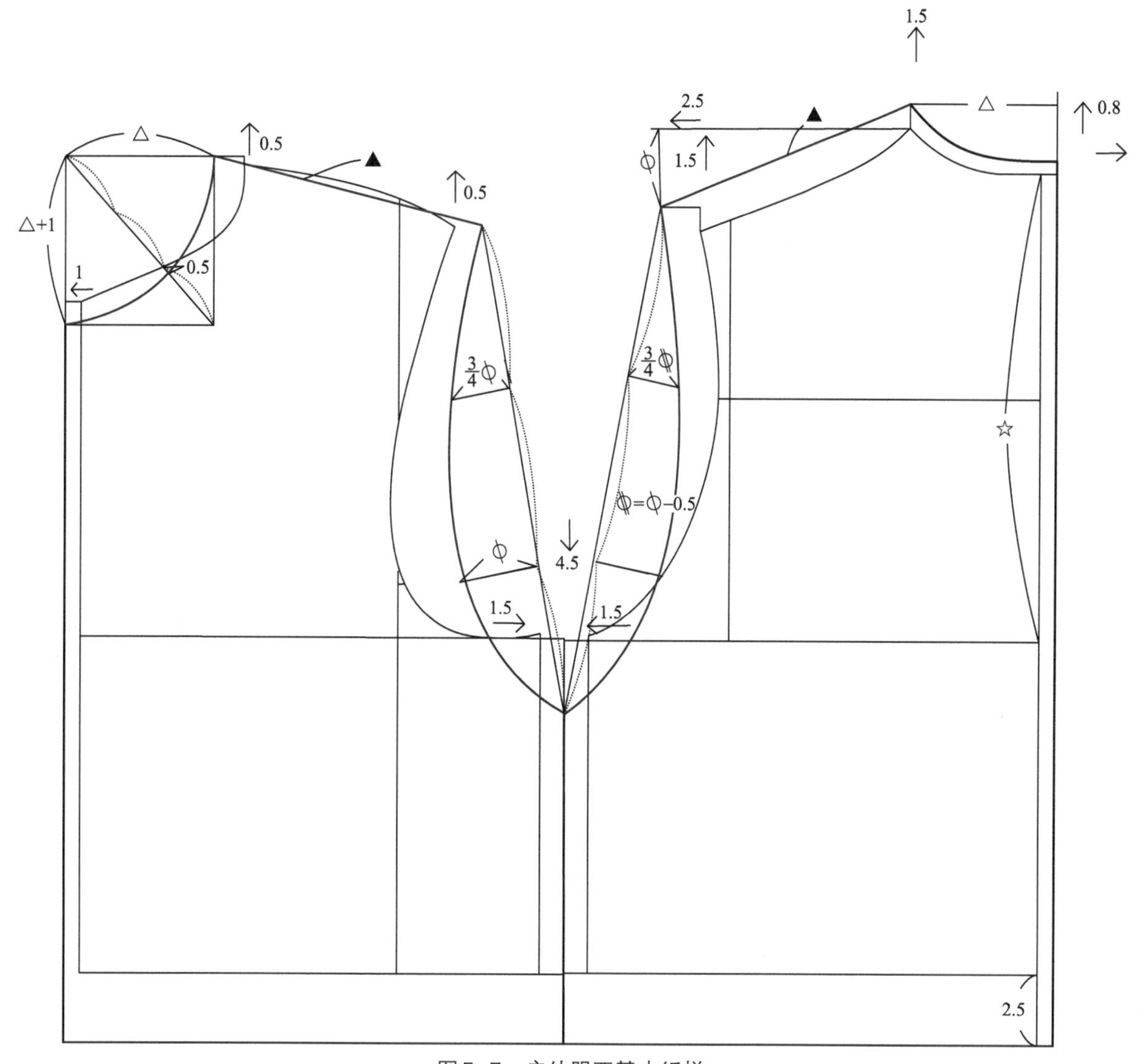

图5-7　户外服亚基本纸样

户外服类基本纸样就是在亚基本纸样的基础上，选择户外服某个类型的标准款式完成的纸样，以此可以顺利快捷地设计出该系列纸样。以巴布尔夹克为例，由原腰线向下一个背长定出巴布尔夹克的衣长。根据标准款式得到巴尔玛领、插肩袖等典型结构的类基本纸样。领型采用分体式巴尔玛领结构。袖型与相似形（合体类）环境下的插肩袖不同，它是变形环境下，贴体度较小的插肩袖结构，它需要对前后袖缝进行复核，若有差量，则要按照“平衡”原则将差量分解掉，使前后袖底缝相等。老虎袋不可离侧缝过近，根据西装确定口袋位置的方法进行微调处理，向前平移1cm以上，同时由于腰部侧插袋的存在，需要适当降低老虎袋的袋位，以寻求功能完善和视觉平衡（图5-8）。

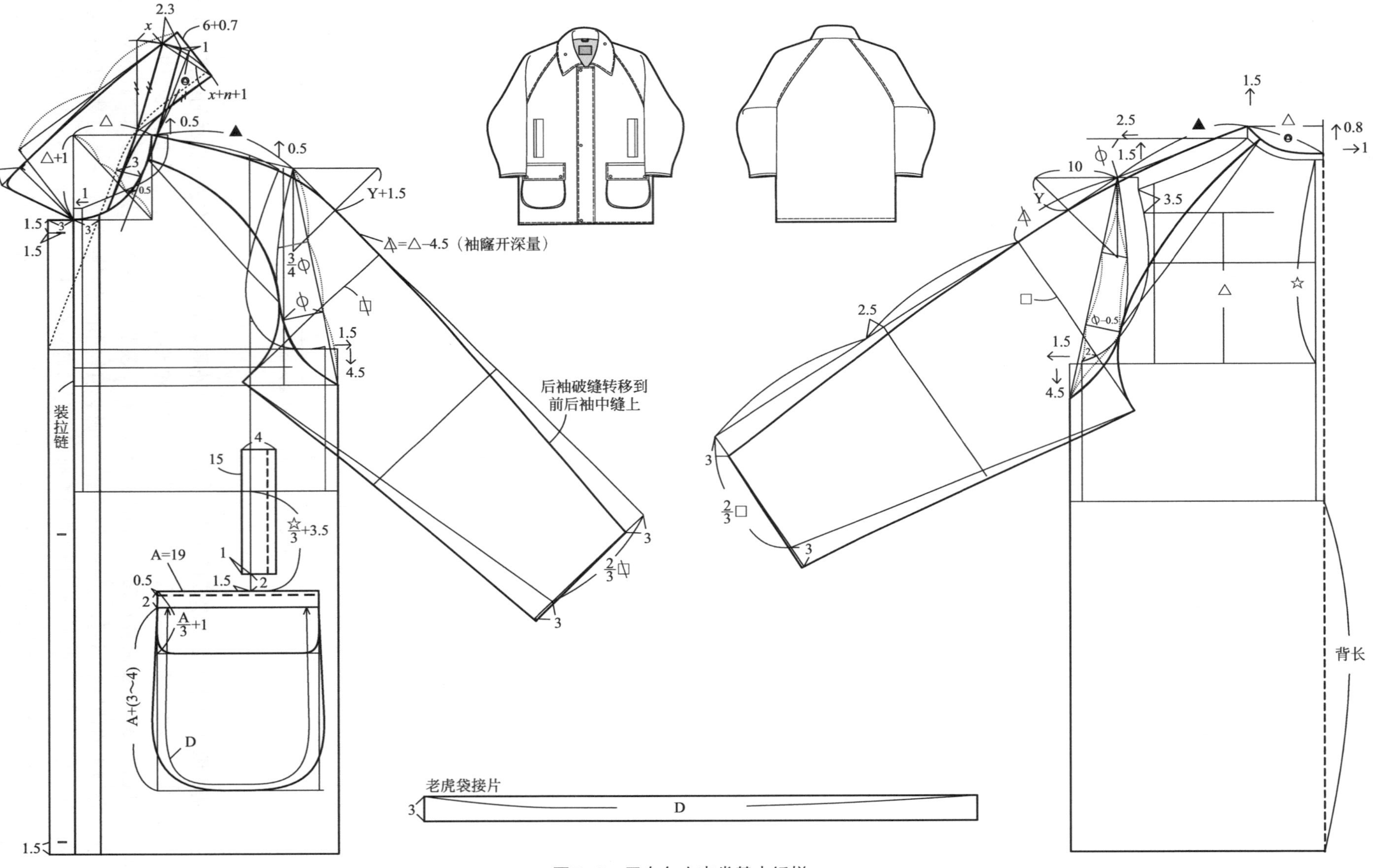

图5-8　巴布尔夹克类基本纸样

注：领子的设计方法与外套相同参见图4-12。

三、巴布尔夹克纸样系列设计

由于巴布尔为H型无省结构，主板结构相对稳定，因此“一板多款”是其主要设计方法，基础板型确定后接下来只是局部的变化产生系列，规律明显，且自由发挥的空间大。

1. 装袖设计

装袖的设计在类基本纸样上只要将变形放量的袖窿弧线直接还原，去掉连身袖结构。装袖结构的袖山高确定方法同连身袖方法相同，袖子破缝定在后袖中心位置。口袋采用暗袋明线设计（图5-9）。

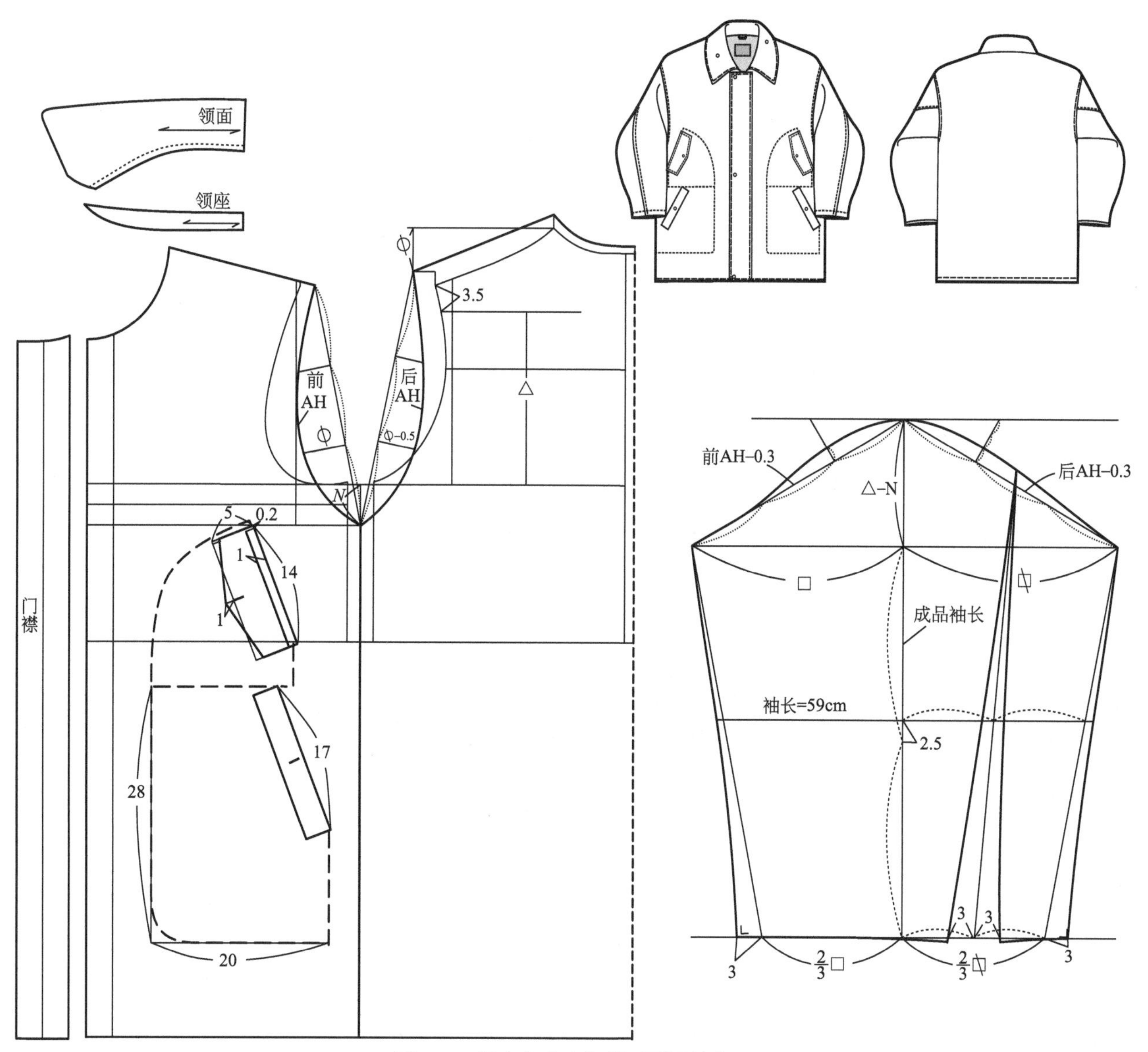

图5-9　巴布尔夹克纸样系列设计之一

2. 口袋设计

在系列之一上将分割线与口袋结构紧密结合，产生独特构造概念（图5-10）。

3. 造型设计

在插肩袖转折点处改变连身袖的款式线造型，利用款式线，在胸前形成立体结构，使之具备袋盖和口袋的功能，大袋的造型与连身袖的款式线相呼应，为使连身袖结构更加合理，将前袖底一部分借给后袖（图5-11）。

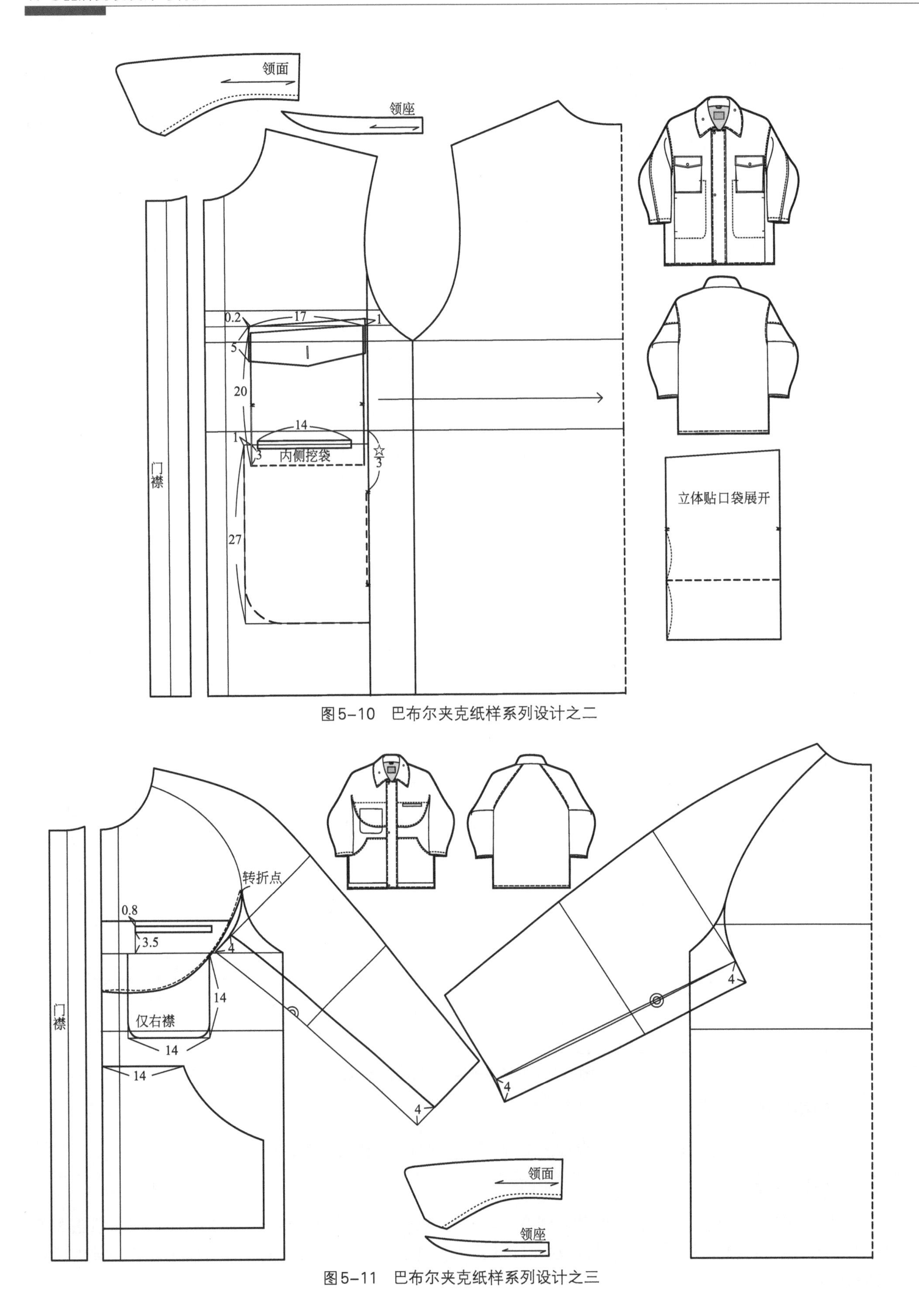

图5-10 巴布尔夹克纸样系列设计之二

图5-11 巴布尔夹克纸样系列设计之三

4. 袖款设计

继续改变连身袖款式线的设计，采用落肩线式的分割，由此衣身结构分为两个部分，利用衣身破缝顺势设计口袋和袋盖，使看似款式线的造型均变为具有实际意义的结构设计。大袋的上面再覆上15cm长的斜插袋，方便插手用。后片纸样与前片结构呼应，同时加开衩设计（图5-12）。

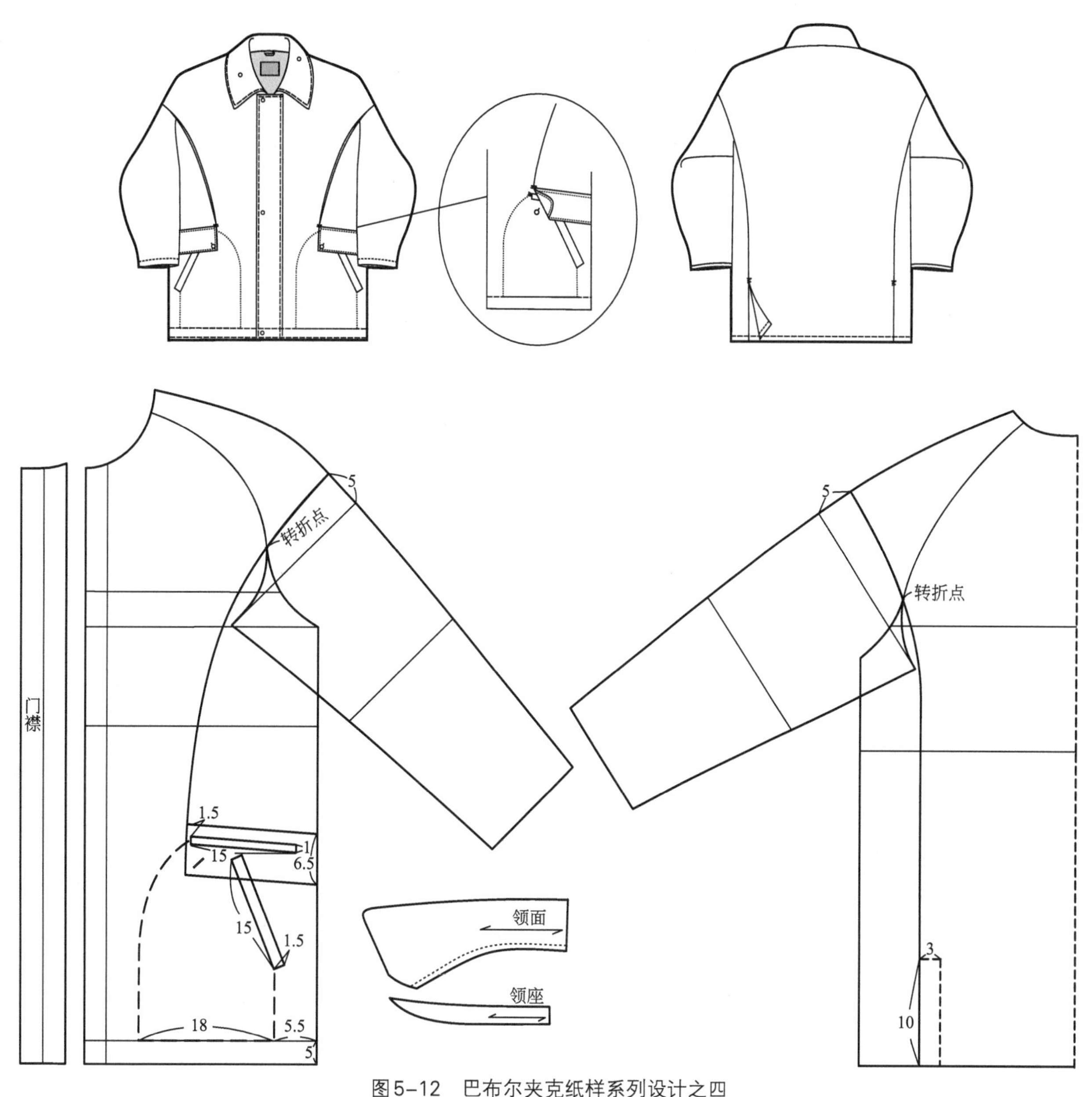

图5-12　巴布尔夹克纸样系列设计之四

5. 袖裆设计

连身袖的极限表达——袖裆设计。这是纸样设计中较复杂的技术。从后片开始操作，以袖片与衣身的转折点作为起点，连接插肩袖与侧缝交点，前片做同样处理。根据前片袖缝（A）和侧缝（B）截取后片袖缝和侧缝，如图5-13在后片上确定y值和y′，并得到M、N和M′N′（放出1cm做缝后的长度）四条线段。袖裆设计以O为原点画坐标轴，向上和向下的长度均为$\frac{y+y'}{2}$，之后分别以P和Q为圆心，以M、M′和N、N′为半径做弧，得到交点连线，得出袖裆纸样。

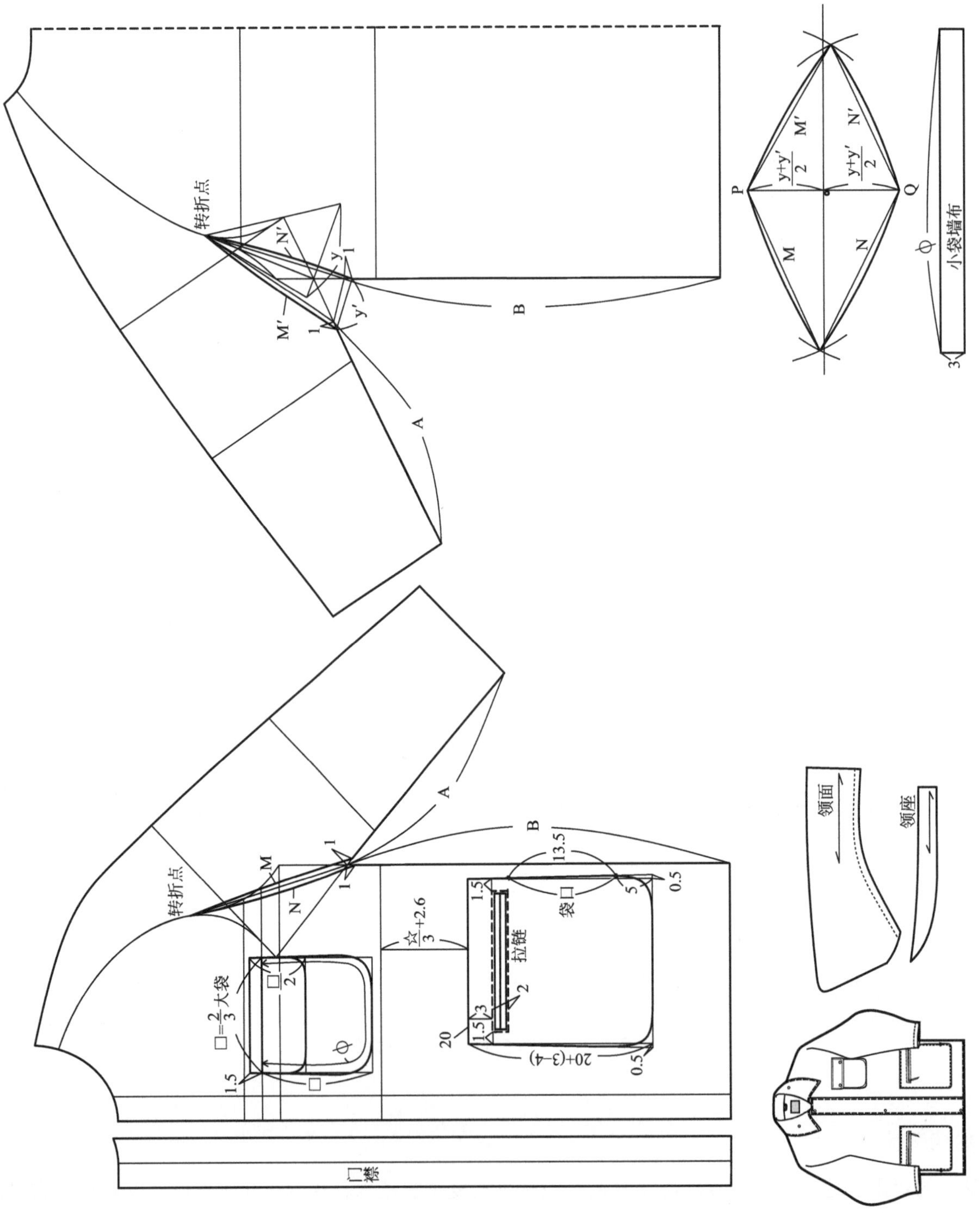

图5-13 巴布尔夹克纸样系列设计之五

6. 综合变化设计

连身袖的款式线在前片变成直线结构，配合斜向分割线，形成具有“构成感”的纸样。沿分割线分别做立体贴袋和暗袋设计，为将二者在外观上区分开来，将贴袋加上袋盖设计。可见斜向分割线是为口袋而存在（图5-14）。

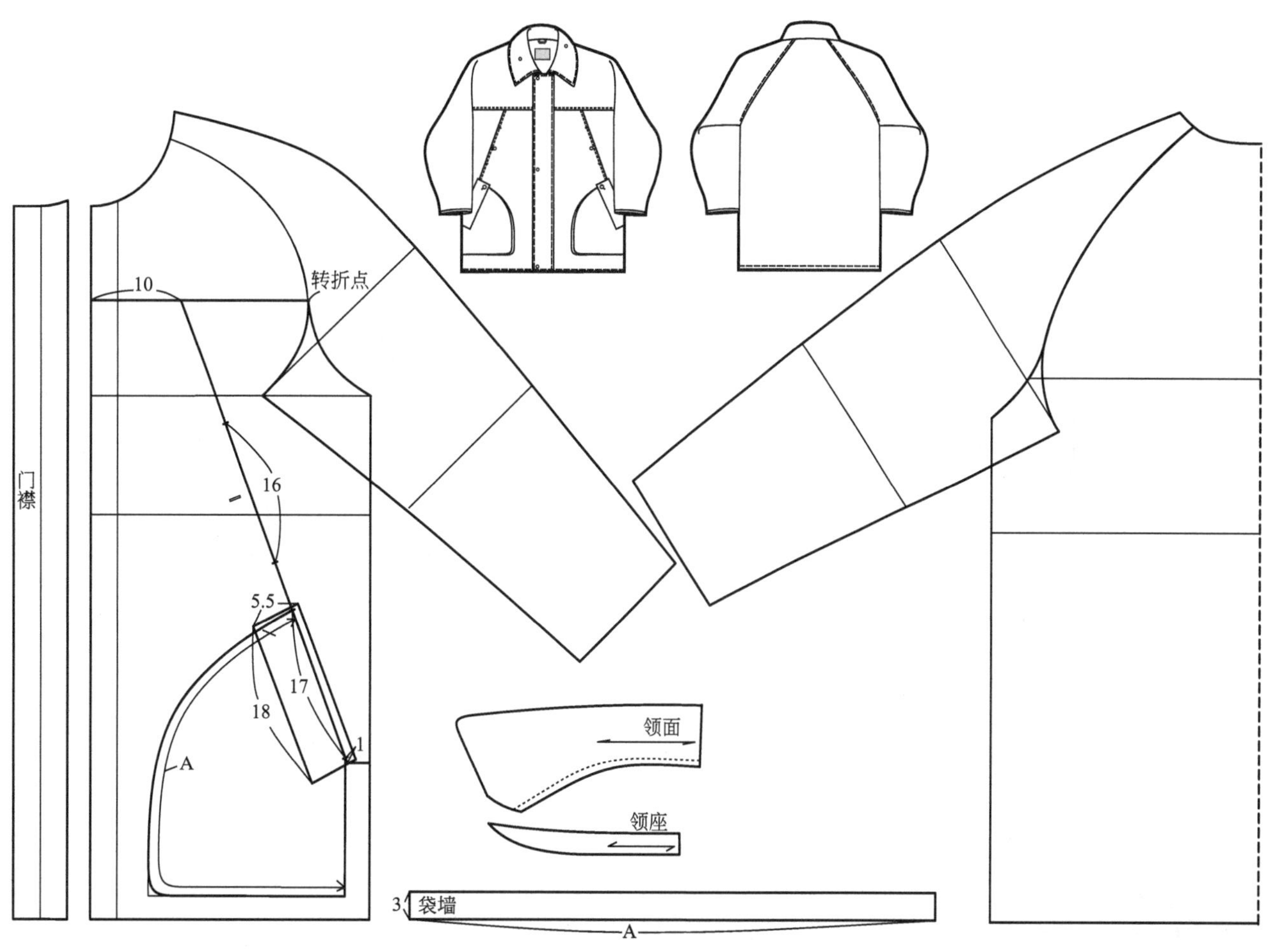

图5–14　巴布尔夹克纸样系列设计之六

巴布尔夹克是最具代表性的户外服，由纸样系列设计可以发现“功能”设计是第一位的。由开始的袖型、口袋的简单变换，到连身袖款式与结构的结合，最后考虑设计美感，整个设计过程始终没有离开功能这个主题。流行趋势和面料与此相辅相成，流行元素和新型面料的运用可以增强设计的时尚感和现代感。

第六章 ◆ 裤子款式及纸样系列设计实务

裤子是男装最重要的配服，按照TPO规则划分，适用于不同场合，总体分为晚礼服裤、常服西裤和休闲裤（图6-1）。

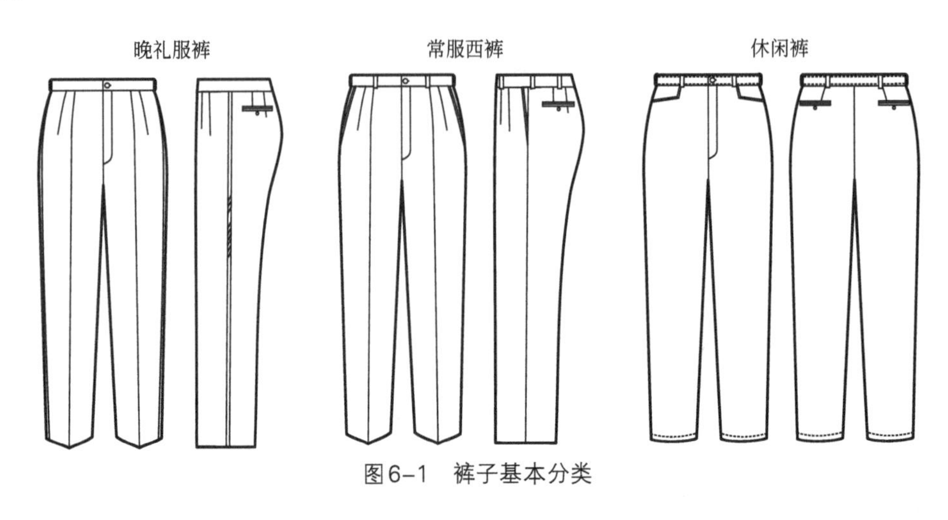

图6–1　裤子基本分类

一、裤子款式系列设计

男裤的款式设计容易被人忽视，虽然不如女裤那样形式多样、变化多端，如果深入挖掘，善于运用系列设计方法，也有很大的设计空间。男裤不同类型，变化原则亦有不同，首先“整体递进设计法”，先对该服类的组成品种、基本廓型作出整体的规划和安排，然后分别做系列设计，“各个击破”，几个品种并驾齐驱，各自发挥特点、寻求各自的发展空间。

晚礼服裤款式特征为无腰袢，有侧章。这类裤子设计单纯、隐蔽，款式变化少，一般只在标准西裤基础上选择面料和结构的微调处理，这里不做过多讨论。

常服西裤款式设计保守固定，款式变化非常有限，多是在口袋、裤脚、腰头和面料等细节上做简单的变换。廓型可以由H型变成小A型或小Y型（见下篇）。

休闲裤款式系列设计属于户外服类适用于非正式场合，设计时应以功能作为基本出发点。根据廓型的不同划分为H型、Y型和A型三个大类，元素运用灵活多变，款式系列设计主要集中在这一部分。由于H型属于中性结构状态，不受任何元素制约，所有设计要素均可使用，涵盖面最广，这里以休闲H型裤子为例演示设计过程。

1. 设计元素拆解

对H型基本款式裤子进行元素拆解分析。

（1）腰位

分为上腰和连腰及高腰、中腰和低腰的基本变化，在运动裤中可使用松紧腰。

（2）前门

可以改变形状，如直角、方角、尖角，根据腰位的变化可长可短。

（3）省（育克）

后片可以将省变成断，形成育克造型，这是休闲裤款式变化中的一个重要设计元素。

（4）口袋

基本变化是直插袋、斜插袋和横插袋，还可以进行概念设计，如贴口袋、老虎袋等，视功能需求而定。

（5）襻

腰部可以加调节襻的设计。

（6）裤口

无裤脚或翻脚，收口的款式可以使用拉链等概念元素。这里给出的标准款式为无褶款式，还可做单褶、双褶、三褶或多褶设计（图6-2）。

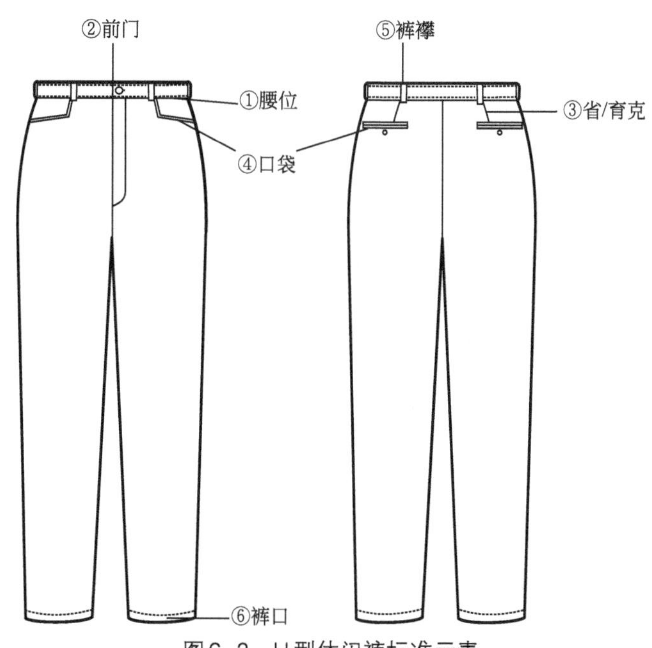

图6-2　H型休闲裤标准元素

2. 裤子系列设计

（1）口袋设计

在其他元素相对不变的前提下，改变侧袋和后袋的款式，各种口袋样式都适用，重点体现功能作用，必要时加入育克等元素与之配合。注意避免过于繁琐的装饰性设计（图6-3）。

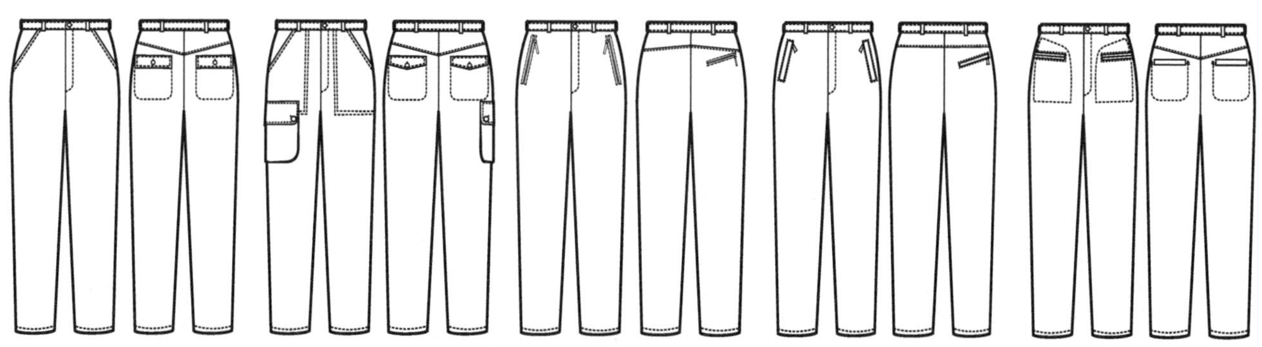

图6-3　口袋变化的H型休闲裤款式系列

（2）育克设计

育克在保有省功能的前提下，形状可以自由设计成上折、下折、上弧、下弧或直线型等各种形式的设计，当加入其他元素时要注意协调（图6-4）。

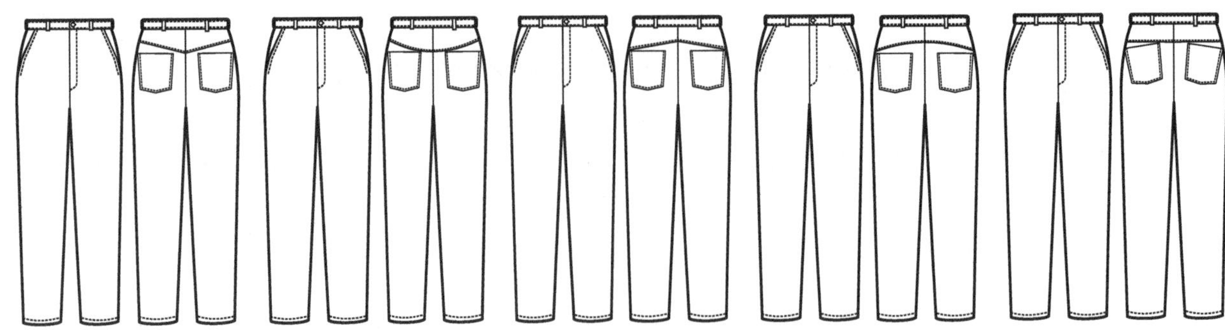

图6-4 育克变化的H型休闲裤款式系列

（3）腰头设计

可以采用连腰的款式，后中部分可加松紧带或整个腰围都是用松紧腰，方便穿脱，适合运动。后侧部位加调节襻同样具有调节腰围松量的功能。这类设计比较粗犷，多用于运动款式（图6-5）。

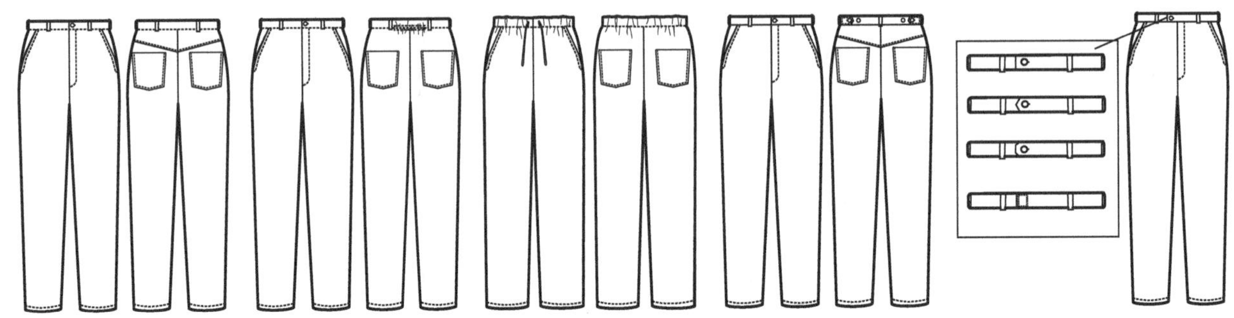

图6-5 腰头变化的H型休闲裤款式系列

（4）裤口设计

可以装拉链、使用调节扣（或襻）、松紧口等，这些元素多用于运动型设计（图6-6）。

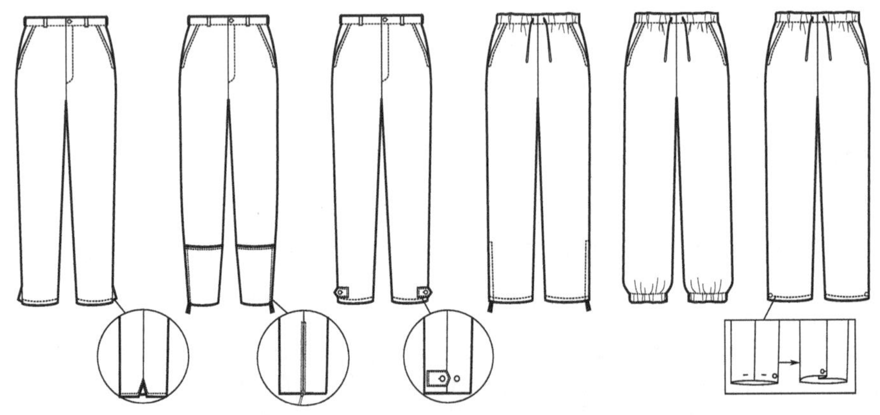

图6-6 裤口变化的H型休闲裤款式系列

（5）综合元素设计

以上四个单元素设计系列，若能分别双双结合，又可以形成更多的系列，在此省略这一过程，直接进入综合元素设计。将以上的款式系列整合，选取腰头作为变化主线，分别得到三个不同风格的综合系列：综合之一采用上腰的款式，融合口袋、分割线和育克的设计（图6-7）；综合之二是松紧腰为特色融合口袋、分割、拉链等元素的设计，体现运动风格（图6-8）；综合之三是在综合之二的基础上作收紧裤口的系列设计（图6-9）。

其实，休闲裤的变化远不止这些，按照这个方法，可以不断深化设计，得到无穷多个系列。以上这些只是H型“一板多款”的变化系列，只要稍加改动就能轻而易举获得Y型和A型系列，设计方法将H型通过有效元素变成上大下小的廓型而进入Y型系列。相反的处理方法就进入了A型系列的款式设计（见下篇）。

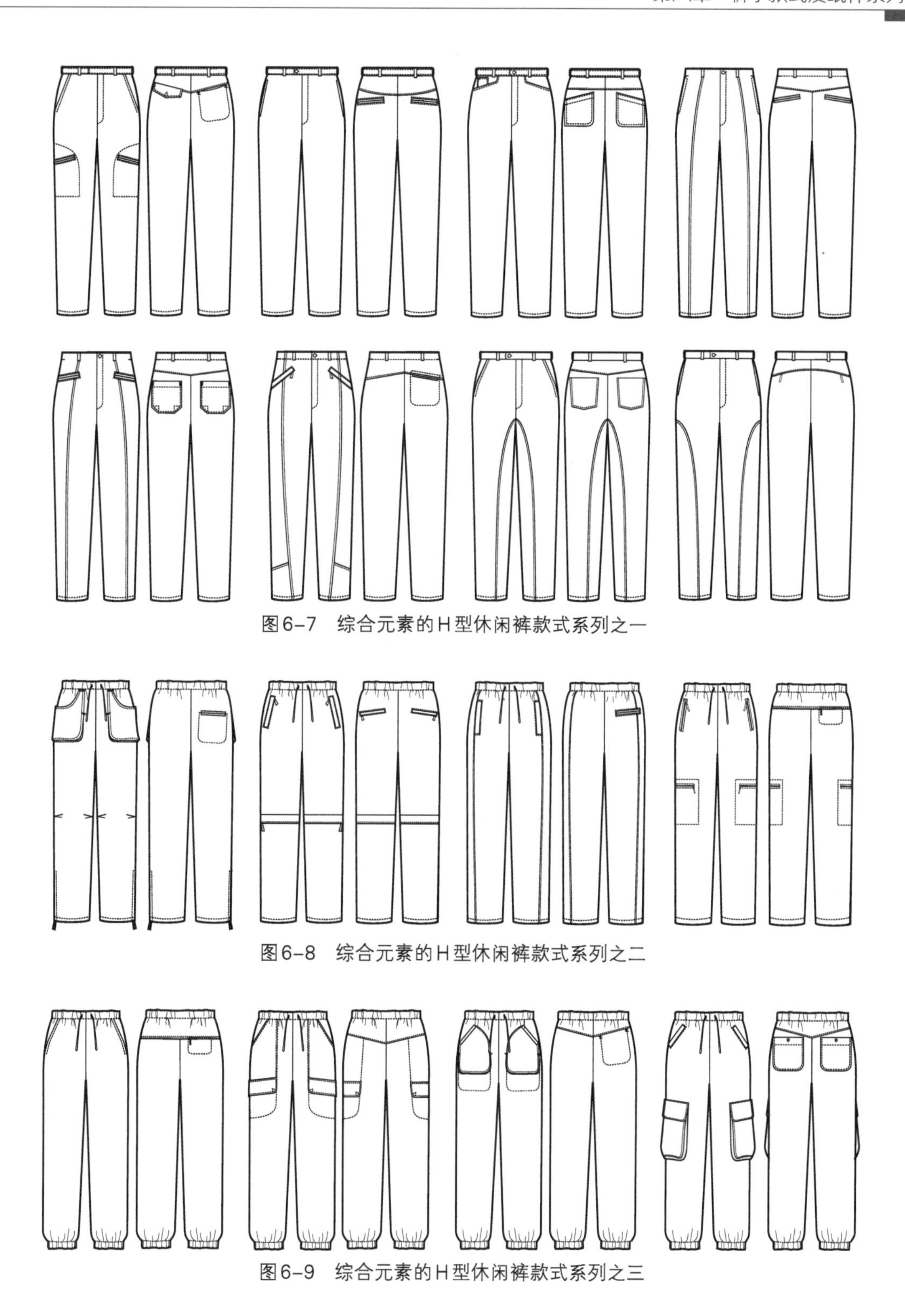

图6-7　综合元素的H型休闲裤款式系列之一

图6-8　综合元素的H型休闲裤款式系列之二

图6-9　综合元素的H型休闲裤款式系列之三

二、裤子基本纸样及其三种基本板型

裤子与上衣不同，款式元素与板型结构的关系更加紧密。因此，裤子的基本纸样同时有亚基本纸样和类基本纸样的功能，H型裤板就是这样一个角色，同时它可以完成Y型和A型两大主体板型。

制作裤子基本纸样，依然使用94A6规格：股上长=25cm，股下长=75cm，腰围（W）=82cm，臀围（H）=96cm。将最常用的H型单褶西裤作为标准款式完成纸样设计，并以此视为基本纸样展开裤子纸样系列设计（图6-10）。

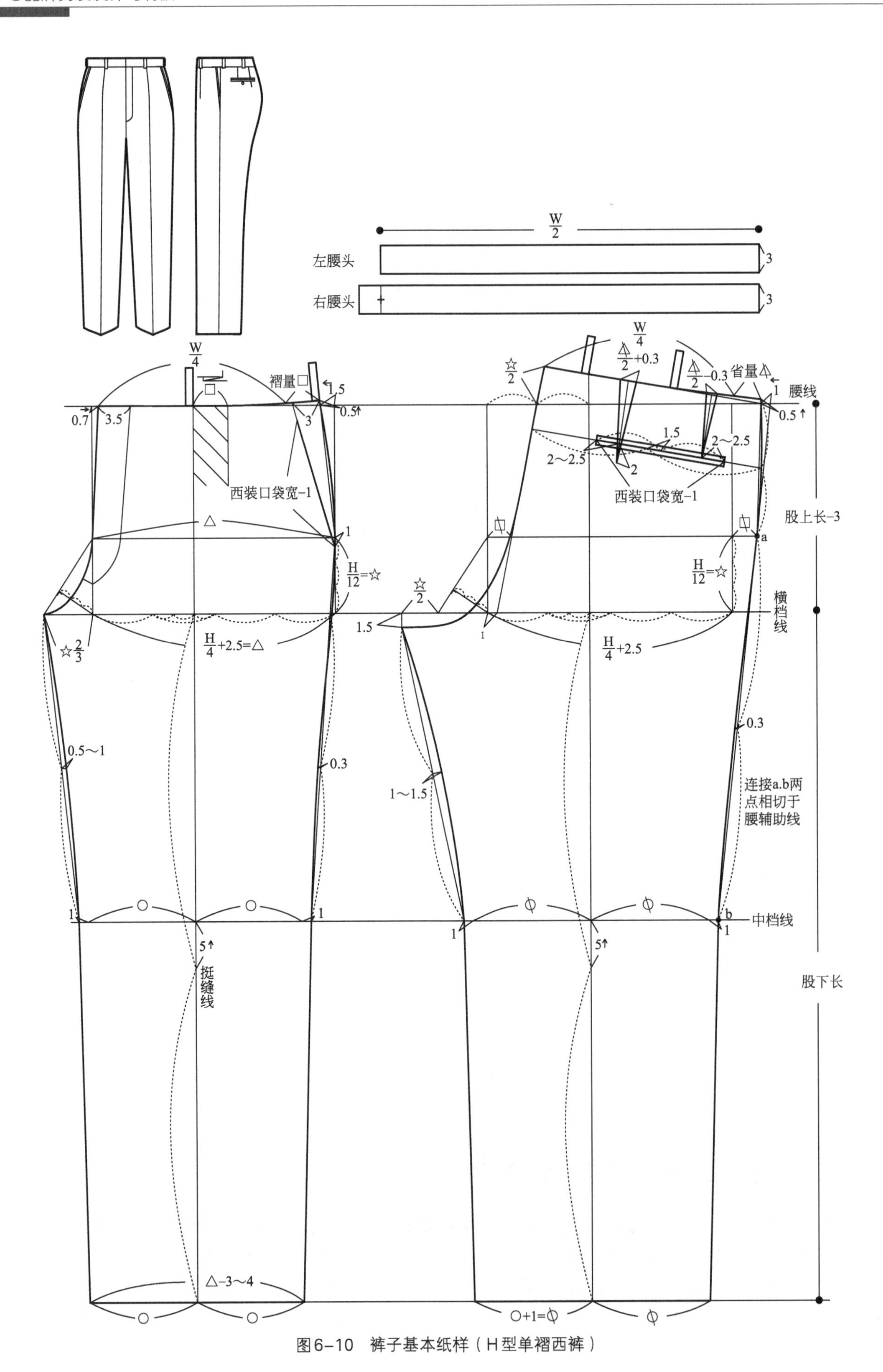

图6-10　裤子基本纸样（H型单褶西裤）

由裤子基本纸样（H型）完成Y型和A型裤，有些类似上衣的“一款多板”的原理，区别是裤子款式元素与板型结构元素结合紧密，因此，主板改变，局部也会相应改变。它表现在裤子的廓型变化系列上，有点像“多板多款”的味道。

西裤的廓型变化细腻，由H型基本纸样变化成A型和Y型都是通过微妙处理完成的。H型自身的变化也是如此。

1. H型单褶、无褶和双褶裤纸样设计

裤子基本纸样所表达的就是西裤的单褶形式，可以直接用于单褶裤。将基本纸样中的单褶变成无褶结构就实现了H型无褶裤设计。方法是沿挺缝线切开后，向内收缩，缩进的量以臀围为参照值，保证前片臀围量不小于$\frac{1}{4}$H臀围，之后在腰线上剩余的褶量，平均分配到前中和前侧去掉，或在后片的后中、后侧、中分解掉，最后重新订正挺缝线（图6-11）。用与此相反的处理方法就会得到H型双褶裤子纸样设计（图6-12）。

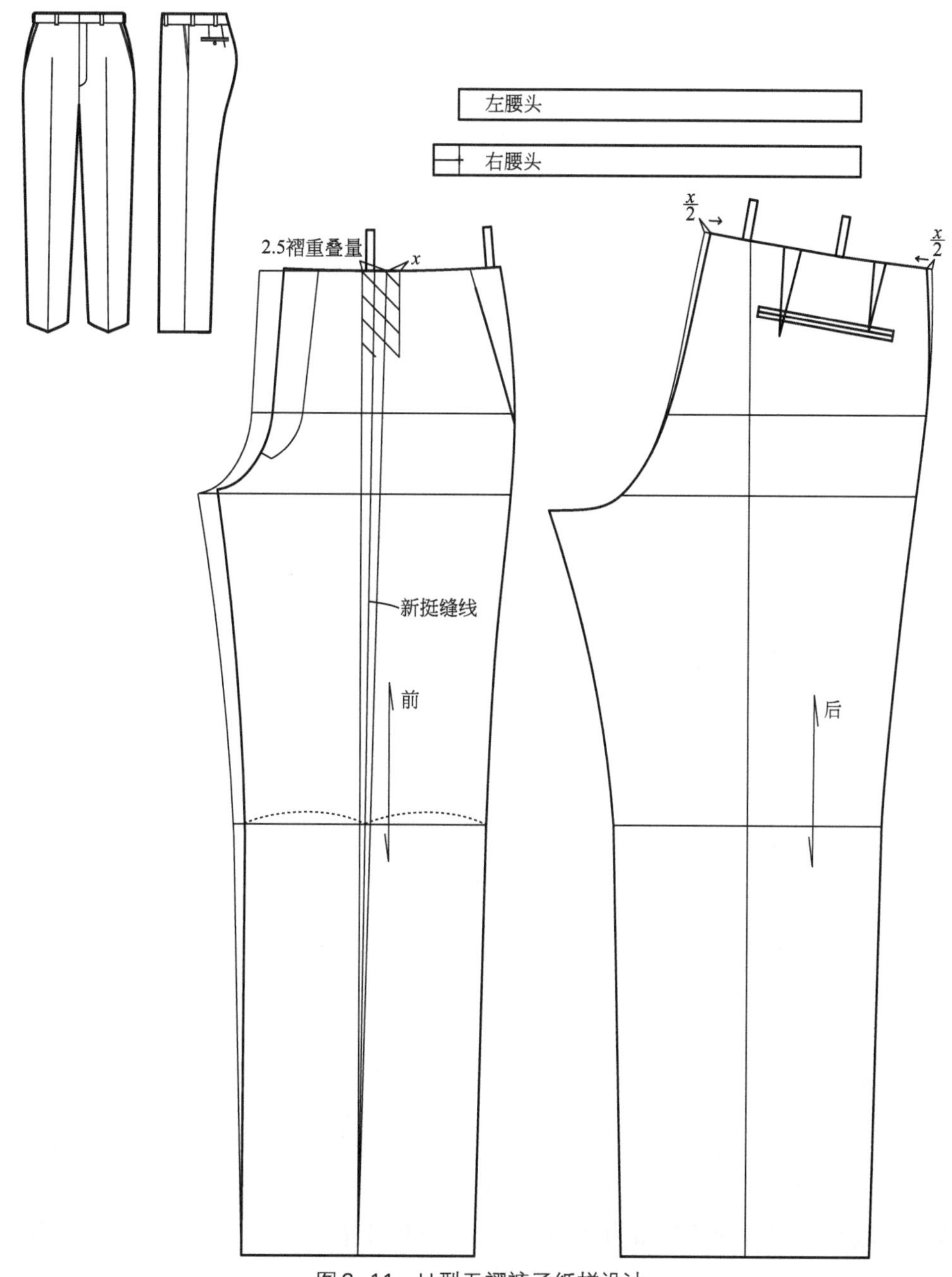

图6-11　H型无褶裤子纸样设计

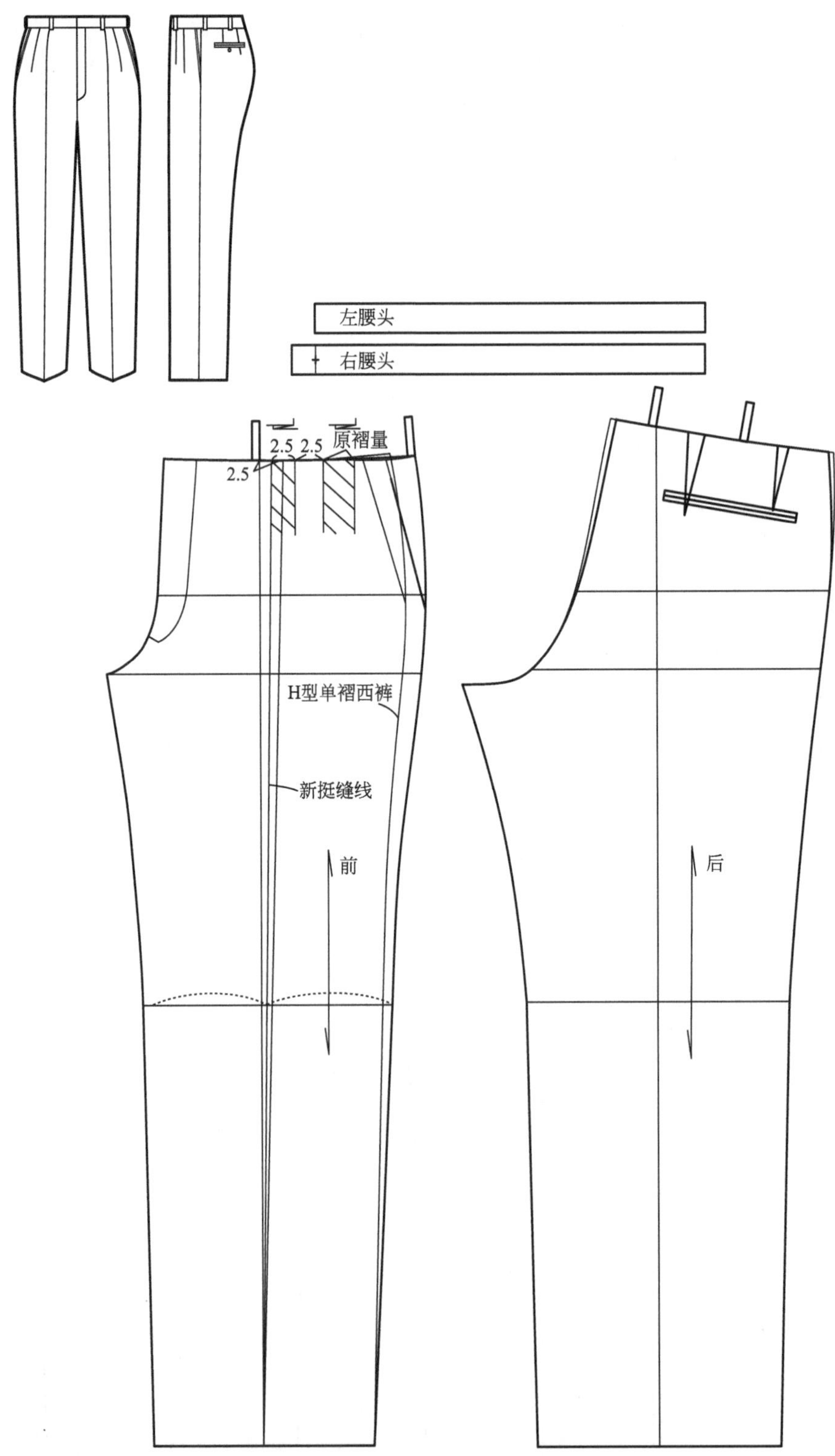

图6-12　H型双褶裤子纸样设计

2. Y型双褶裤纸样设计

Y型裤习惯配双褶高腰设计，是在裤子基本纸样基础上采用前片切展的方法，人为地加出一个褶量（与H型双褶裤处理方法相同），裤口各边缩进3cm的量，腰位向上平移2cm，变成高腰款式（男装的高腰不同于女装，一般高出正常腰位2cm为上限），最后重新订正挺缝线。后片裤口缩进处理与前片相同（图6-13）。

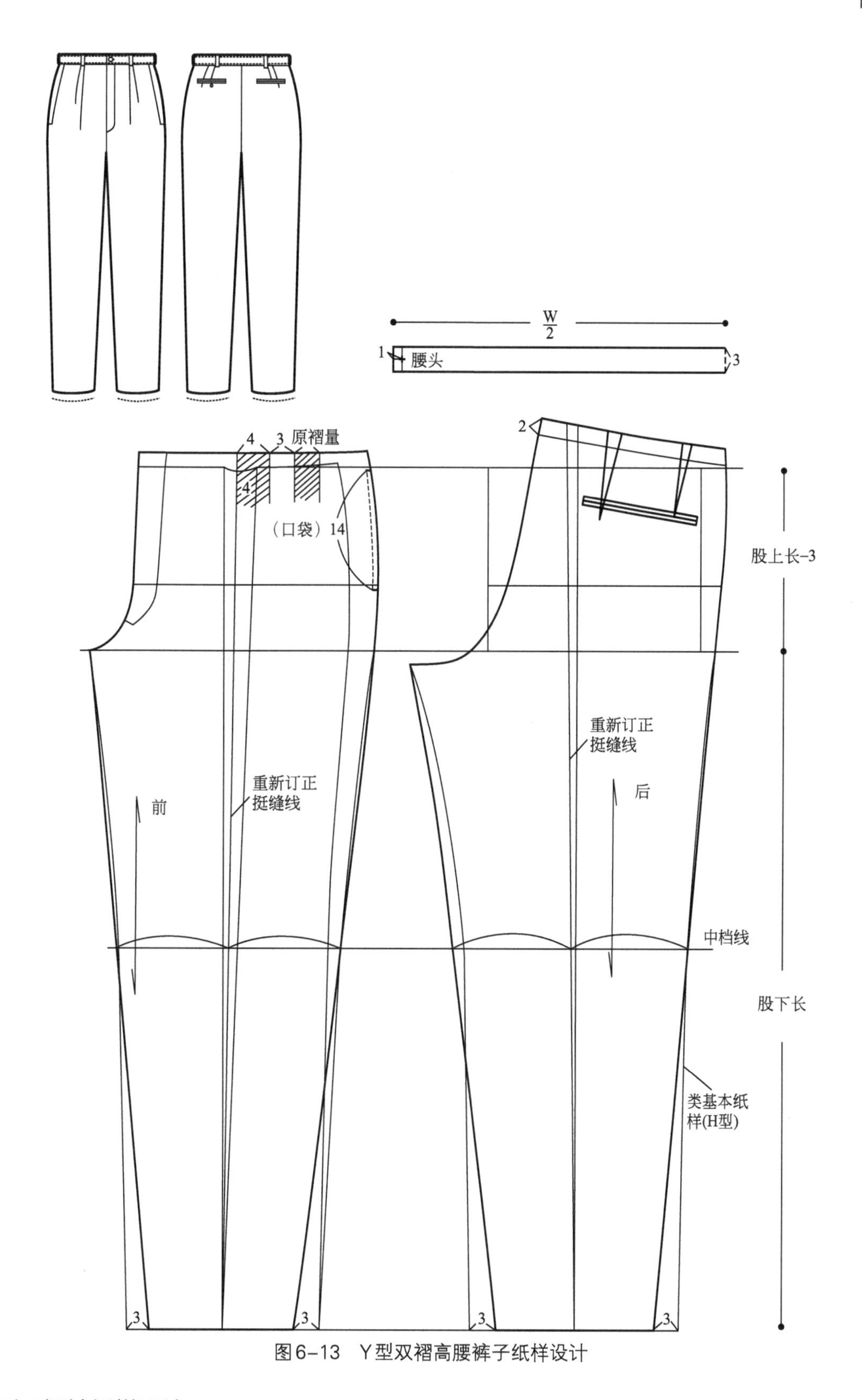

图6-13　Y型双褶高腰裤子纸样设计

3. A型无褶裤纸样设计

A型无褶裤一般配无褶低腰设计，纸样设计与无褶H型处理相似，采用收缩的方法，缩量后腰位平行向下3cm，形成低腰款式，裤口向下延长4cm，两边加1.5cm的摆量，中裆位置收进1cm，形成喇叭造型。后片做育克设计（图6-14）。

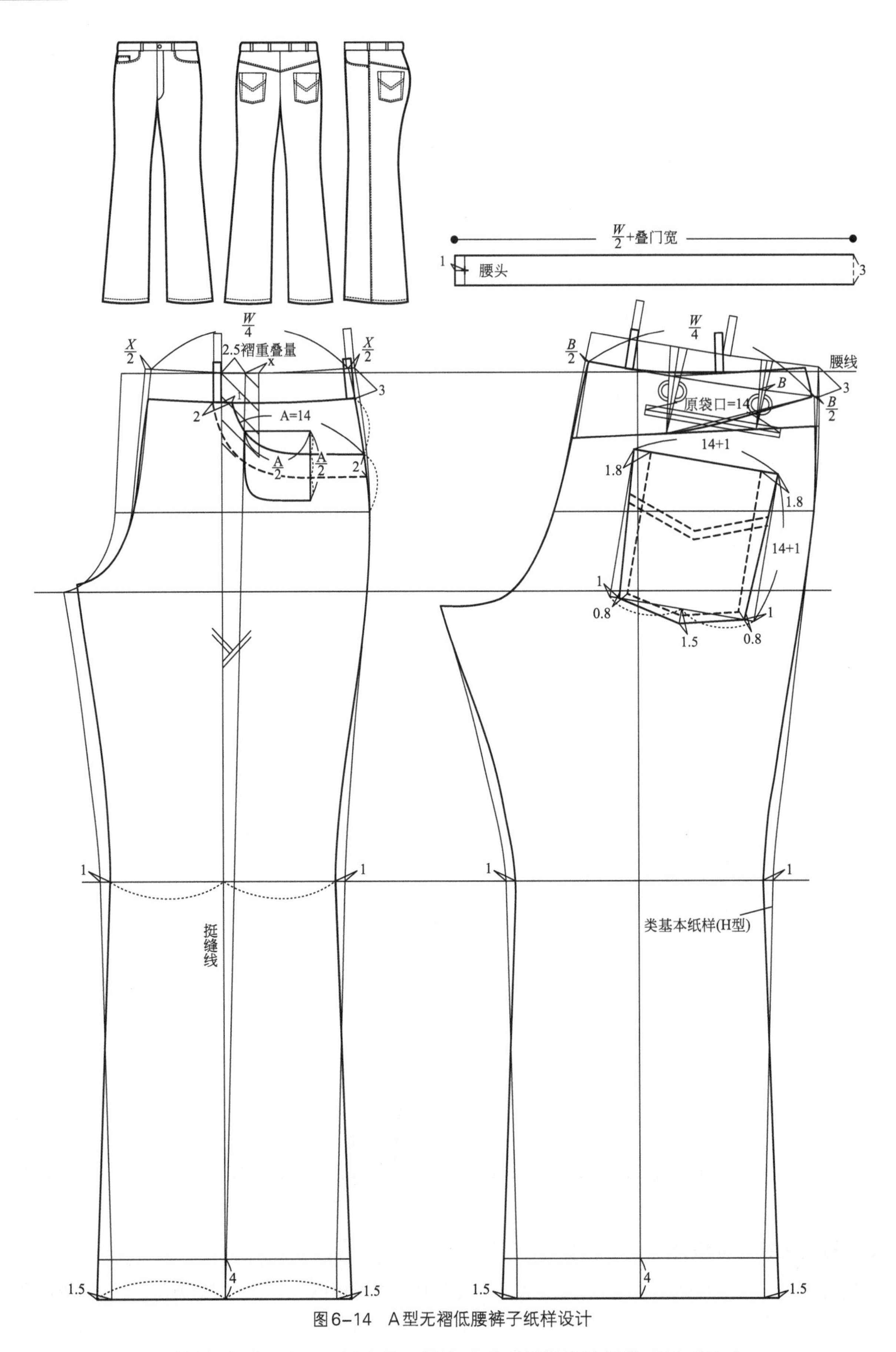

图6-14 A型无褶低腰裤子纸样设计

H型、Y型和A型板的完成，为“一板多款”的裤子系列纸样设计提供了板型基础。

三、A型裤一板多款纸样系列设计

每个廓型都可以理解成裤子相对稳定的板型，改变它的局部就实现了“一板多款”的纸样系列设计。这其中H型纸样处于中性状态，故Y型和A型的纸样设计规律完全可以运用到H型裤的系列中。这里选取A型休闲裤作为代表演示这个设计过程。以A型板作为类基本纸样使用，通过单一到多个元素的加入完成系列设计。

A型系列之一，将后片两小省中的小省分解到侧缝和后中缝中，然后依大省尖外置设计育克线形状，再将省转移到育克中（图6-15）。

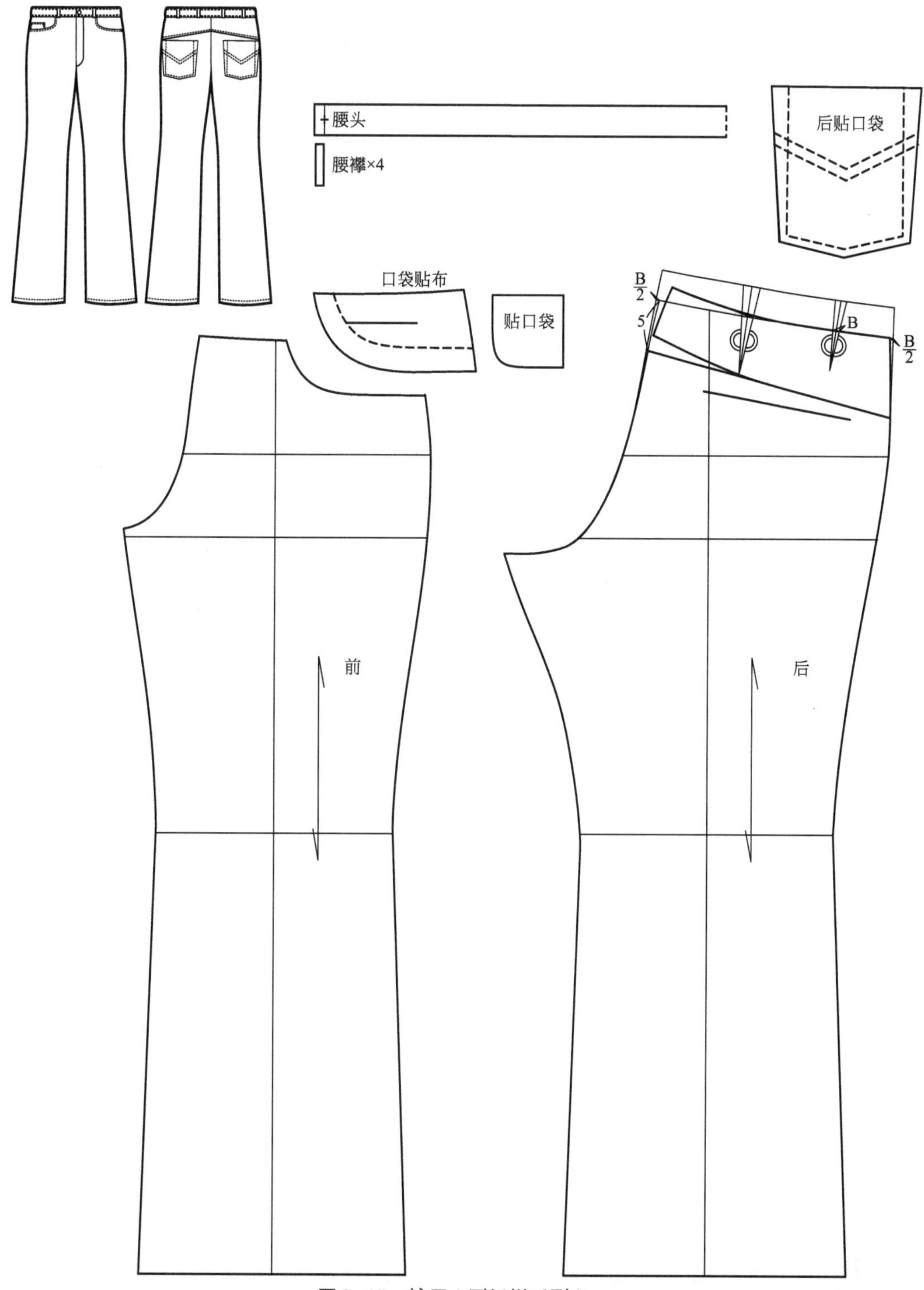

图6-15　裤子A型纸样系列之一

A型系列之二，在系列一的基础上，改变前后的口袋设计即可（图6-16）。

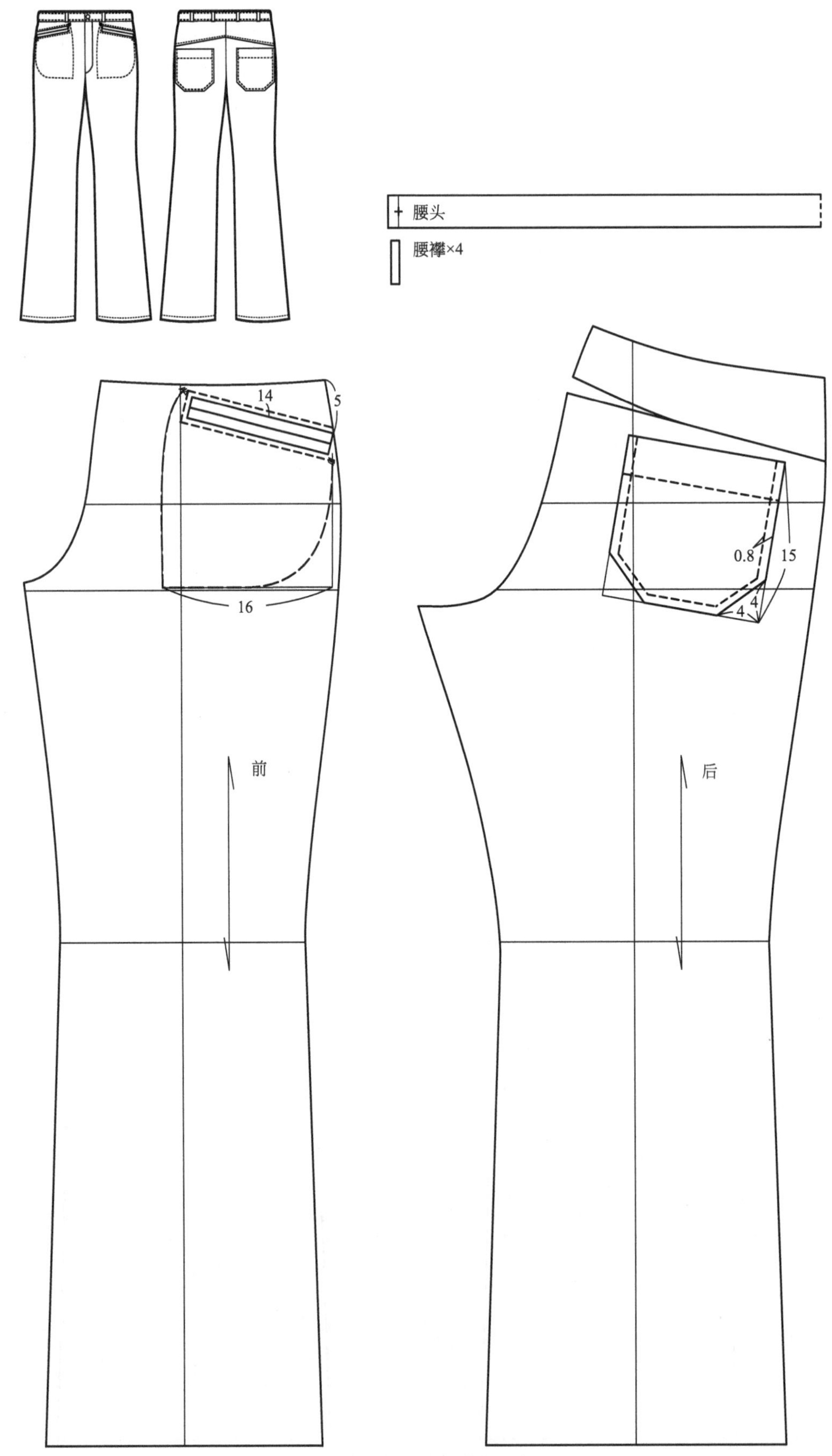

图6-16　裤子A型纸样系列之二

A型系列之三，将直线育克设计成上弧，且育克后中为不断缝的结构（图6-17）。

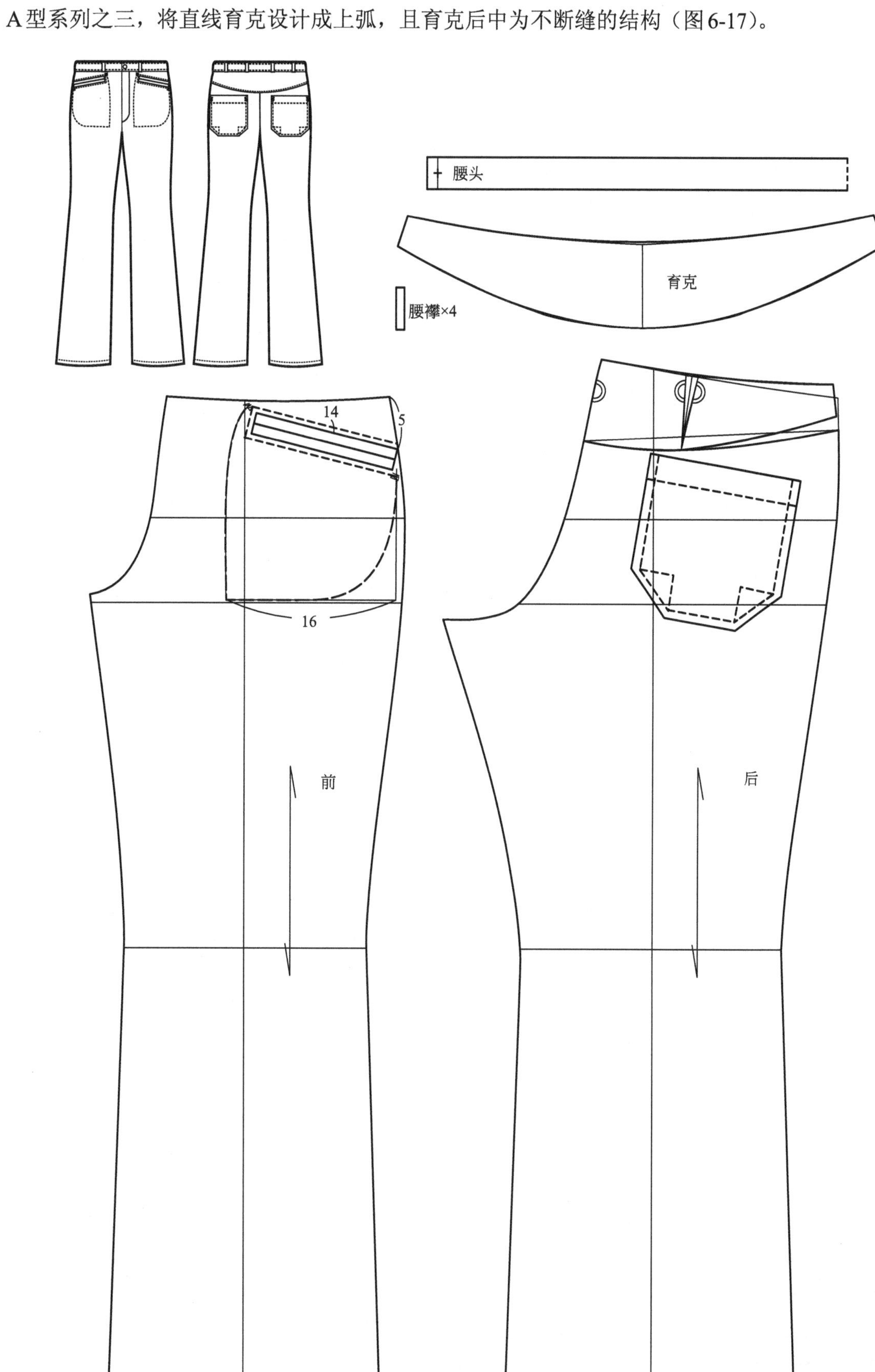

图6-17 裤子A型纸样系列之三

A型系列之四，改变断缝设计，前片和后片均断开，将前后侧缝拉成直线去摆量后合并成一个侧片，断缝下摆处分别起翘3cm，补充摆量，形成A型结构。此时纸样还可以继续追加设计成H型和Y型结构（见下篇），可见纸样设计也会走到高处现灵性（图6-18）。

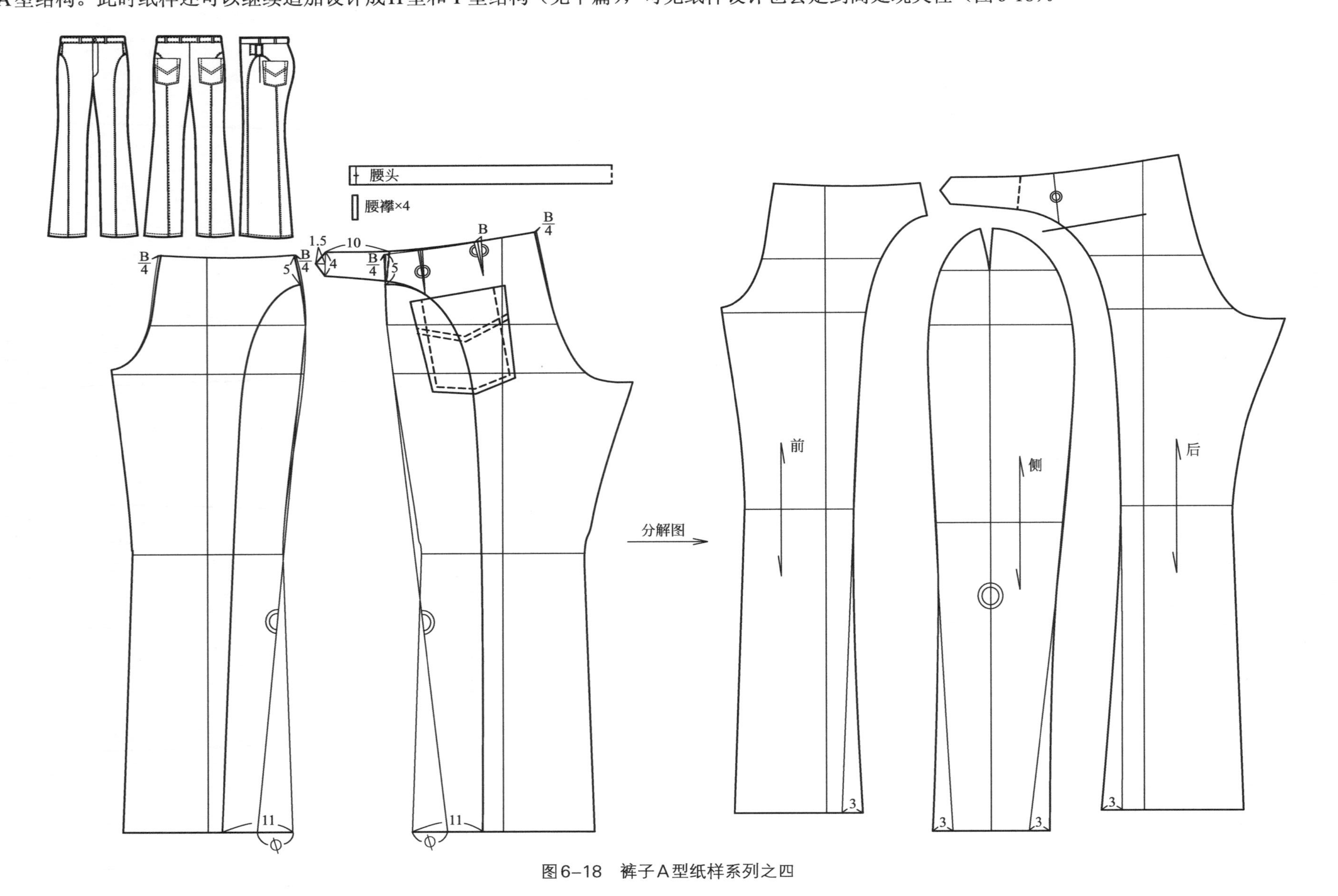

图6-18　裤子A型纸样系列之四

A型系列之五，前片保持不变，后片沿育克线变成袋口并向下断开呈“L”形，将省转入断缝中，残省量很小，可以直接在侧缝处收掉。整体上表现出硬朗的风格（图6-19）。

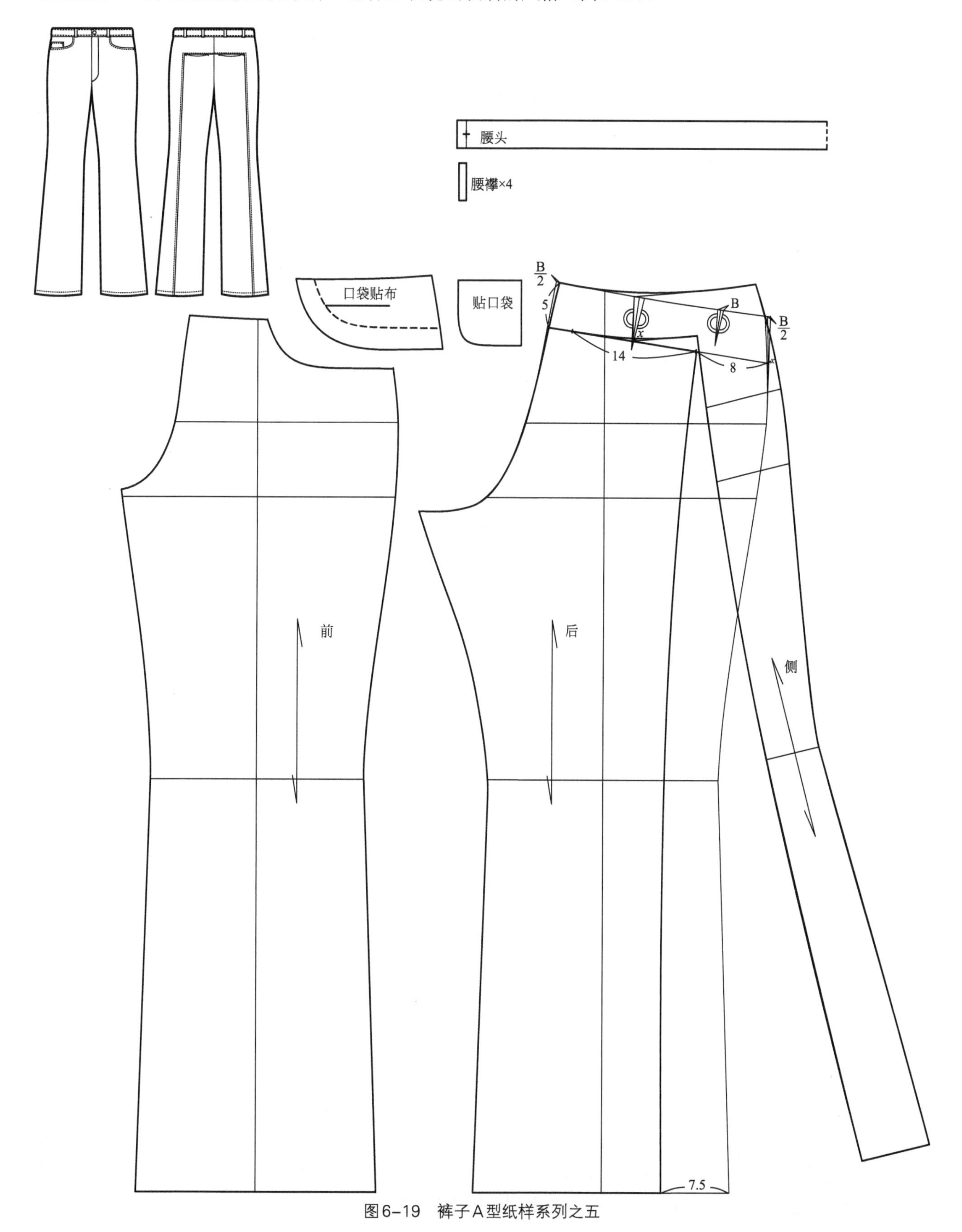

图6-19　裤子A型纸样系列之五

第七章 ◆ 背心款式及纸样系列设计实务

背心在男装中属于配服，一般不单独使用，为配合主服和礼服而运用于不同场合，也叫内穿背心。按TPO规则划分为礼服背心和普通背心（图7-1）。其中，礼服背心包括燕尾服背心、塔士多礼服背心和晨礼服背心，普通背心包括套装背心和调和背心（与休闲西装搭配）。

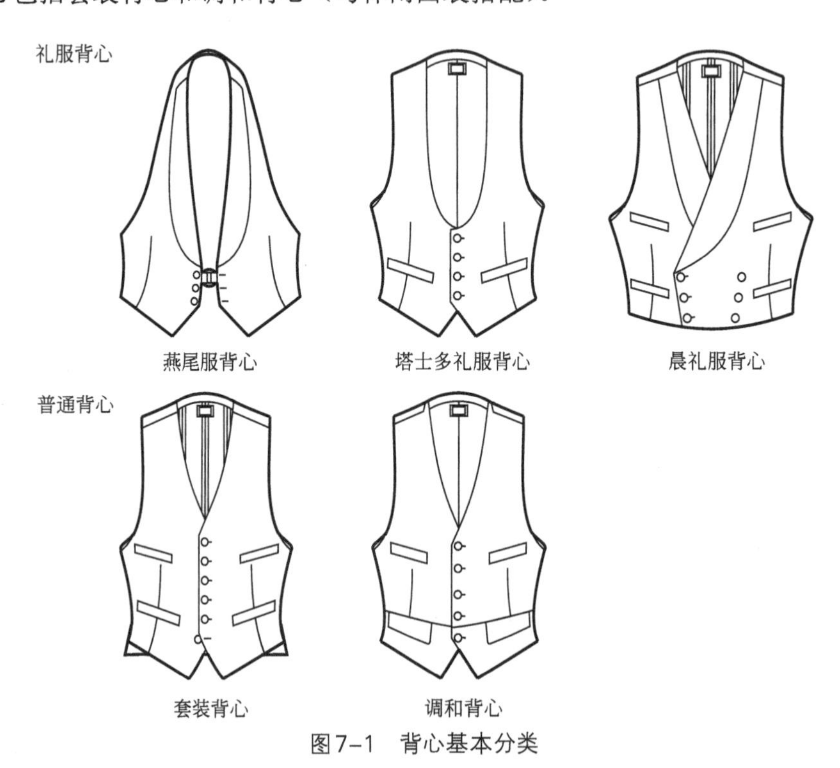

图7–1 背心基本分类

一、背心款式系列设计

由于背心受外层服装的制约较大，且主要作为西装和礼服的配服存在，所以款式单纯、固定，设计只在既定款式的基础上，从细节着眼略作调整和变化。因此，采用与西装相同的设计方法，即“细节扩展设计法”。这里选择套装背心进行系列设计的个案分析。

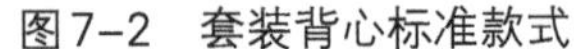

图7–2 套装背心标准款式

套装背心是与西服套装、西裤形成的同色、同材质的配套背心，标准款式为单排六粒扣、四个口袋（图7-2）。

套装背心构成单纯，它的主要功能是不使腰带部分暴露出来，因此，前摆长度要保持稳定。可设计元素集中在门襟、口袋和领型三个元素上。设计方法从单元素到多元素递进，排列组合。

款式系列一，由标准款式分别作口袋变化，第一款减掉上面两个口袋；第二款是将下口袋加装袋盖。这一组可以说是在标准版基础上的微调设计（图7-3）。

款式系列二，将标准款和系列一的款式加入平驳领设计，其他元素不变。此系列是对传统的回归，表现出怀旧味道（图7-4）。

款式系列三，将标准款和系列一的六粒扣变为现代版五粒扣款式。总体上作了减法处理，简约概念明显（图7-5）。

款式系列四，综合系列二和系列三，得到五粒扣、平驳领套装背心款式系列。如果说系列二对古典语言诠释得更纯粹的话，系列四就是在古典基础上加入了现代的味道，可以视为新古典主义（图7-6）。

图7-3　套装背心款式系列之一

图7-4　套装背心款式系列之二

图7-5　套装背心款式系列之三

图7-6　套装背心款式系列之四

套装背心与包括董事套装、晨礼服在内的日间礼服背心属于同一系统，因此，它们的元素可以通用，这样就可以派生出套装背心的礼服版系列和礼服背心的简装版系列。同样包括塔士多礼服和燕尾服在内的晚礼服背心之间的元素也可通用而产生晚礼服背心款式系列（见下篇）。

二、背心纸样系列设计

将标准套装背心作为所有内穿背心的亚基本纸样，同时也是背心类基本纸样，展开系列纸样设计。“一板多款”是它的主要设计方法。

背心类基本纸样总体结构采用缩量设计。基本纸样中围度松量有20cm，而背心的必要松量需控制在8cm左右，缩量的设计范围较小，多集中在前身的基本纸样上。这里围度收缩采用胸宽线到原侧缝线距离一半的位置定为前身侧缝。后背收腰量比西装的（2.5cm）稍大，定为2.7cm。长度缩量只在前肩线的基础上向下平移2cm。衣摆设计是根据背宽横线与袖窿深线之间的距离（△）作为基础数据推导而来。这些尺寸的配比可以满足作为内穿背心功能的基本要求，既能够保证必要的活动，也能够充分覆盖腰带（图7-7）。

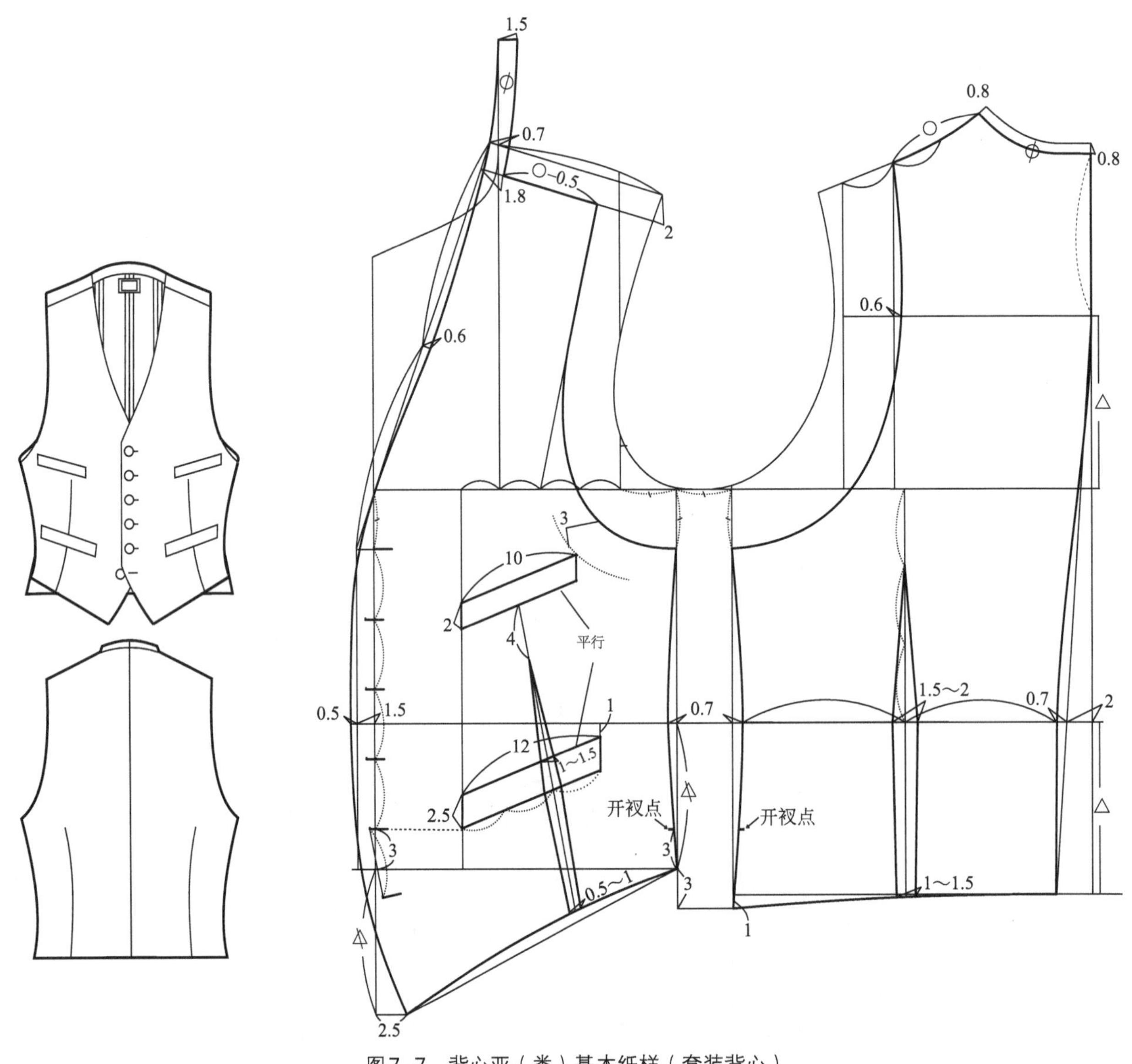

图7-7　背心亚（类）基本纸样（套装背心）

背心纸样系列设计，选择调和背心、塔士多礼服背心和晨礼服背心，采用“多板多款”的方法实现系列设计。由套装背心纸样作为类基本纸样，保持主体结构稳定，改变局部，虽然局部变化根据TPO规则是既定的，但系列方法的运用使板型变化丰富而有效。

纸样系列之一，调和背心纸样设计。在套装背心纸样基础上衣长适当减短并前后相等，调整成五粒扣设计，由底摆辅助线与前中线的交点确定最下方一粒扣，之后使用套装背心的扣距向上定其他四粒纽扣的位置；前身腰部设计成断缝，断缝处确定袋位，加入袋盖的设计（图7-8）。

纸样系列之二，塔士多礼服背心纸样设计。在套装背心基础上，袖窿开深4.5cm，下摆缩短变为小敞角，领口向下开深同时变为“U”字型，门襟为三粒扣，连体领台去掉，补充在后领口上（图7-9）。

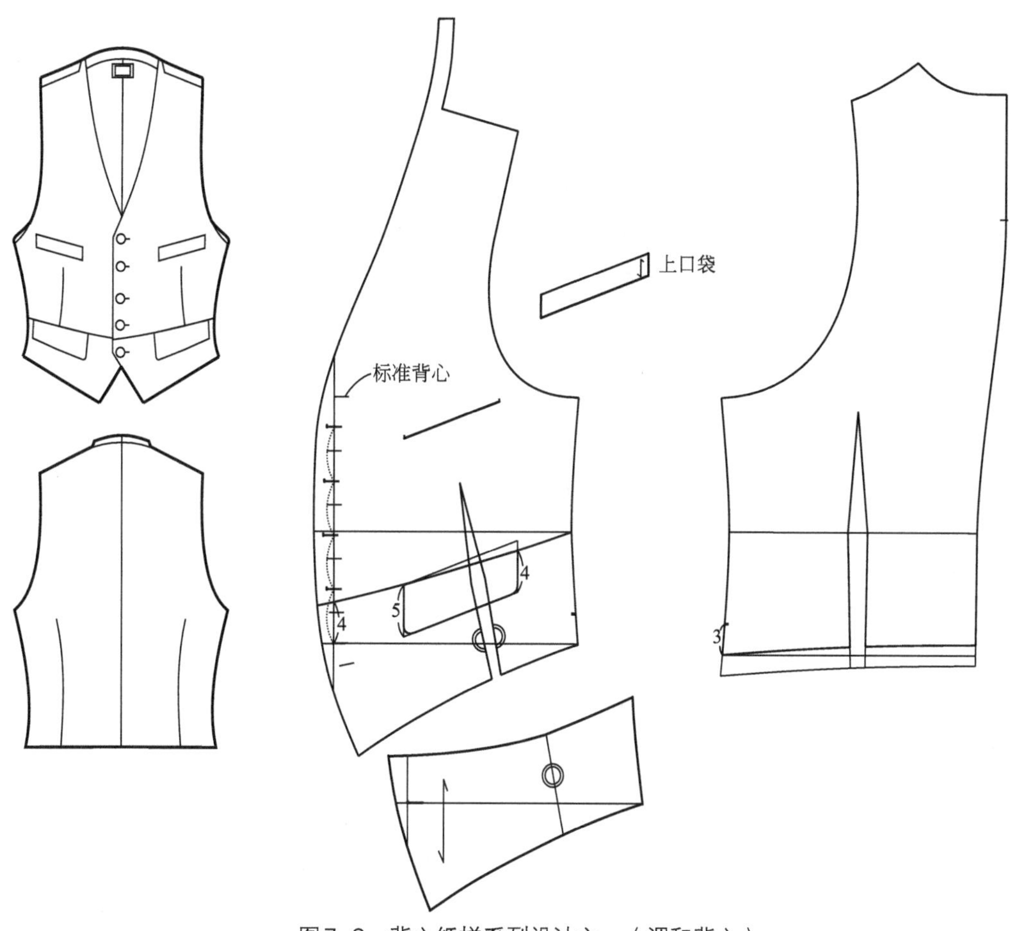

图7-8　背心纸样系列设计之一（调和背心）

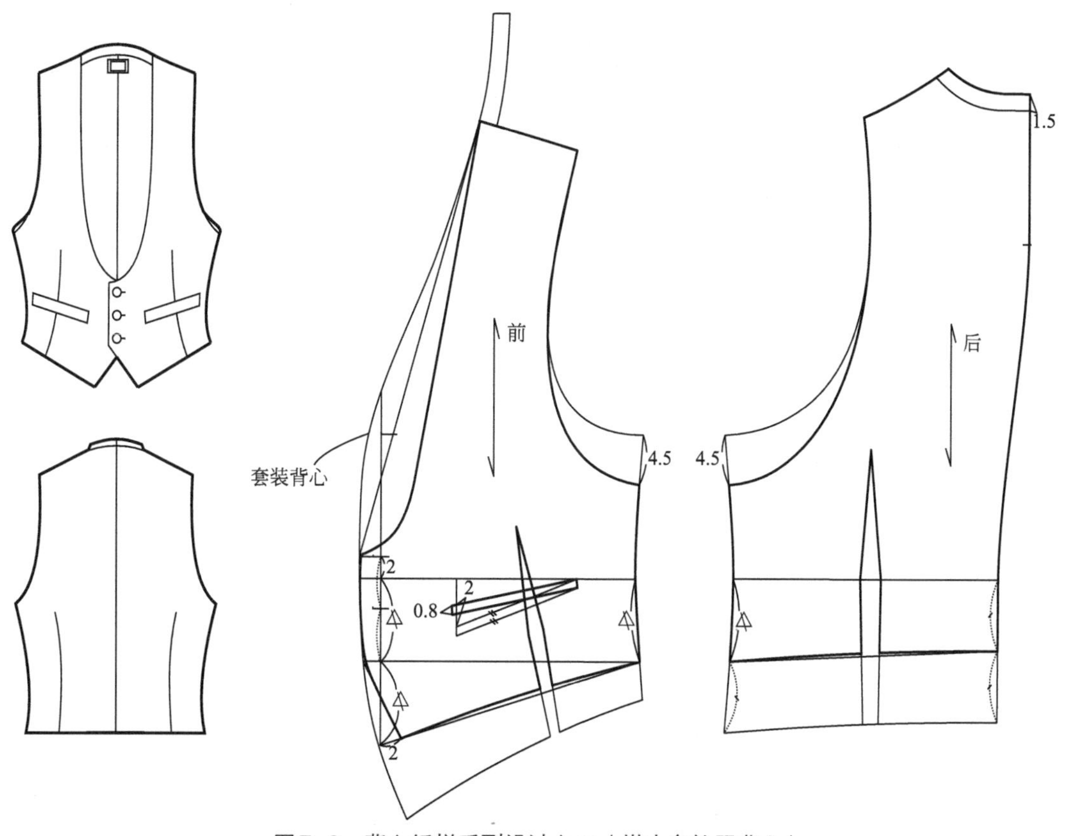

图7-9　背心纸样系列设计之二（塔士多礼服背心）

纸样系列之三，晨礼服背心纸样设计。在套装背心纸样基础上变单排扣为双排扣结构，前襟采用平摆设计，六粒扣距根据前中线采用上宽下窄的对称分布。受下摆的影响，四个口袋的倾斜角度减小，趋于平缓（与下摆平行）；领口为“V”字形并覆夹青果领；连体领台补充到后领处（图7-10）。

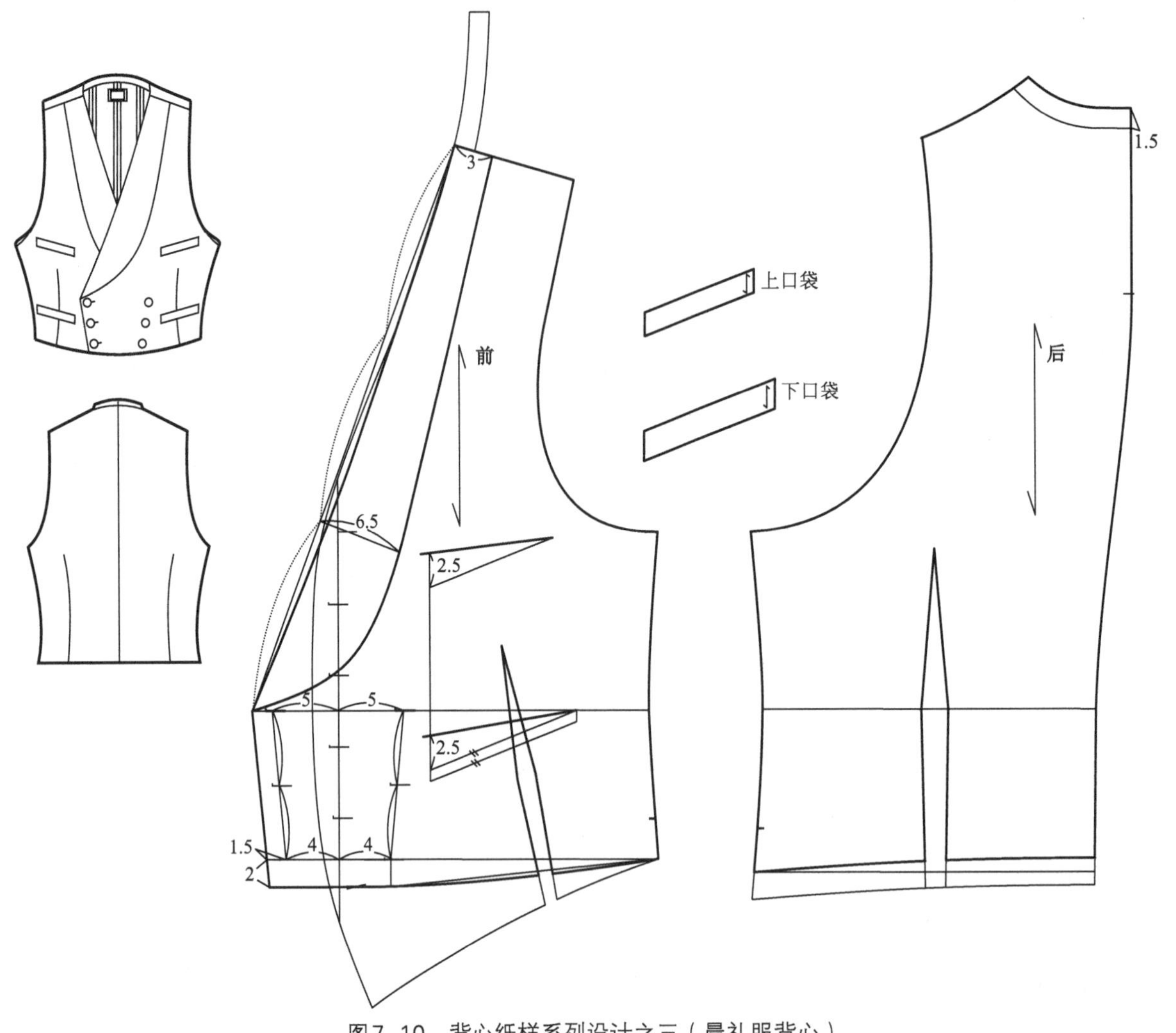

图7-10　背心纸样系列设计之三（晨礼服背心）

背心纸样系列一至系列三分别为不同种类和不同款式的“多板多款”设计，可以选出任何一类作为主板，根据款式系列方法继续进行各类背心的“一板多款”的纸样系列设计，如根据套装背心款式系列、塔士多背心款式系列、晨礼服背心款式系列完成各自的纸样系列（见下篇）。

第八章 ◆ 衬衫款式及纸样系列设计实务

按照礼仪级别的划分，衬衫分为礼服衬衫、普通衬衫和外穿衬衫（图8-1）。其中礼服衬衫和普通衬衫是具有与西装（包括礼服）、裤子严格搭配关系的内穿衬衫（属于内衣类），是男装中最主要的配服。而外穿衬衫则属于户外服类，是可以单独使用的。两类衬衫无论在款式、板型、工艺还是用料上都有很大不同，但它们的传承性是明显的，外穿衬衫是通过内穿衬衫外衣化形成的，它归在户外服类，故设计空间远大于内穿衬衫。

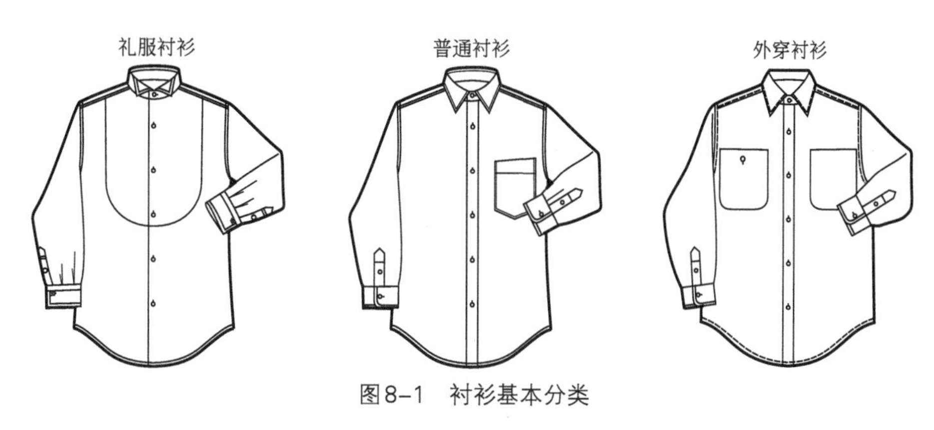

图8-1　衬衫基本分类

一、内穿衬衫款式系列设计

内穿衬衫分为礼服衬衫和普通衬衫，礼服衬衫又可细分为晚礼服衬衫和晨礼服衬衫。无论哪种衬衫，由于它配服的地位，同时受外衣和裤子的制约，款式变化很有限，有些元素的基本形态是不能改变的，如前短后长的圆摆造型是与衬衫总要放到裤腰里的固定穿着方式有关，这种方式不改变，衬衫对应的形态也就不会改变。下面以普通衬衫的款式系列设计做案例分析。

1. 内穿衬衫的基本设计元素

归纳出衬衫标准款式的基本元素（图8-2）。

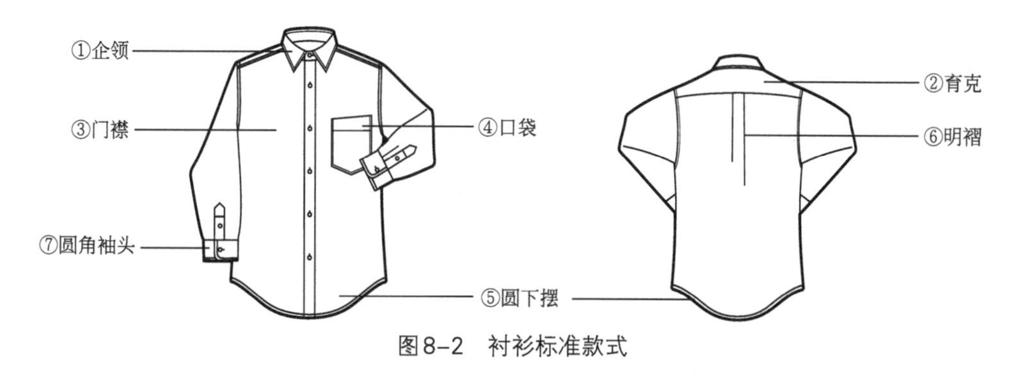

图8-2　衬衫标准款式

①企领。

②肩部有育克（过肩）。

③六粒扣门襟（或七粒）。

④左胸一个口袋。

⑤圆下摆。

⑥后身设有过肩线固定的明褶。

⑦袖头为圆角，连接剑型明袖衩。

2. 内穿衬衫系列设计

由于内穿衬衫形态基本固定，可变元素十分有限，主要是企领角度设计、袖头和门襟的设计，这些皆为细节的设计，因此，款式系列普遍采用“细节扩展设计法”。

（1）背部褶的设计

内穿衬衫除了在后中位置设计一个明褶外，还可以设计成双明褶和缩褶，它的功能主要是手臂前屈时的活动量（图8-3）。

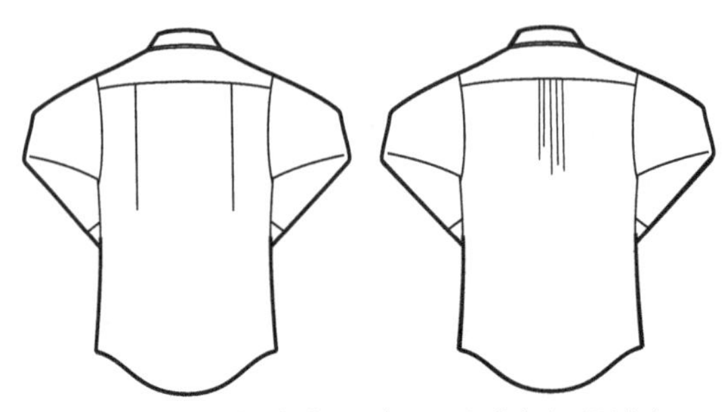

图8-3　衬衫款式系列之一（背部褶设计）

（2）领角设计

领角变化可以说是衬衫的主要设计元素，它能有效反映流行趋势和审美品位，尖角领、直角领、钝角领、圆角领、立领都是常用款式。立领是作为不系领带的便装化考虑，如果作为礼服衬衫还要外设企领或翼领配件设计（图8-4）。

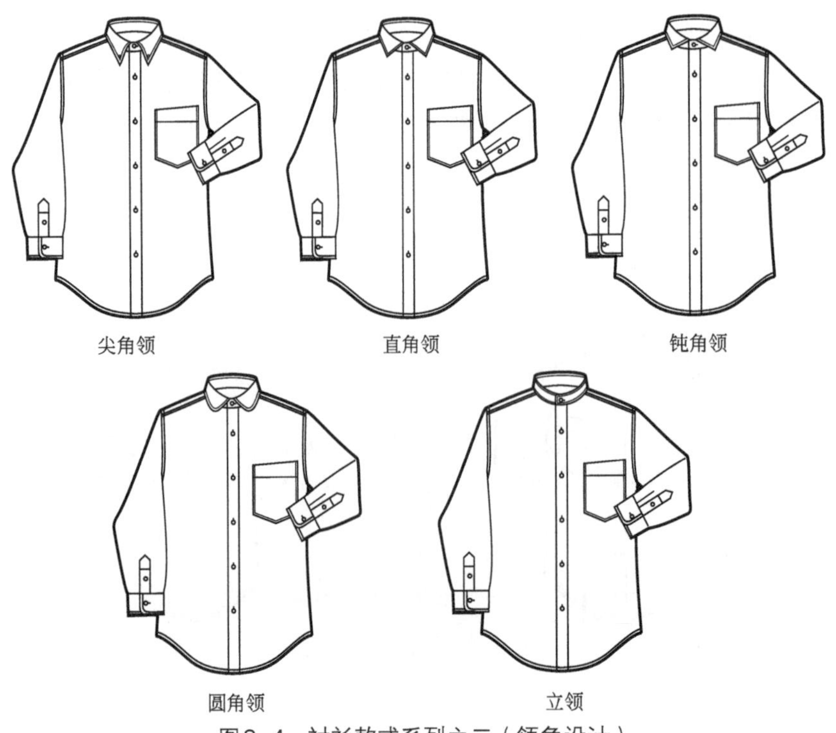

图8-4　衬衫款式系列之二（领角设计）

（3）门襟设计

在系列二的基础上，将所有款式的明门襟变成通门襟，其他元素不变（图8-5）。

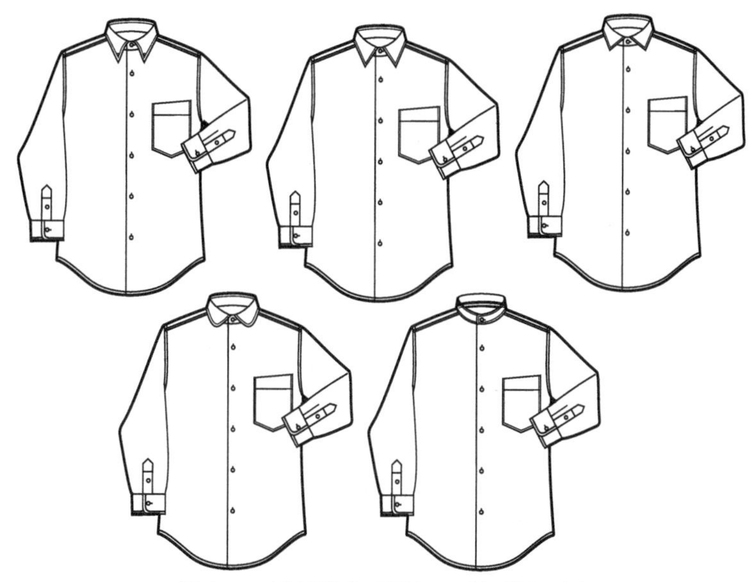

图8-5　衬衫款式系列之三（门襟设计）

（4）袖头设计

普通衬衫的袖头有直角、圆角和方角（切角）三种基本变化。袖头宽度也有普通和宽袖头的区别，宽袖头主要用在欧款设计。袖衩也可以由剑形变成方形。此外还有链扣式豪华版袖头两种，同时袖头三种“角式”通用（图8-6）。

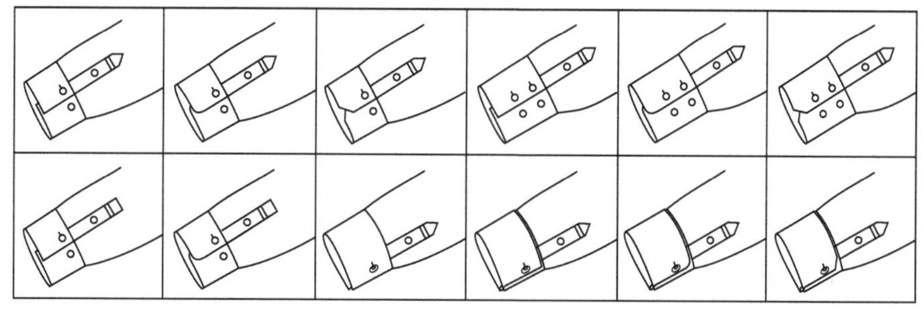

图8-6　衬衫款式系列之四（袖头设计）

二、内穿衬衫纸样系列设计

衬衫在男装结构中是最稳定的，普通衬衫和礼服衬衫在整体的板型上是相同的，在领型、前胸和袖头有所不同。因此，标准衬衫板型就视为内穿衬衫的类基本纸样。

内穿衬衫类基本纸样也作缩量设计。衬衫要与西装搭配使用，松量应小于西装，故采用缩量设计。在基本纸样上，腰线下追加背长减去4cm得到衣长。前侧缝胸部收进1.5cm，下摆收进2.5cm，后下摆收进1cm并处理成前短后长的圆摆，然后前后侧缝同时做收腰处理。领口做净领口缩量处理，由后领宽减1cm确定新的领宽，以此为参数确定前领宽和领深，得到新的领口弧线，重新订正前后肩线、袖窿弧线，此时袖窿减小。育克的设计是通过后颈点到背宽横线之间距离的1/2比例关系推导而来的。后中的明褶是为手臂前屈运动设计的余量。领子由领座和领面两部分结构组成。袖山高取新袖窿弧线长的六分之一，后袖片设计一个4cm褶量，袖长应保证袖片加上袖头大于西装袖长4cm左右。所完成纸样即是标准衬衫纸样，同时也是内穿衬衫纸样系列设计的类基本纸样（图8-7）。

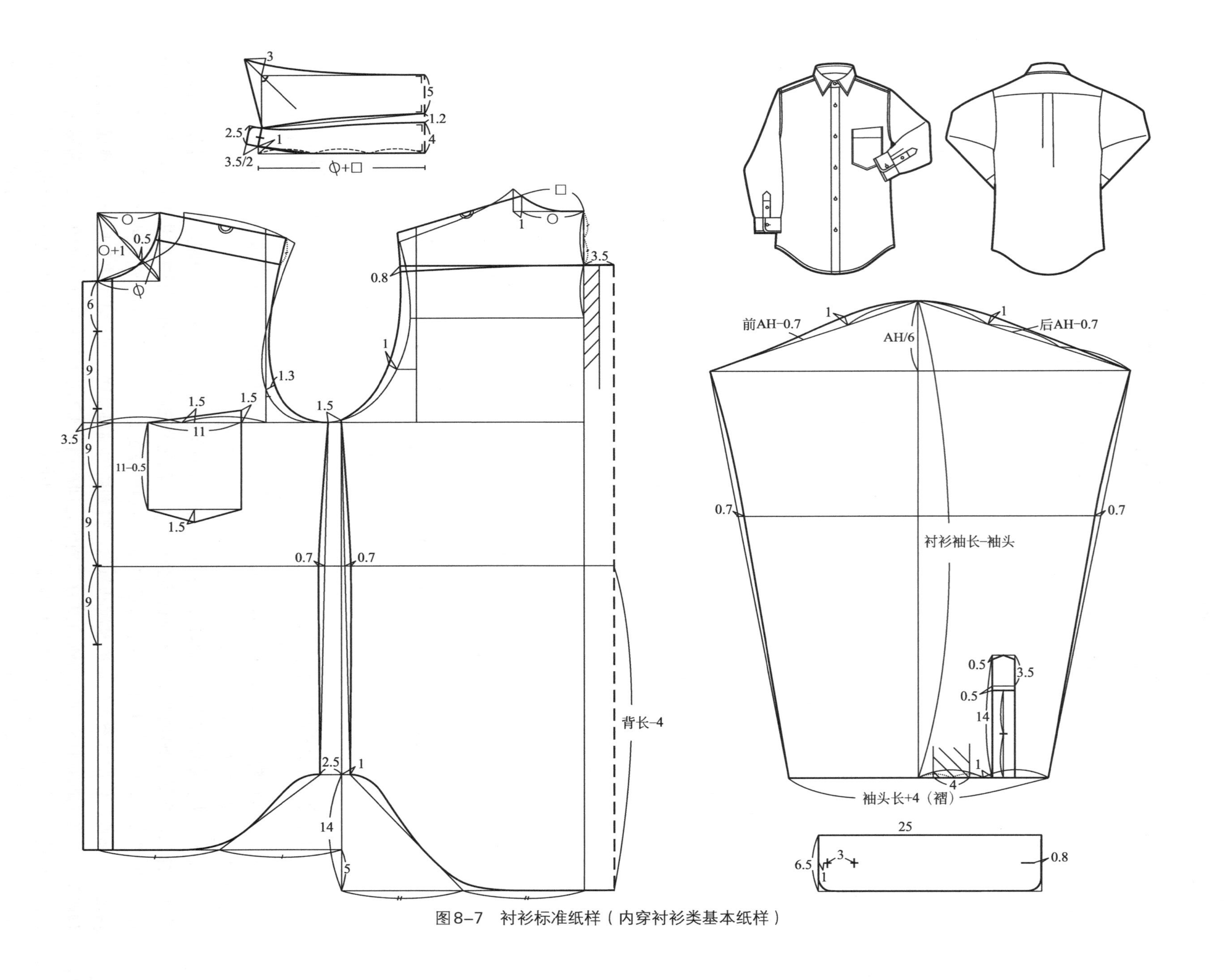

图8-7 衬衫标准纸样（内穿衬衫类基本纸样）

纸样系列之一，是在标准基本纸样基础上改变领角的系列。方法直接在标准企领结构基础上尖角变成直角、钝角、圆角或立领（图8-8）。

纸样系列之二，立领和翼领复合型燕尾服衬衫纸样设计。在标准化纸样基础上，去掉口袋，前胸设计成U形胸挡。领型由双翼领和立领组合而成。双翼领（尖角），由于这种领型几乎没有领面，因此可直接在立领的结构上进行设计，宽度在5cm以上，保证衬衫领高出礼服翻领2cm以上。立领随衣身一起缝合，翼领随“U”型胸挡单独缝制，穿时立领衬衫在下，翼领胸挡在上组合穿着。袖头设计成链扣式双层复合型结构，宽度在普通袖头基础上增加一倍（图8-9）。

纸样系列之三，塔士多礼服衬衫纸样设计。在燕尾服衬衫基础上将前胸设计成有襞褶的胸挡，双翼领的领角变为小圆角造型（图8-10）。

纸样系列之四，晨礼服衬衫纸样设计，只需要前身作缩胸处理（图8-11）。

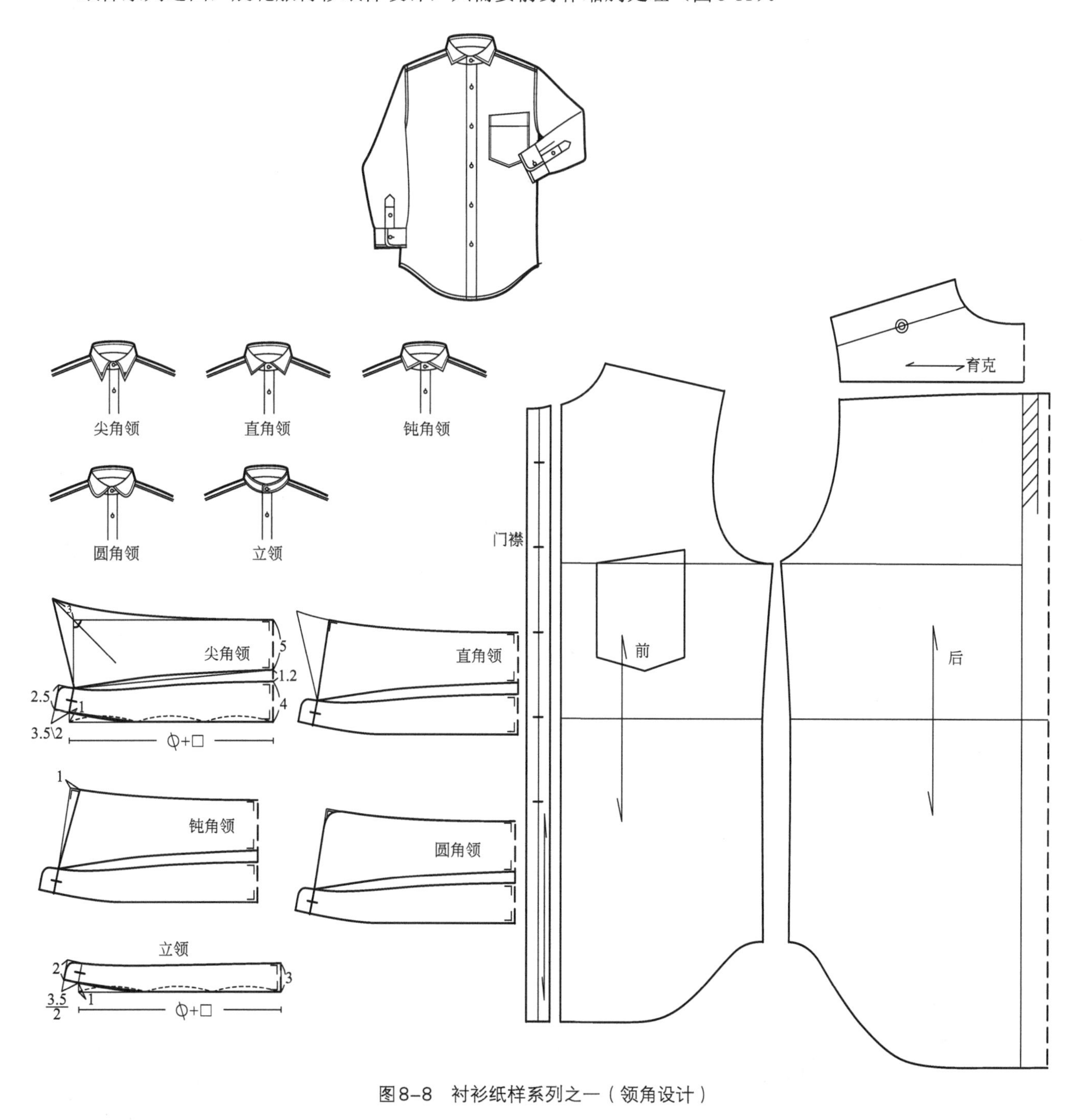

图8-8　衬衫纸样系列之一（领角设计）

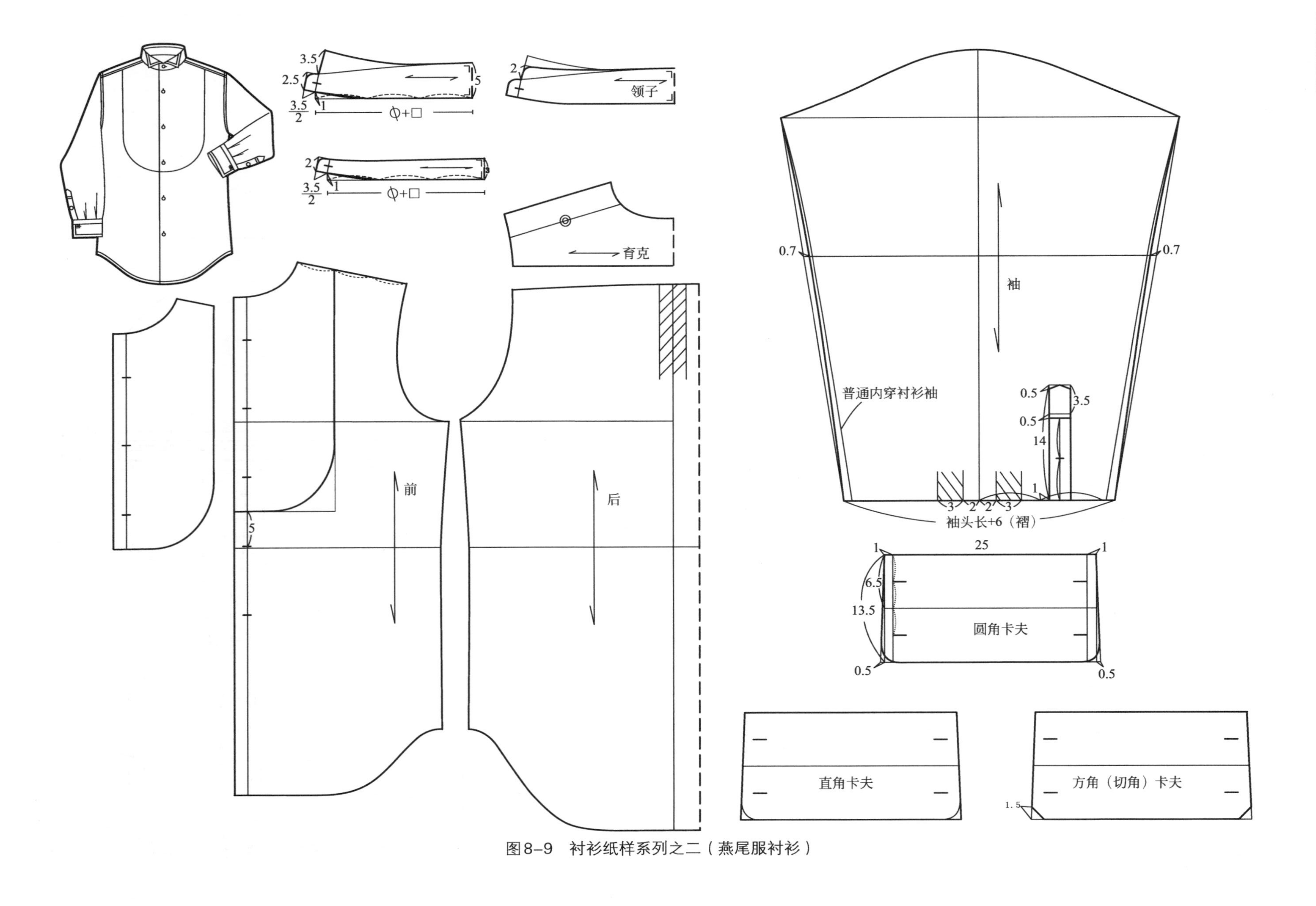

图8-9 衬衫纸样系列之二（燕尾服衬衫）

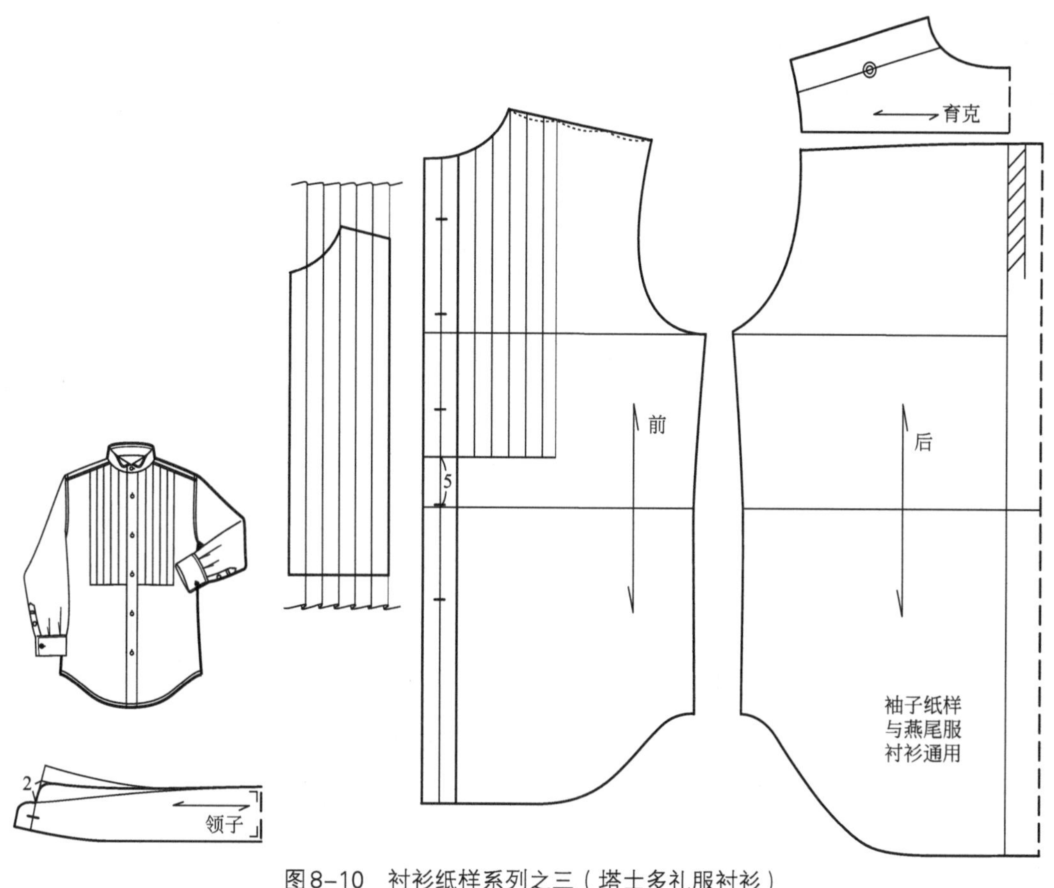

图8-10　衬衫纸样系列之三（塔士多礼服衬衫）

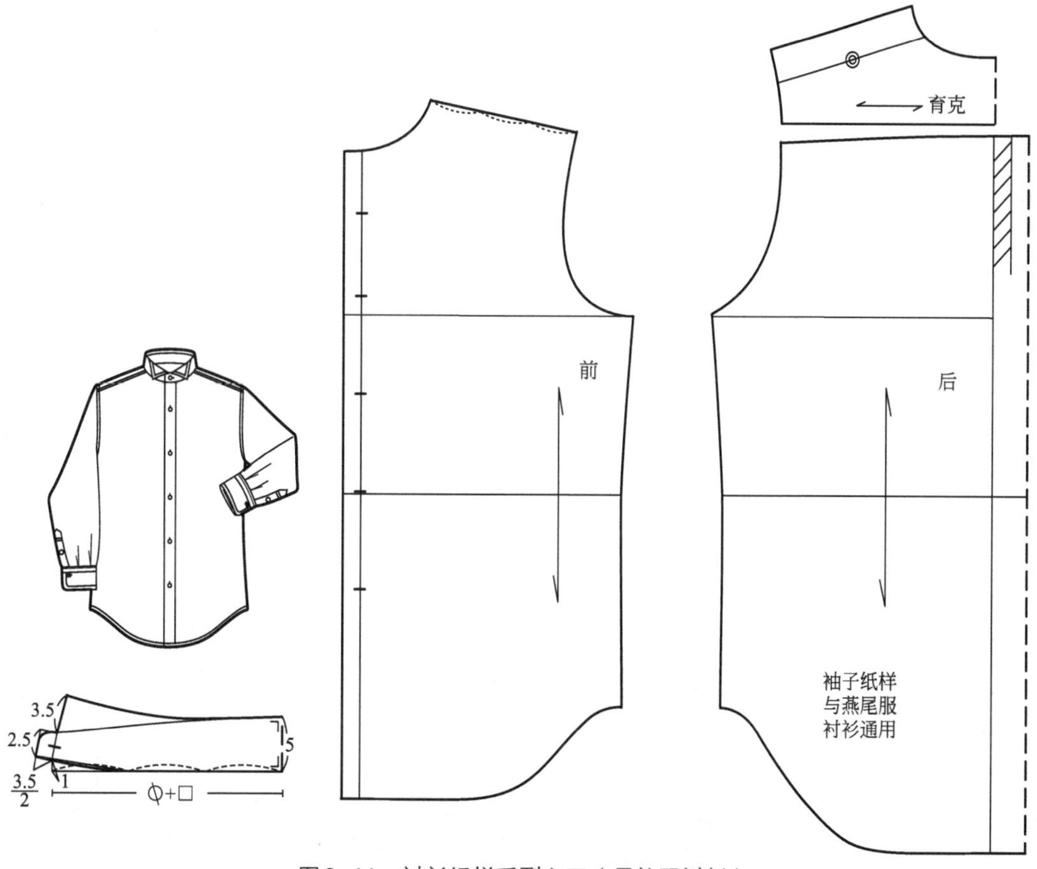

图8-11　衬衫纸样系列之四（晨礼服衬衫）

三、外穿衬衫款式系列设计

外穿衬衫属于户外服类，也采用户外服款式的“基本型发散设计方法”，强化功能作用。

1. 外穿衬衫的设计元素

外穿衬衫构成元素分解，虽然基本与内穿衬衫相同，但发散设计的空间很大（图8-12）。

①领型的变化除了角度的设计，所有关门领款式都可使用。

②门襟，除明门和暗门之分，外衣类门襟也不放弃。

③口袋是外穿衬衫款式变化的重点，由于外穿衬衫仍保留内衣的形态，因此只有上口袋的设计，不设下口袋，但口袋的变化也是外衣化功能性的。

④袖头除圆角、方角、直角之外，夹克外衣类袖头的变化规律均可使用。

⑤育克主要与各种“线形”结合设计。

⑥下摆，方摆和圆摆都可以使用。这里选择领子、门襟和口袋三个元素集中进行系列款式设计，其他元素不作为重点，可以在系列中穿插使用。

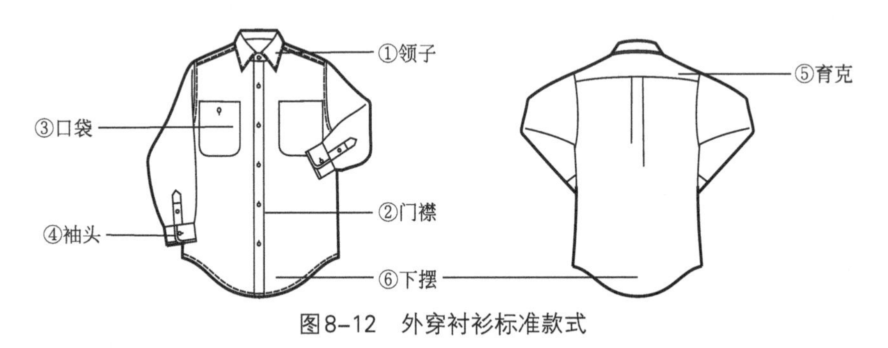

图8-12　外穿衬衫标准款式

2. 外穿衬衫的系列设计

（1）领型设计

领子除了立领和几种角度变化外，还可以使用领扣，起到固定作用，必要时在后领位置加领扣，与前领扣相匹配。这是外穿衬衫领型设计常用的软领保型手段（图8-13）。

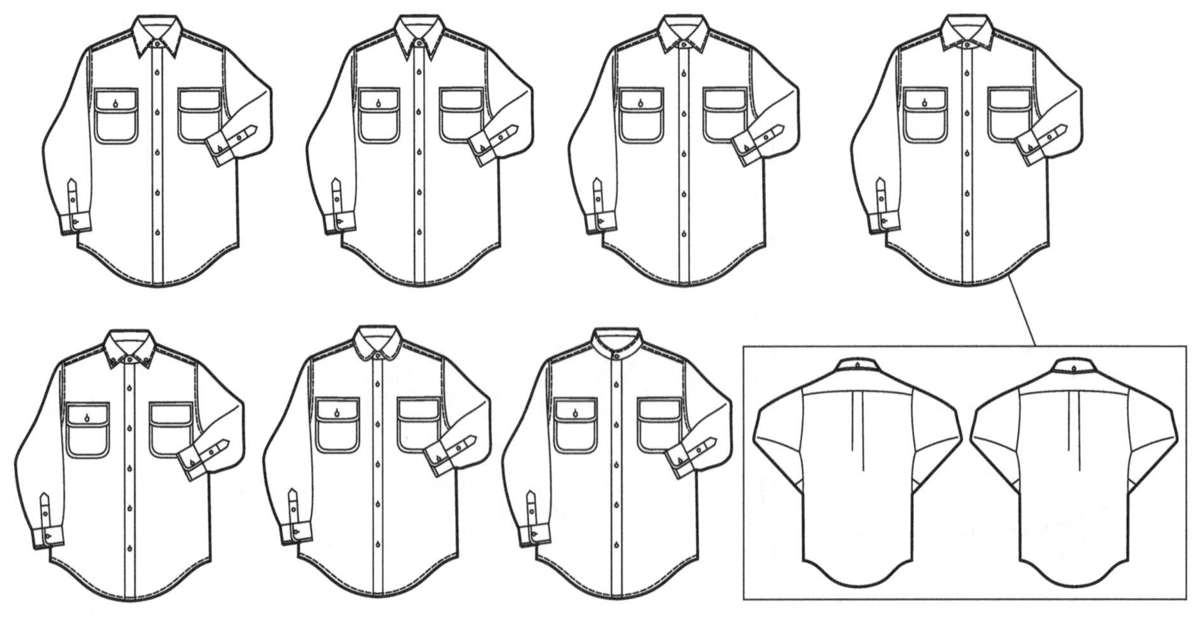

图8-13　外穿衬衫系列之一（领型设计）

（2）门襟设计

选取方角领款式集中作门襟的变化，可设计成半暗门襟、纯暗门襟，暗贴边缉明线的巧妙设计（图8-14）。

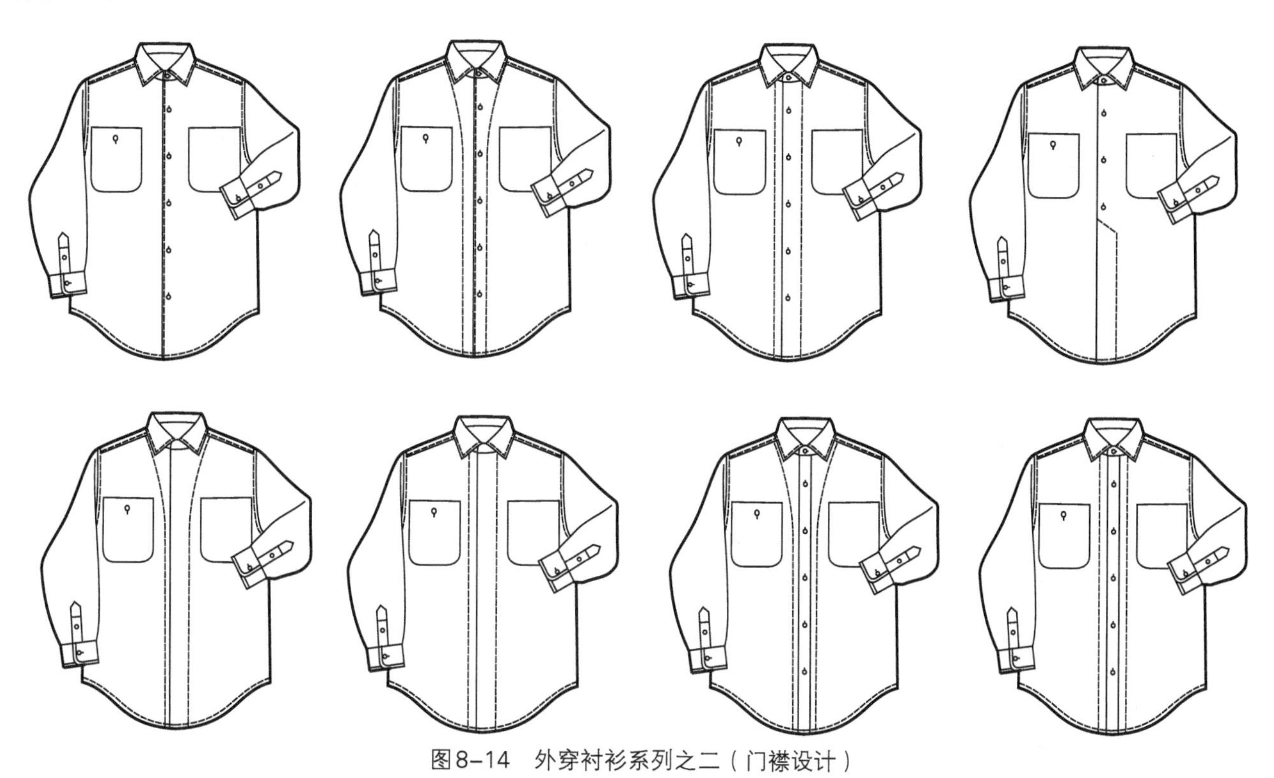

图8-14　外穿衬衫系列之二（门襟设计）

（3）口袋款式设计

其他元素不变，强化口袋的功能样式。口袋强调不对称设计，可用复合贴口袋或加装袋盖。也可以结合前育克线进行联姻设计。鉴于工艺问题，口袋转角一般不设计成直角（图8-15）。

图8-15　外穿衬衫系列之三（口袋款式设计）

（4）综合元素的设计

将系列一至系列三的元素变化打散重新排列组合，局部再加入方摆和宽袖头的设计，创造出变化丰富的款式系列（图8-16）。

图8-16　外穿衬衫系列之四（综合元素设计）

四、外穿衬衫纸样系列设计

外穿衬衫可直接使用第五章户外服的亚基本纸样调整领口尺寸得到类基本纸样，也可根据变形放量原理重新设计追加量获得新的亚基本纸样。这里设追加量为14cm，一半制图加放量为7cm，配比为2.5 ：2.5 ：1 ：1（增大侧缝放量，强调厚度造型）。根据换算公式可得后肩：前肩等于1.5 ：0.5，后颈点升高量等于0.7cm或0.8cm，后肩加宽量等于3.5cm，袖窿开深量等于7.5cm，腰线下降量等于4cm或3.5cm。特别需要注意的是由于与户外服的外衣类不同，外穿衬衫属于夏季单穿服装，领口尺寸不应加量，因此根据放量尺寸完成变形放量后，还需要做“还原领口”的处理，这是外穿衬衫的关键技术，也是和其他户外服根本不同的地方。在放量的基础上，使用男装基本纸样延后中位置向上平移，同时后肩线向外延长，到原后侧颈点与肩线延长线相交后停止，确定新后领口的位置及后肩线的长度。前领口根据新的后领口宽度做去撇胸处理，之后使前肩长度与后肩长度相等。最后完成袖窿弧线，亚基本纸样完成（图8-17）。

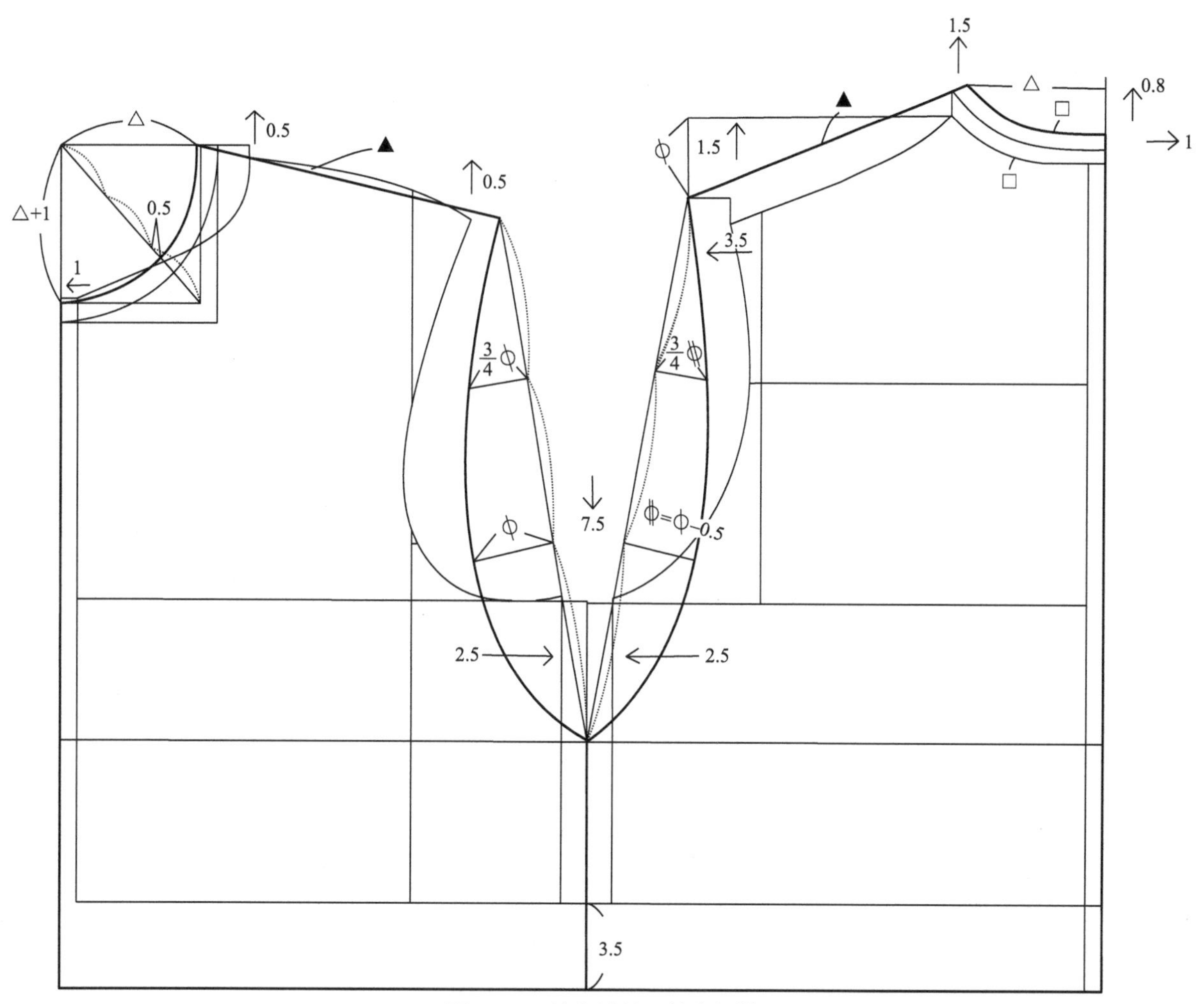

图8–17 外穿衬衫亚基本纸样

在亚基本纸样基础上完成一个标准款式外穿衬衫作为类基本纸样。在原腰线向下取 背长减4cm确定衣长，下摆设计成前短后长的圆摆，颈窝中心点向下7cm确定第二扣位，之后每个扣距为10cm。外穿衬衫袖长算法比较复杂，成品袖长必须把后肩加宽所占有袖长的长度减掉，袖口线用双褶加上袖头尺寸确定（图8-18）。

纸样系列设计，外穿衬衫纸样采用无省结构，“一板多款”的设计方法是最普遍的设计方法。

系列之一，在类基本纸样基础上作暗贴边明走线设计。领型采用直角设计（图8-19）。

系列之二，领角变成钝角造型，前胸育克和口袋做“联姻”设计（图8-20）。

系列之三，领型为立领结构，胸前的育克线缝处理成口袋盖与口袋做复合设计（图8-21）。

系列之四，前门襟位置的明线变成直线造型，口袋设计成内外复合不对称结构，右胸加纽扣（图8-22）。

系列一至系列四后片和育克均不改变，只在领型和前片进行设计，袖子纸样通用。

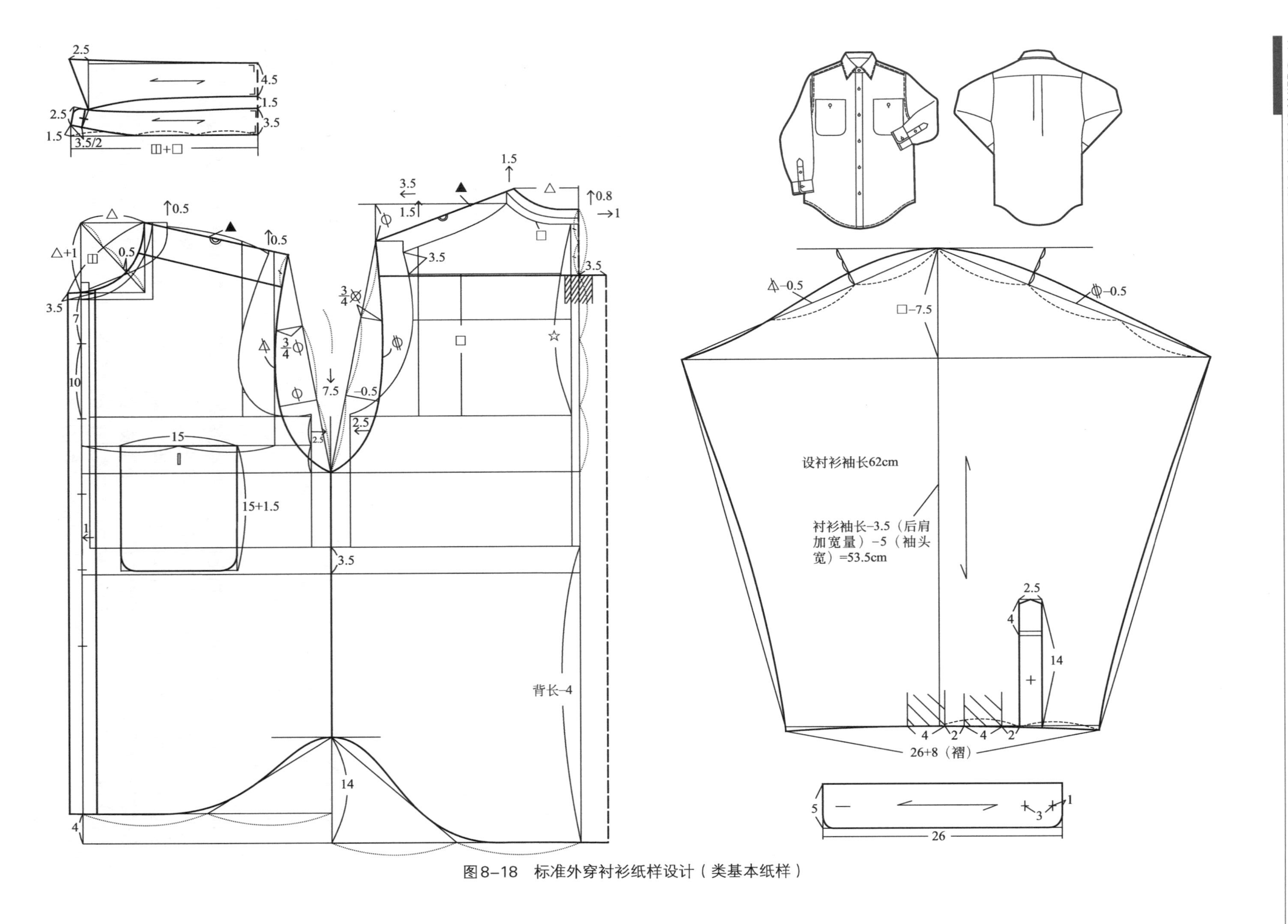

图8-18 标准外穿衬衫纸样设计（类基本纸样）

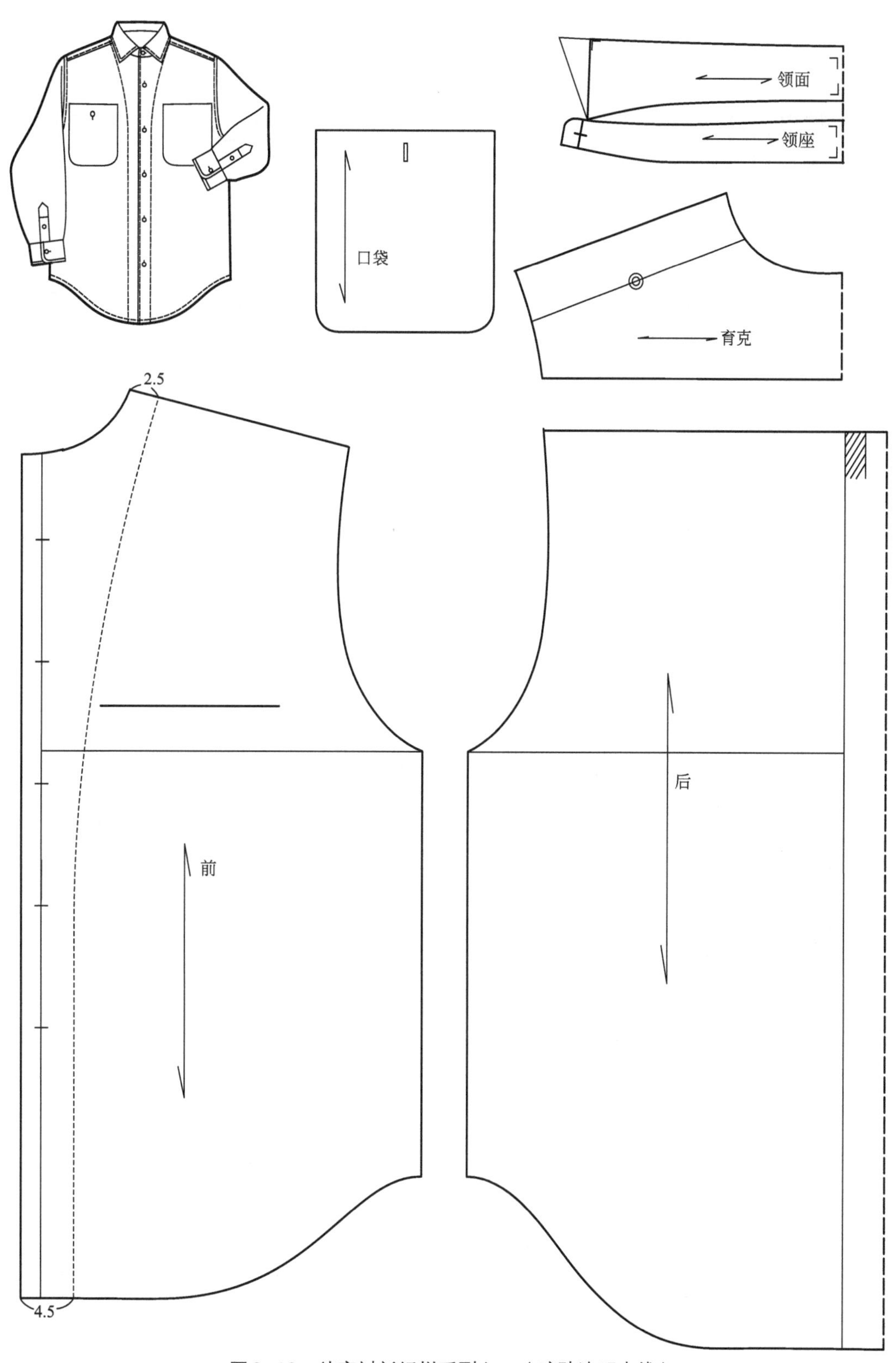

图8-19　外穿衬衫纸样系列之一（暗贴边明走线）

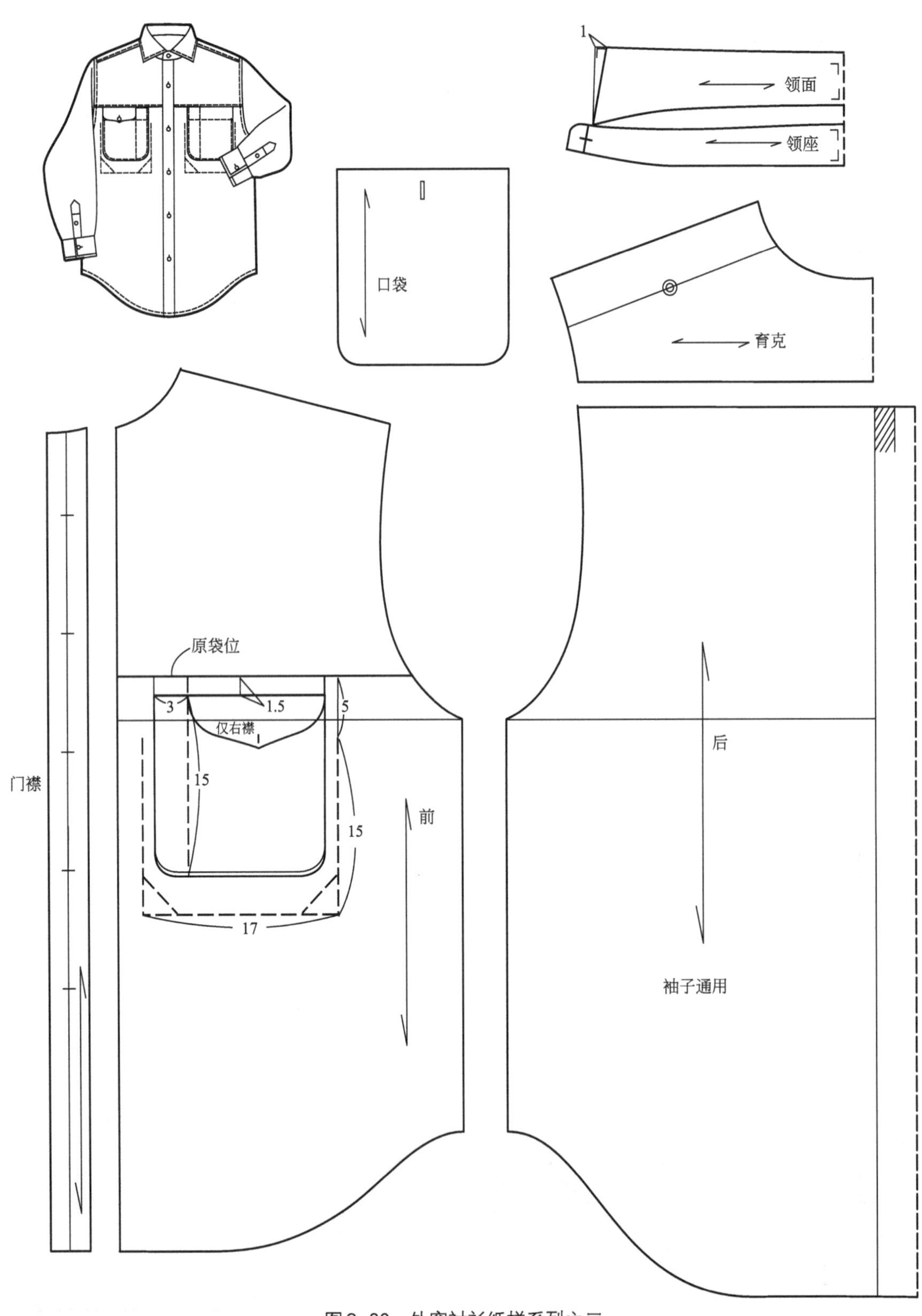

图8-20 外穿衬衫纸样系列之二

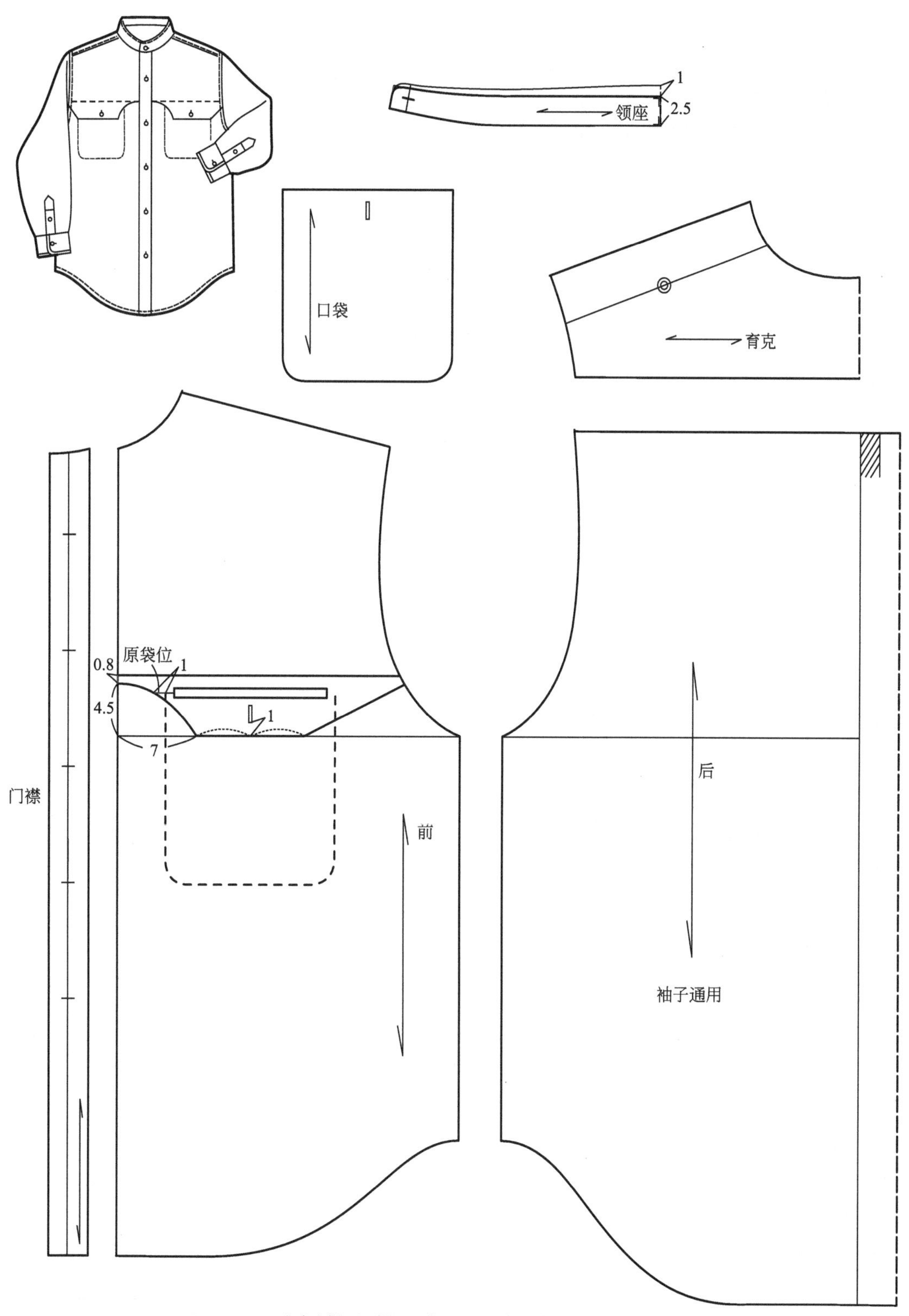

图8-21　外穿衬衫纸样系列之三（前育克与口袋做复合设计）

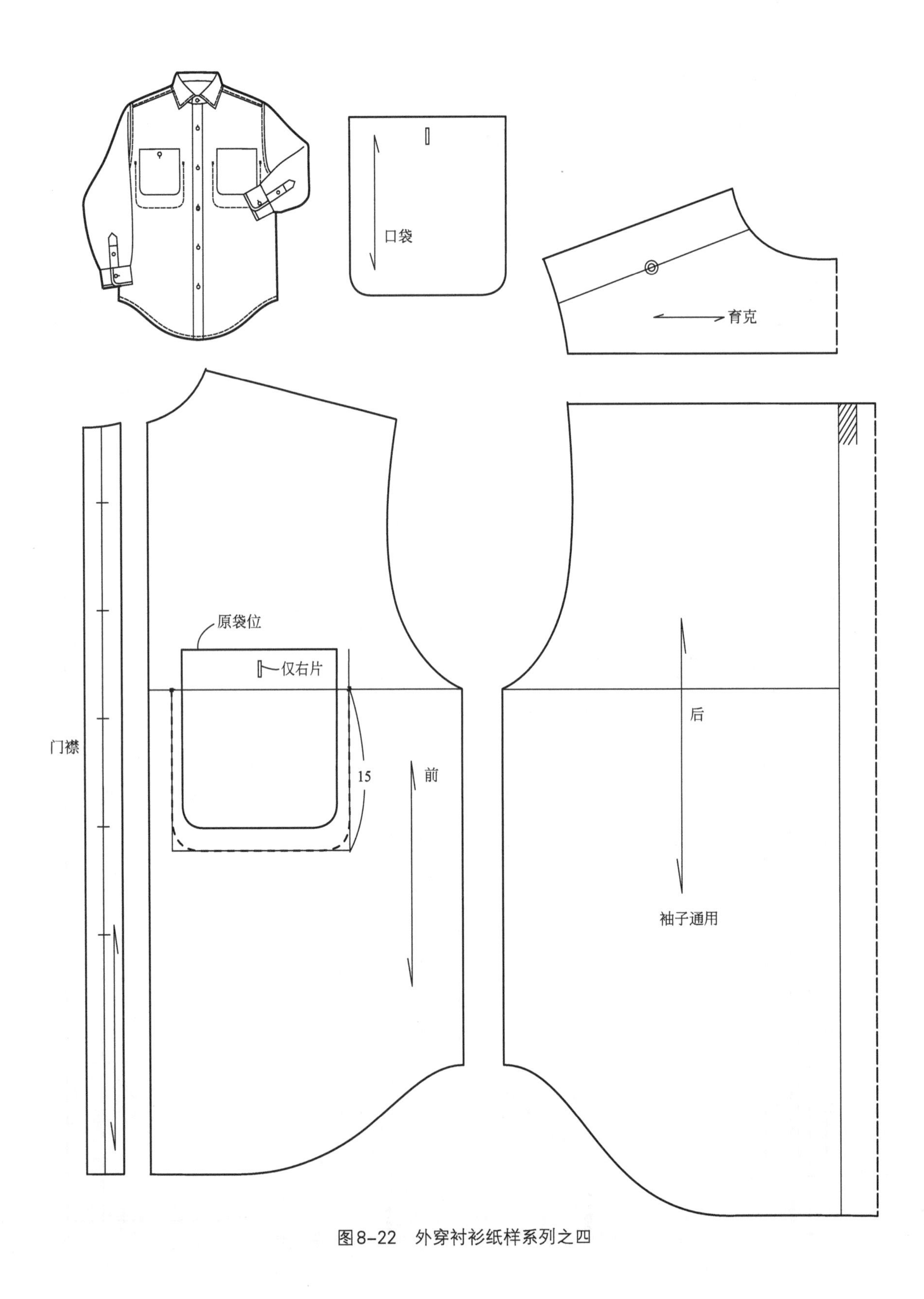

图8-22　外穿衬衫纸样系列之四

下篇

TPO品牌化男装设计与制板训练

第九章 ◆ 西装款式与纸样系列设计

一、西装款式系列设计

1. 西装从礼服到便服的经典款式（基于TPO知识系统的标准款式）

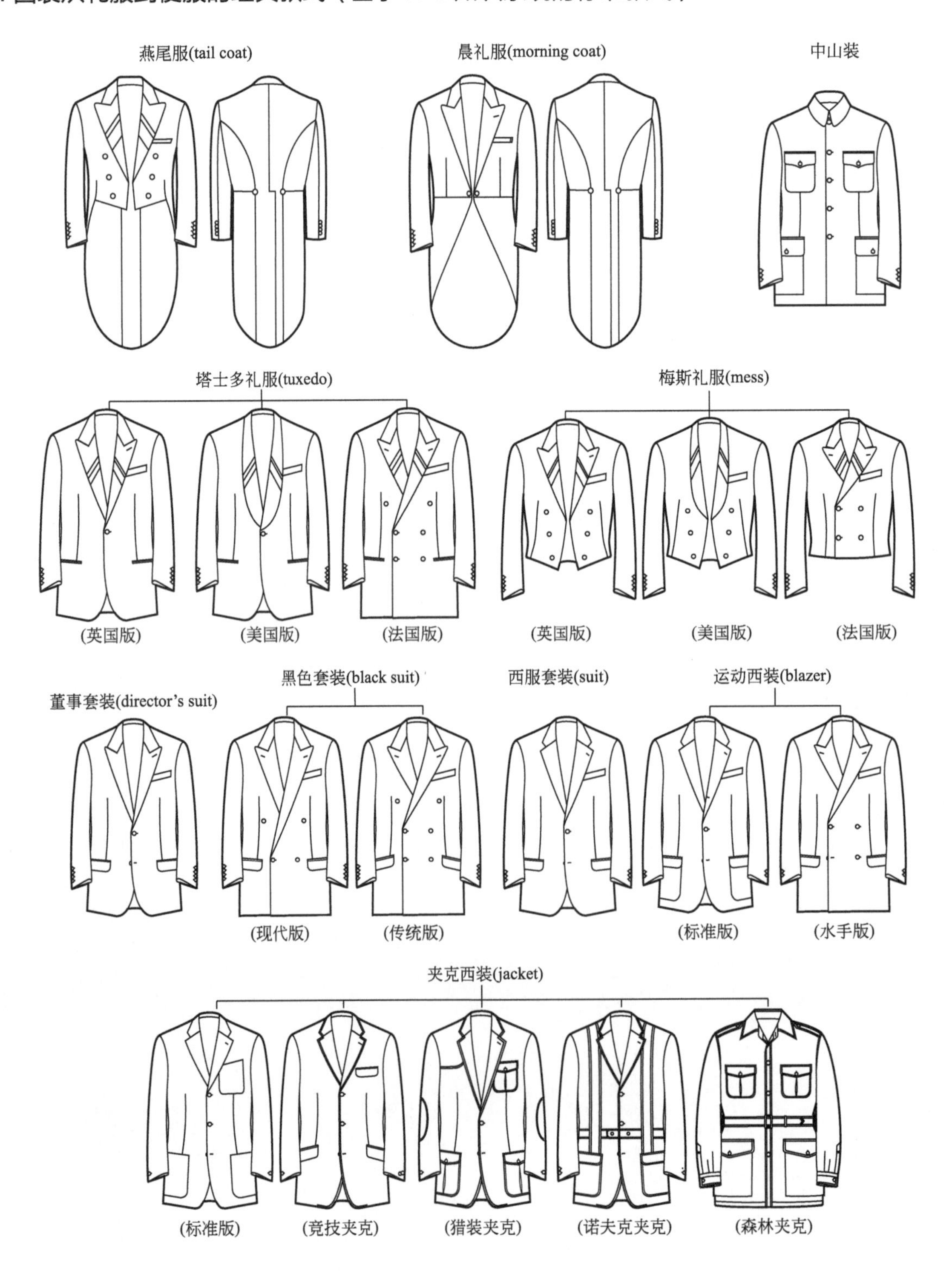

2. 西服套装（suit）款式系列设计（方框内提供纸样设计，后同）

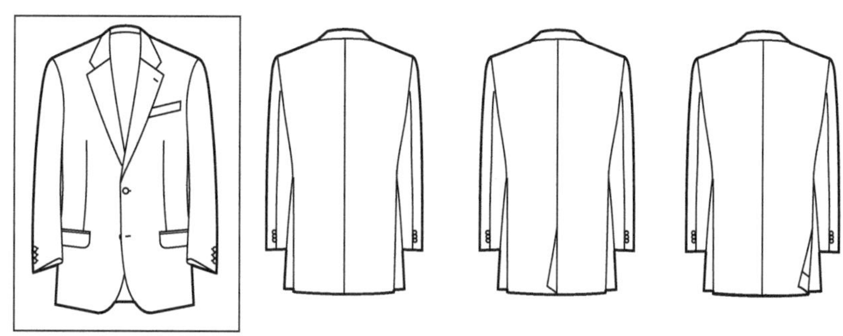

（1）门襟、袖扣变化系列

（2）领型变化系列

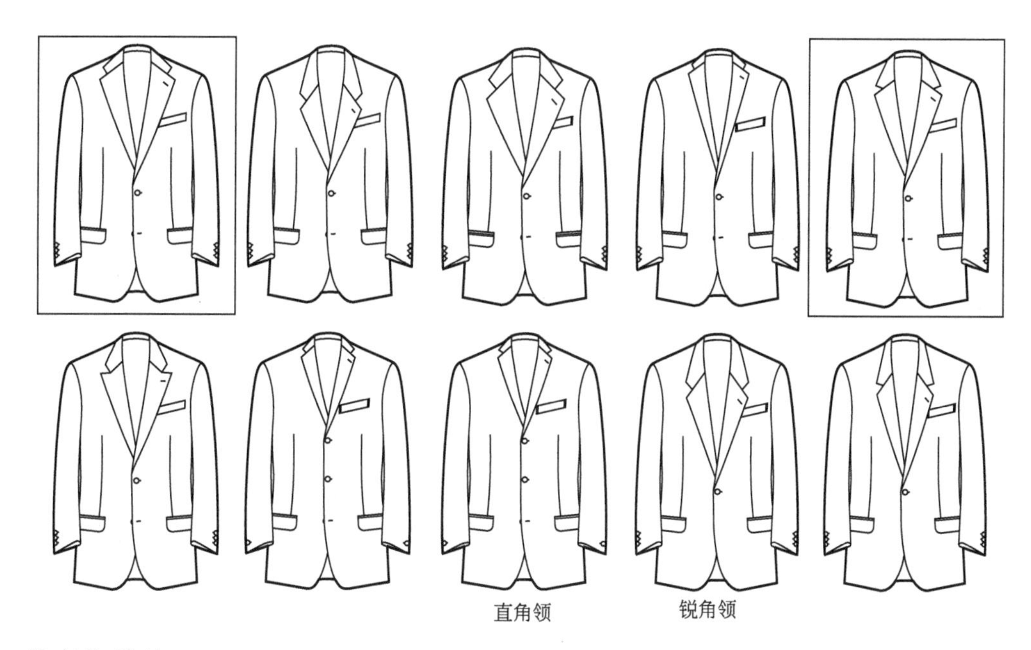

（3）口袋变化系列

（4）口袋、门襟变化系列

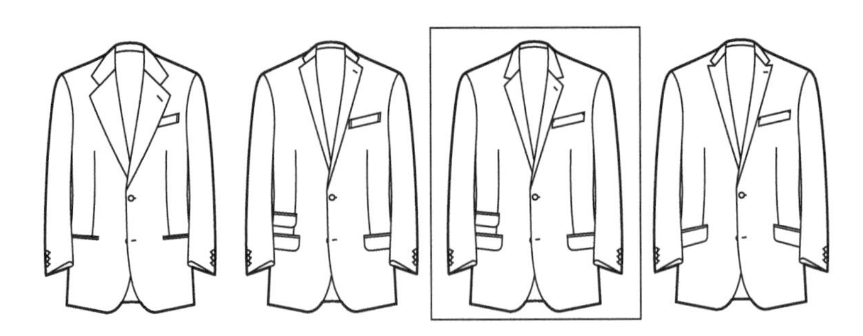

（5）综合元素变化系列

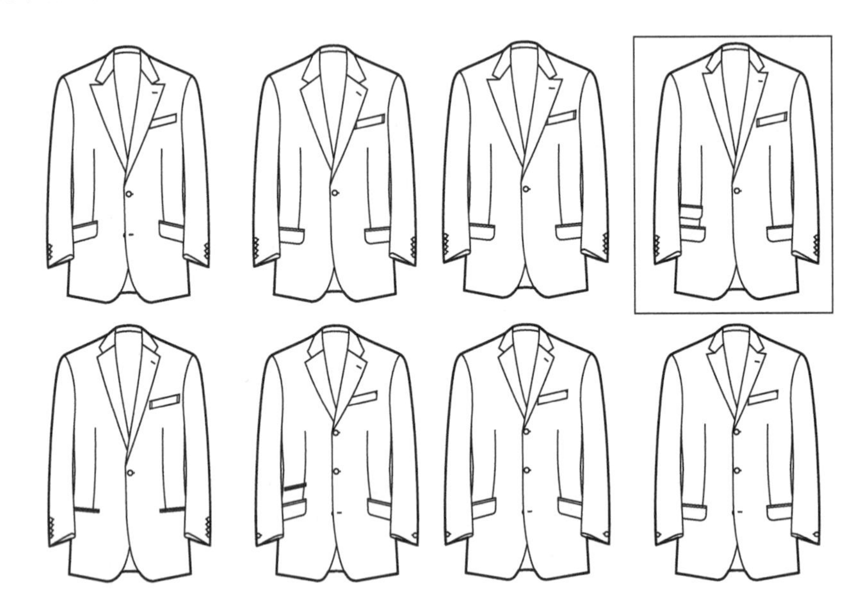

3. 运动西装（blazer）款式系列设计

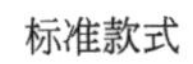

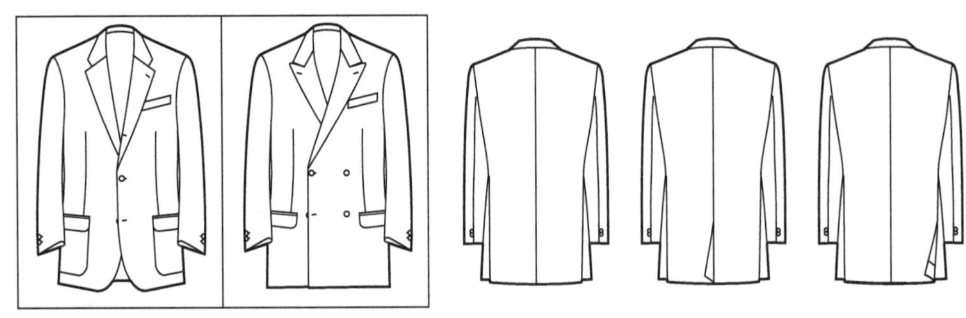

（1）单排扣领型变化系列

（2）单排扣门襟、口袋变化系列

（3）单排扣综合元素变化系列

（4）双排扣领型变化系列

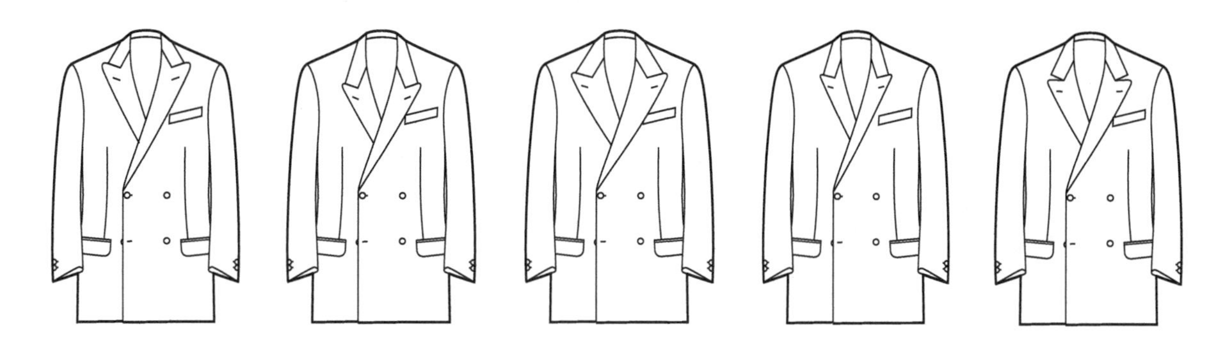

（5）双排扣门襟变化系列

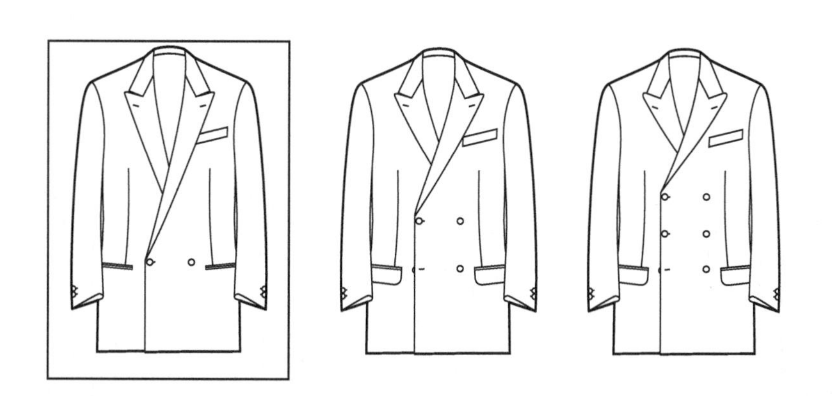

（6）双排扣综合元素变化系列

4. 夹克西装（jacket）款式系列设计

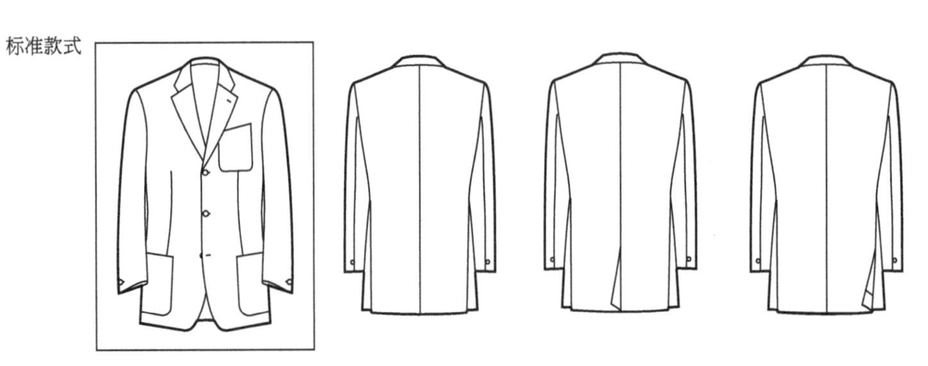

（1）领型变化系列

（2）门襟变化系列

（3）口袋变化系列

（4）包袖、门襟变化系列

（5）包袖、领型变化系列

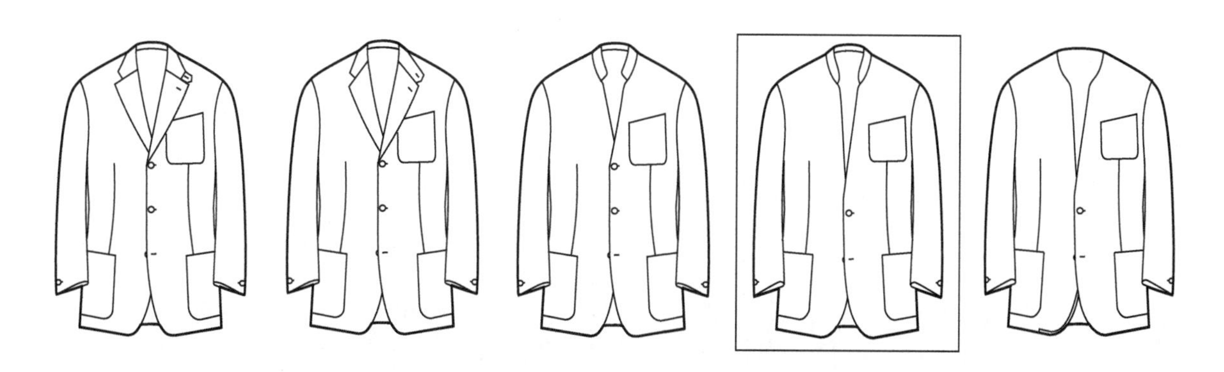

（6）综合元素变化系列

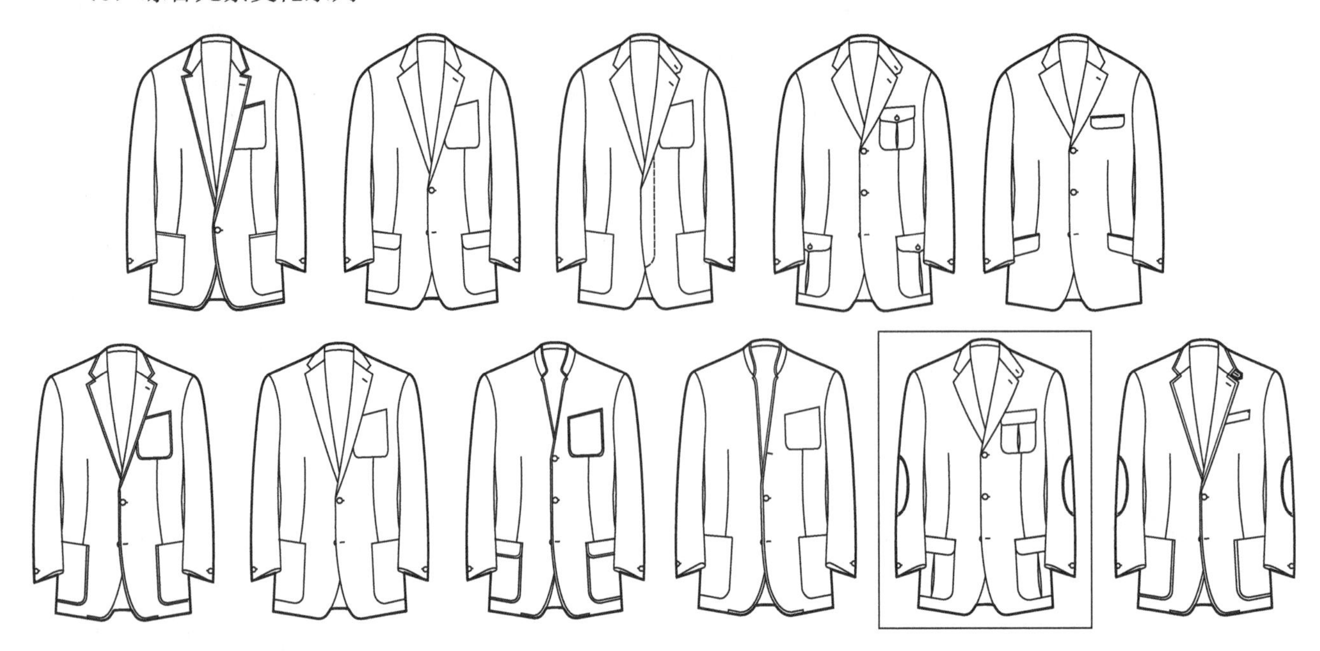

5. 黑色套装（black suit）款式系列设计

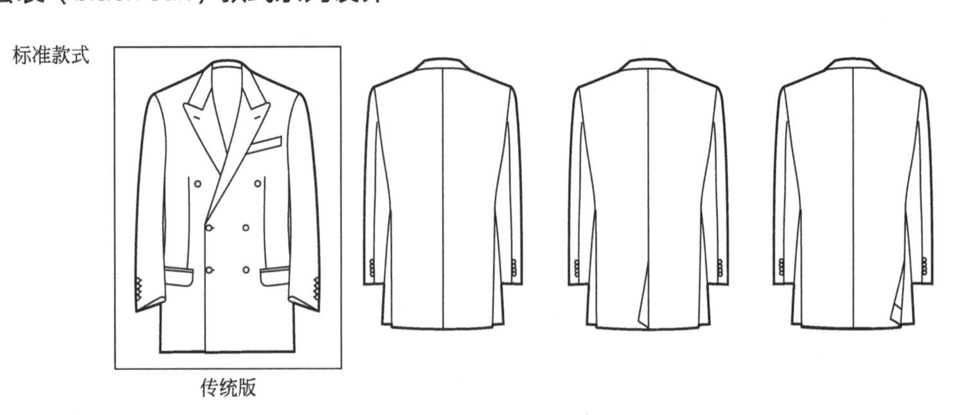

（1）领型变化系列

（2）口袋变化系列

（3）门襟变化系列

（4）综合元素变化系列

6. 塔士多礼服（tuxedo）款式系列设计

标准款式

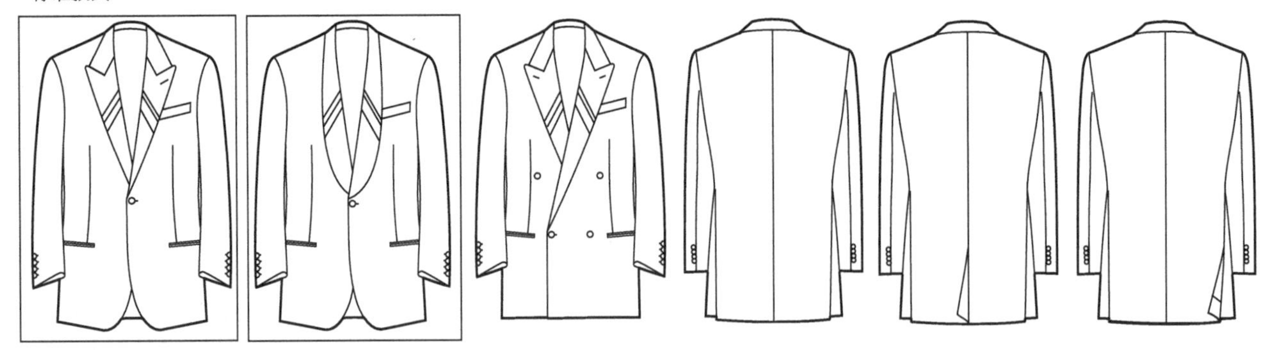

（1）单排扣领型变化系列

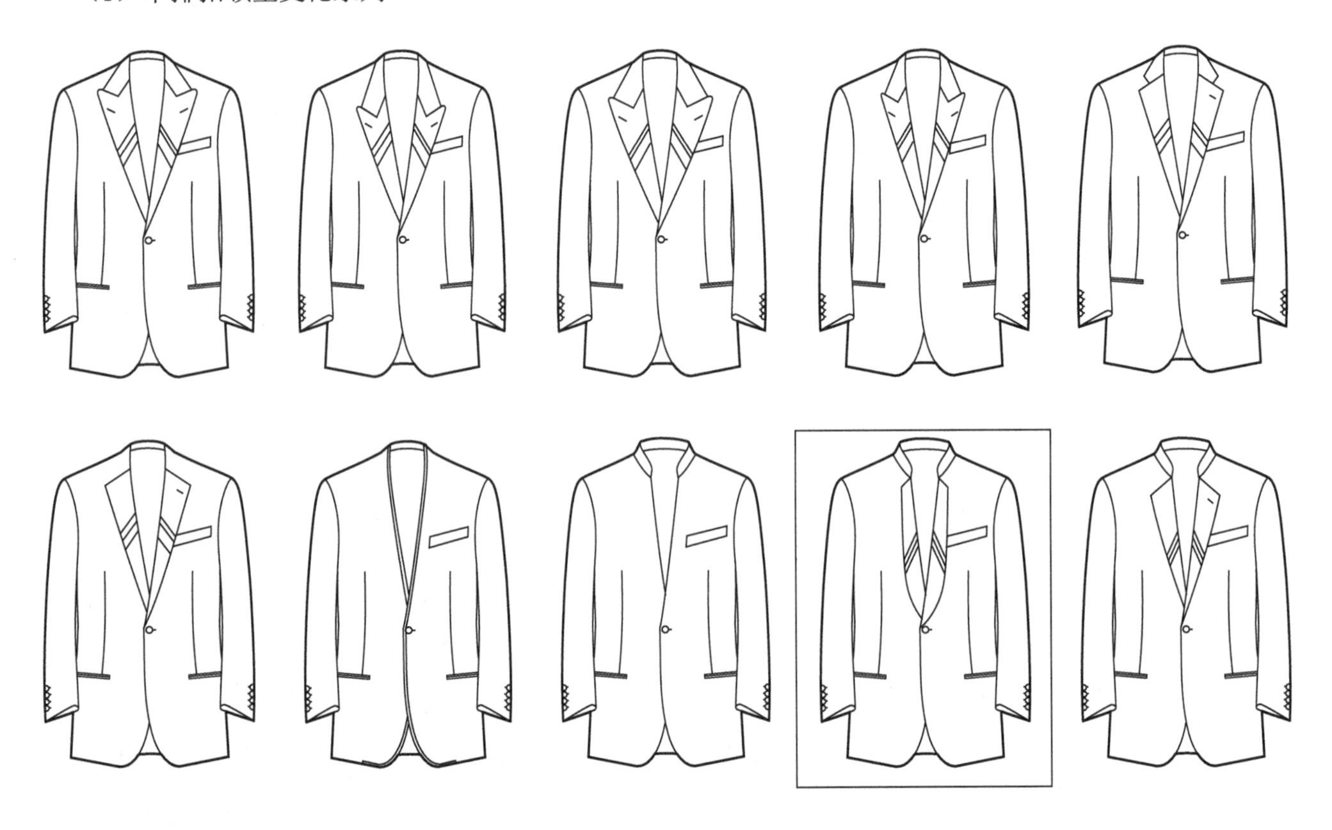

（2）双排扣领型变化系列

（3）双排扣门襟、领型变化系列

7. 梅斯礼服（mess）款式系列设计

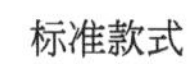

（1）单排扣领型变化系列

（2）双排扣领型变化系列

8. 董事套装（director's suit）款式系列设计

标准款式

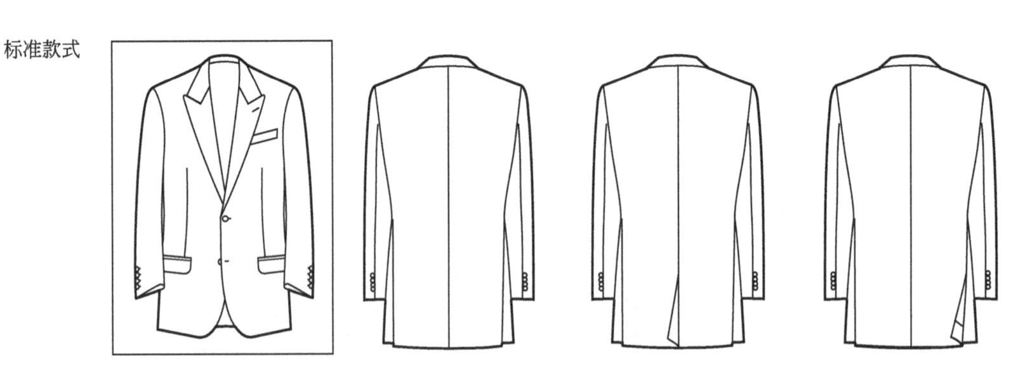

（1）领型变化系列

（2）口袋变化系列

（3）综合元素变化系列

9. 中山装款式系列设计

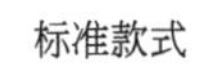

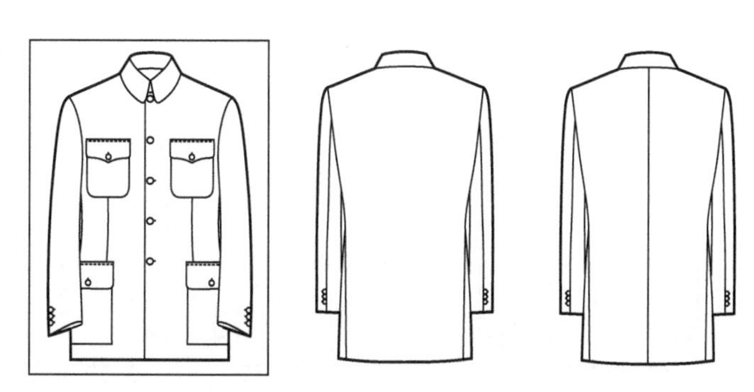

（1）口袋变化系列

（2）领型变化系列

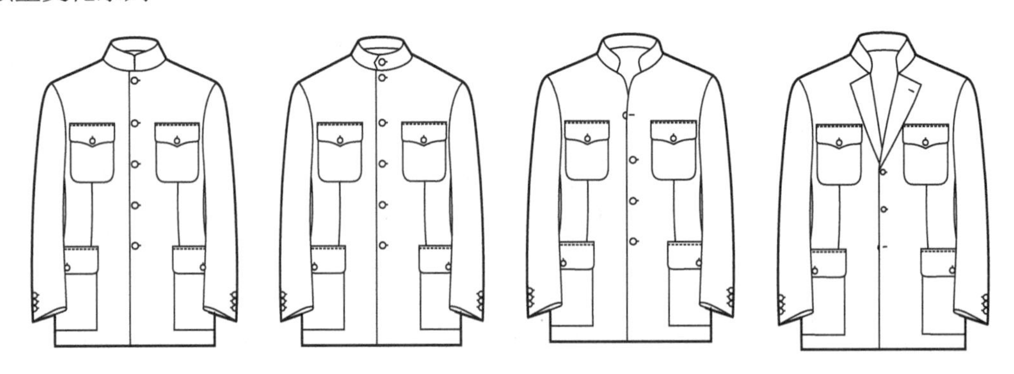

（3）口袋、领型下摆变化系列

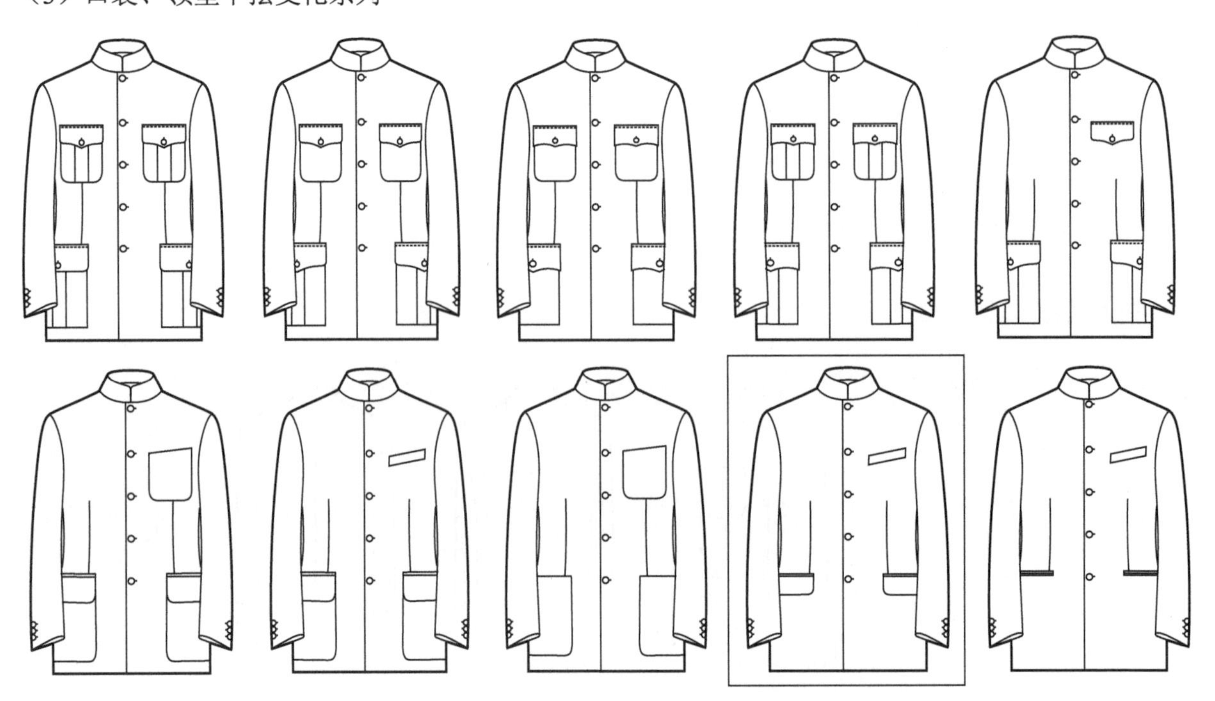

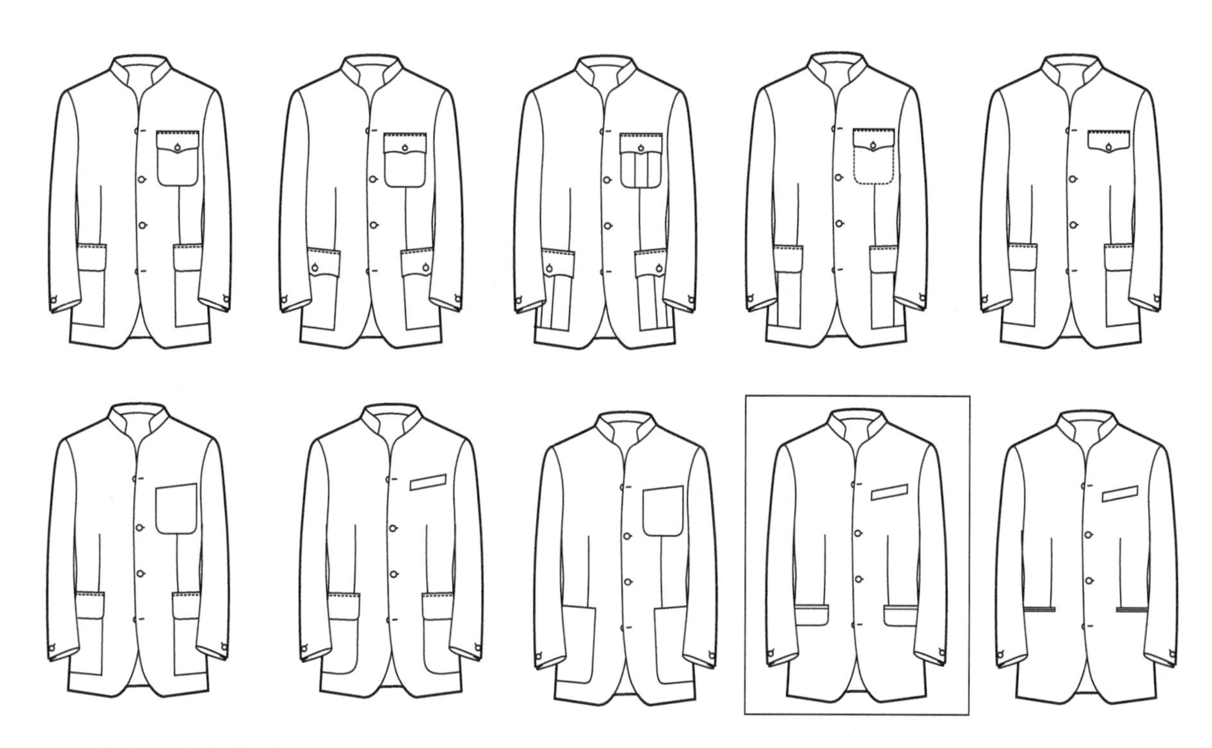

（4）综合元素变化系列

10. 燕尾服（tail coat）款式系列设计

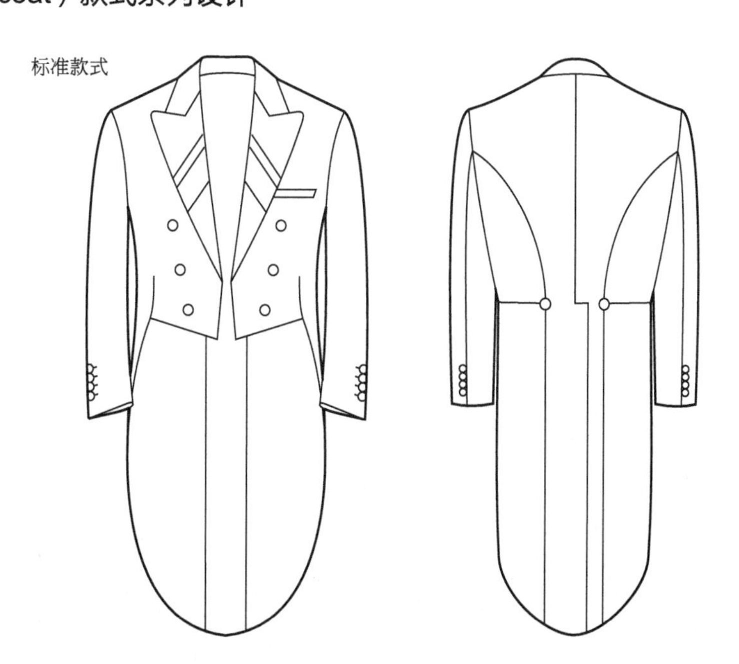

（1）门襟变化系列

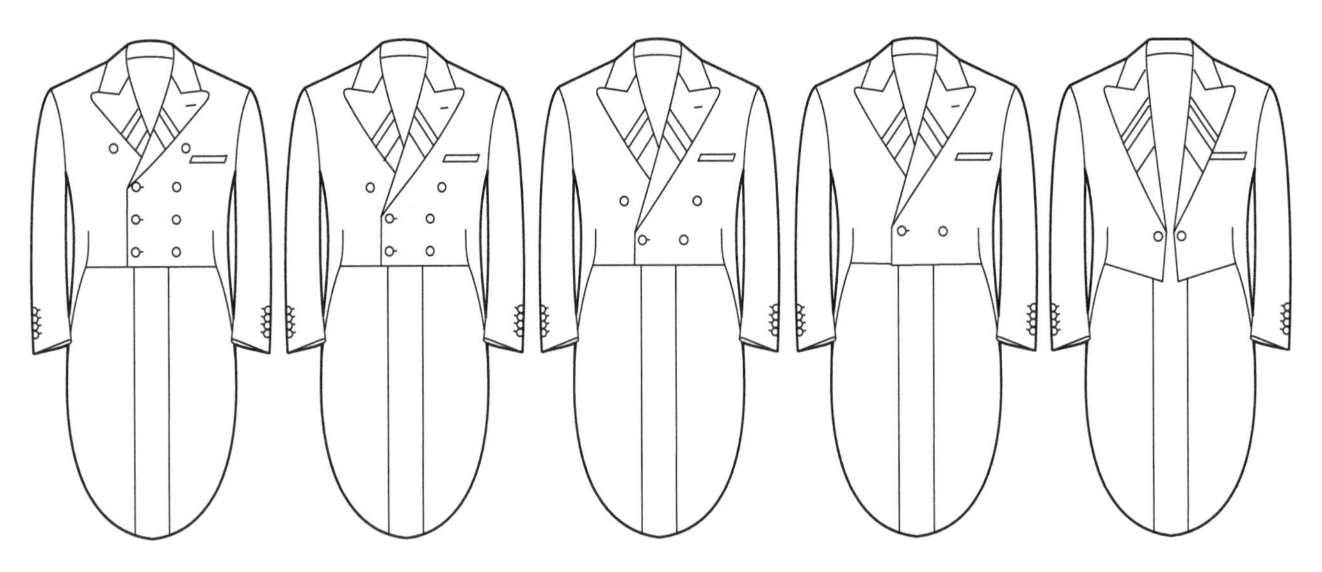

（2）领型、门襟变化系列

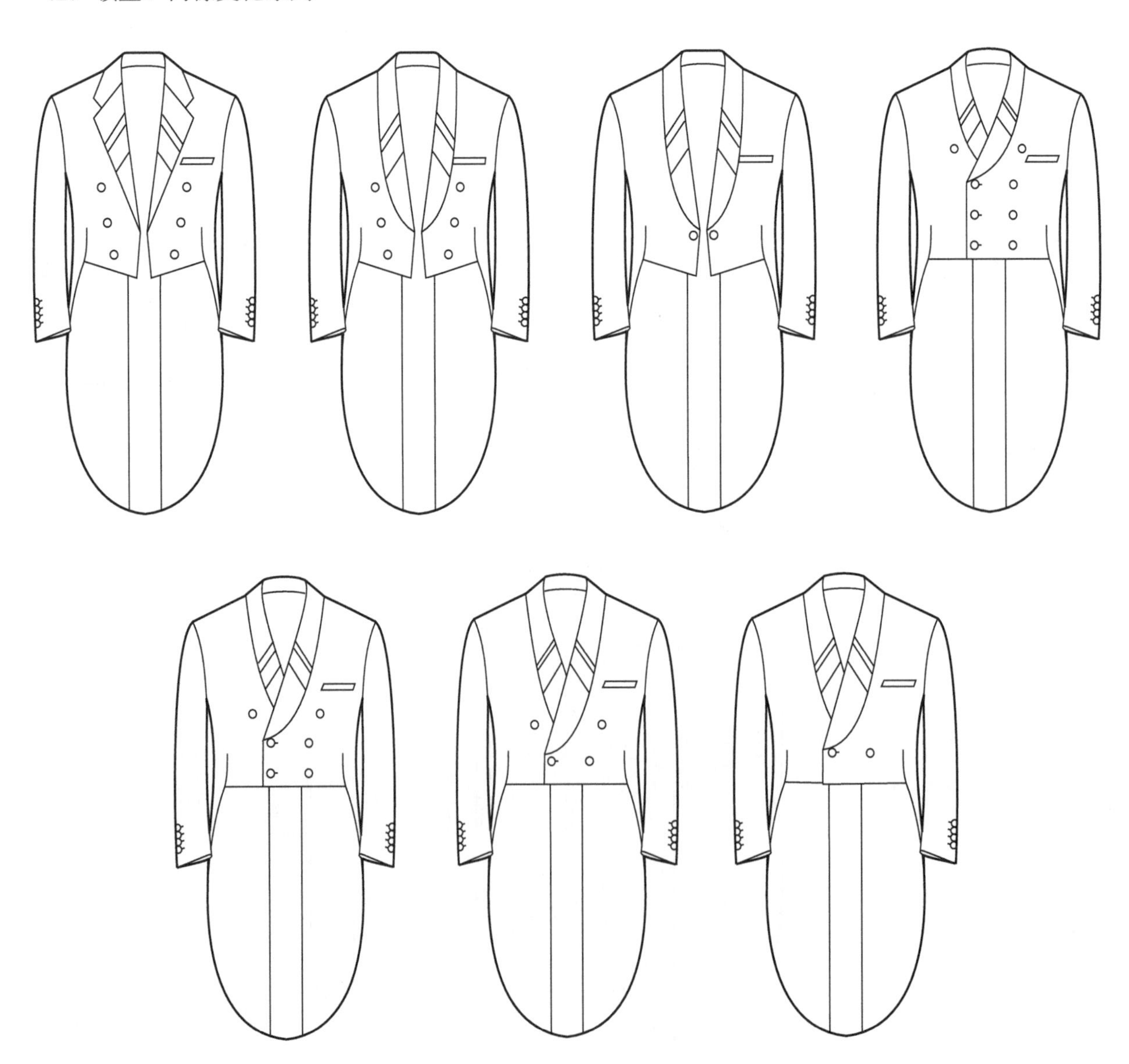

（3）短摆变化系列

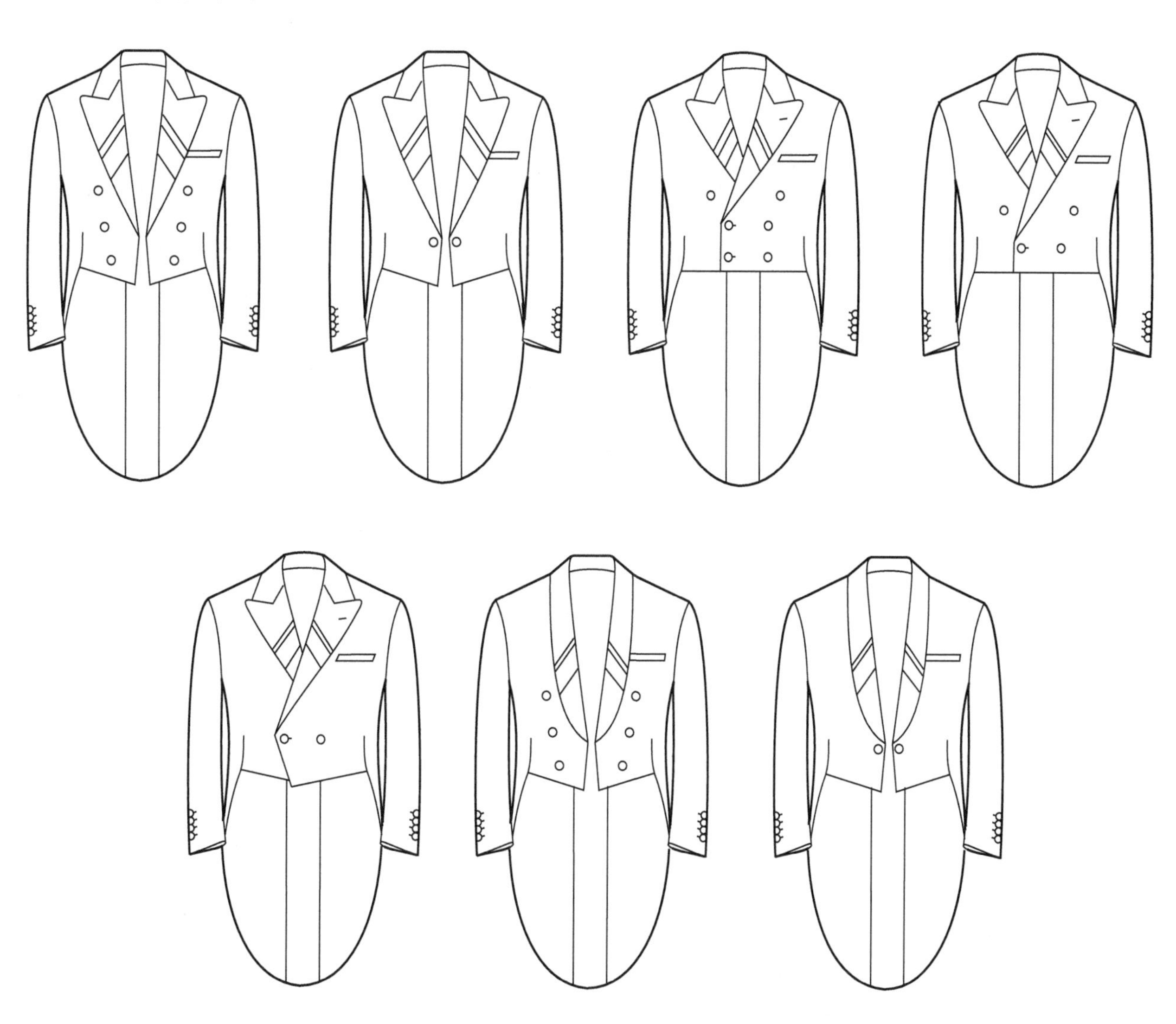

11. 晨礼服（morning coat）款式系列设计

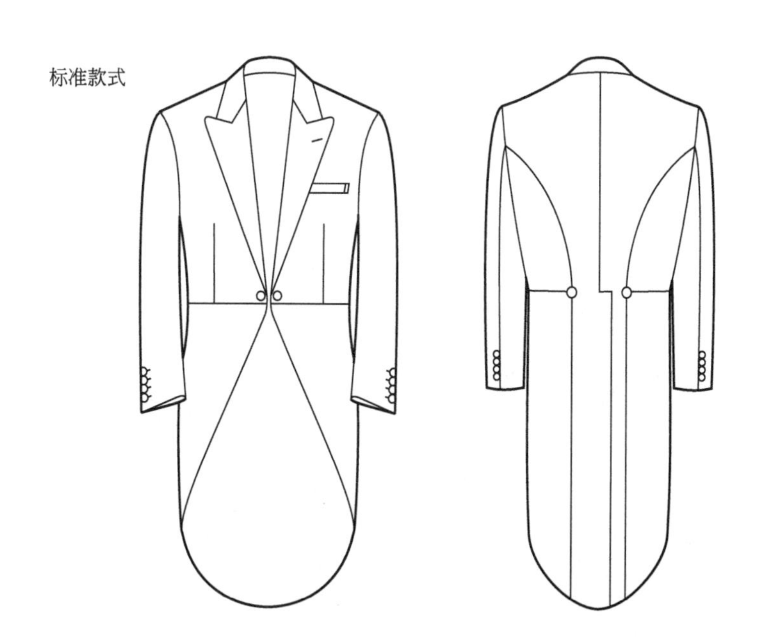

（1）领型变化系列

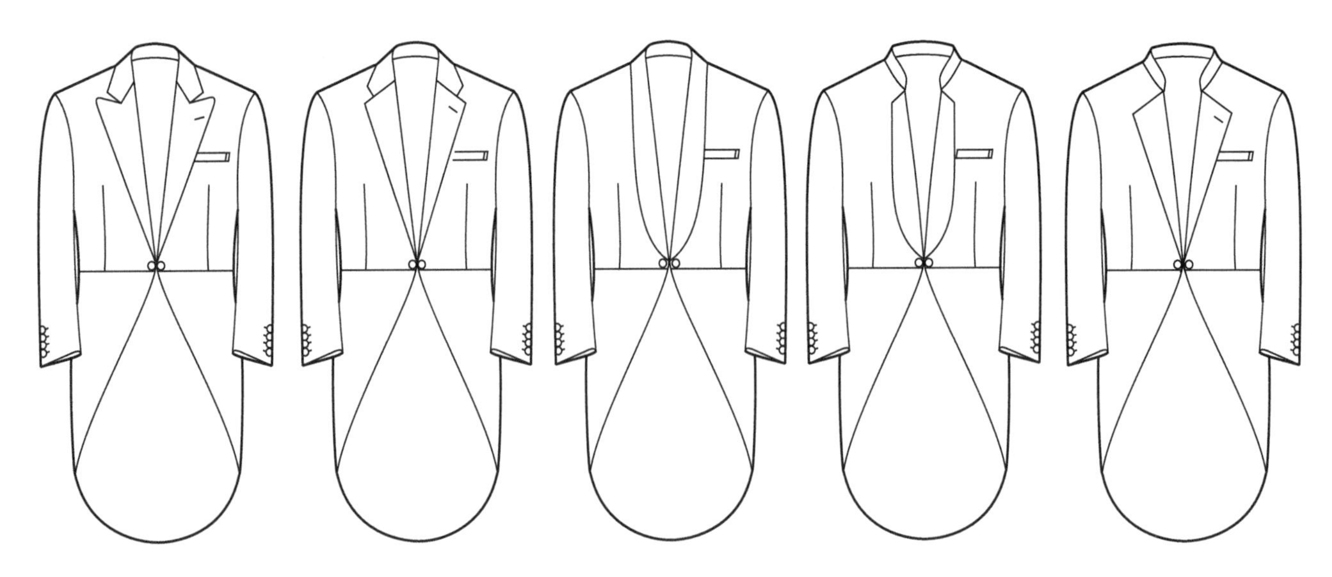

（2）短摆变化系列

二、西服纸样系列设计

1. 一款多板西服套装（suit）纸样系列设计

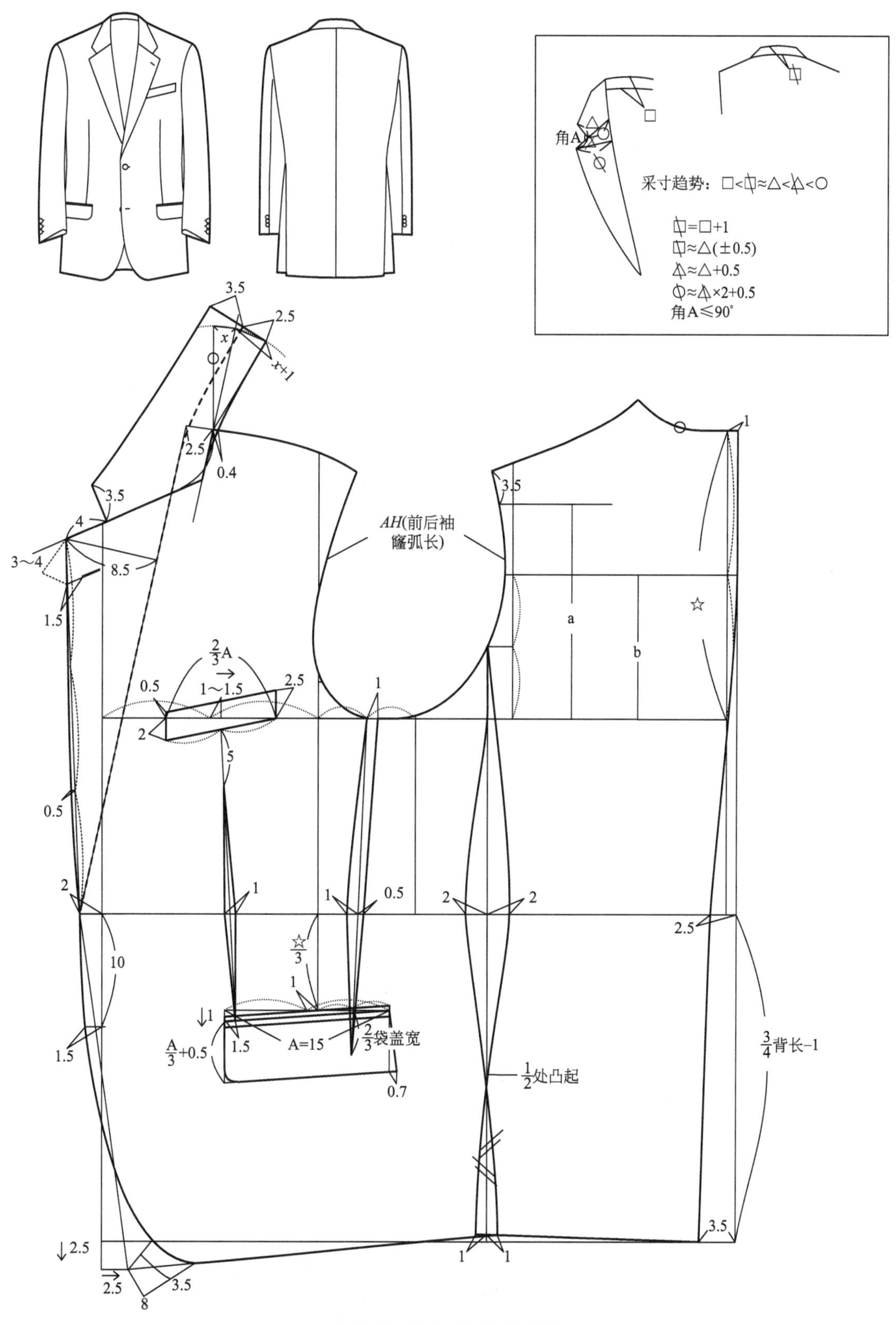

标准版四开身西服套装纸样

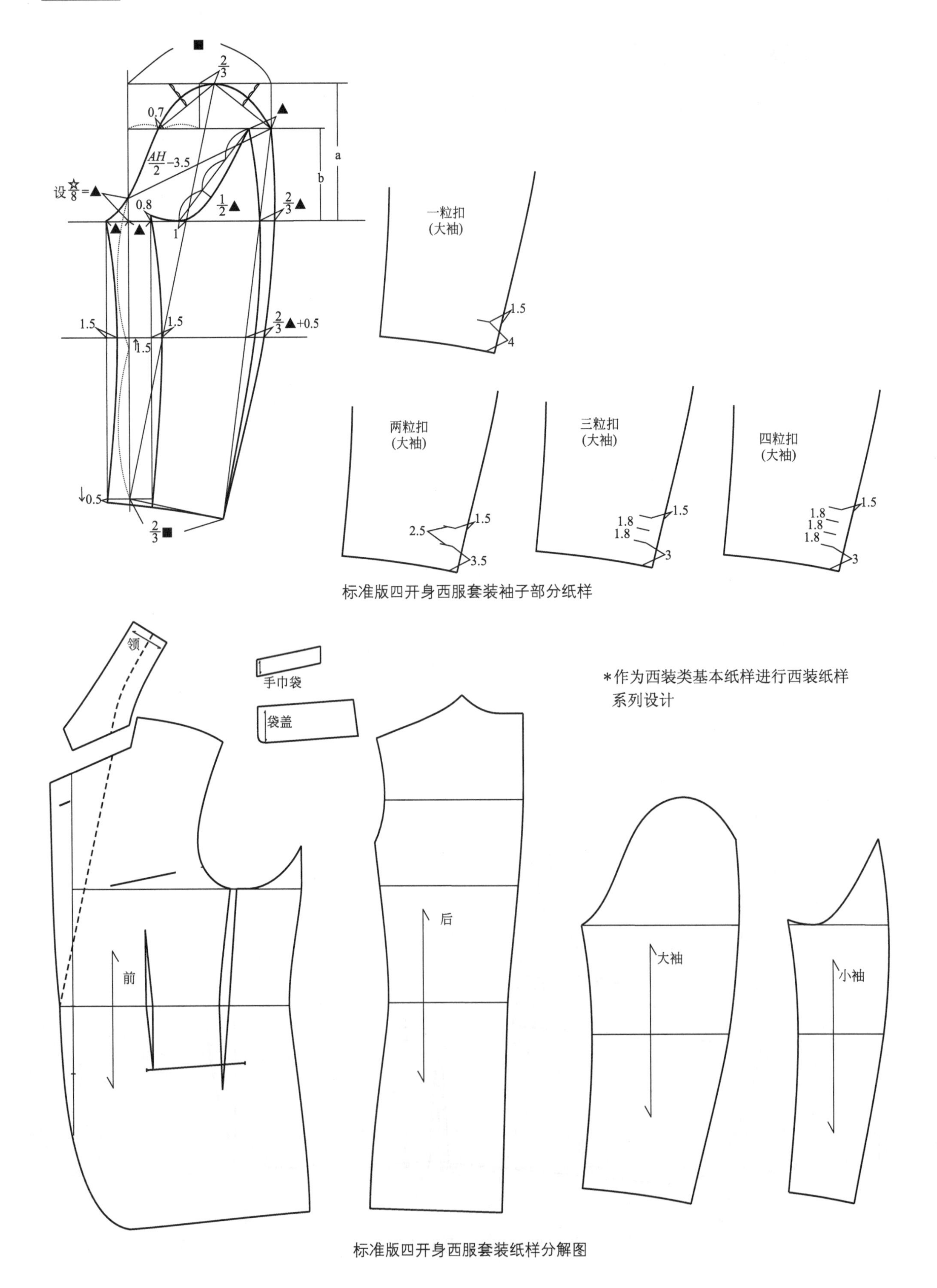

标准版四开身西服套装袖子部分纸样

*作为西装类基本纸样进行西装纸样系列设计

标准版四开身西服套装纸样分解图

*固定西服套装基本款式
*在四开身西服套装纸样（西装类基本纸样）基础上完成六开身纸样设计
*后身、袖子、翻领、手巾 袋和袋盖纸样通用

*在六开身西服套装纸样基础上作收腰增摆处理

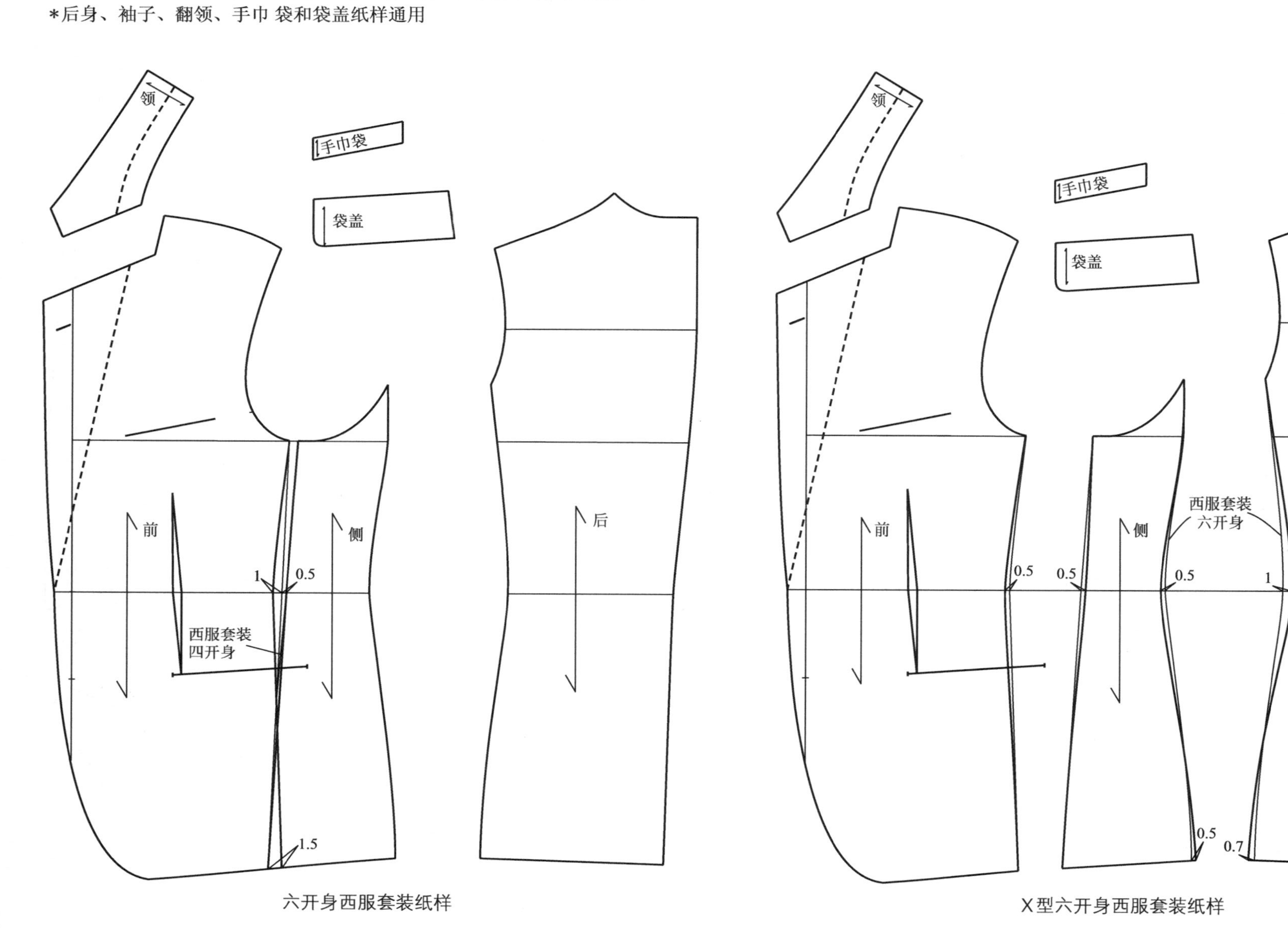

六开身西服套装纸样

X型六开身西服套装纸样

*在六开身西服套装纸样基础上作袋省（肚省）处理

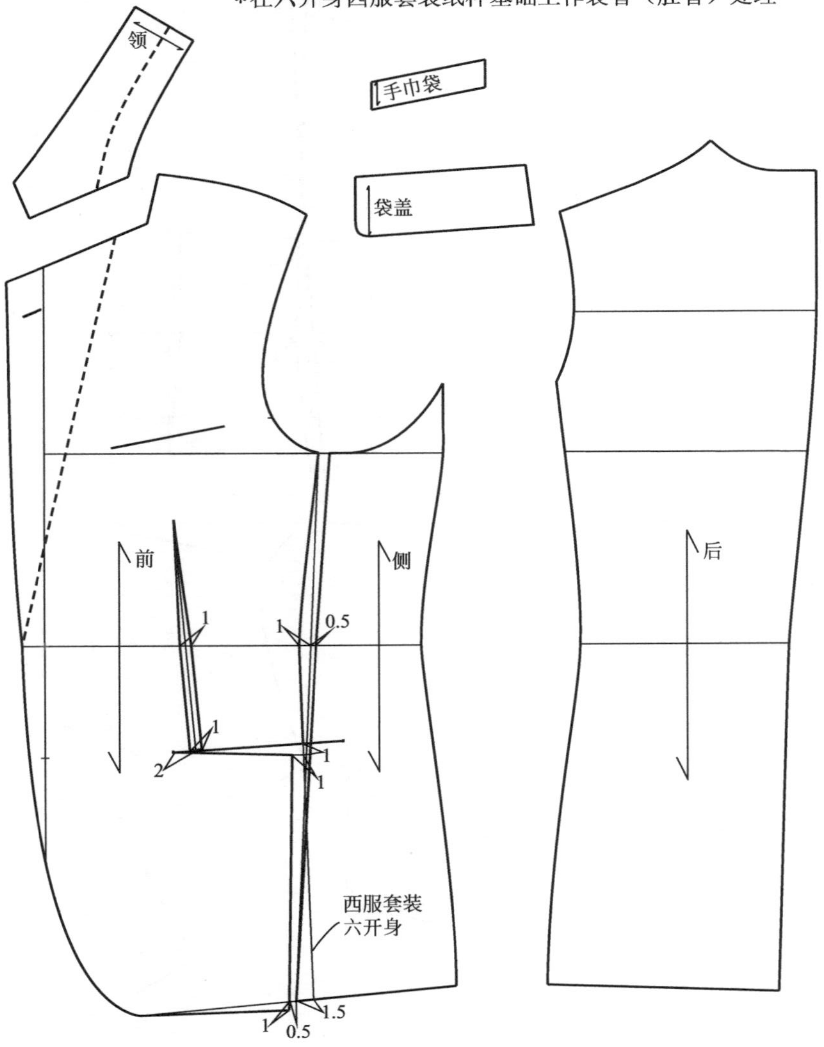

加省六开身西服套装纸样

*在加省六开身西服套装纸样基础上作增肩收摆处理，
其中肩增量大于侧身增量

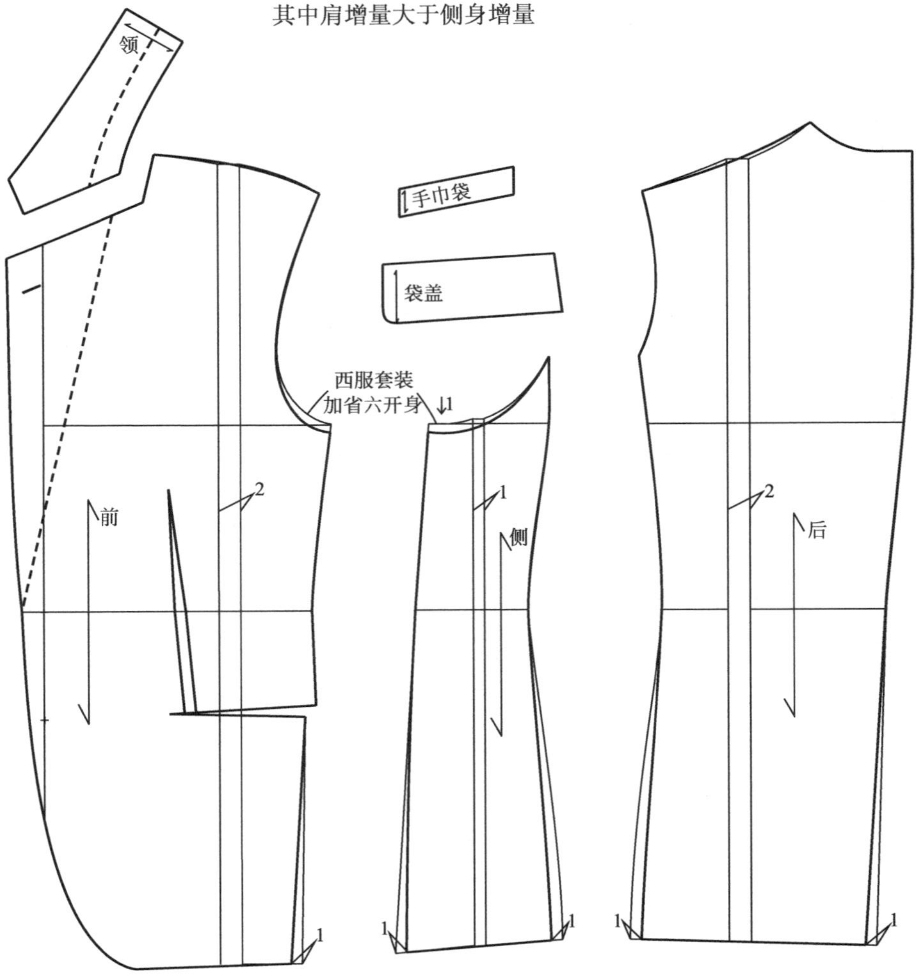

宽肩Y型加省六开身西服套装纸样

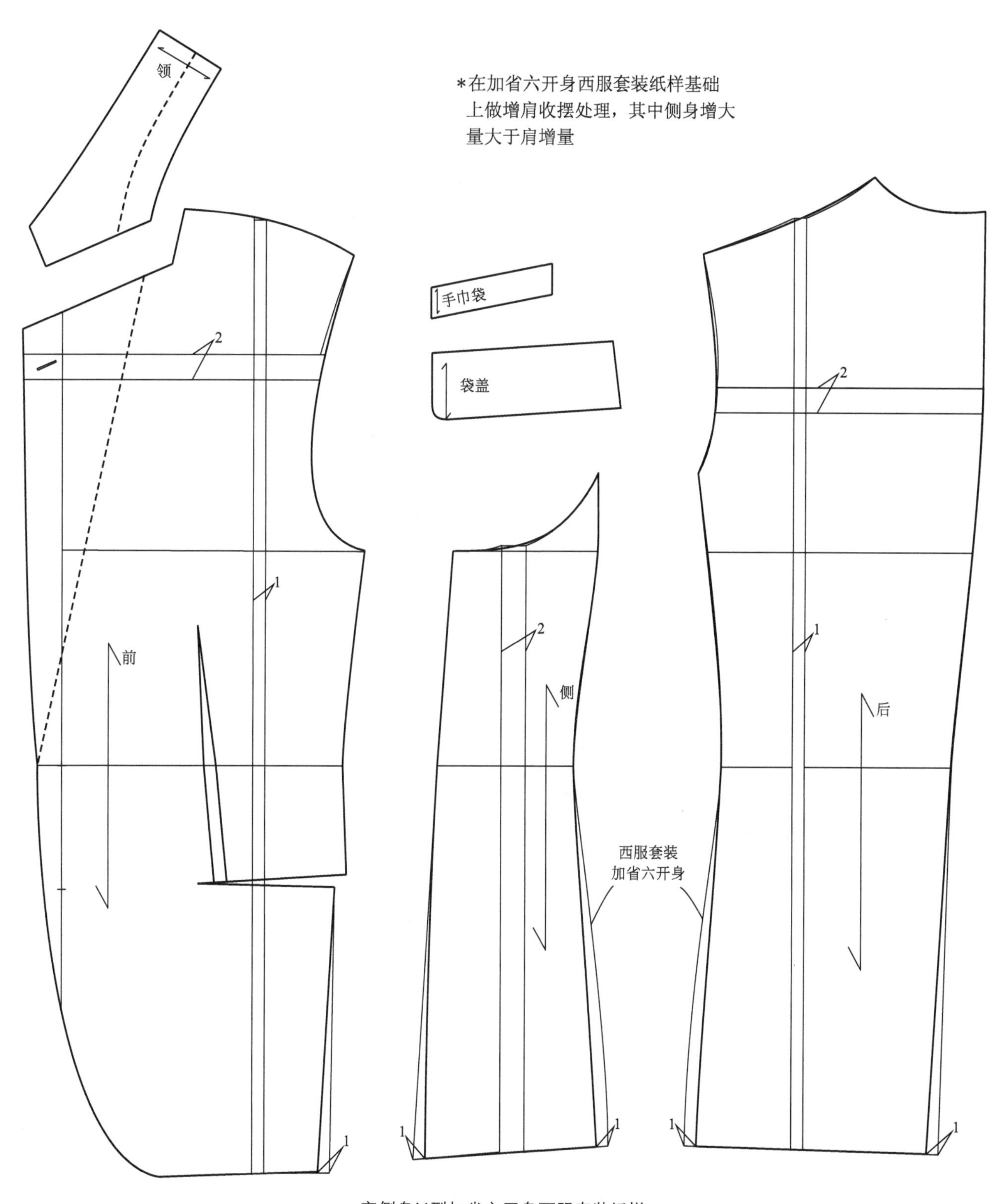

宽侧身Y型加省六开身西服套装纸样

*根据胸腰差量确定撇胸和弓背取值（见下表）

*在加省六开身西服套装纸样基础上做撇胸3cm，弓背1cm处理

撇胸和弓背的取值

胸腰差	Y	YA	A	AB	B	BE	E
	16	14	12	10	8	4	0
撇胸	1	1	1	1	1～2	2～3	3～4（上限）
弓背	0～0.5			0.5		1（上限）	

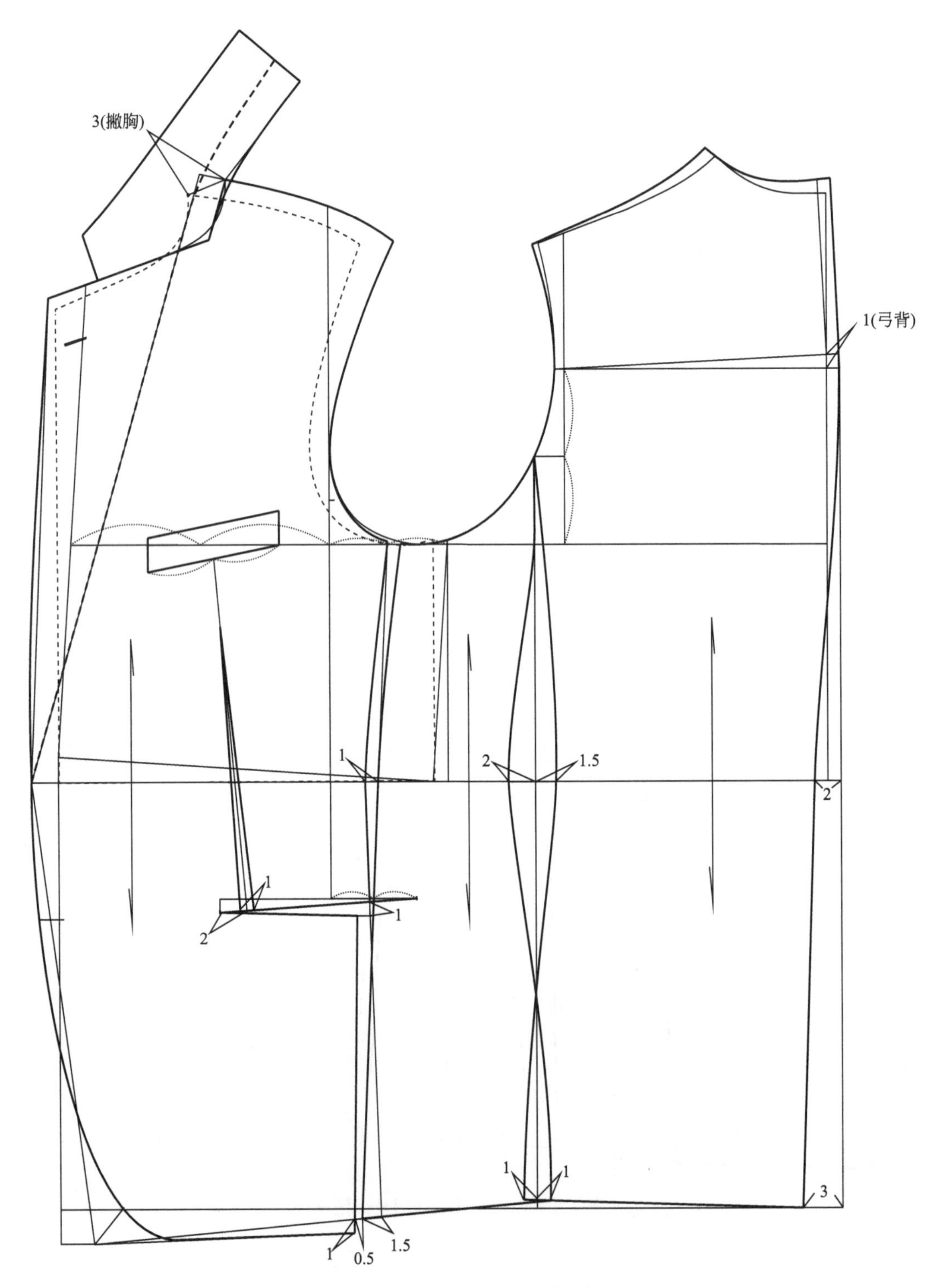

O板加省六开身西服套装纸样

2. 一板多款西服套装（suit）纸样系列设计

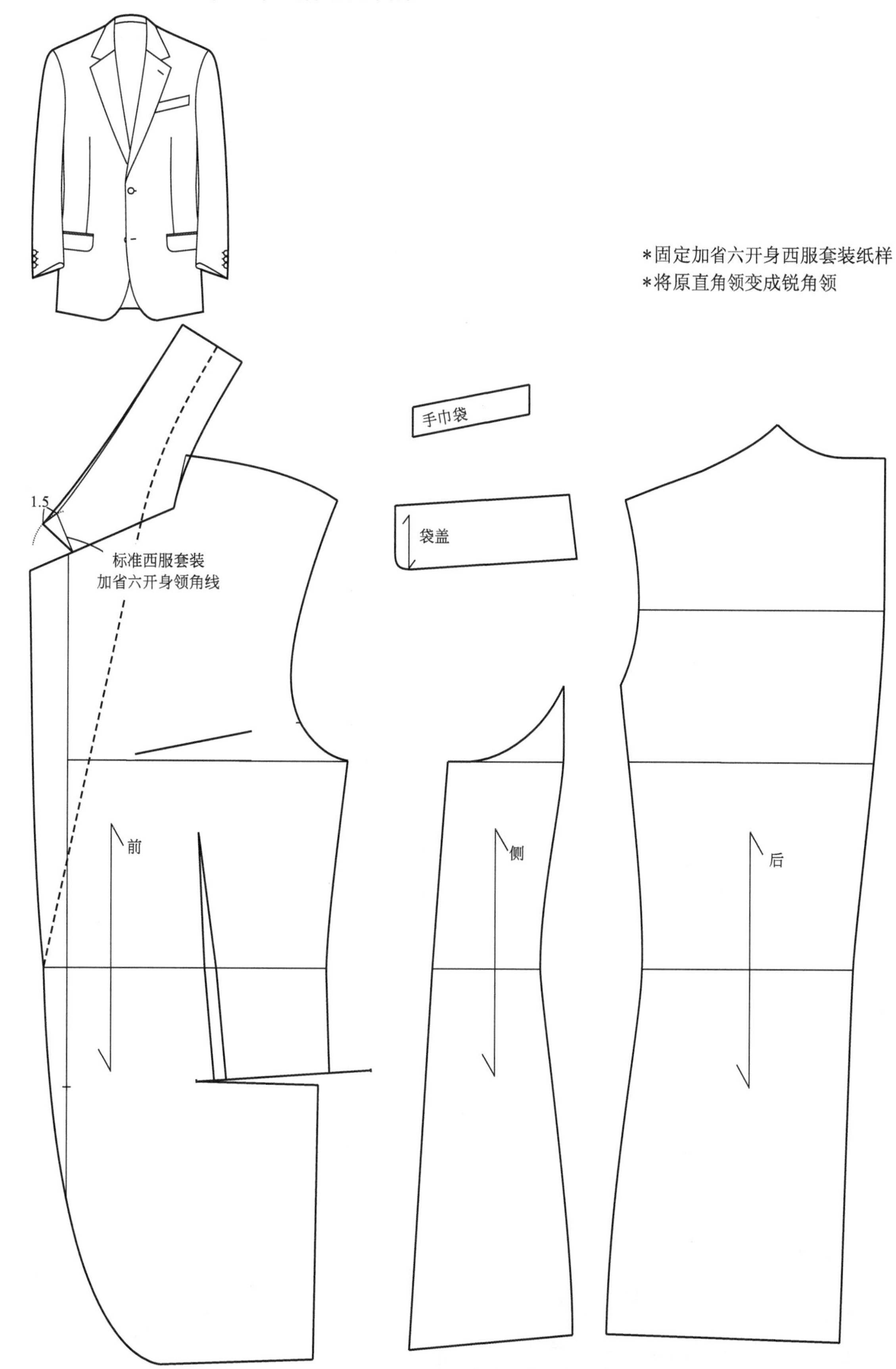

锐角领加省六开身西服套装纸样

*在加省六开身西服套装纸样基础上做窄驳领小锐角处理

*在前身大袋上方做小钱袋设计，注意在制作时仅放在右身

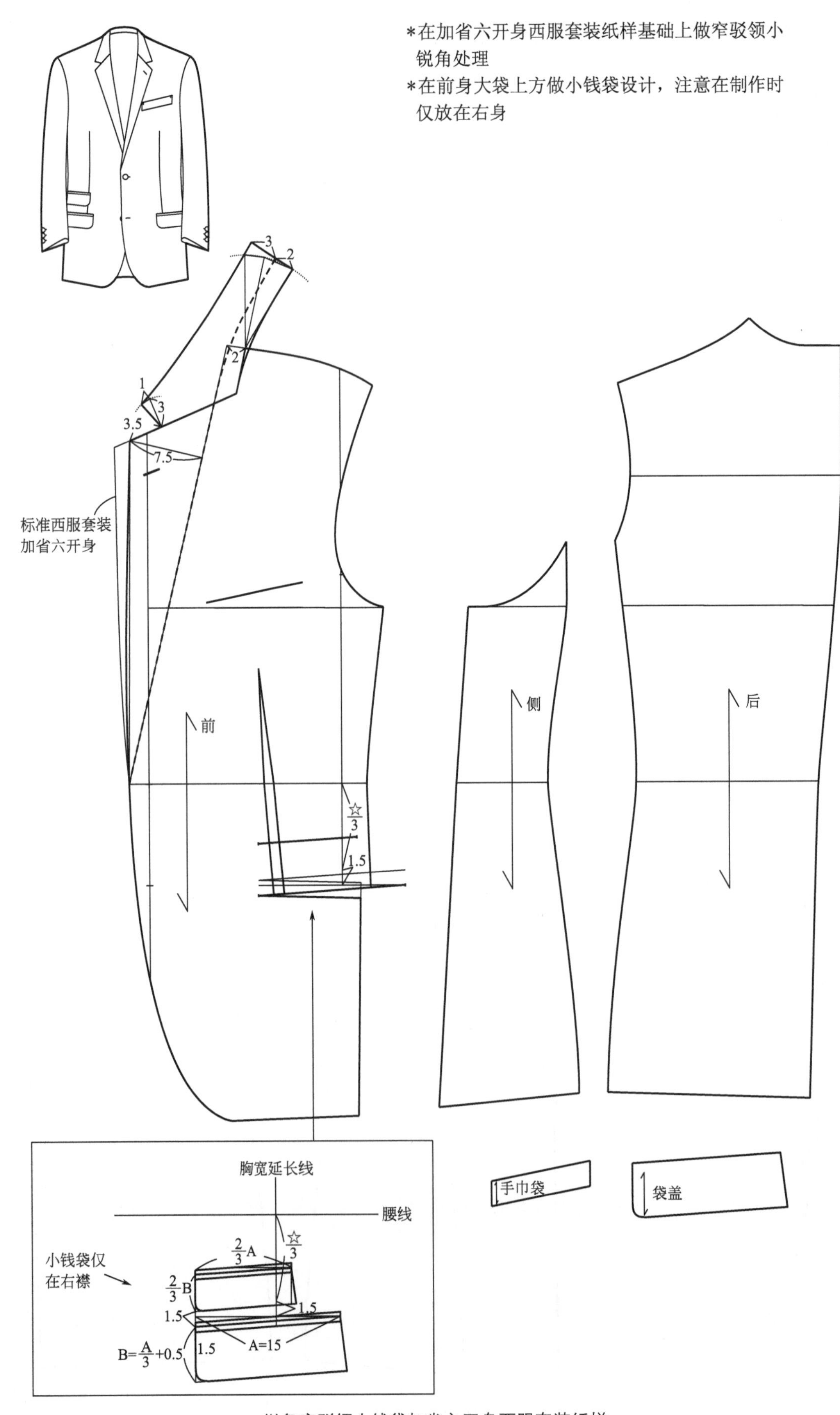

锐角窄驳领小钱袋加省六开身西服套装纸样

*在加省六开身西服套装纸样基础上将原驳领串口线上移后重新设计翻领，使其形成扛领结构

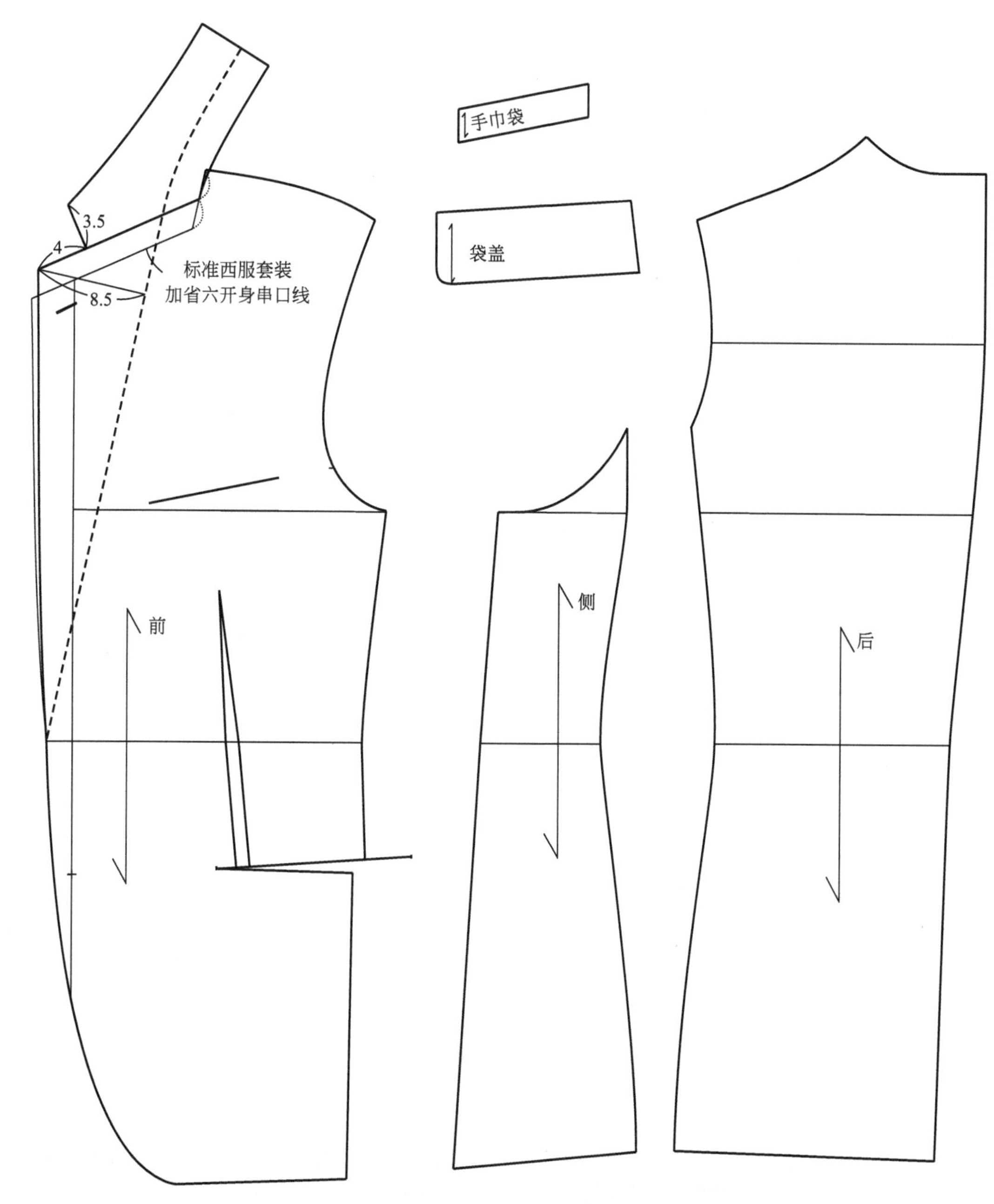

扛领加省六开身西服套装纸样

*在加省六开身西服套装纸样基础上做一粒扣折角扛领处理

*在前身大袋上方设计小钱袋

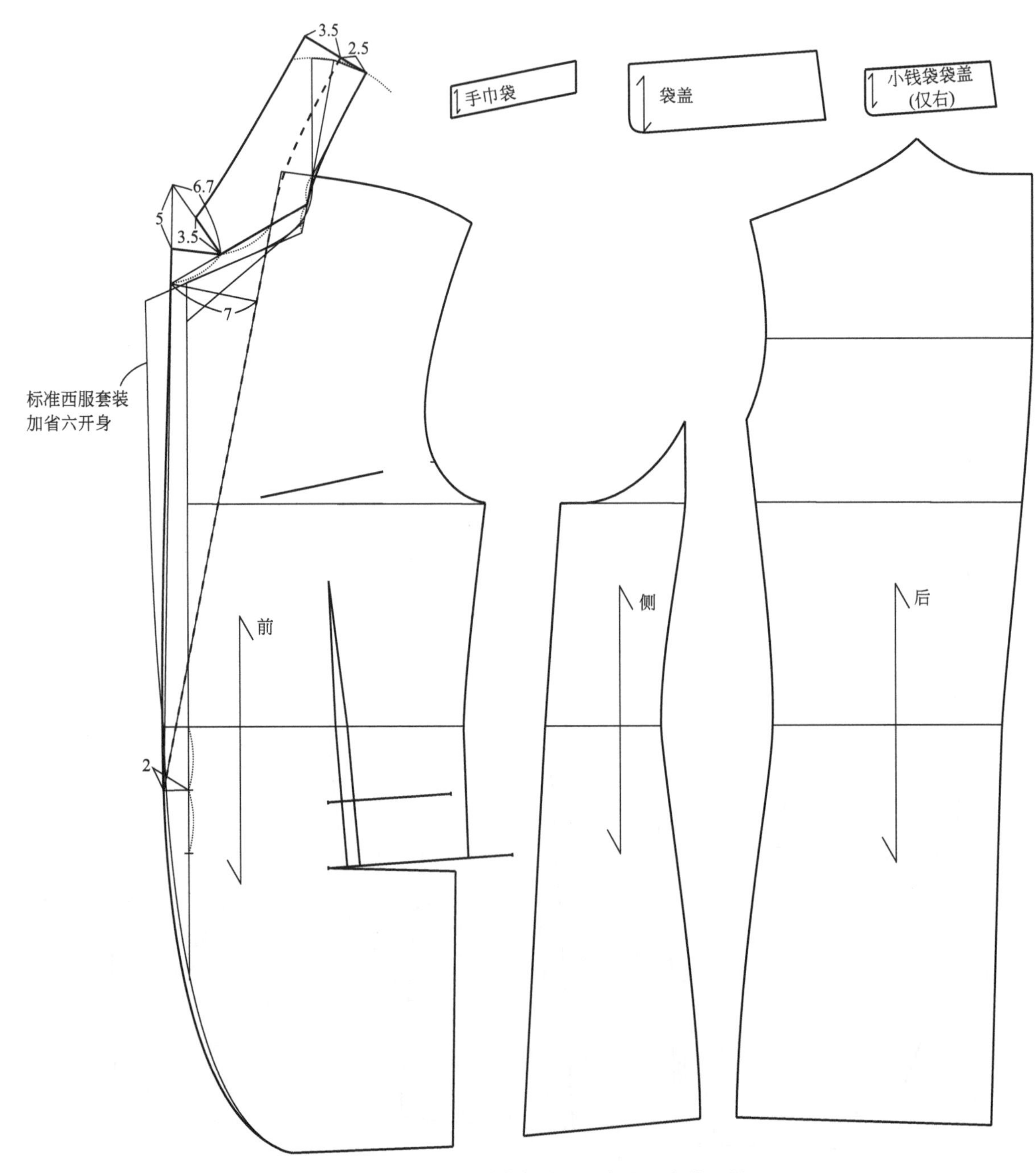

一粒扣折角扛领小钱袋加省六开身西服套装纸样

3. 一款多板运动西装（blazer）纸样系列设计

*在四开身西服套装纸样基础上加入运动西装标志性元素复合型贴口袋，处理成三粒扣门襟，上下扣为虚扣

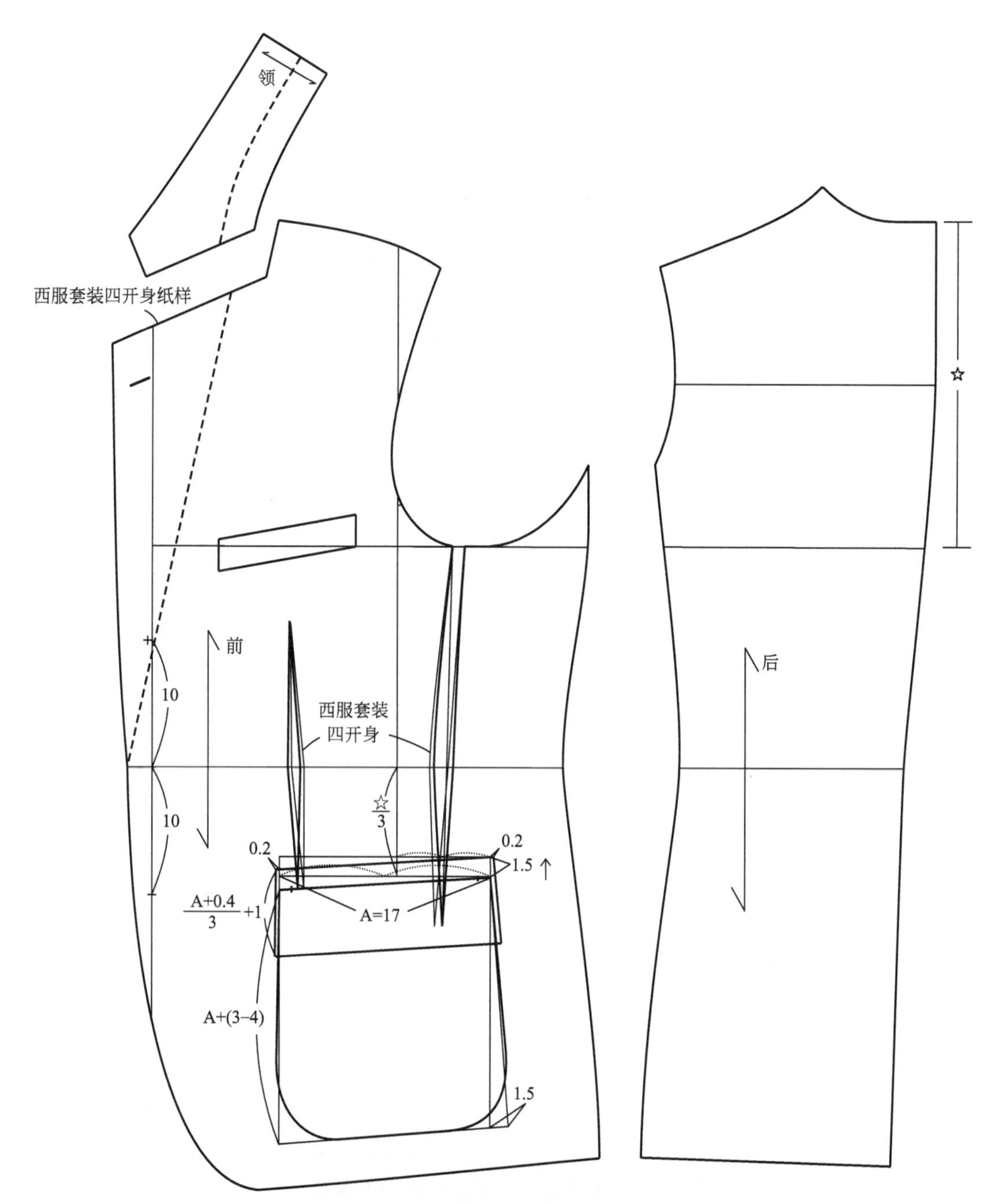

标准版四开身运动西装纸样

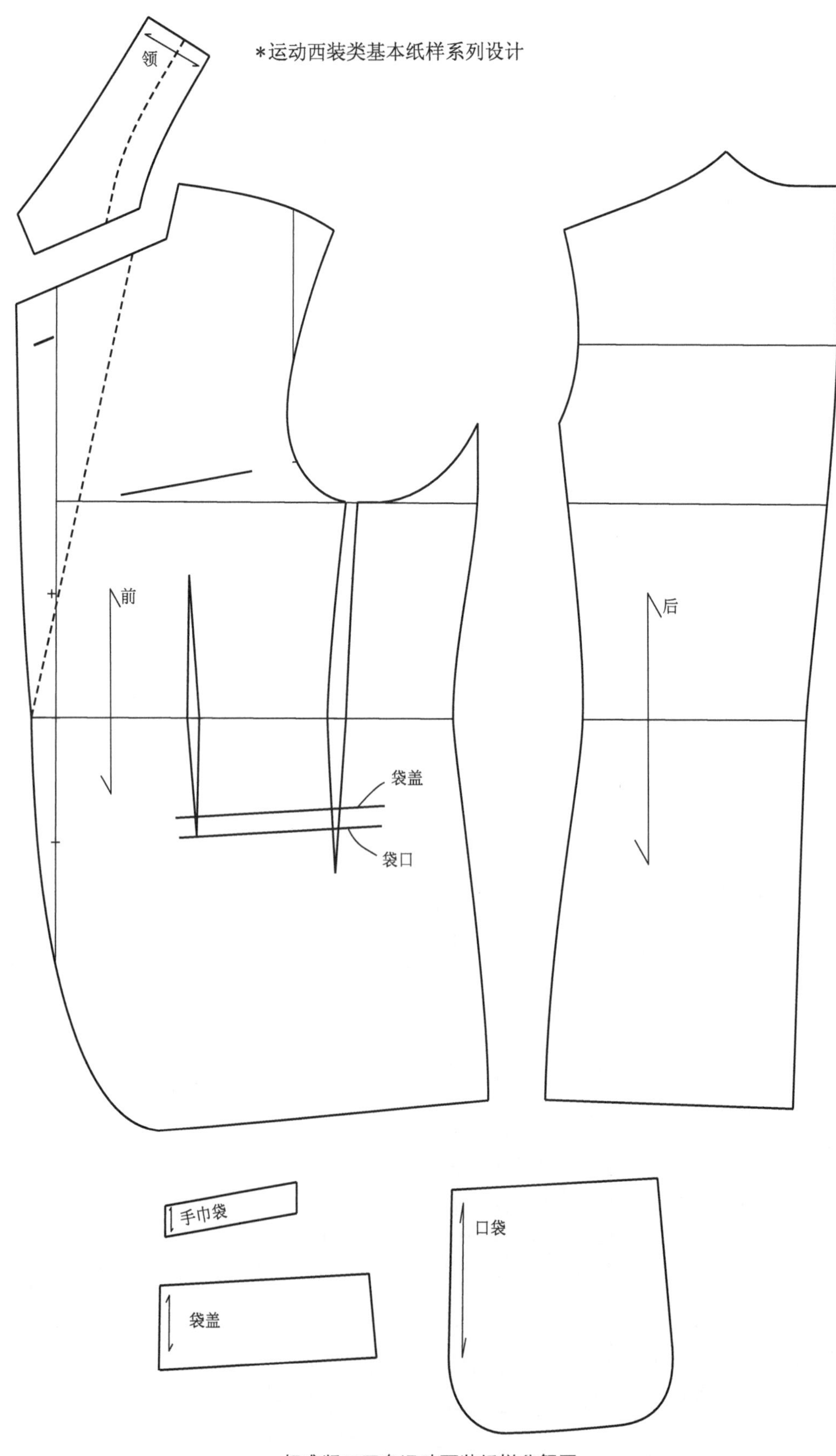

标准版四开身运动西装纸样分解图

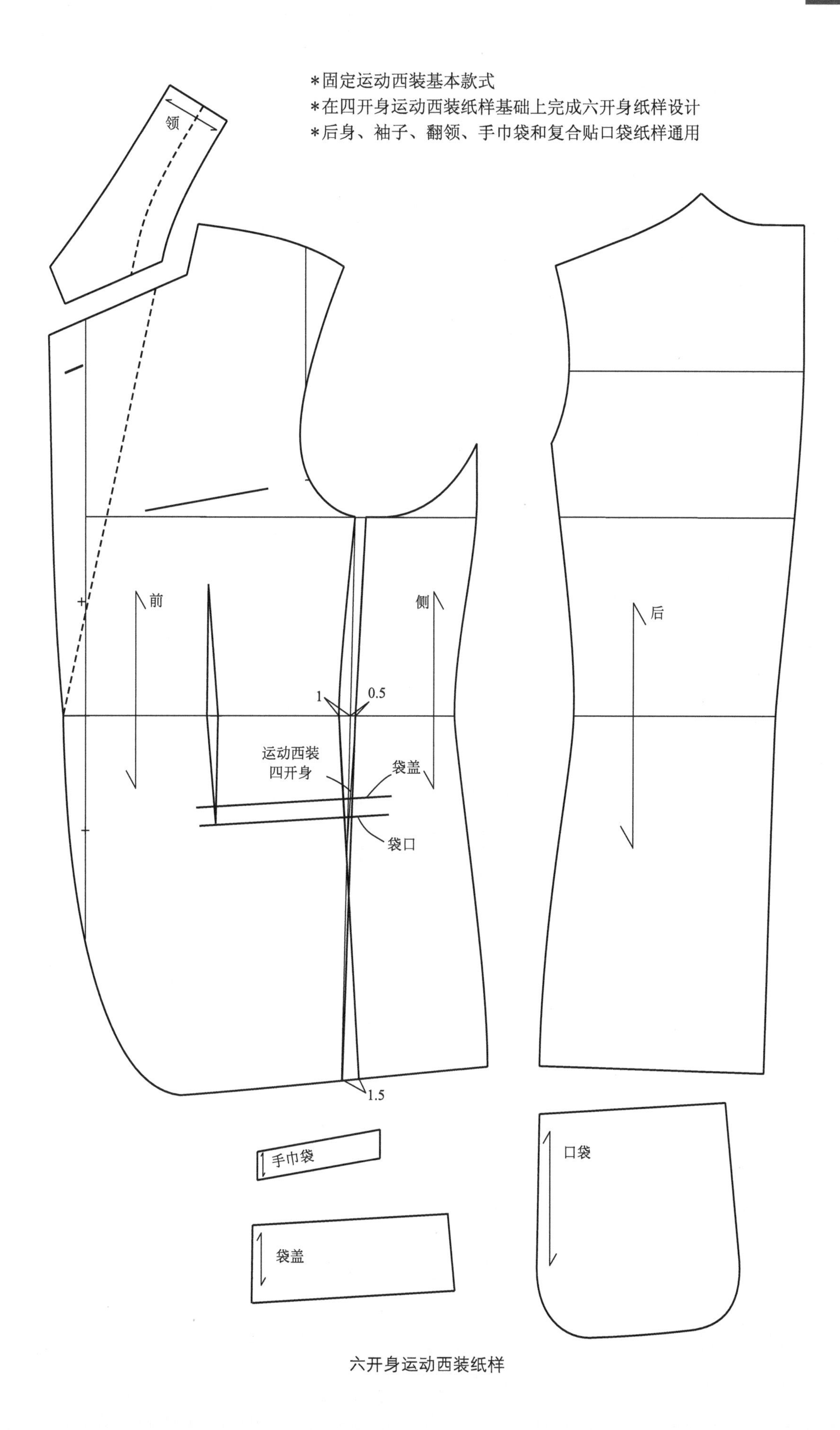
*固定运动西装基本款式
*在四开身运动西装纸样基础上完成六开身纸样设计
*后身、袖子、翻领、手巾袋和复合贴口袋纸样通用
领
前
侧
后
1
0.5
运动西装
四开身
袋盖
袋口
1.5
手巾袋
口袋
袋盖

六开身运动西装纸样

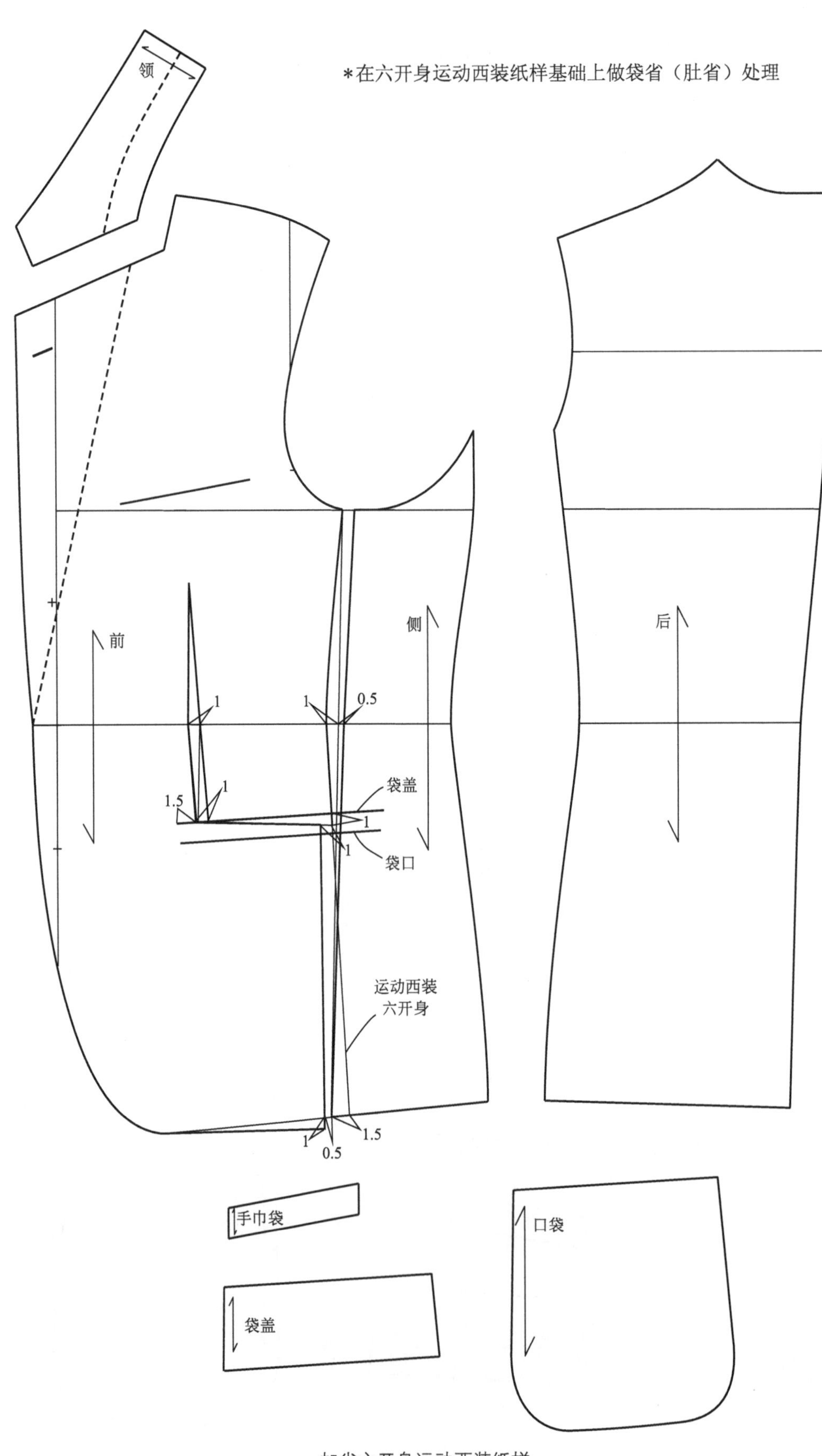

加省六开身运动西装纸样

*根据胸腰差量确定撇胸和弓背取值（见下表）

*在加省六开身运动西装纸样基础上做撇胸3cm，弓背1cm处理

撇胸和弓背的取值

胸腰差	Y	YA	A	AB	B	BE	E
	16	14	12	10	8	4	0
撇胸	1	1	1	1	1～2	2～3	3～4（上限）
弓背	0～0.5			0.5		1（上限）	

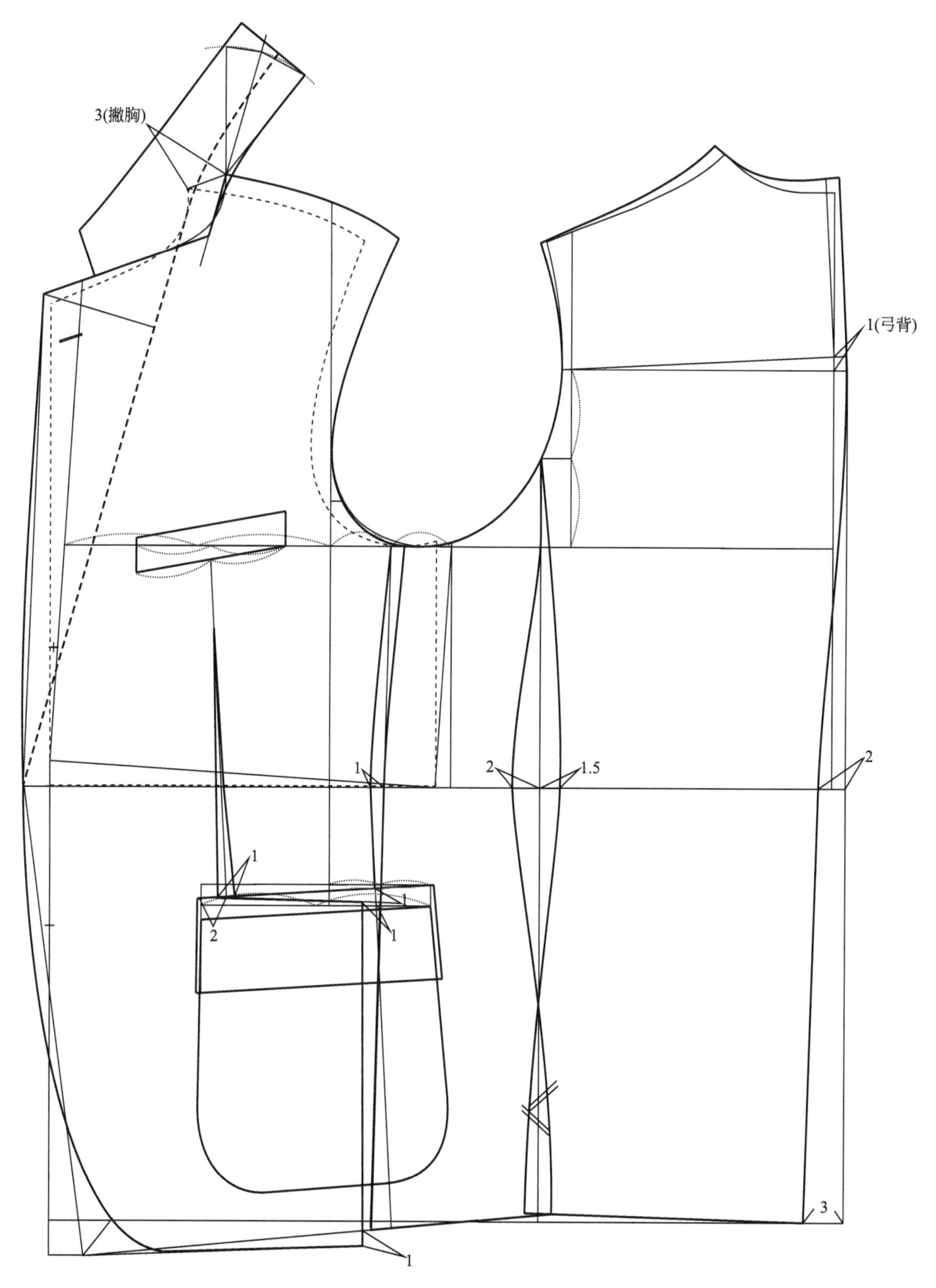

O板加省六开身运动西装纸样

4. 一板多款运动西装（blazer）纸样系列设计

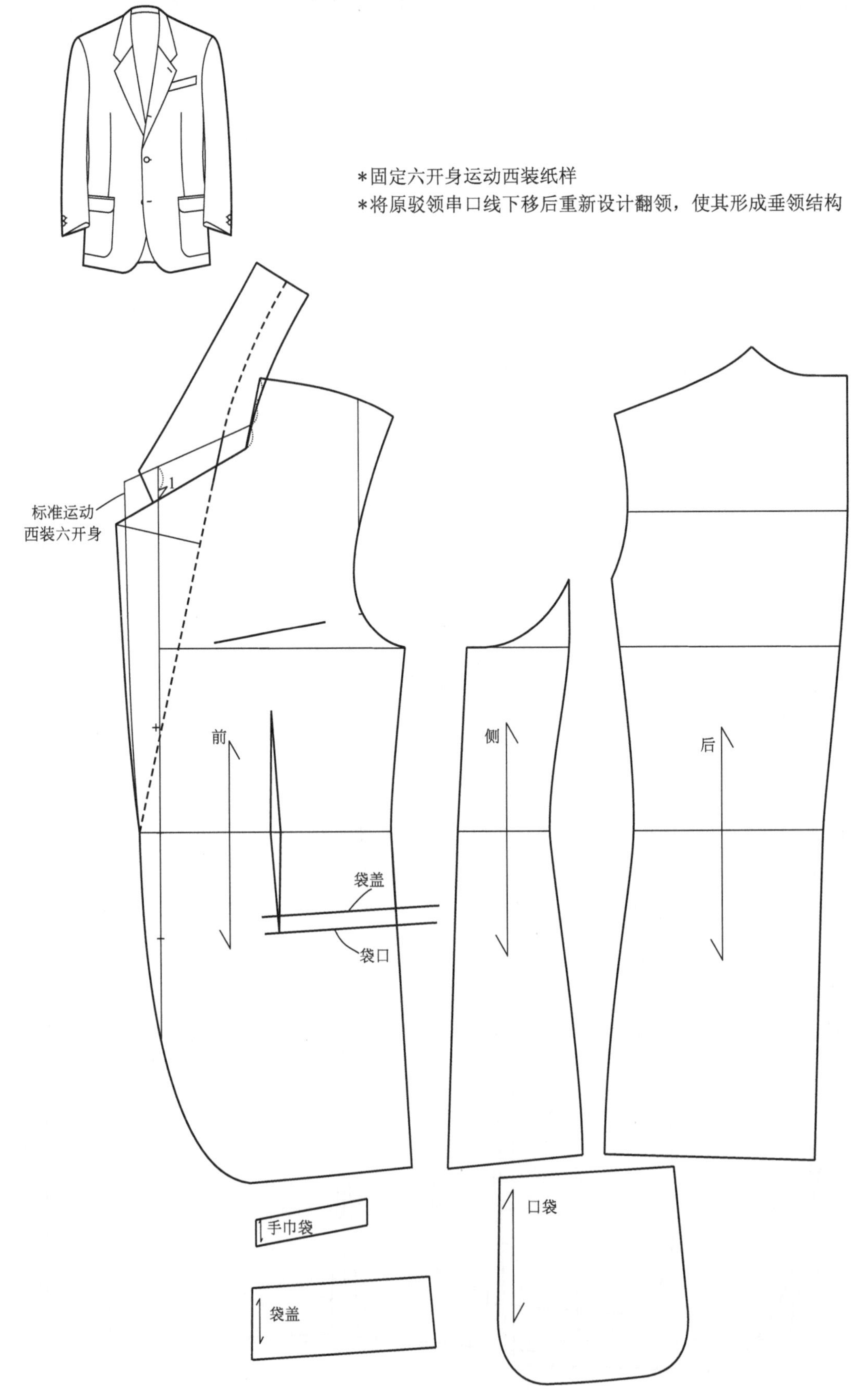

垂领六开身运动西装纸样

*在六开身运动西装纸样基础上做三粒扣打领处理
*以胸宽延长线与原袋口线交点为基点，做斜口袋处理
（斜口袋为赛马竞技夹克元素）

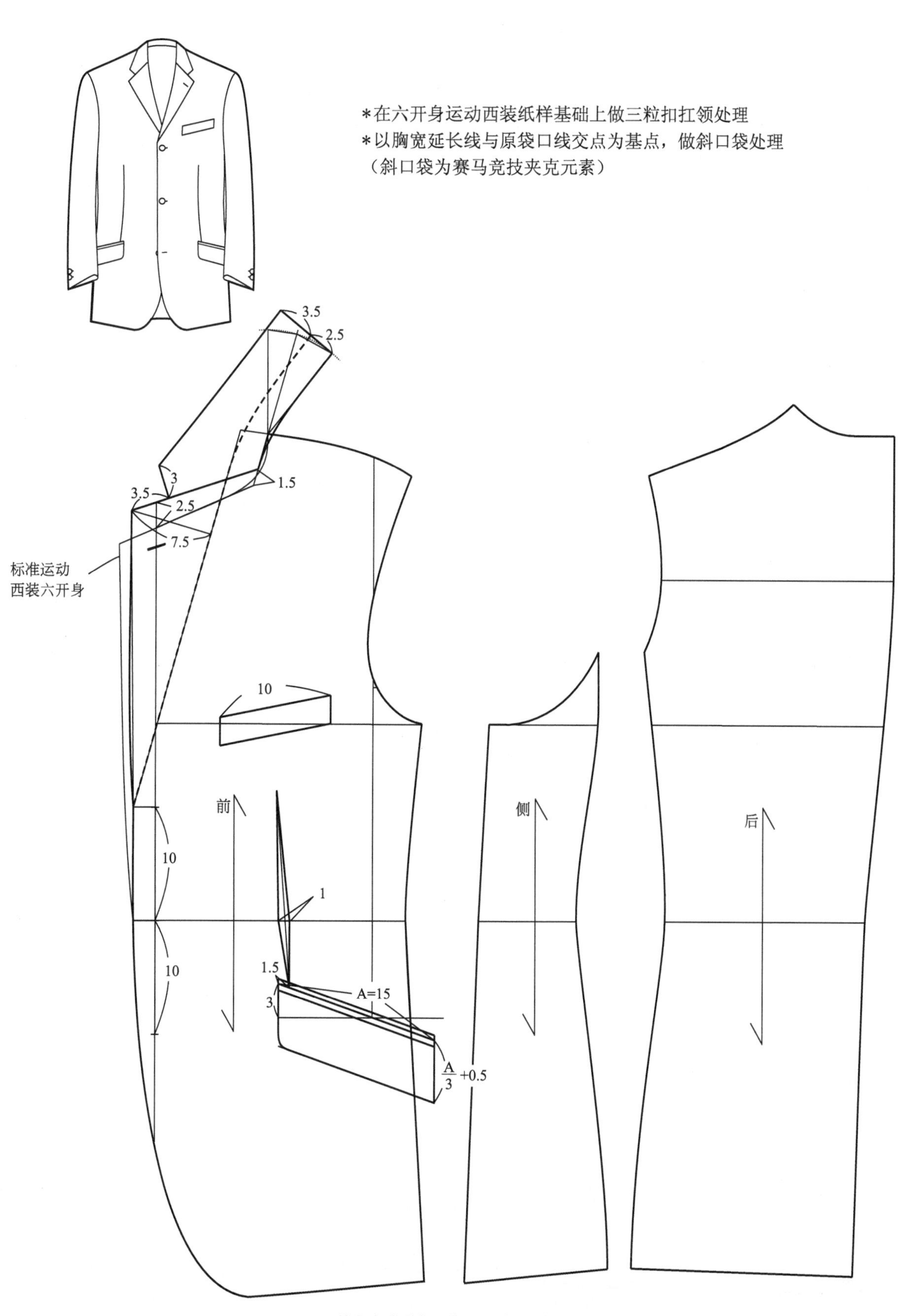

三粒扣打领斜口袋六开身运动西装纸样

*在六开身西服套装纸样基础上做四粒双排扣戗驳领设计
*四粒双排功能扣设计为水手版运动西装

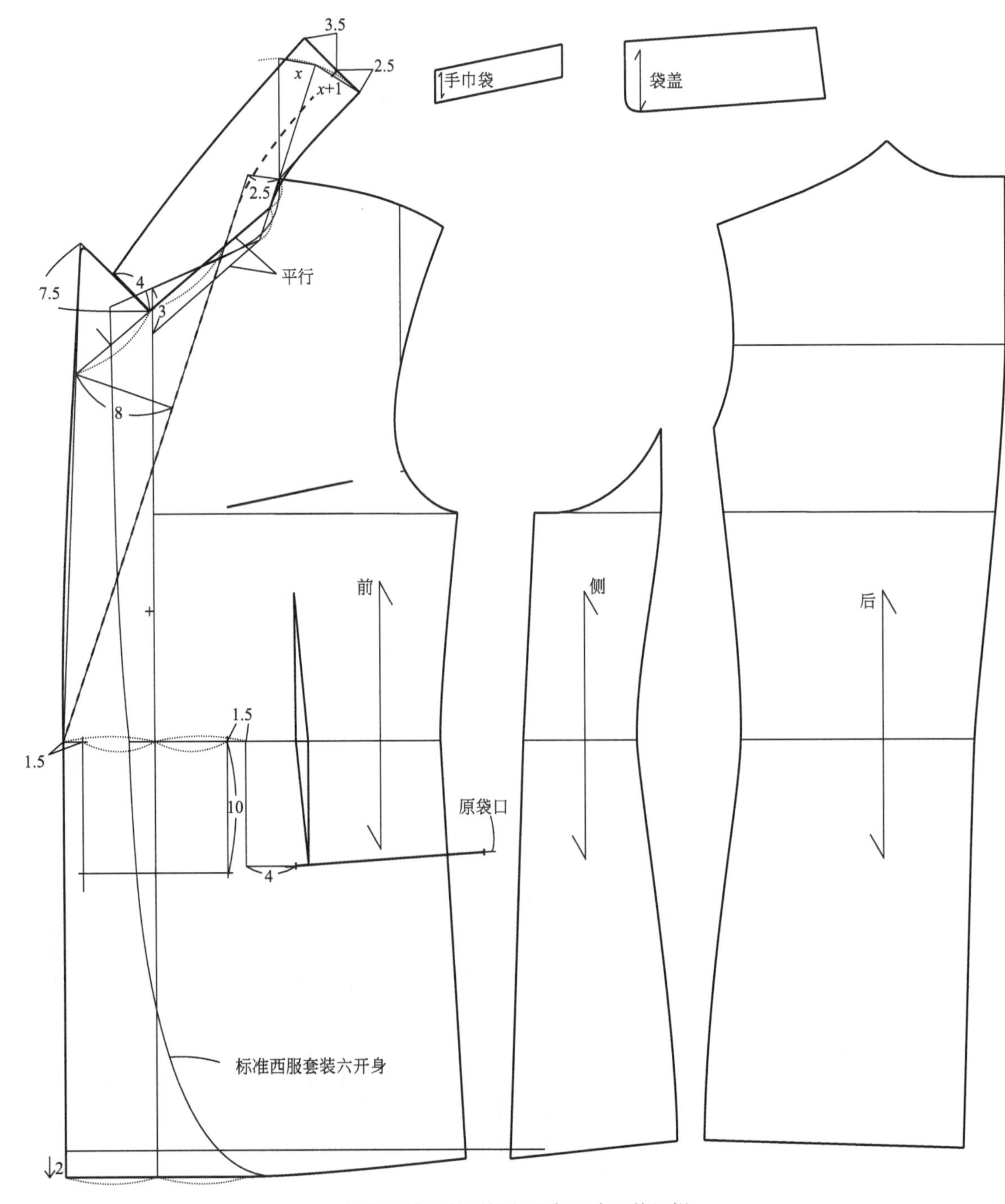

四粒双排扣戗驳领六开身运动西装纸样

*在六开身西服套装纸样基础上做六粒双排扣“扛式”戗驳领设计
*六粒双排功能扣设计为制服版

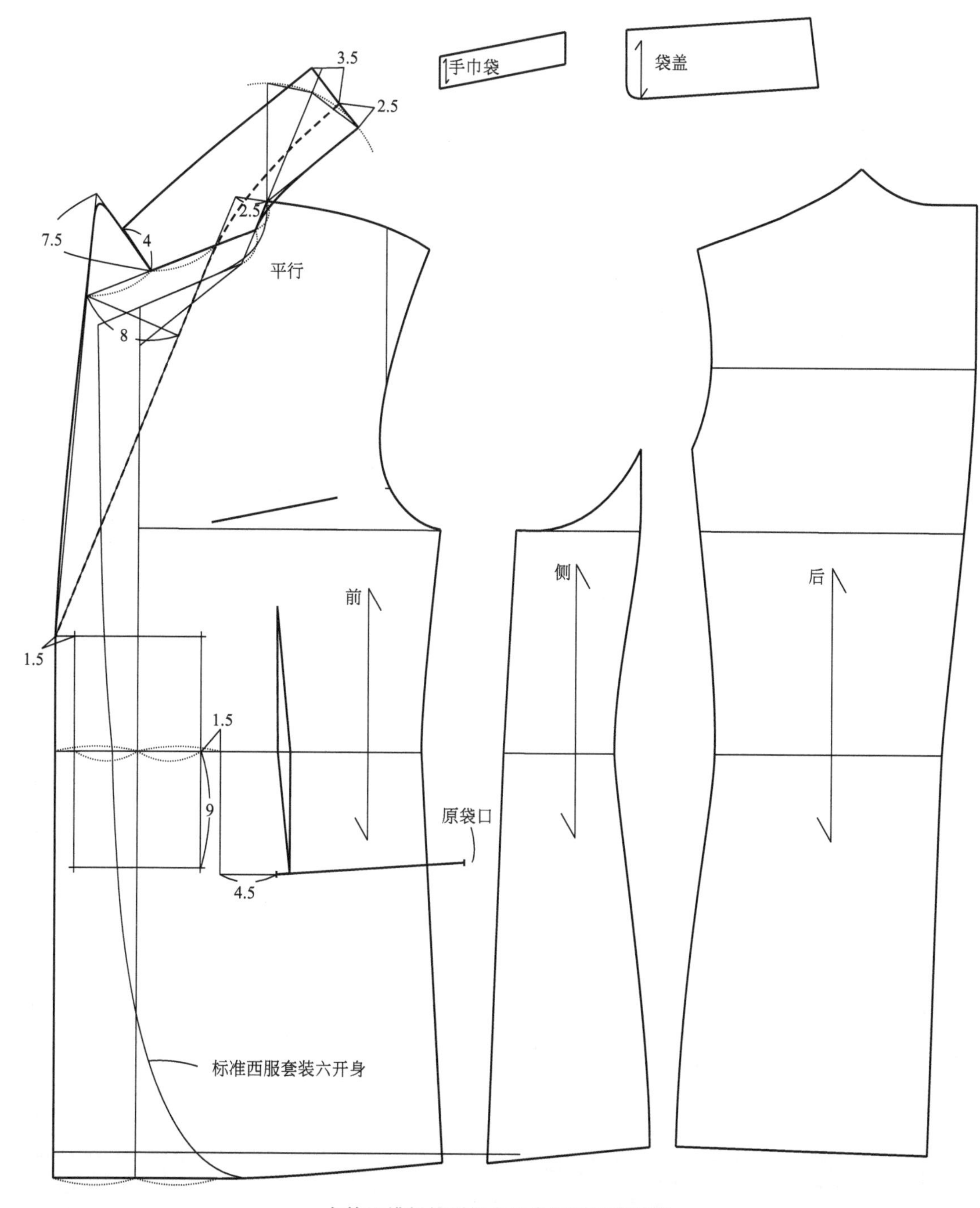

六粒双排扣戗驳领六开身运动西装纸样

*在六开身西服套装纸样基础上做两粒双排扣戗驳领设计
*两粒双排功能扣设计为礼服版
*加强礼服风格口袋采用双开线设计

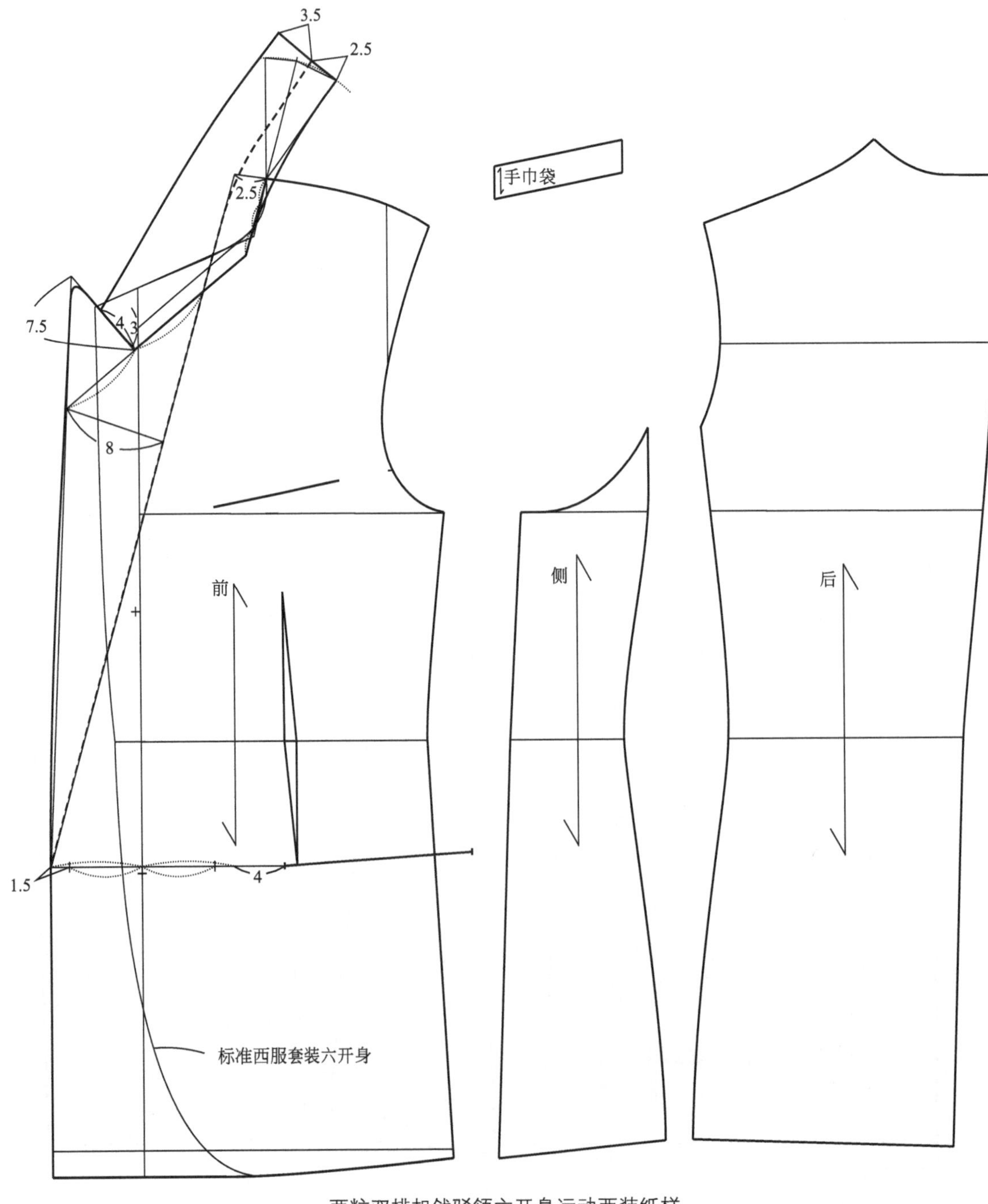

两粒双排扣戗驳领六开身运动西装纸样

5. 一款多板夹克西装（jacket）纸样系列设计

*在四开身西服套装（suit）纸样基础上加入夹克西服标志性元素全贴口袋，处理成三粒扣扛领门襟

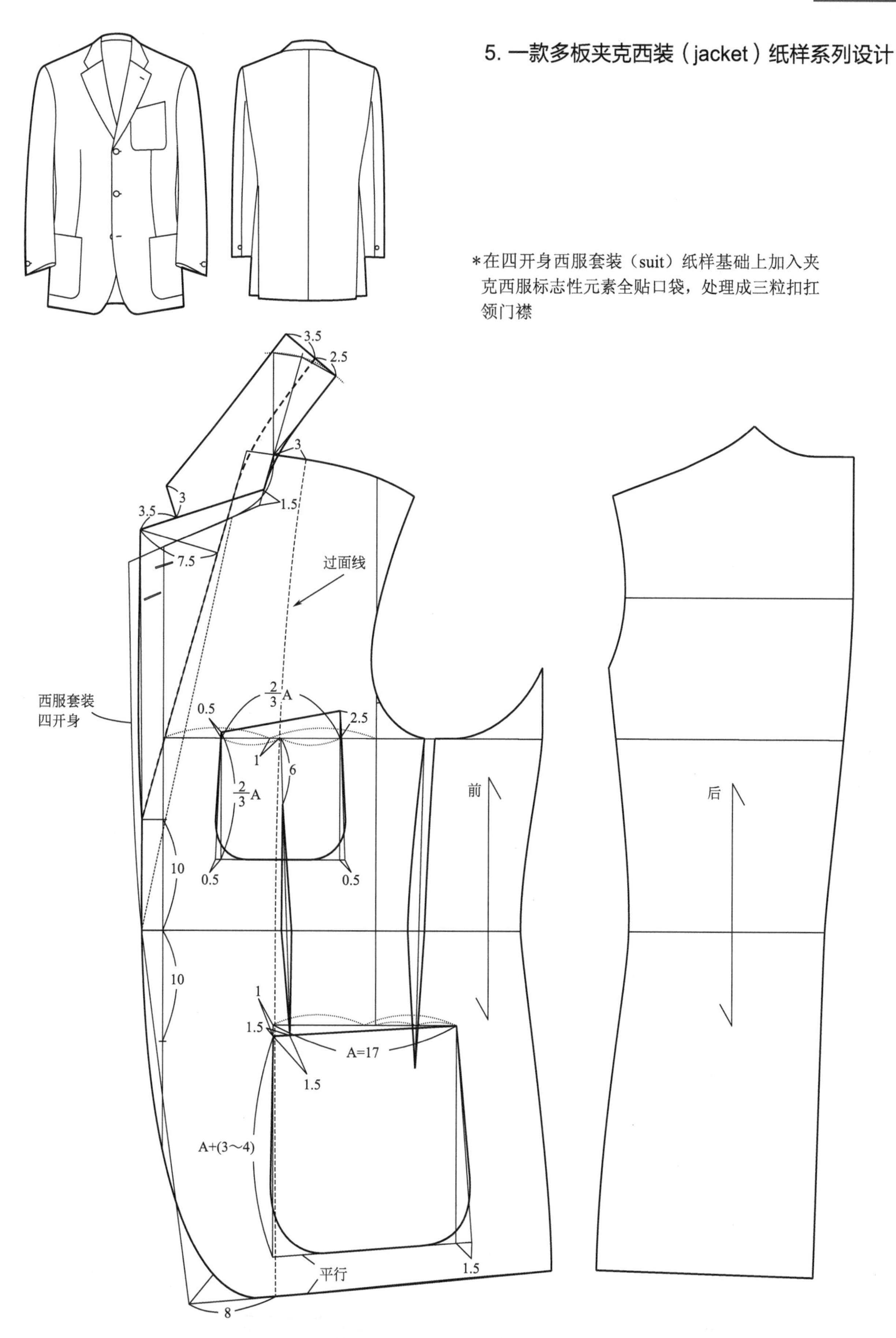

标准版四开身夹克西装纸样

*作为夹克西装类基本纸样进行系列设计

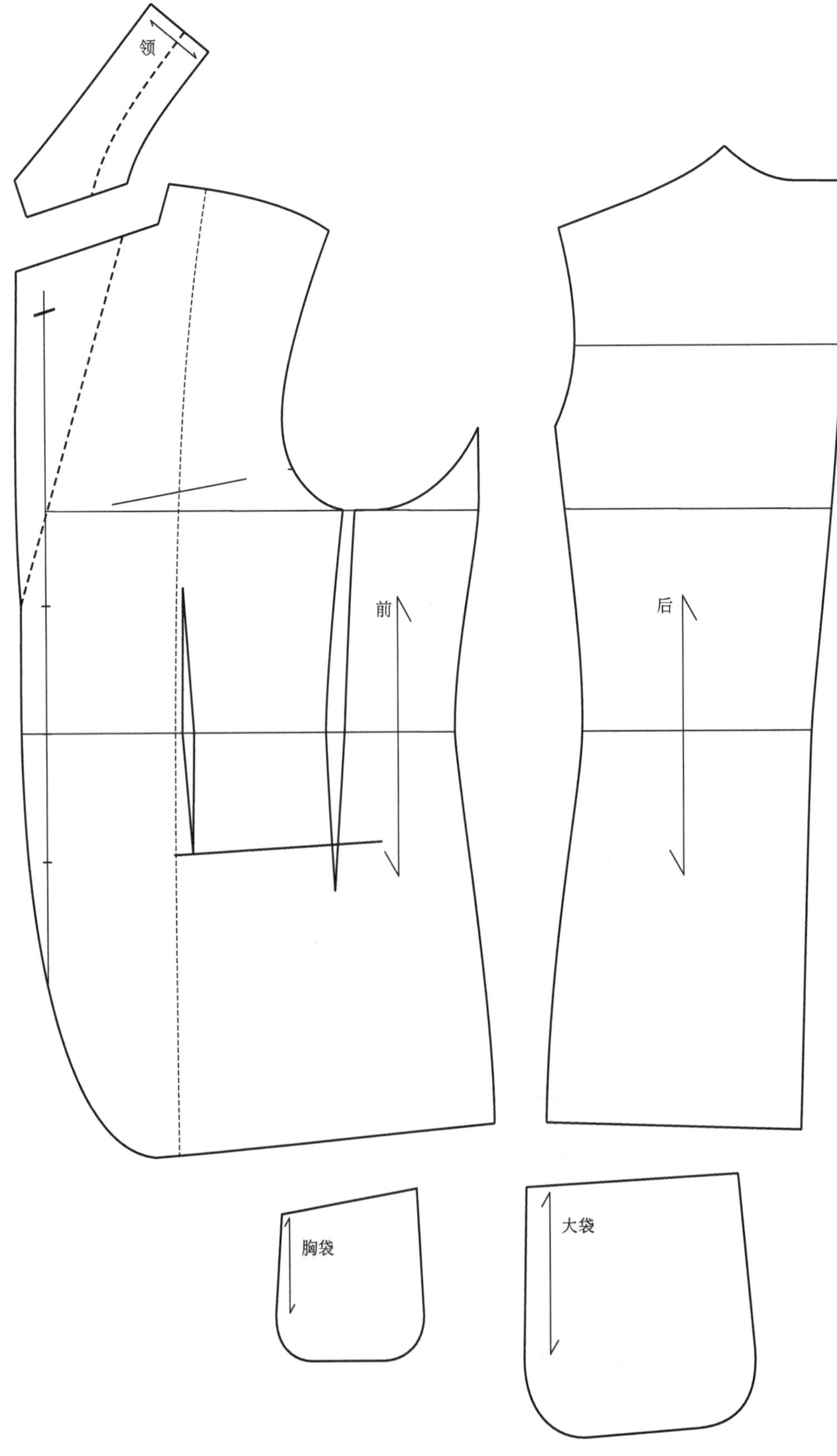

标准版四开身夹克西装纸样分解图

*固定夹克基本款式
*在四开身夹克西装纸样基础上完成六开身纸样设计
*后身、袖子、翻领、贴口袋纸样通用

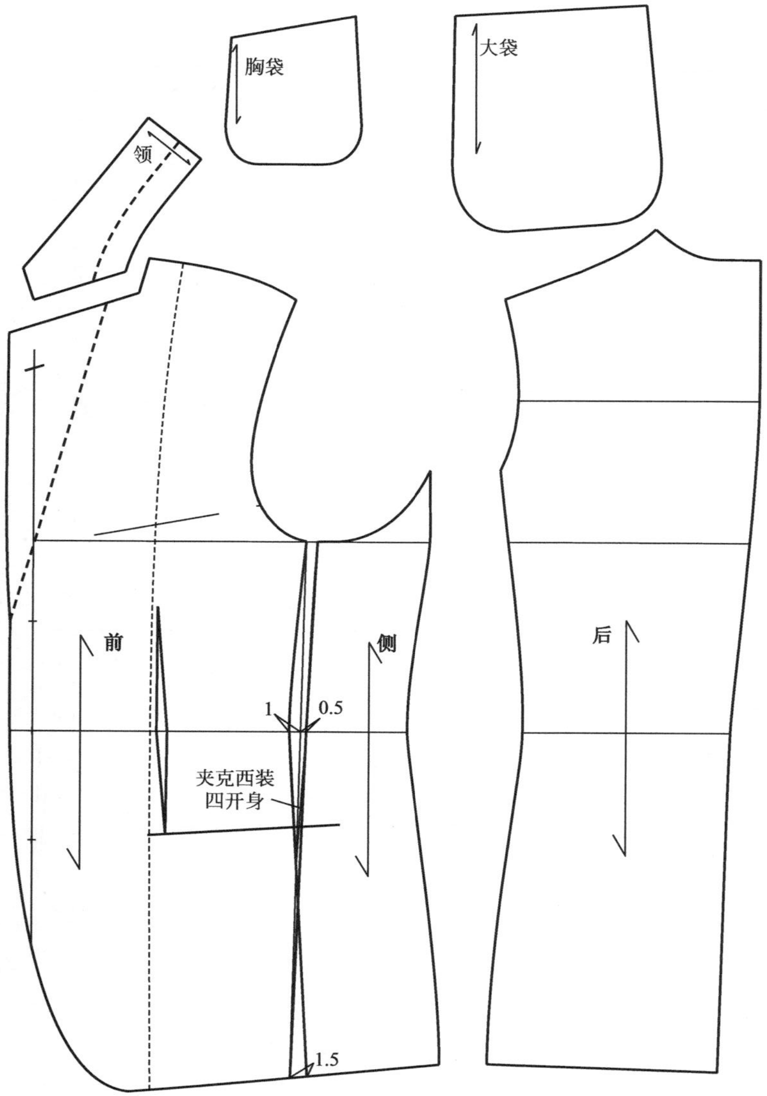

六开身夹克西装纸样

*在六开身夹克纸样基础上做袋省（肚省）处理
*为隐蔽袋省，袋省位向贴口袋线下降2.5cm

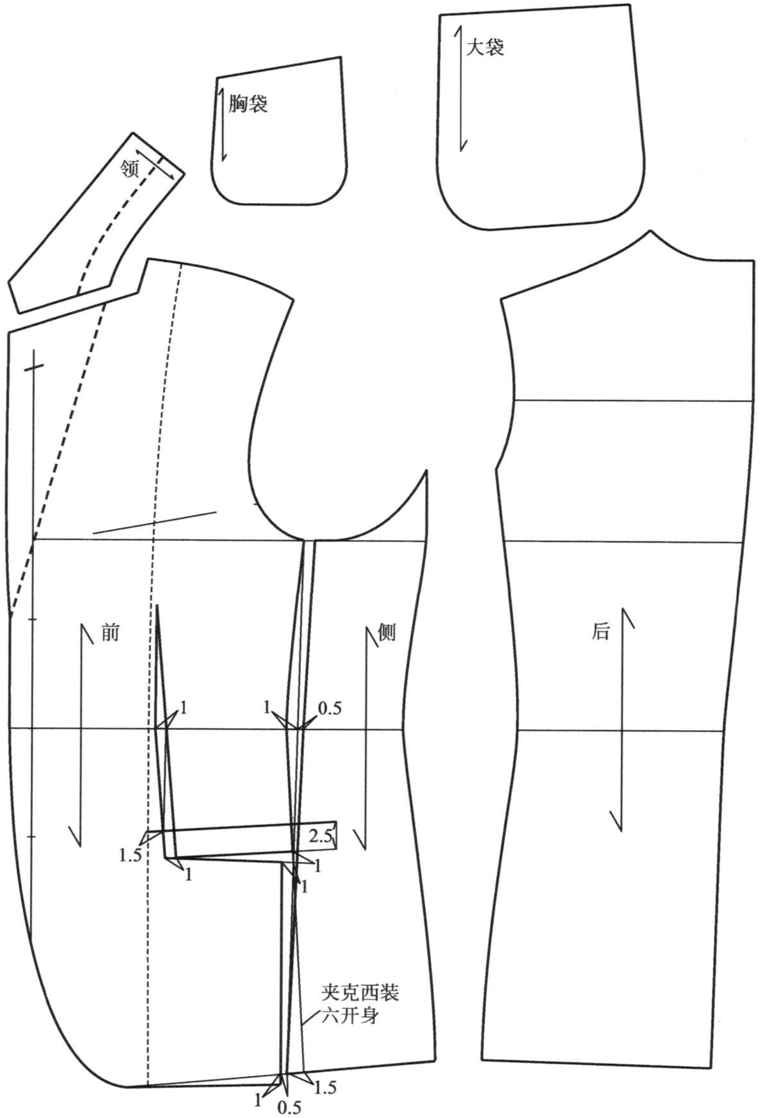

加省六开身夹克西装纸样

*根据胸腰差量确定撇胸和弓背取值（见下表）
*在加省六开身夹克西装纸样基础上作撇胸3cm，弓背1cm处理

撇胸和弓背的取值

胸腰差	Y	YA	A	AB	B	BE	E
	16	14	12	10	8	4	0
撇胸	1	1	1	1	1～2	2～3	3～4（上限）
弓背	0～0.5			0.5		1（上限）	

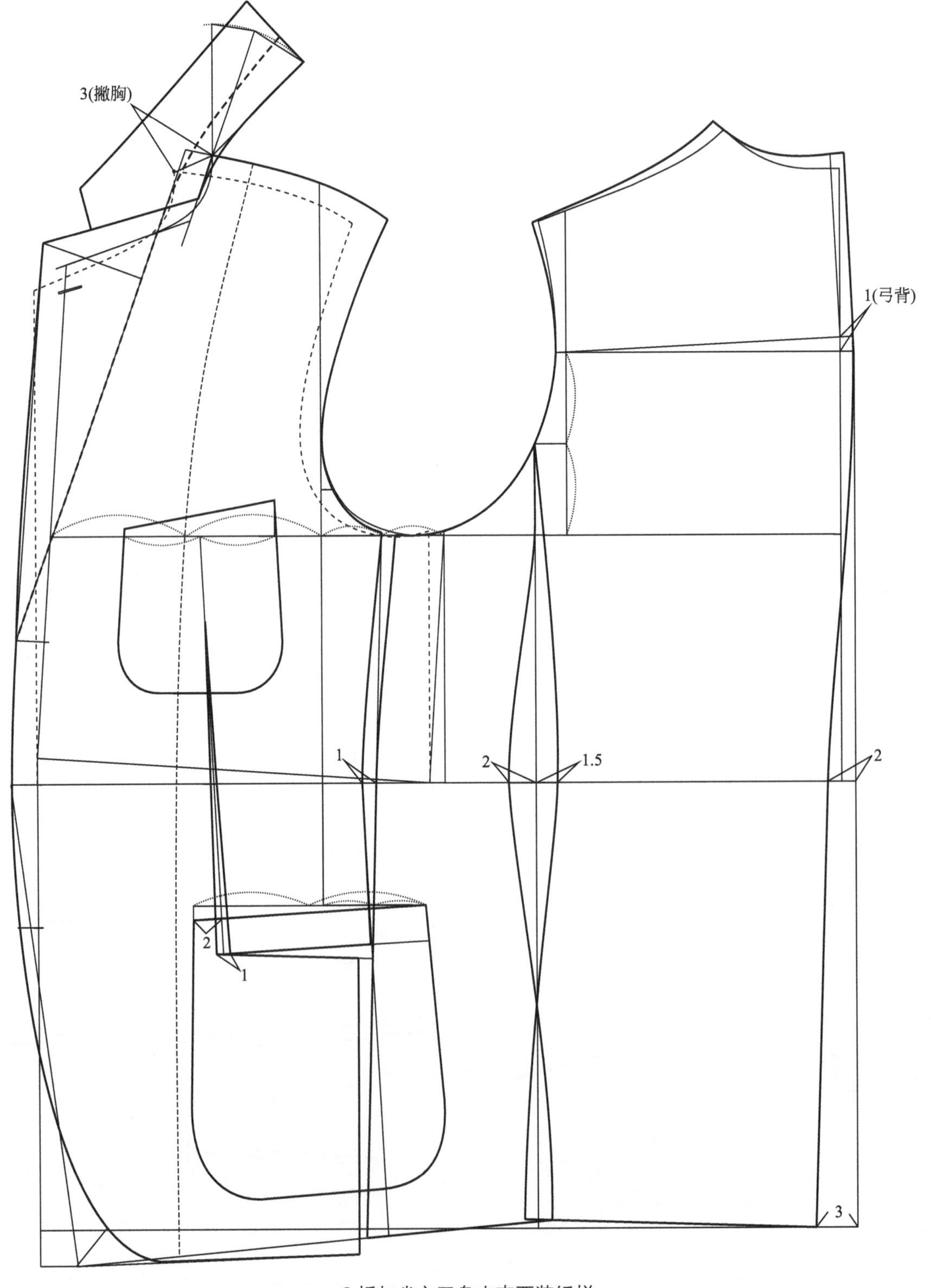

O板加省六开身夹克西装纸样

6. 一板多款夹克西装（jacket）纸样系列设计

*固定六开身夹克西装纸样
*作两粒扣门襟垂领

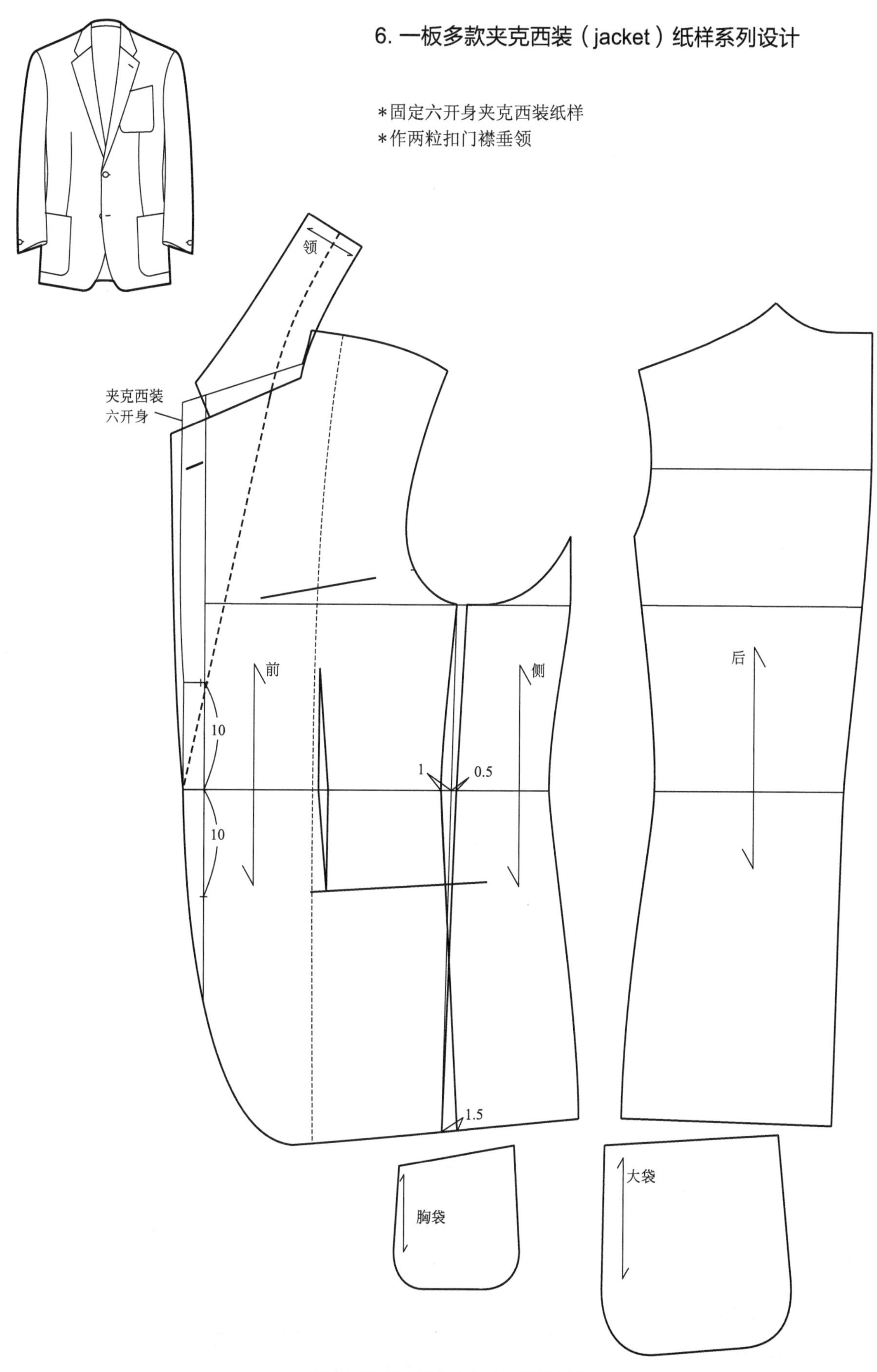

两粒扣门襟垂领六开身夹克西装纸样

*在六开身夹克西装纸样基础上做“襻式”领设计
*口袋采用加活褶复合贴口袋设计
*后片背两侧设活褶并用腰带固定
*袖片肘部设椭圆补丁纸样

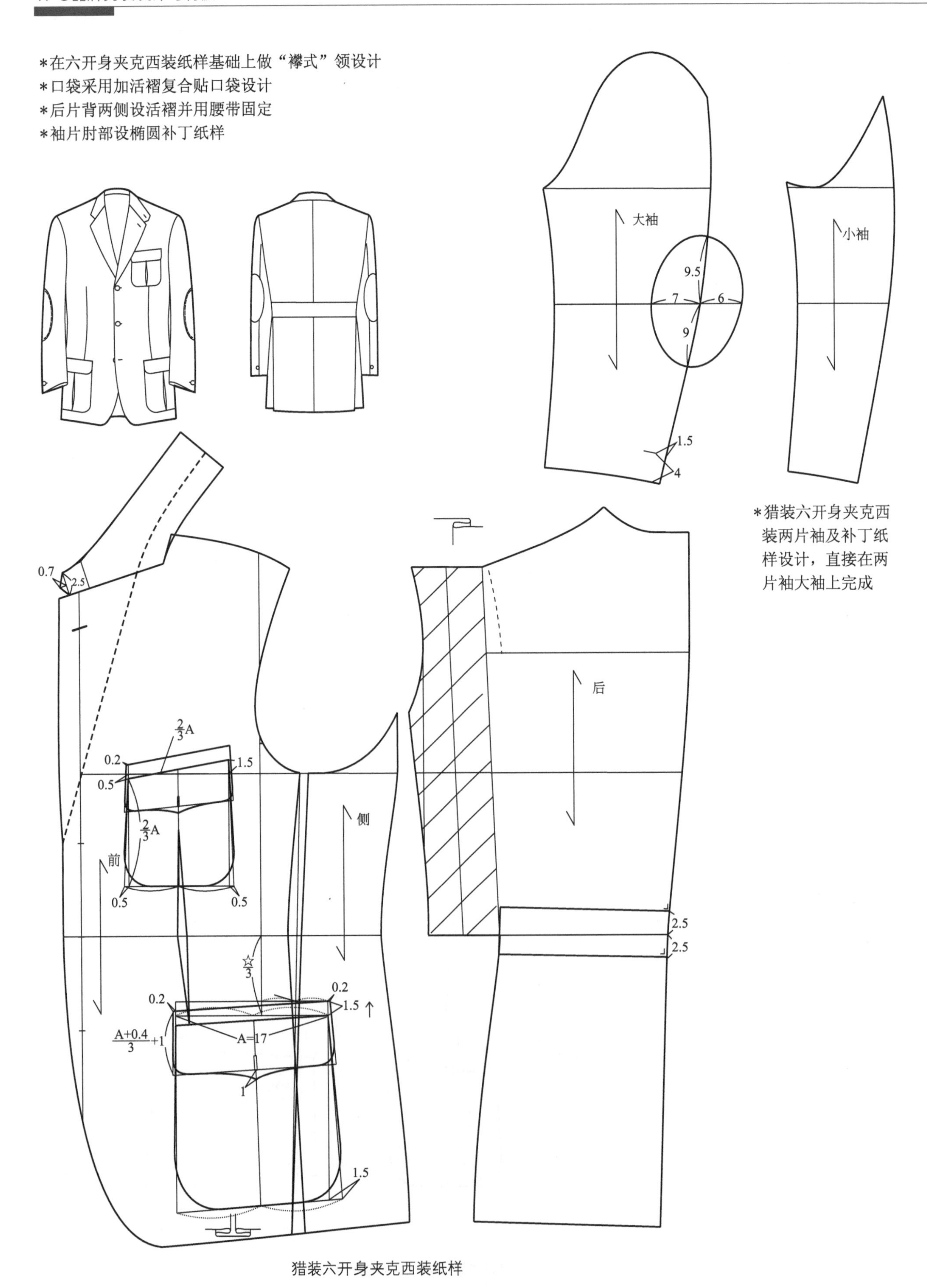

猎装六开身夹克西装纸样

*猎装六开身夹克西装两片袖及补丁纸样设计，直接在两片袖大袖上完成

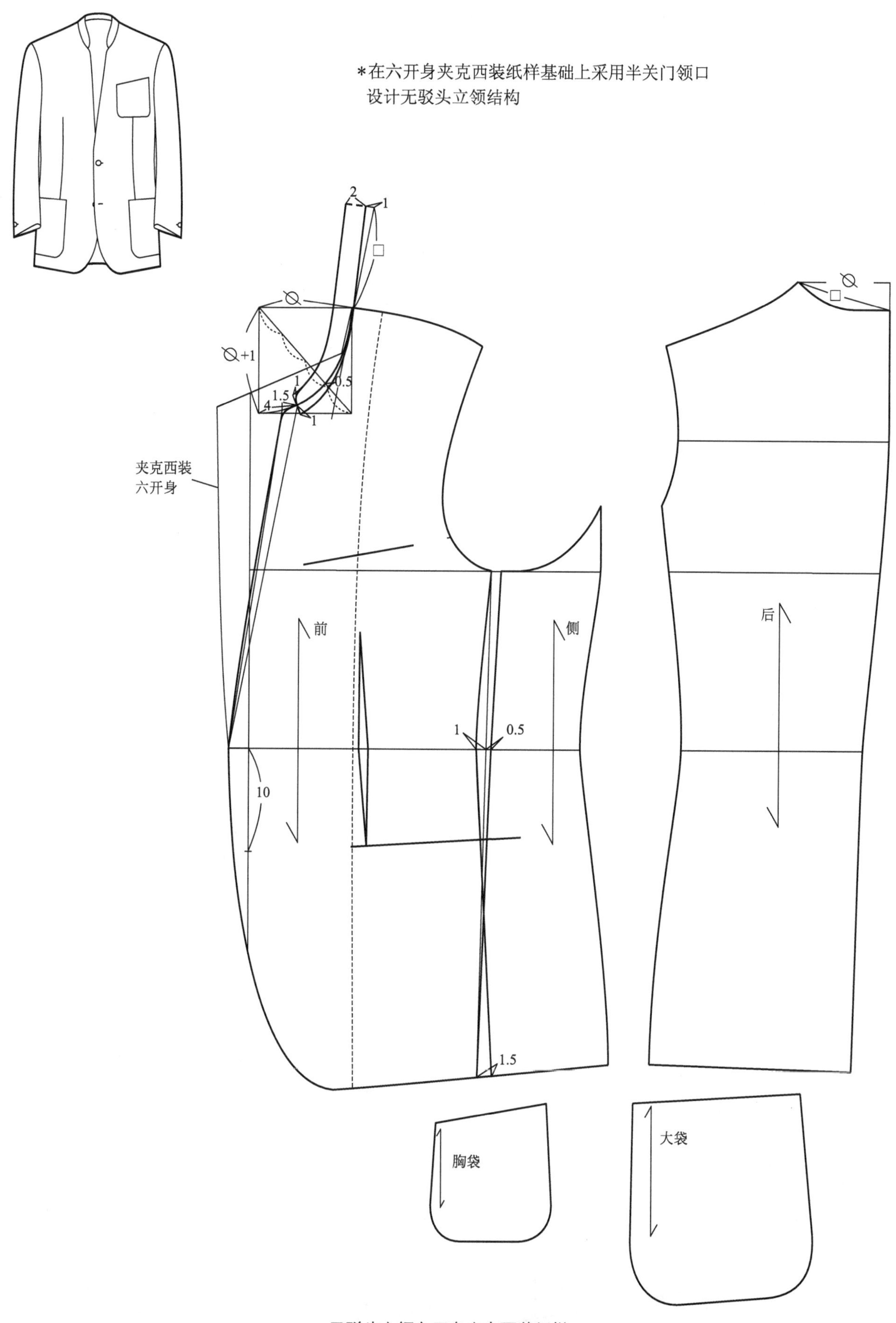

无驳头立领六开身夹克西装纸样

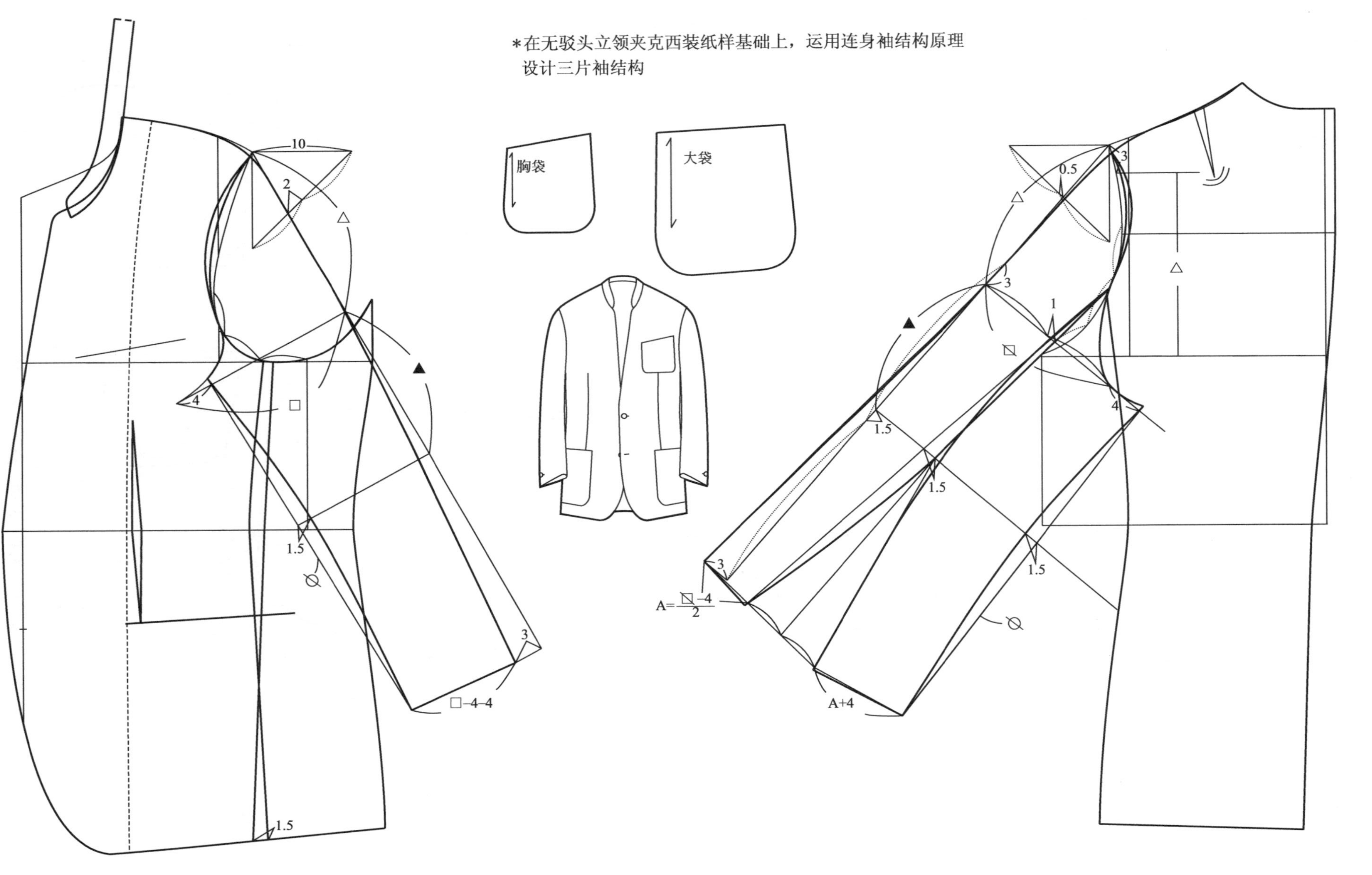

无驳头立领包袖六开身夹克西装纸样

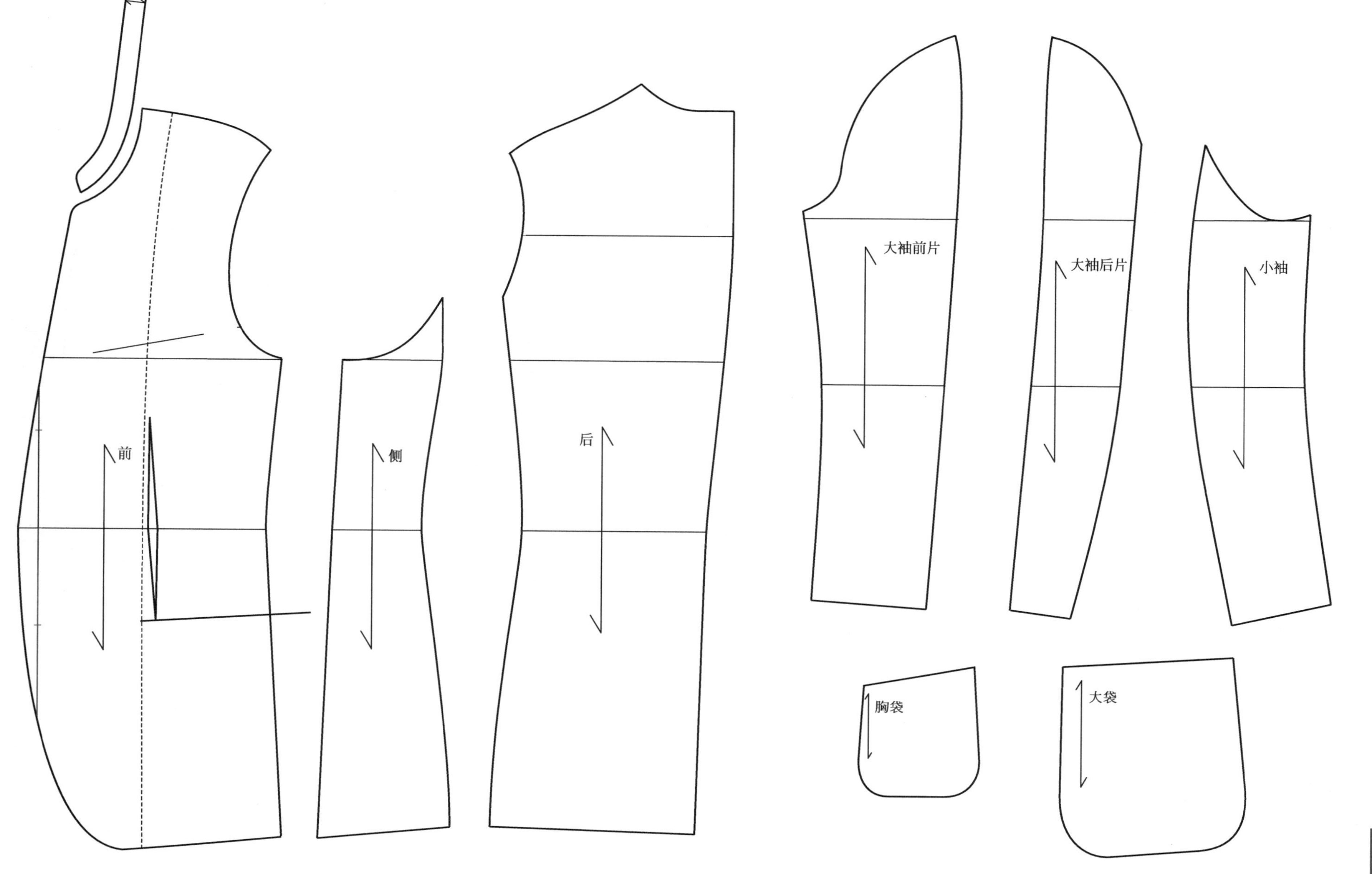

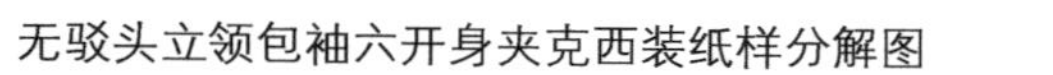
无驳头立领包袖六开身夹克西装纸样分解图

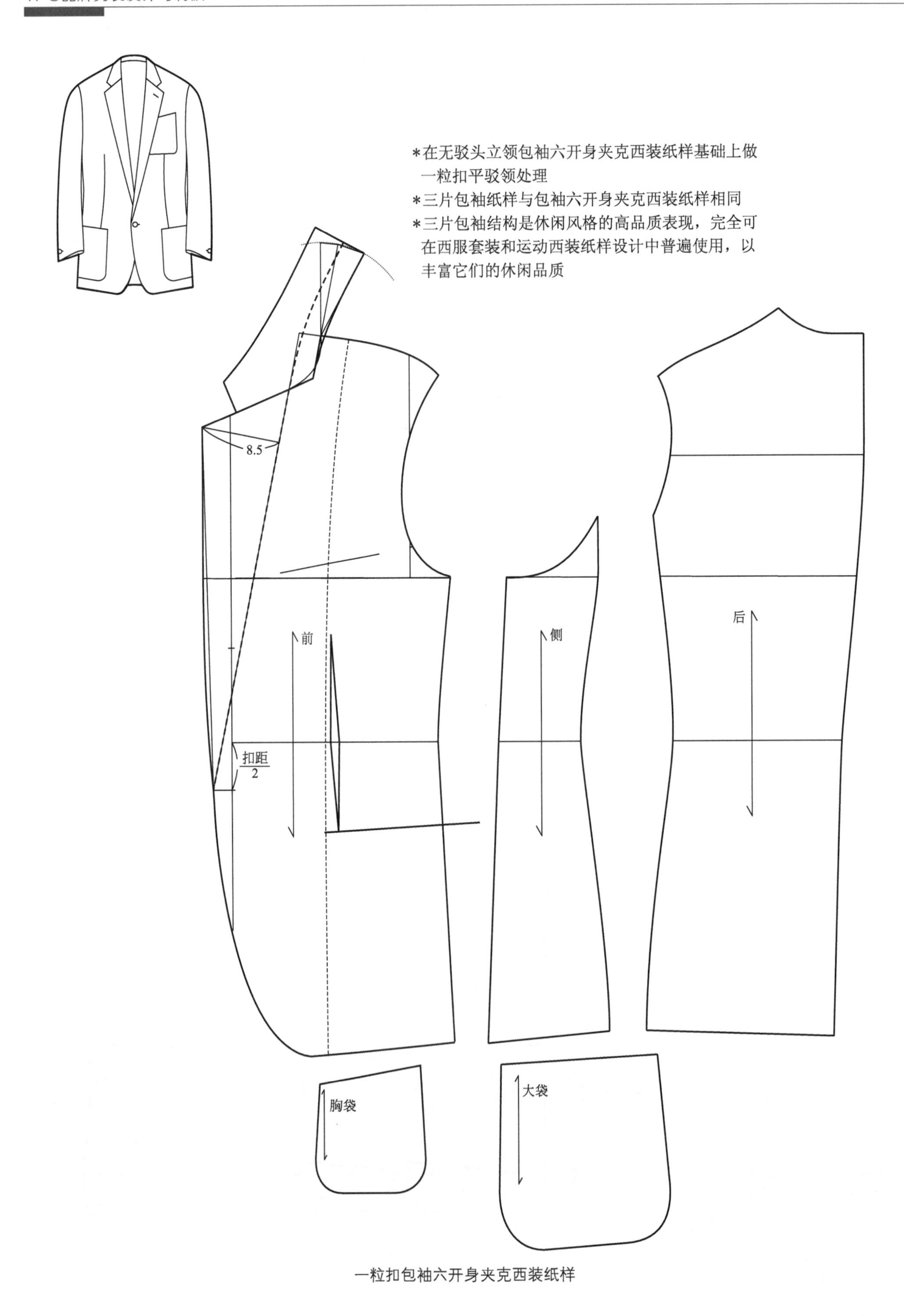

一粒扣包袖六开身夹克西装纸样

7. 一款多板黑色套装（black suit）纸样系列设计

*在四开身西服套装纸样基础上做六粒双排扣戗驳领设计

*其中两粒装饰扣四粒功能扣为黑色套装传统版标志性元素

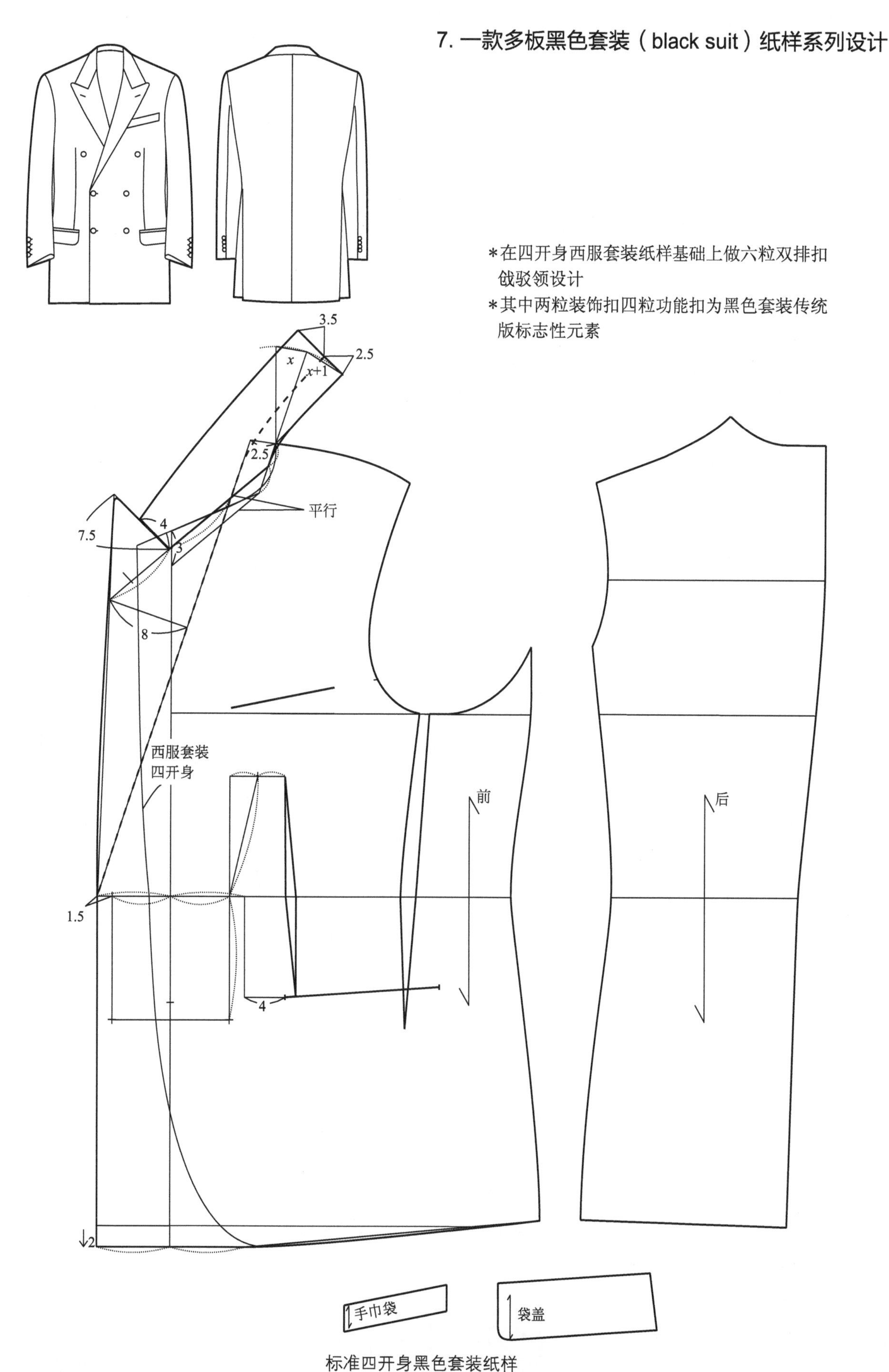

标准四开身黑色套装纸样

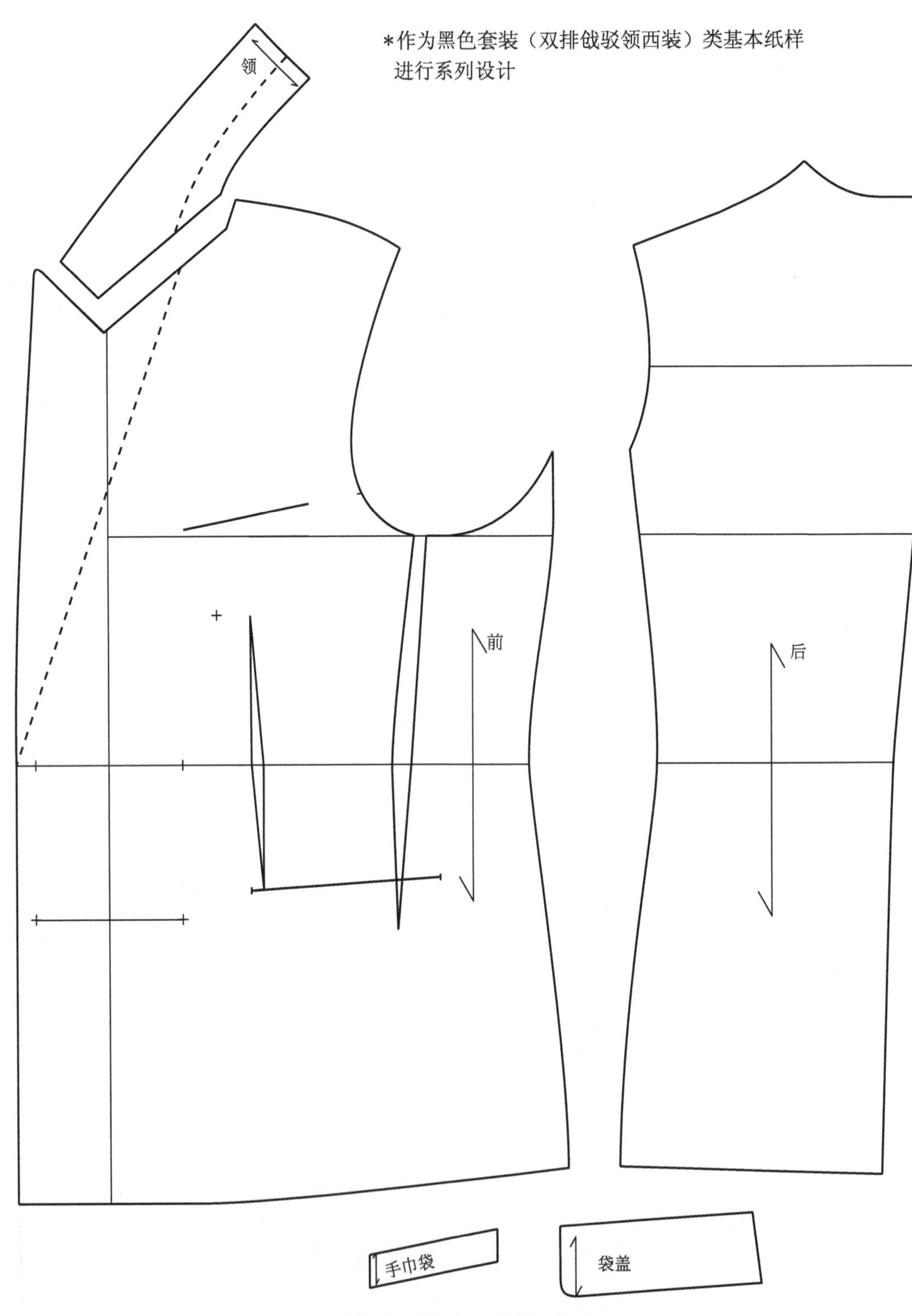

标准四开身黑色套装纸样分解图

*固定黑色套装基本款式（传统版）
*在四开身黑色套装纸样基础上完成六开身纸样设计
*后身、袖子、翻领、手巾袋和袋盖纸样通用

*在六开身黑色套装纸样基础上做袋省（肚省）处理

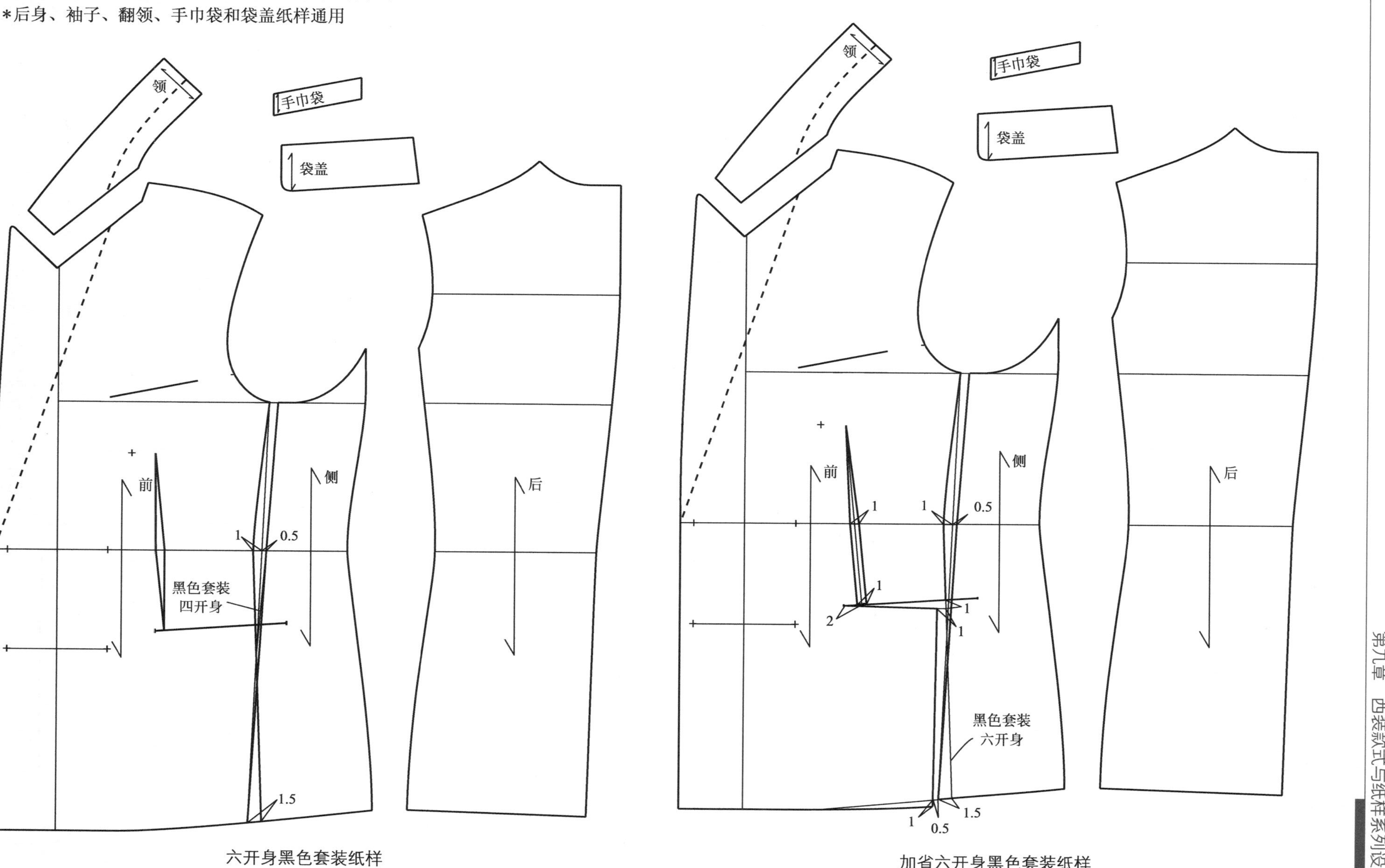

六开身黑色套装纸样

加省六开身黑色套装纸样

*根据胸腰差量确定撇胸和弓背取值（见表）

*如果黑色套装与西服套装撇胸和弓背取值相同，可直接将O板加省六开身西服套装基本纸样设计为O板黑色套装

撇胸和弓背的取值

胸腰差	Y	YA	A	AB	B	BE	E
	16	14	12	10	8	4	0
撇胸	1	1	1	1	1～2	2～3	3～4（上限）
弓背	0～0.5			0.5		1（上限）	

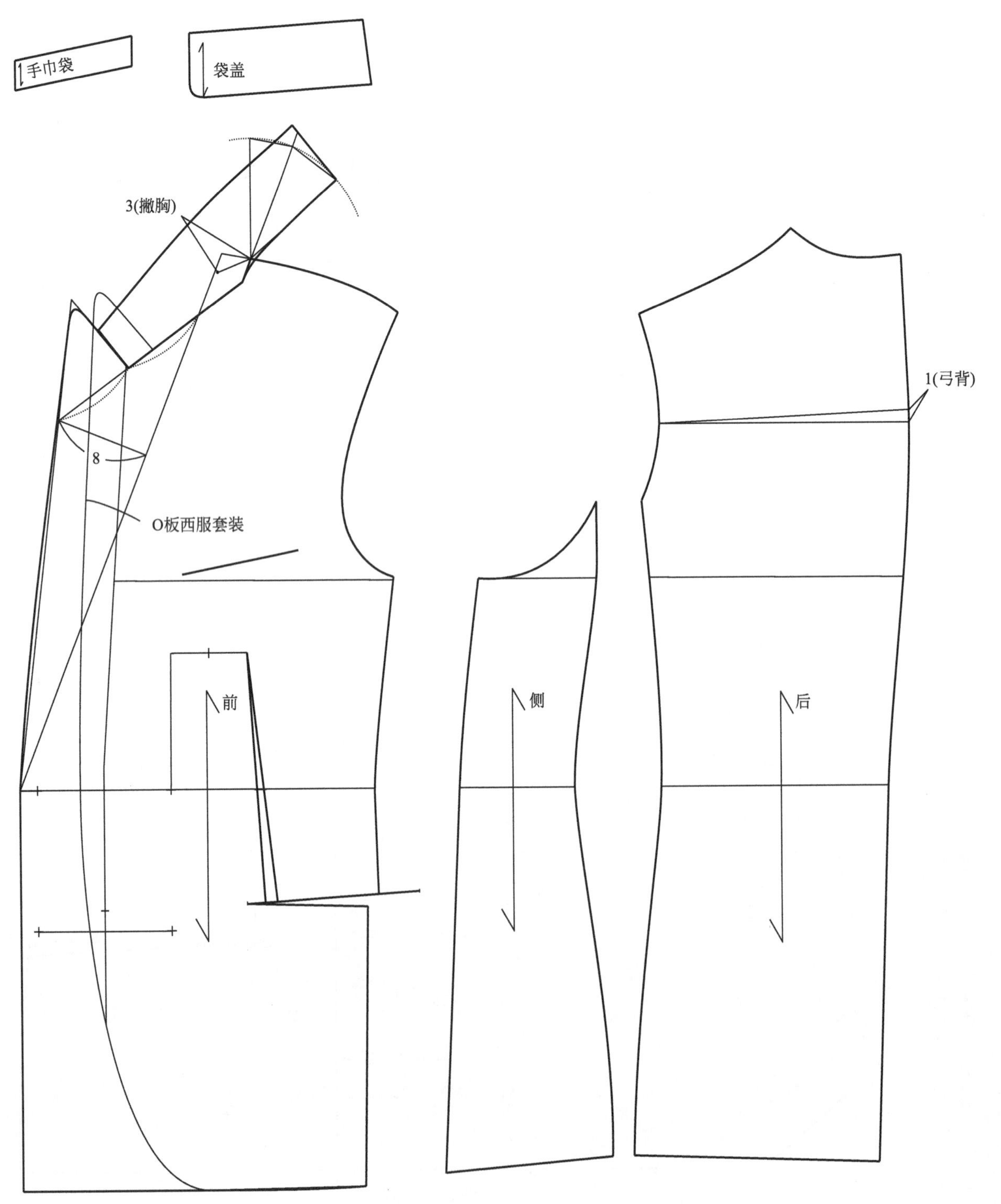

O板加省六开身黑色套装纸样

8. 一板多款黑色套装（black suit）纸样系列设计

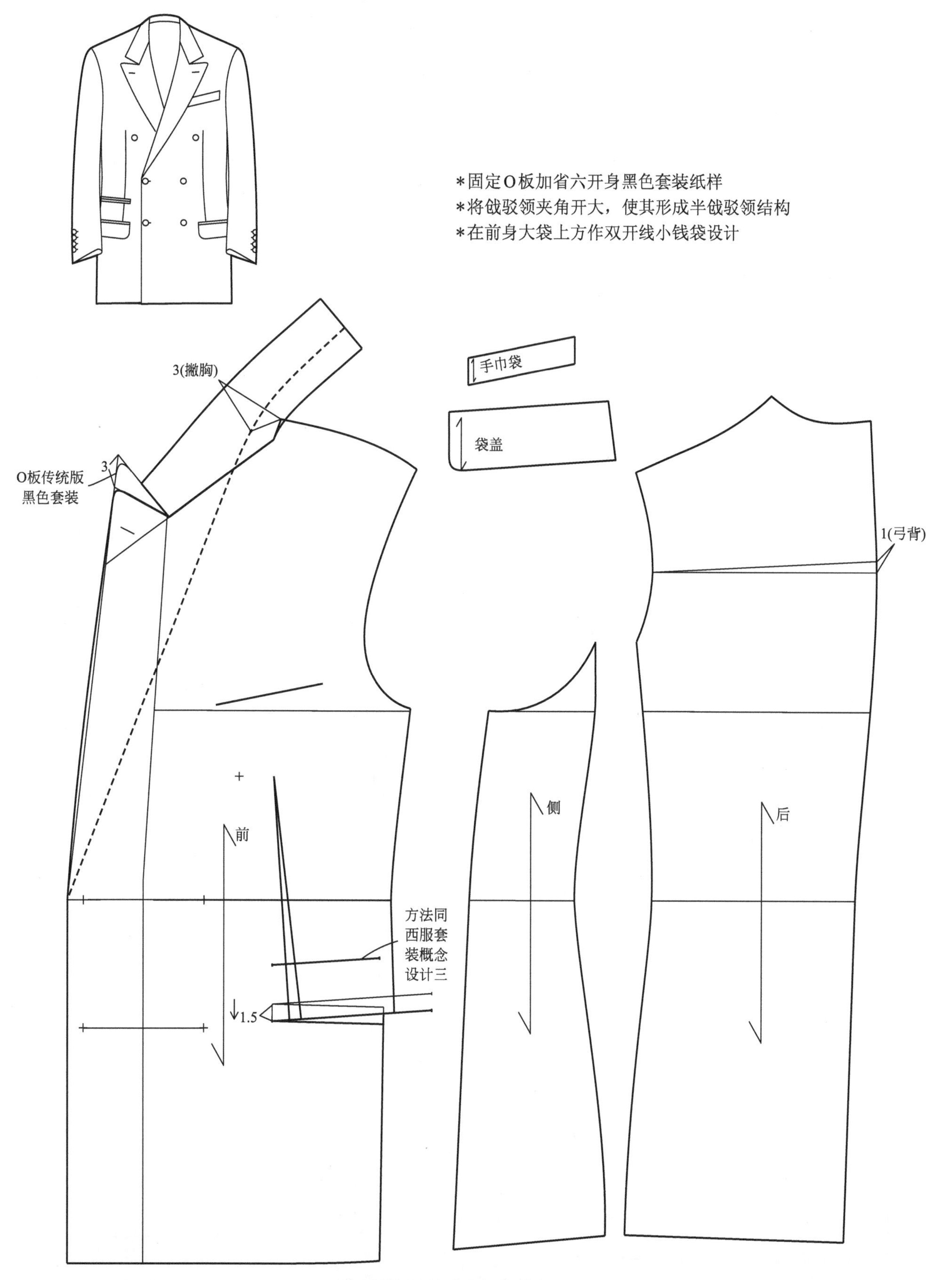

半戗驳领小钱袋O板黑色套装纸样

*在O板西服套装纸样基础上做低驳点四粒双排扣处理
*其中两粒功能扣两粒装饰扣是现代版黑色套装的标志性元素

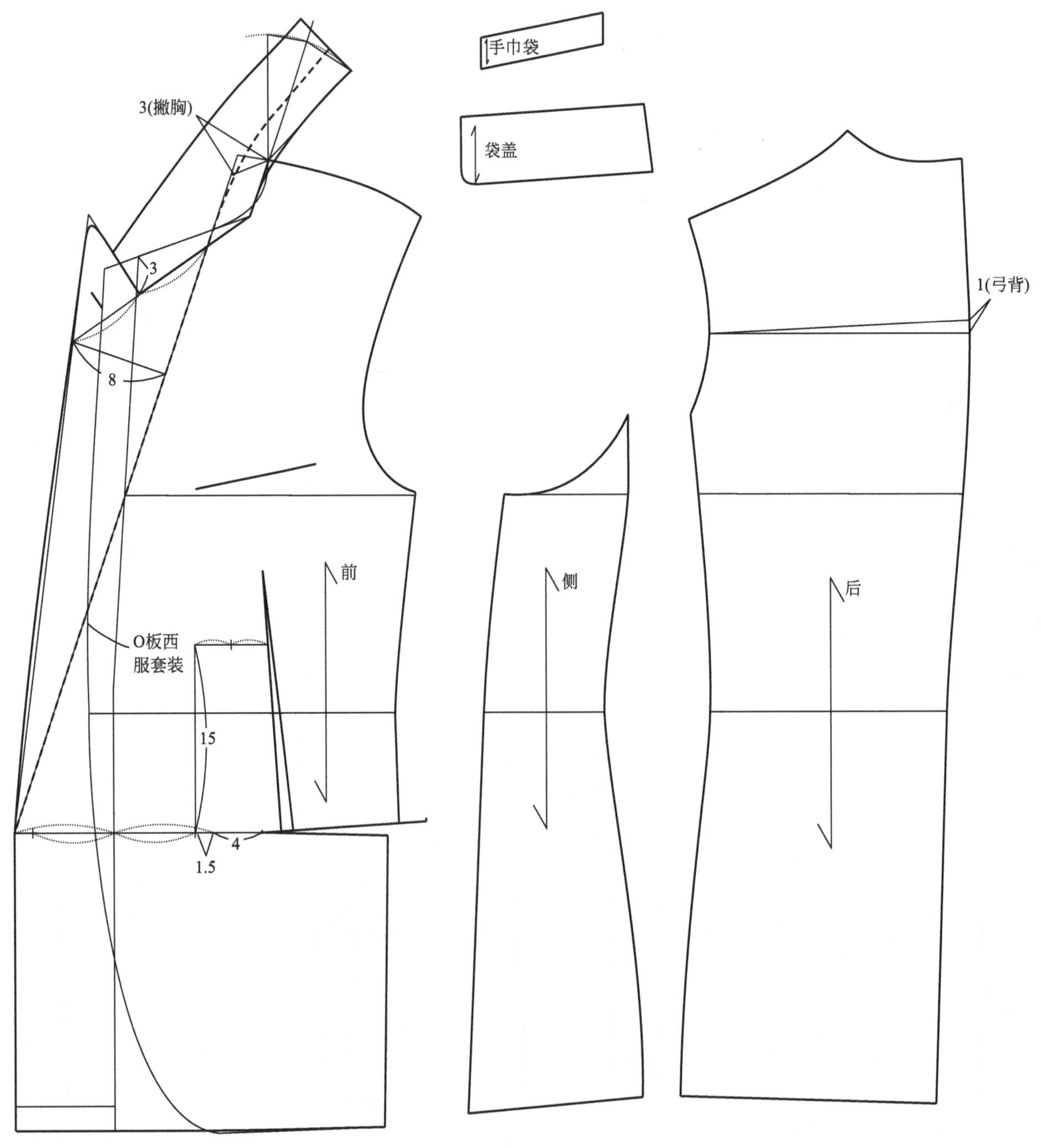

现代版O板黑色套装纸样

*在现代版O板黑色套装纸样基础上做扛式窄驳领处理，强化细长戗驳领概念

*设计制作传统式小钱袋

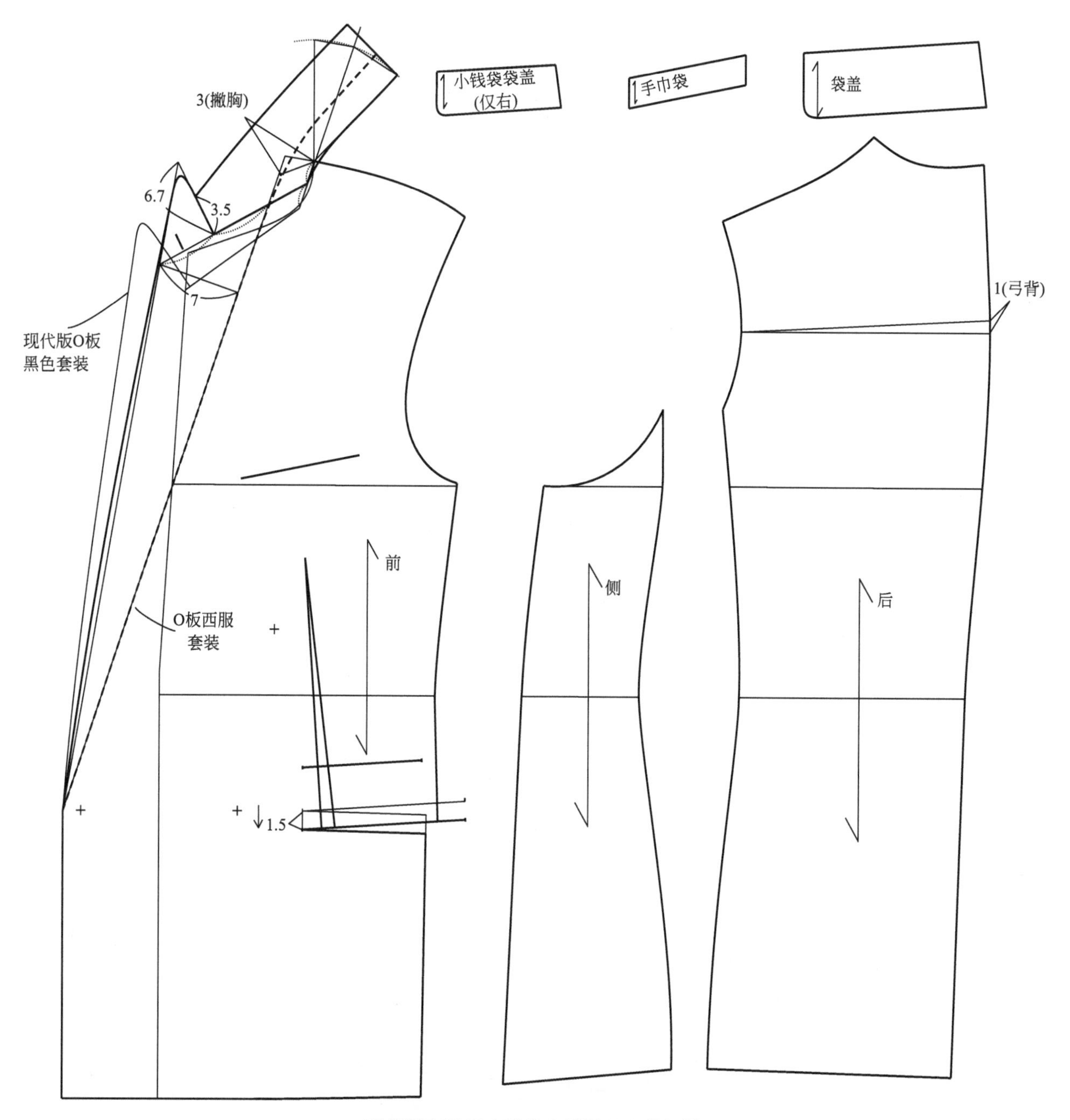

现代版窄驳领小钱袋O板黑色套装纸样

9. 一款多板塔士多礼服（tuxedo）纸样系列设计

*在四开身西服纸样基础上做一粒扣戗驳领设计

*一粒扣戗驳领双开线口袋是英国版塔士多礼服典型特征

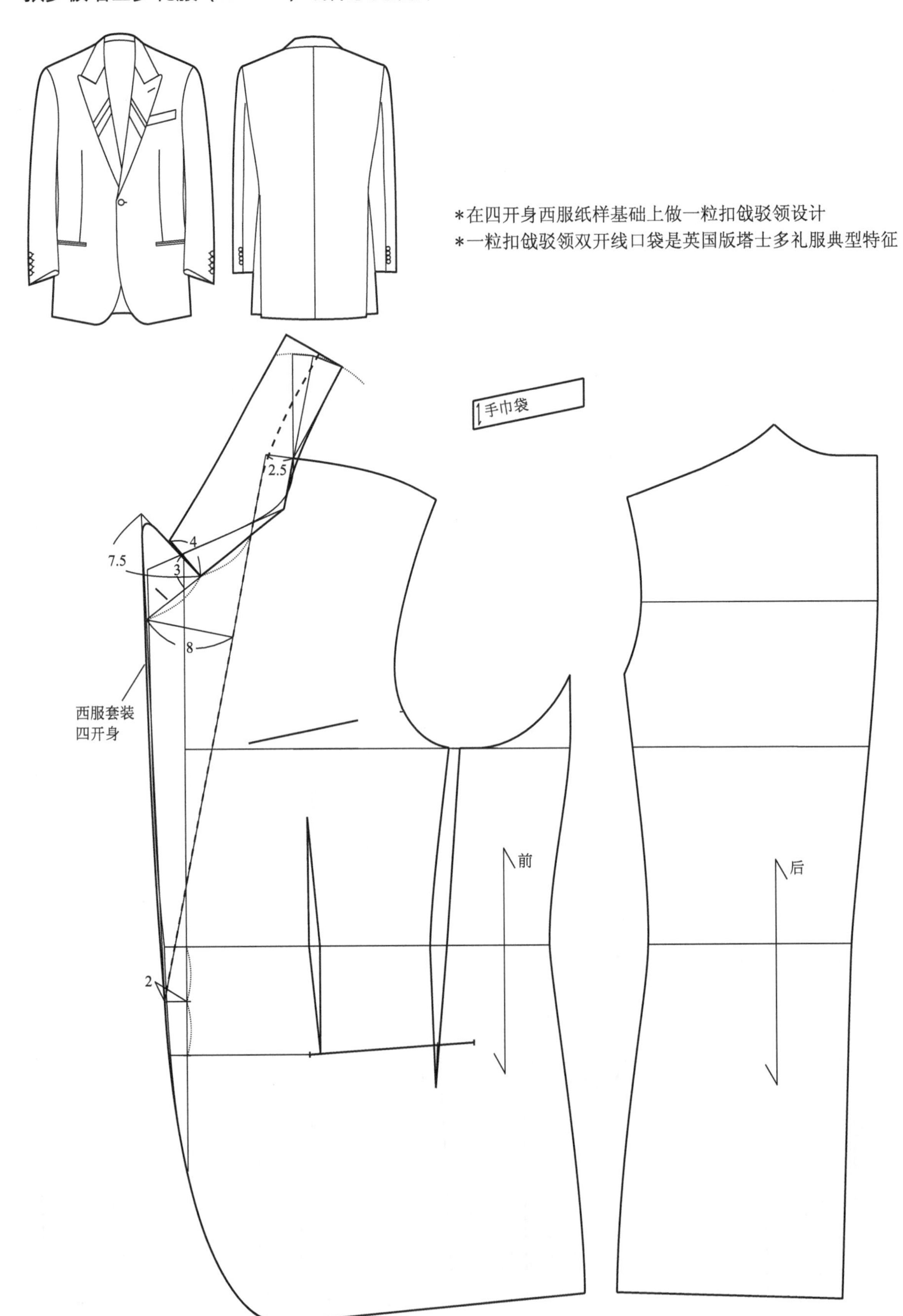

标准版四开身塔士多礼服（英国版）纸样

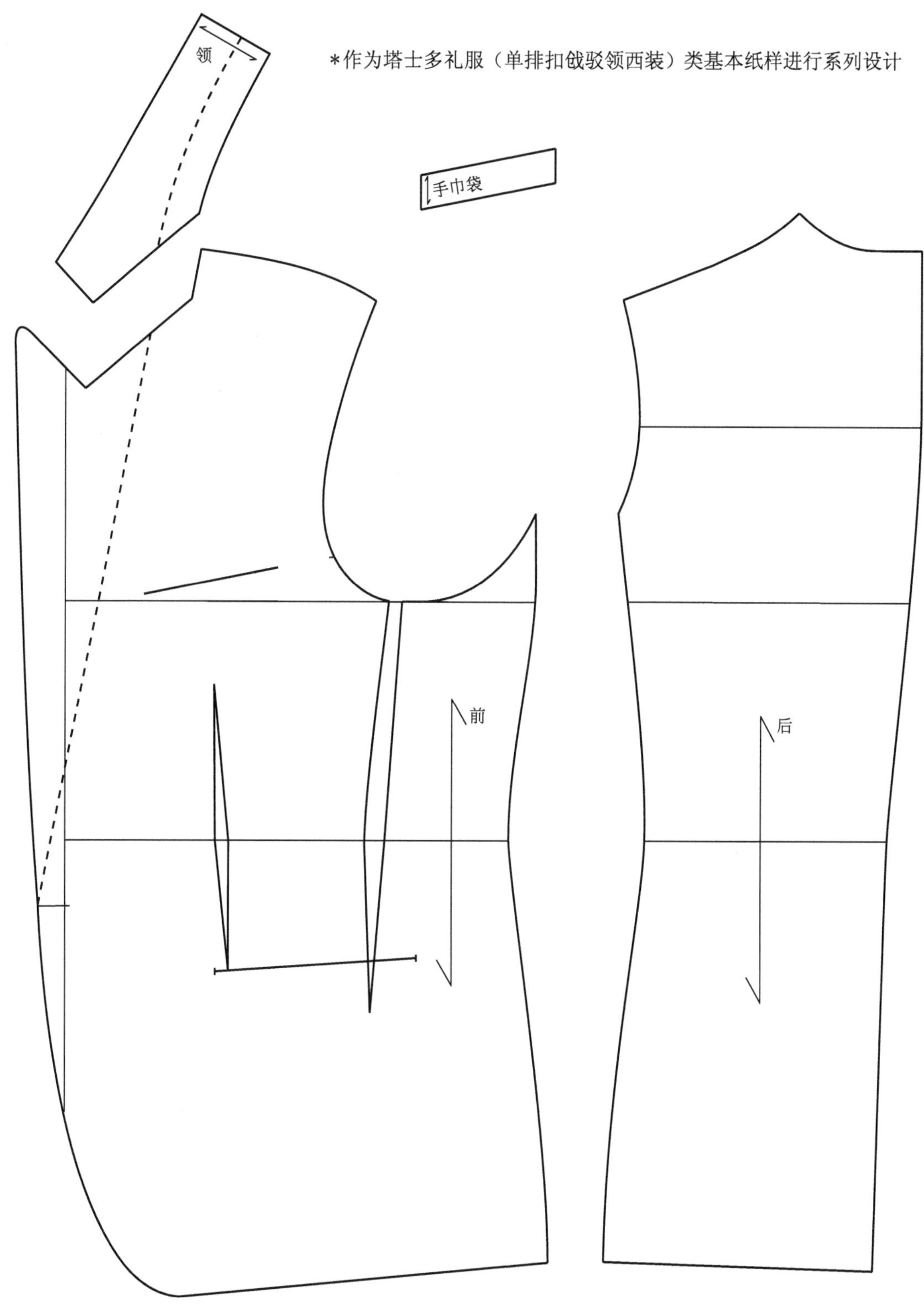

标准版四开身（英国版）塔士多礼服纸样

*固定塔士多礼服基本款式（英国版）
*在四开身塔士多礼服纸样基础上完成六开身纸样设计
*后身、袖子、翻领、手巾袋纸样通用

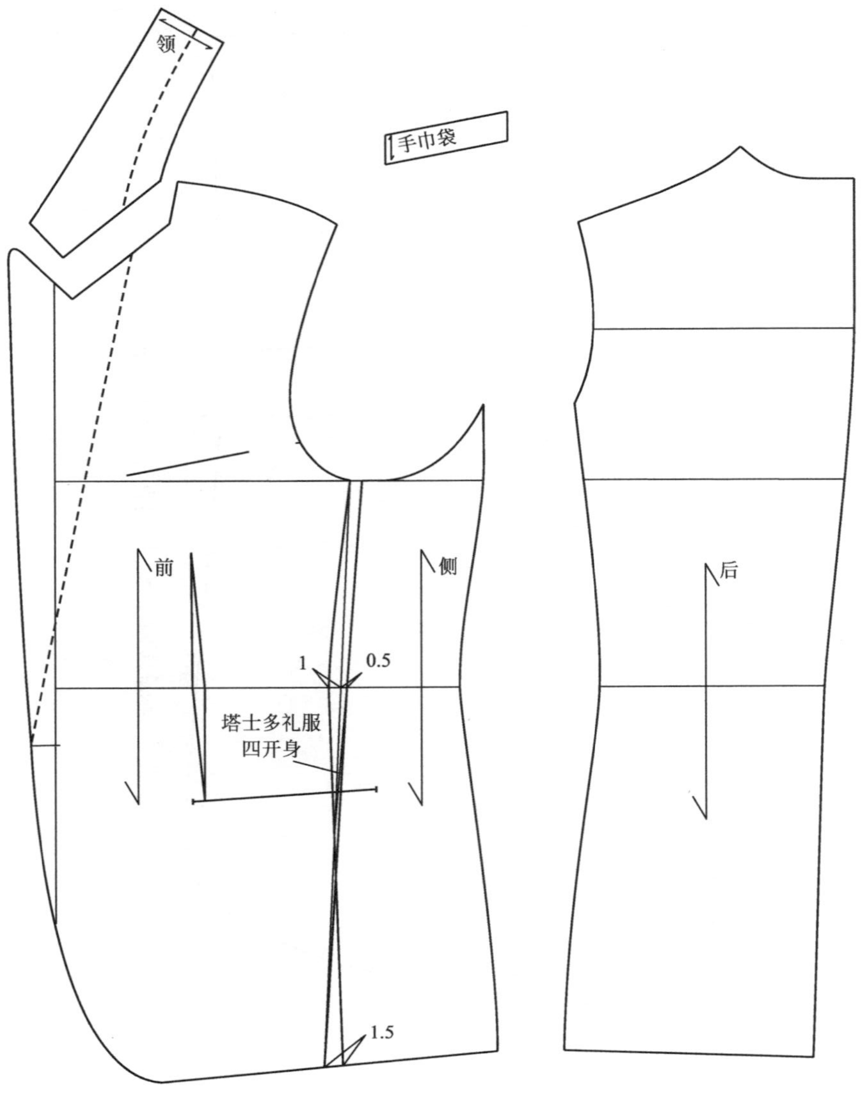

六开身塔士多礼服纸样

*在六开身塔士多礼服纸样基础上做袋省（肚省）处理

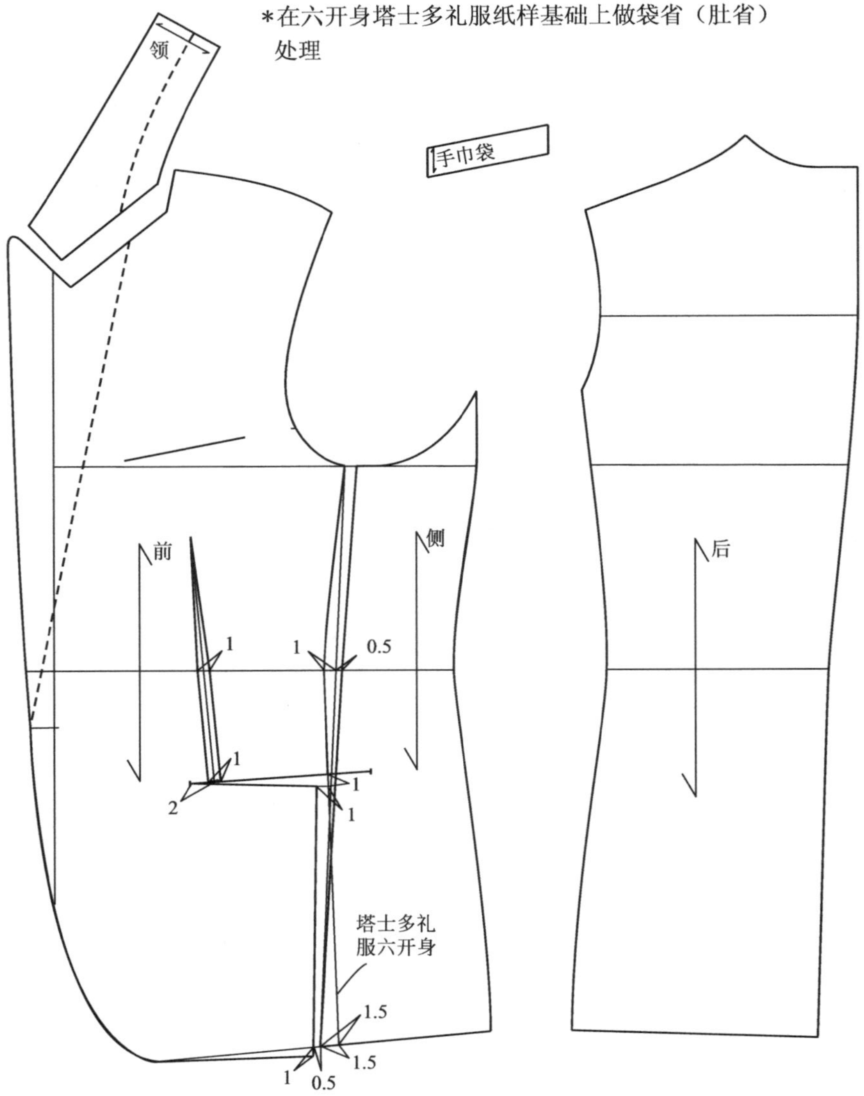

加省六开身塔士多礼服纸样

*若撇胸和弓背取值相同，可直接将O板加省六开身西服套装作基本纸样设计O板塔士多礼服

撇胸和弓背的取值

胸腰差	Y	YA	A	AB	B	BE	E
	16	14	12	10	8	4	0
撇胸	1	1	1	1	1～2	2～3	3～4（上限）
弓背	0～0.5			0.5		1（上限）	

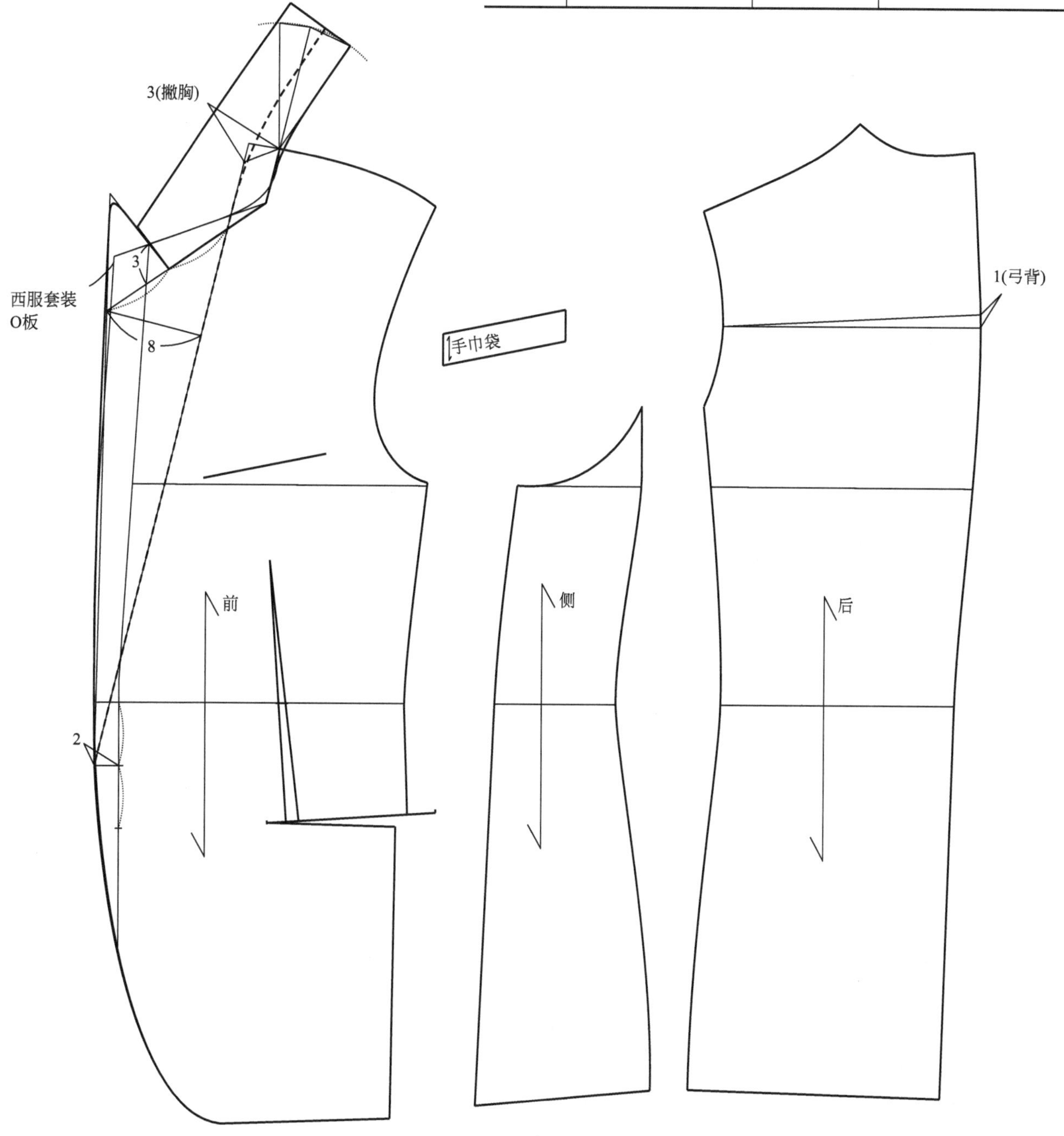

O板加省六开身塔士多礼服纸样

10、一板多款塔士多礼服（tuxedo）纸样系列设计

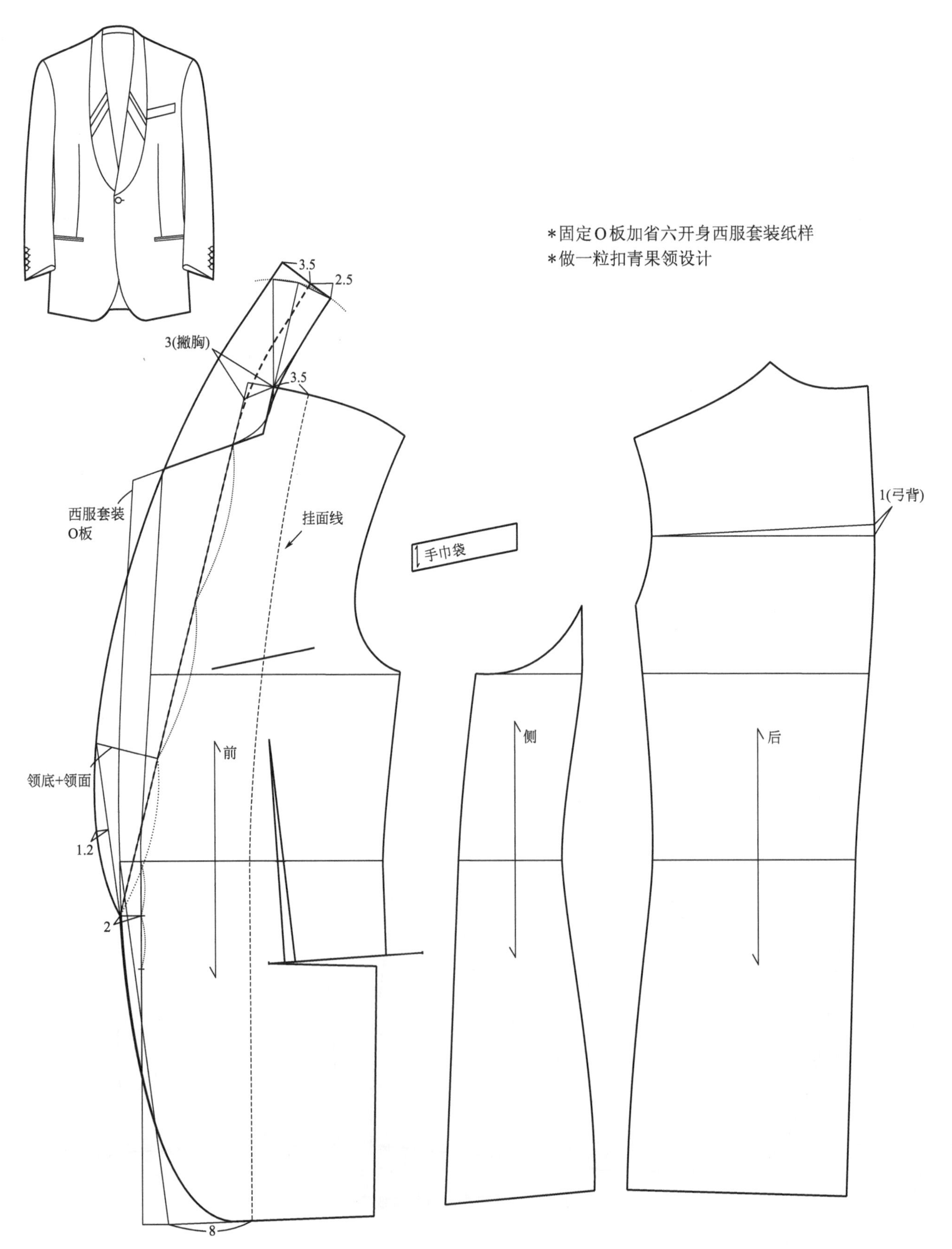

青果领（美国版）O板塔士多礼服纸样

*前身分离领底和大身纸样
*挂面分离重叠部分同时将挂面下摆部断开有利于优化布丝

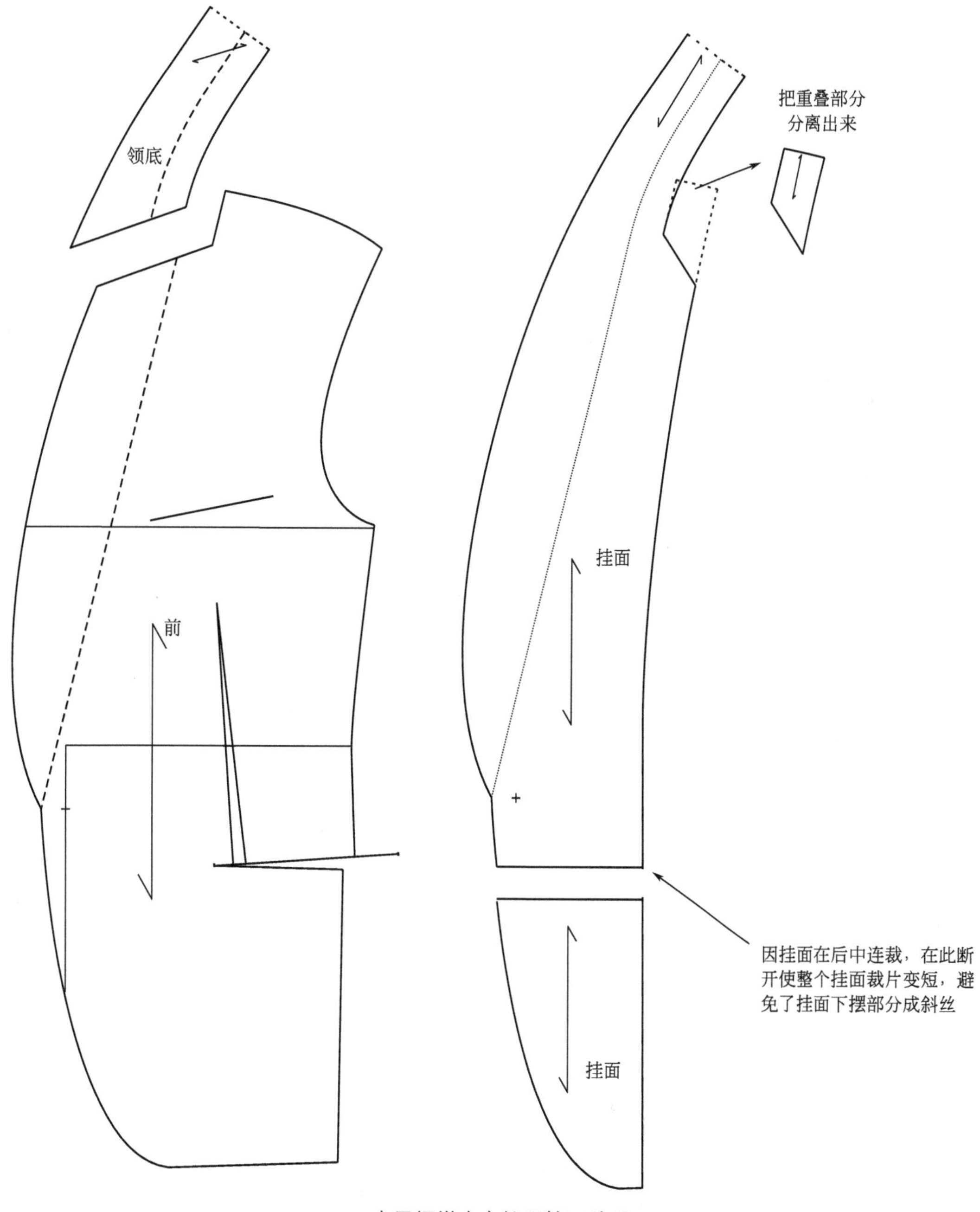

青果领塔士多礼服挂面处理

*在青果领O板塔士多礼服纸样基础上采用半关门领口设计窄驳头立领结构

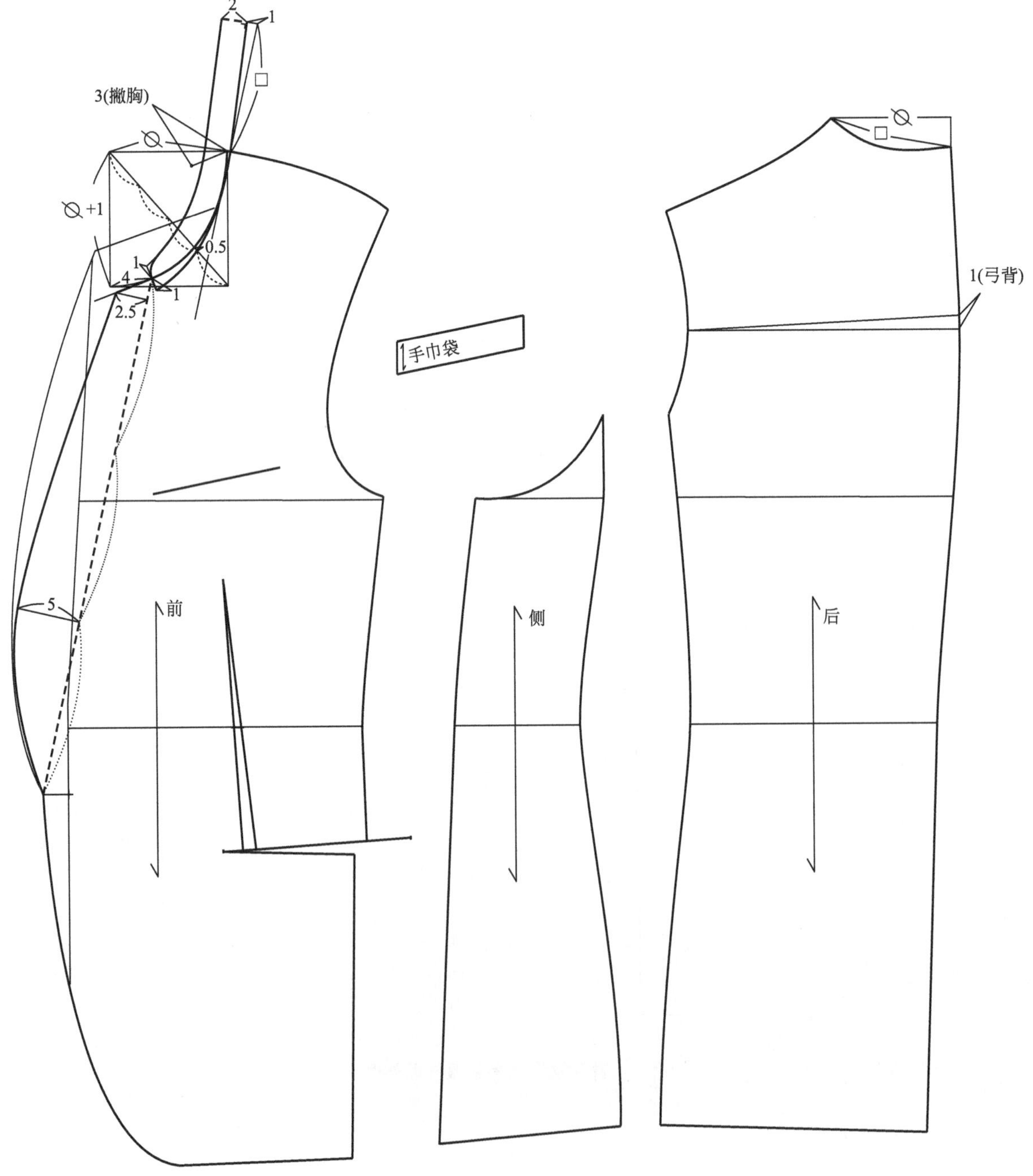

窄驳头立领O板塔士多礼服

*在O板加省六开身西服套装纸样基础上作双排四粒扣戗驳领设计，去掉口袋盖。此为法国版塔士多礼服风格

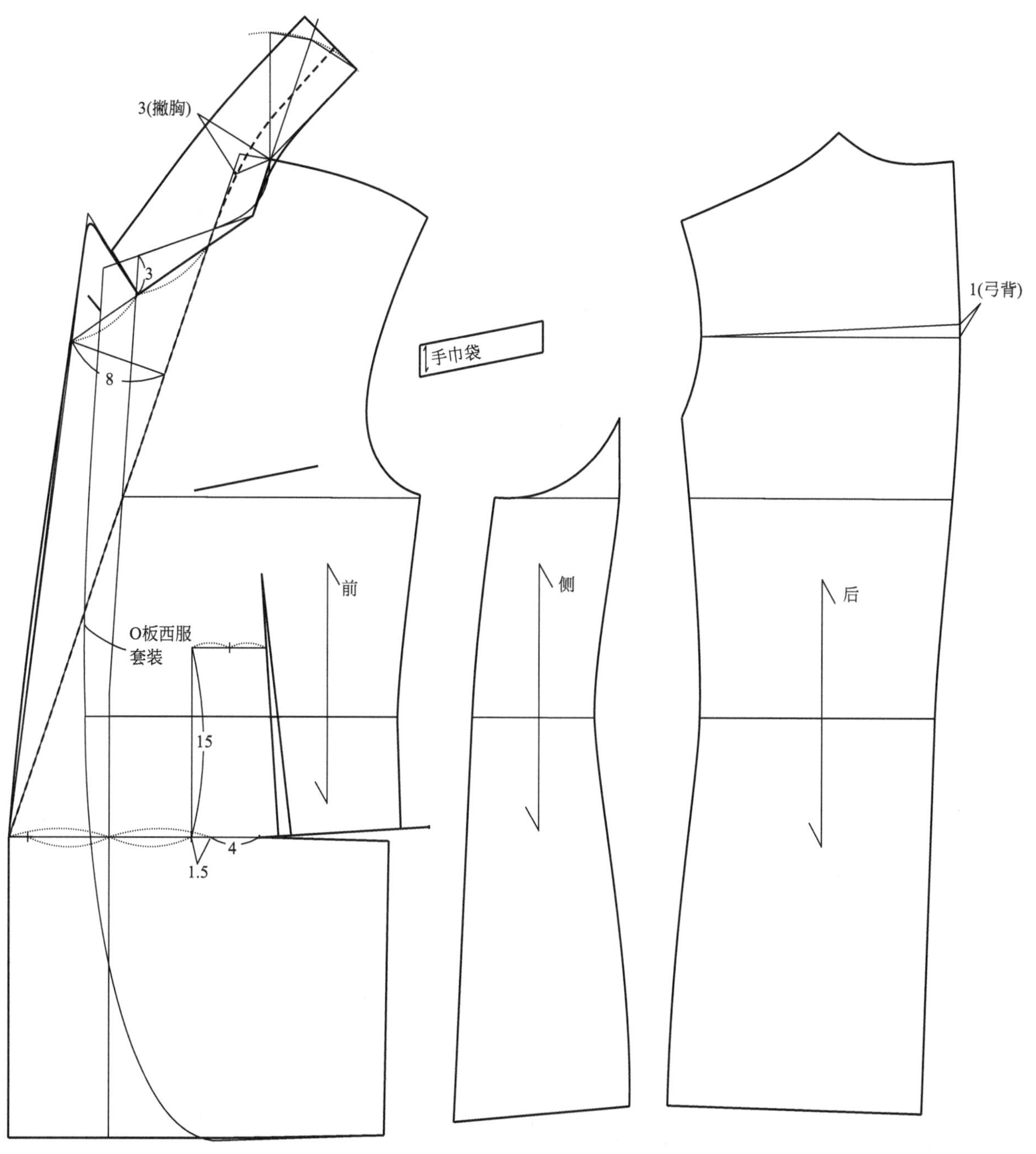

双排四粒扣O板塔士多礼服纸样

*在O板加省六开身西服套装纸样基础上作双排六粒扣青果领设计。
此为“杂糅”风格的塔士多，挂面处理与单排扣青果领相同

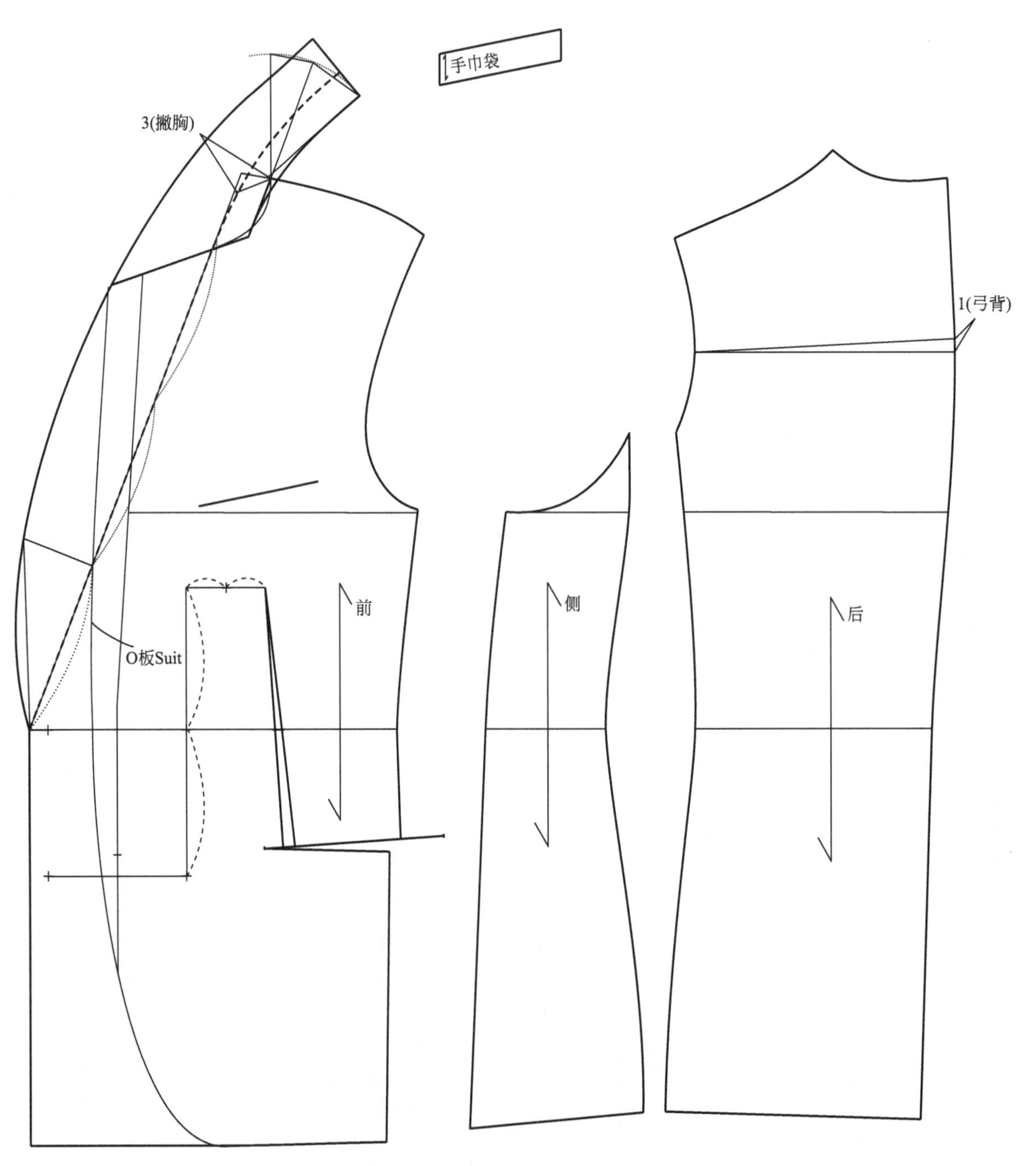

双排六粒扣青果领O板塔士多礼服纸样

11. 一板多款梅斯礼服（mess）纸样系列设计

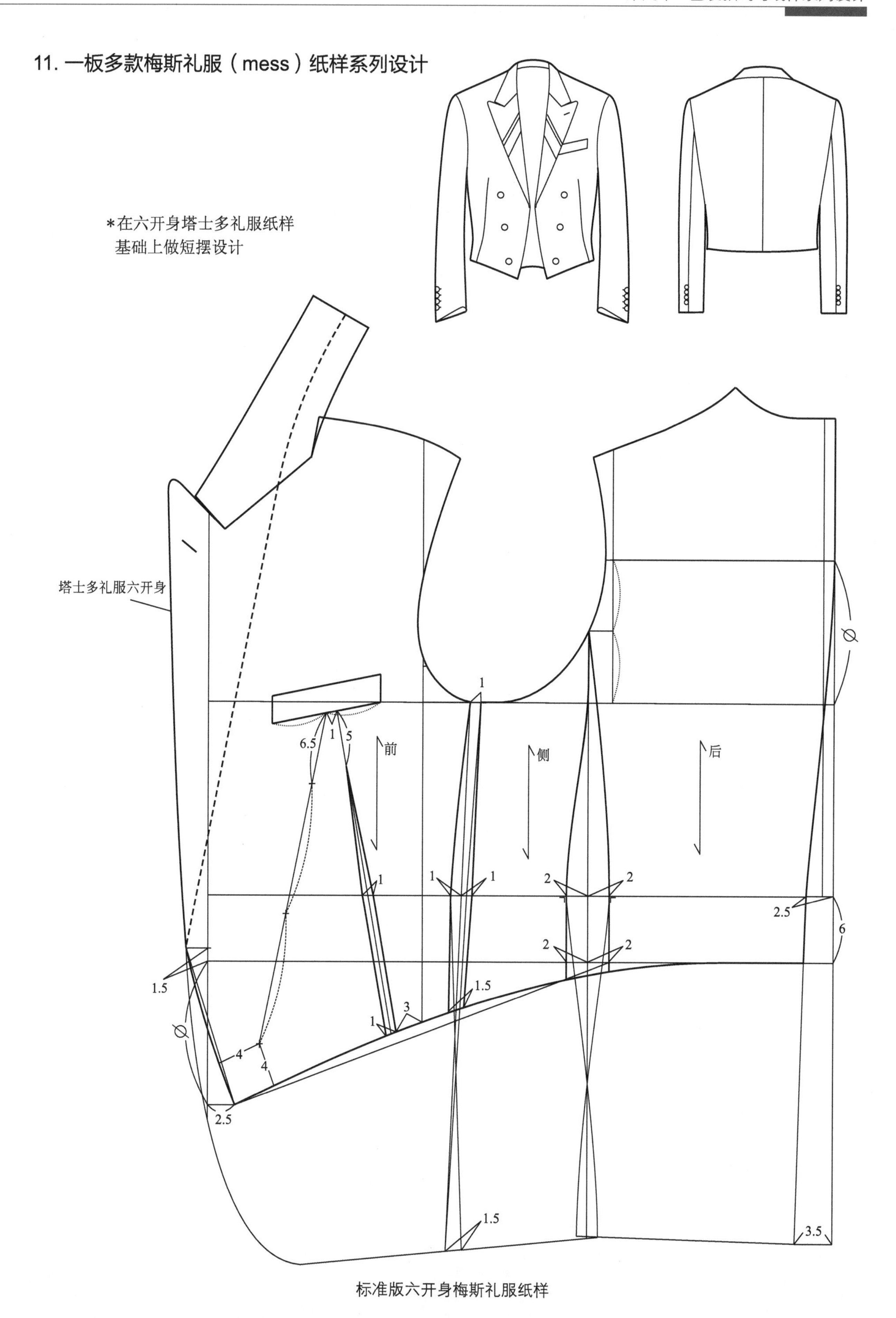

标准版六开身梅斯礼服纸样

*作为梅斯礼服类基本纸样进行系列设计

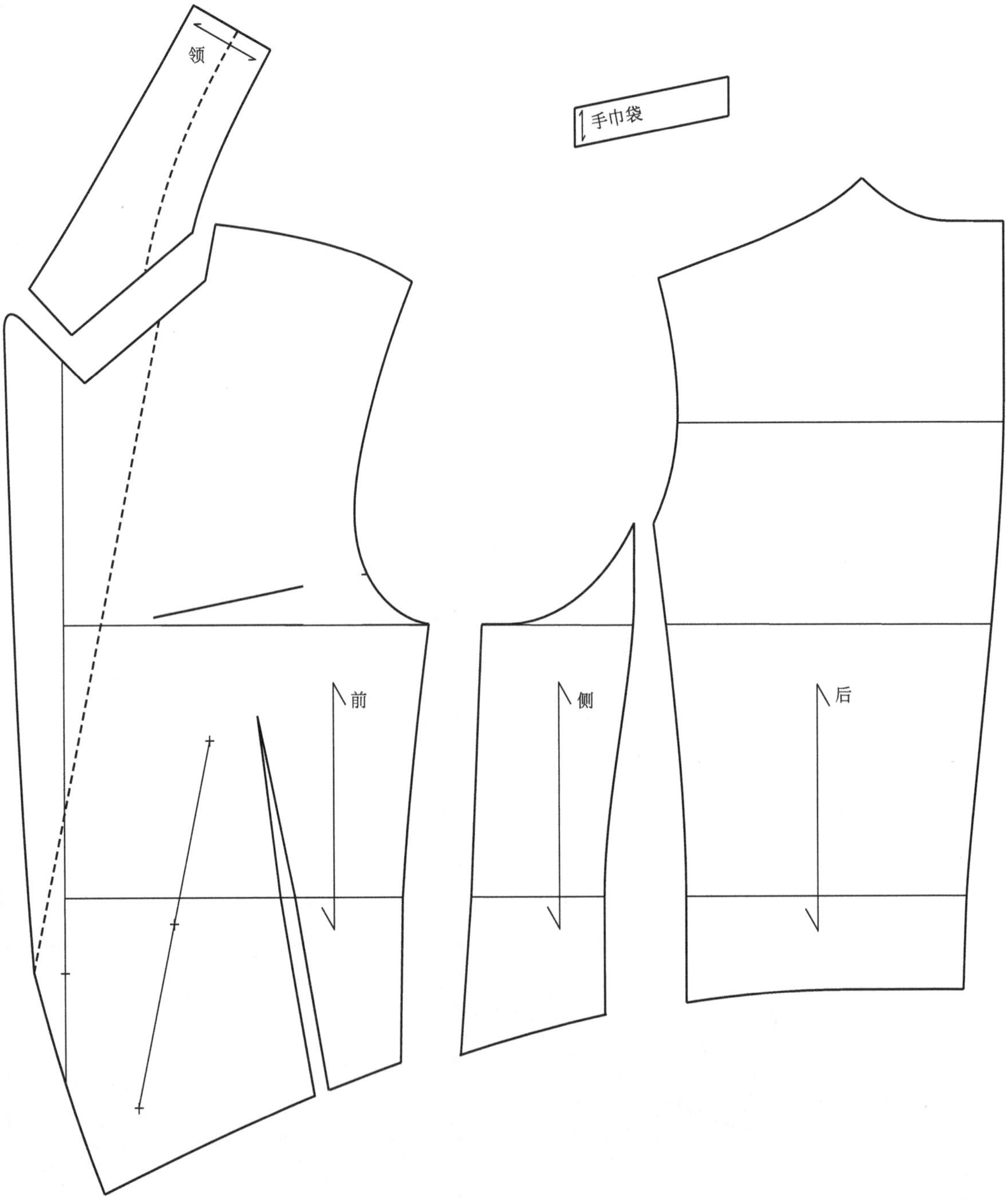

领

手巾袋

前

侧

后

标准版六开身梅斯礼服纸样分解图

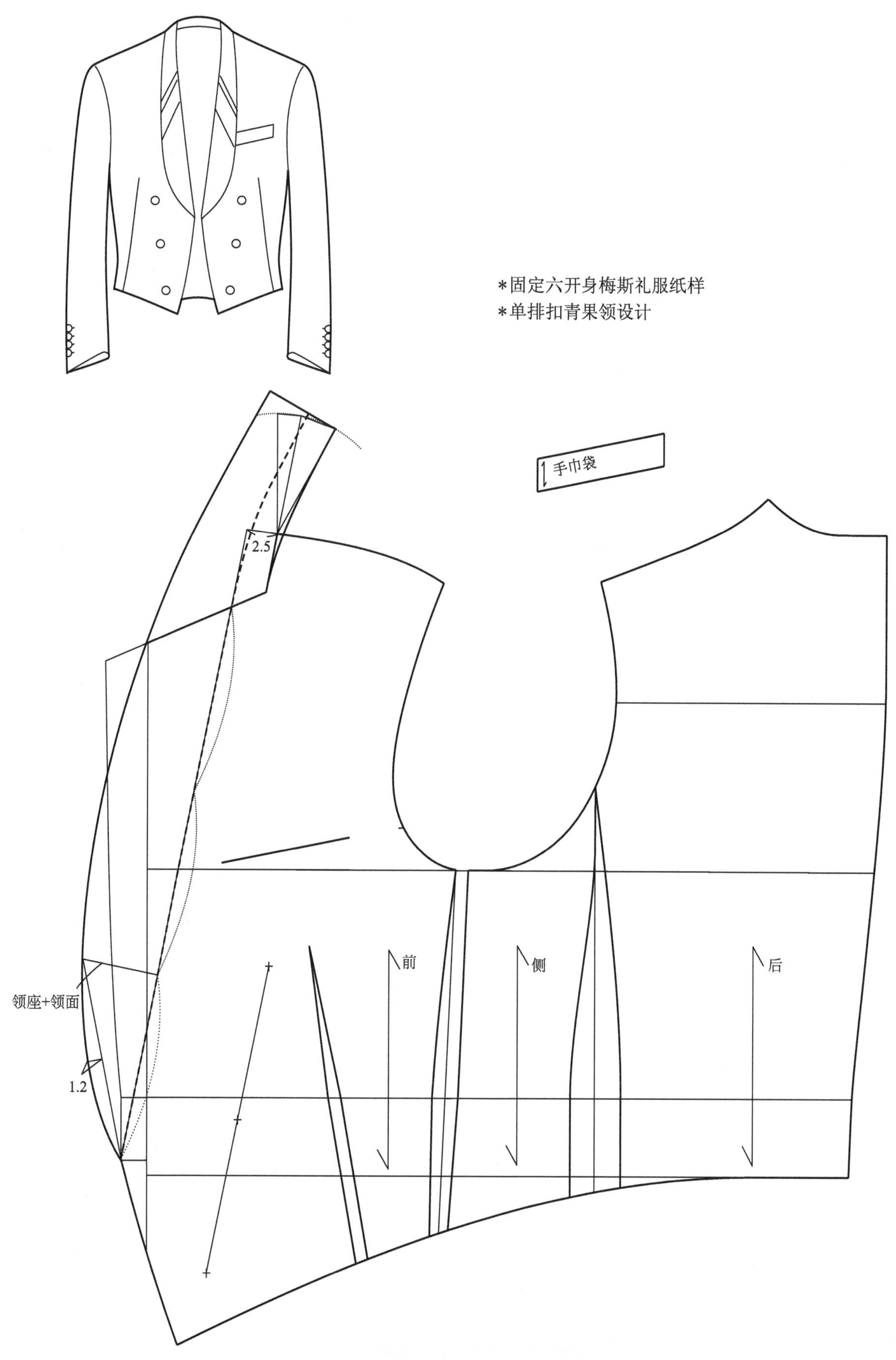

单排扣青果领（美国版）梅斯礼服纸样

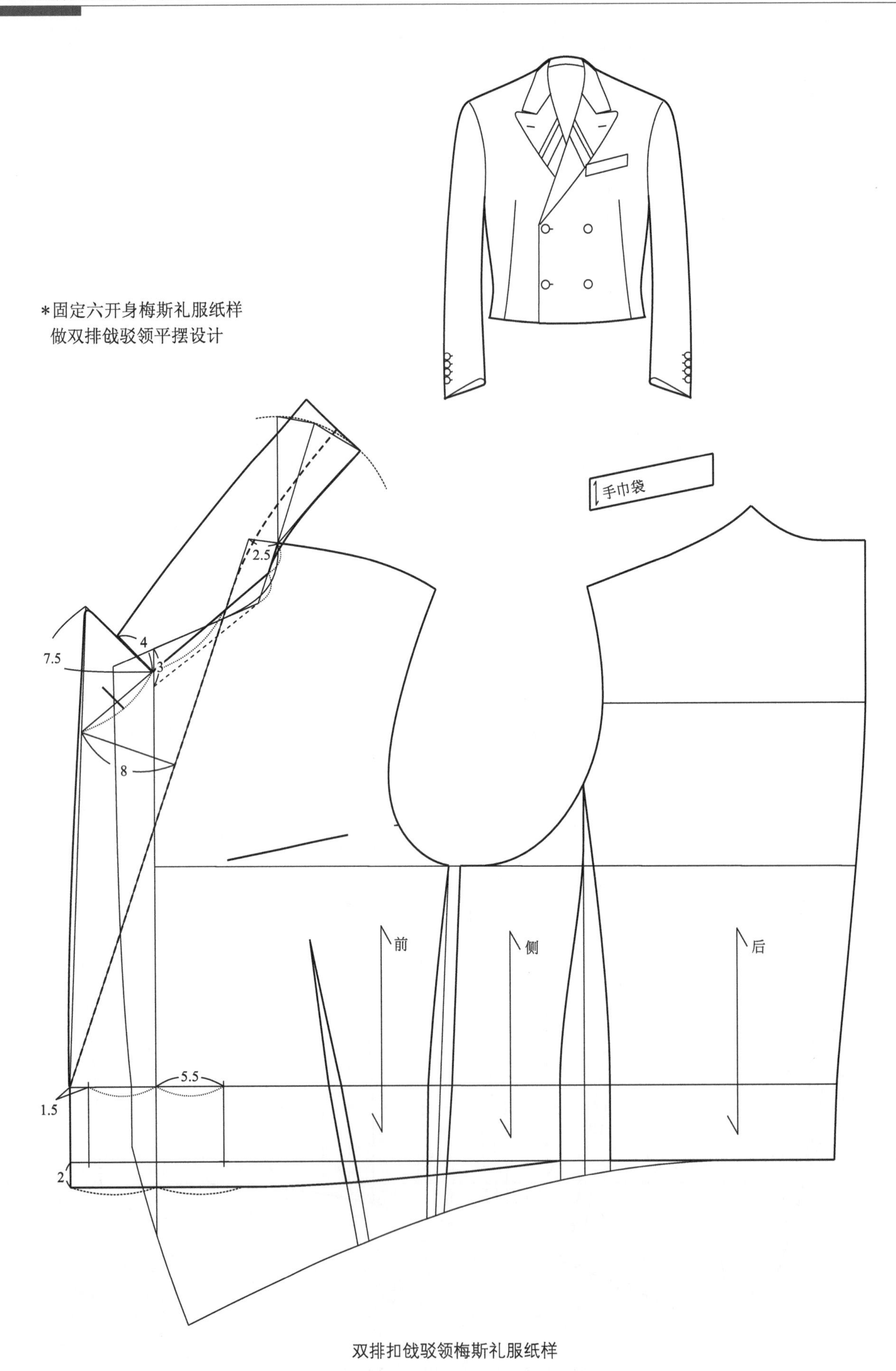

双排扣戗驳领梅斯礼服纸样

*在双排扣平摆梅斯礼服纸样基础上做青果领设计

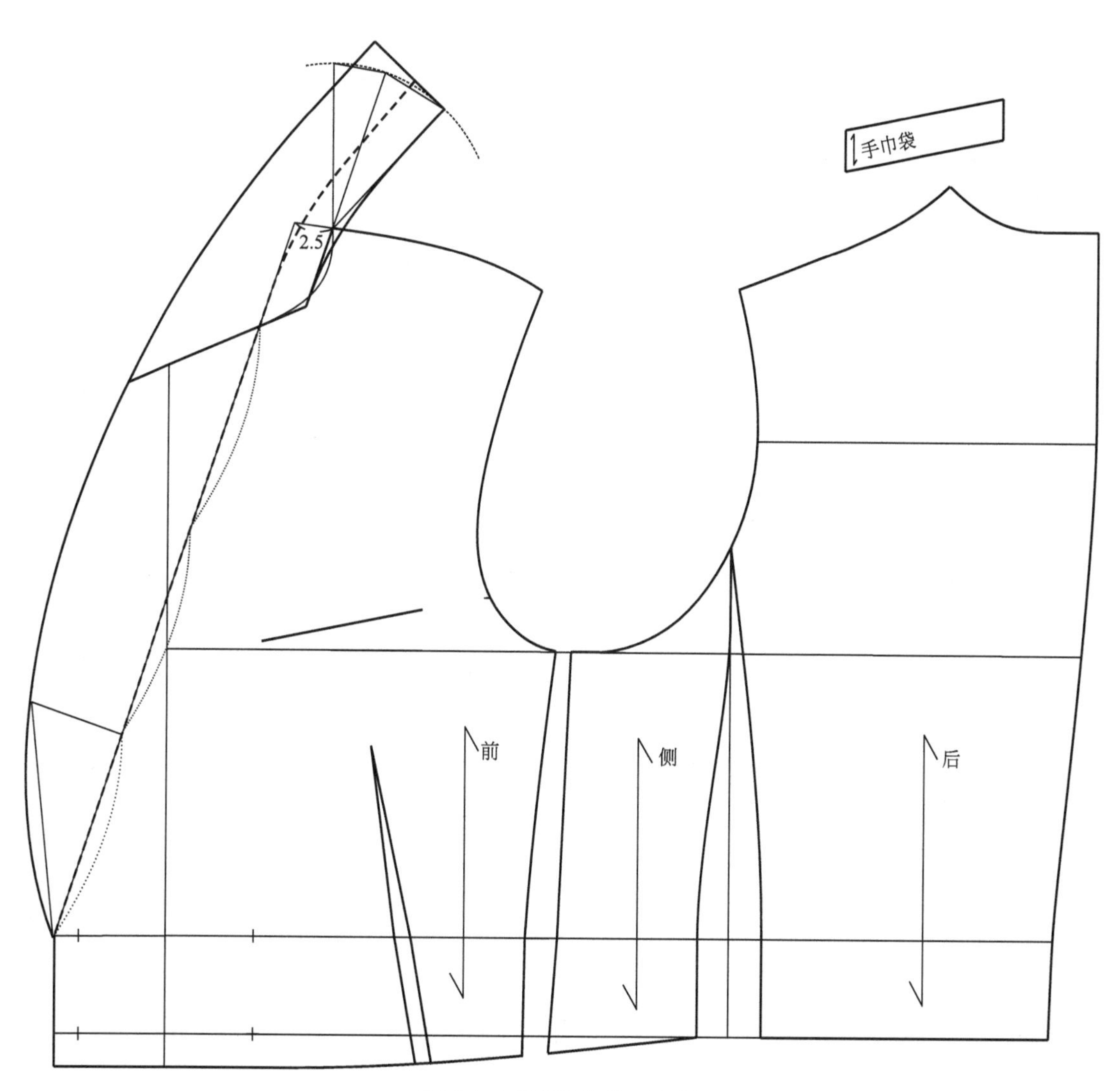

双排扣青果领梅斯礼服纸样

12. 一款多板董事套装（director’s suit）纸样系列设计

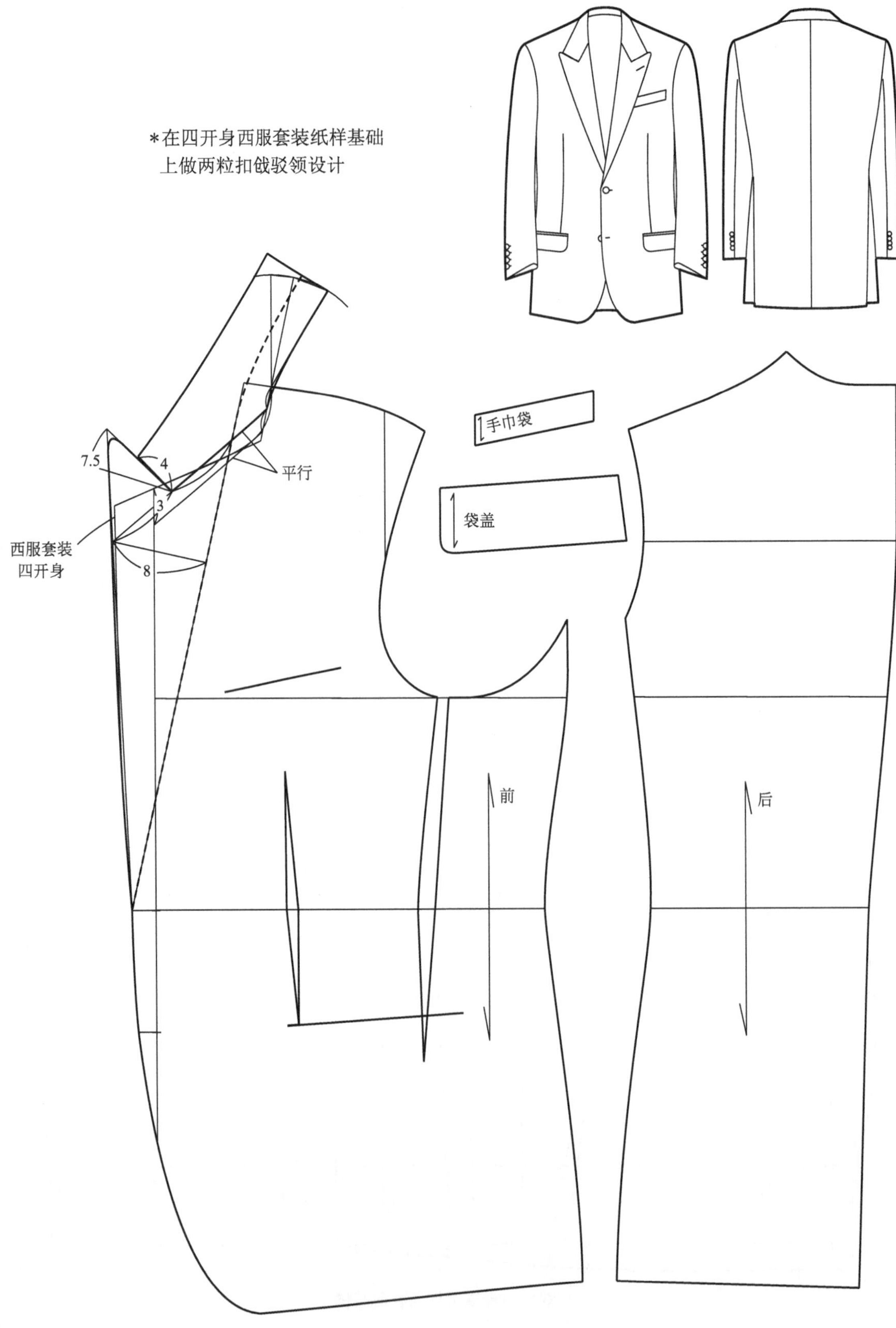

标准版四开身董事套装纸样

*作为董事套装类基本纸样进行系列设计

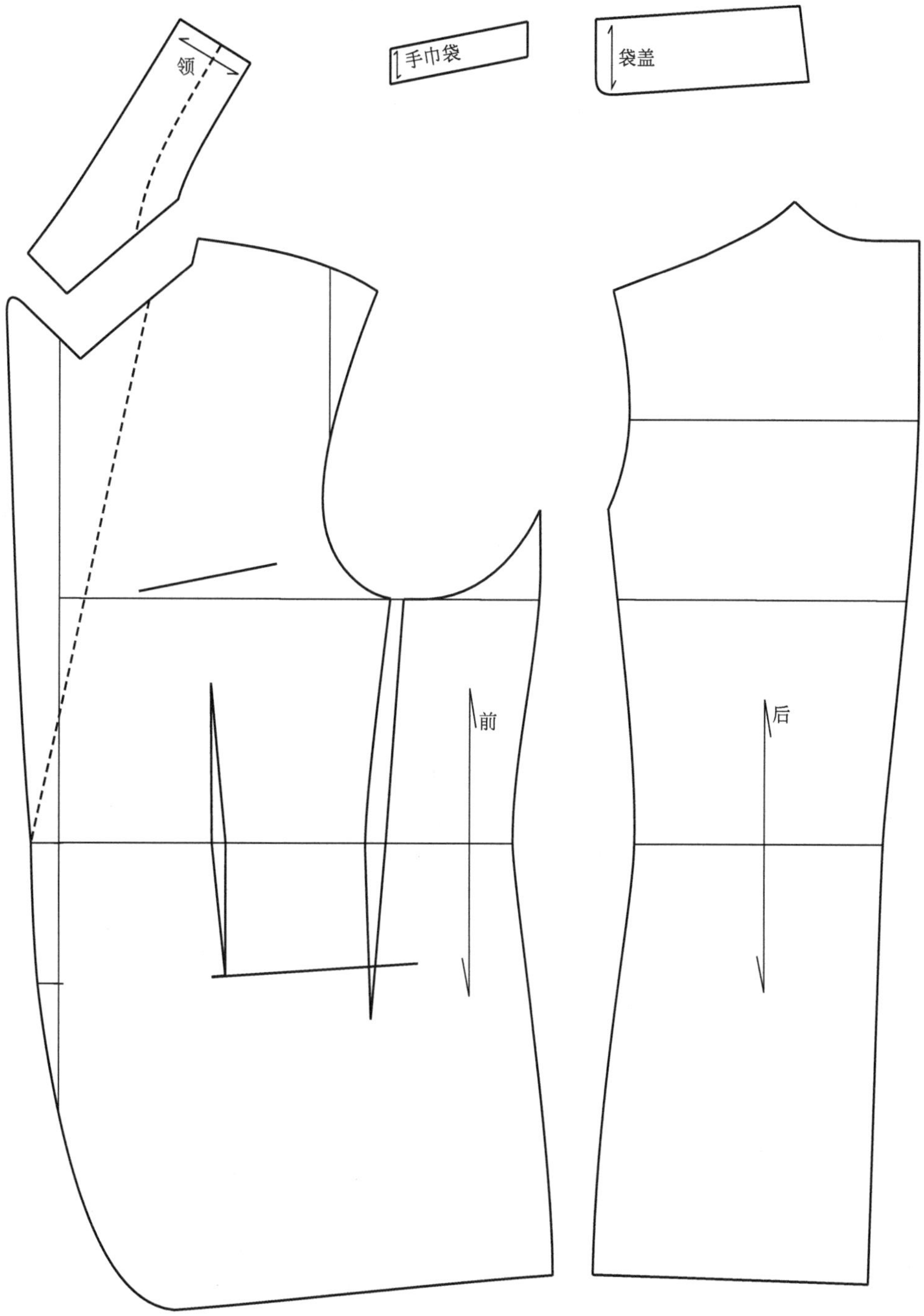

领

手巾袋

袋盖

前

后

标准版四开身董事套装分解图

*固定董事套装基本款式
*在四开身董事套装纸样基础上完成六开身纸样设计
*后身、袖子、翻领、手巾袋和袋盖纸样通用

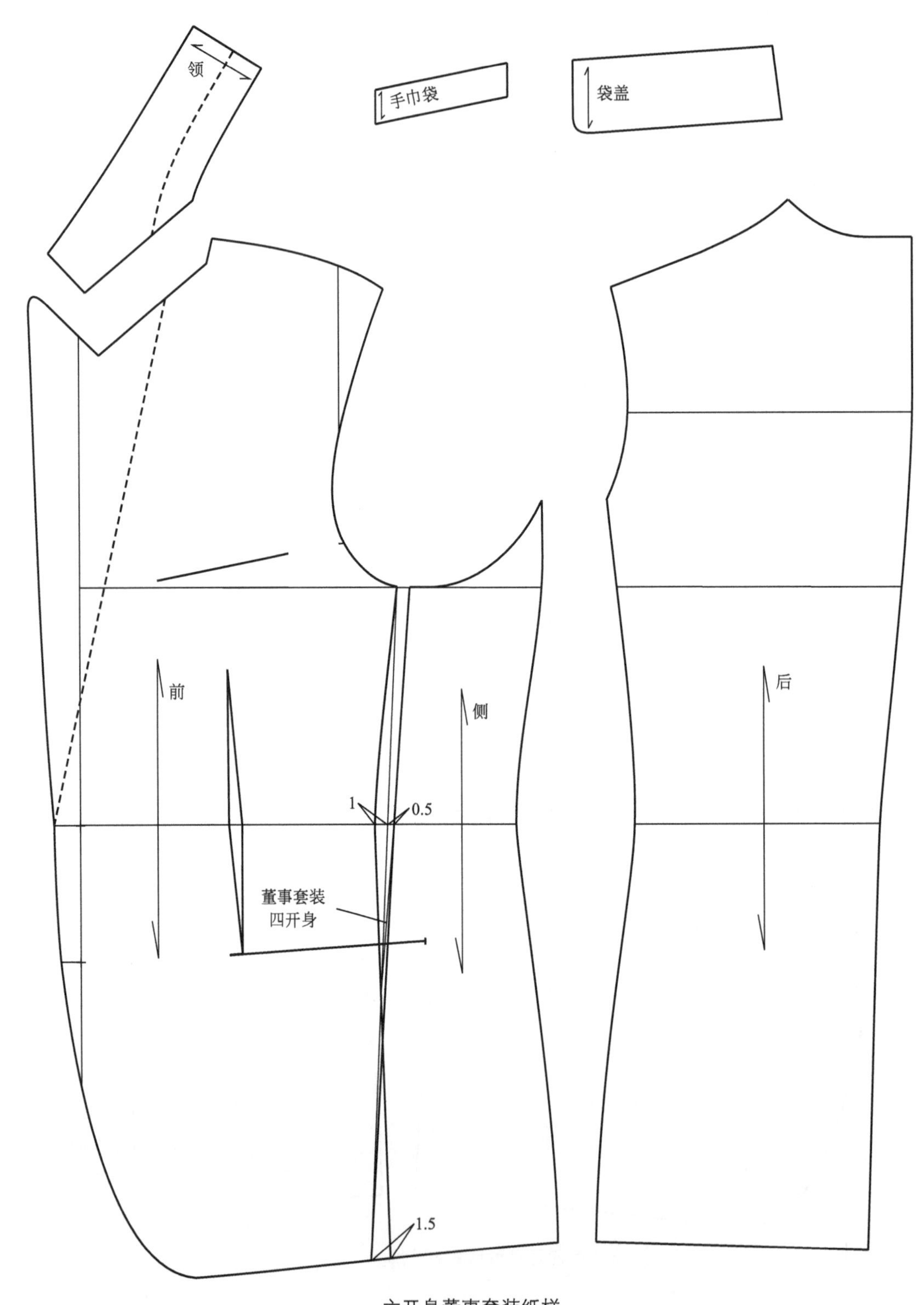

六开身董事套装纸样

*在六开身董事套装纸样基础上做袋省（肚省）处理

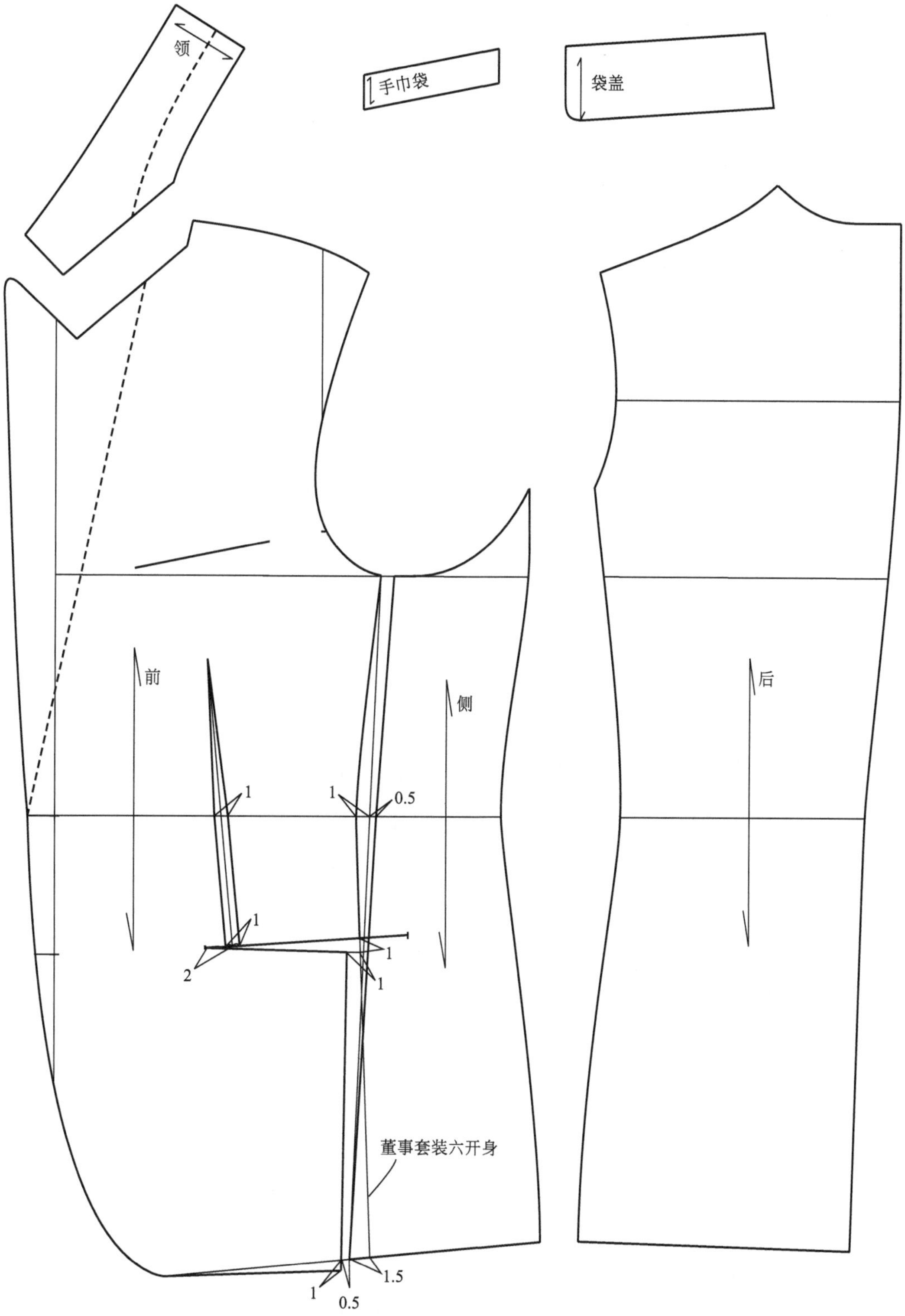

领
手巾袋
袋盖
前
侧
后
1
1
0.5
1
1
2
1
董事套装六开身
1.5
1
0.5

加省六开身董事套装纸样

*若撇胸和弓背取值相同，可直接将O板加省六开身西服套装作为基本纸样来设计O板董事套装

*“一板多款”董事套装系列设计，可以导入塔士多礼服和黑色套装“一板多款”的所有元素和方法

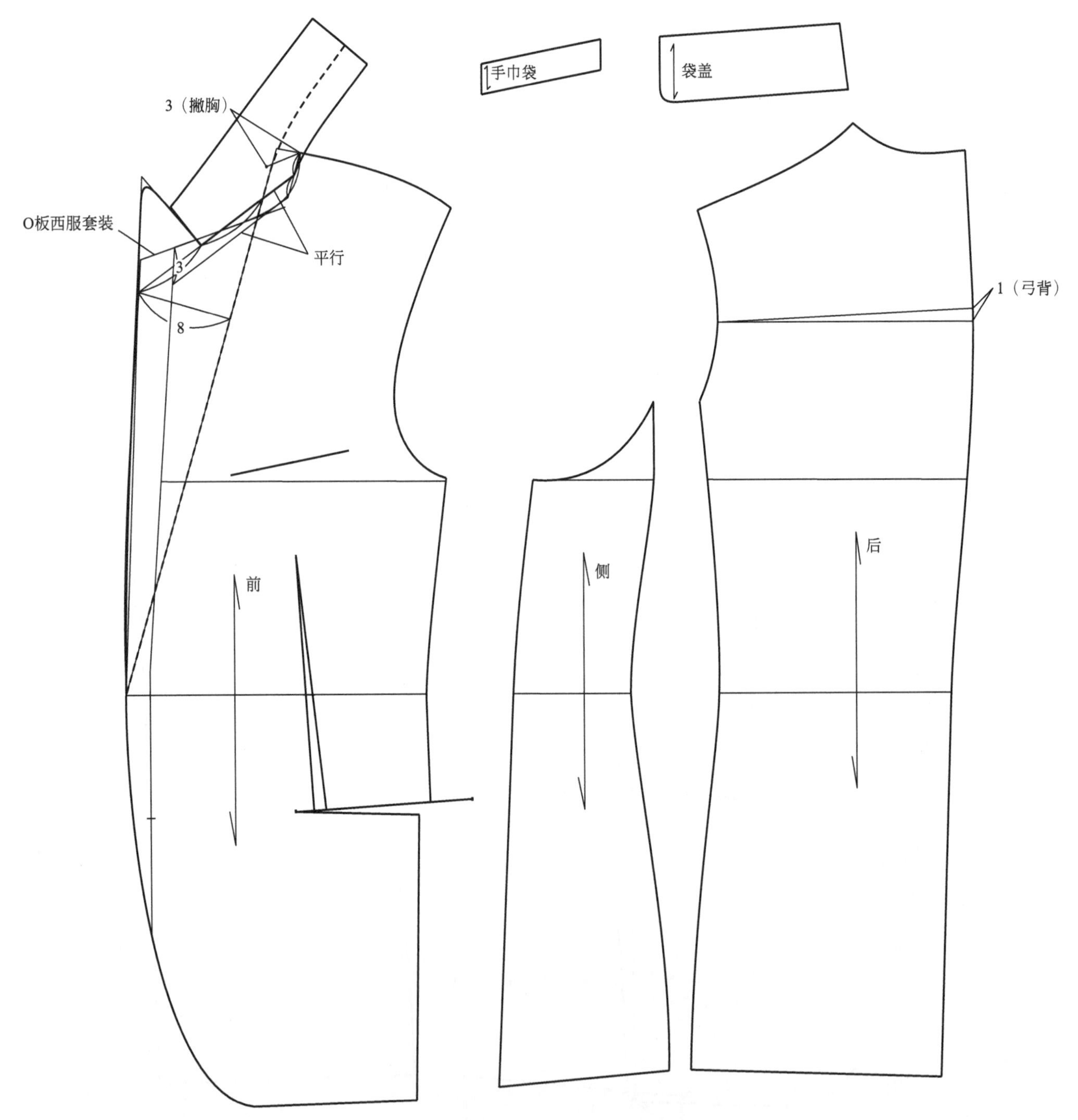

O板加省六开身董事套装纸样

13. 一款多板中山装纸样系列设计

*在四开身西服套装纸样基础上
做中山装纸样设计

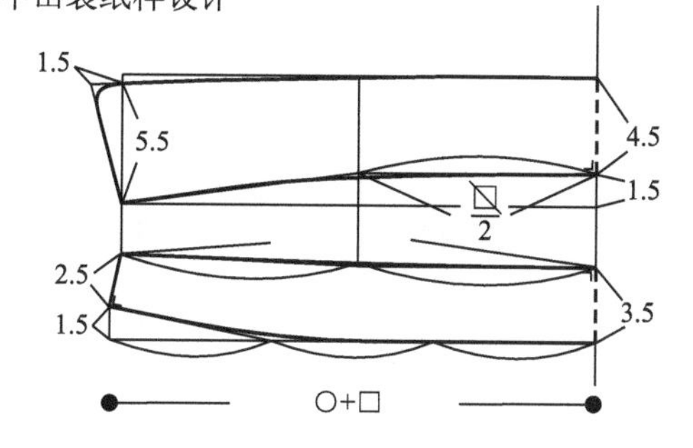

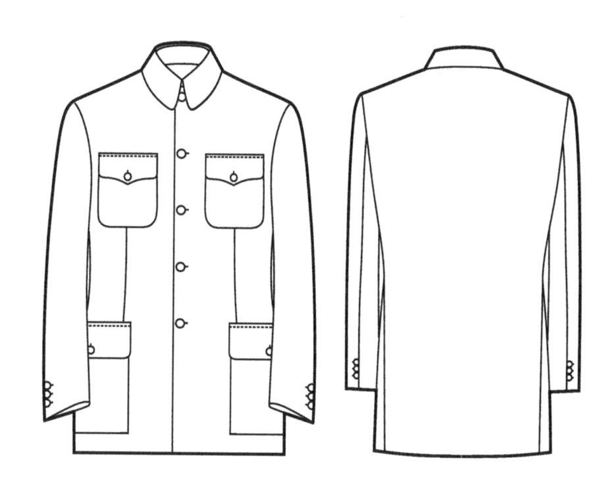

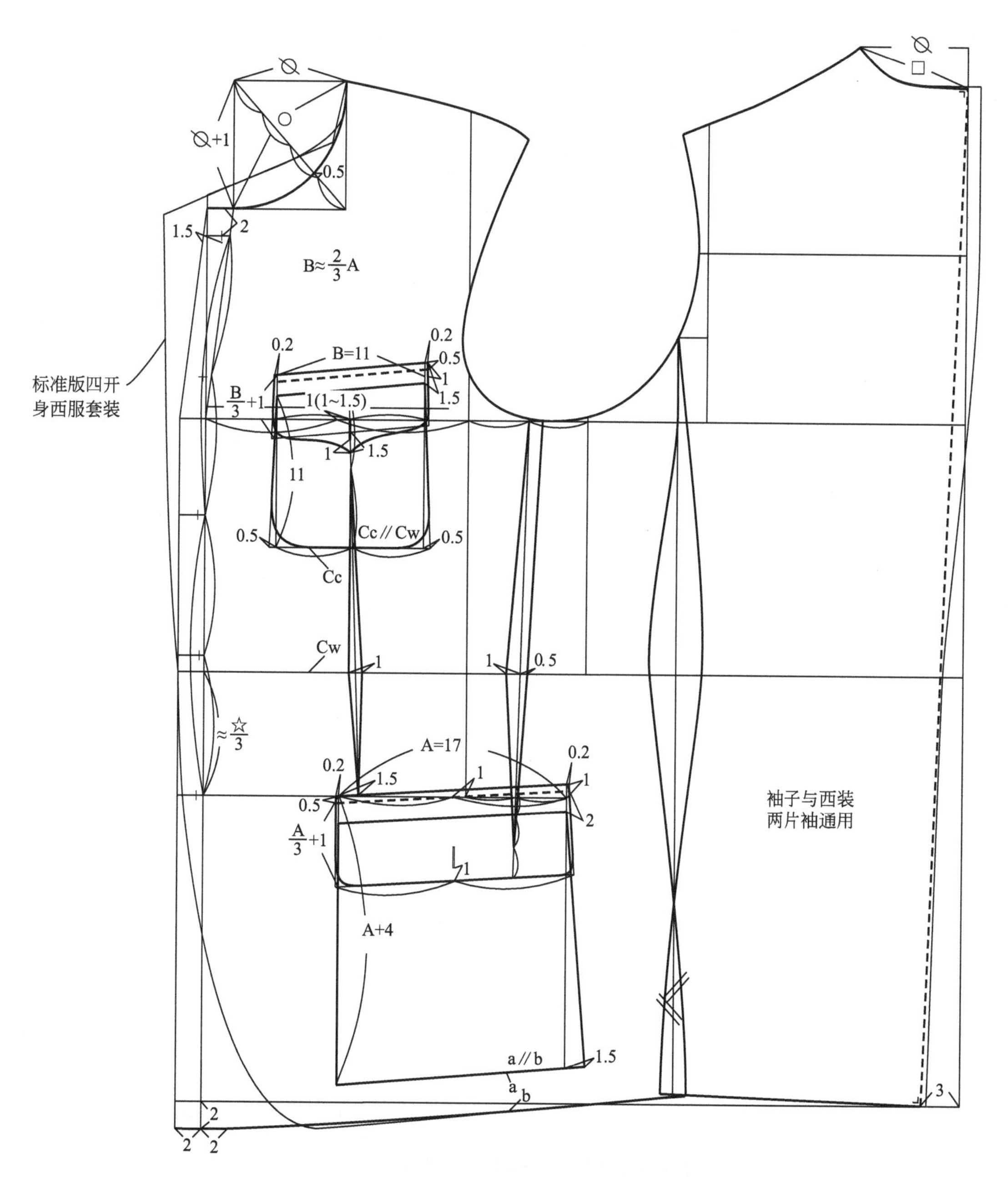

标准版三开身中山装纸样

*作为中山装类基本纸样进行系列设计

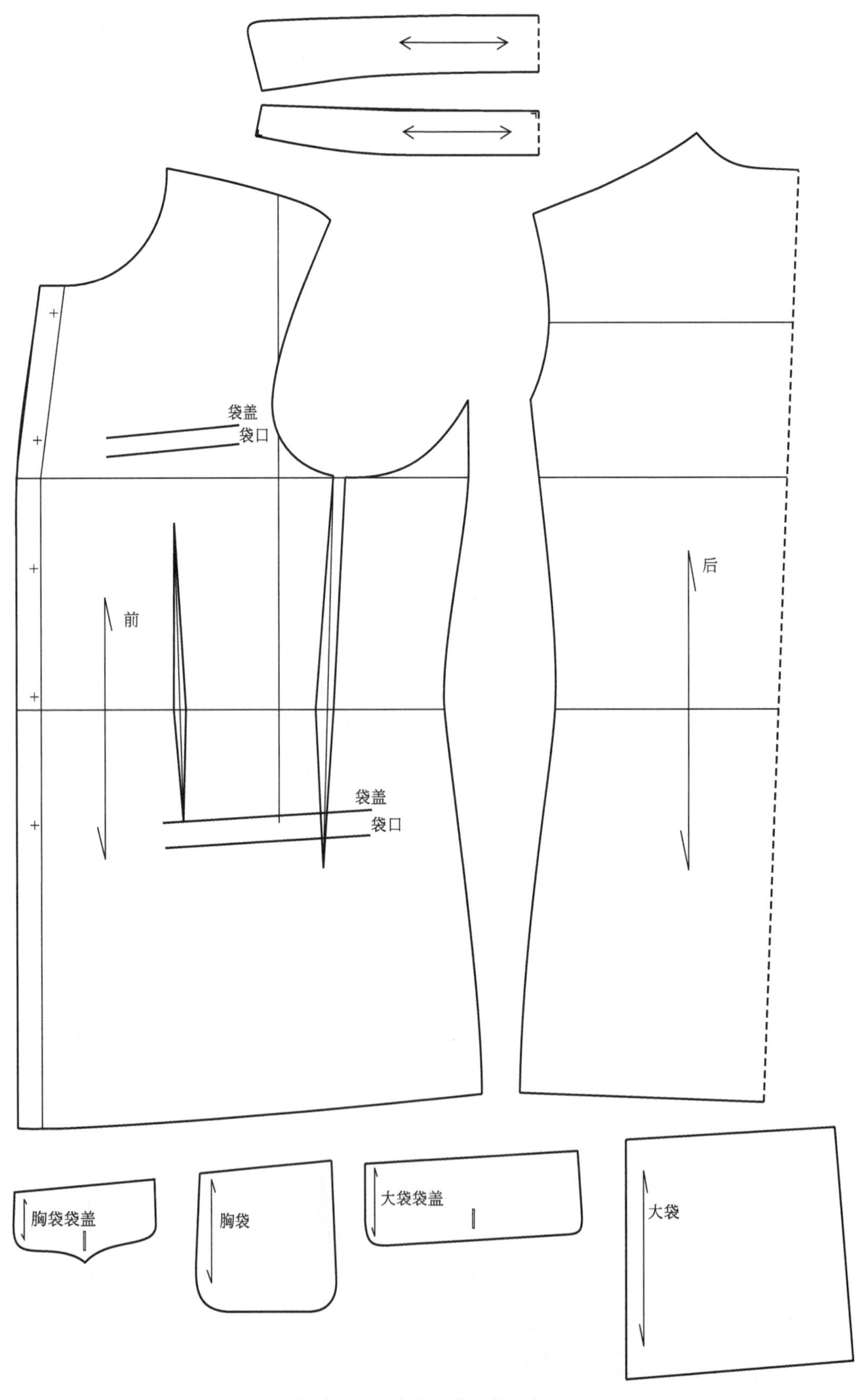

标准版三开身中山装纸样分解图

*固定中山装基本款式
*在三开身中山装纸样基础上完成六开身纸样设计
*袖子、领子、口袋纸样通用

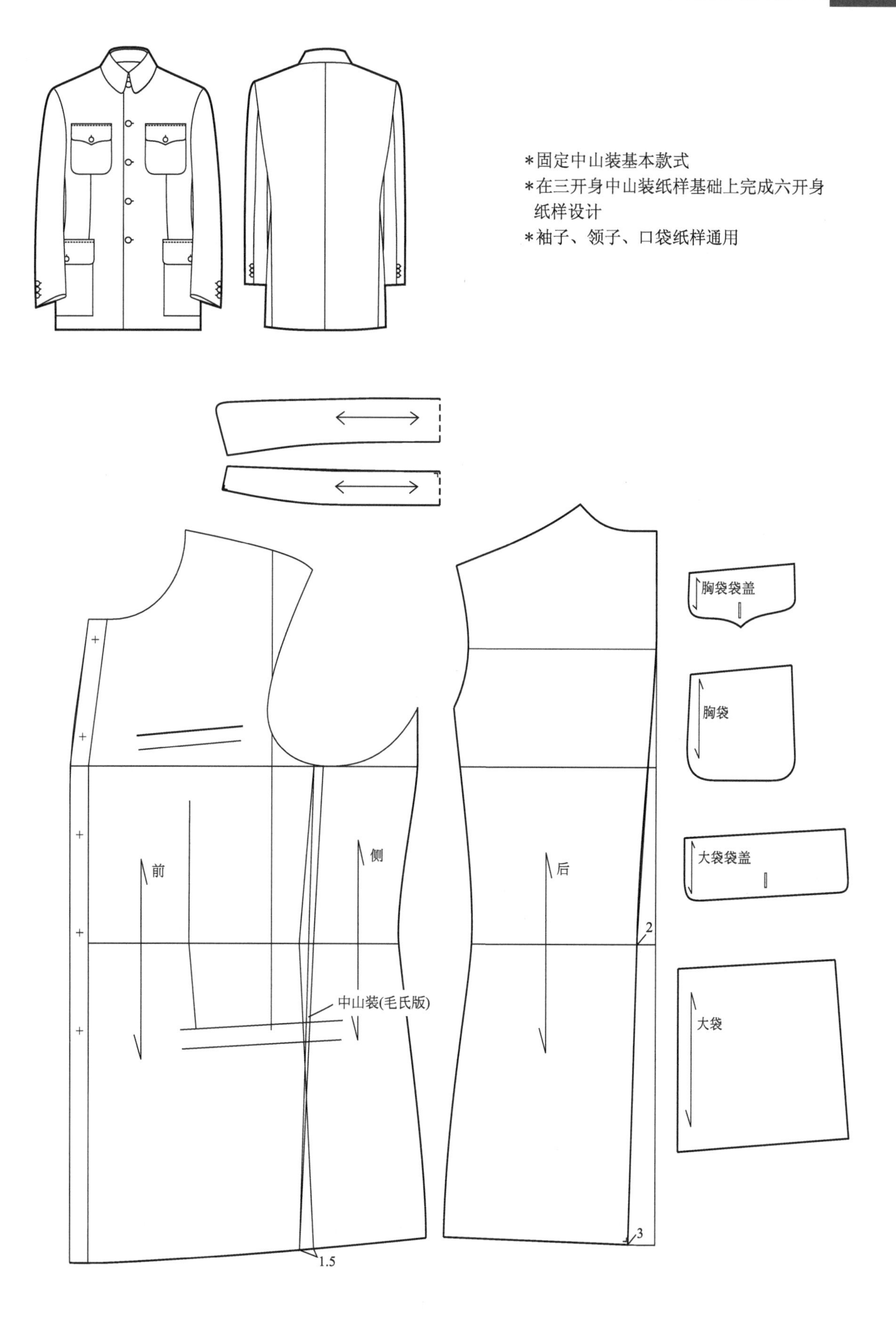

六开身中山装纸样

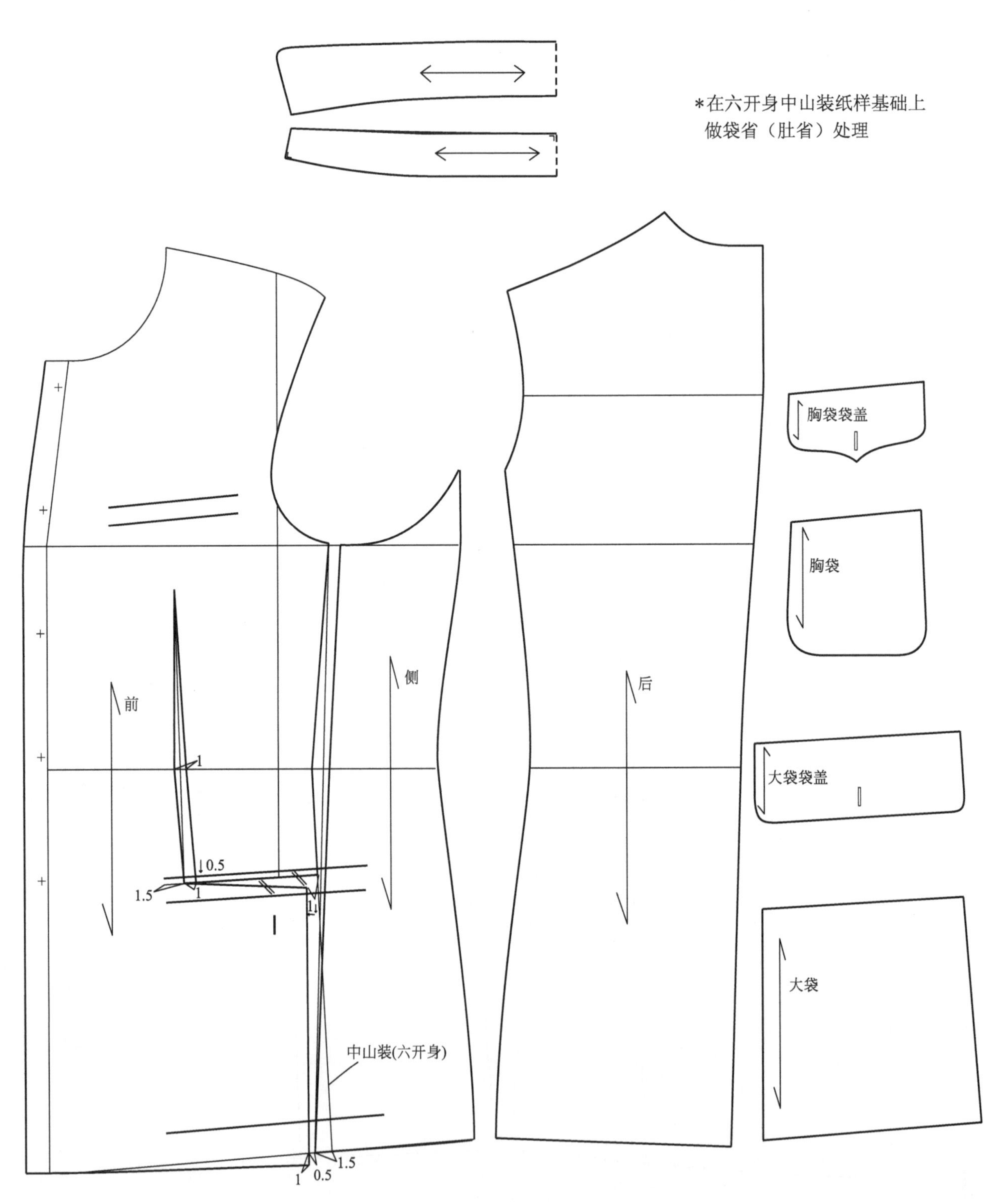
*在六开身中山装纸样基础上
做袋省（肚省）处理
前
侧
后
胸袋袋盖
胸袋
大袋袋盖
大袋
中山装(六开身)
1
0.5
1.5
1
1
1
1
0.5
1.5

加省六开身中山装纸样

*根据胸腰差量确定撇胸和弓背取值（见下表）
*在加省六开身中山装纸样基础上作撇胸3cm，弓背1cm处理

撇胸和弓背的取值

胸腰差	Y	YA	A	AB	B	BE	E
	16	14	12	10	8	4	0
撇胸	1	1	1	1	1～2	2～3	3～4（上限）
弓背	0～0.5			0.5		1（上限）	

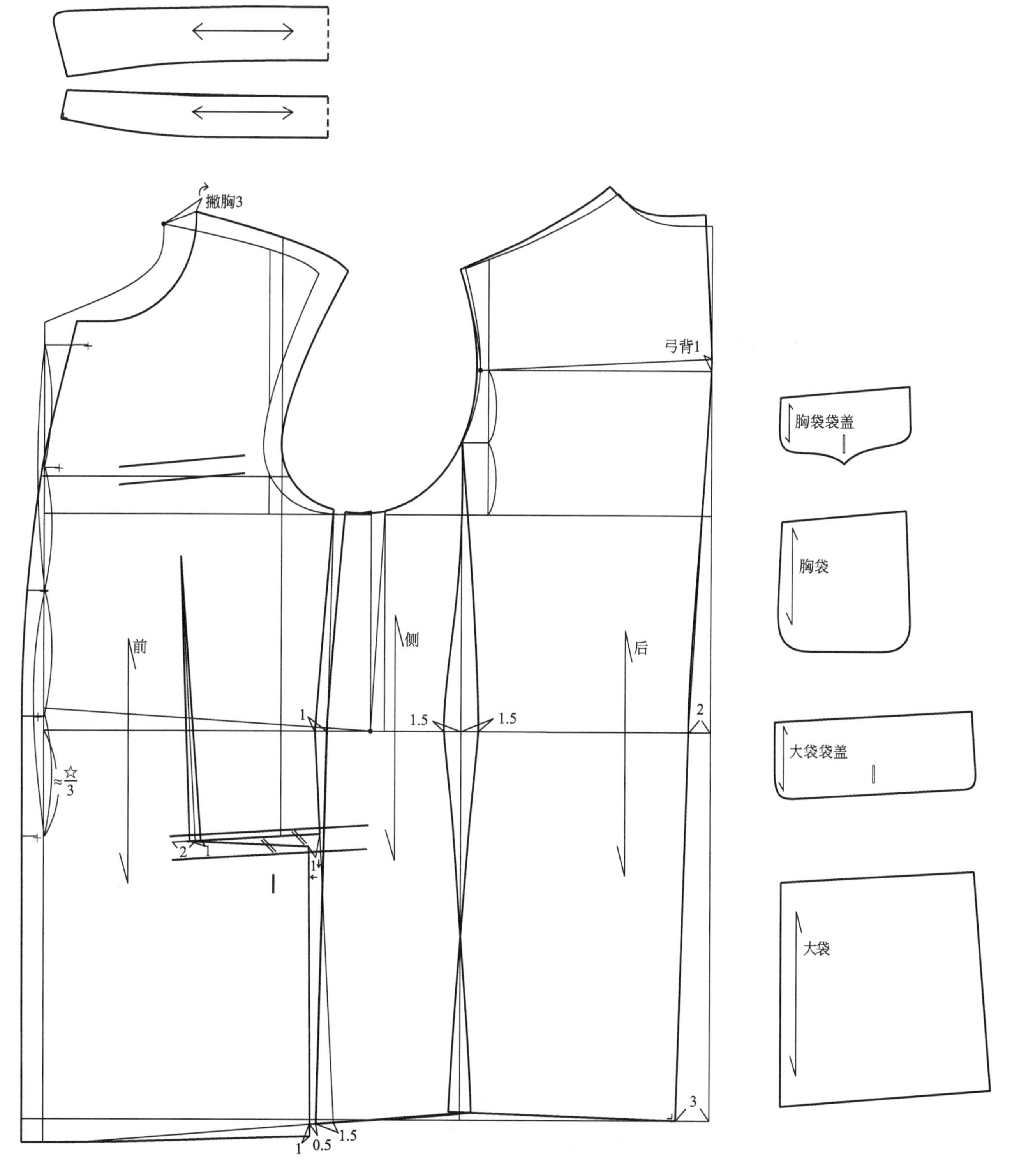

O板加省六开身中山装纸样

14. 多款多板中山装纸样系列设计

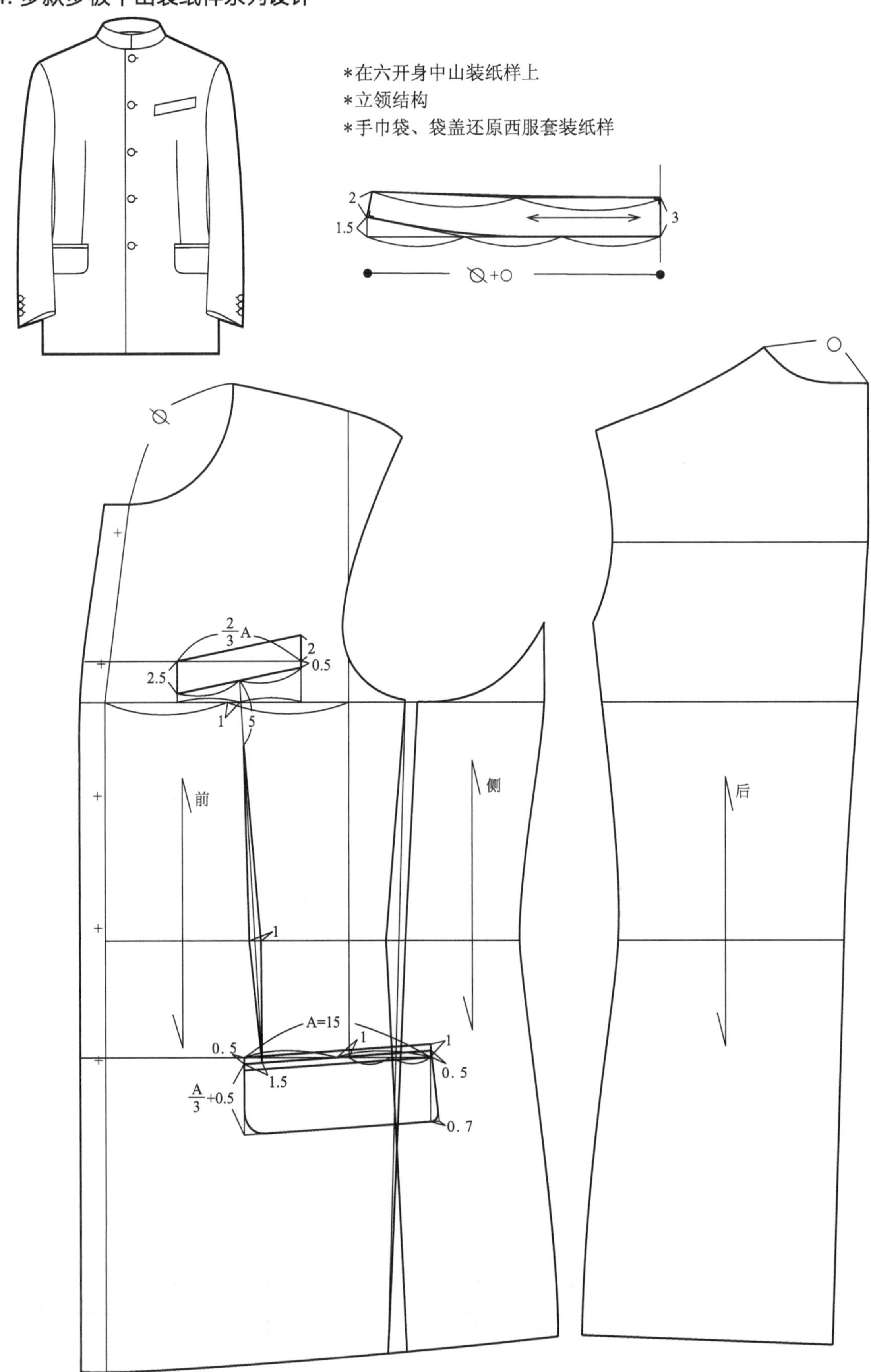

标准学生制服纸样

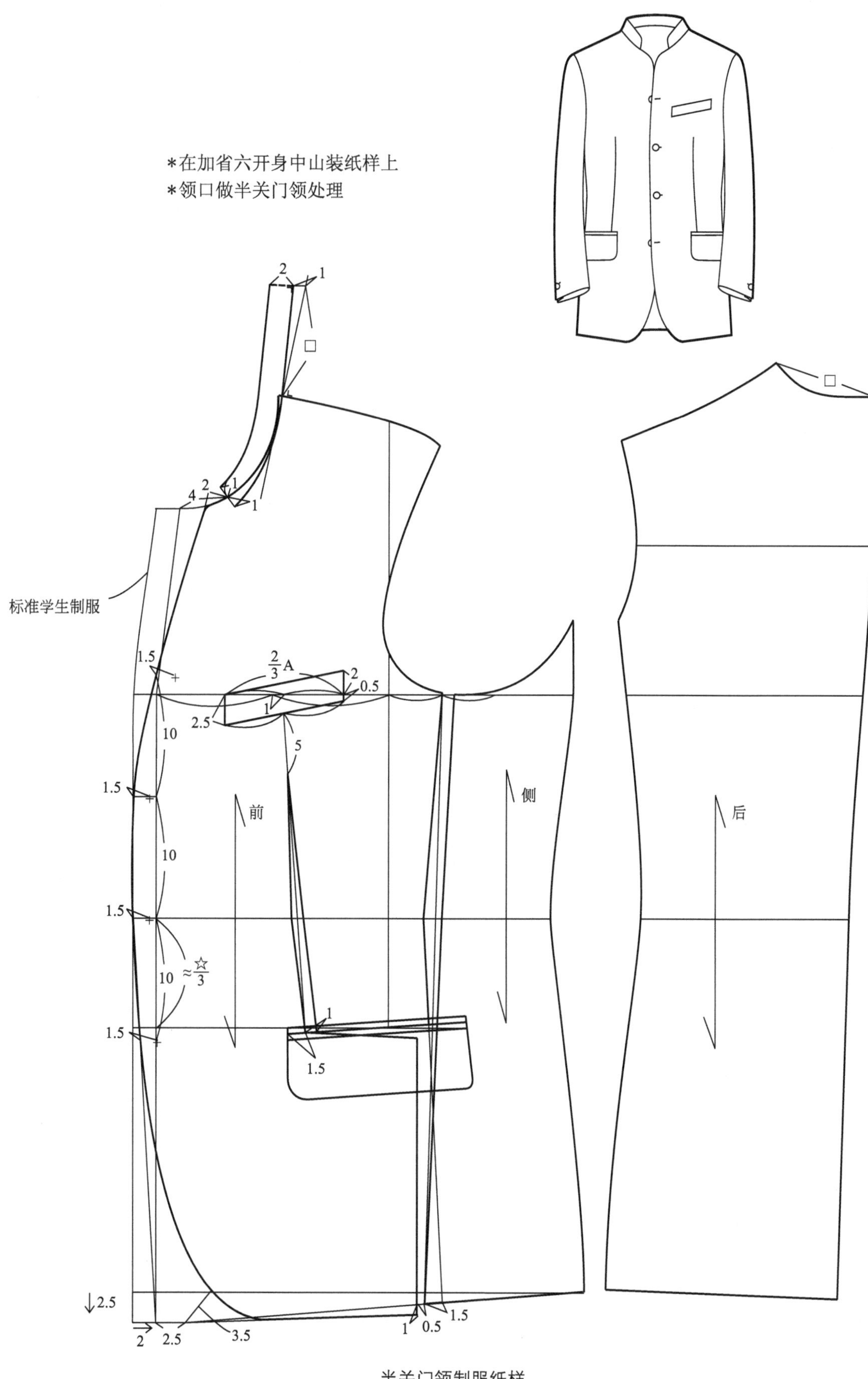
*在加省六开身中山装纸样上
*领口做半关门领处理
标准学生制服
2
1
□
4
2
1
1
1.5
$\frac{2}{3}$A
2
0.5
2.5
1
10
5
1.5
前
侧
后
10
1.5
10
≈☆/3
1.5
1
1.5
↓2.5
2
2.5
3.5
1
0.5
1.5
□

半关门领制服纸样

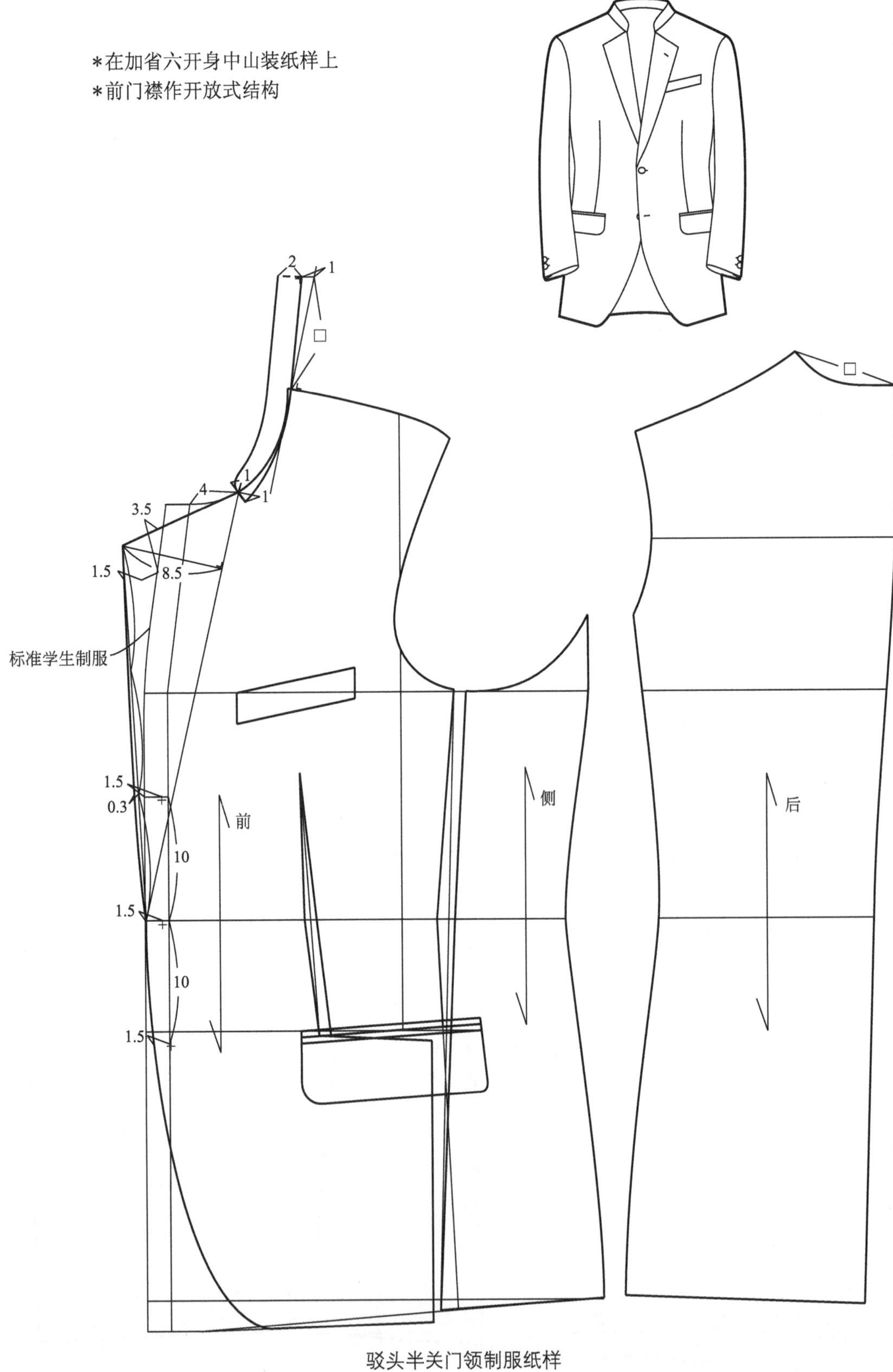
*在加省六开身中山装纸样上
*前门襟作开放式结构
2
1
□
1
1
4
3.5
1.5
8.5
标准学生制服
1.5
0.3
10
1.5
10
1.5
前
侧
后

驳头半关门领制服纸样

第十章 ◆ 外套款式与纸样系列设计

一、外套款式系列设计

1. 外套经典款式（基于TPO知识系统的标准款式）

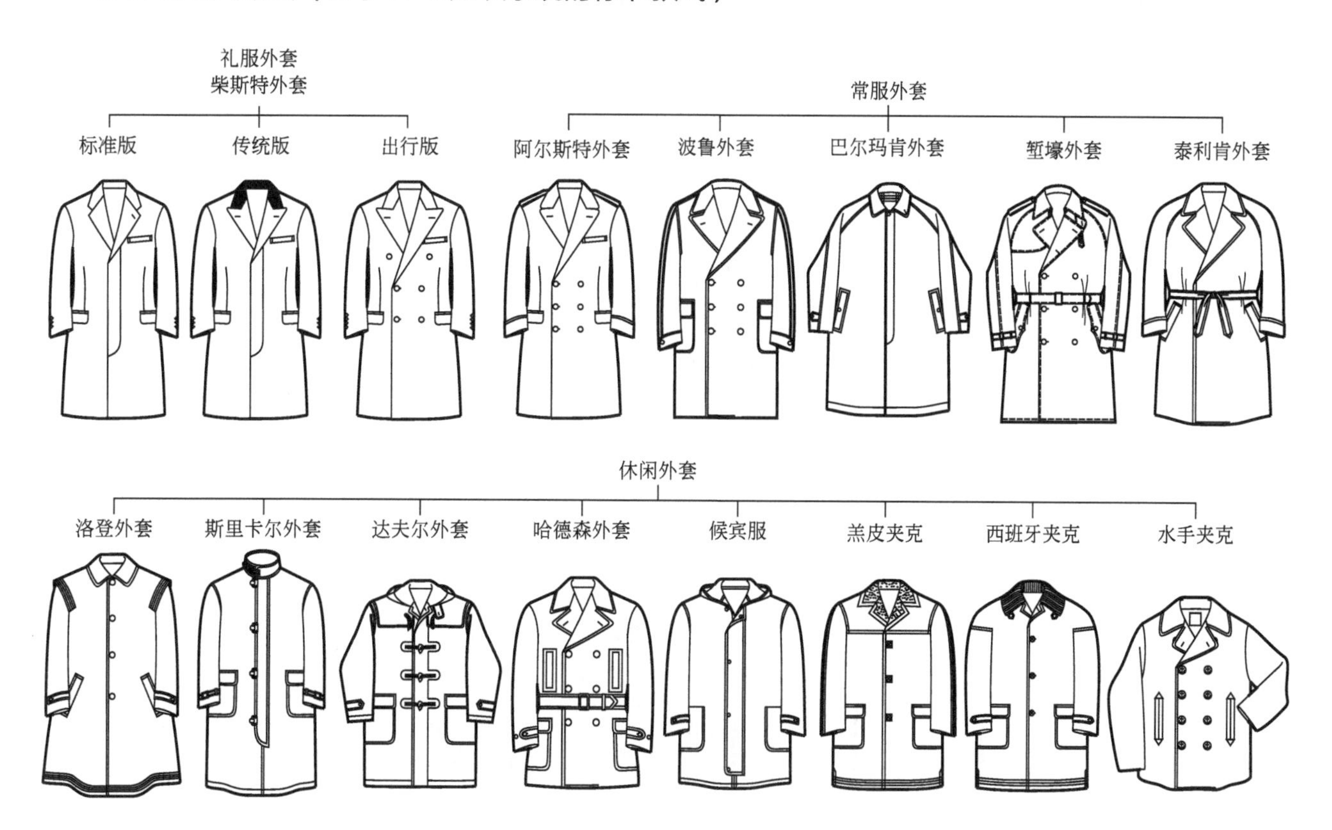

2. 柴斯特外套款式系列设计

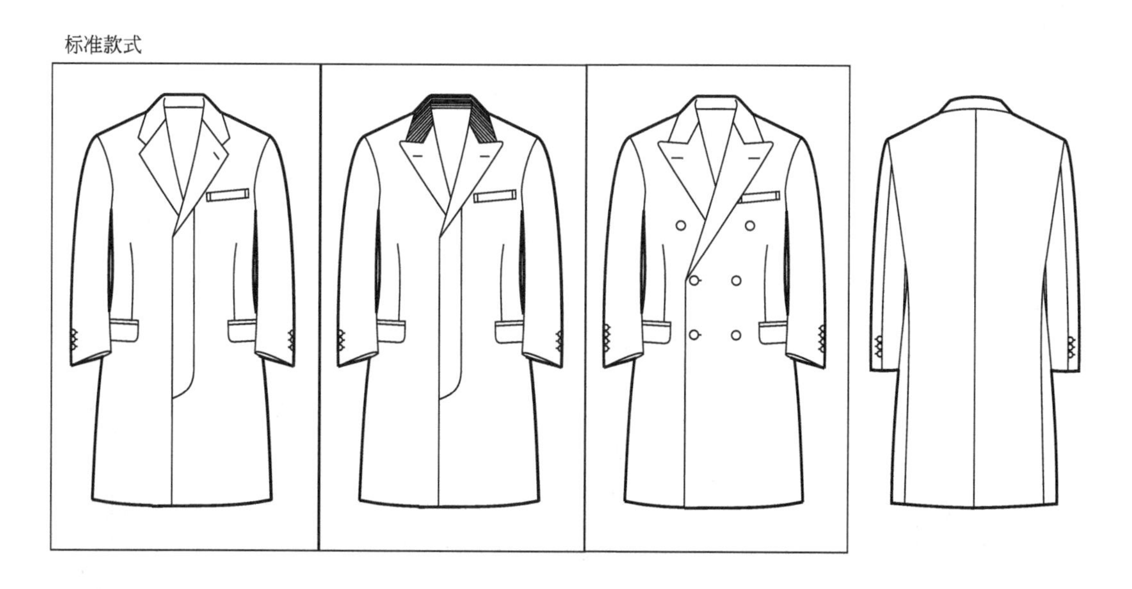

（1）口袋变化系列

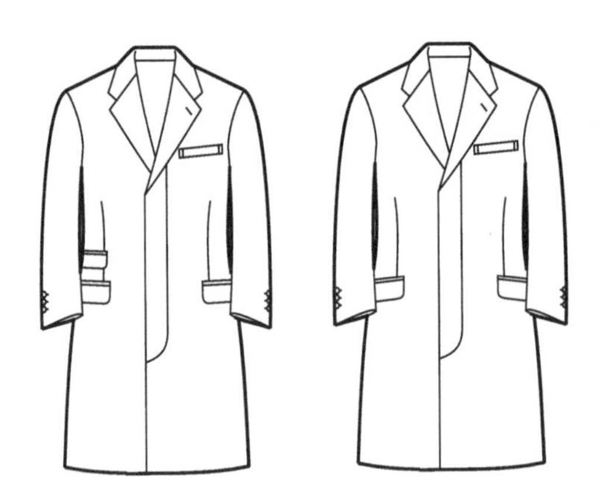

（2）领型变化系列

（3）加入阿尔斯特外套元素的变化系列

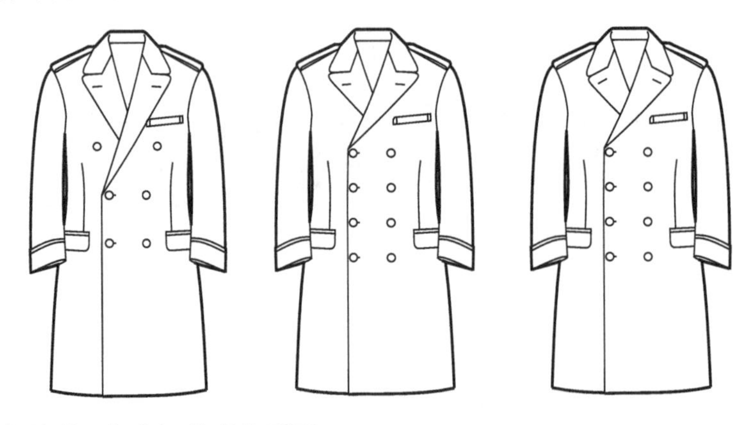

（4）加入波鲁外套元素（包肩）的变化系列

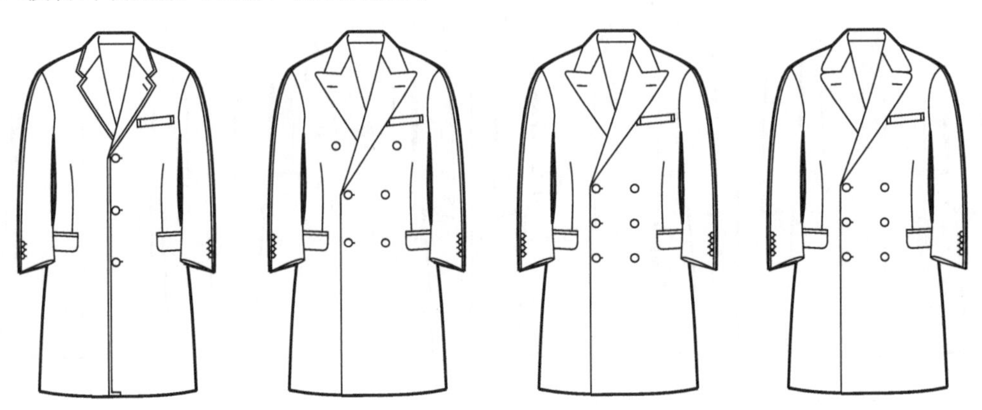

3. 波鲁外套款式系列设计

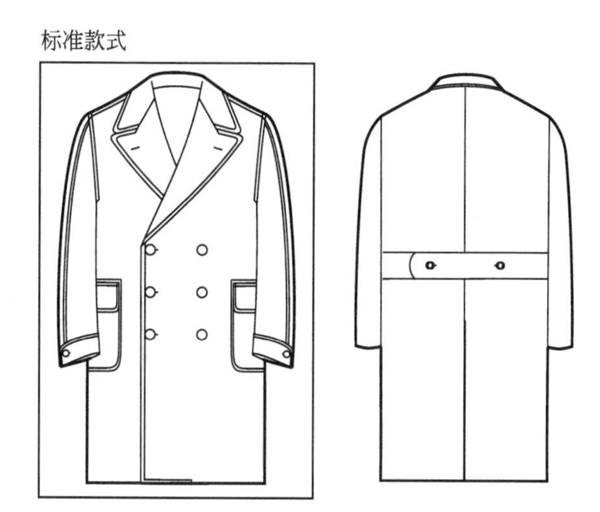

（1）袖克夫变化系列

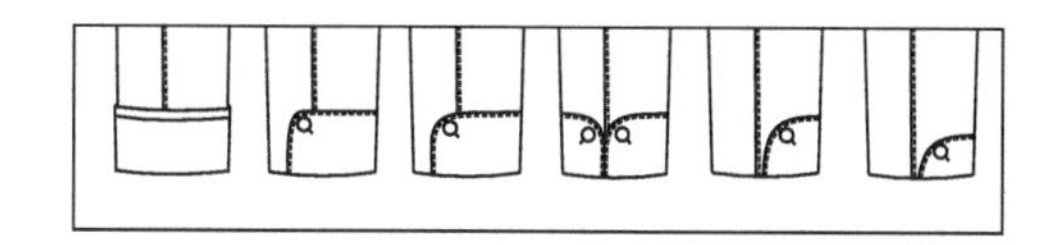

（2）加入柴斯特外套和巴尔玛肯外套元素的变化系列

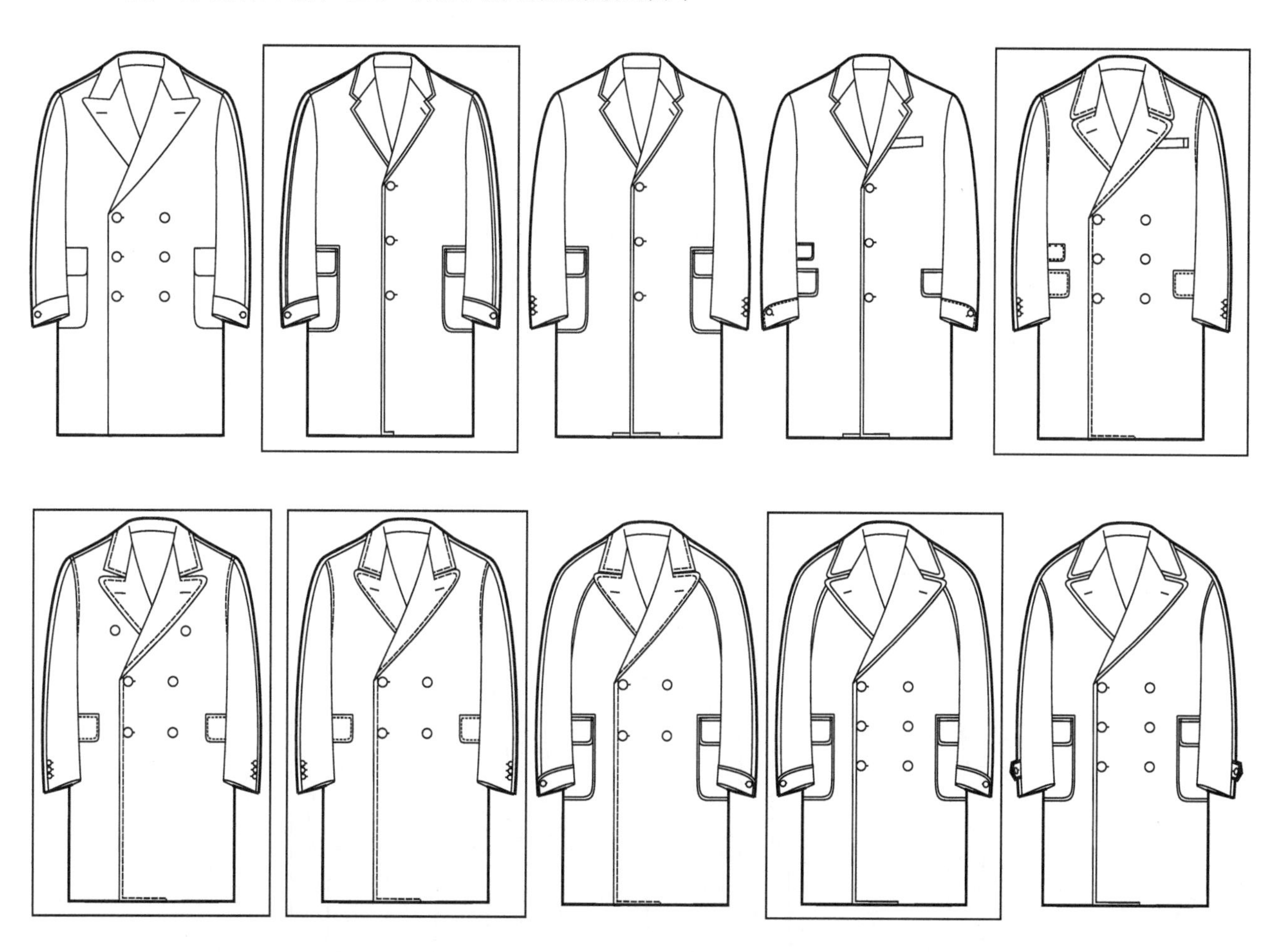

（3）加入泰利肯外套和堑壕外套元素的变化系列

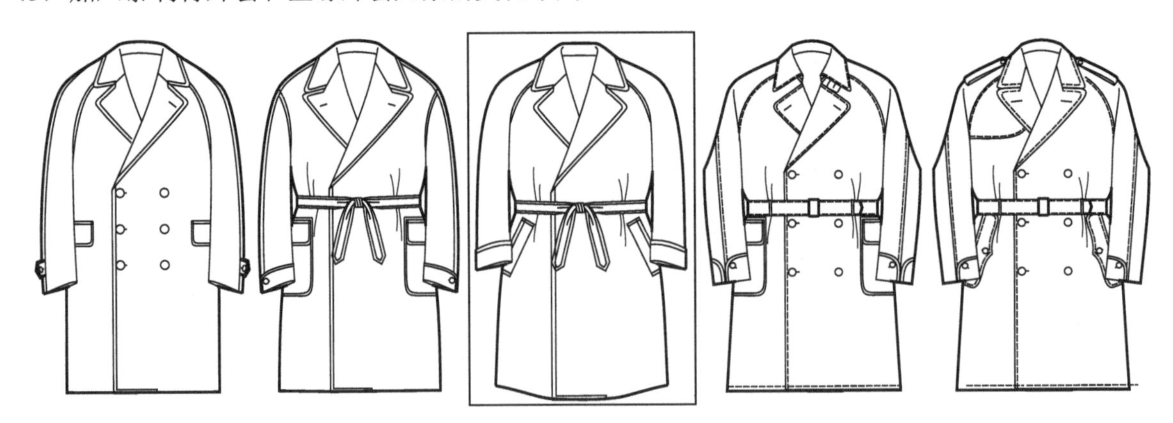

4. 巴尔玛肯外套款式系列设计

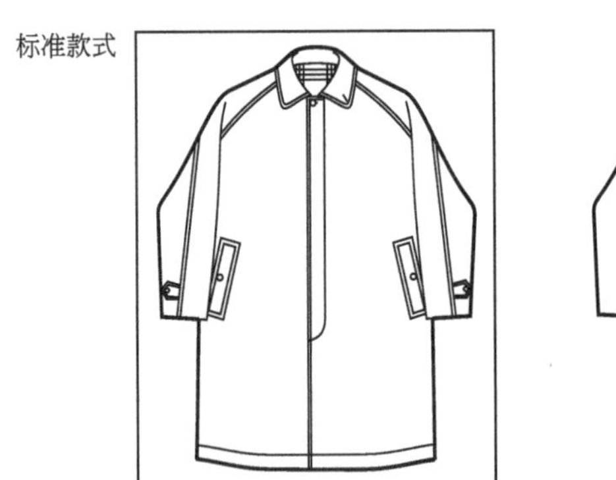

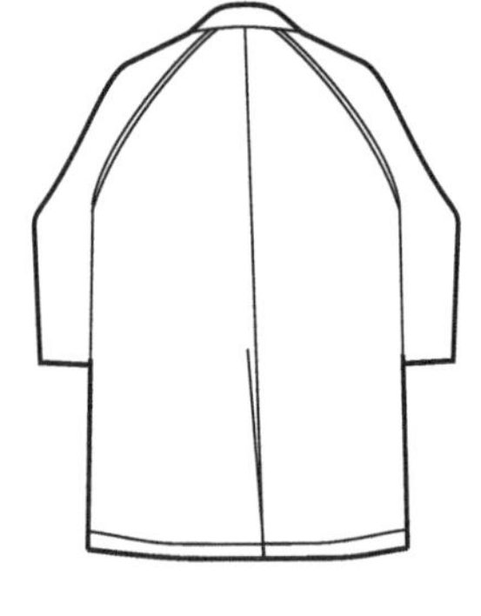

（1）袖型变化系列

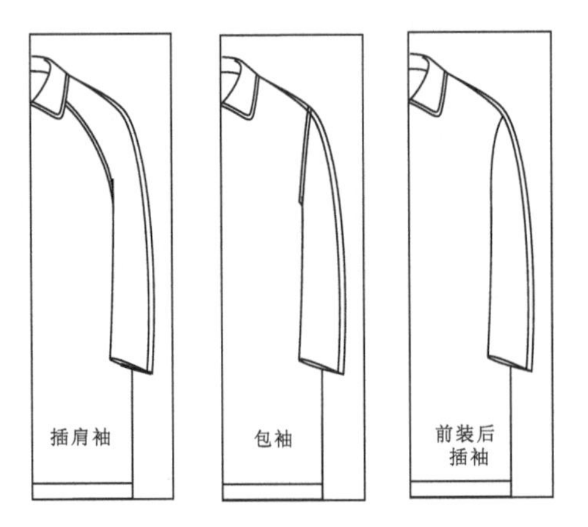

（2）加入波鲁外套元素的变化系列

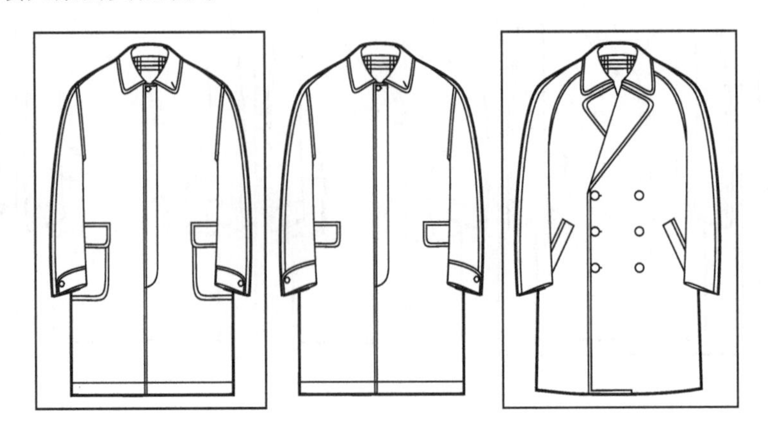

（3）加入泰利肯外套元素的变化系列

（4）加入洛登外套元素的变化系列

（5）加入斯里卡尔外套元素的变化系列

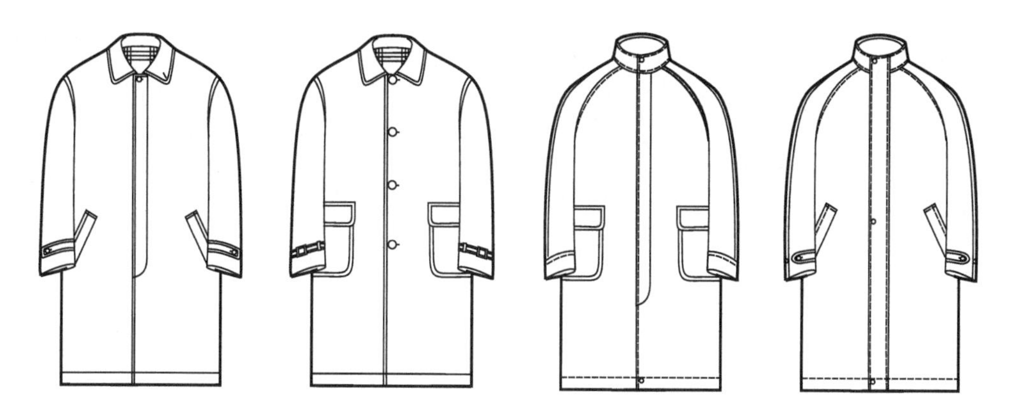

（6）加入堑壕外套元素的变化系列

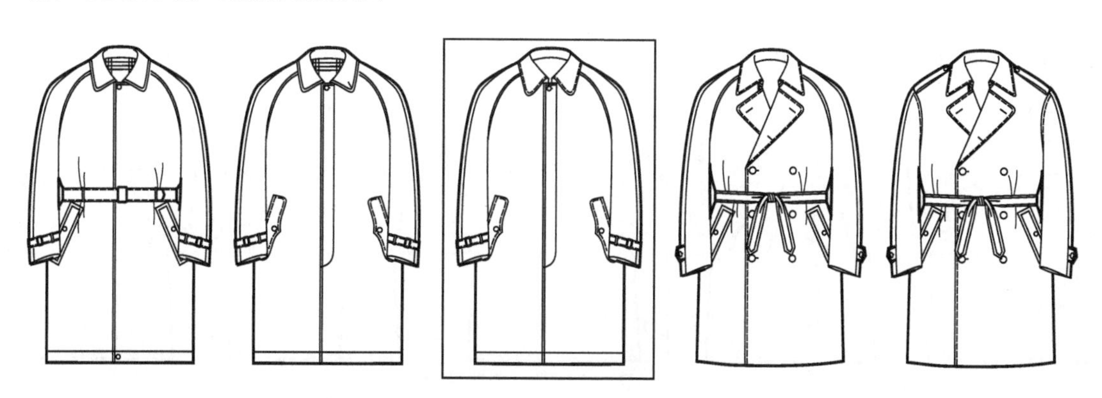

5. 堑壕外套款式系列设计

标准款式

（1）加入巴尔玛肯外套元素的变化系列

（2）加入泰利肯外套元素的变化系列

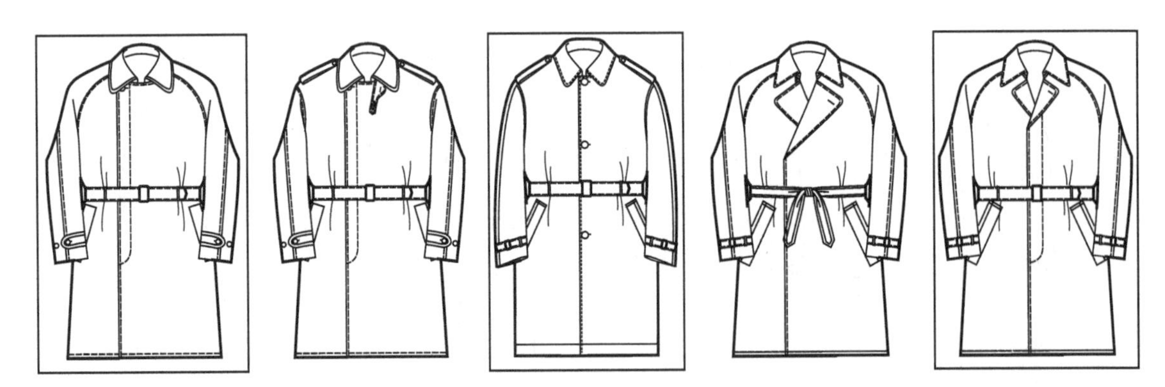

（3）加入波鲁外套元素的变化系列

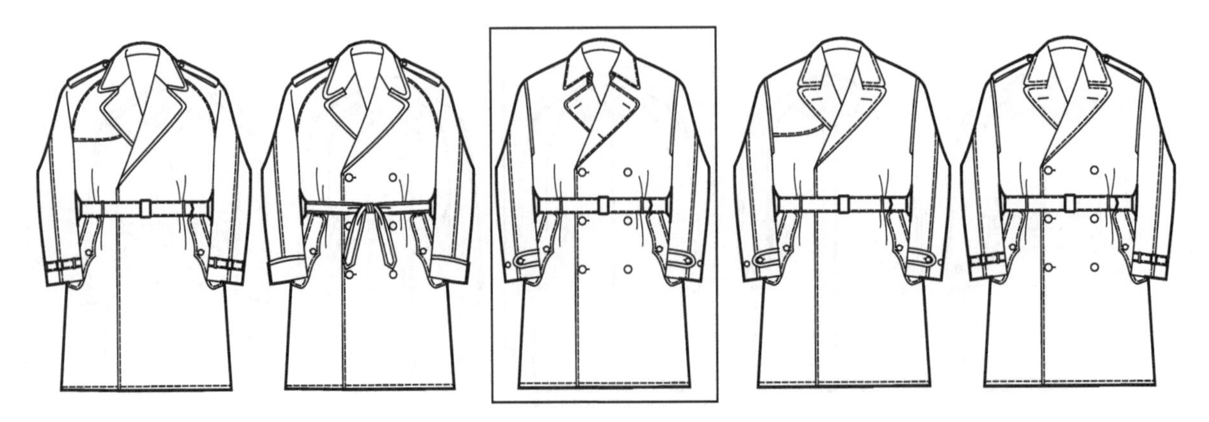

6. 达夫尔外套款式系列设计

标准款式

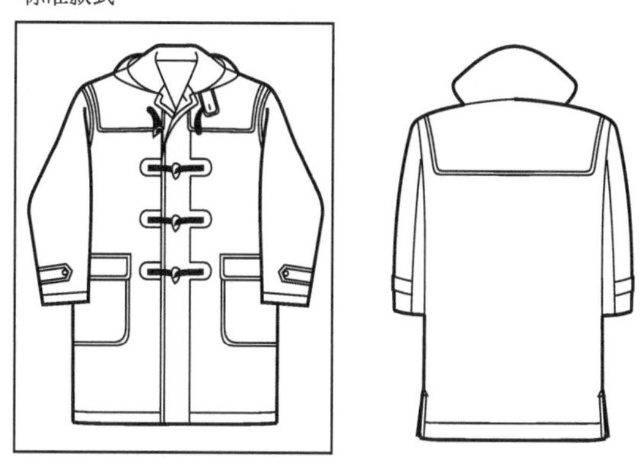

（1）门襟、过肩变化系列

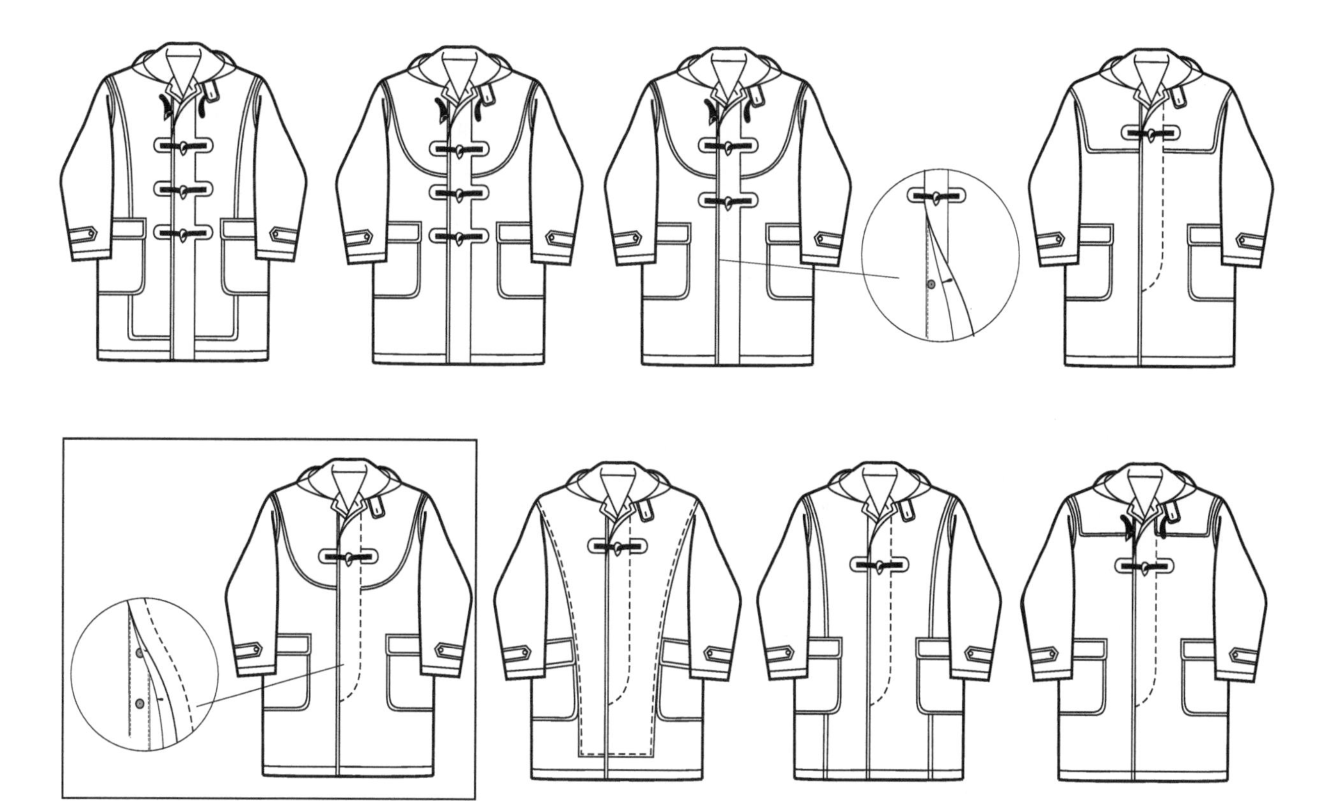

（2）短款系列

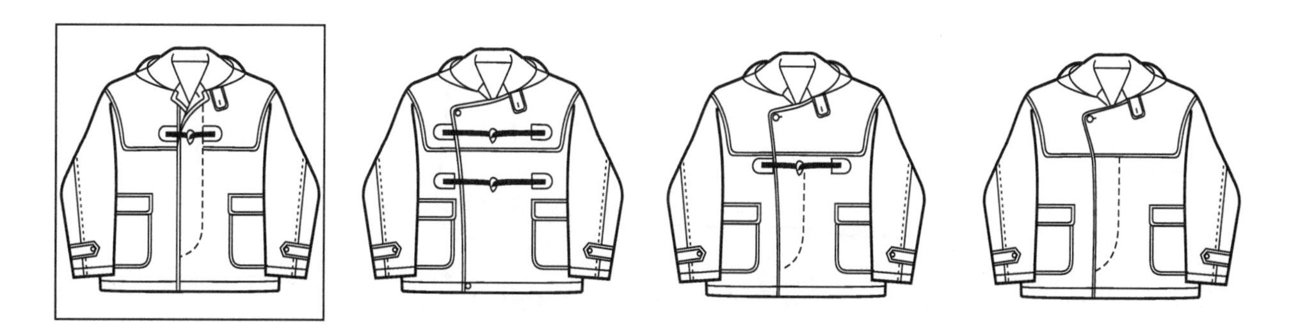

二、外套纸样系列设计

1. 一款多板柴斯特外套纸样系列设计

*运用基本纸样做14cm追加量（胸围）的相似形放量设计，完成外套亚基本纸样

*在外套亚基本纸样基础上完成四开身柴斯特外套

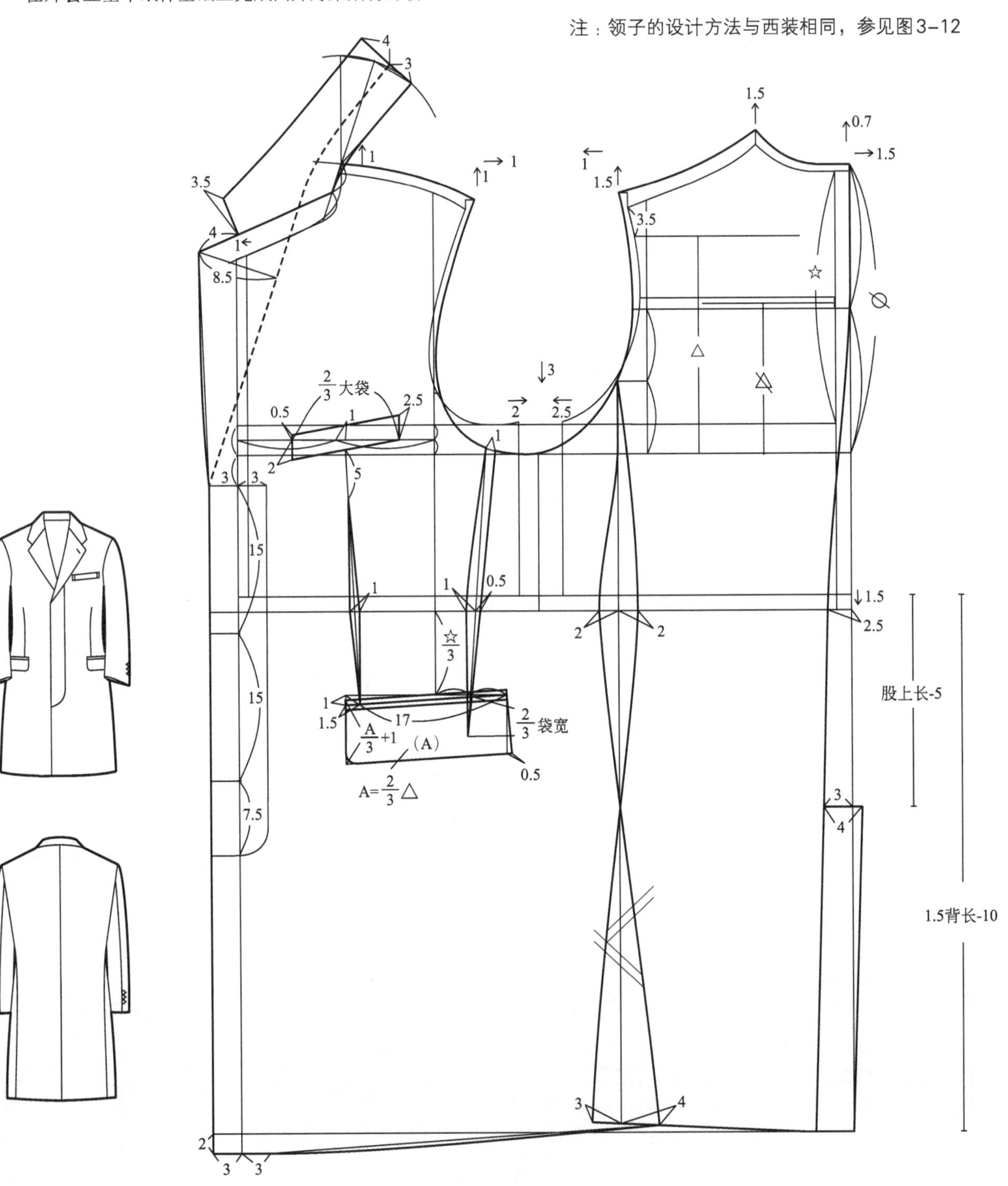

标准版四开身柴斯特外套纸样

＊运用柴斯特外套袖窿的基本参数完成两片袖设计

＊作为柴斯特外套类基本纸样进行系列设计

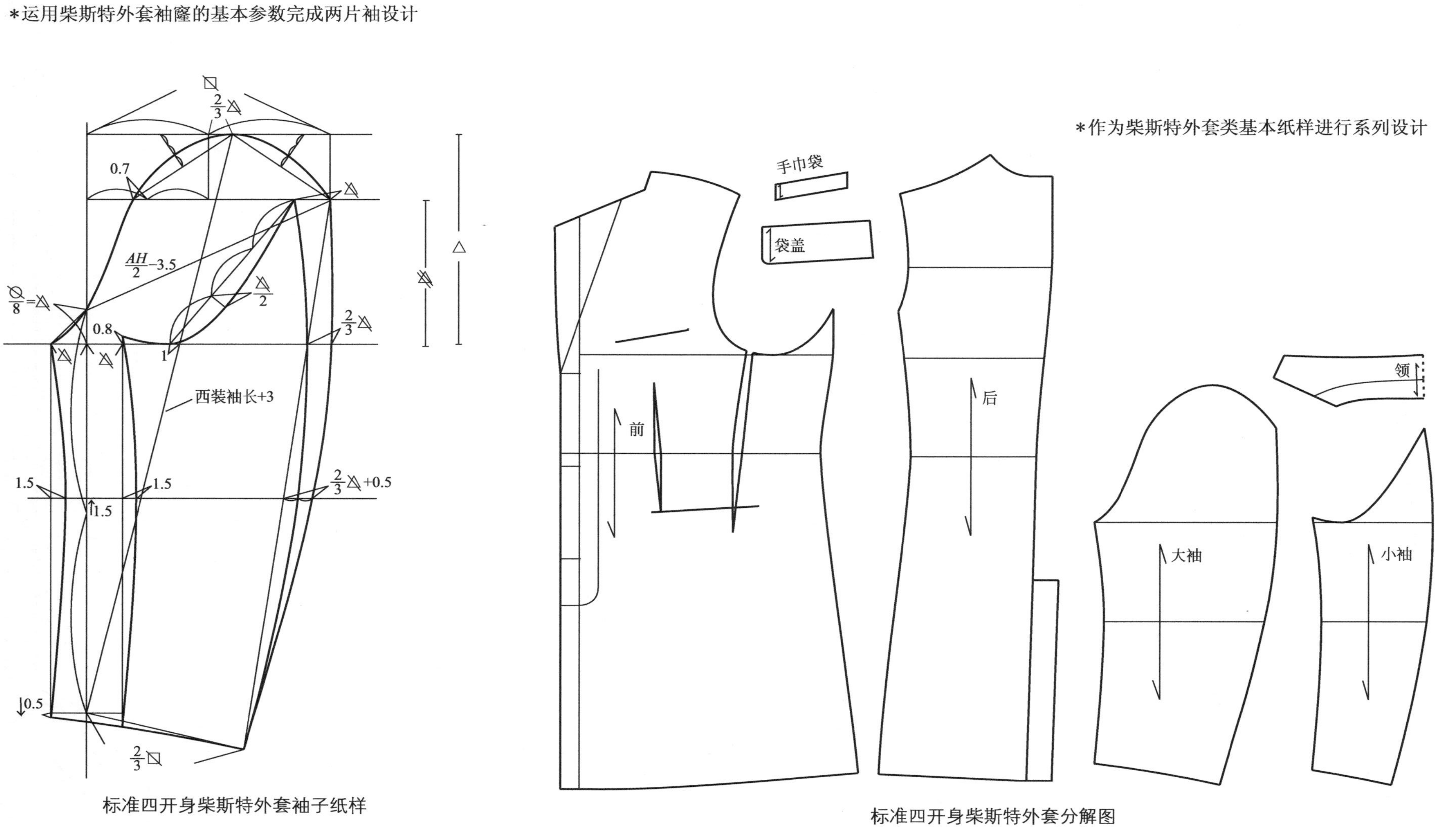

标准四开身柴斯特外套袖子纸样

标准四开身柴斯特外套分解图

＊固定柴斯特外套基本款式
＊在四开身柴斯特外套纸样基础上完成六开身纸样设计
＊其他纸样通用

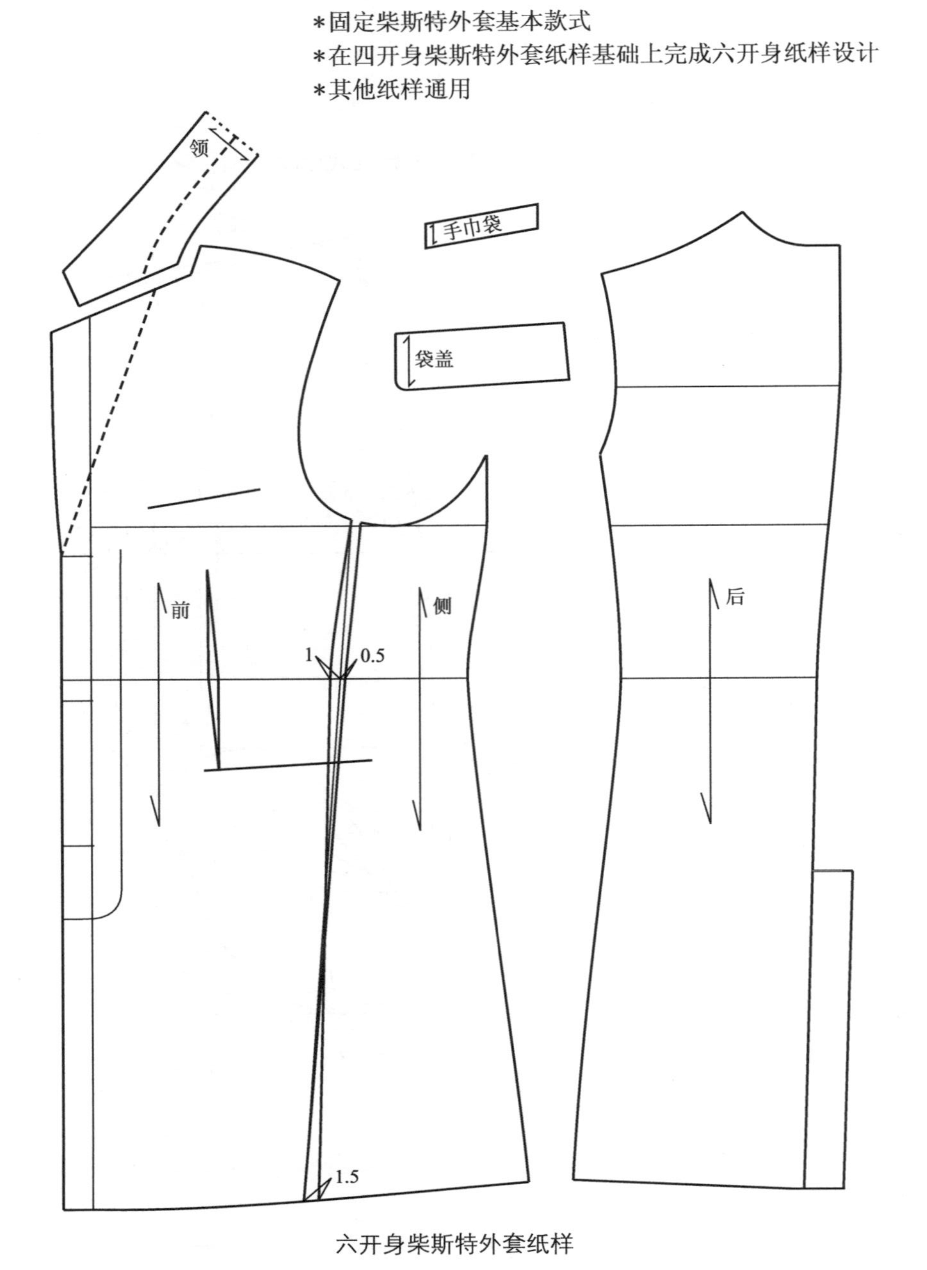

六开身柴斯特外套纸样

＊在六开身柴斯特外套纸样基础上作袋省（肚省）处理

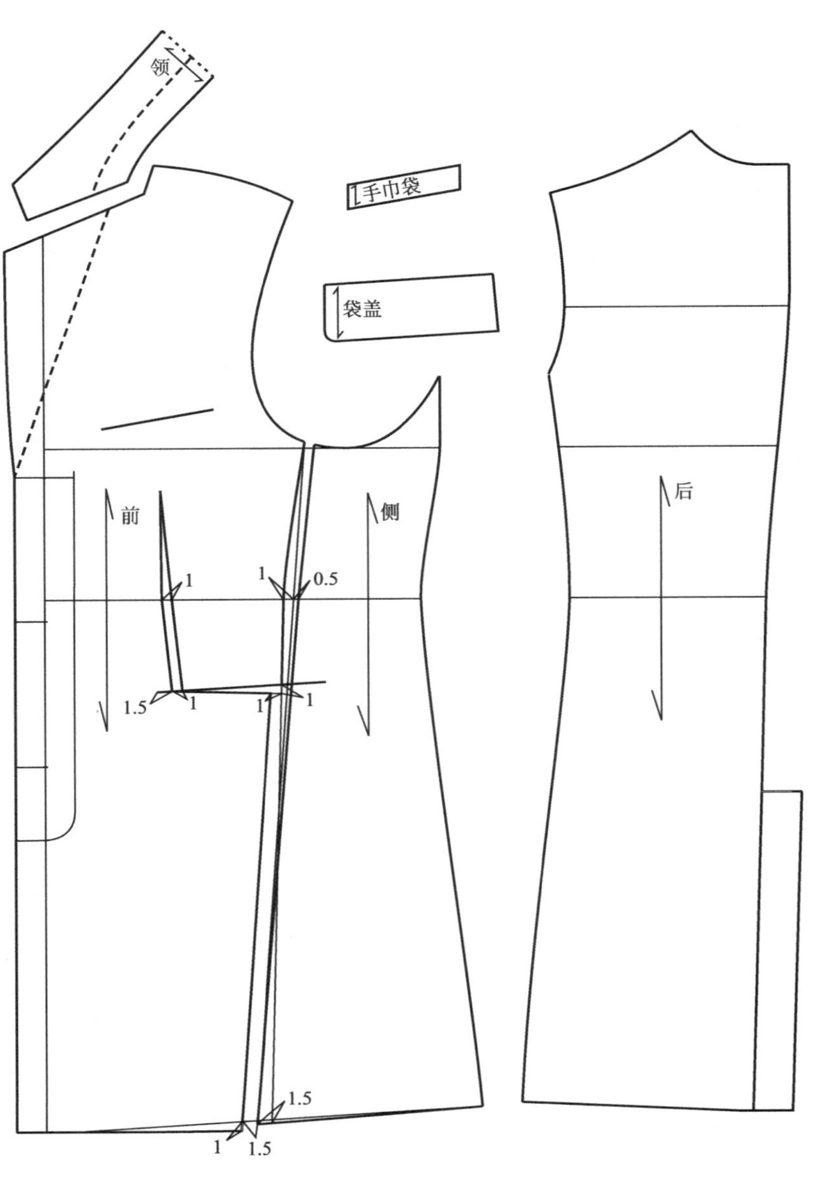

加省六开身柴斯特外套纸样

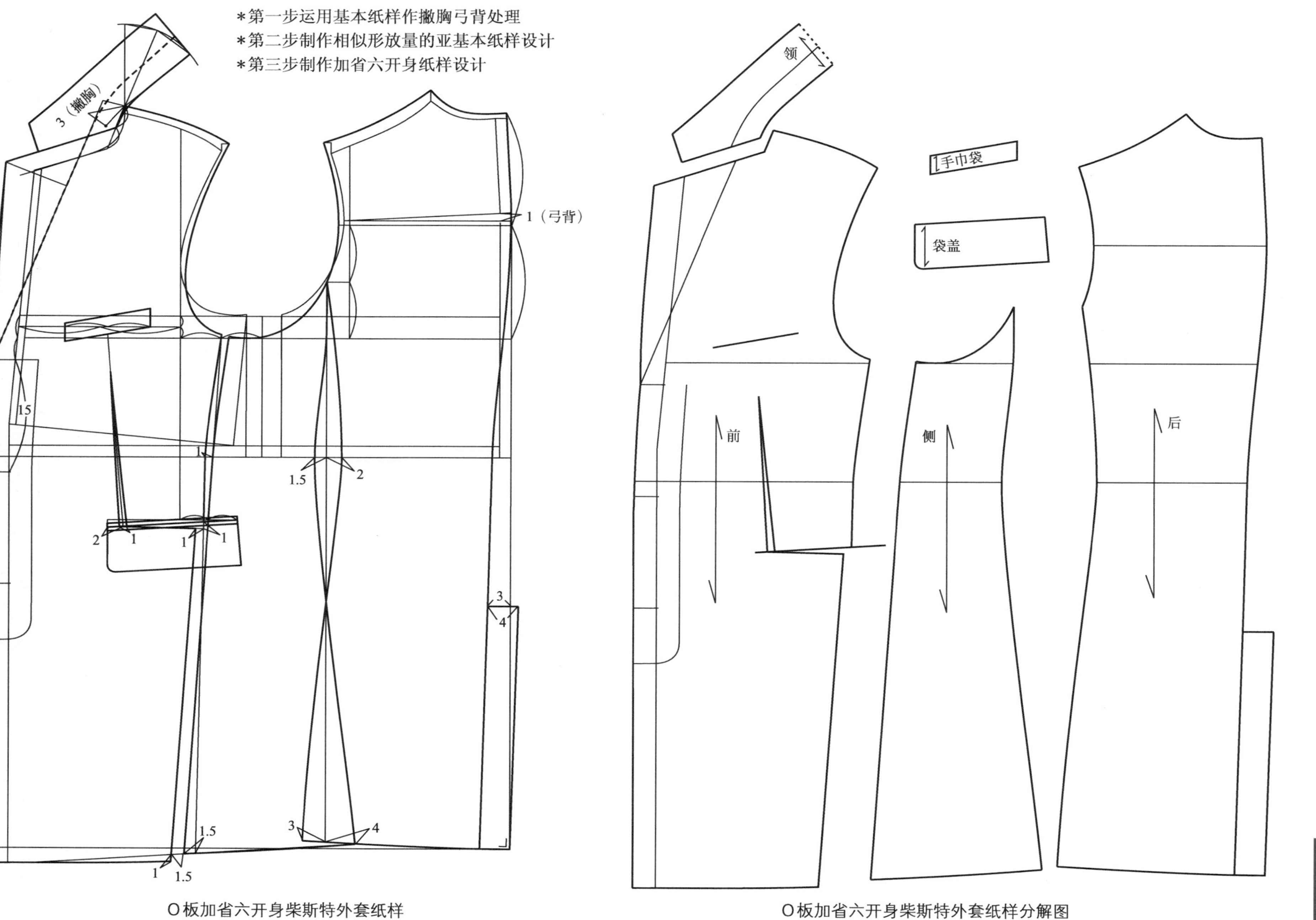

O板加省六开身柴斯特外套纸样

O板加省六开身柴斯特外套纸样分解图

2. 一款多板出行版柴斯特外套纸样系列设计

*在标准版柴斯特外套纸样基础上作双排六粒扣戗驳领设计

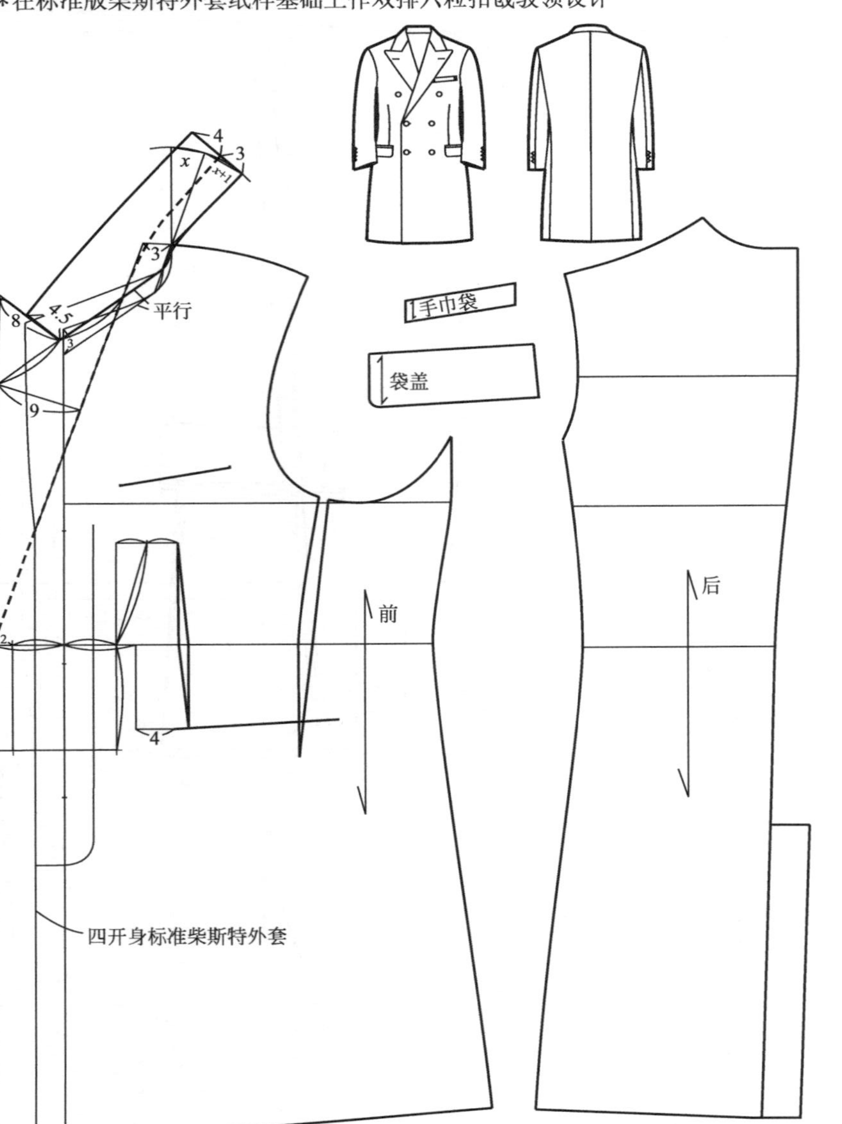

标准版四开身出行版柴斯特外套纸样

*固定出行版柴斯特外套基本款式
*在四开身出行版柴斯特外套基础上完成六开身纸样设计
*其他纸样通用

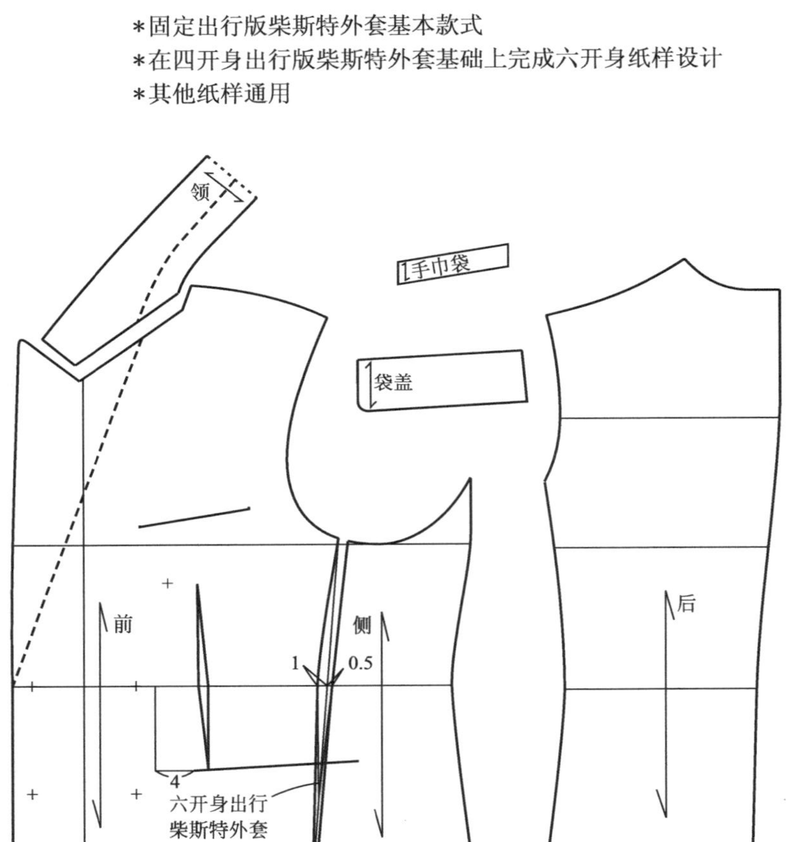

六开身出行版柴斯特外套纸样

*在六开身出行柴斯特外套纸样基础上做袋省（肚省）处理

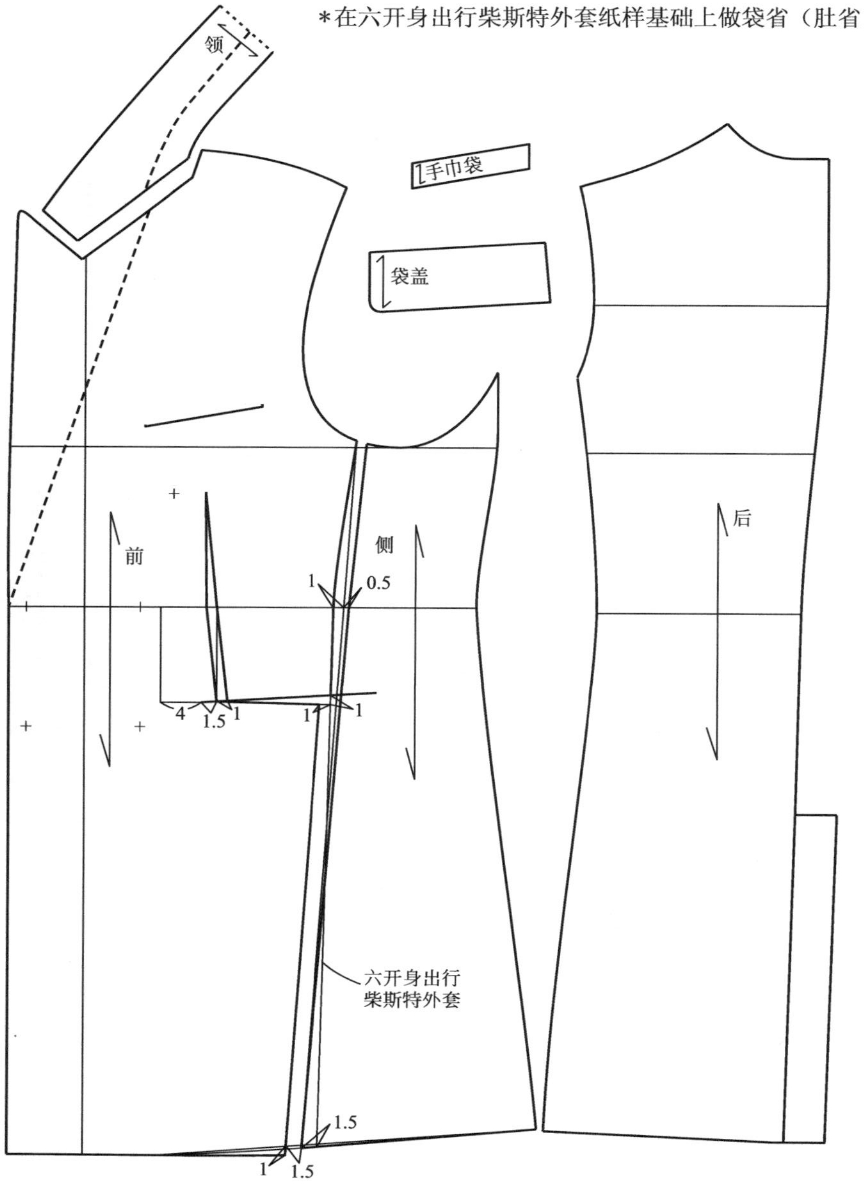

加省六开身出行版柴斯特外套纸样

*在O板标准柴斯特外套纸样基础上做双排六粒扣戗驳领设计

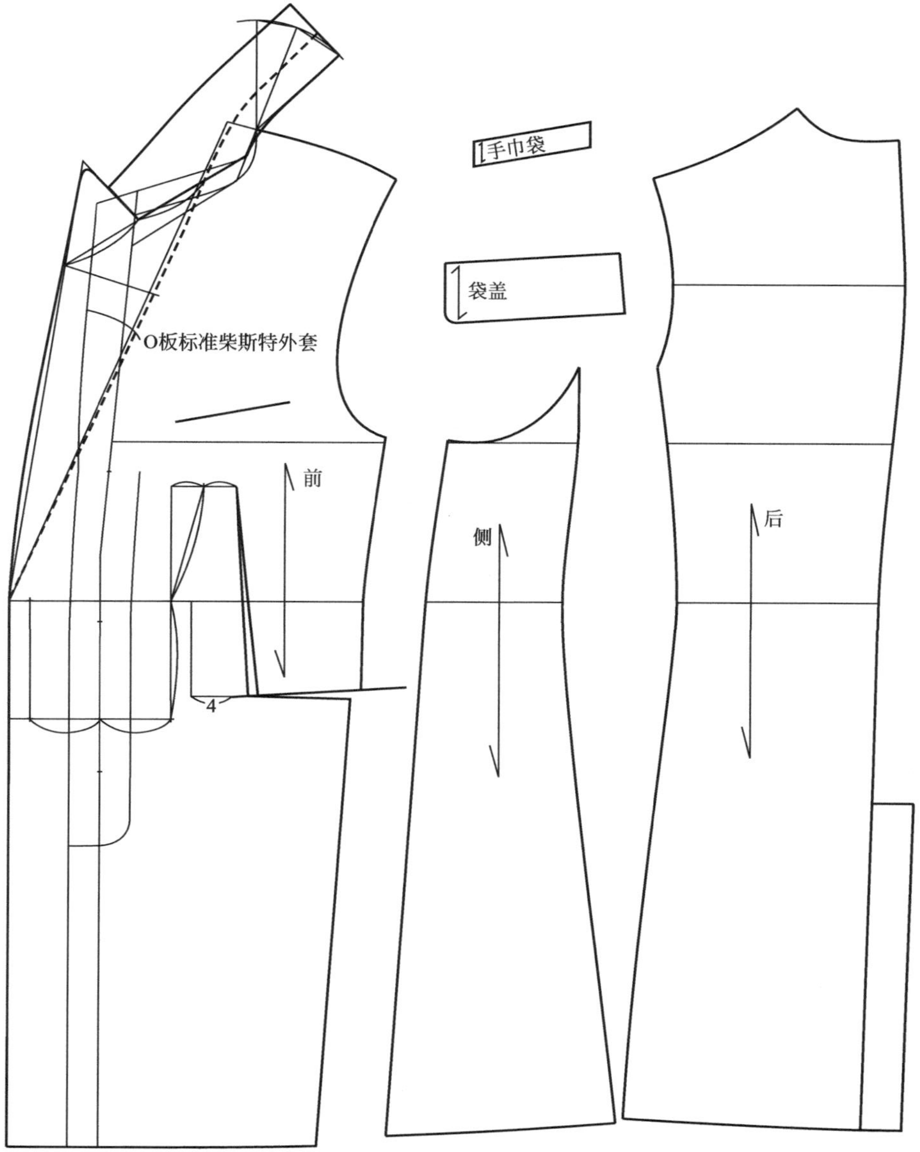

O板加省六开身出行版柴斯特外套纸样

3. 一款多板传统柴斯特外套纸样系列设计

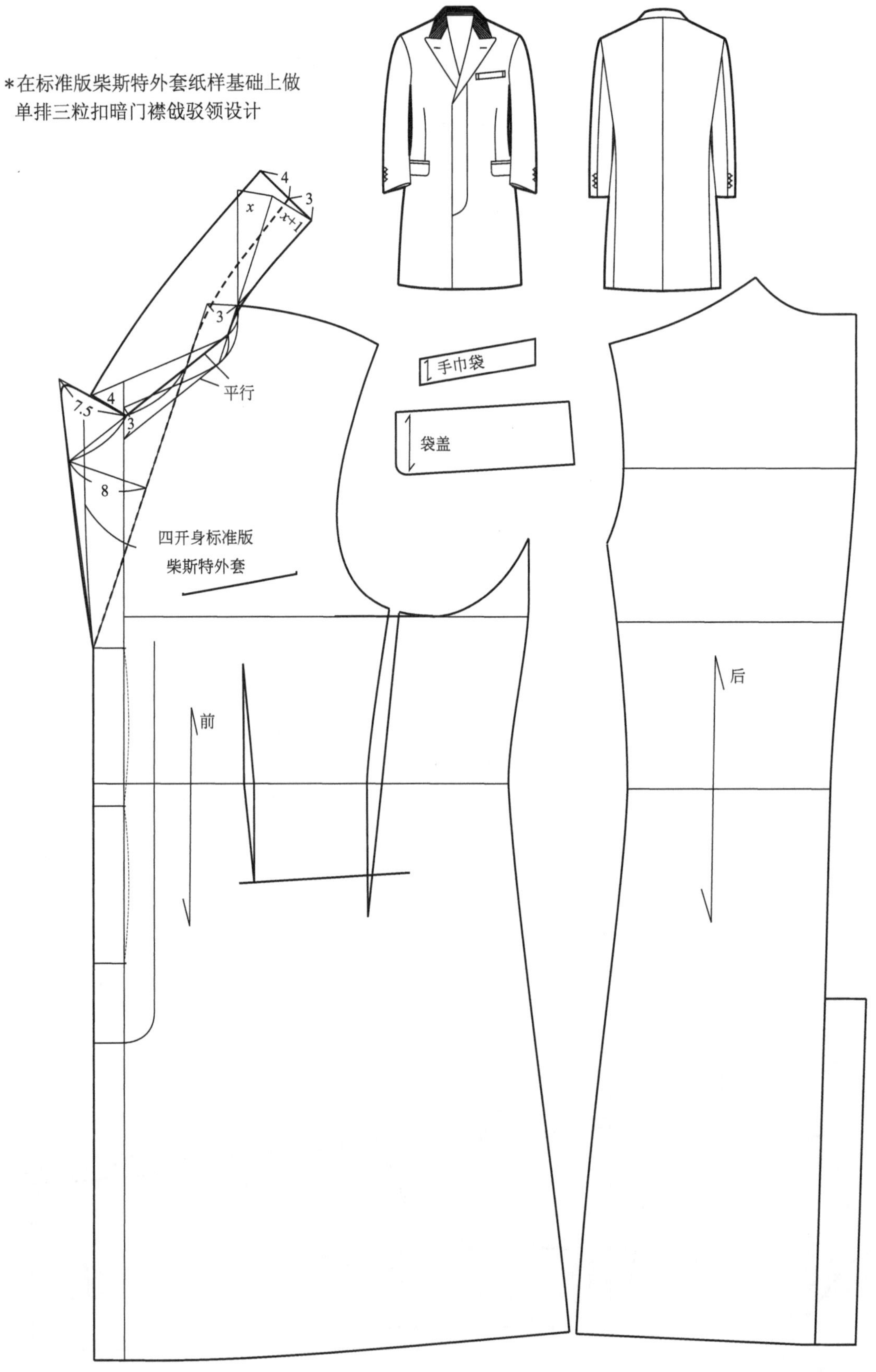

四开身传统版柴斯特外套纸样

*固定传统柴斯特外套基本款式
*在四开身传统柴斯特外套基础上完成六开身纸样设计
*其他纸样通用

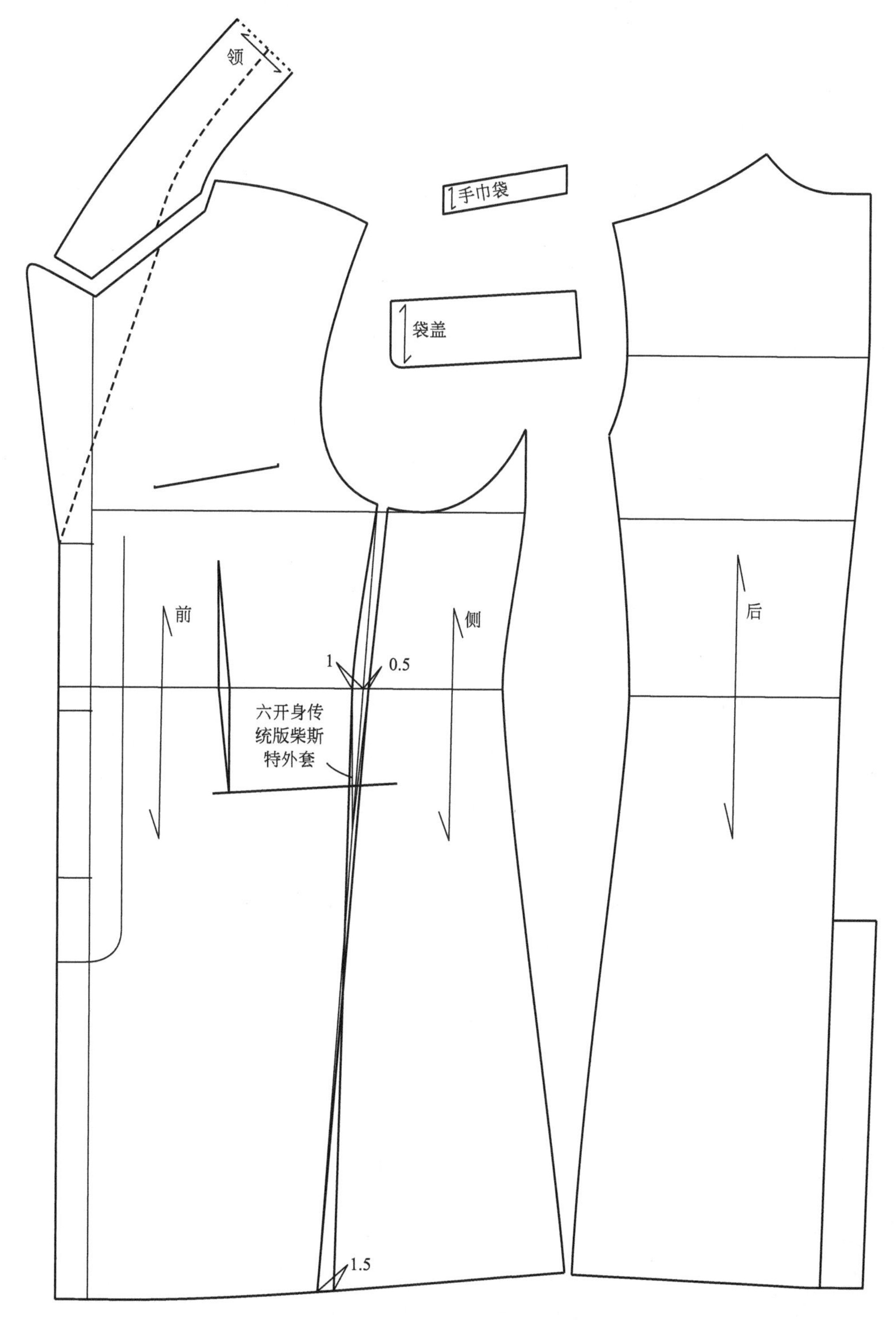

六开身传统版柴斯特外套纸样

*在六开身传统柴斯特外套纸样基础上做袋省（肚省）处理

加省六开身传统版柴斯特外套纸样

*在O板标准版统柴斯特外套纸样基础上做单排三粒扣暗门襟戗驳领设计

*一板多款柴斯特外套纸样系列设计可通过本系列的重新排列组合完成，如固定六开身板型进行标准版、出行版、传统版款式设计

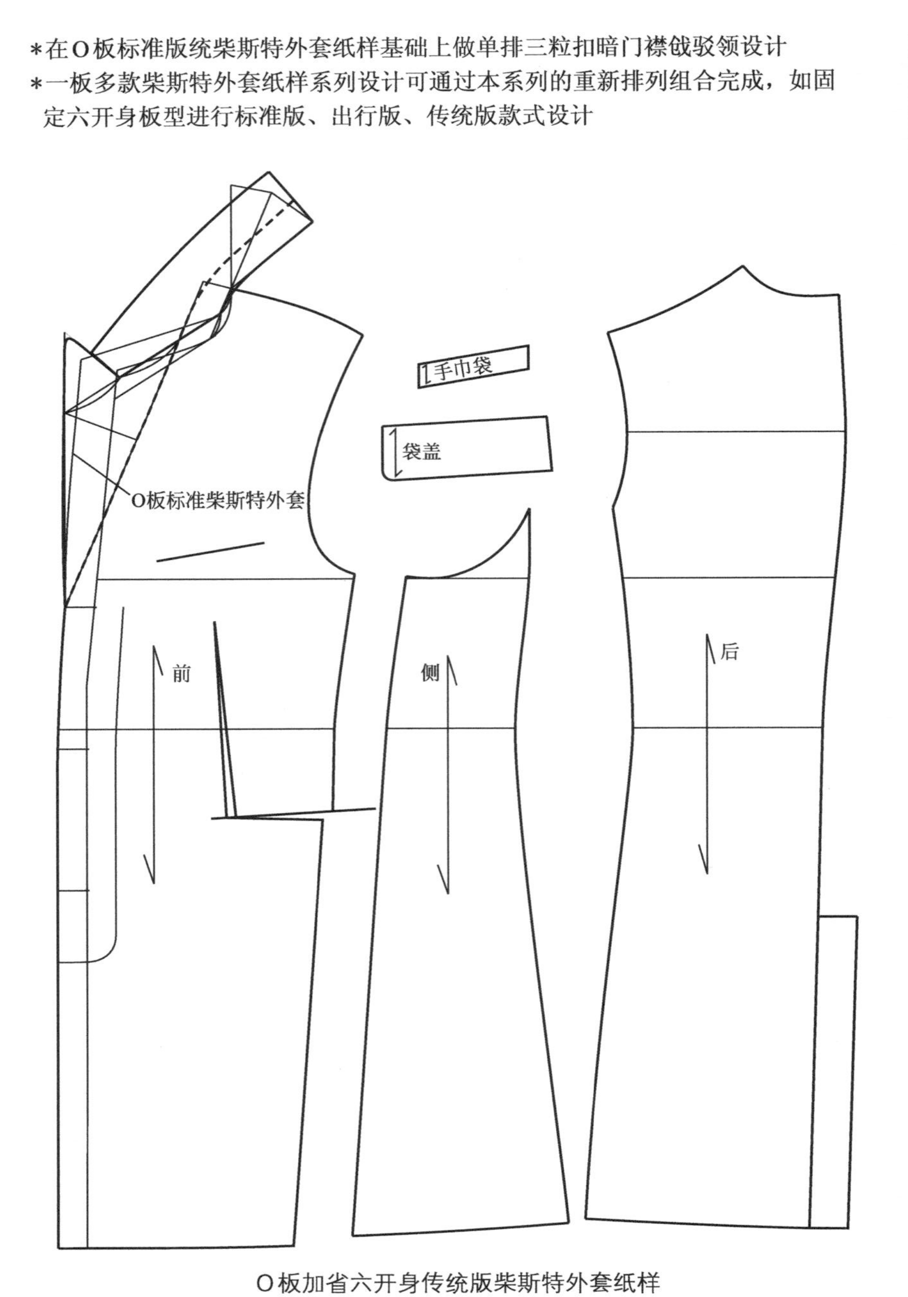

O板加省六开身传统版柴斯特外套纸样

4. 一板多款巴尔玛肯外套纸样系列设计

*运用基本纸样做14cm追加量（胸围）的相似形放量设计，完成外套亚基本纸样

*在亚基本纸样基础上完成直线四开身巴尔玛肯外套

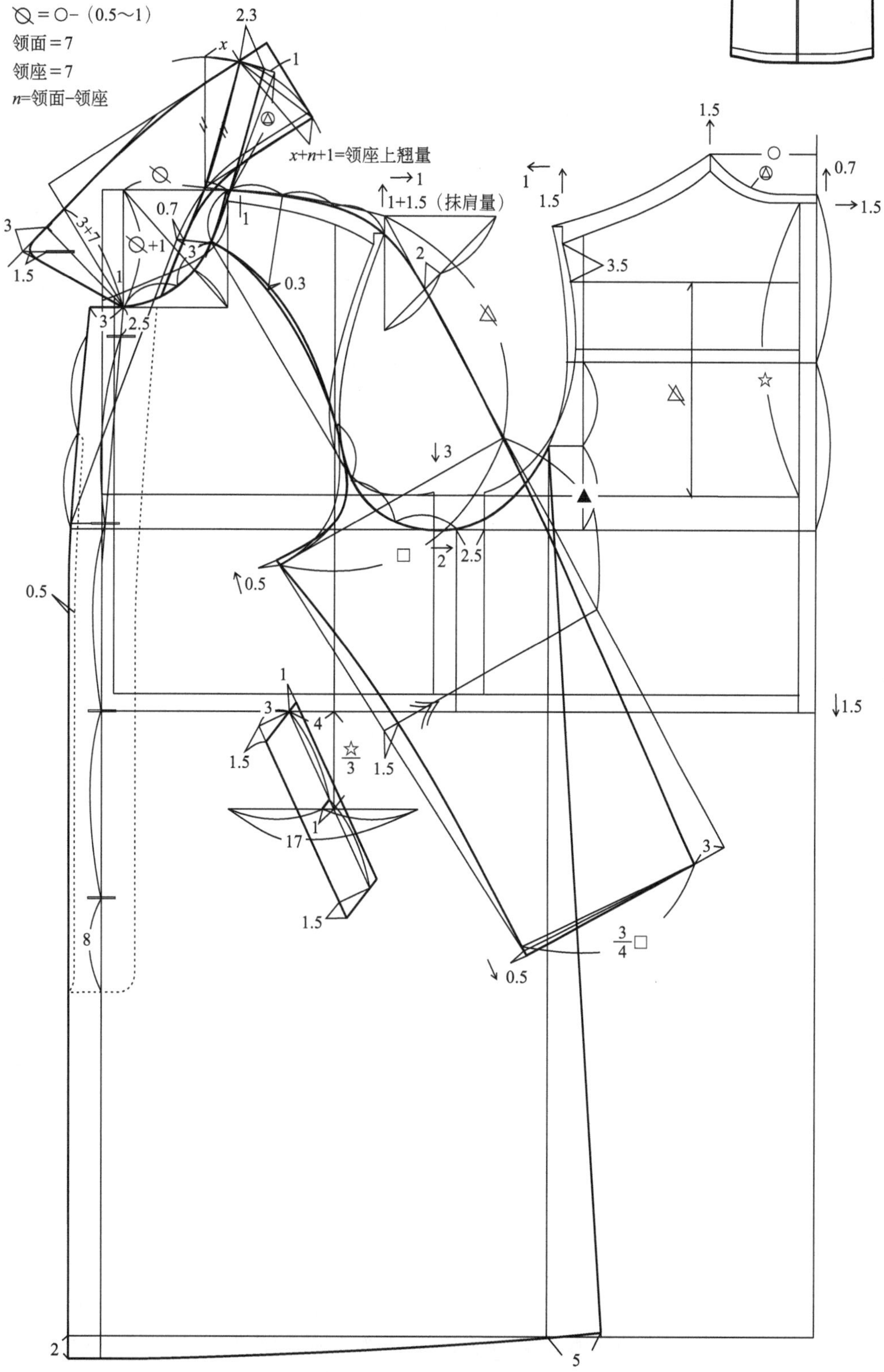

标准版直线四开身巴尔玛肯外套前衣片纸样

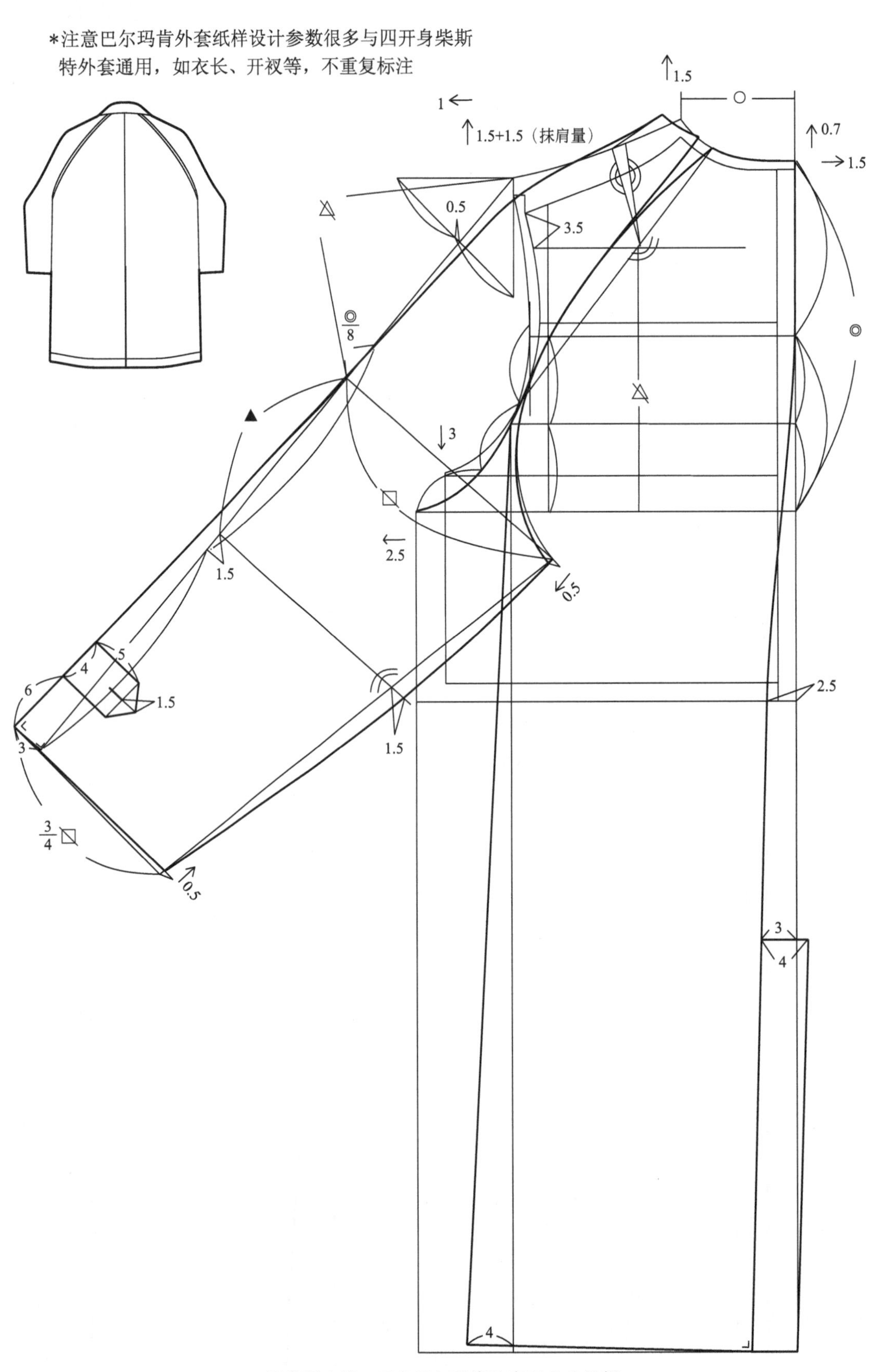

标准版直线四开身巴尔玛肯外套后衣片纸样

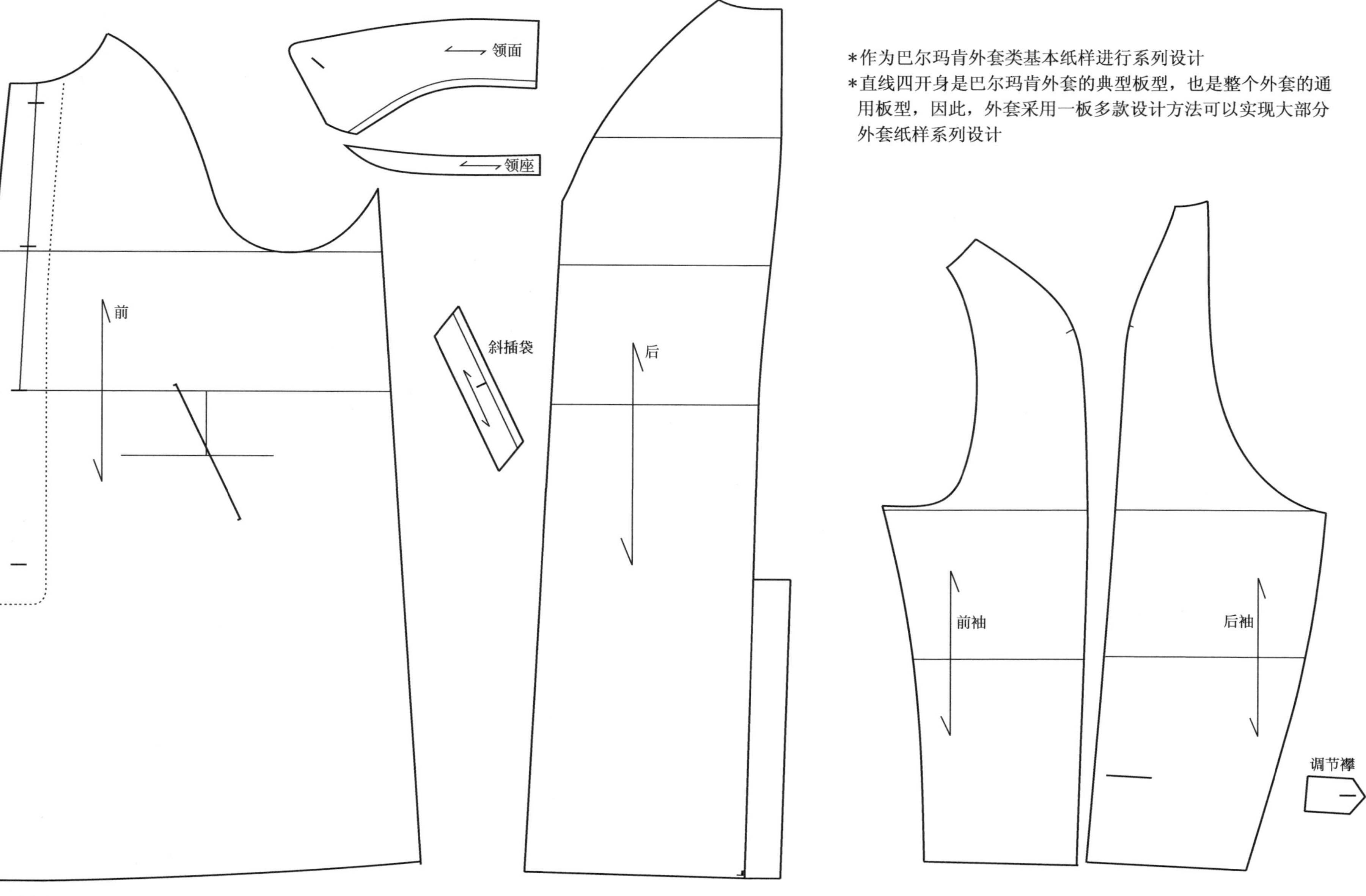

*作为巴尔玛肯外套类基本纸样进行系列设计
*直线四开身是巴尔玛肯外套的典型板型，也是整个外套的通用板型，因此，外套采用一板多款设计方法可以实现大部分外套纸样系列设计

直线四开身巴尔玛肯外套分解图

加入波鲁外套元素的巴尔玛肯外套纸样

*前身在直线四开身巴尔玛肯外套纸样基础上做包袖和偏襟驳领设计
*后身与直线四开身巴尔玛肯外套纸样相同

包袖处理
与波鲁相同

前

前包袖后插袖偏襟巴尔玛肯外套纸样

*在直线四开身巴尔玛肯外套纸样基础上做双排六粒扣驳领设计
*后身纸样通用

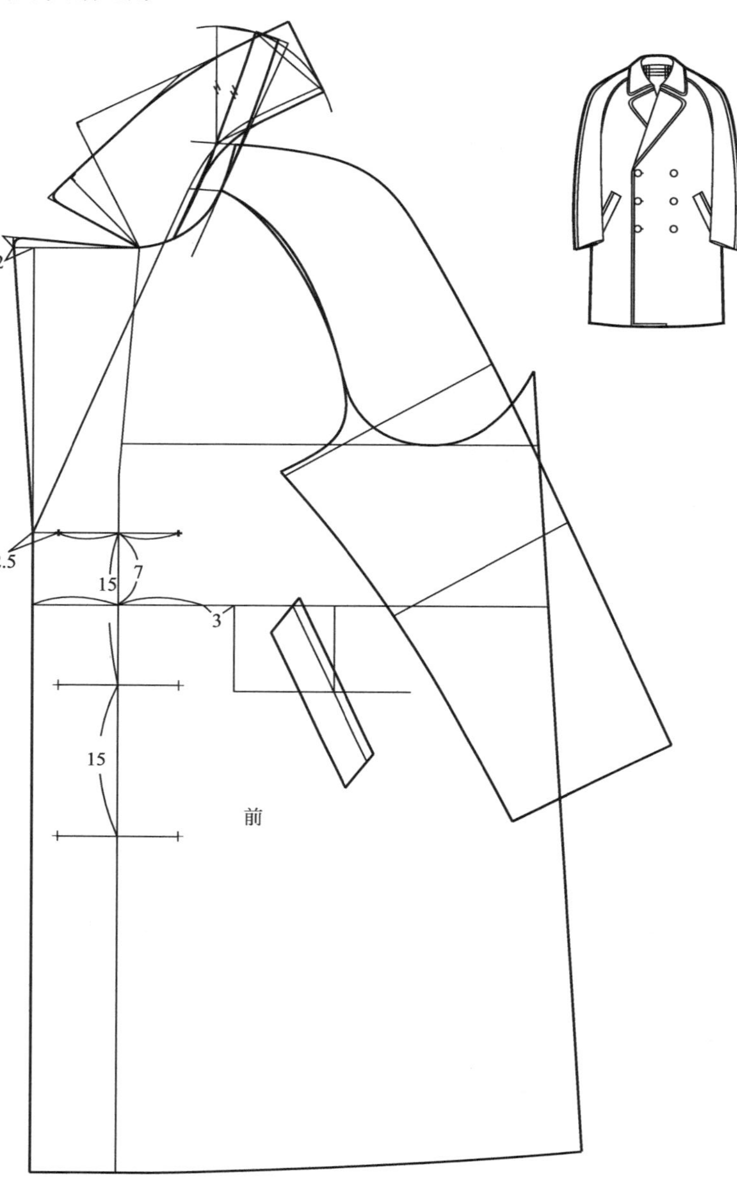

双排六粒扣巴尔玛肯外套纸样

*在直线四开身巴尔玛肯外套纸样基础上做拿破仑领、有袋盖斜插袋和袖串带设计

*后身纸样通用

3 x 1 7 倒伏量＝8.4 x+n+1 3 3+7 △ △ △ 2.5 前 1 7 袖串带 2.5 前后袖口宽+1.5 3 6.5 1.5 2（口袋嵌线） 5.5 3 3 3 6.5

加入堑壕外套元素的巴尔玛肯外套纸样

*在直线四开身巴尔玛肯外套纸样基础上做四粒明门扣和明袖襻设计，下摆用绗缝元素说明有洛登外套的风格

*后身纸样通用

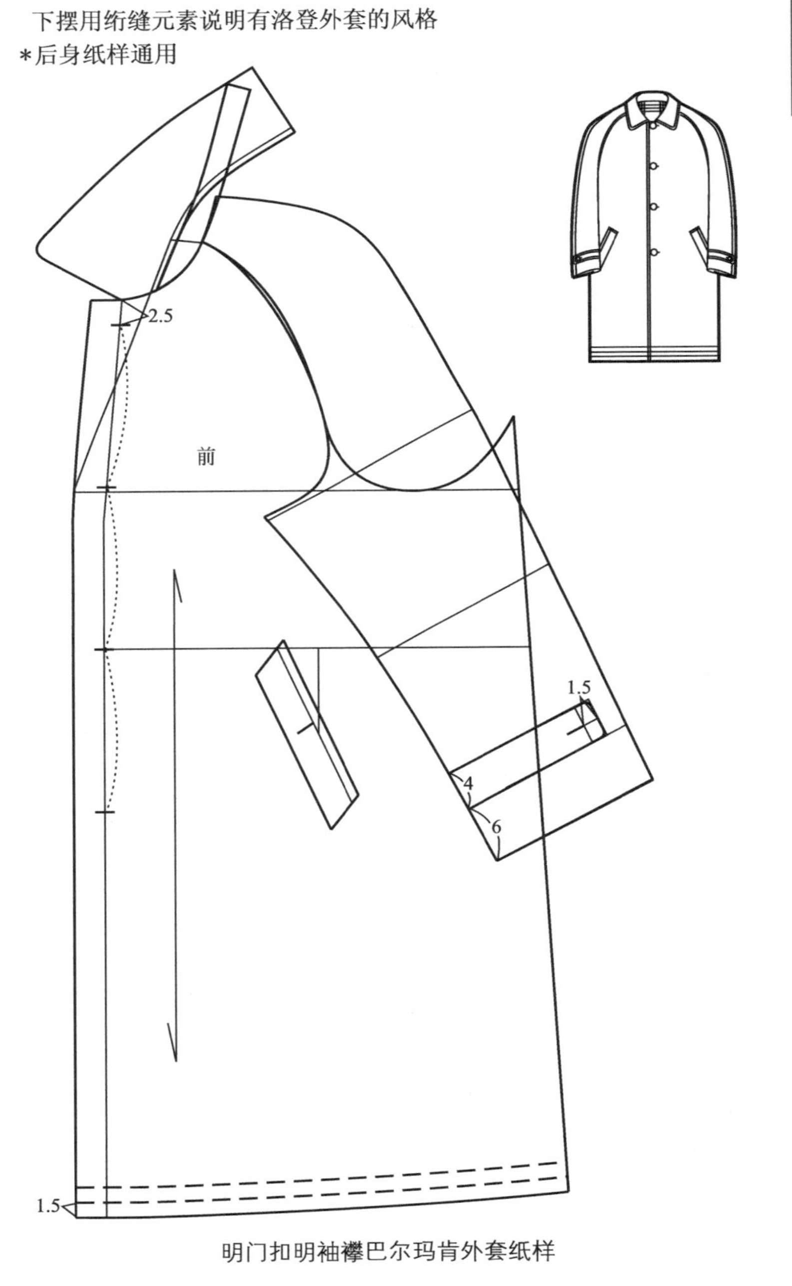

明门扣明袖襻巴尔玛肯外套纸样

5. 一板多款波鲁外套纸样系列设计

*在直线四开身巴尔玛肯外套纸样基础上做包袖、双排六粒扣、阿尔斯特翻领、复合贴口袋和明克夫设计，这些是波鲁外套的典型元素

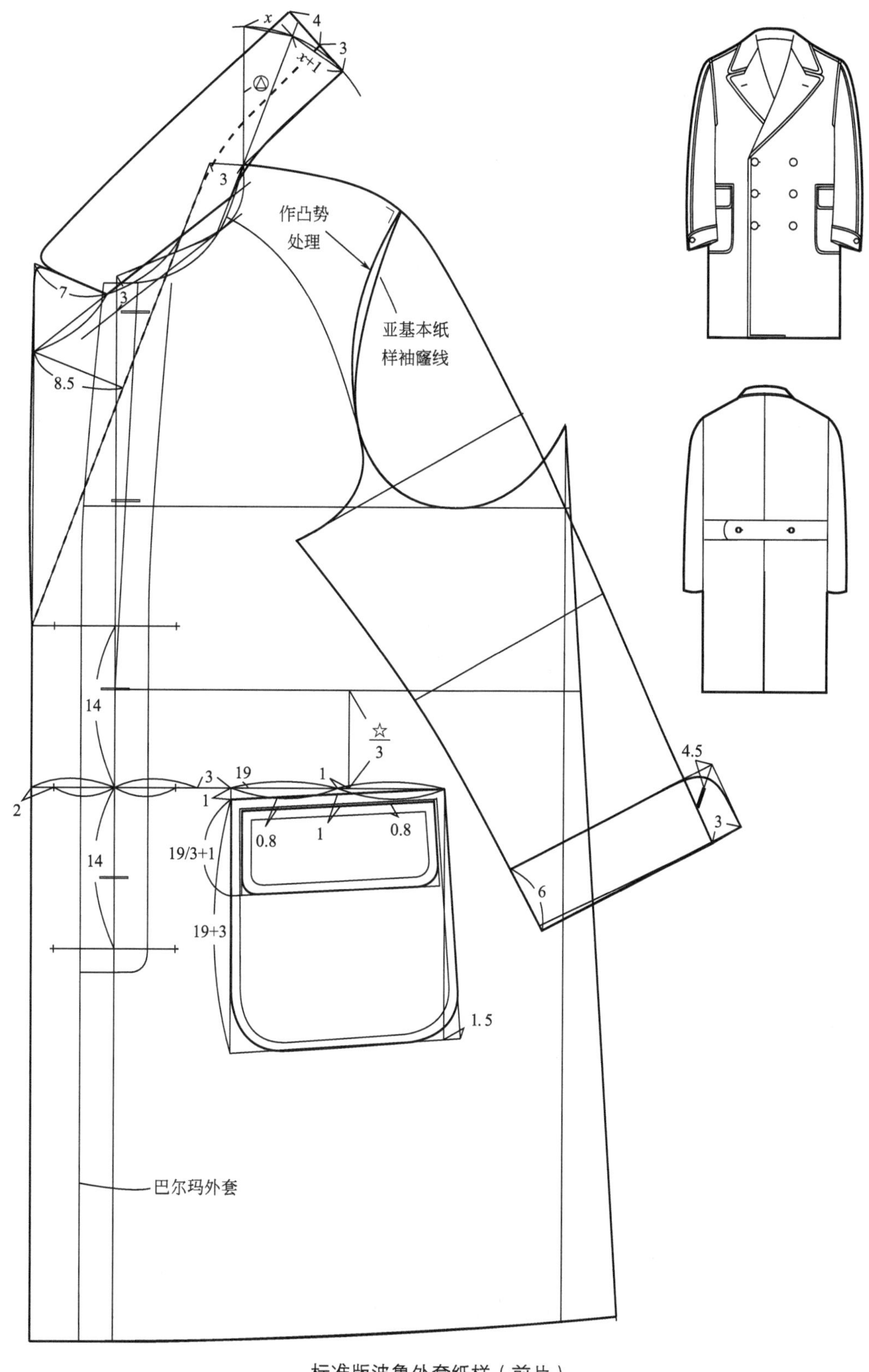

标准版波鲁外套纸样（前片）

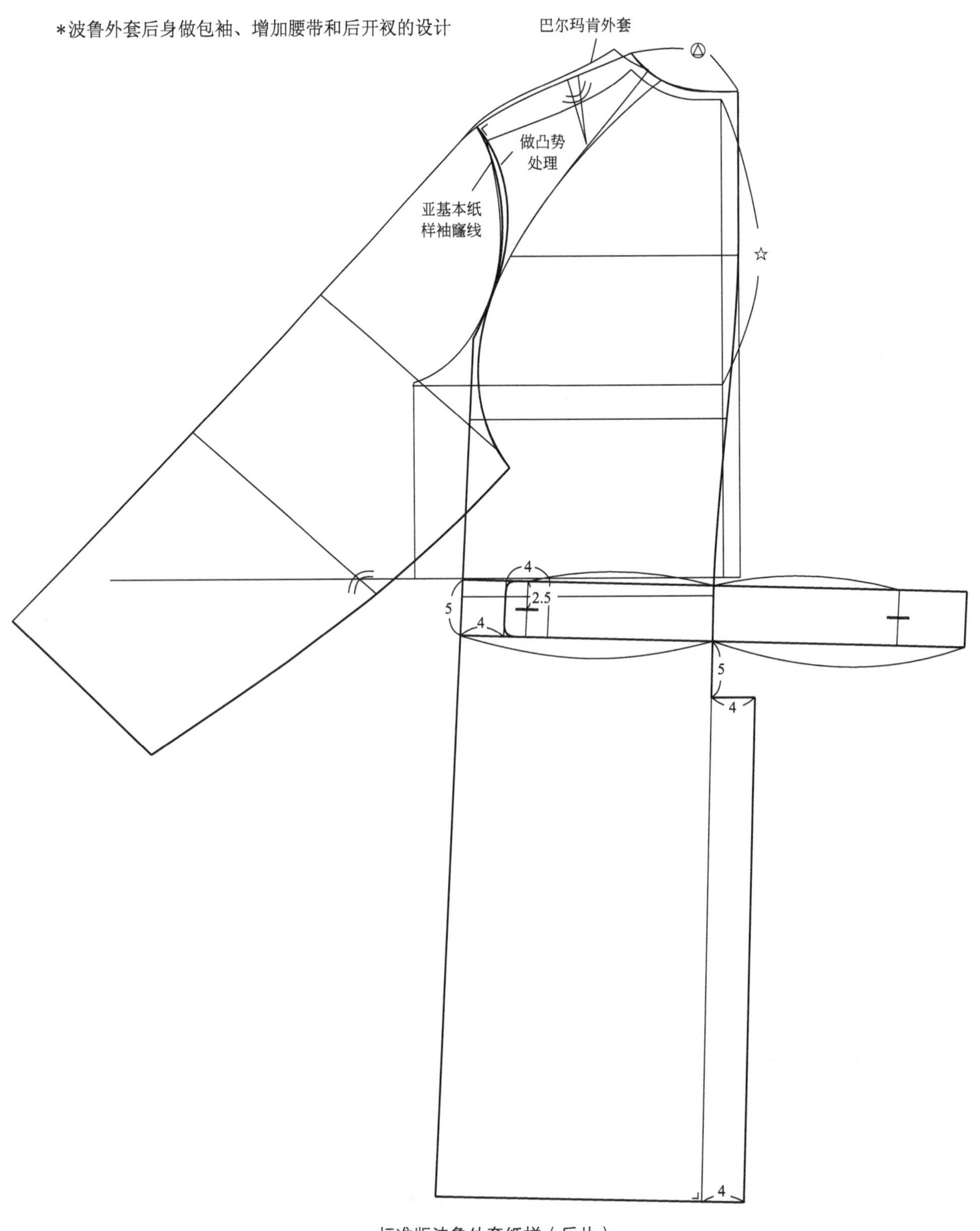

标准版波鲁外套纸样（后片）

*可以作为波鲁外套类基本纸样进行系列设计

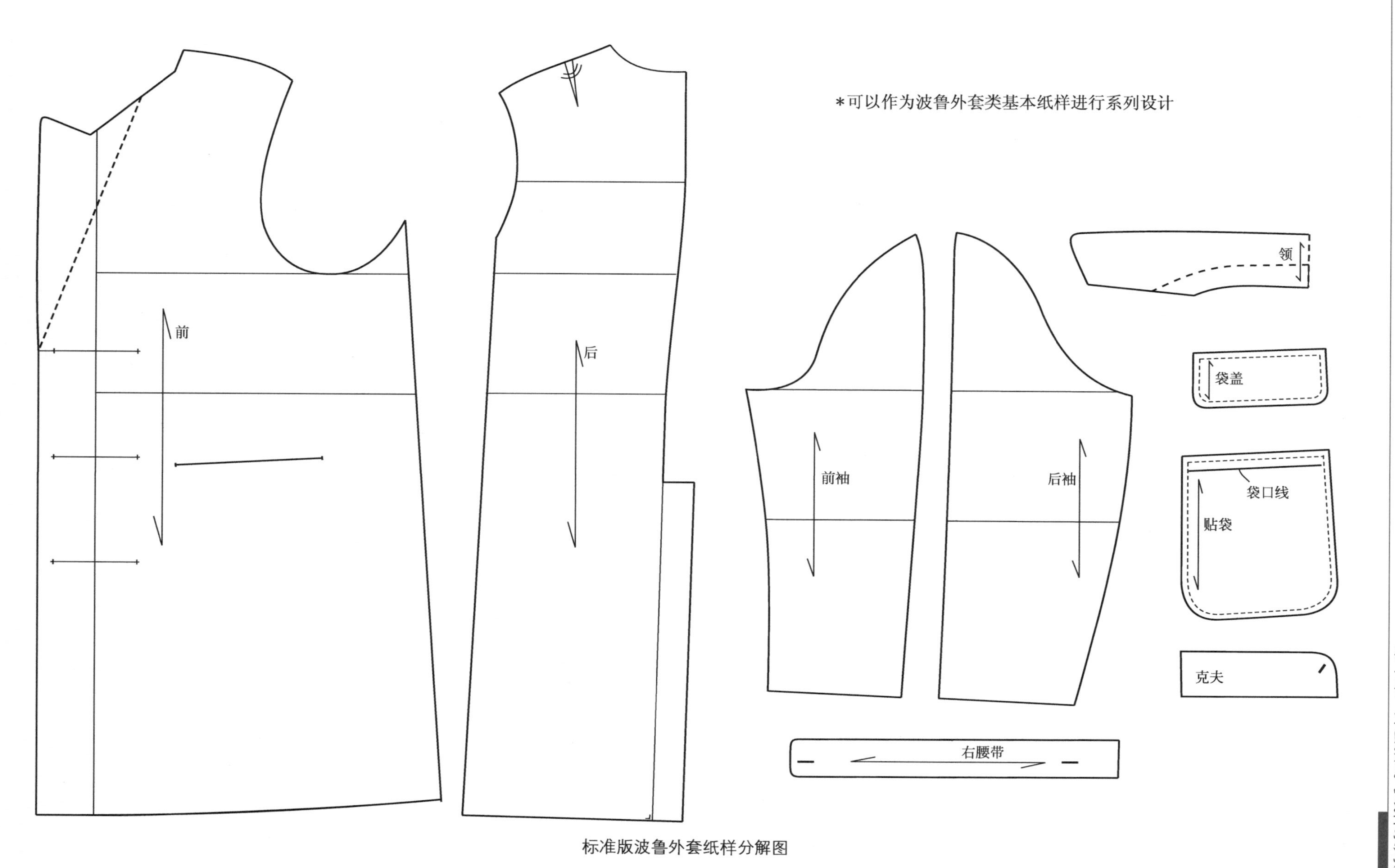

标准版波鲁外套纸样分解图

*在标准波鲁外套纸样基础上做单排扣平驳领设计

*后身纸样通用

4
3
3.5
3
4
8.5
3
3
15
15
标准版
波鲁外套
3
3

单排扣平驳领波鲁外套纸样

*在标准波鲁外套纸样基础上做倒贯领，挖袋加小钱袋设计

*后身纸样通用

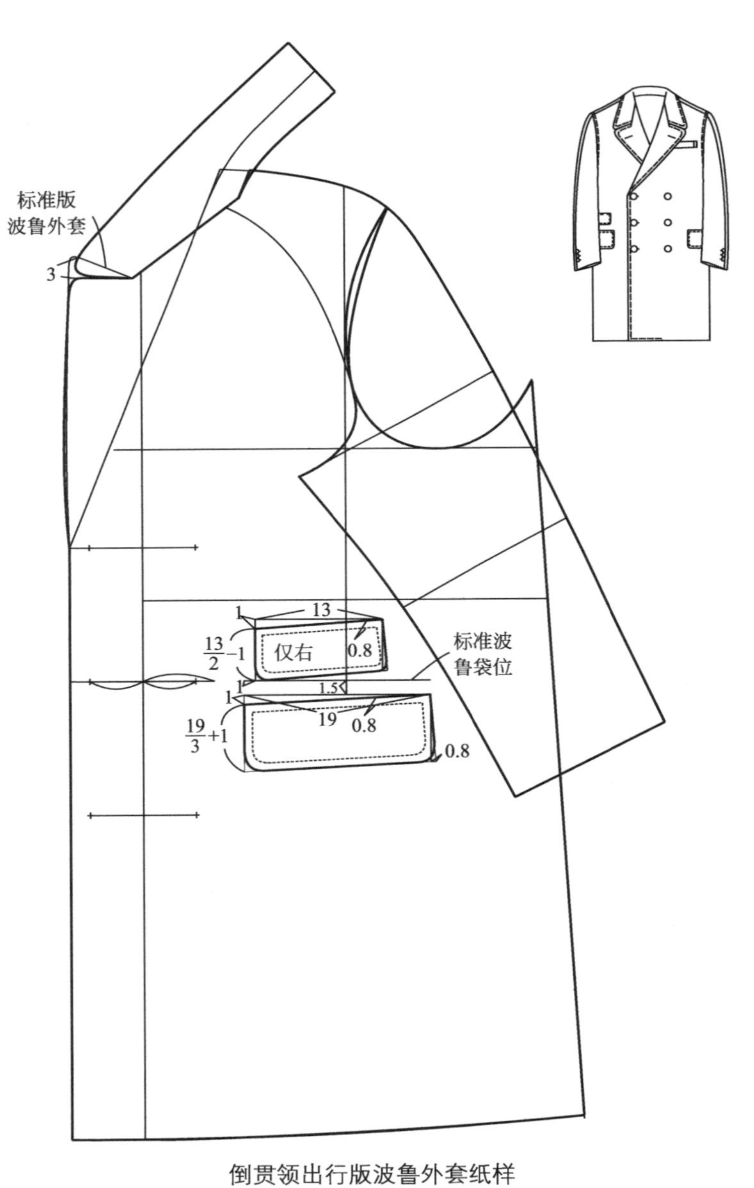

倒贯领出行版波鲁外套纸样

＊在标准波鲁外套纸样基础上做戗驳领六粒扣设计再作半戗驳领处理
＊后身纸样通用

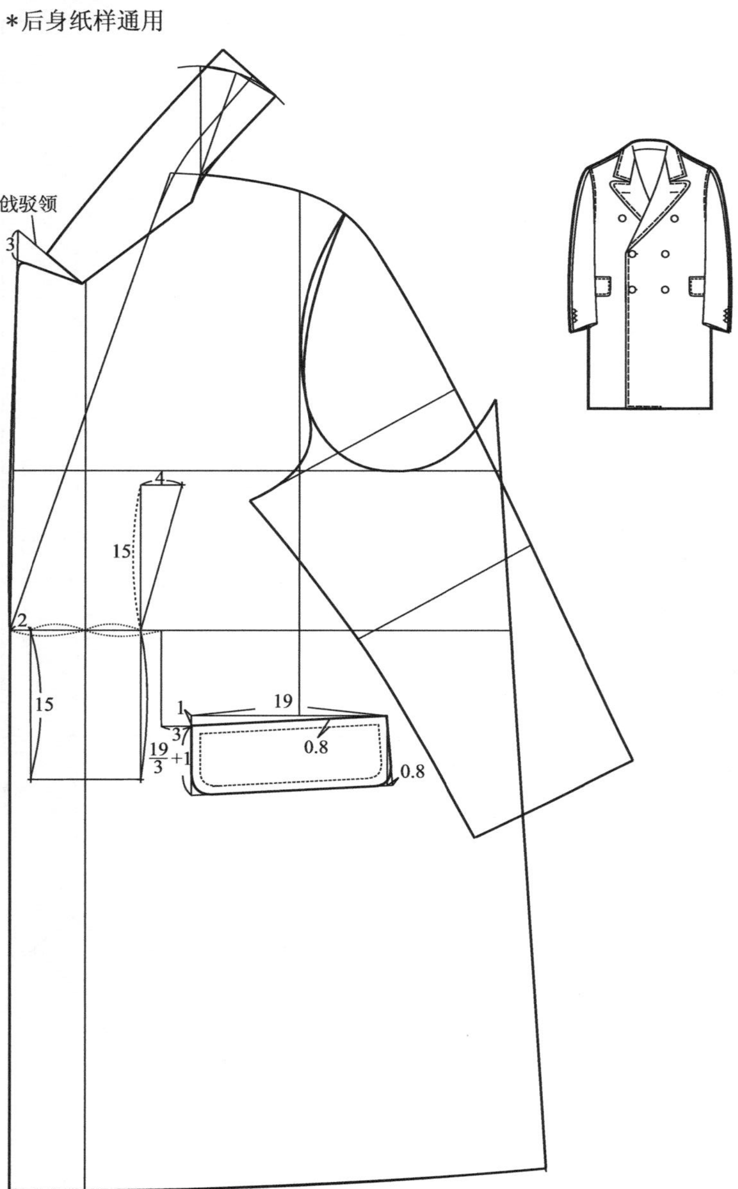

半戗驳领出行版波鲁外套纸样

＊在标准波鲁外套纸样基础上做插肩袖的回归处理
＊后身与标准巴尔玛肯外套后身纸样完全相同

插件袖波鲁外套纸样

*在戗驳领出行版波鲁外套纸样基础上做前包袖后插肩袖处理
*同时保持双排扣戗驳领状态，只去掉两个装饰扣以强调简约风格

*前包后插袖出行版波鲁外套后身纸样结构与标准巴尔玛肯外套完全相同，只需要增加腰带部分

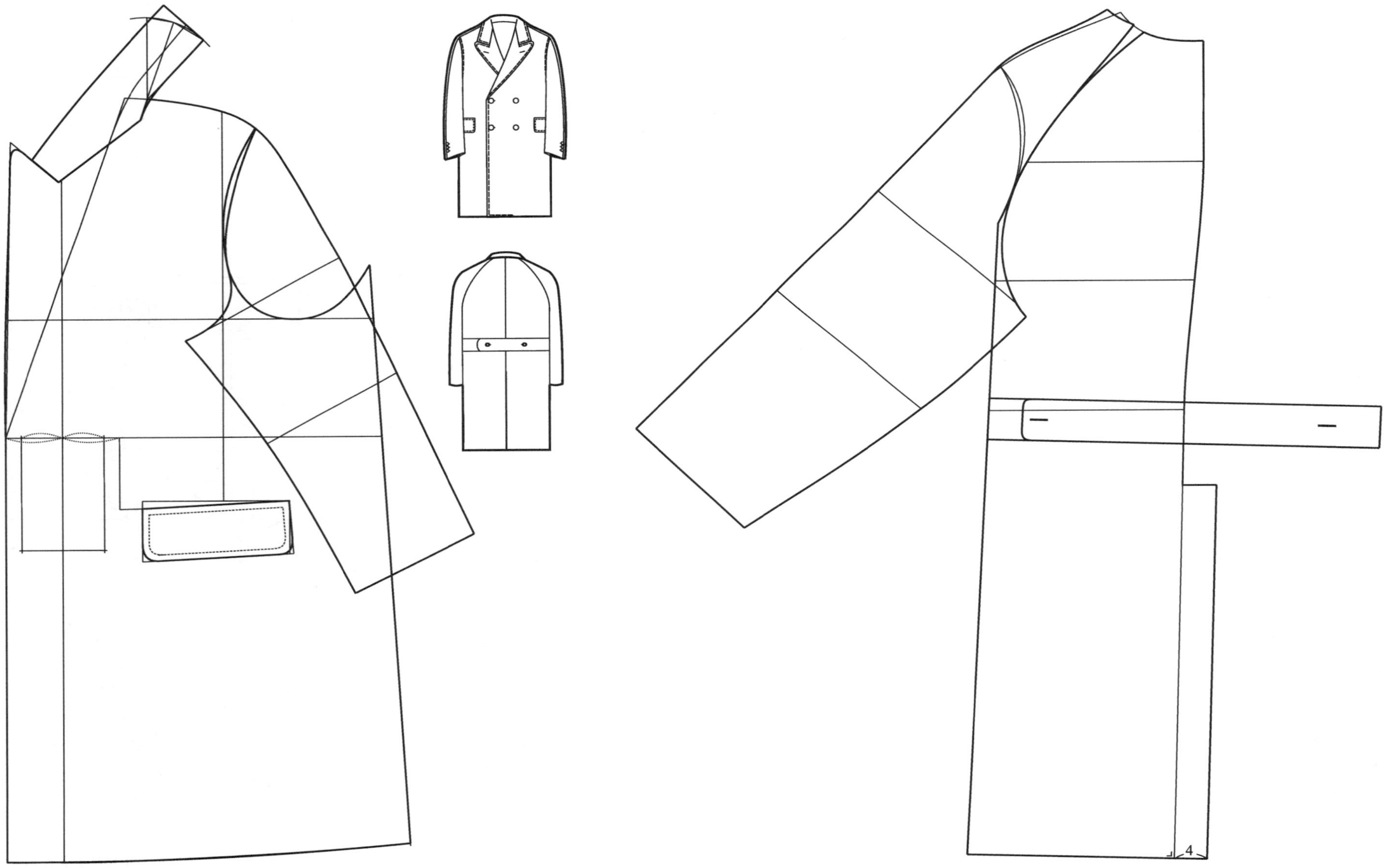

出行版波鲁外套纸样

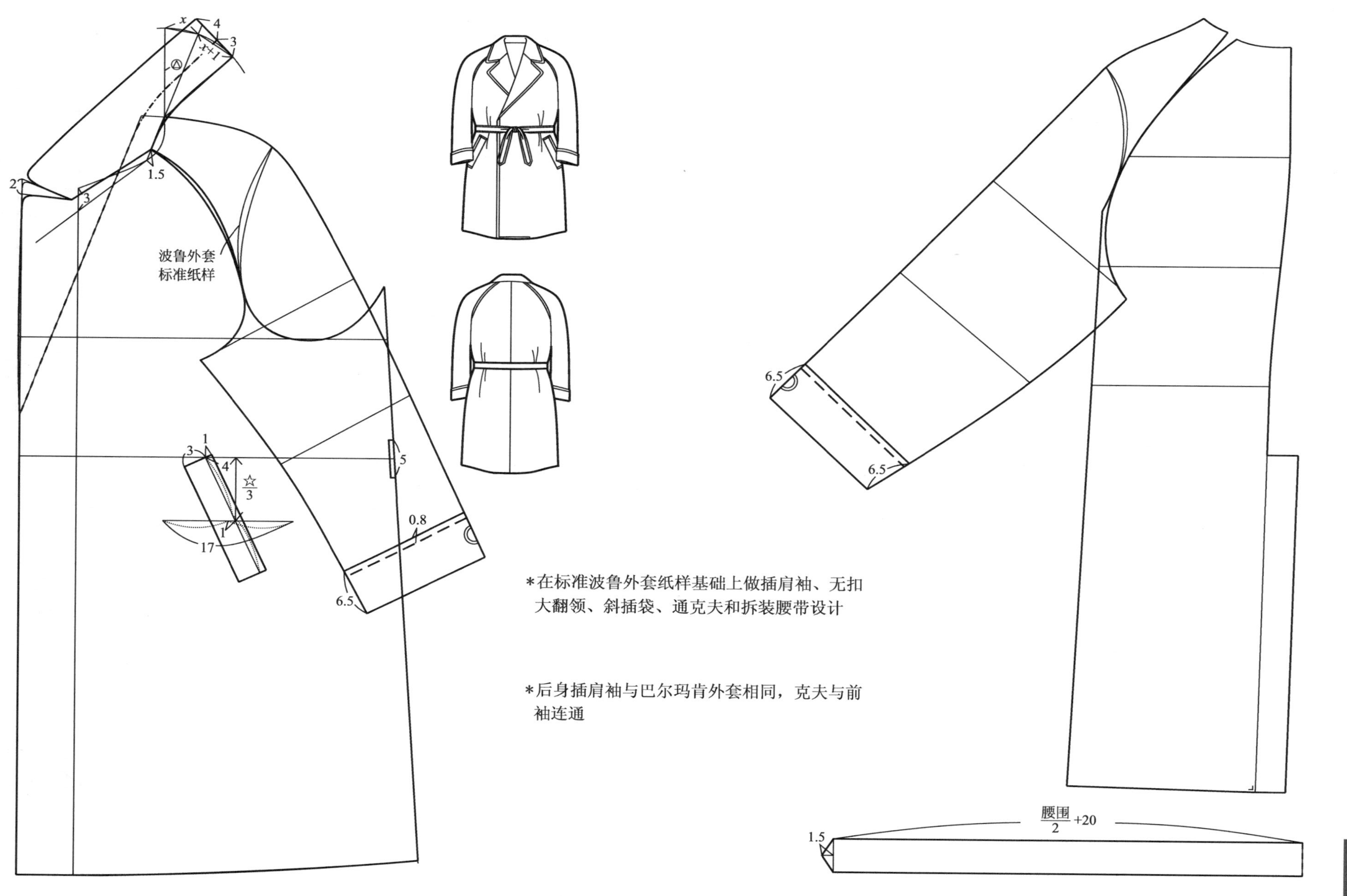

加入泰利肯外套元素的波鲁外套纸样

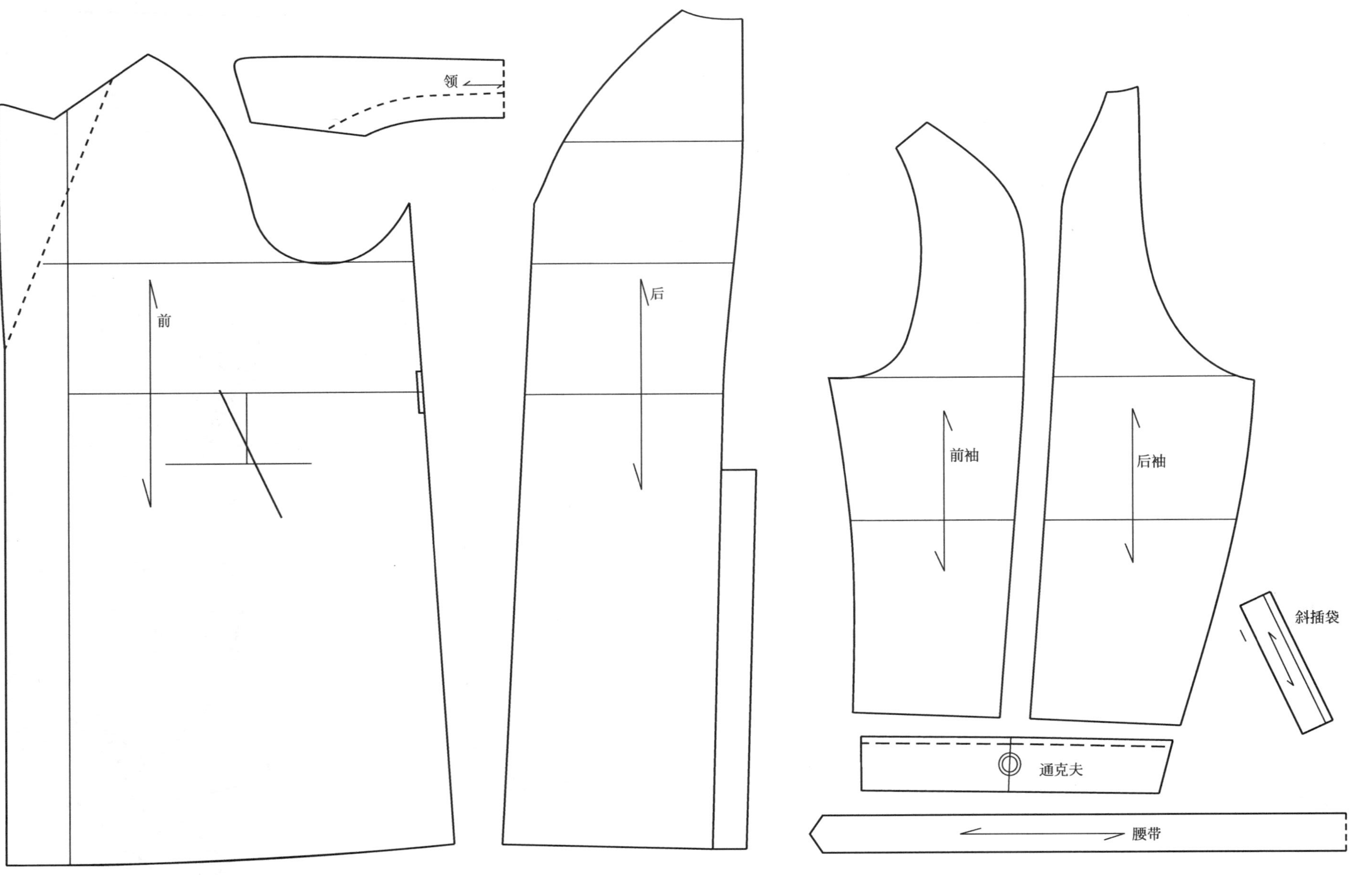

加入泰利肯元素的波鲁外套纸样分解图

6. 一板多款堑壕外套纸样系列设计

*在直线四开身巴尔玛肯外套纸样基础上做双排十粒扣驳头、加封襻的拿破仑翻领、右披胸布、加袋盖斜插袋和可拆装式肩襻、腰带、袖串带设计

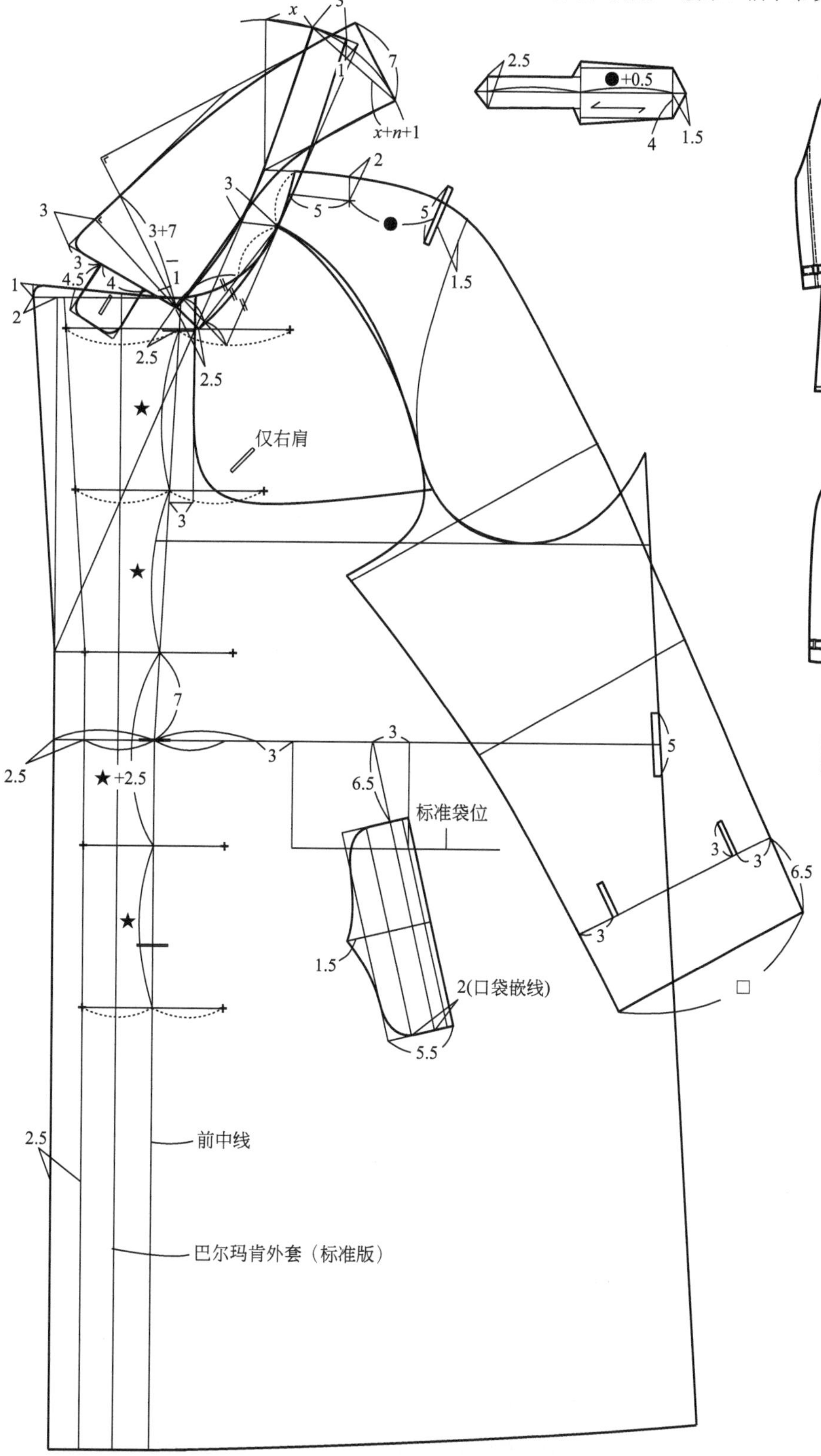

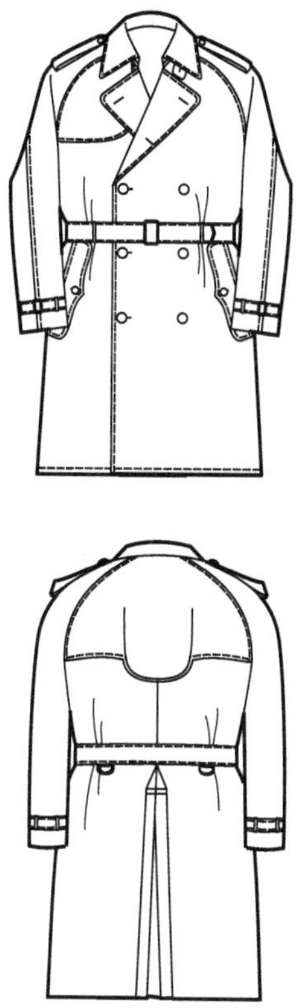

标准版堑壕外套前片纸样

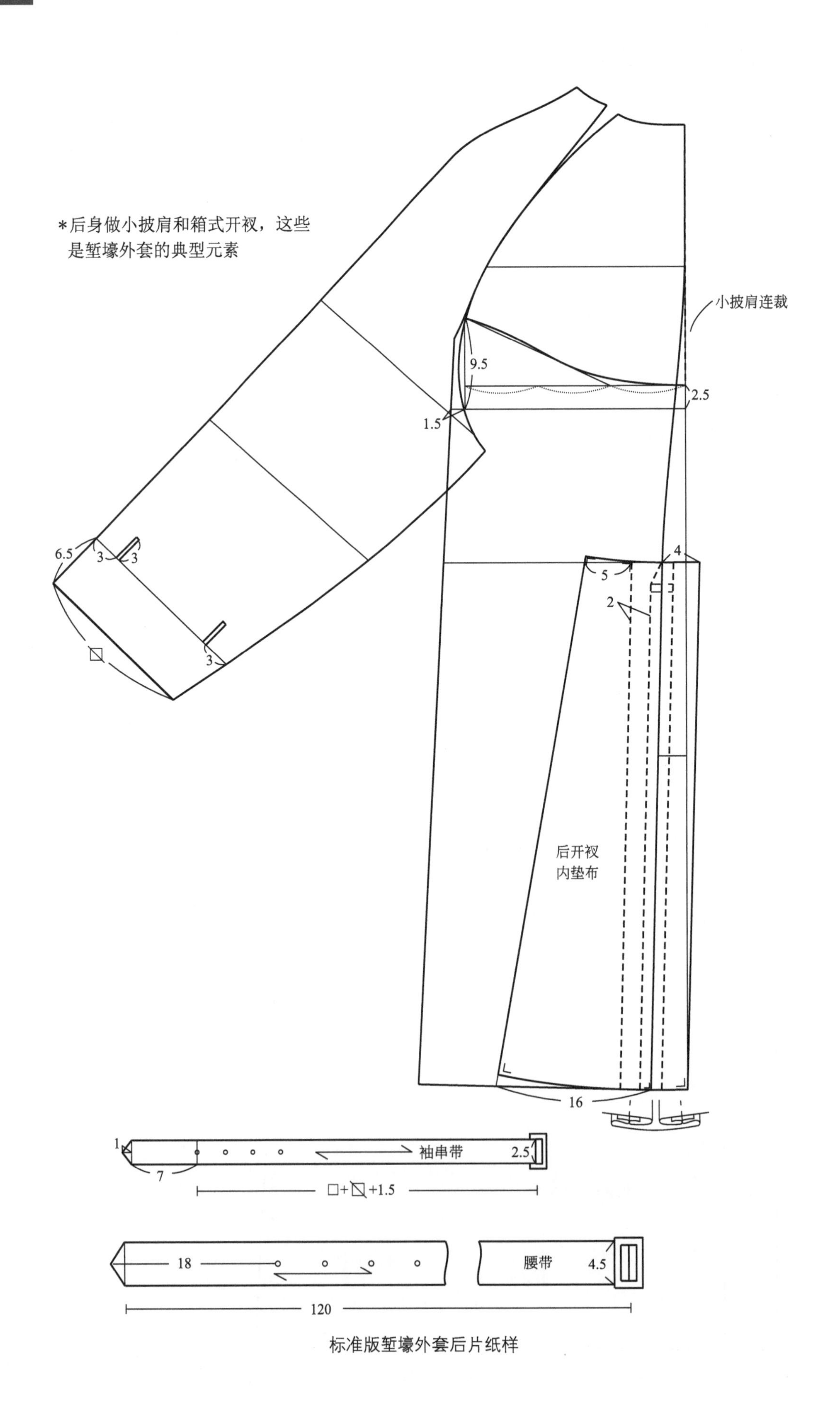

标准版堑壕外套后片纸样

*可以作为堑壕外套类基本纸样进行系列设计

*标准堑壕外套分解图前身去撇胸处理，通过撇胸量变省量的形式实现
*前胸有省缝显露，故前身两种板型可视情况选择

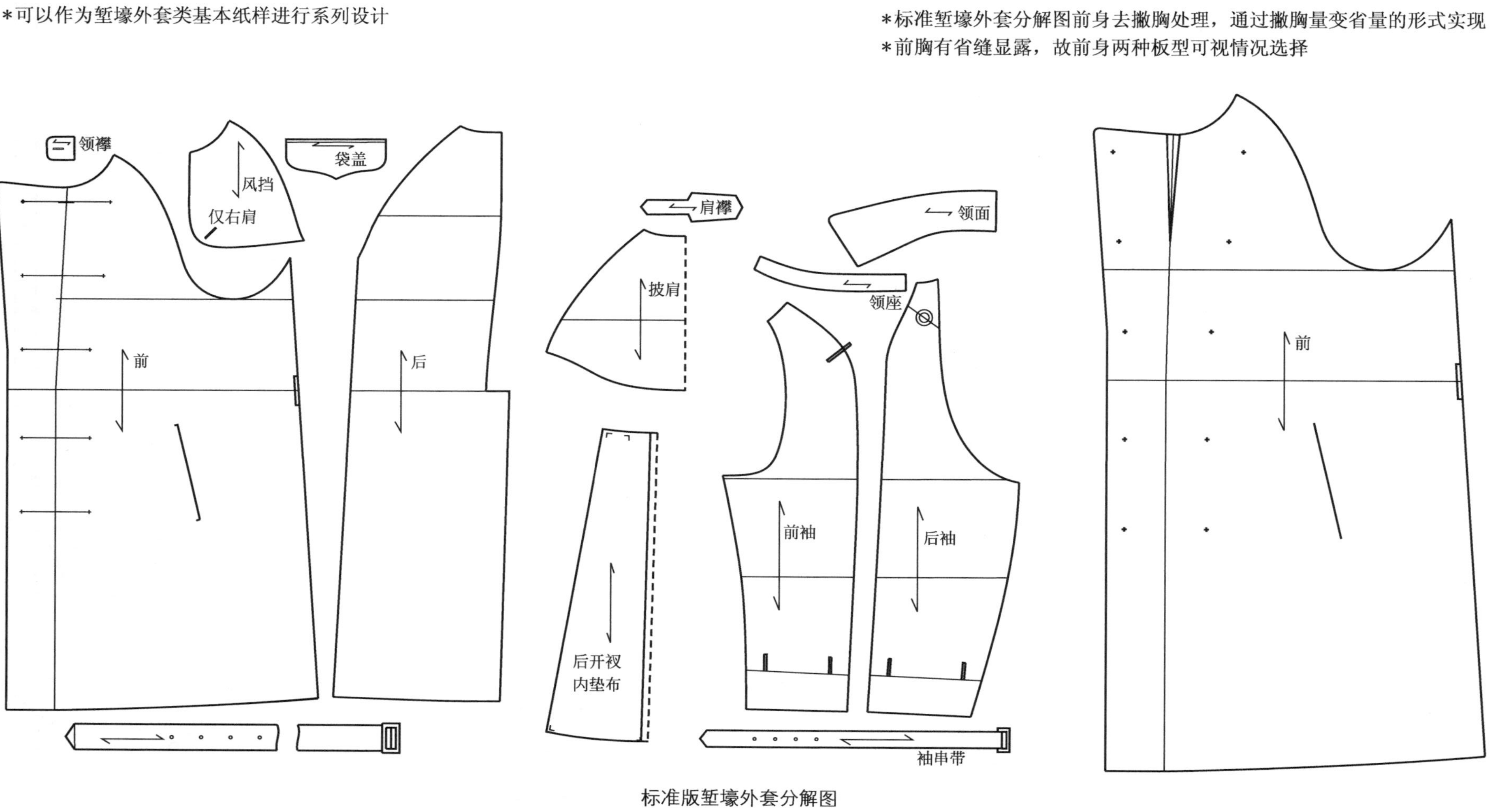

标准版堑壕外套分解图

＊在标准堑壕外套纸样基础上做偏襟暗扣和明袖襻设计
＊后身纸样直接使用标准巴尔玛肯外套纸样

0.5
1.5
4
3
3
2.5
8

偏襟明袖襻堑壕外套纸样

＊在标准堑壕外套纸样基础上做巴尔玛领设计
＊其他保持不变

仅右肩

巴尔玛领堑壕外套纸样

＊主板运用标准巴尔玛肯外套纸样作前包袖、单排四粒明扣拿破仑领设计，肩襻、袖带、腰带保留
＊后身直接使用标准巴尔玛肯外套纸样

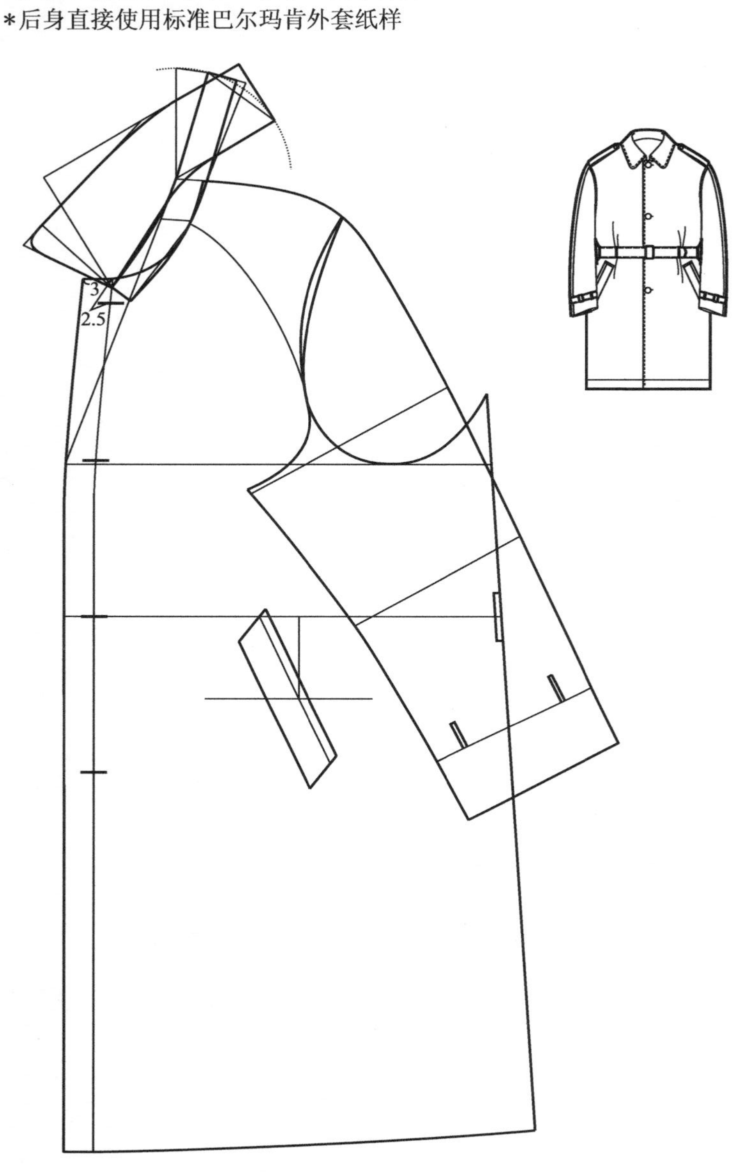

前包袖、后插袖单排四粒明扣堑壕外套纸样

＊主板运用标准巴尔玛肯外套纸样，保留堑壕外套拿破仑领和可拆装的腰带、袖串带设计
＊后身直接使用标准巴尔玛肯外套纸样

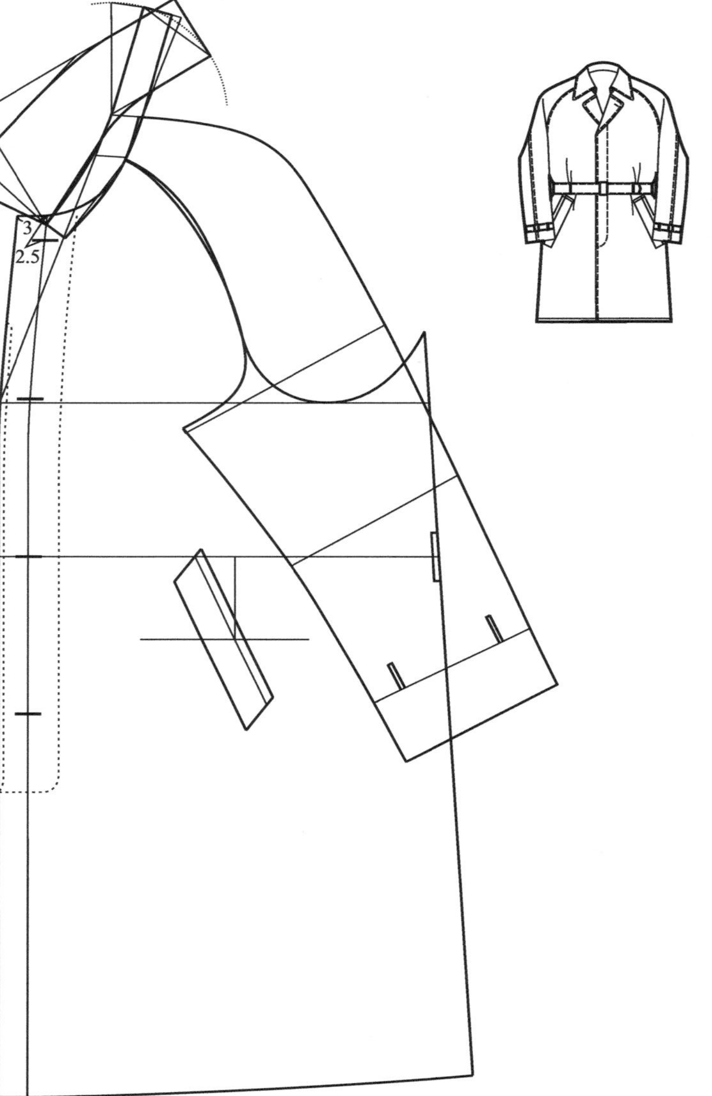

回归巴尔玛肯风格的堑壕外套纸样

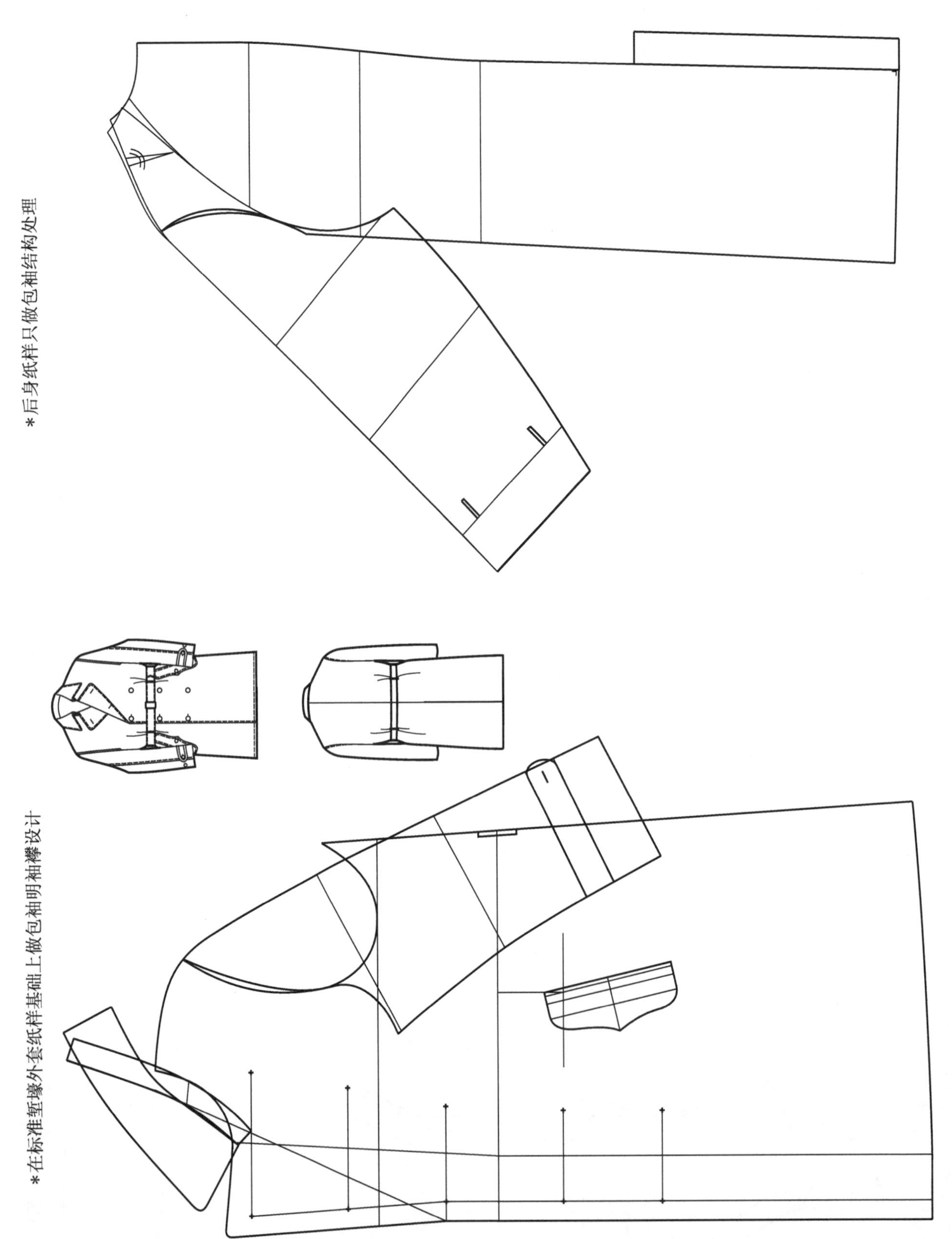

包袖明袖襻堑壕外套纸样

7. 一板多款达夫尔外套纸样系列设计

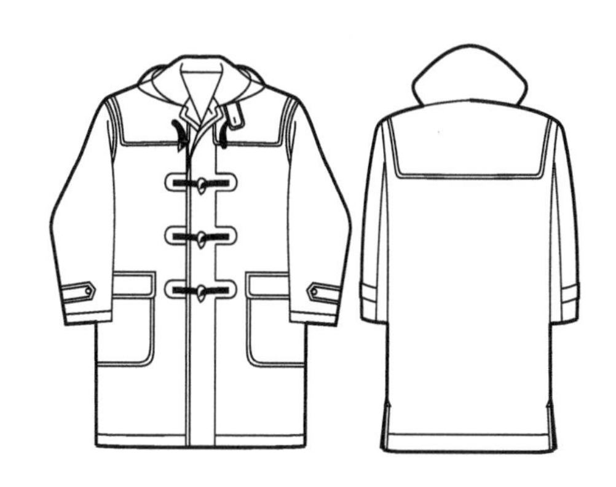

*在外套亚基本纸样基础上做直线四开身、无撇胸关门领口设计

*大过肩、绳结扣、复合贴口袋为达夫尔外套主要元素

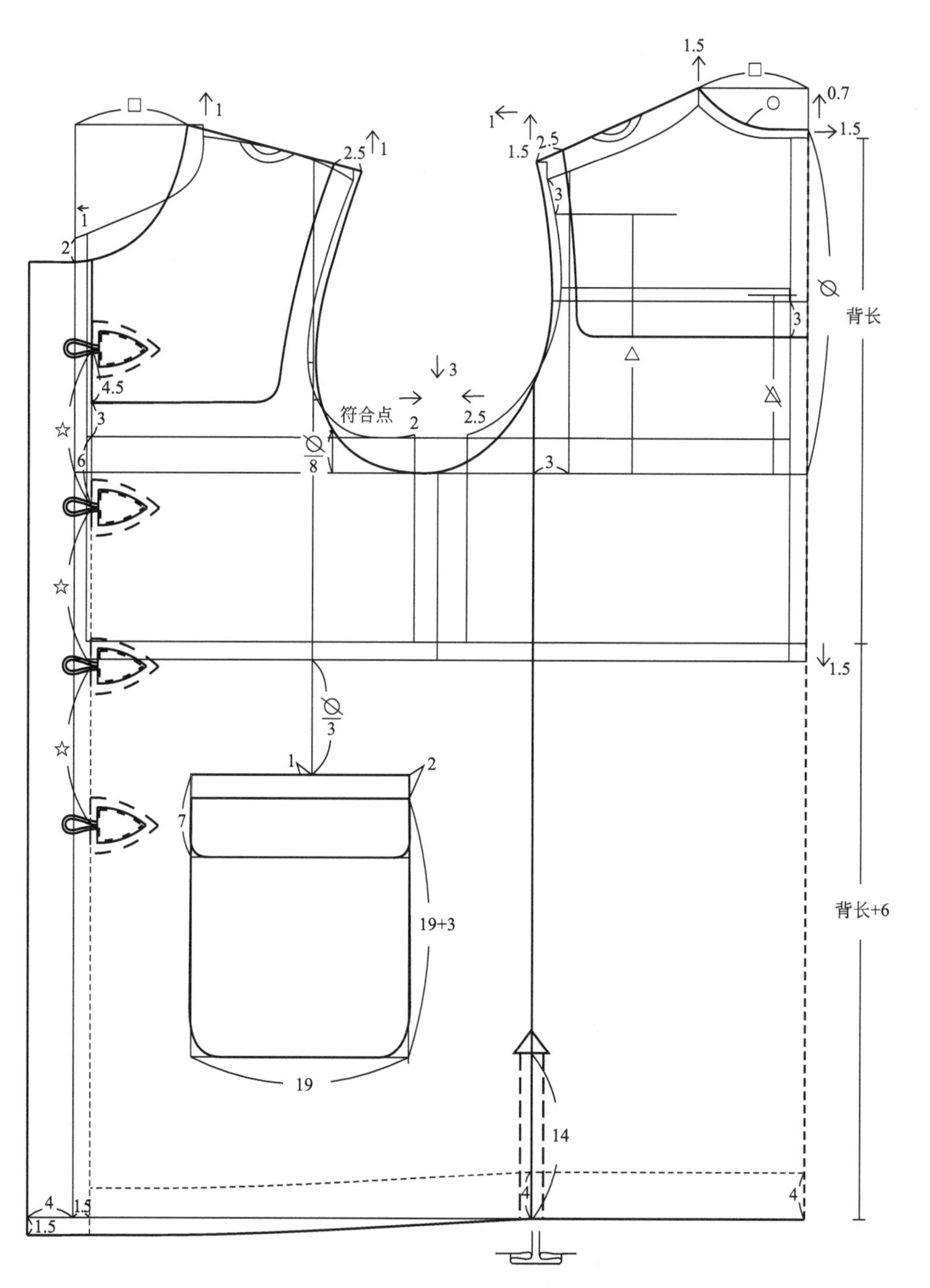

标准版达夫尔外套衣片纸样

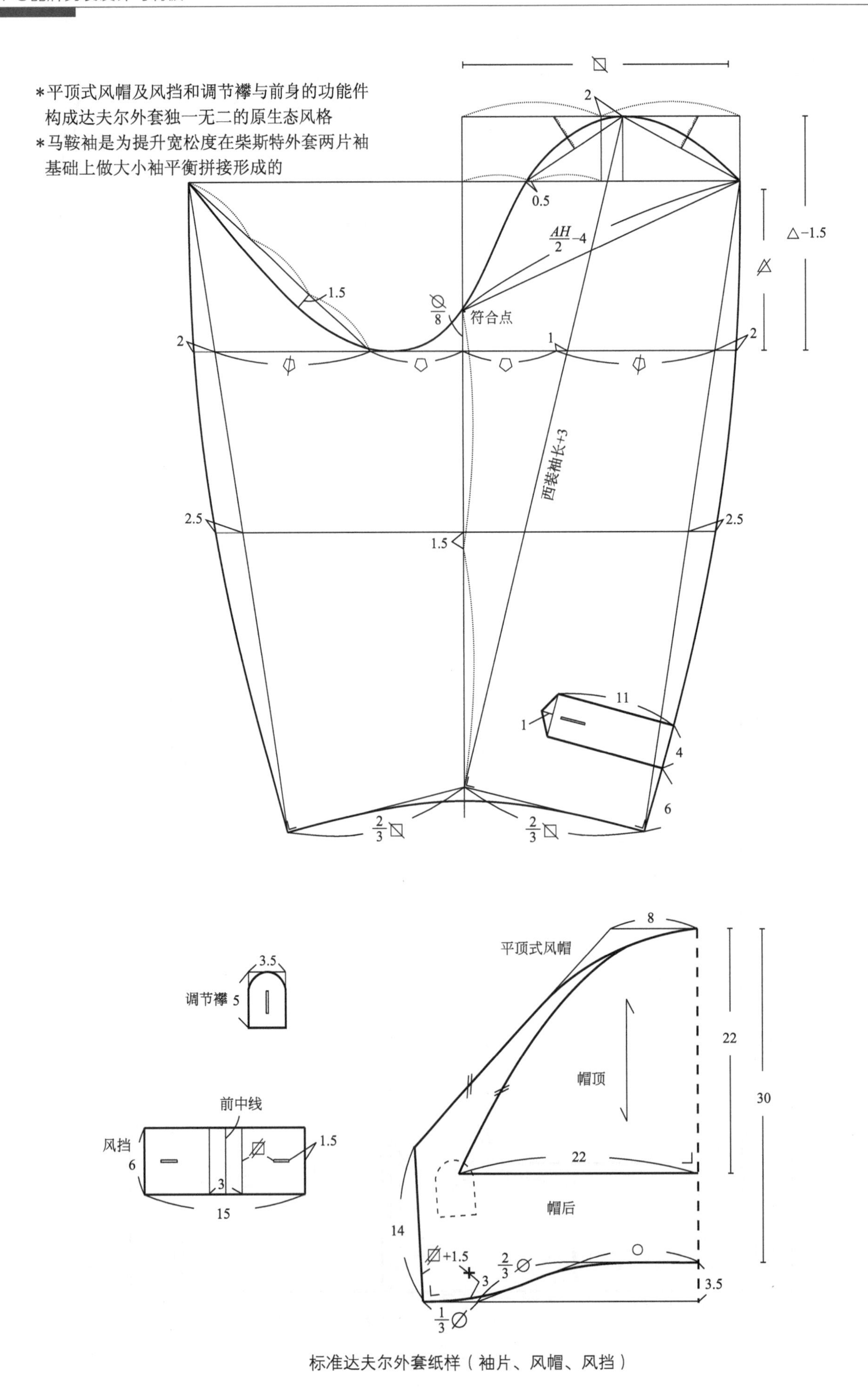

标准达夫尔外套纸样（袖片、风帽、风挡）

*可以作为达夫尔外套类基本纸样进行系列设计

*达夫尔外套采用外层麦尔登呢，内层苏格兰格呢复合起来的粗呢面料，所以不挂里，前门襟、袖口、帽口、下摆明线等就是这种面料所特有的工艺外化风格

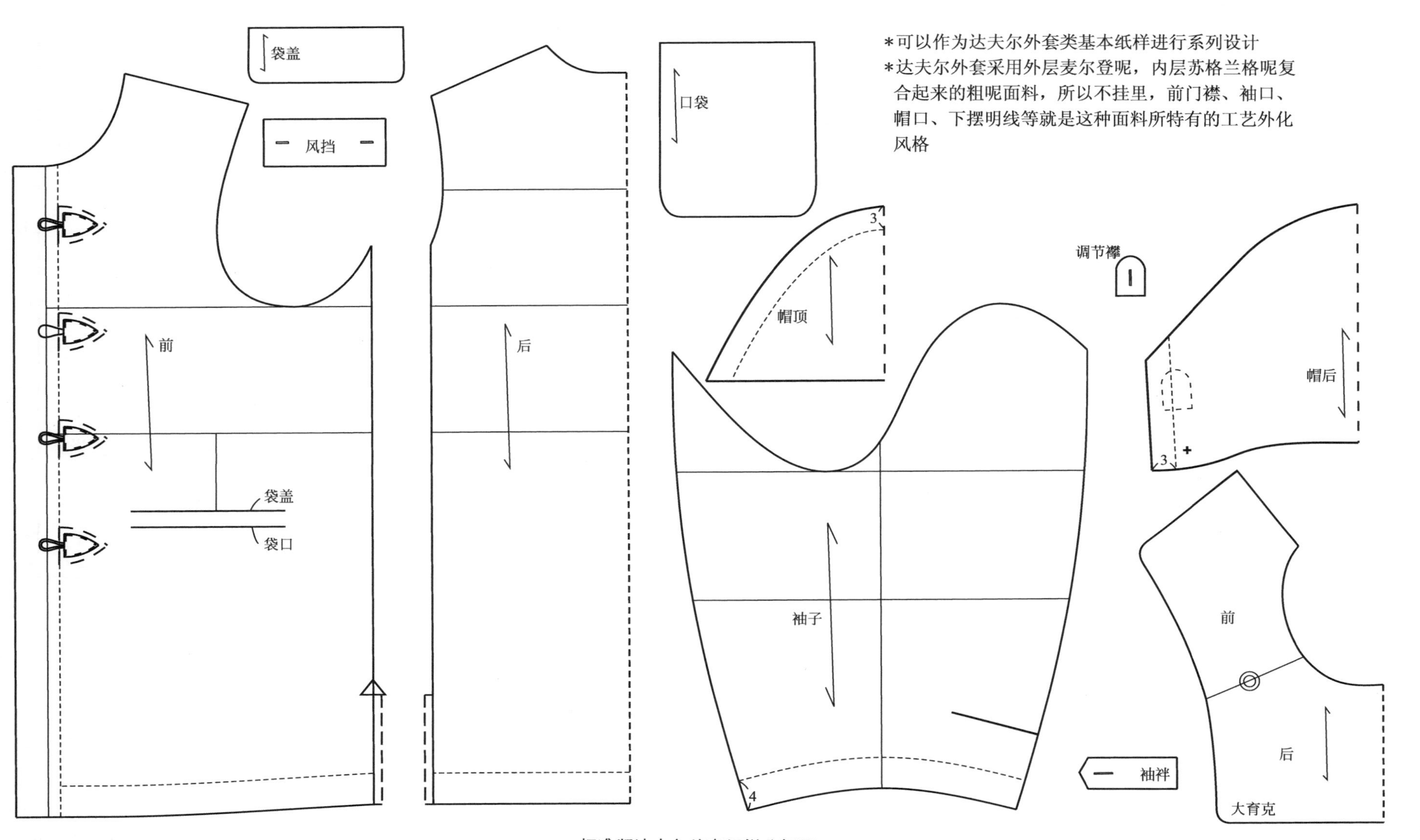

标准版达夫尔外套纸样分解图

*在标准达夫尔外套纸样基础上改变大过肩形状和暗门襟的简约设计
*其他元素保持不变

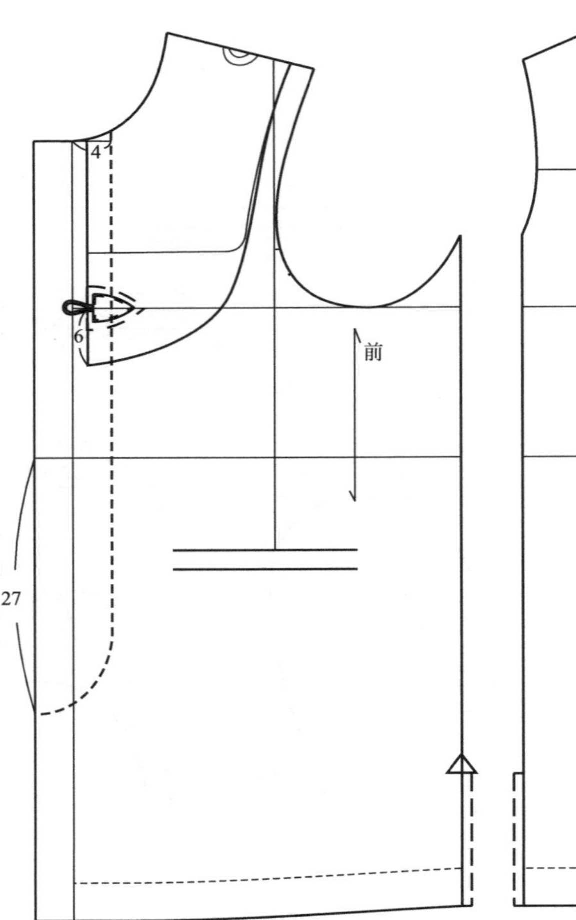

改变大过肩和门襟的达夫尔外套纸样

*在标准达夫尔外套纸样基础上做缩短下摆、简化暗门襟和加大过肩设计
*其他元素保持不变

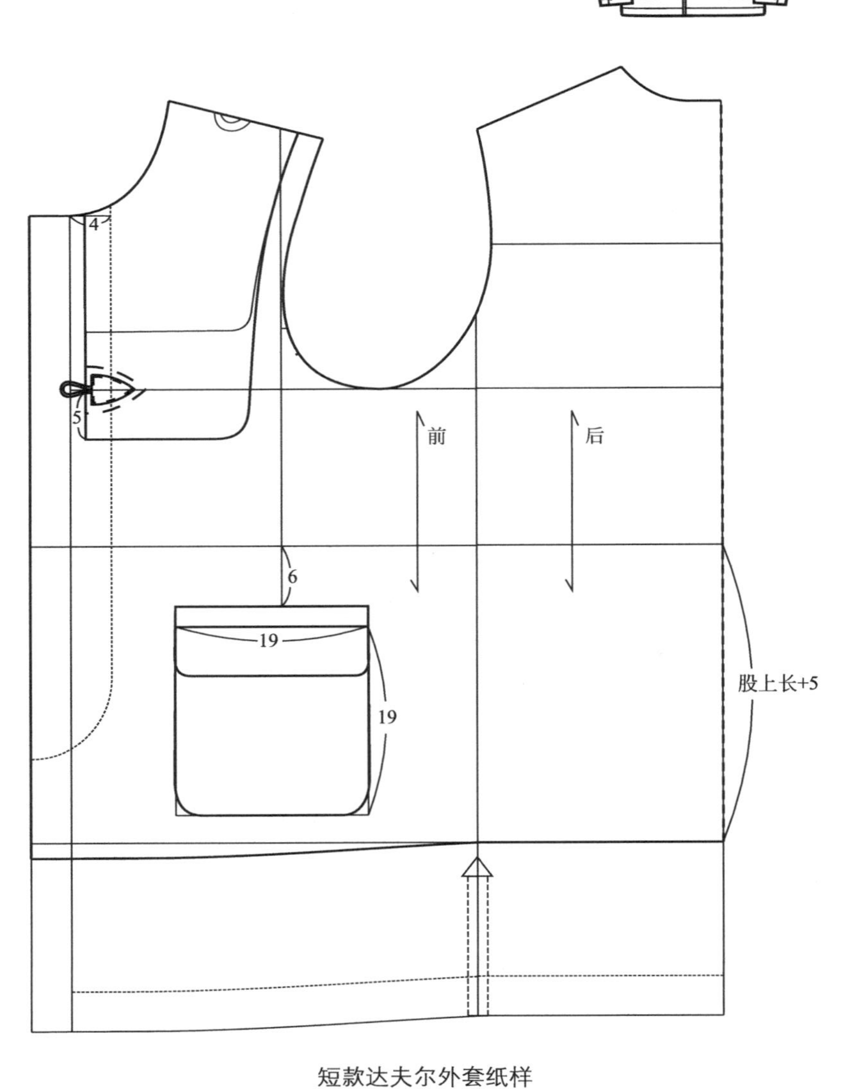

短款达夫尔外套纸样

第十一章 户外服款式与纸样系列设计

一、户外服款式系列设计

1. 户外服（外衣类）经典款式（基于TPO知识系统的标准款式）

2. 巴布尔夹克款式系列设计

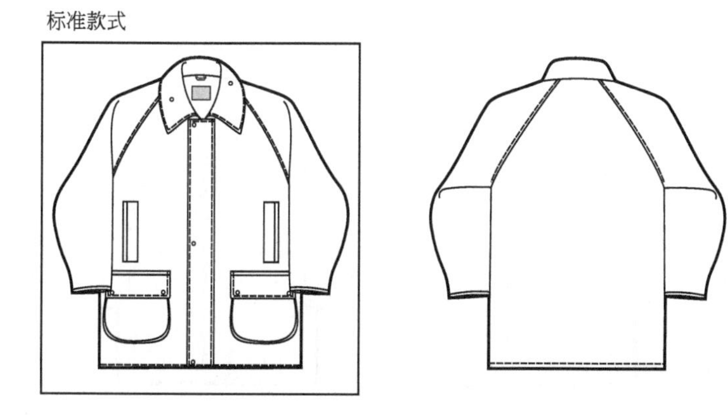

（1）巴布尔夹克领襻变化系列

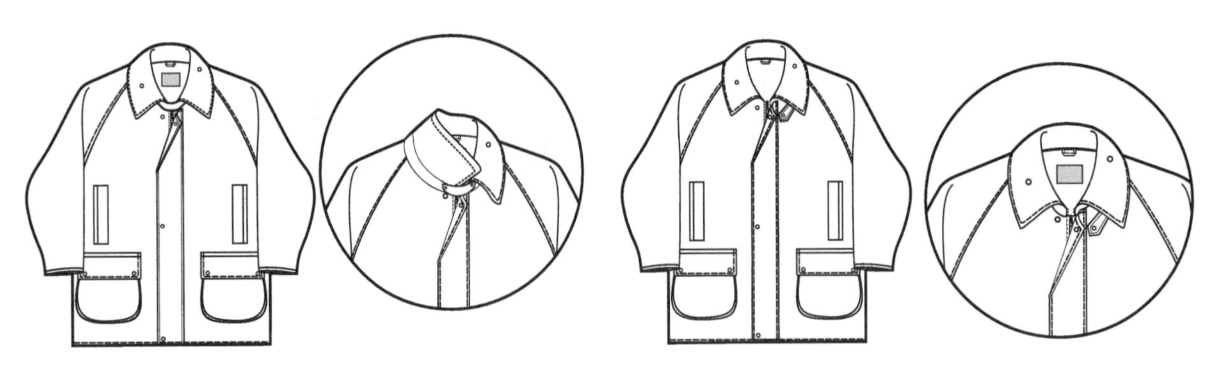

（2）巴布尔夹克口袋变化系列

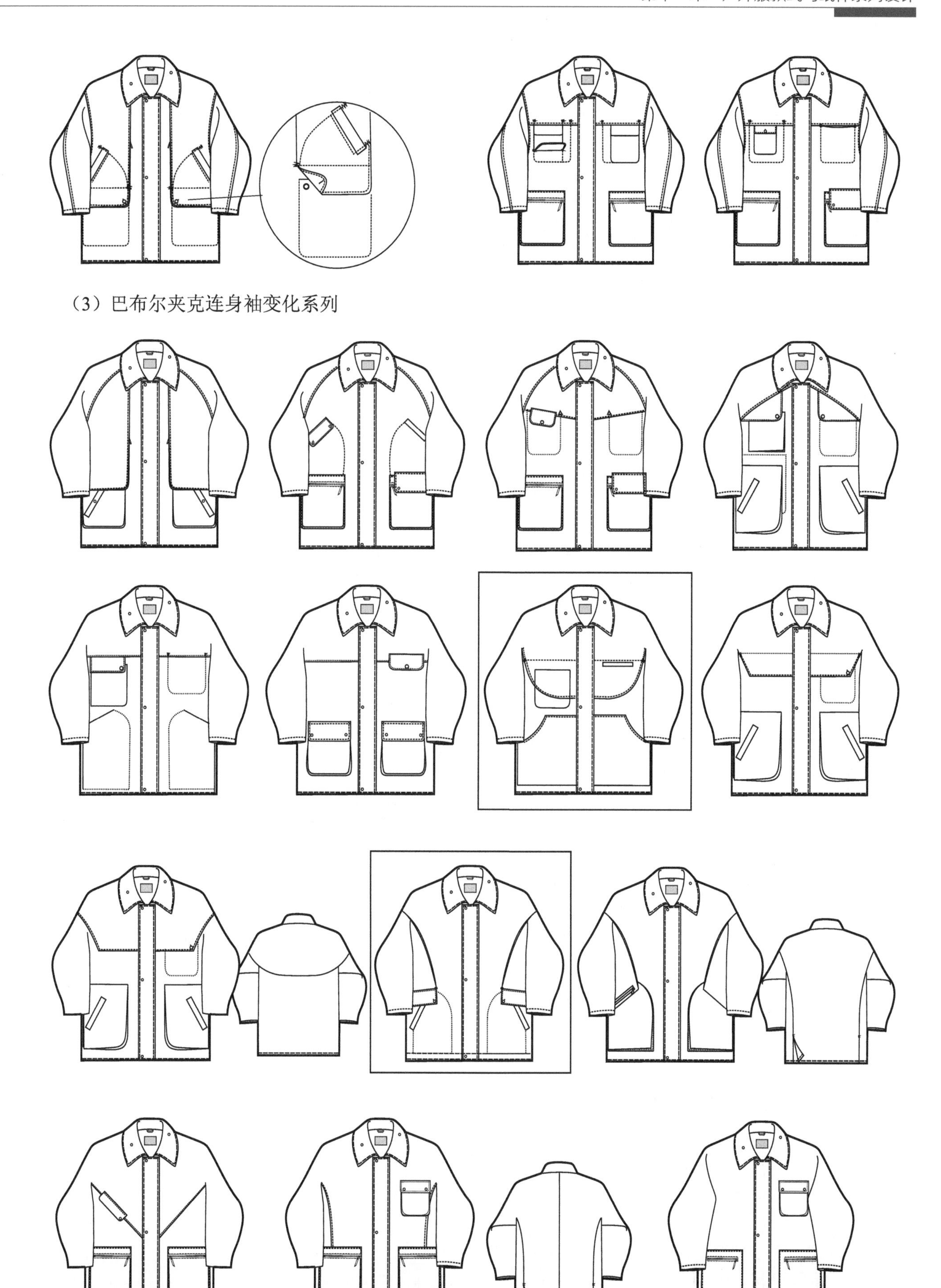

（3）巴布尔夹克连身袖变化系列

（4）巴布尔夹克分割线变化系列

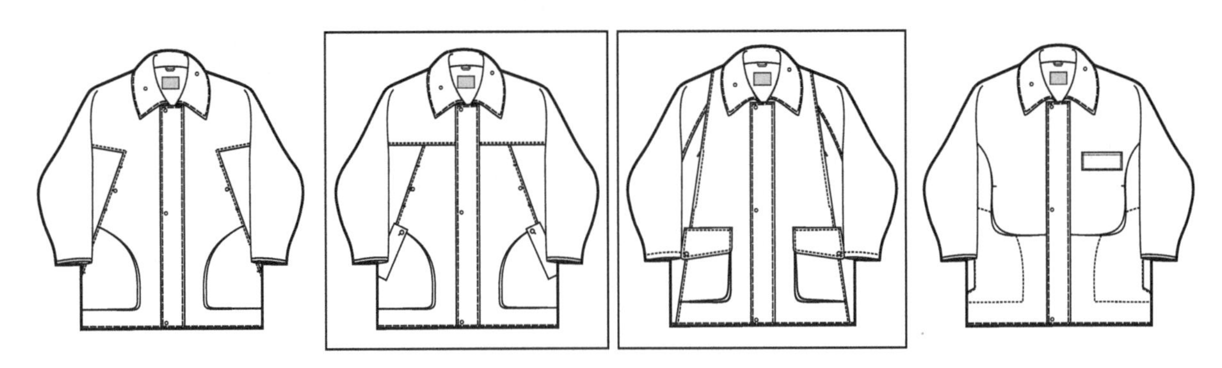

（5）巴布尔夹克领型、门襟变化系列

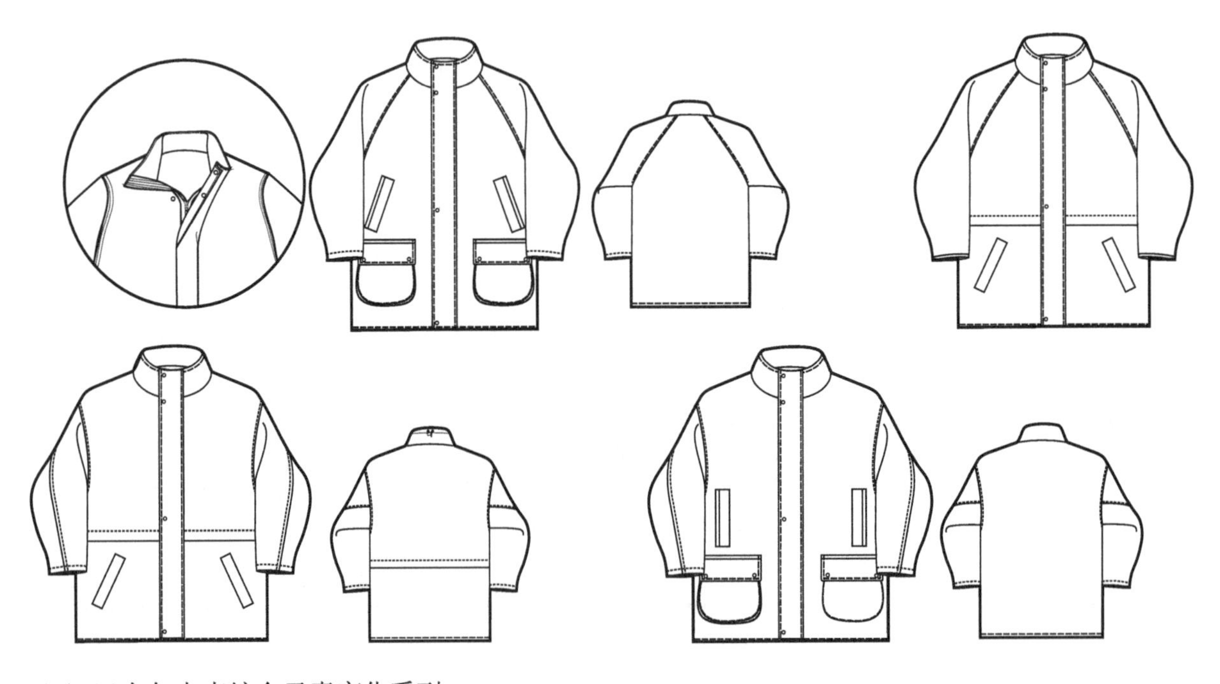

（6）巴布尔夹克综合元素变化系列

（7）巴布尔夹克背部变化系列

3. 白兰度夹克款式系列设计

标准款式

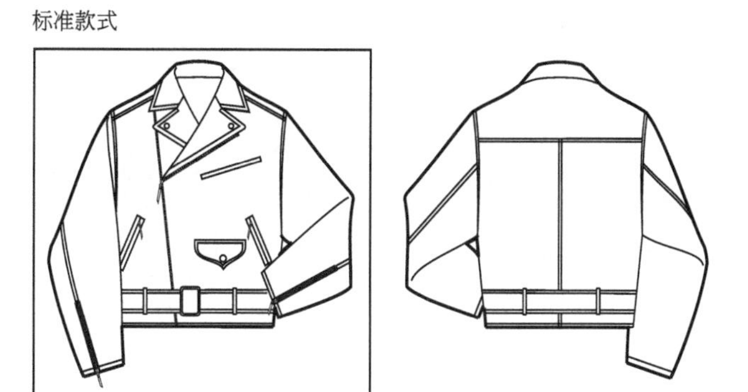

（1）白兰度夹克领型变化系列

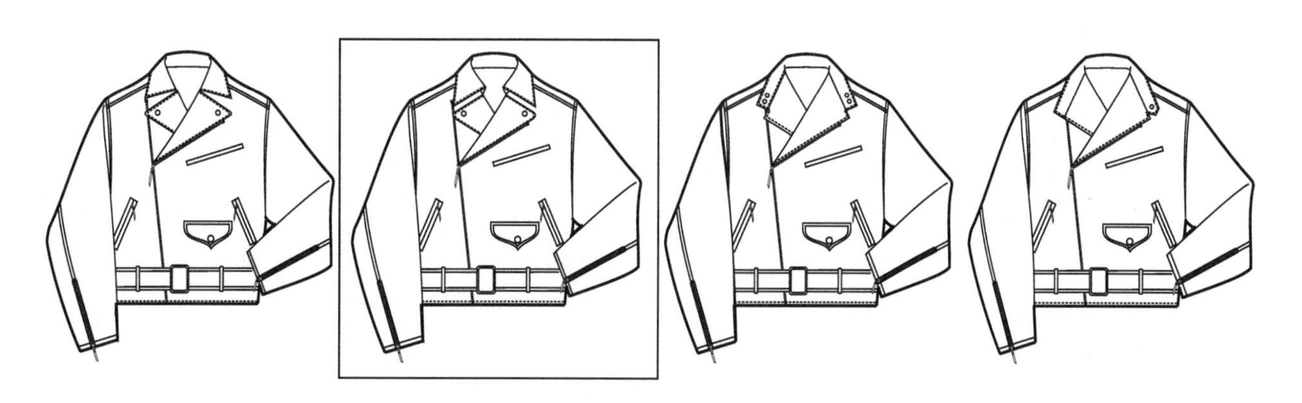

（2）白兰度夹克领型、暗门襟变化系列

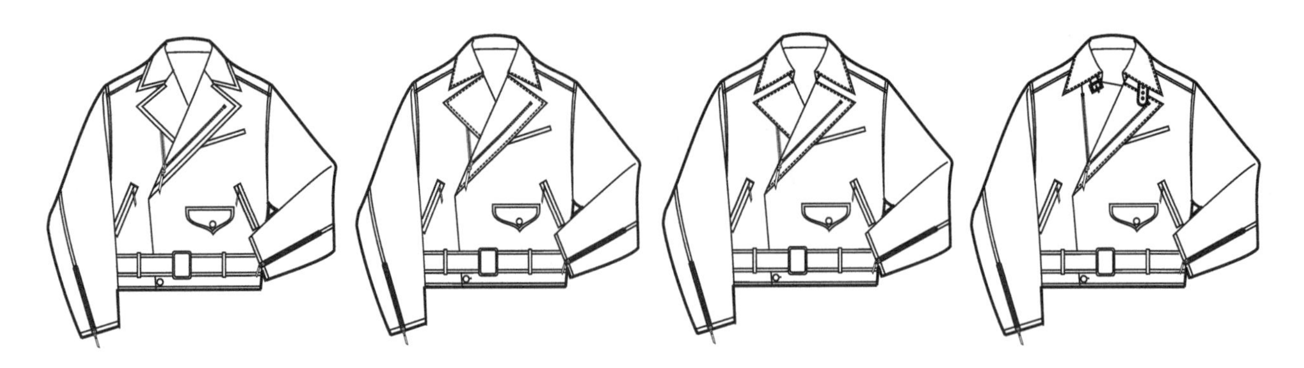

（3）白兰度夹克下摆、门襟变化系列

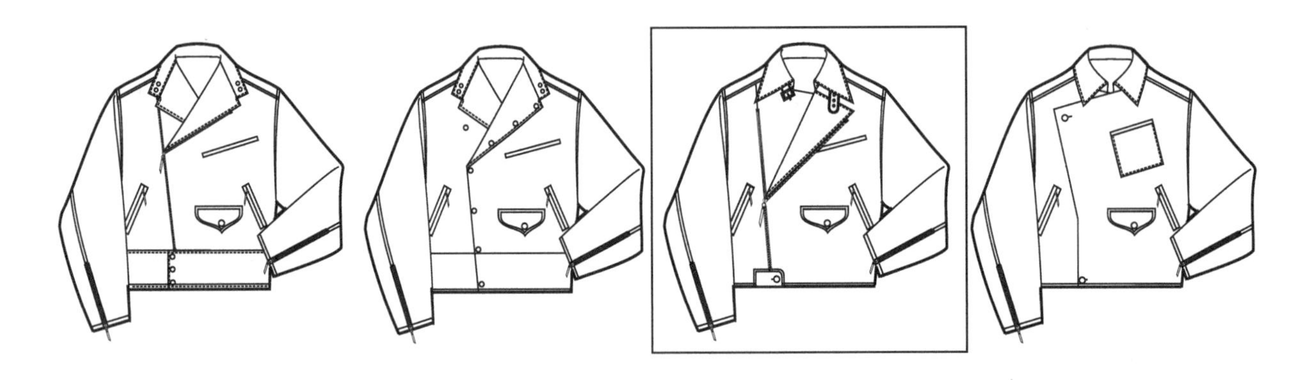

（4）白兰度夹克综合元素变化系列

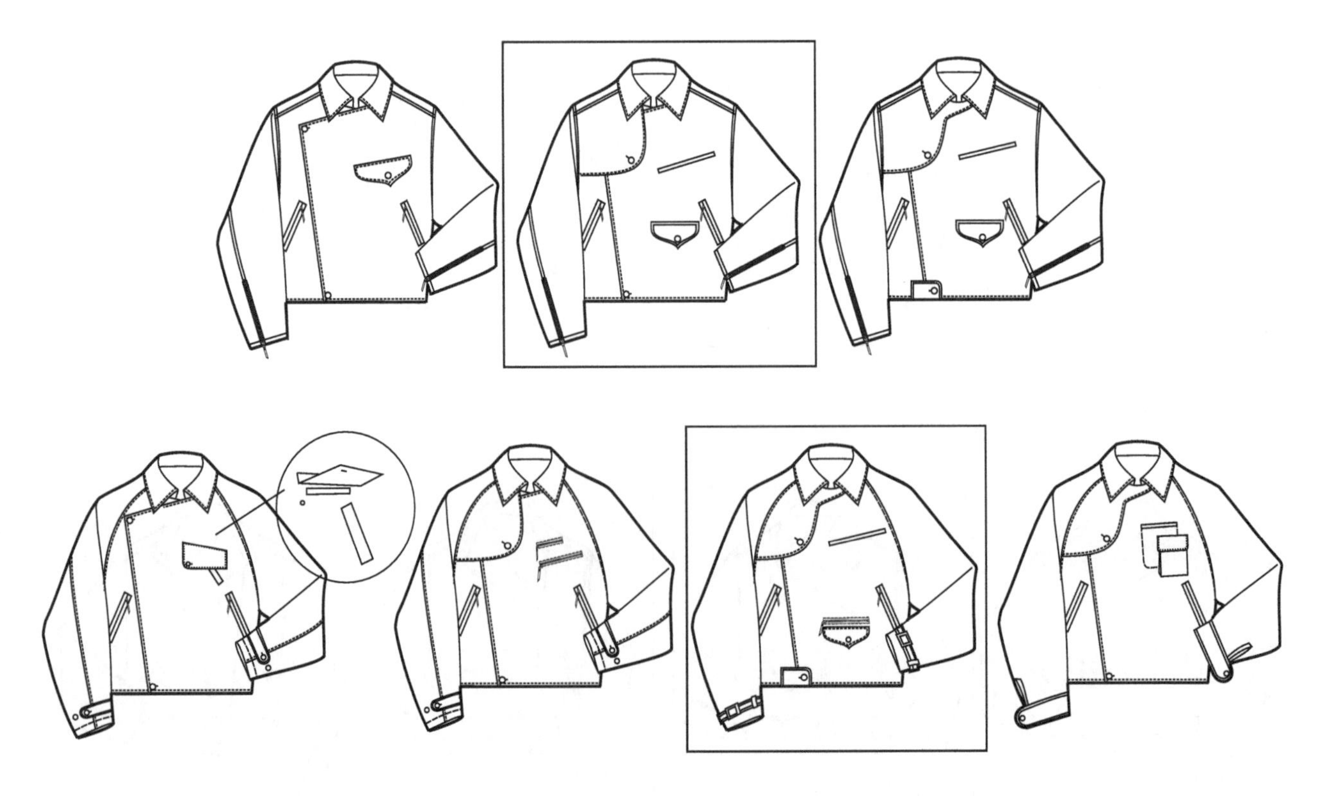

二、户外服纸样系列设计

1. 一板多款巴布尔夹克纸样系列设计

*运用基本纸样作10cm追加量（胸围）的变形放量设计，完成户外服亚基本纸样

*在户外服亚基本纸样基础上完成直线四开身巴布尔夹克设计

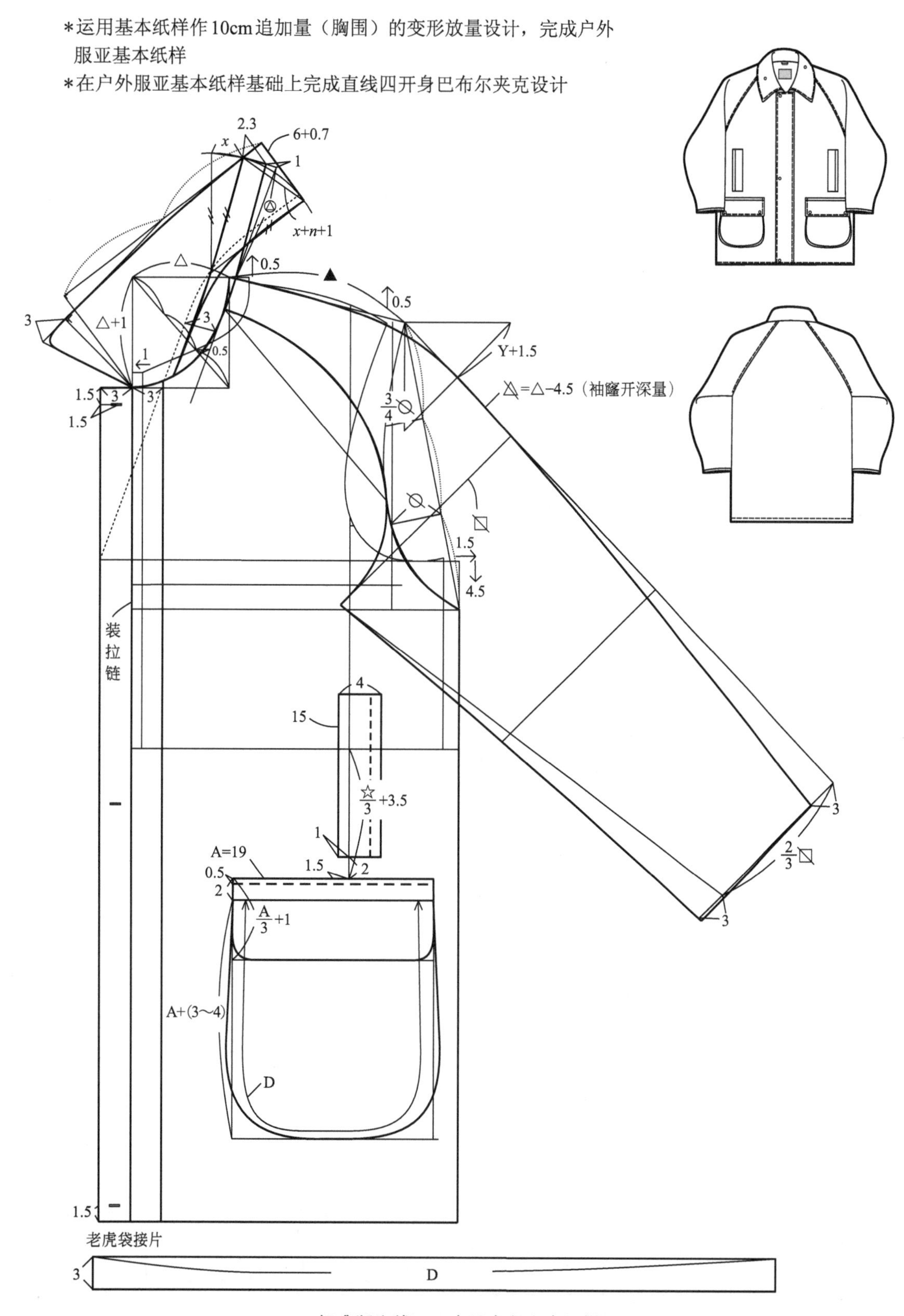

标准版直线四开身巴布尔夹克纸样

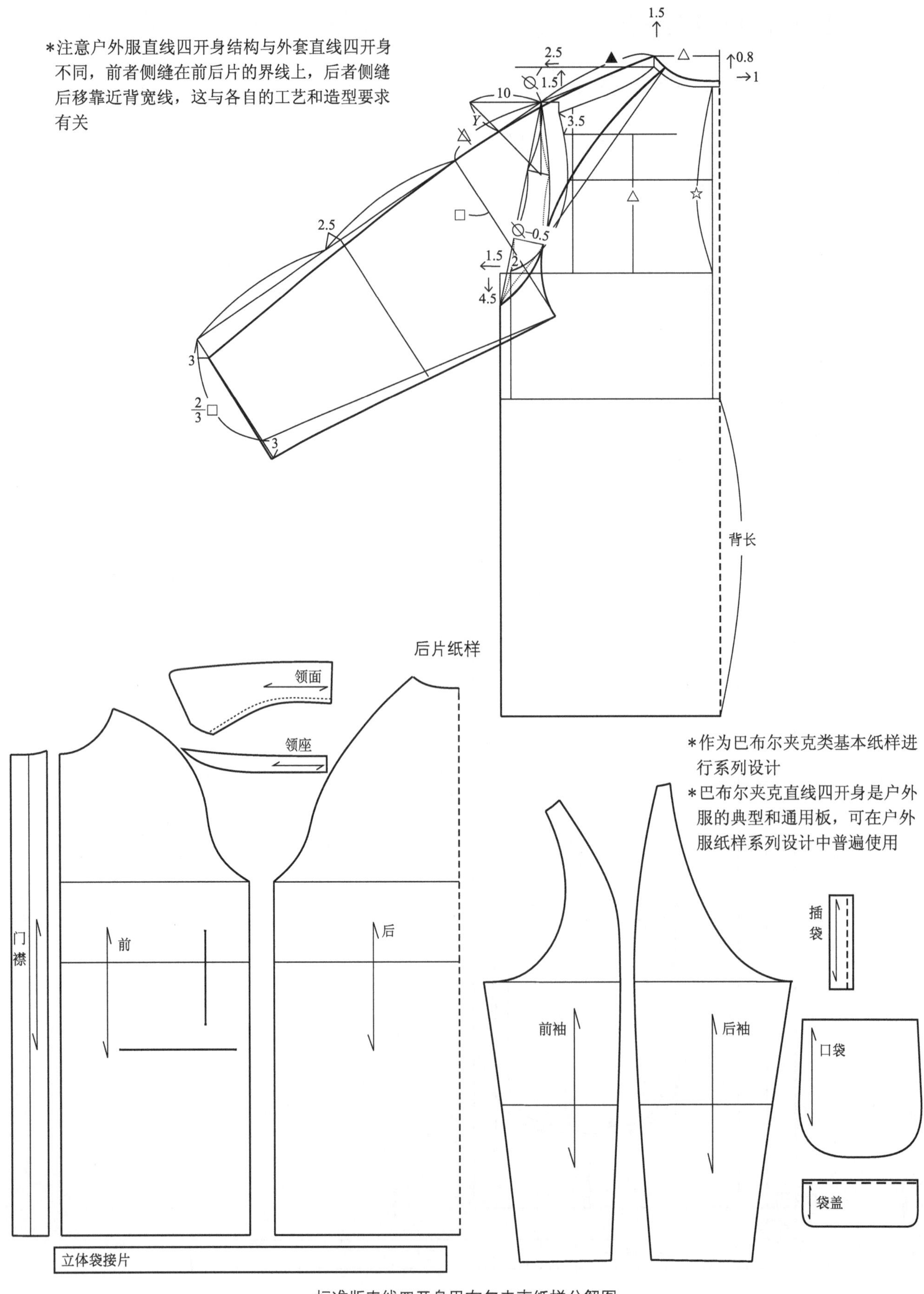

标准版直线四开身巴布尔夹克纸样分解图

*巴布尔夹克选择装袖时，采用“变形亚基本纸样”的方法设计，与标准版巴布尔插肩袖采寸系统相同
*其他纸样通用

*在标准巴布尔夹克纸样基础上做装袖、内贴袋缉明线挖袋结构设计

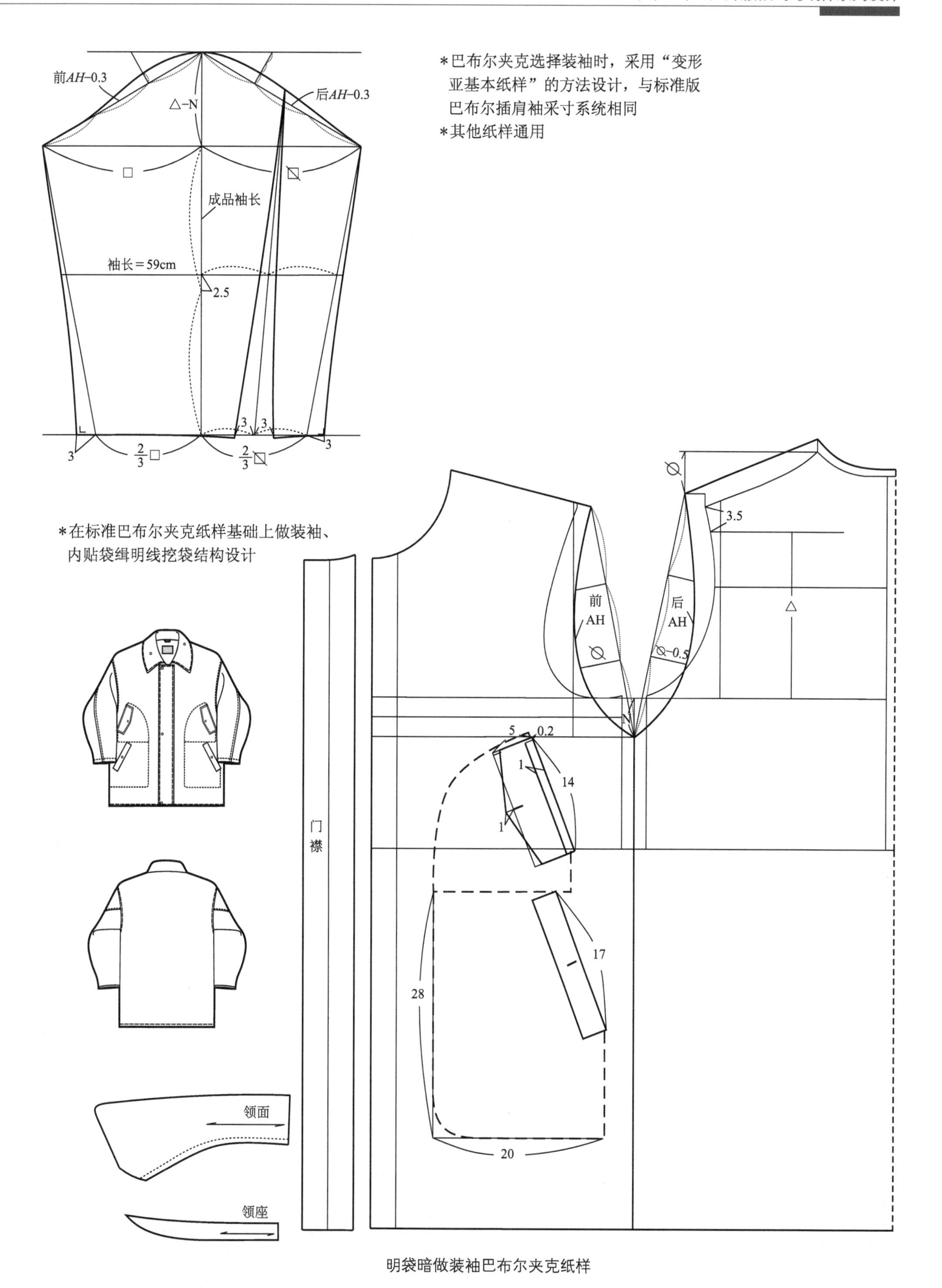

明袋暗做装袖巴布尔夹克纸样

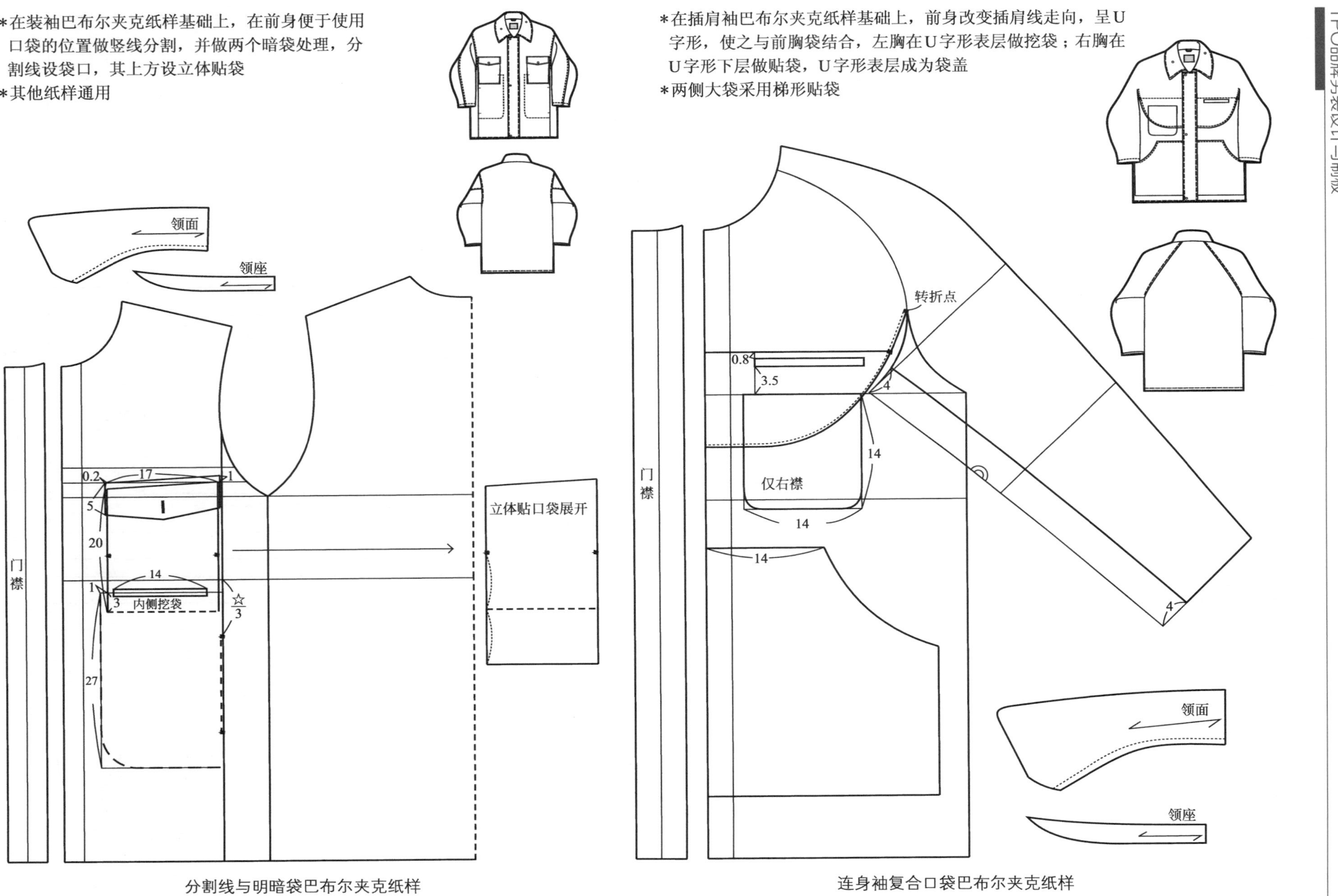

分割线与明暗袋巴布尔夹克纸样

连身袖复合口袋巴布尔夹克纸样

*插肩线因前身U字形设计，将前袖底部去掉一部分补给后袖，整体结构更加合理

*其他纸样通用

*U字形左襟为口袋，右襟为袋盖

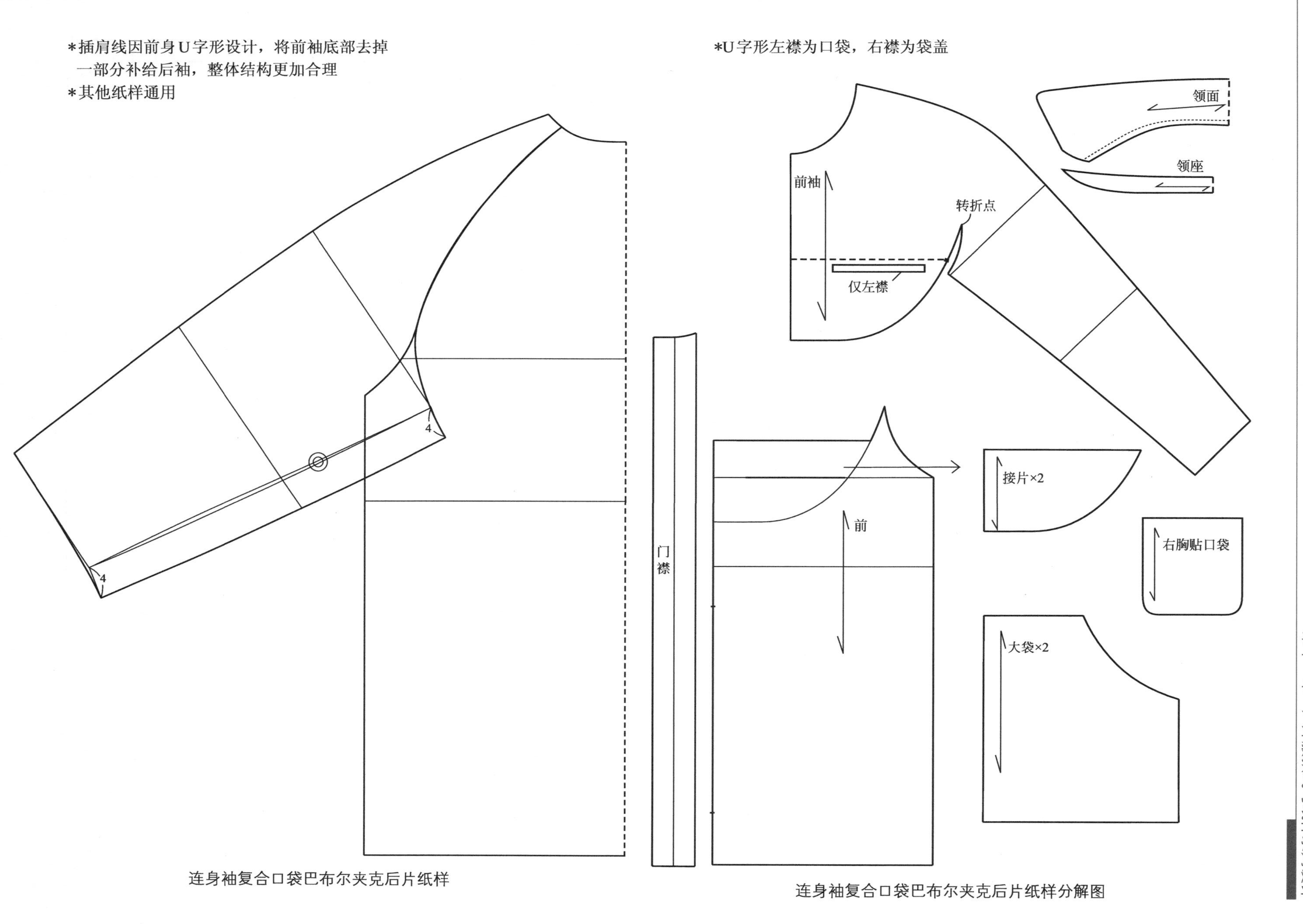

连身袖复合口袋巴布尔夹克后片纸样

连身袖复合口袋巴布尔夹克后片纸样分解图

*在插肩袖巴布尔夹克基础上，以转折点为基点做落肩弧线分割，使之分成袖片、前片和侧片合理分布，同时侧片与侧复合型挖袋结合，延展出袋盖设计

*后身以转折点为基点与前身配合做落肩弧线分割，并在下摆利用分割线作双侧开衩设计

*其他纸样通用

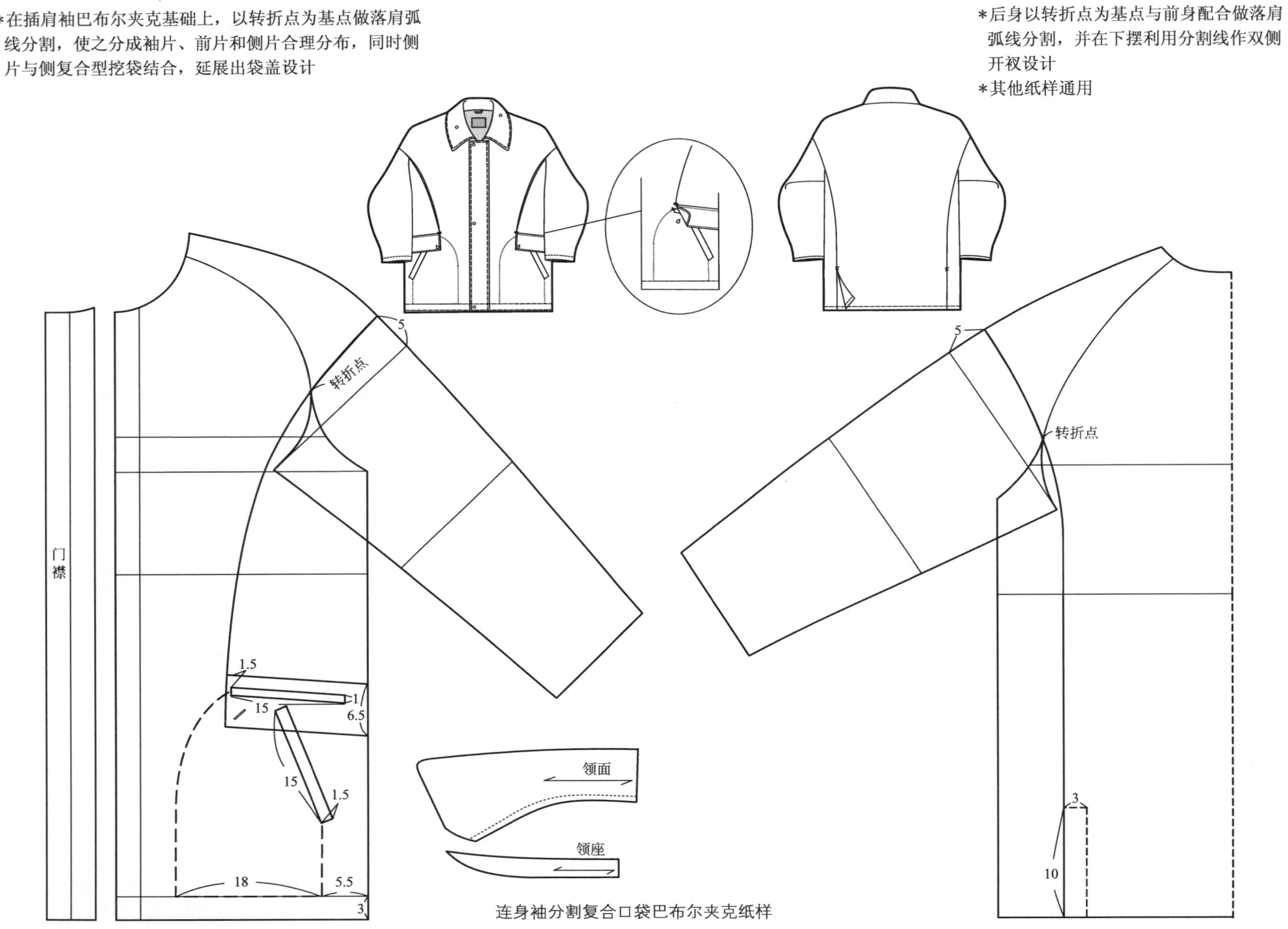

连身袖分割复合口袋巴布尔夹克纸样

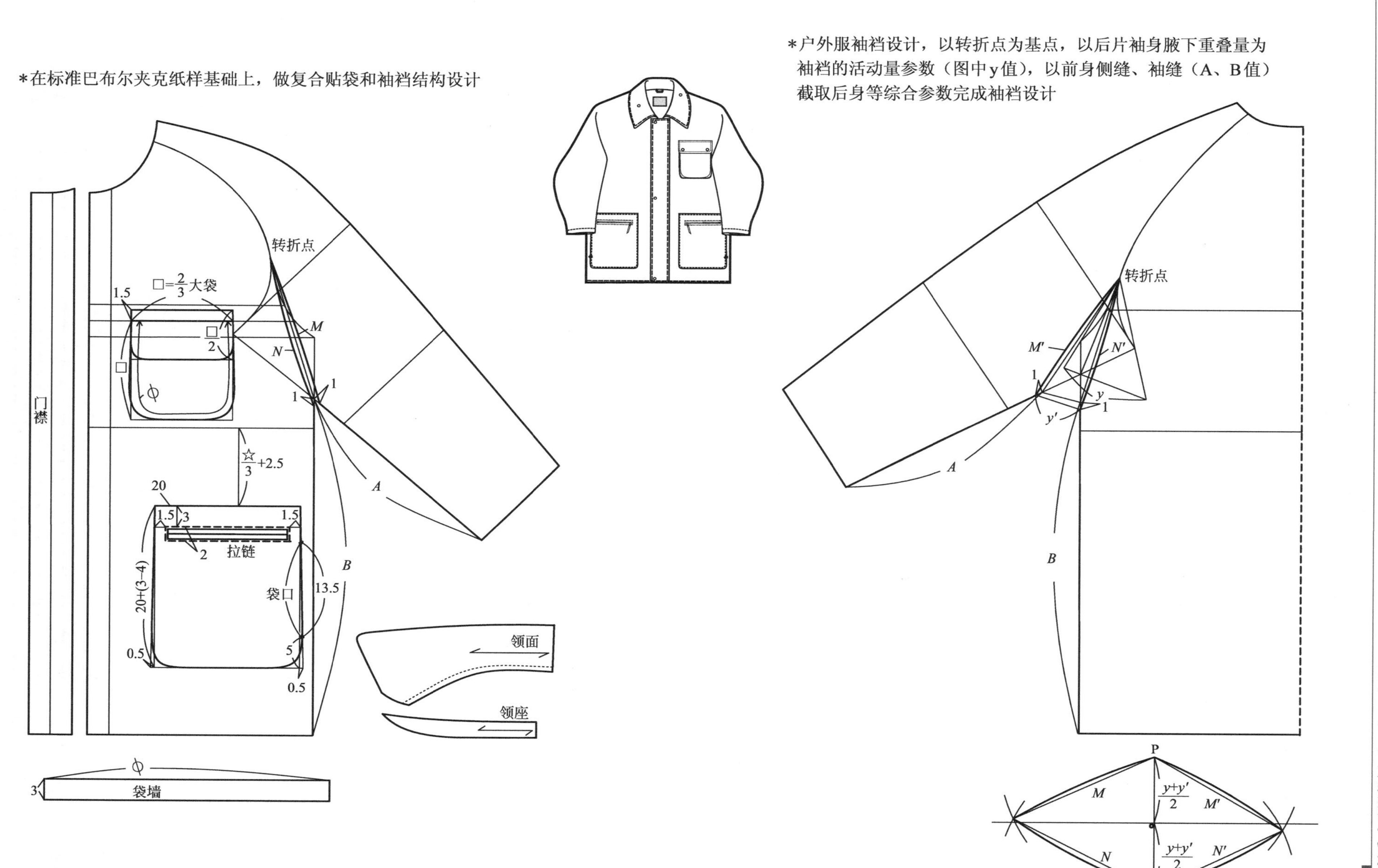
*在标准巴布尔夹克纸样基础上，做复合贴袋和袖裆结构设计
*户外服袖裆设计，以转折点为基点，以后片袖身腋下重叠量为袖裆的活动量参数（图中y值），以前身侧缝、袖缝（A、B值）截取后身等综合参数完成袖裆设计
转折点
门襟
□=2/3大袋
1.5
□/2
□
M
N
1
1
A
B
☆/3+2.5
20
1.5
3
2
拉链
袋口
13.5
20+(3-4)
0.5
5
0.5
领面
领座
袋墙
3
M′
N′
y
y′
P
Q
(y+y′)/2

袖裆巴布尔夹克纸样

*在标准巴布尔夹克纸样基础上，从转折点作育克线分割形成育克式连袖，衣身部分依据口袋功能做斜线分割，并在分割线上做复合口袋处理
*其他纸样通用

*在标准巴布尔夹克纸样基础上，前身依据口袋功能做斜线贯通分割，并在分割线上作复合口袋处理
*其他纸样通用

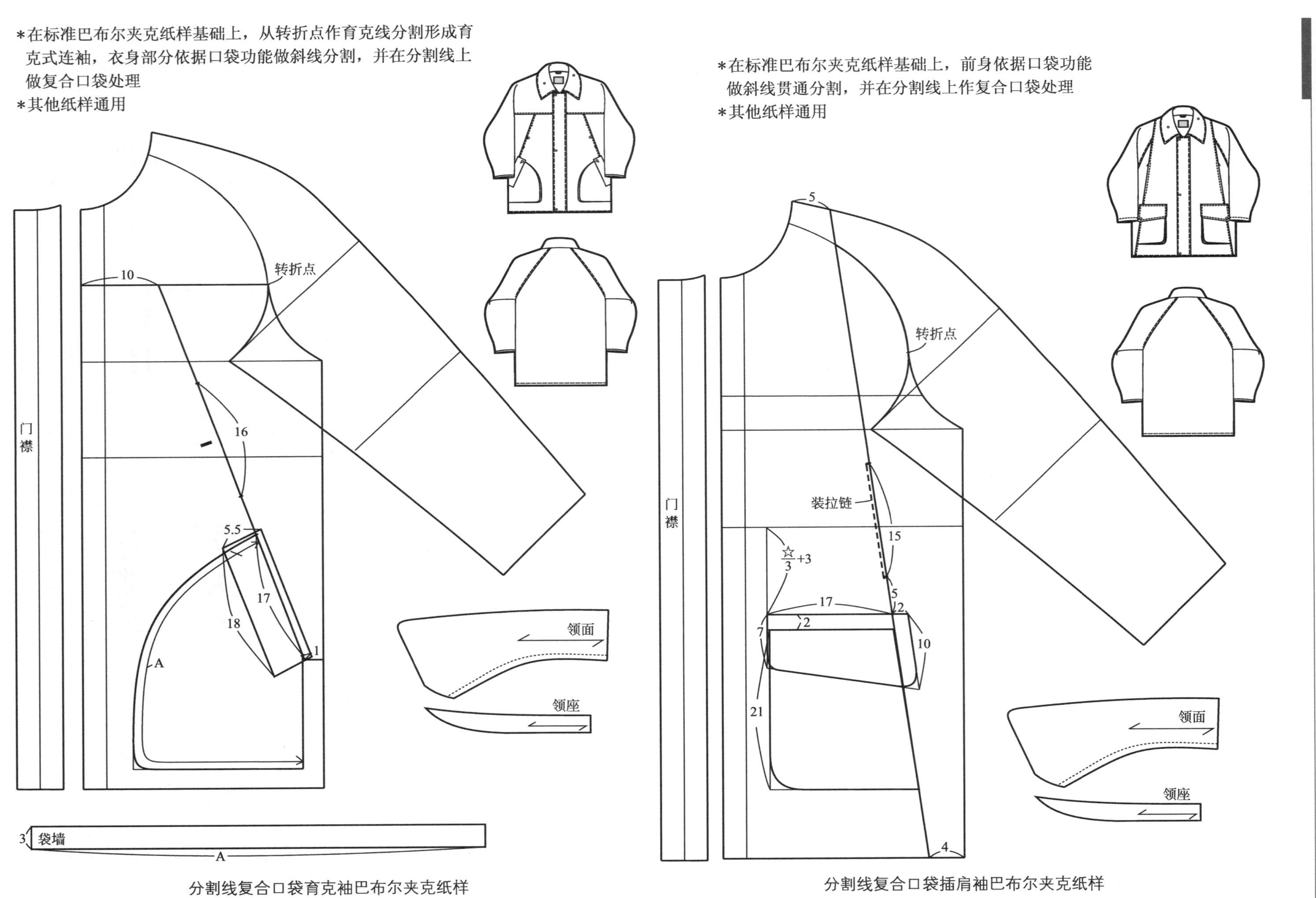

分割线复合口袋育克袖巴布尔夹克纸样

分割线复合口袋插肩袖巴布尔夹克纸样

2. 一板多款白兰度夹克纸样系列设计

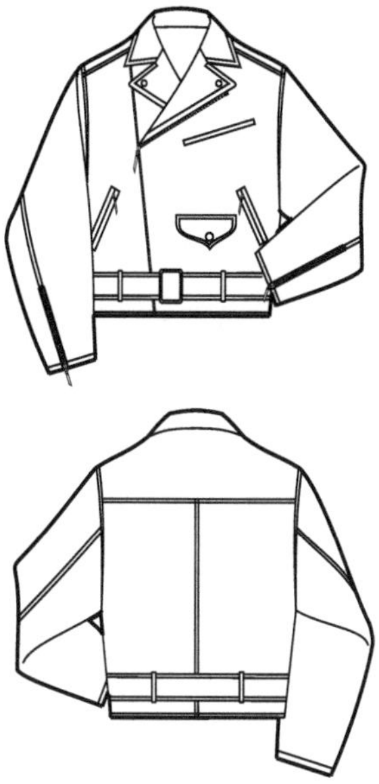

*在标准巴布尔夹克纸样基础上做短款设计就获得短夹克类基本纸样

*在短夹克类基本纸样基础上加入白兰度夹克标志性元素

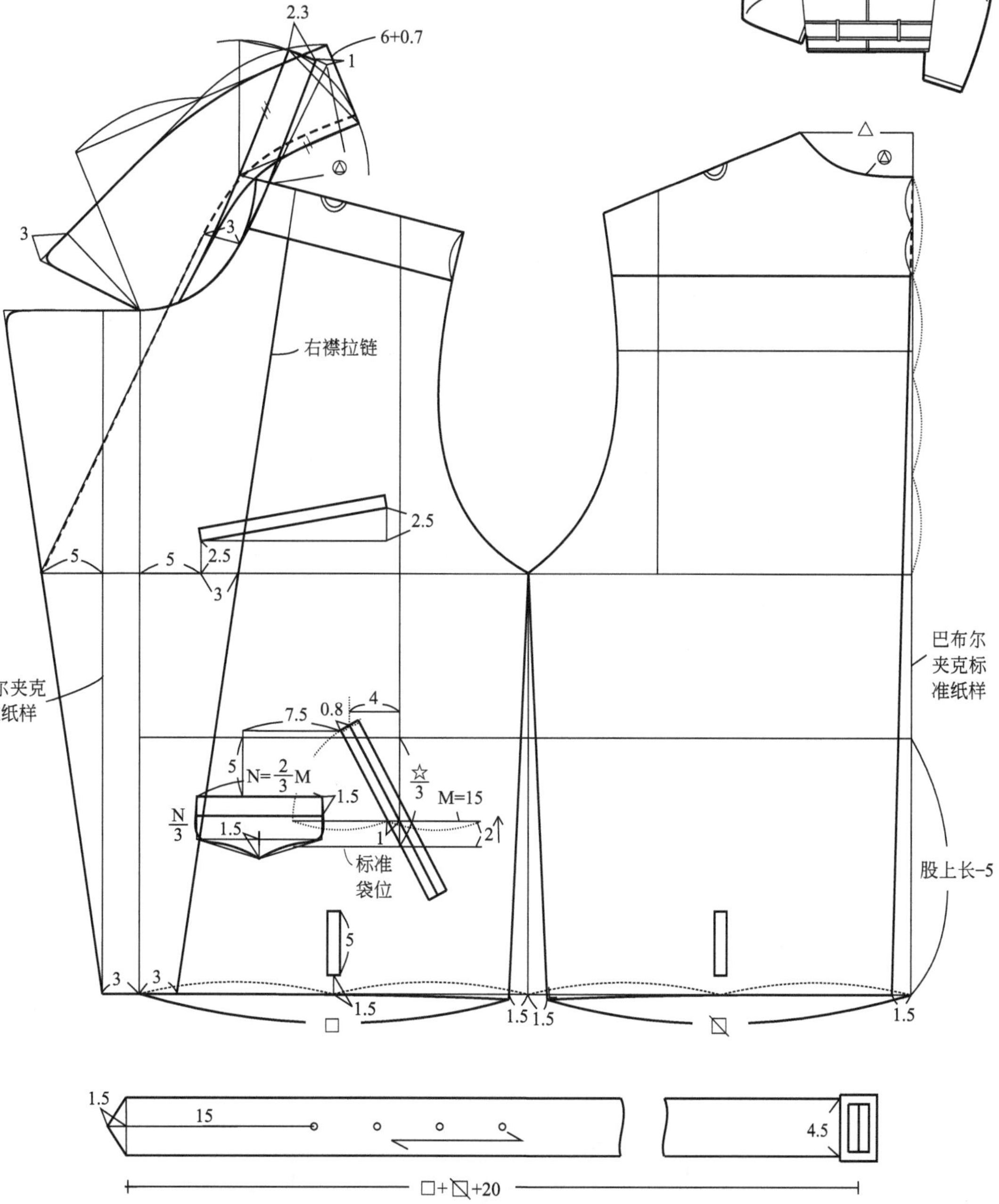

右襟拉链

巴布尔夹克标准纸样

标准袋位

股上长−5

标准版白兰度夹克纸样

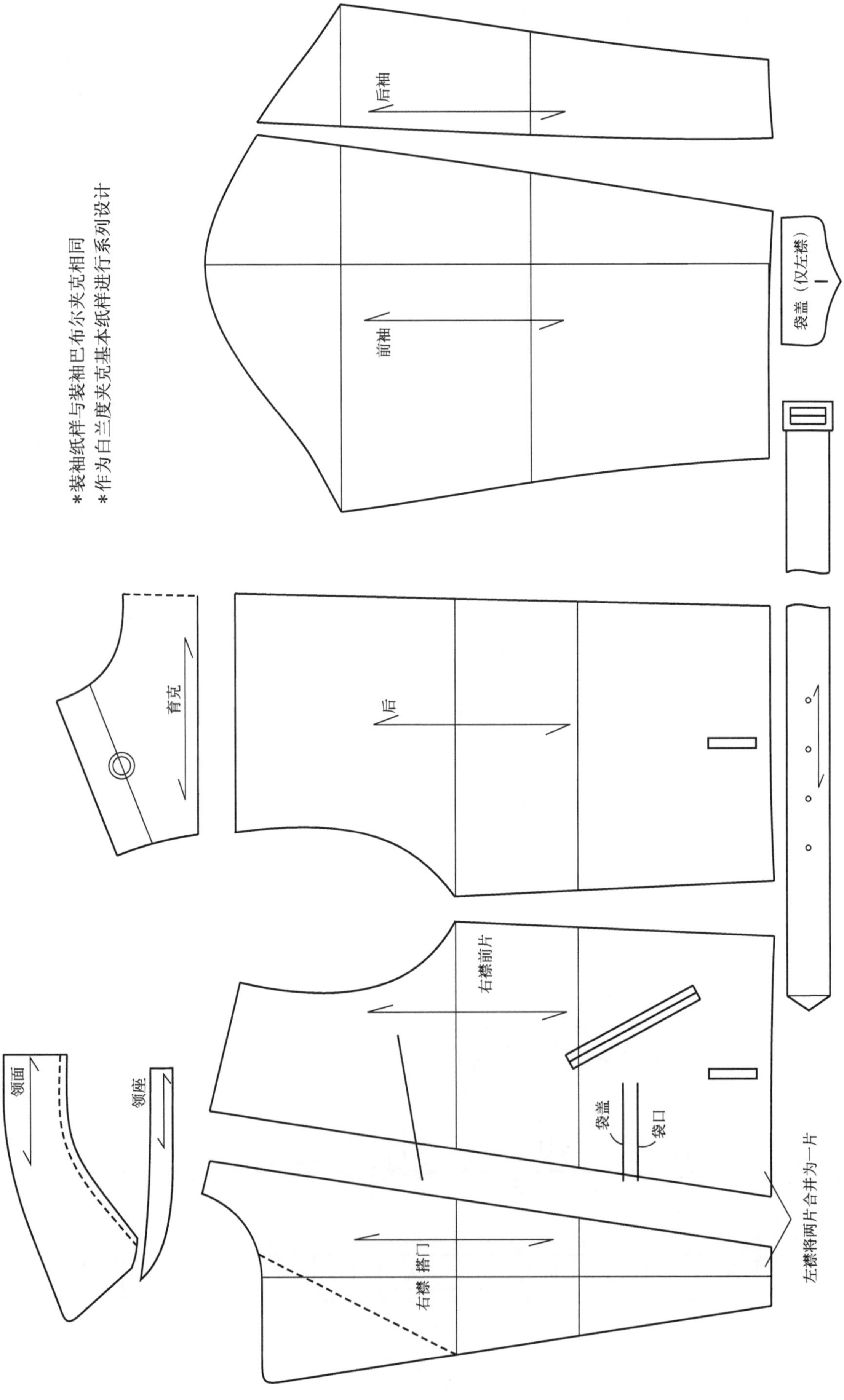

标准白兰度夹克纸样分解图

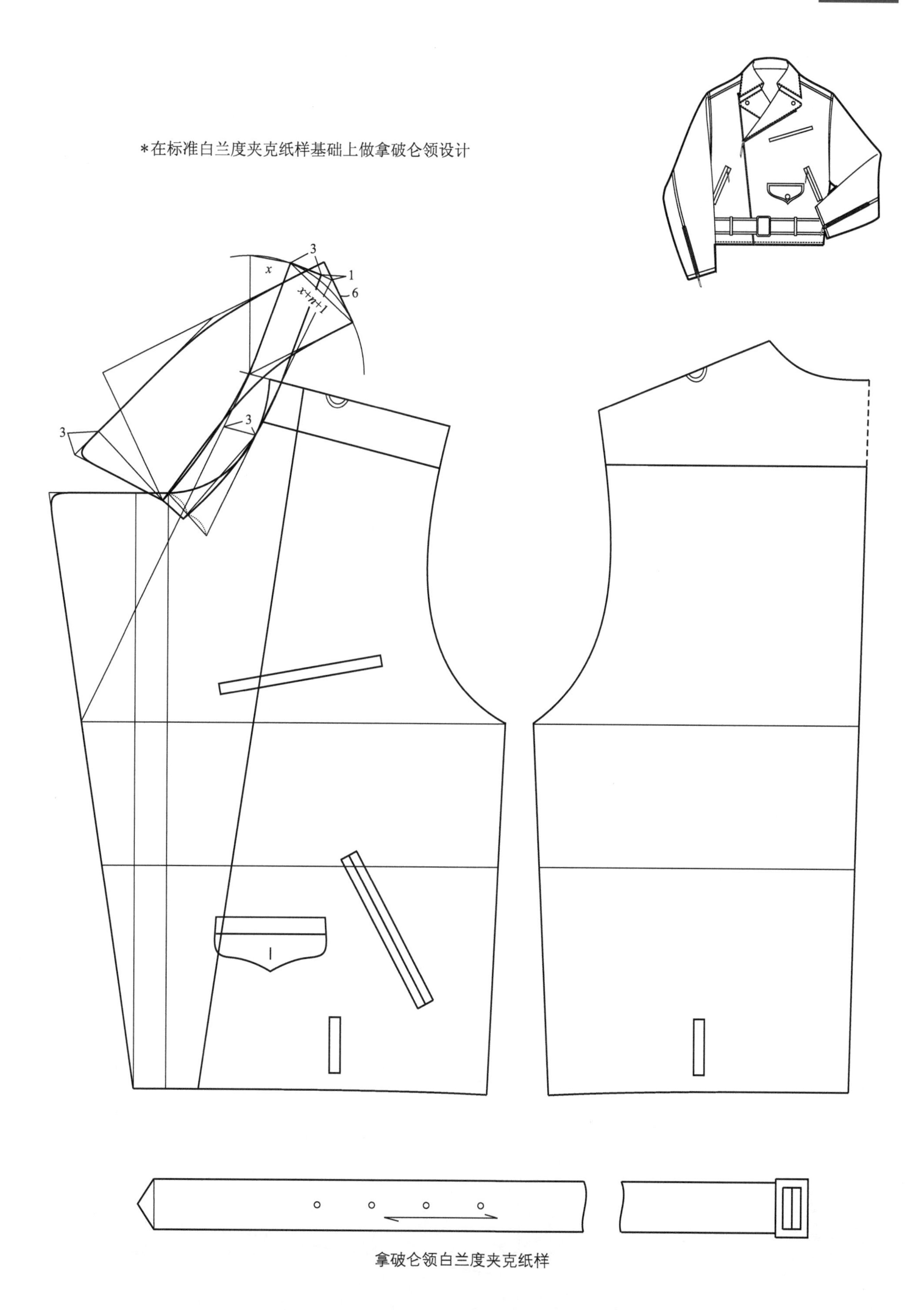

拿破仑领白兰度夹克纸样

*拿破仑领上设计领襻
*在拿破仑领白兰度夹克基础上减掉腰带元素，同时，为加固拉链卡头设计固襻
*其他纸样通用

*在拿破仑领白兰度夹克纸样基础上仅在右肩配合左襟斜搭门设计成复合型结构，这是引入堑壕外套“披胸布”的设计元素防风防寒功能
*其他纸样通用

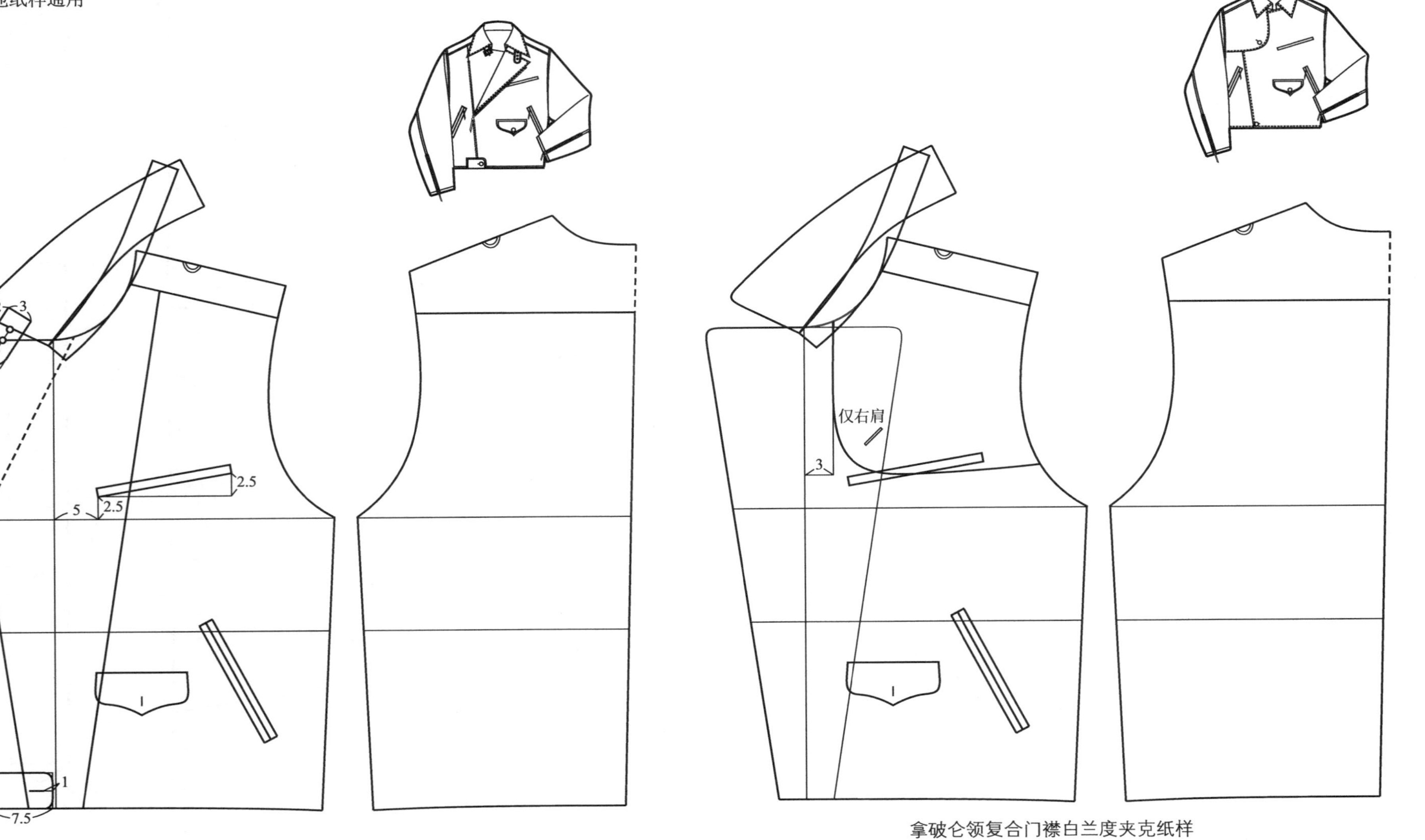

襻式拿破仑领无腰带白兰度夹克纸样

拿破仑领复合门襟白兰度夹克纸样

*在拿破仑领白兰度夹克纸样基础上做复合门襟、插肩袖和袖带的设计

*白兰度夹克纸样设计可用元素很多，仅本系列所用元素再进行排列组合又会产生新的系列

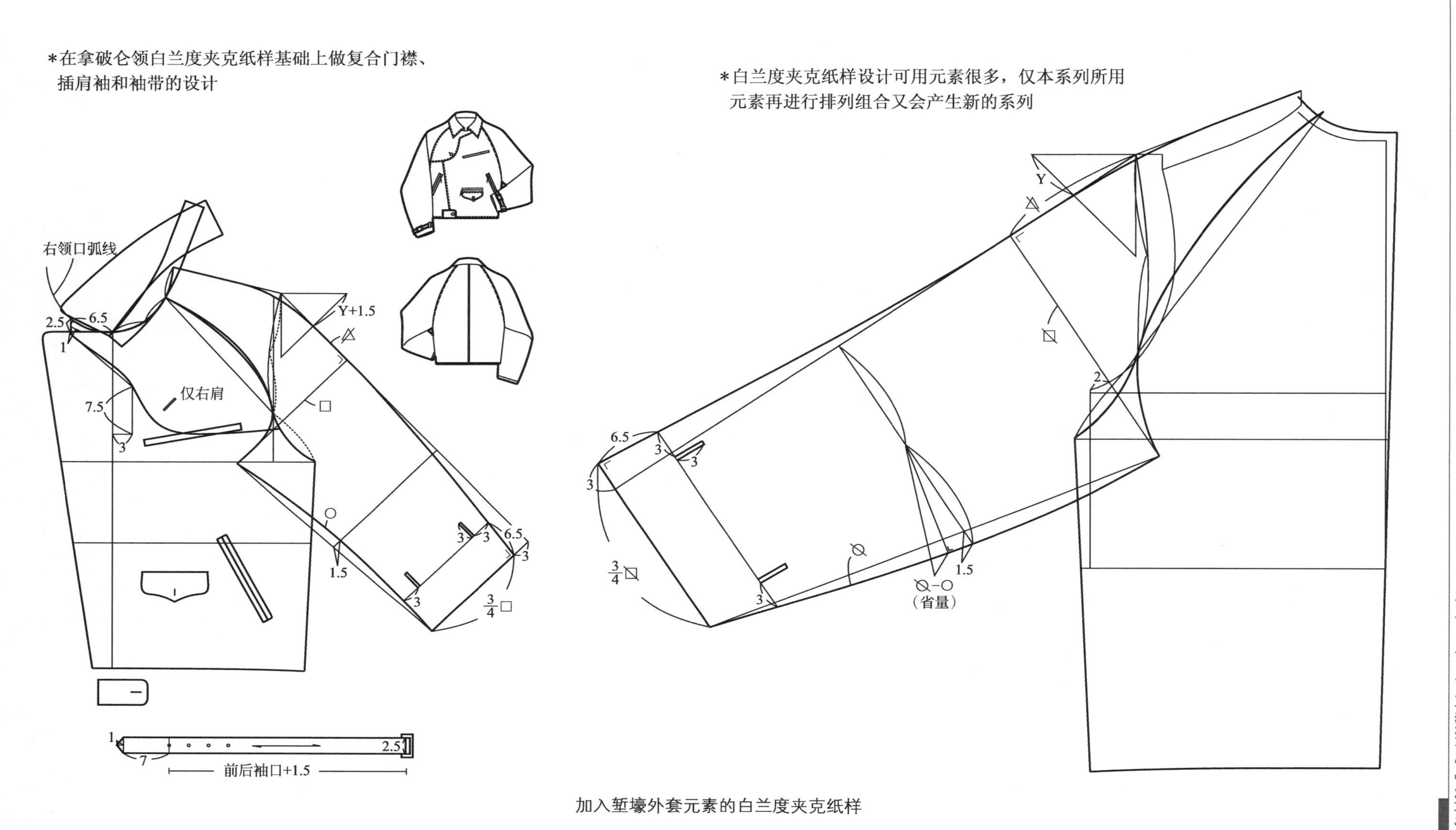

加入堑壕外套元素的白兰度夹克纸样

第十二章 ◆ 裤子款式与纸样系列设计

一、裤子款式系列设计

1. 裤子基本分类

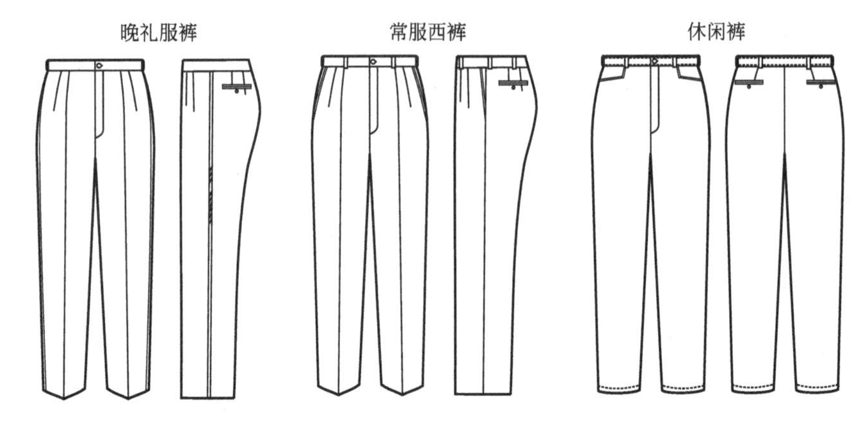

2. 西裤款式系列设计

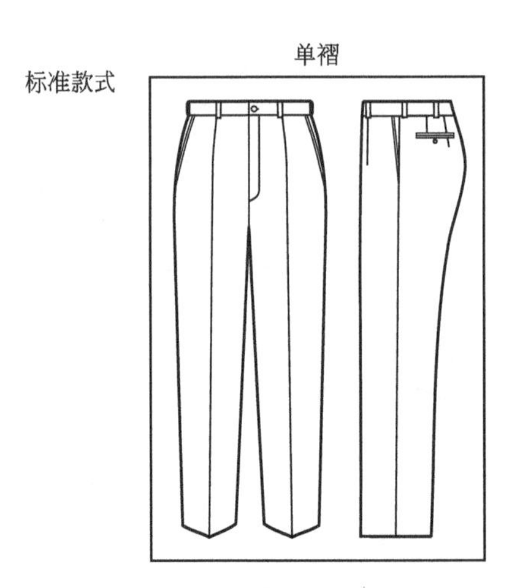

（1）西裤褶的变化系列

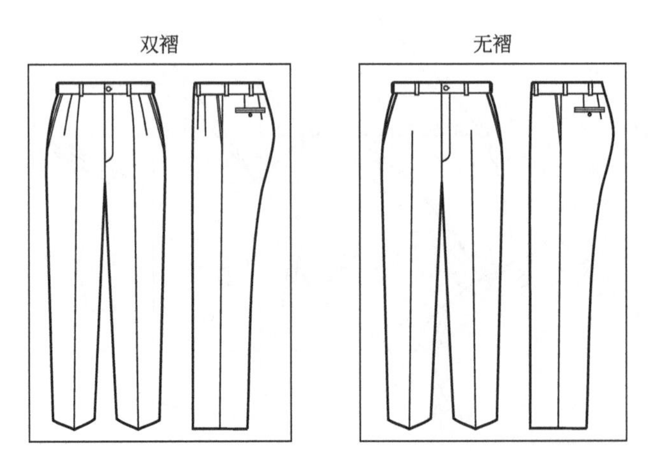

（2）西裤廓型变化系列

H型

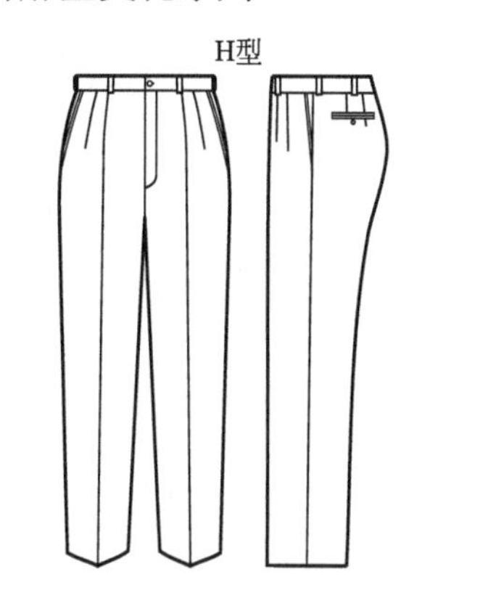

小Y型

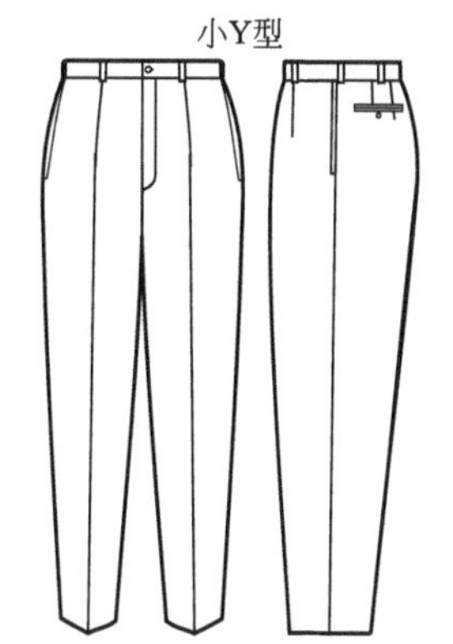

小A型

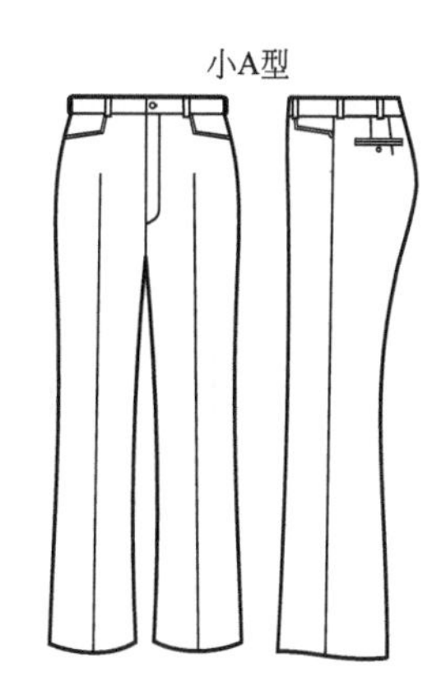

（3）西裤口袋变化系列

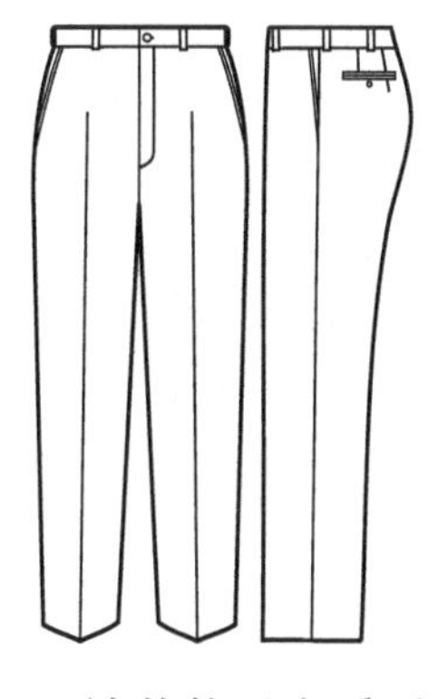

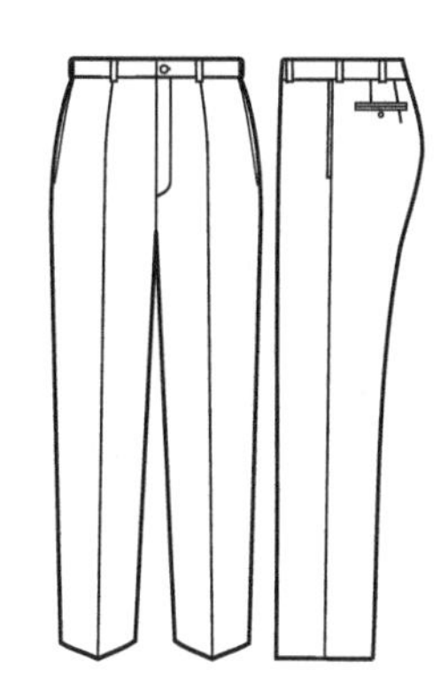

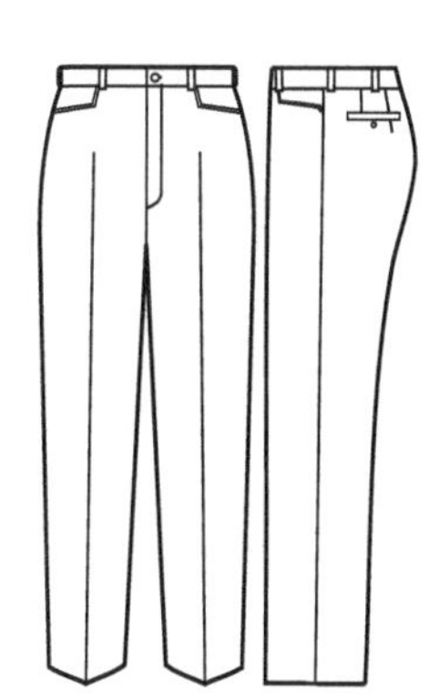

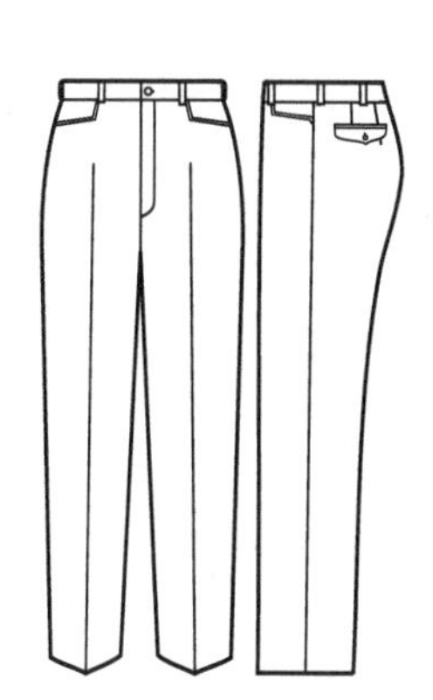

（4）西裤其他元素系列

翻脚

连腰

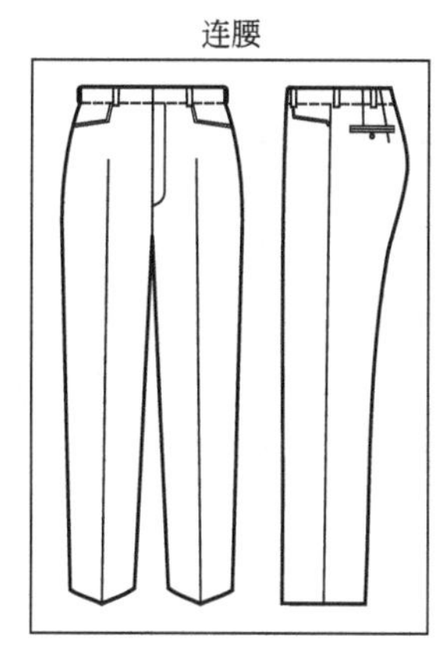

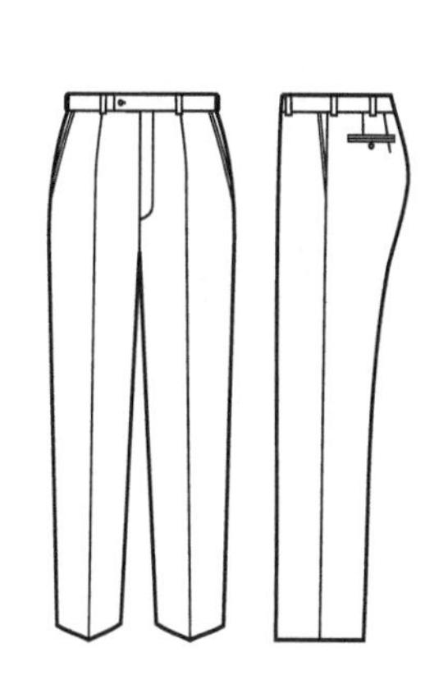

3. H型休闲裤款式系列设计

标准款式

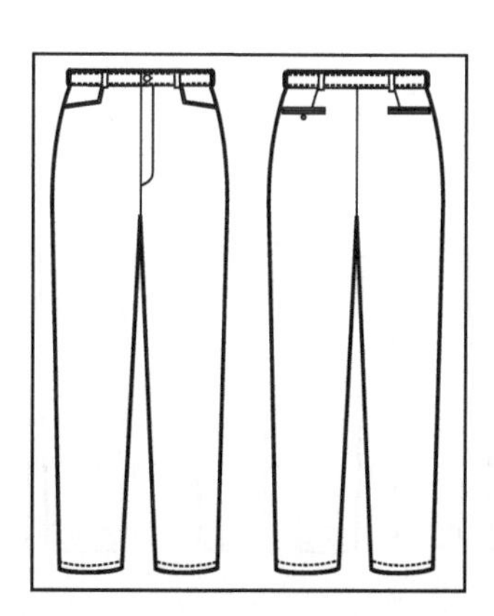

（1）H型休闲裤口袋变化系列

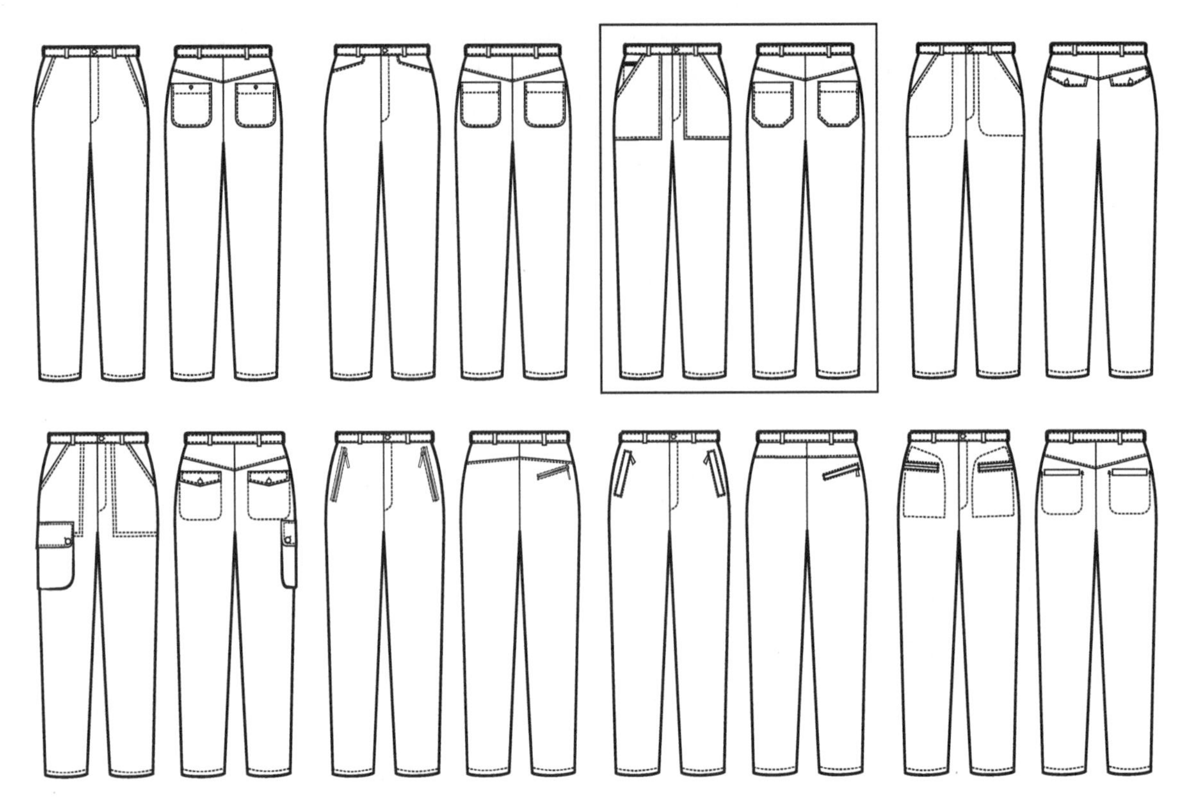

（2）H型休闲裤育克变化系列

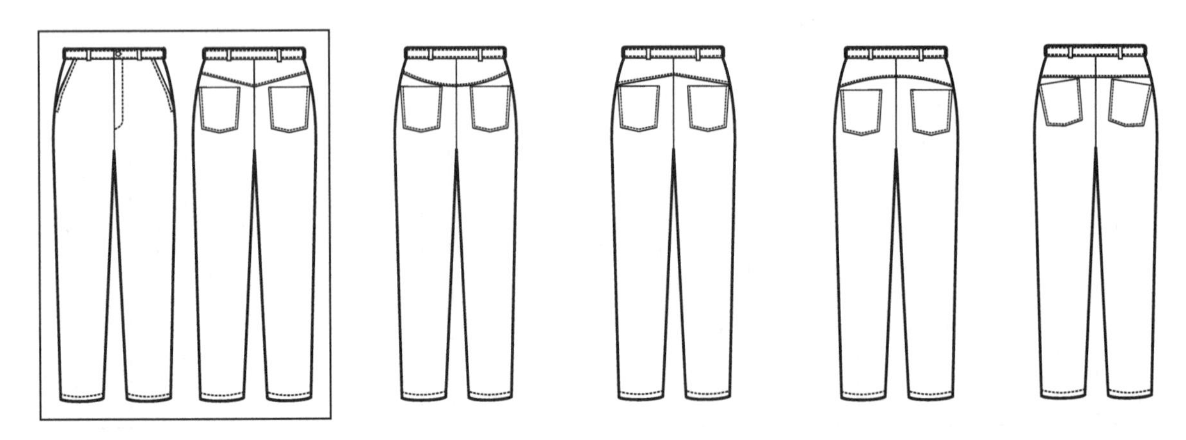

（3）H型休闲裤腰头变系列

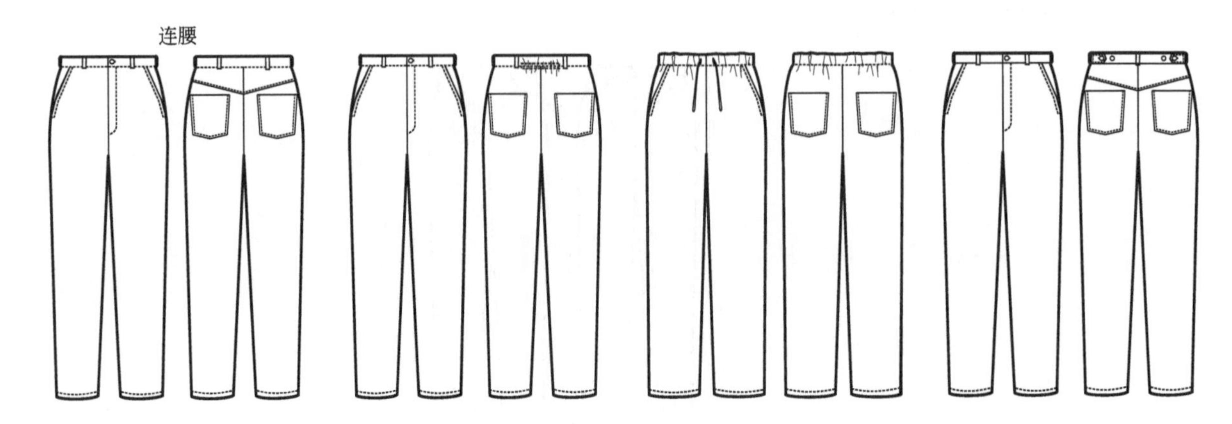

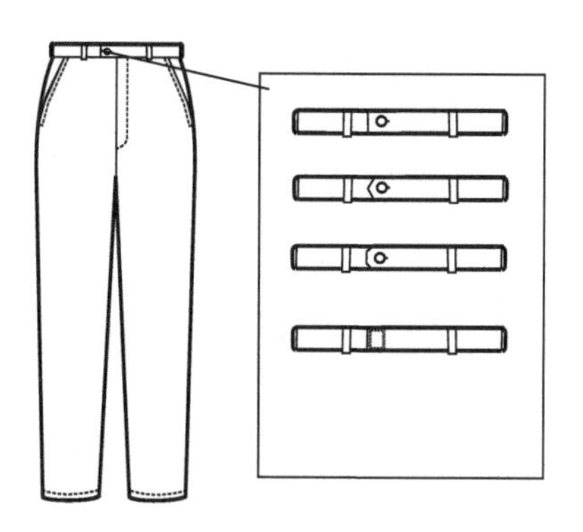

（4）H型休闲裤裤口变化系列

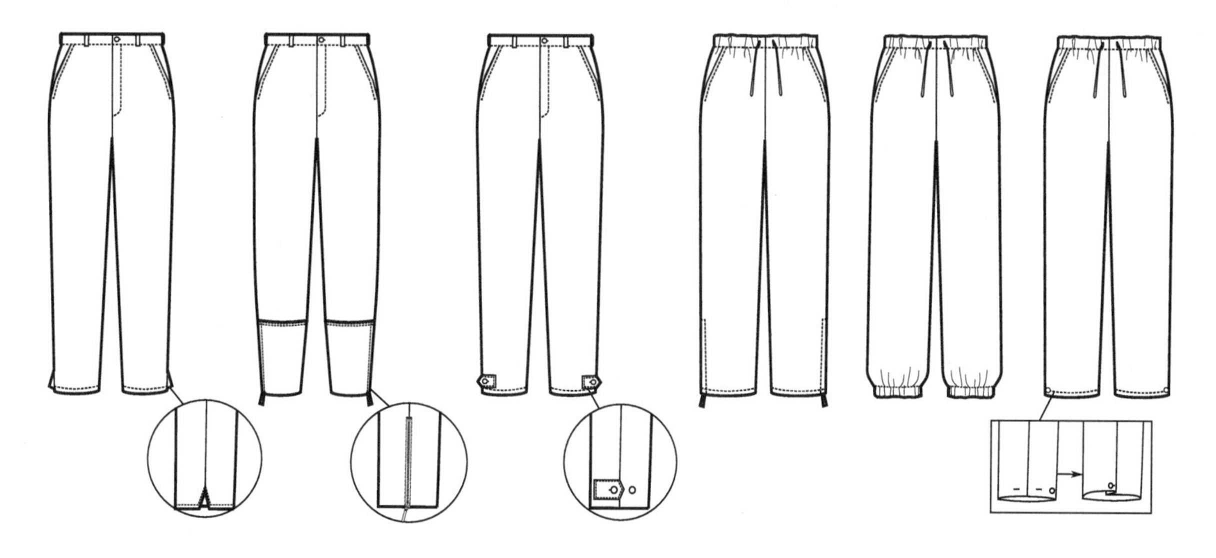

（5）H型休闲裤分割线变化系列

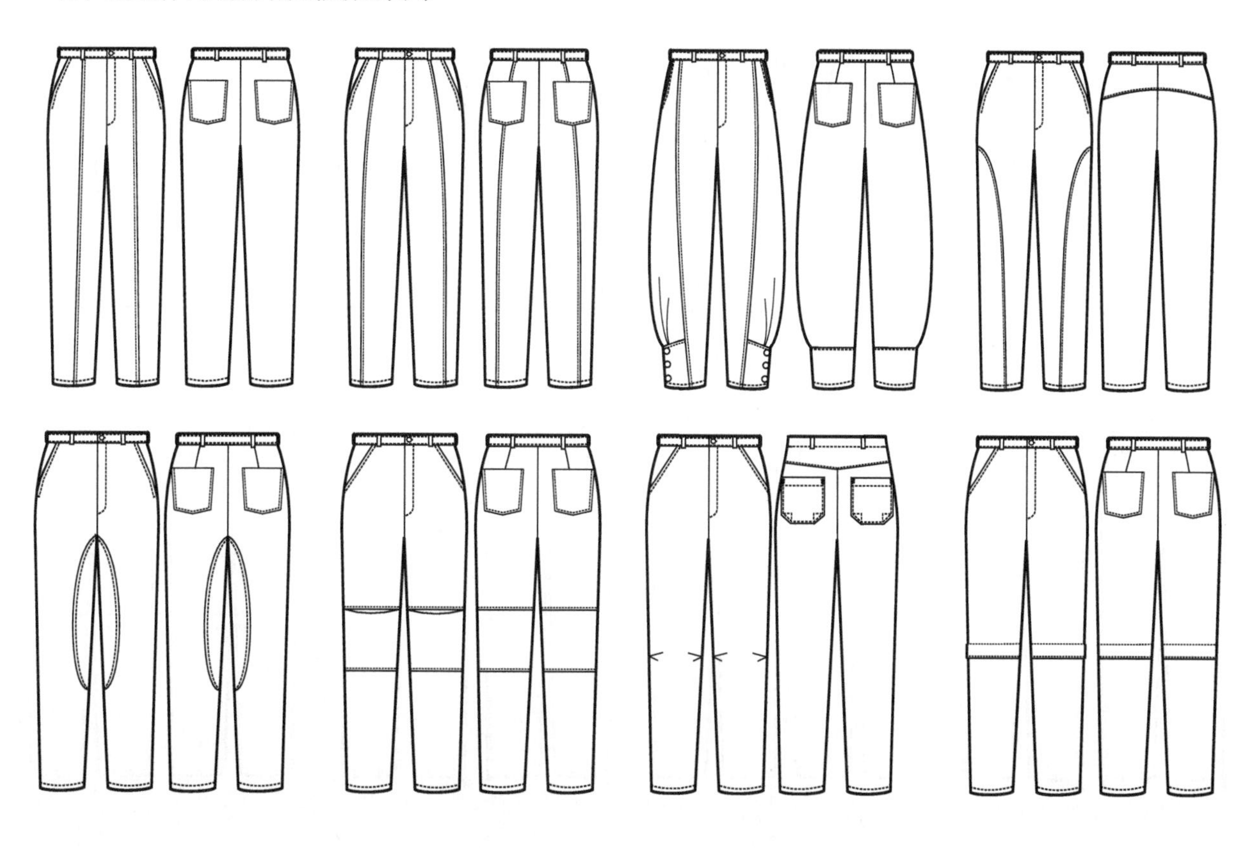

(6) H型休闲裤综合元素变化系列之一（休闲元素主题）

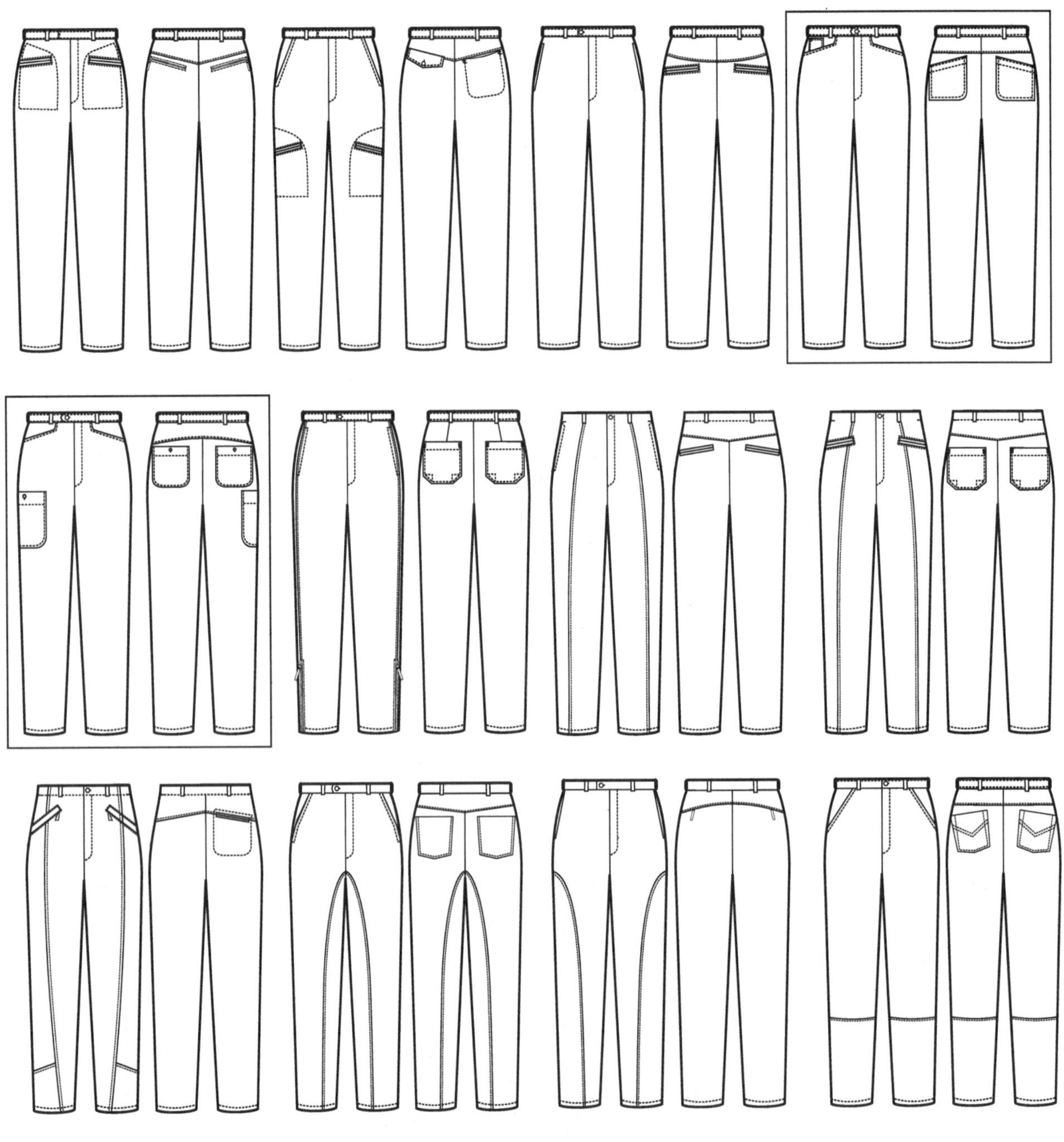

(7) H型休闲裤综合元素变化系列之二（松紧腰运动元素主题）

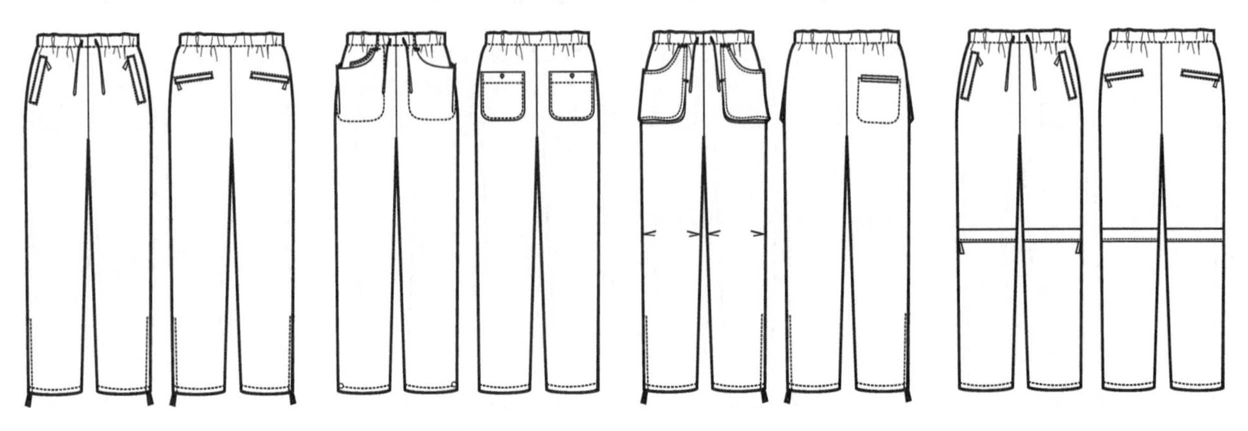

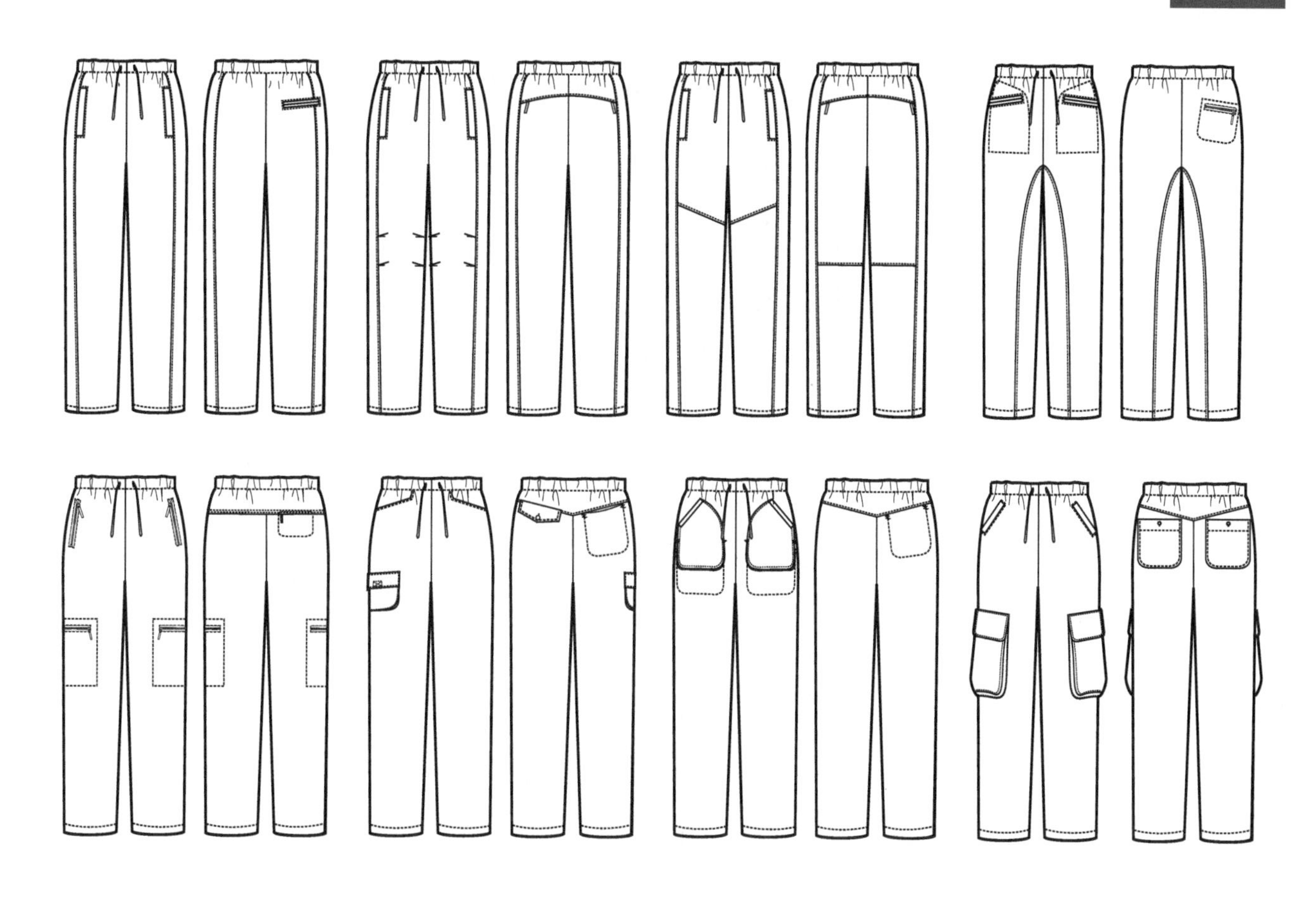

（8）H型休闲裤综合元素变化系列之三（松紧腰和松紧裤口运动元素主题）

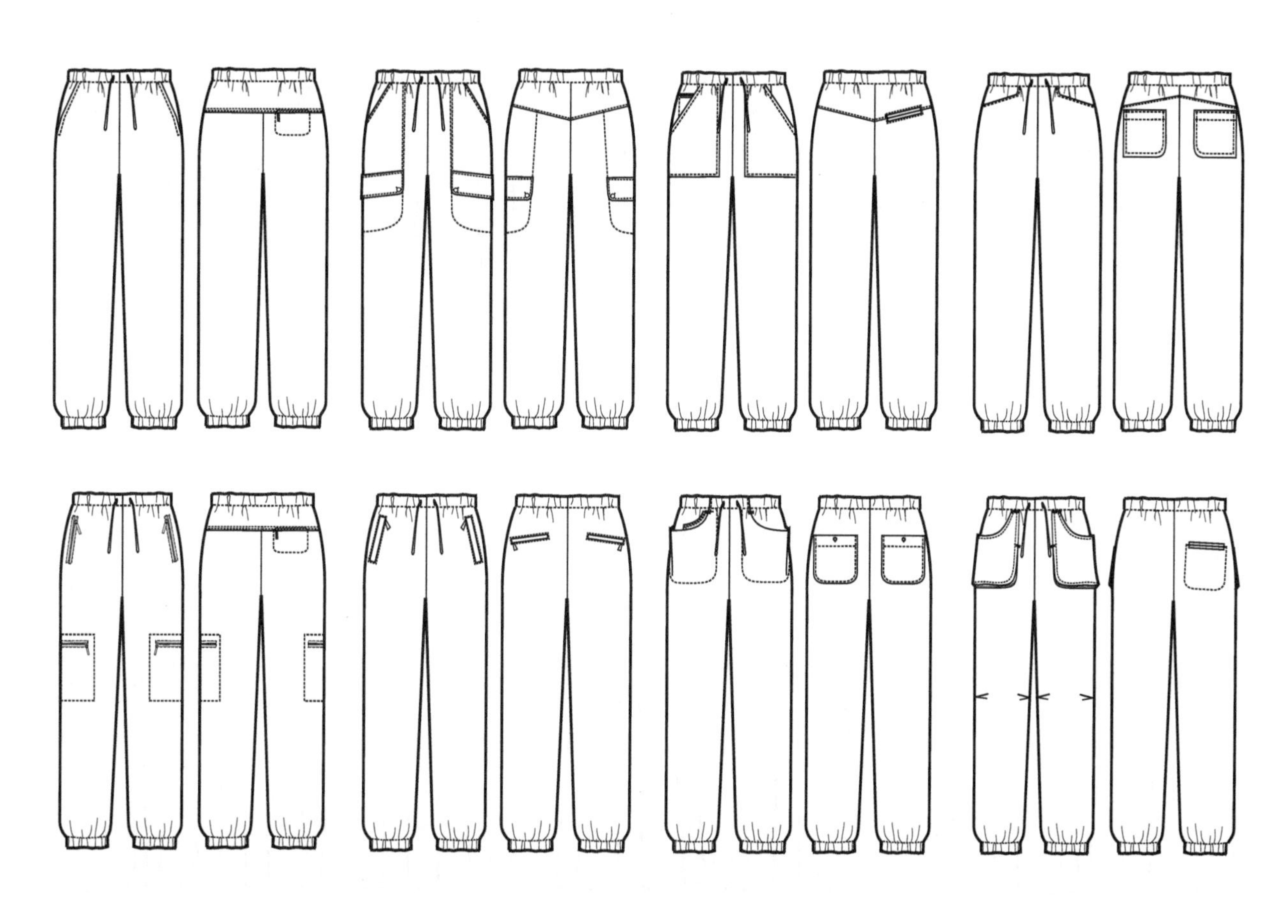

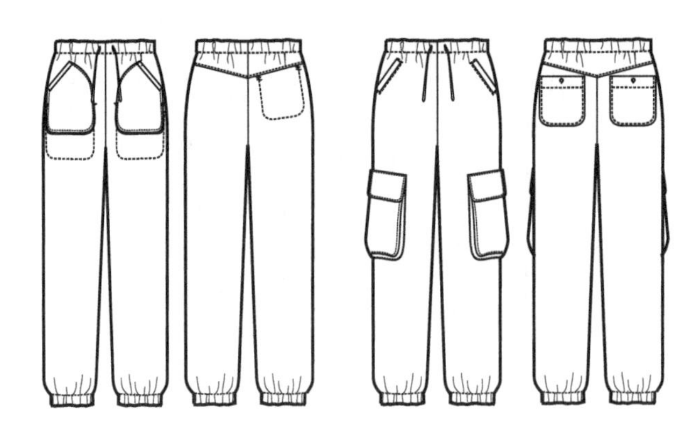

4. A型休闲裤款式系列设计

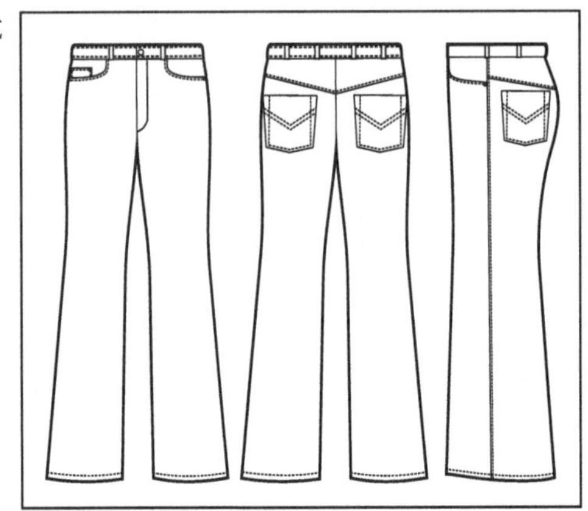

（1）A型休闲裤育克变化系列

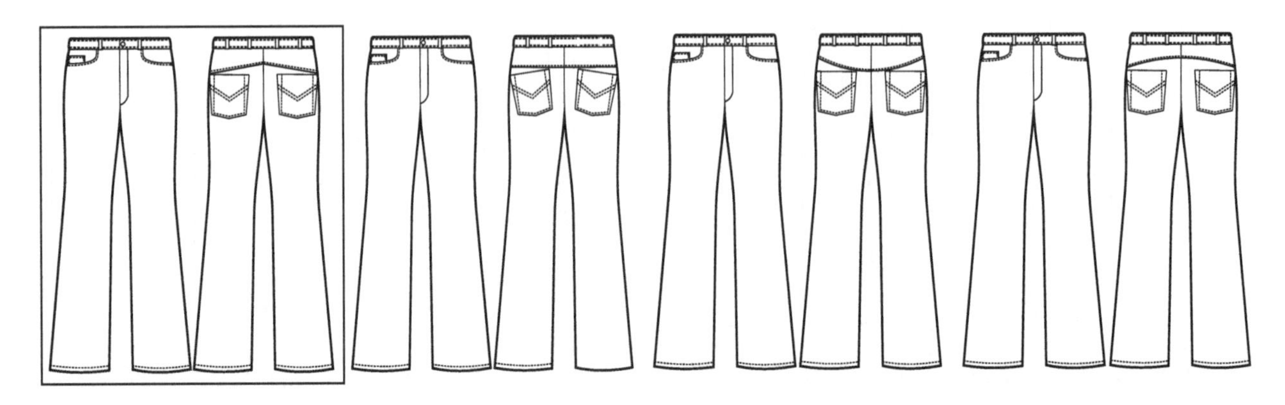

（2）A型休闲裤分割线变化系列

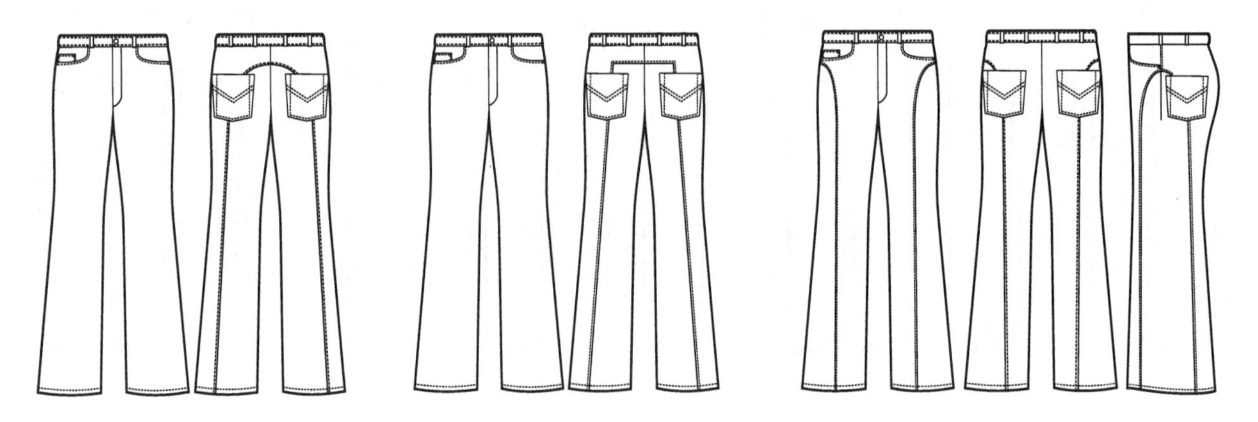

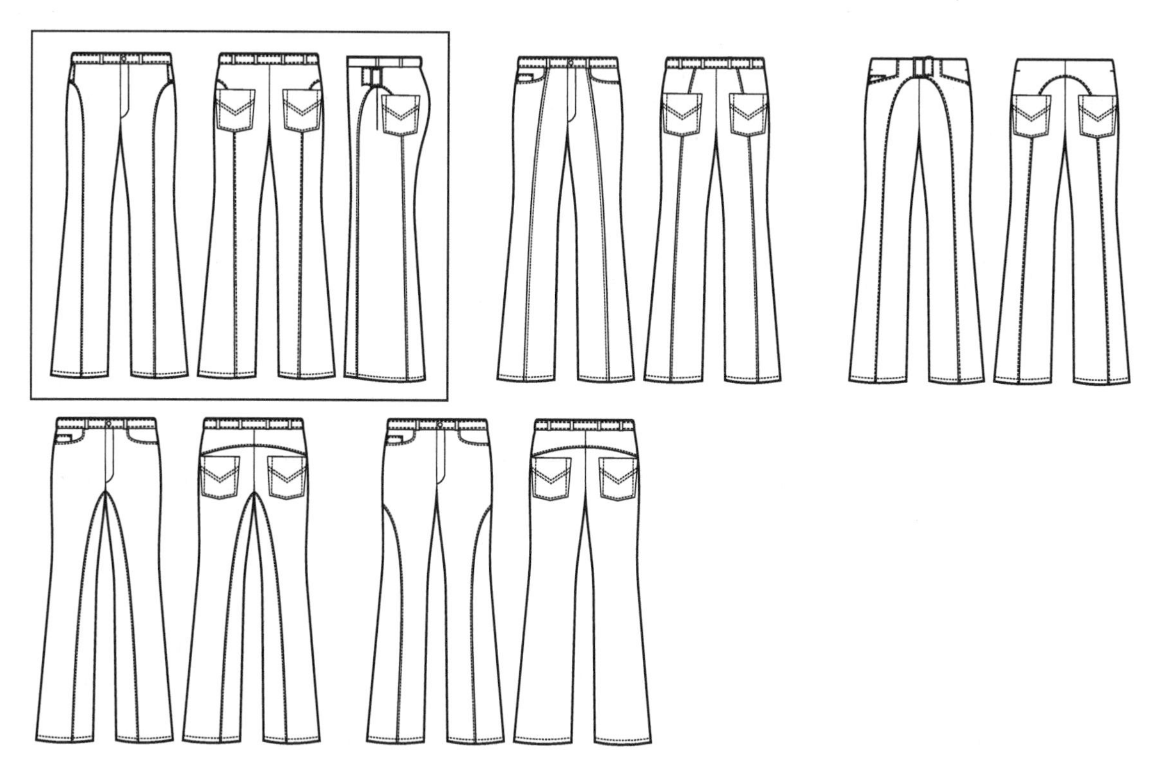

（3）A型休闲裤口袋变化系列

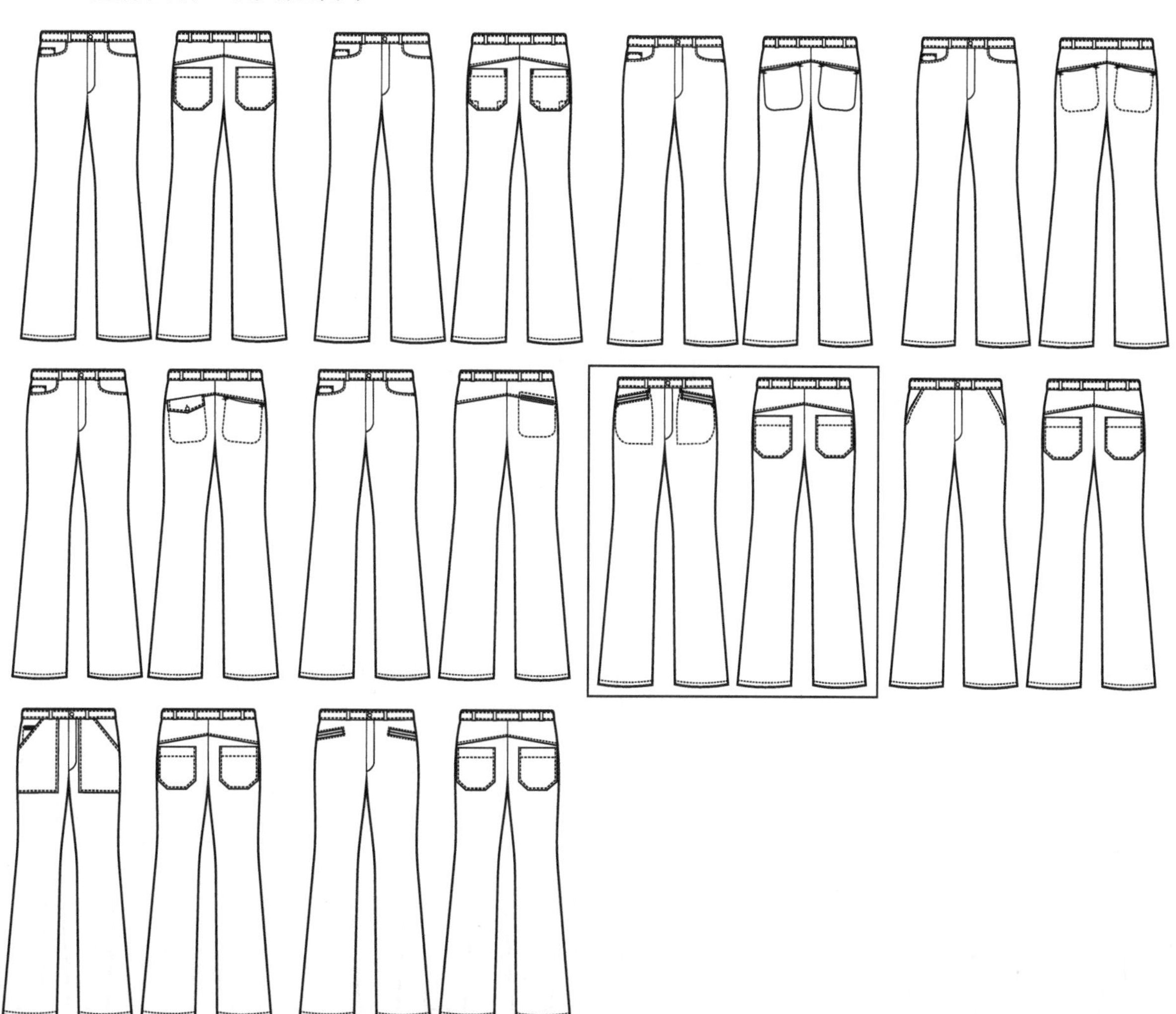

（4）A型休闲裤综合元素变化系列

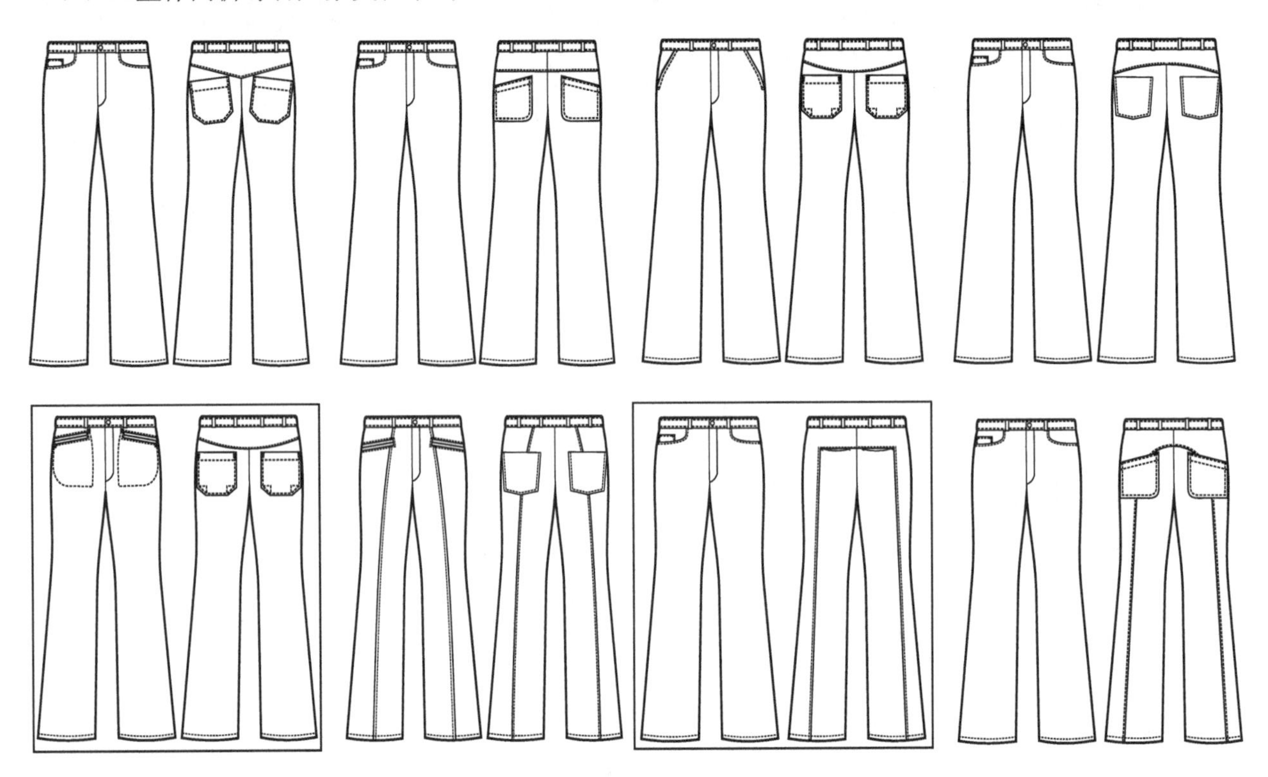

5. Y型休闲裤款式系列设计

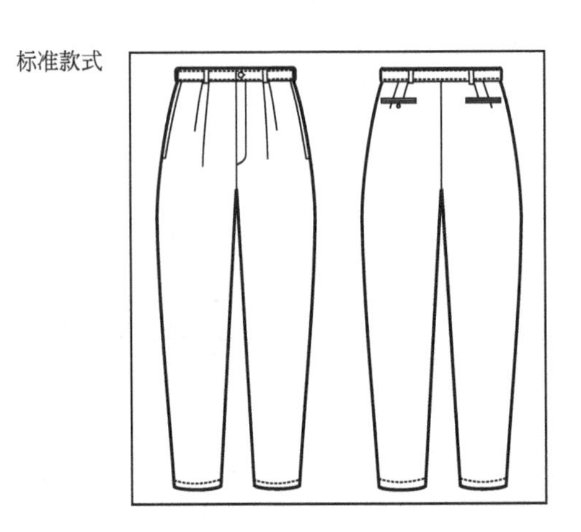

（1）Y型休闲裤腰头变化系列

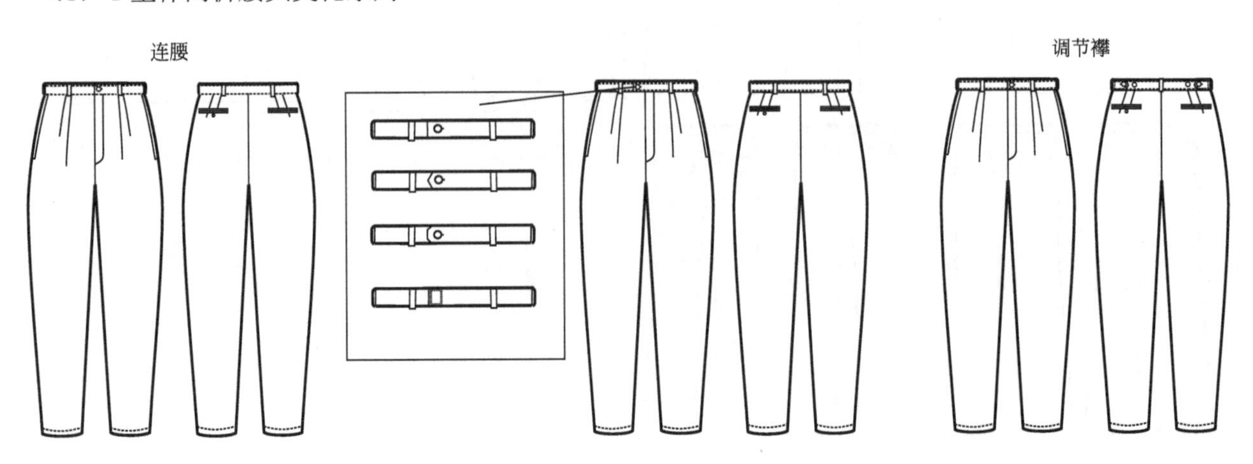

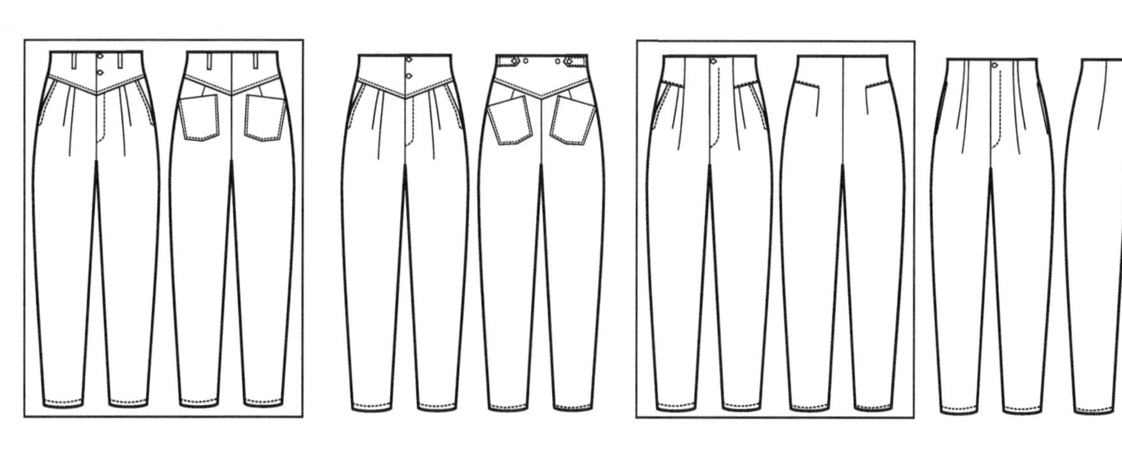

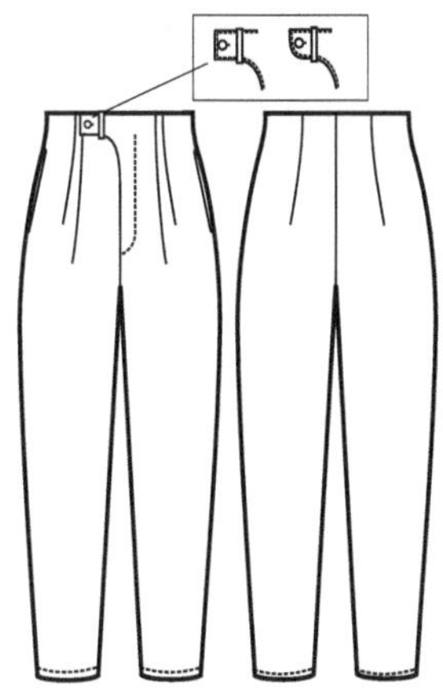

（2）Y型休闲裤裤口变化系列

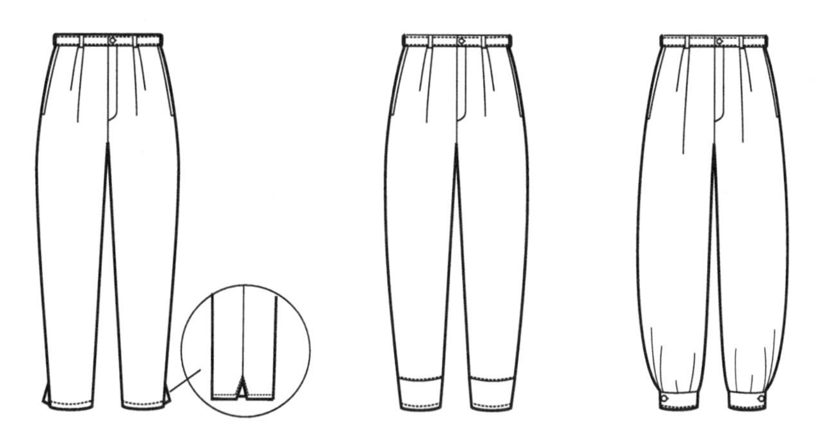

（3）Y型休闲裤腰头、口袋变化系列

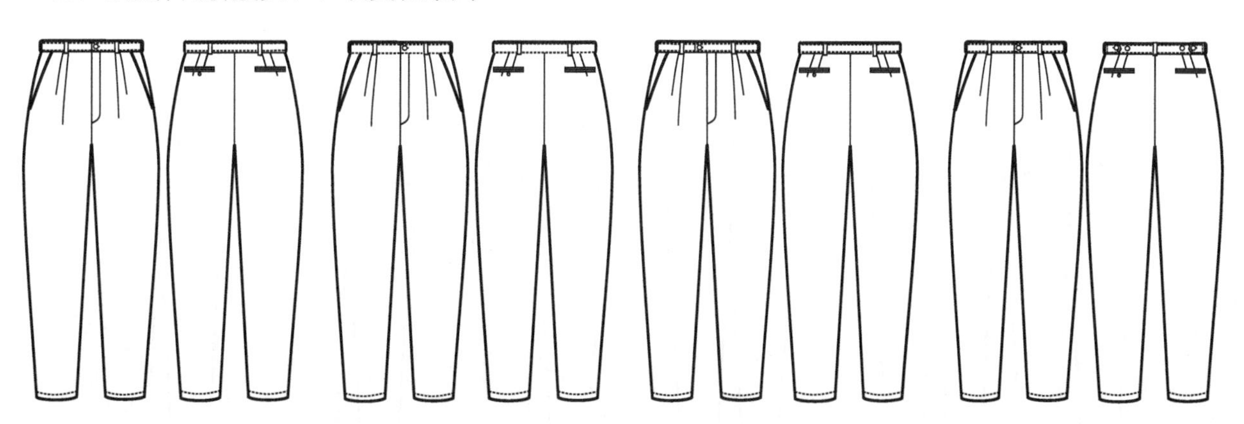

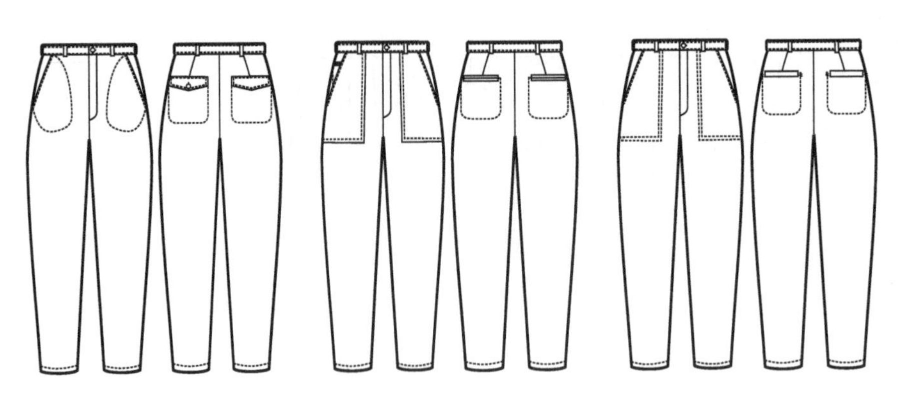

（4）Y型休闲裤高腰、育克、口袋变化系列

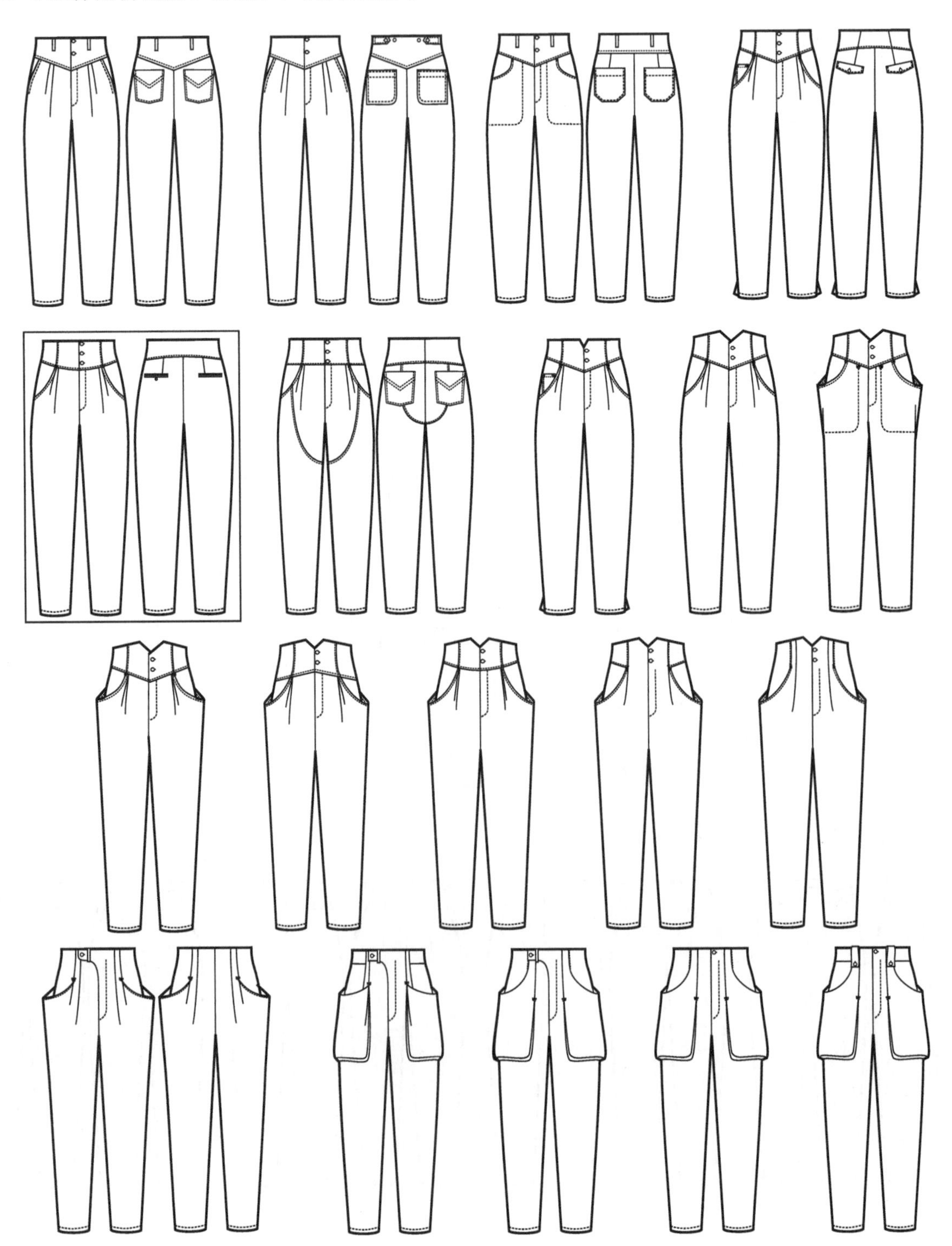

二、裤子纸样系列设计

1. 一板多款H型裤子纸样系列设计

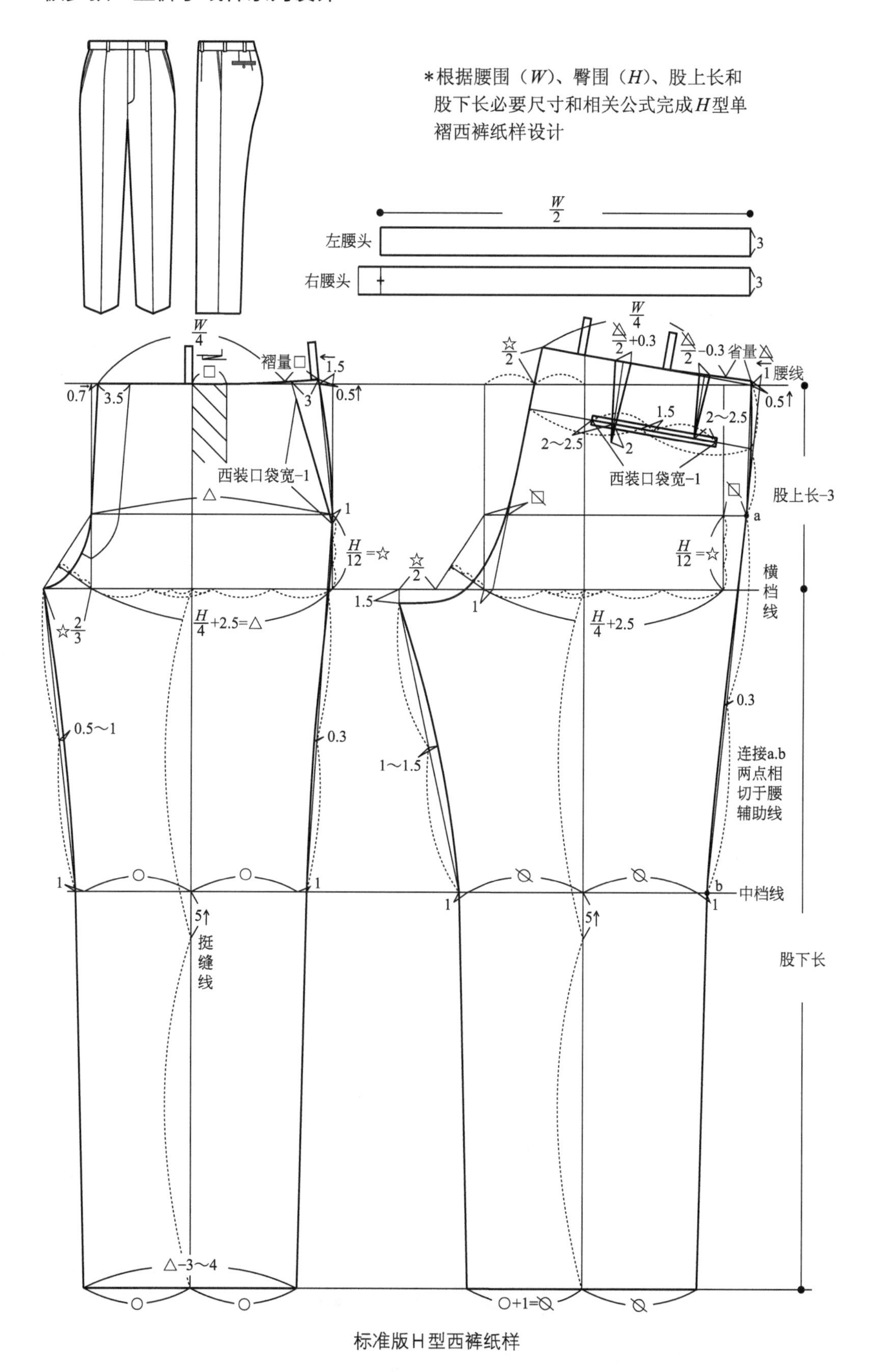

标准版H型西裤纸样

*由于H型西裤表现出裤子的标准造型，它的纸样就被视为裤子的基本纸样
*裤子主板分为H型、A型和Y型三种类型，每个类型可以通过一板多款的方法进行系列纸样设计

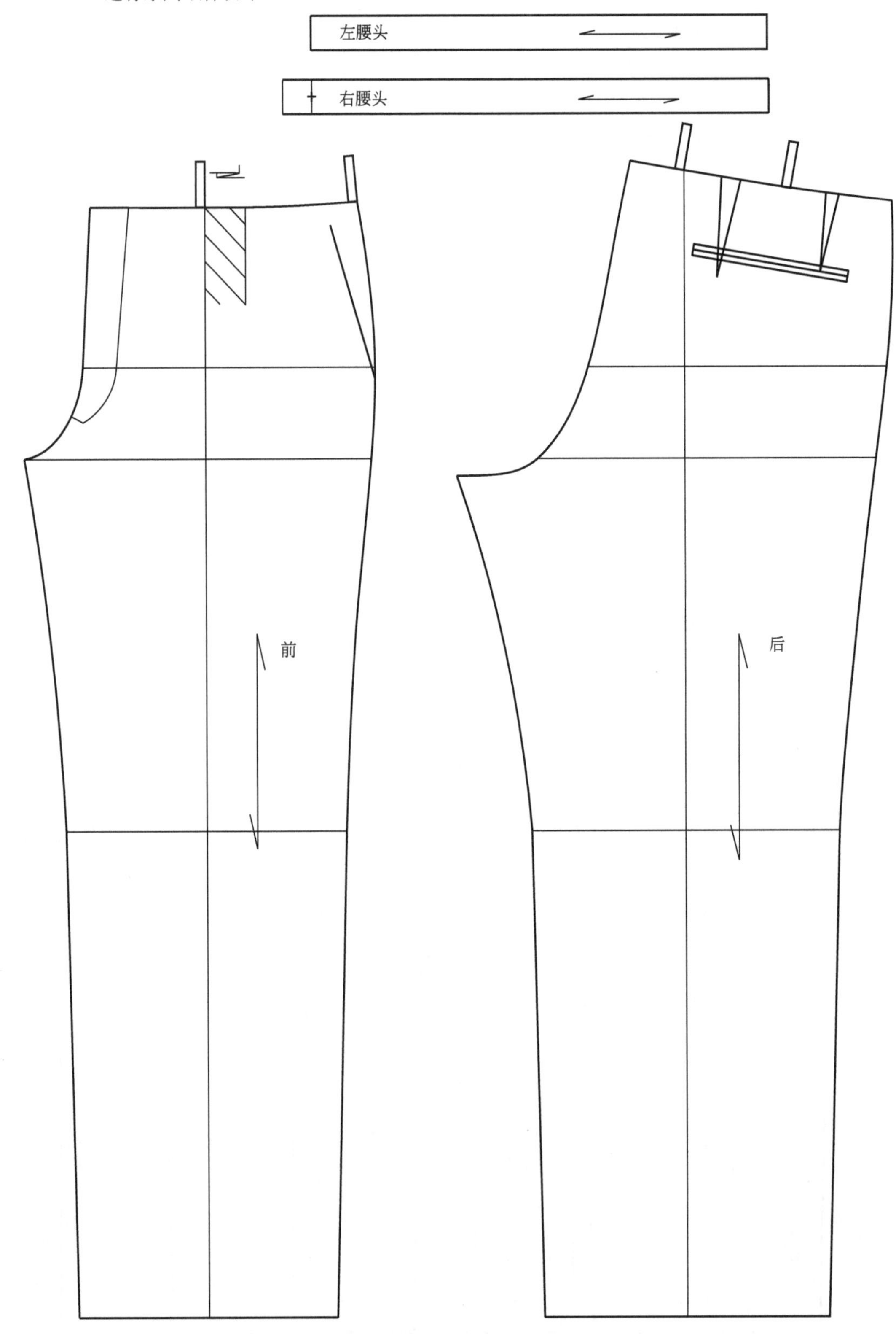

标准版H型西裤纸样分解图

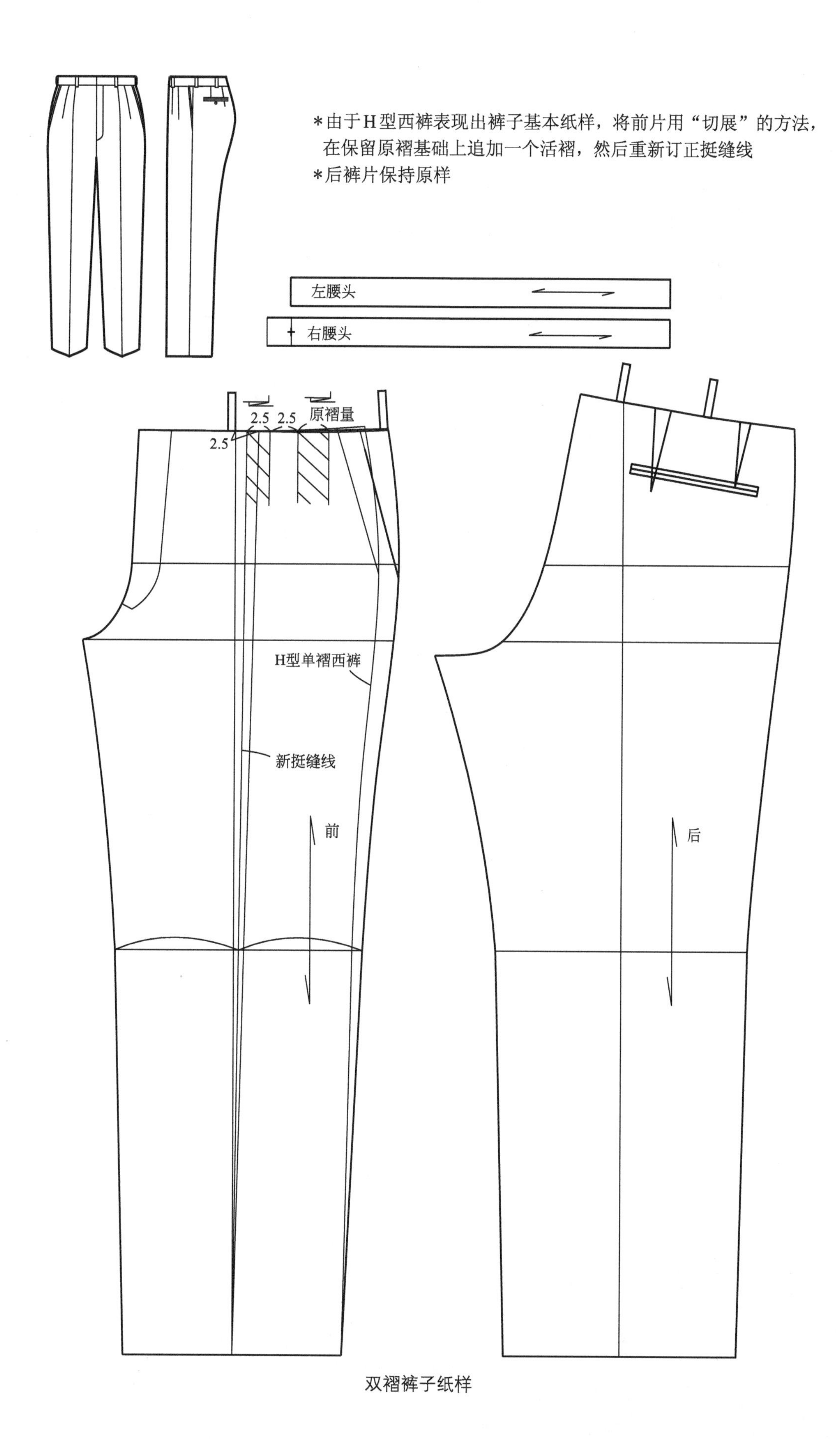

*由于H型西裤表现出裤子基本纸样，将前片用“切展”的方法，
在保留原褶基础上追加一个活褶，然后重新订正挺缝线
*后裤片保持原样
左腰头
右腰头
2.5
2.5
2.5
原褶量
H型单褶西裤
新挺缝线
前
后

双褶裤子纸样

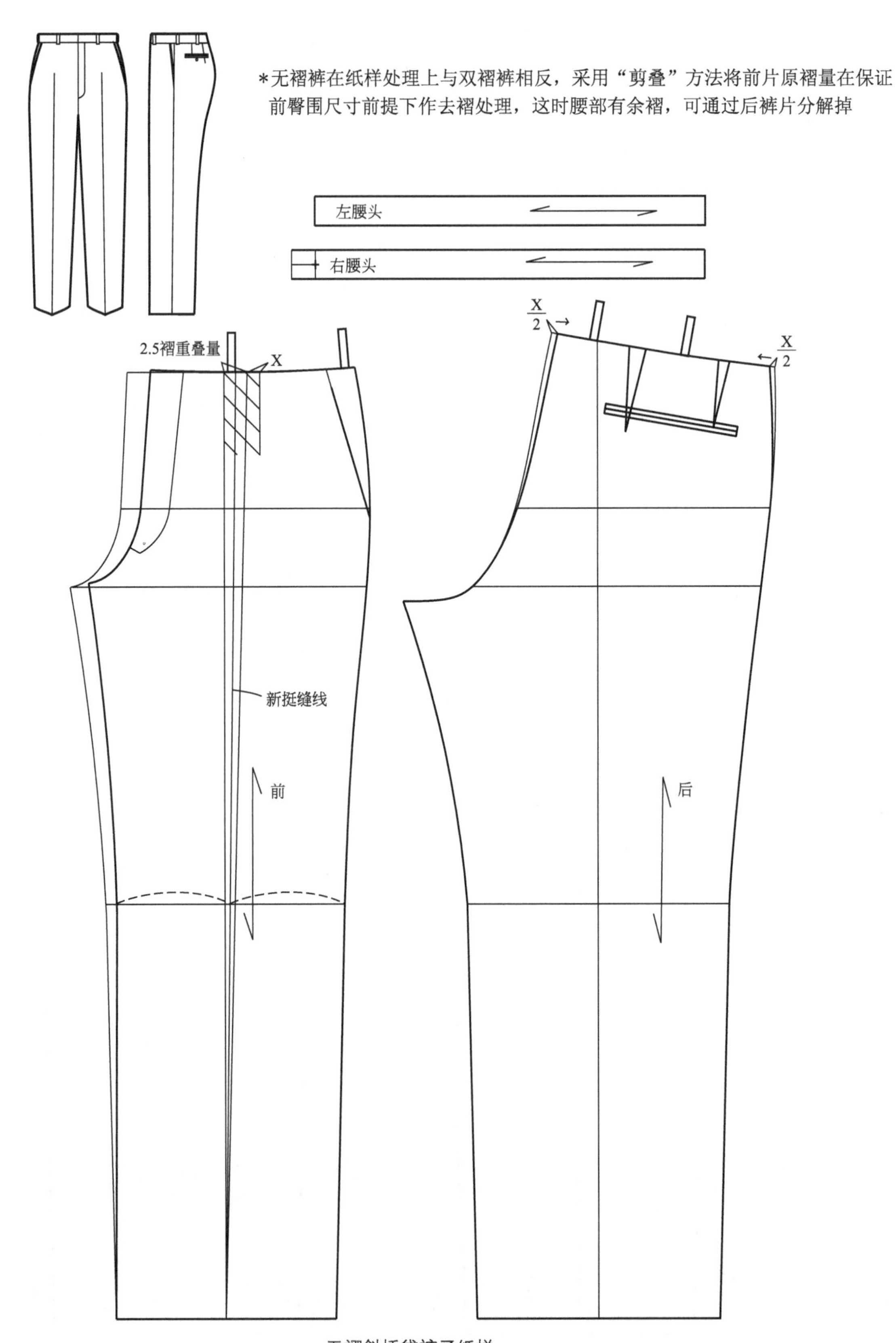
*无褶裤在纸样处理上与双褶裤相反，采用“剪叠”方法将前片原褶量在保证前臀围尺寸前提下作去褶处理，这时腰部有余褶，可通过后裤片分解掉
左腰头
右腰头
2.5褶重叠量
X
X/2
X/2
新挺缝线
前
后

无褶斜插袋裤子纸样

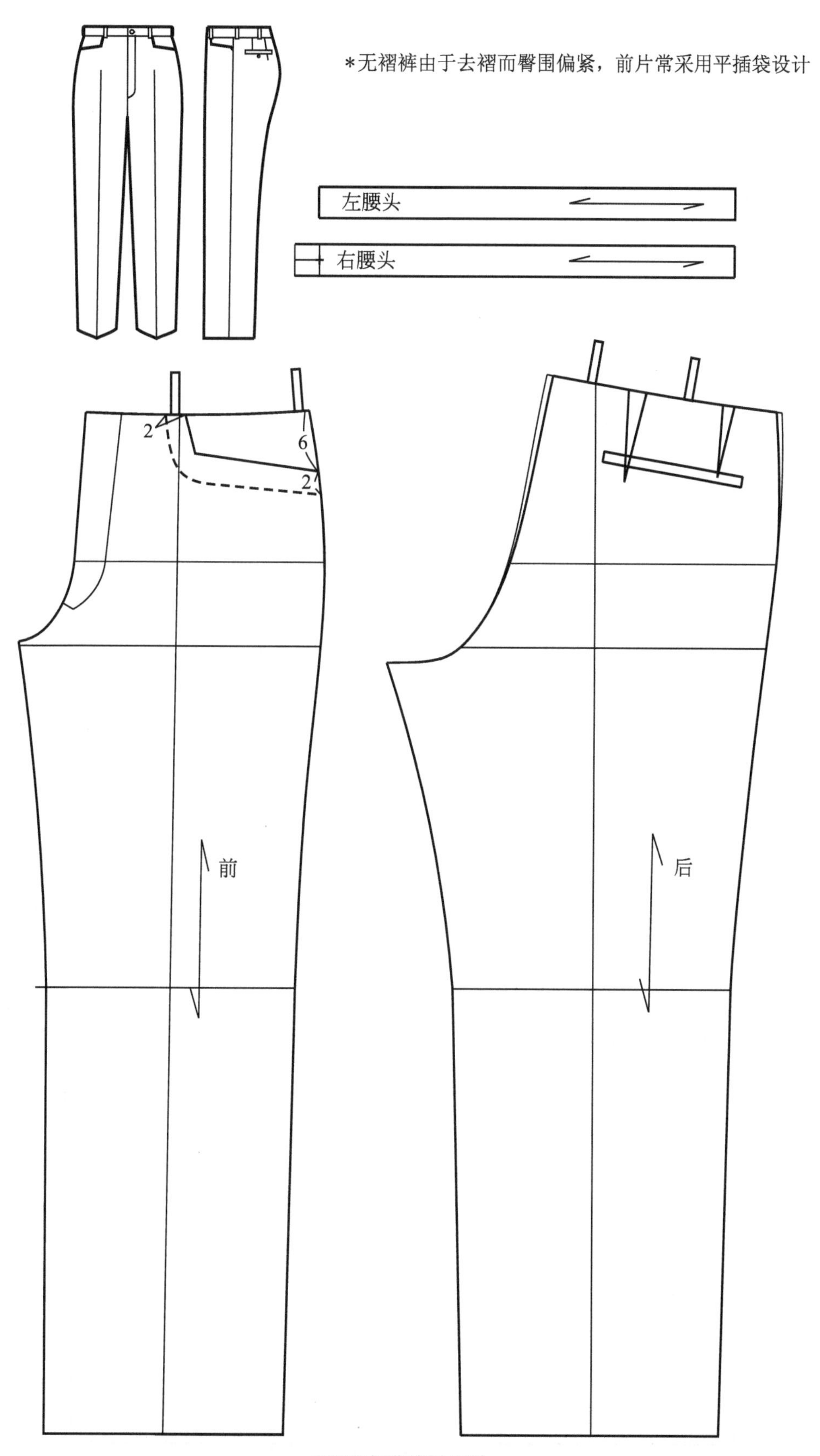

无褶平插袋裤子纸样

*在无褶平插袋H型裤子纸样基础上作连腰处理，表现出对考究传统的诠释

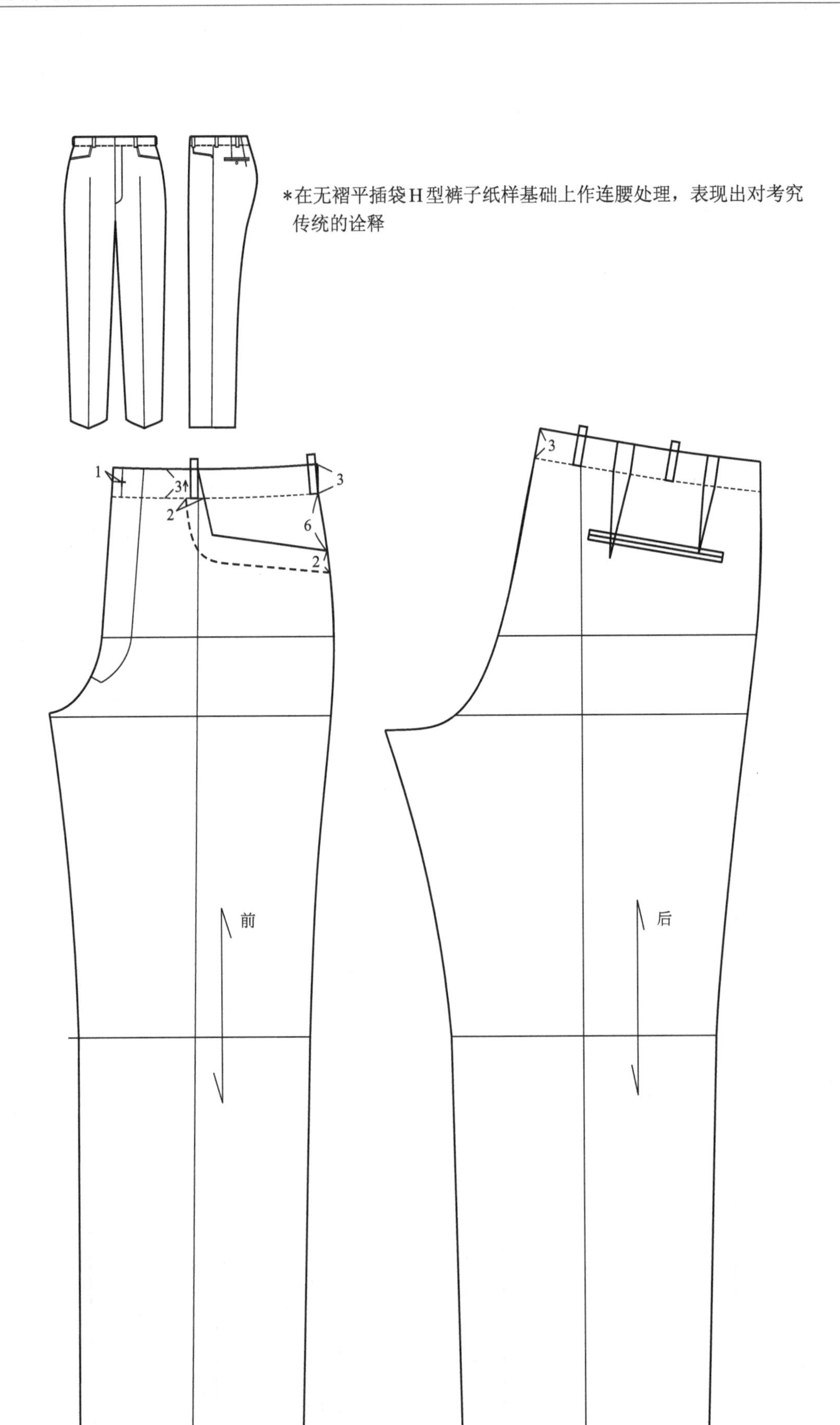

＊无褶H型裤后裤片可以处理成单省（其中一省很小时），去省方法运用平衡原则不易变形，采用通腰头，这意味着进入休闲裤系列

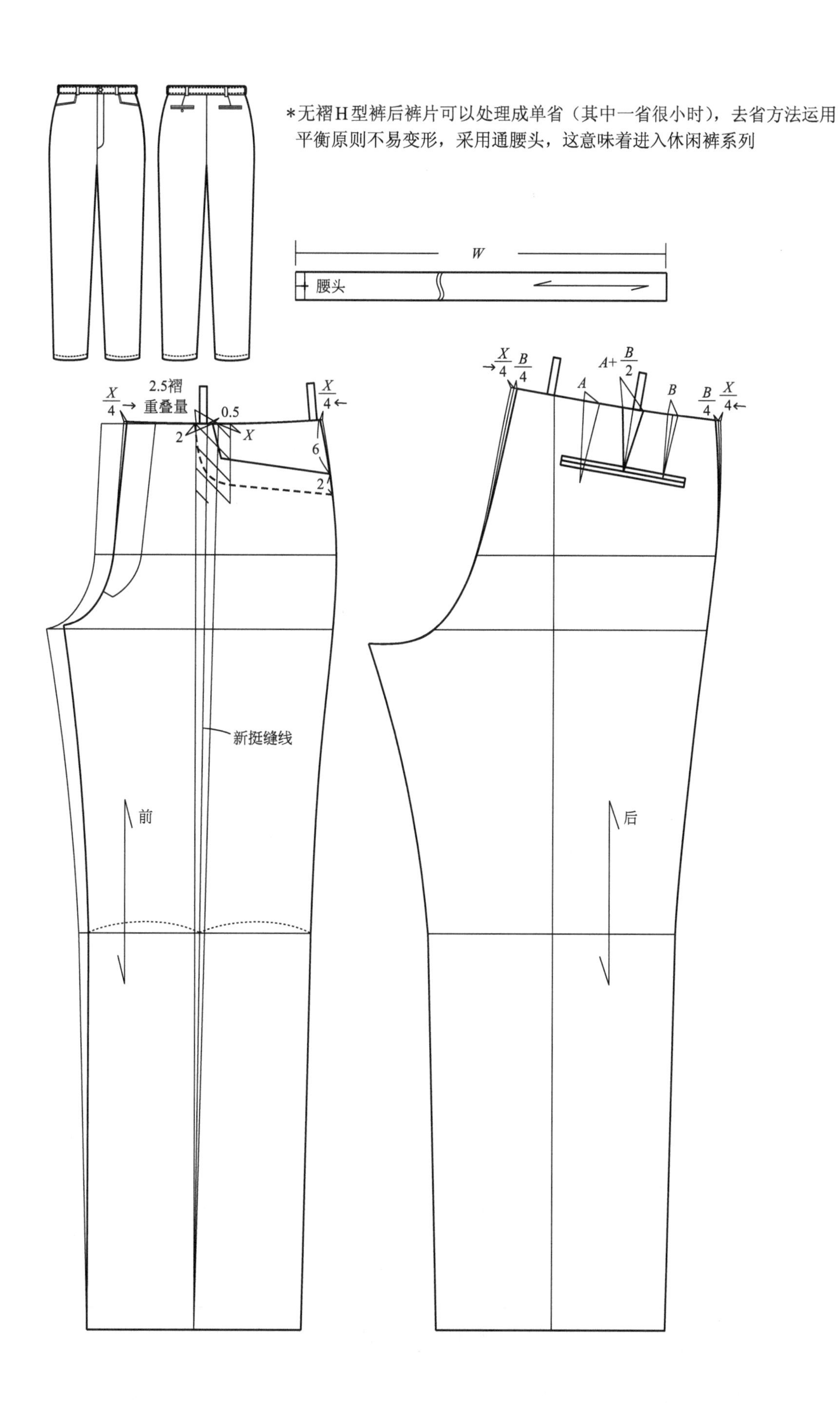

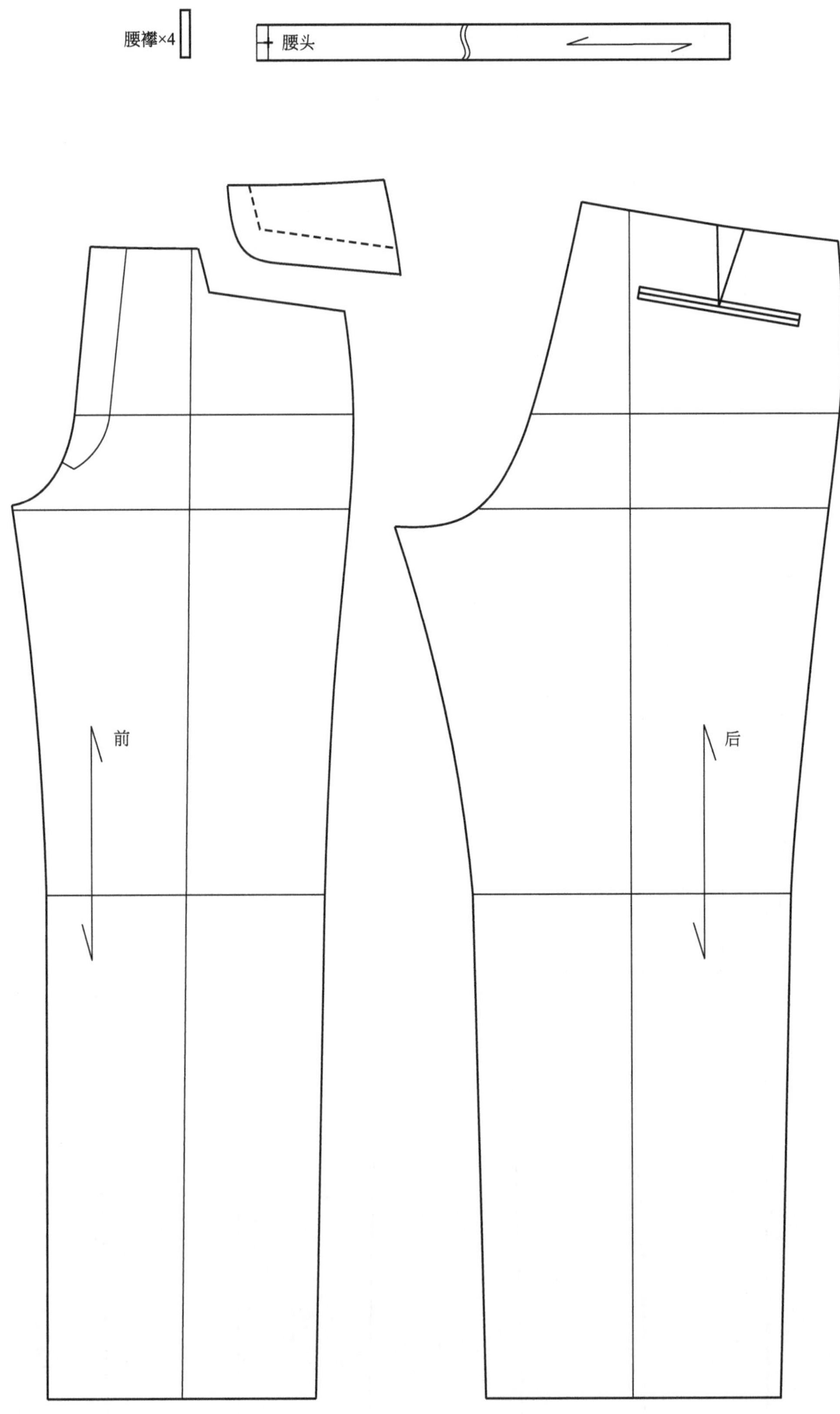

无褶单省H型裤纸样分解图

*在H型无褶单省裤子纸样基础上，前片做内挖袋外贴袋的复合贴袋设计，后片通过省移设计育克结构，梯形贴袋与前袋相映成趣

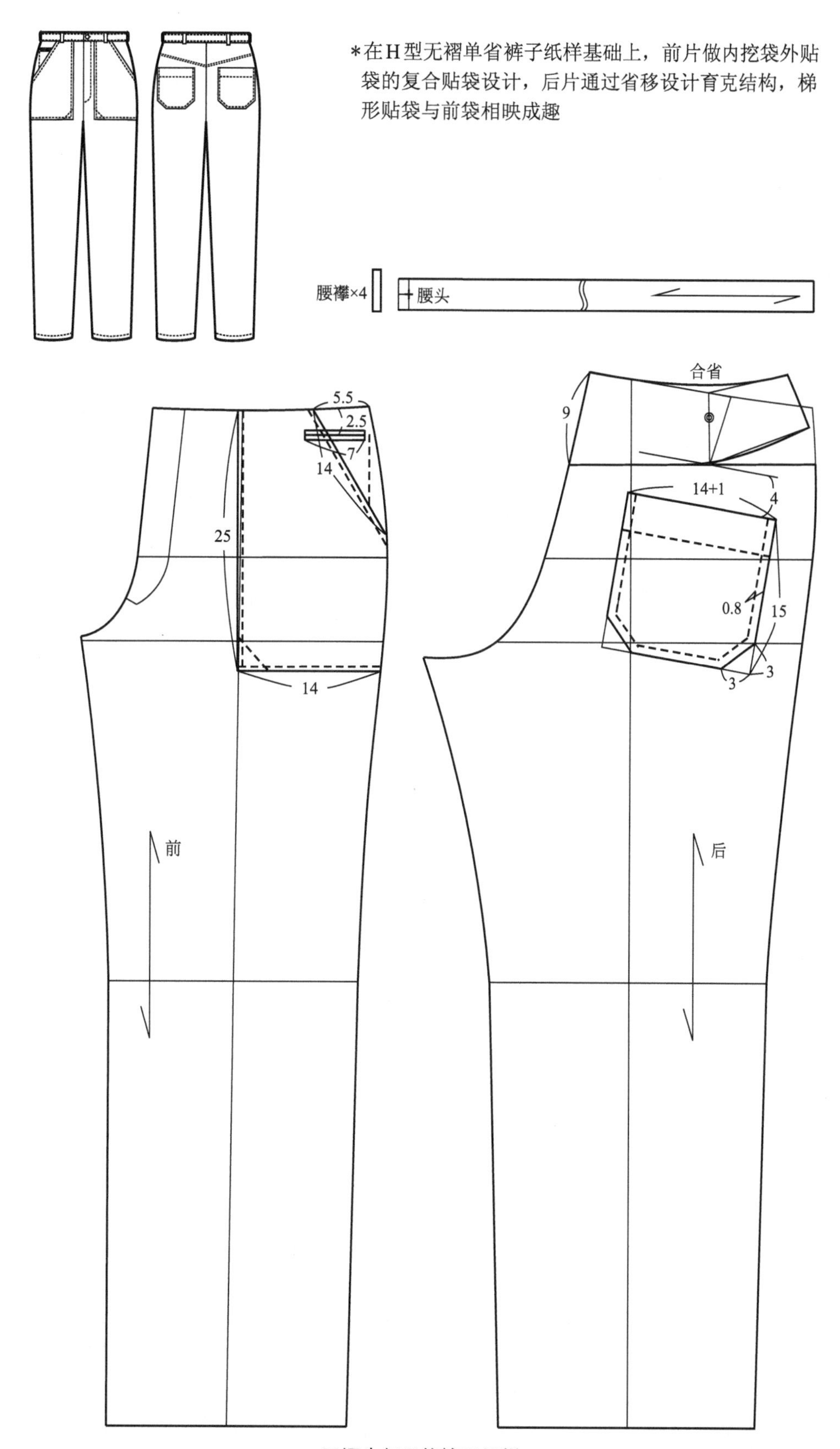

无褶牛仔风格裤子纸样

*在H型无褶裤子纸样基础上，前片回到斜插袋，后片做传统牛仔样式回归的设计，最后做连腰处理，它包含传统和现代的元素

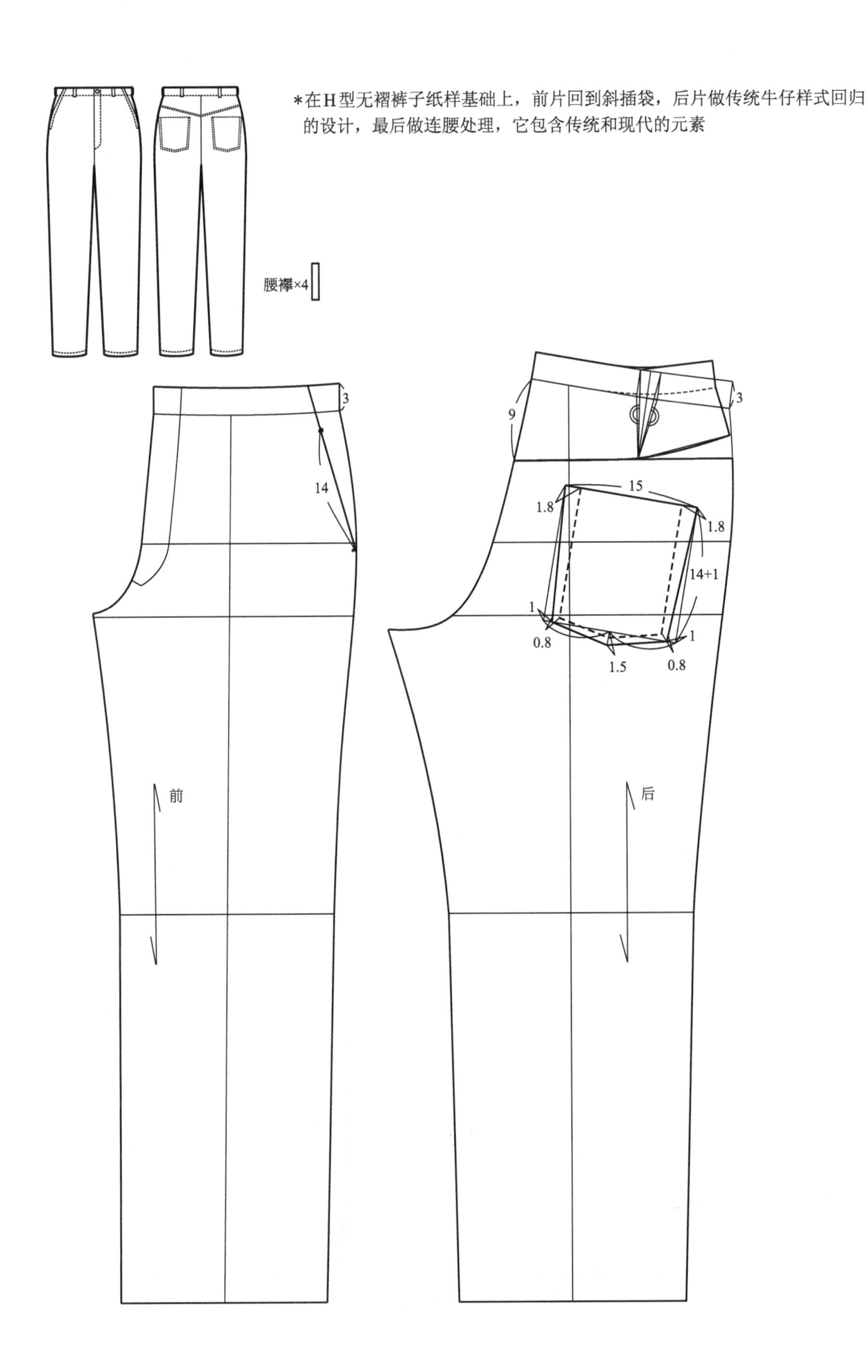

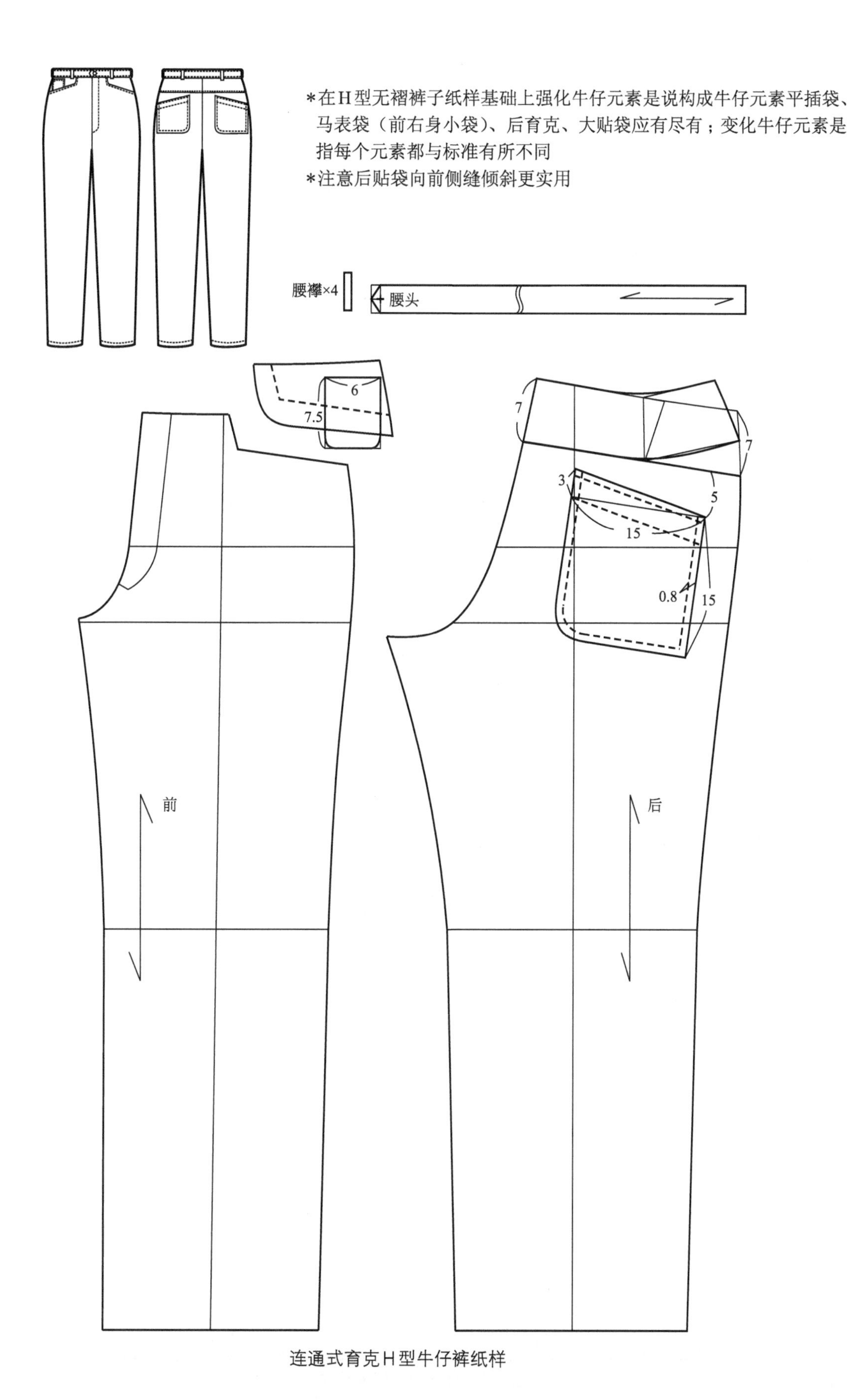

连通式育克H型牛仔裤纸样

＊牛仔裤元素变化的惯性很强，故它的拓展设计空间会很大，如育克线的走势就很丰富，还可以改分置式为连通式格局，在H型无褶单省裤纸样基础上完成

＊设侧口袋增加了它的专业功能

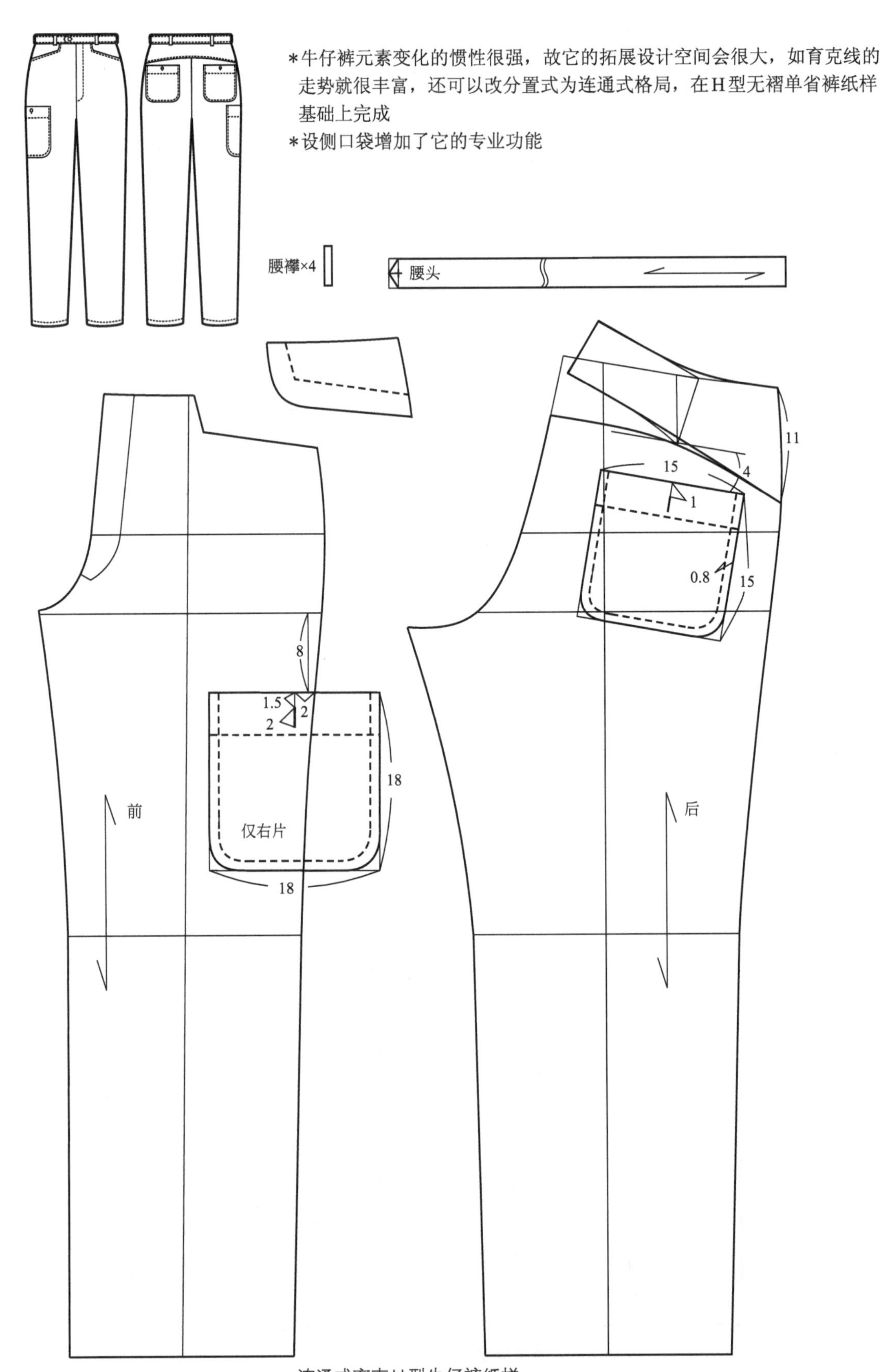

连通式育克H型牛仔裤纸样

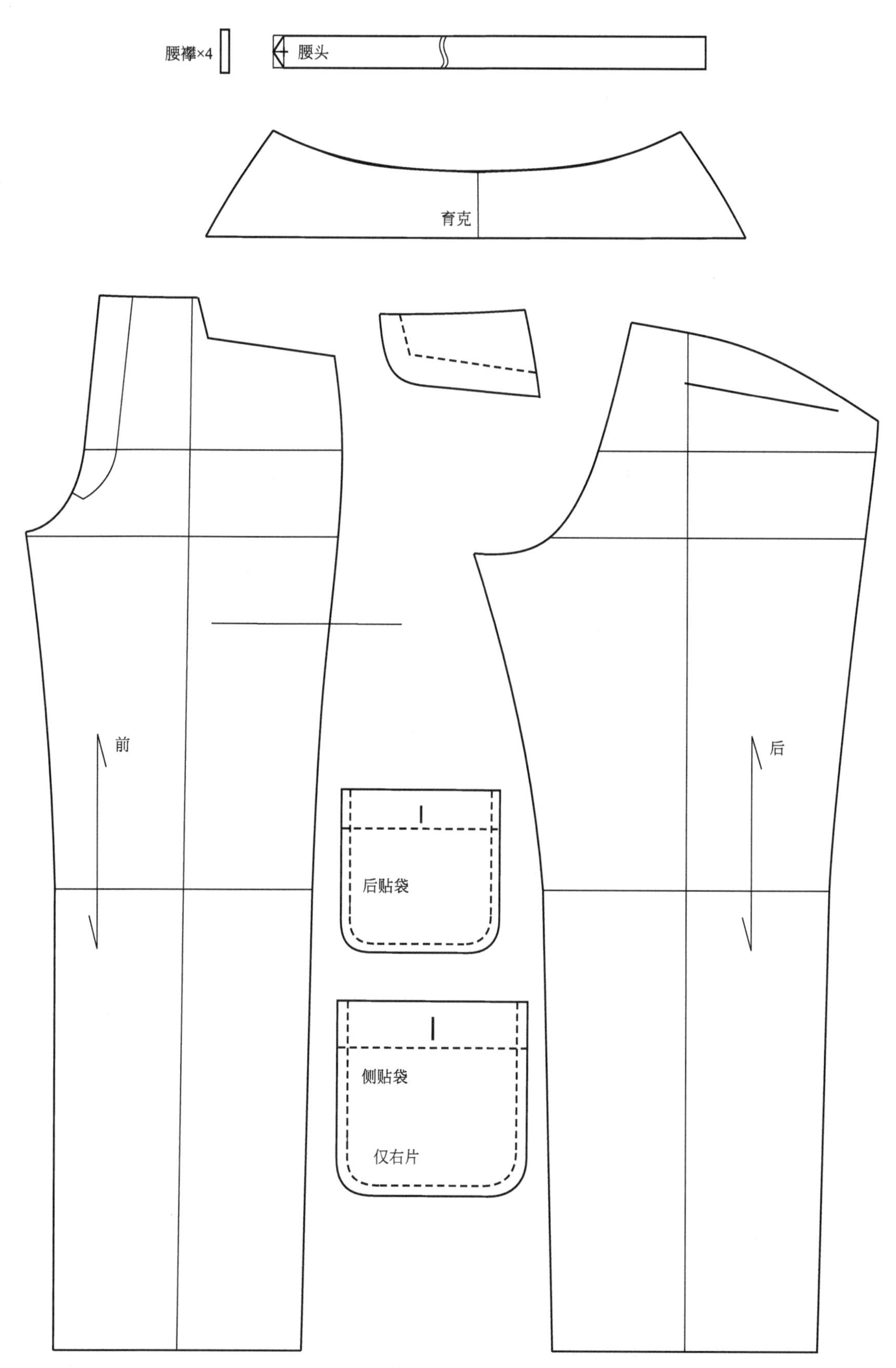

连通式育克H型牛仔裤纸样分解图

2. 一板多款A型裤子纸样系列设计

*运用裤子基本纸样，前片做去褶低腰、收裤中、增裤摆设计；后片做低腰育克、收缩裤中、增加裤摆设计，口袋样式保持牛仔裤传统。

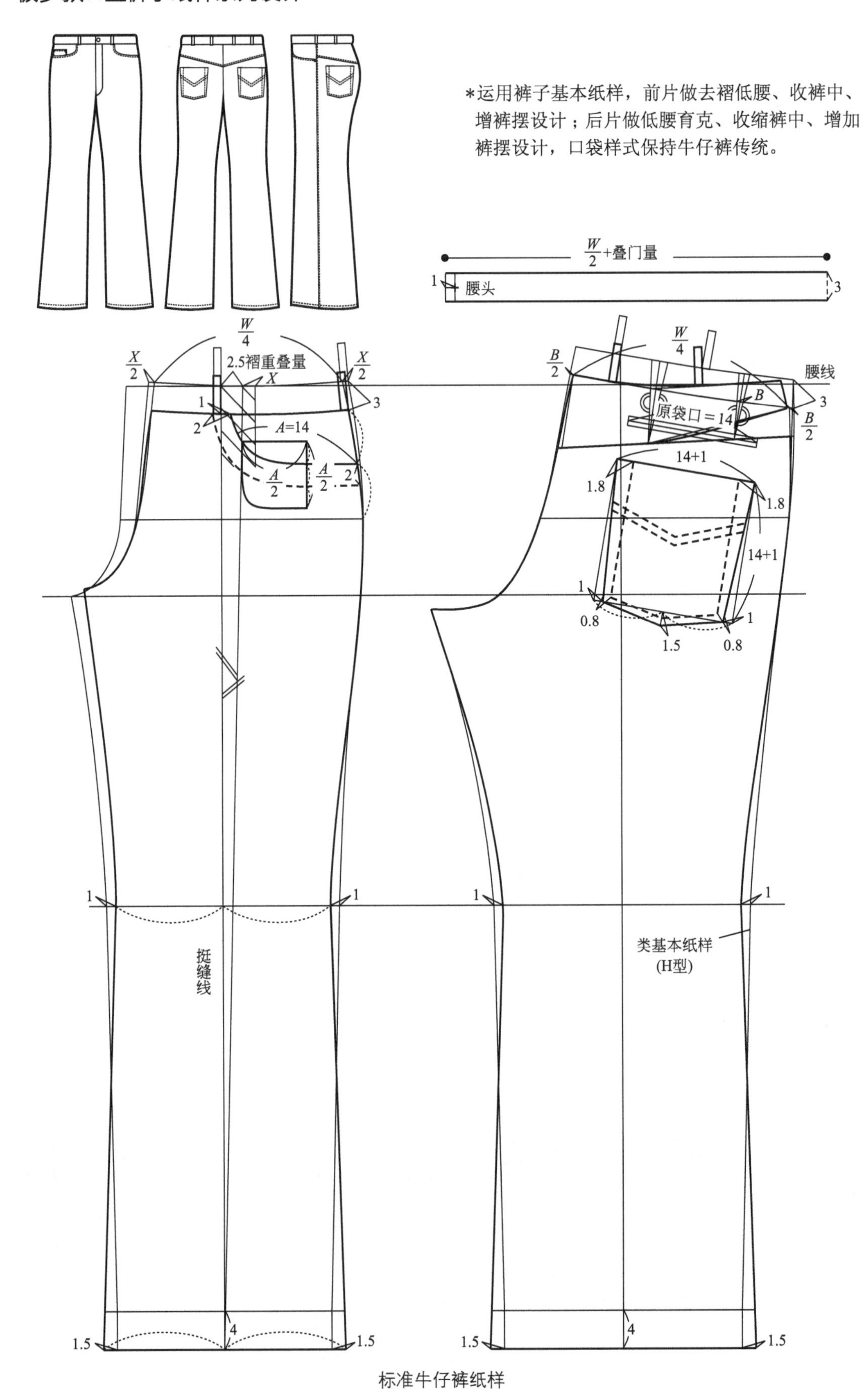

标准牛仔裤纸样

＊可视为A型休闲裤基本纸样进行系列设计

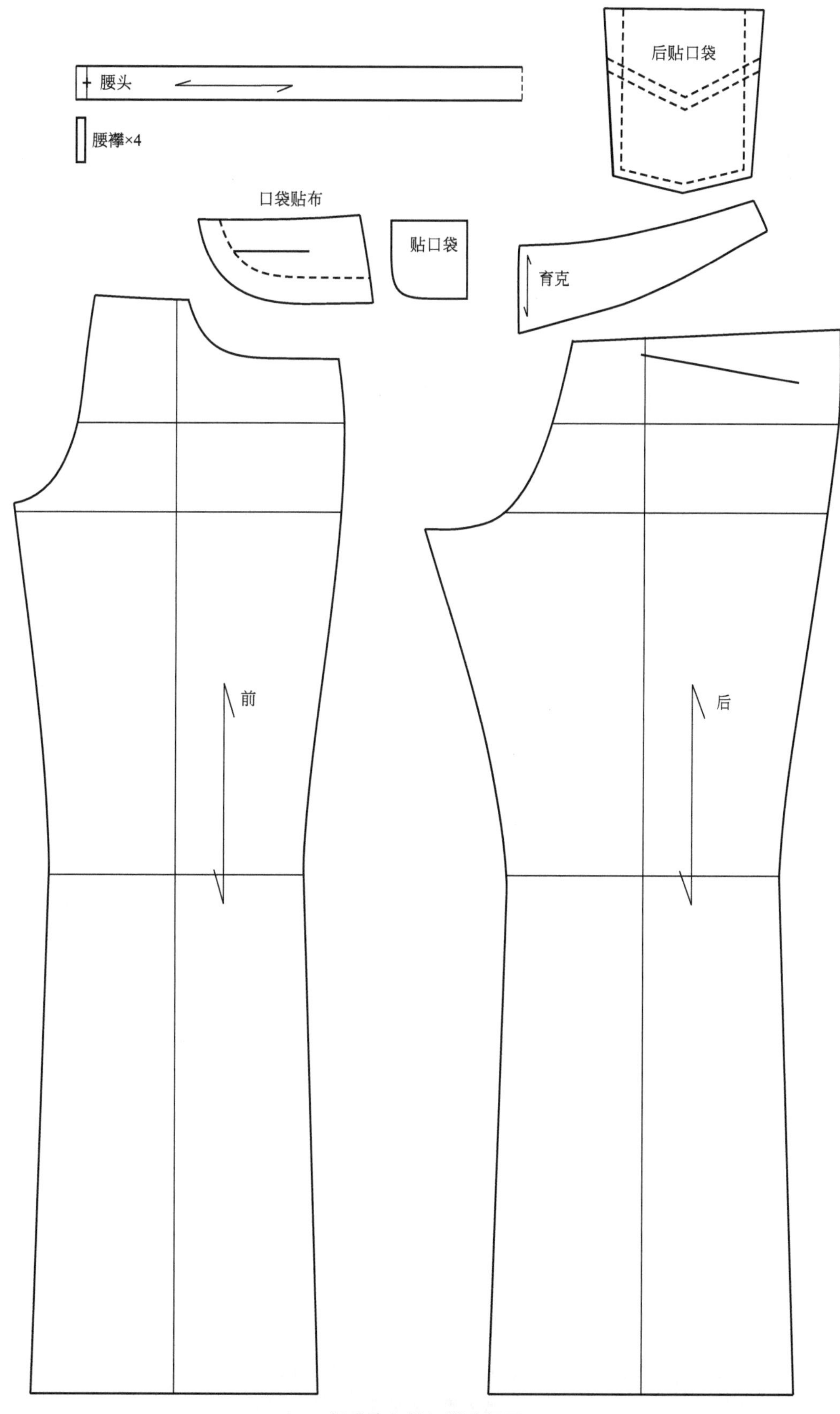

标准牛仔裤纸样分解图

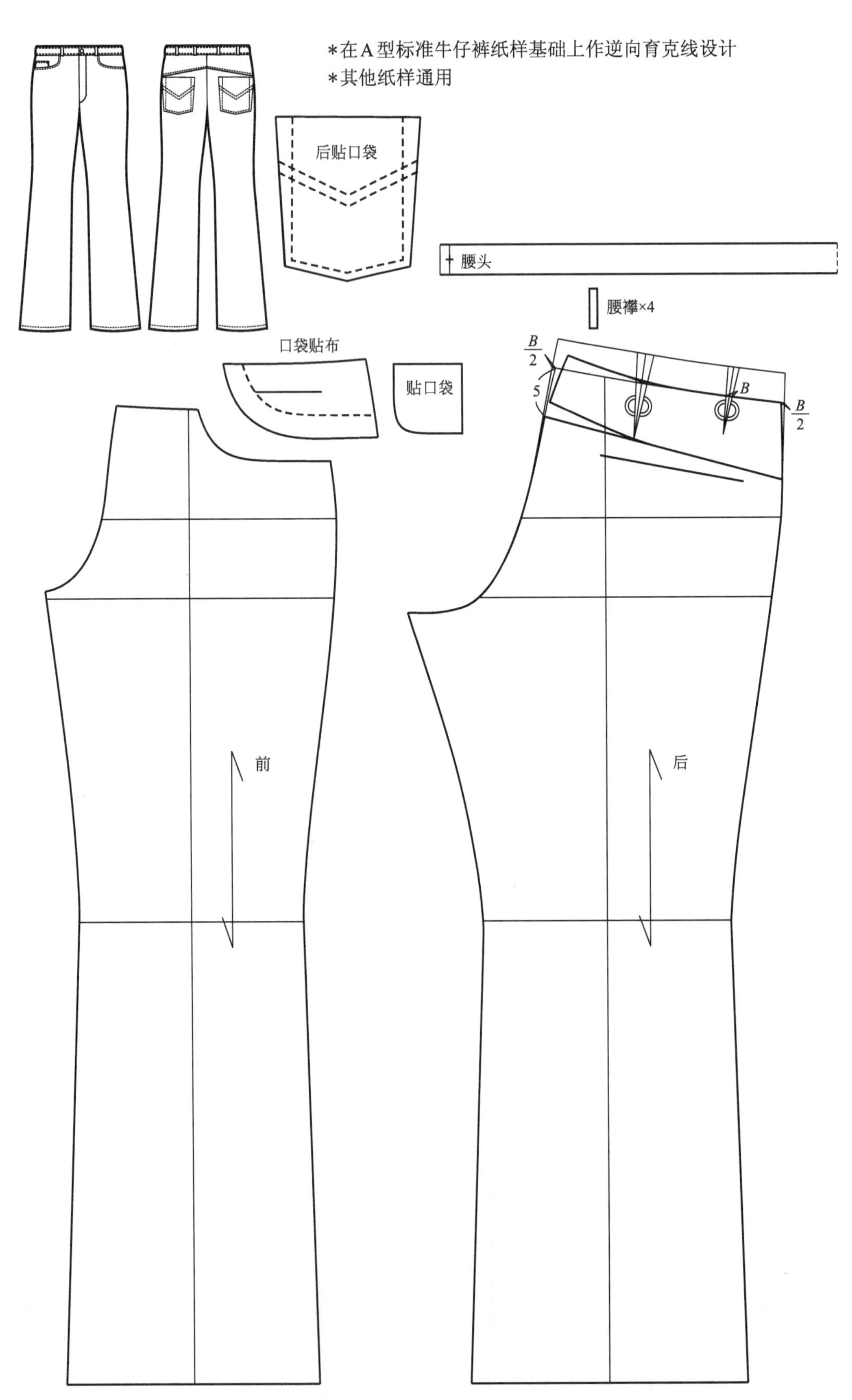

改变育克线A型牛仔裤纸样1

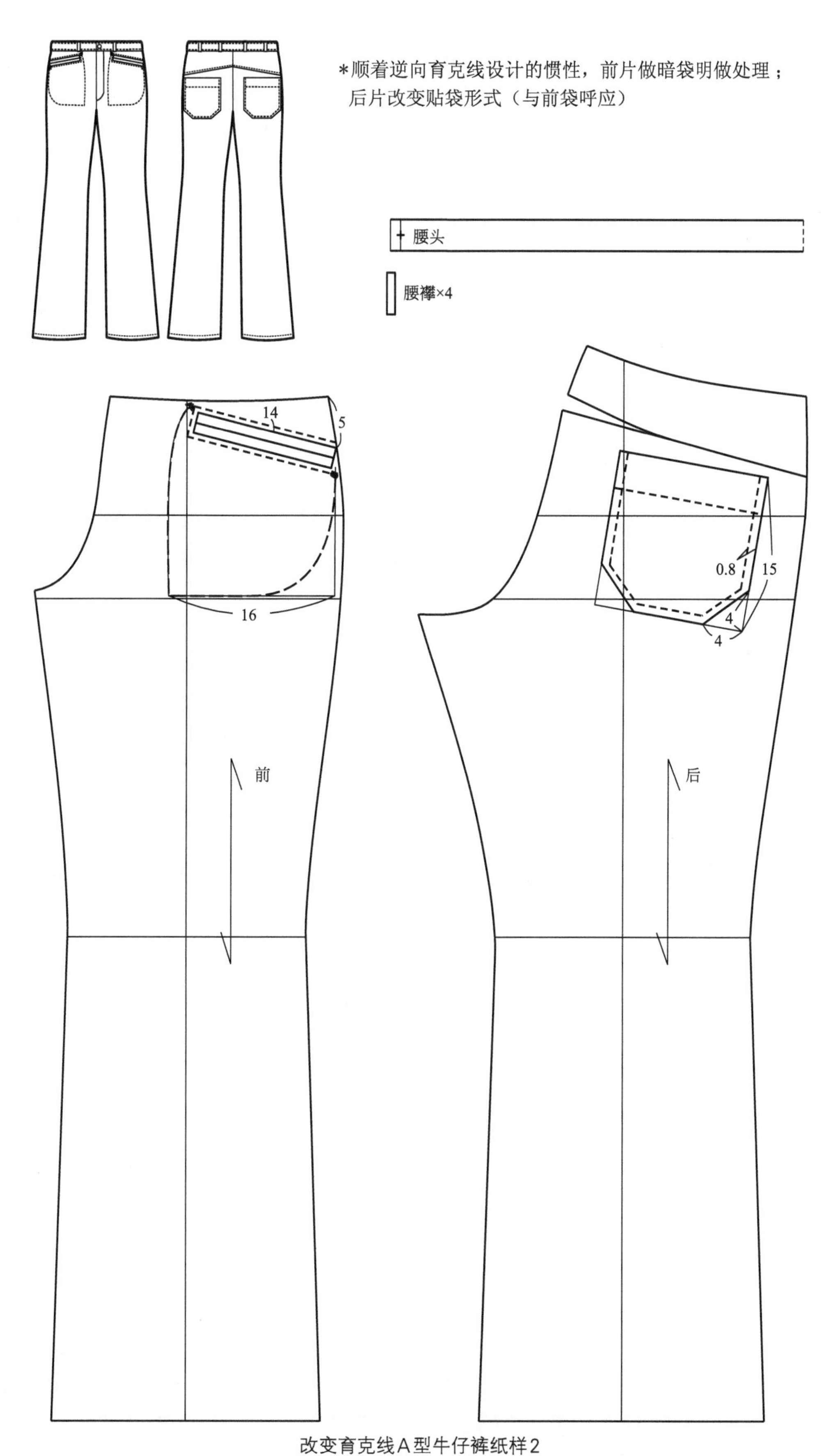

改变育克线A型牛仔裤纸样2

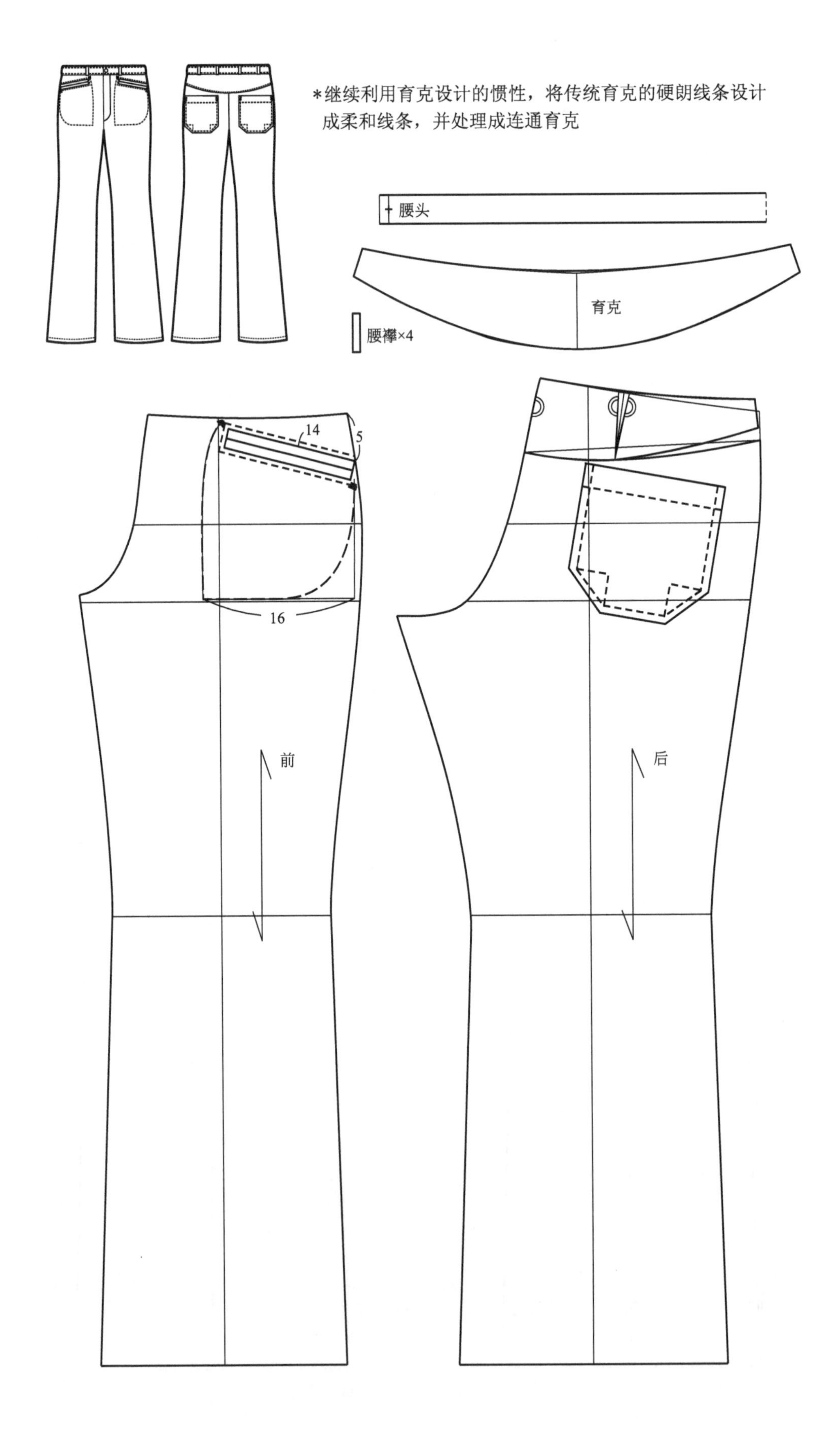
*继续利用育克设计的惯性，将传统育克的硬朗线条设计成柔和线条，并处理成连通育克
腰头
育克
腰襻×4
14
5
16
前
后

*如果将育克与分割线结合会产生先锋派味道，同时育克线加入袋口的考虑是巧思

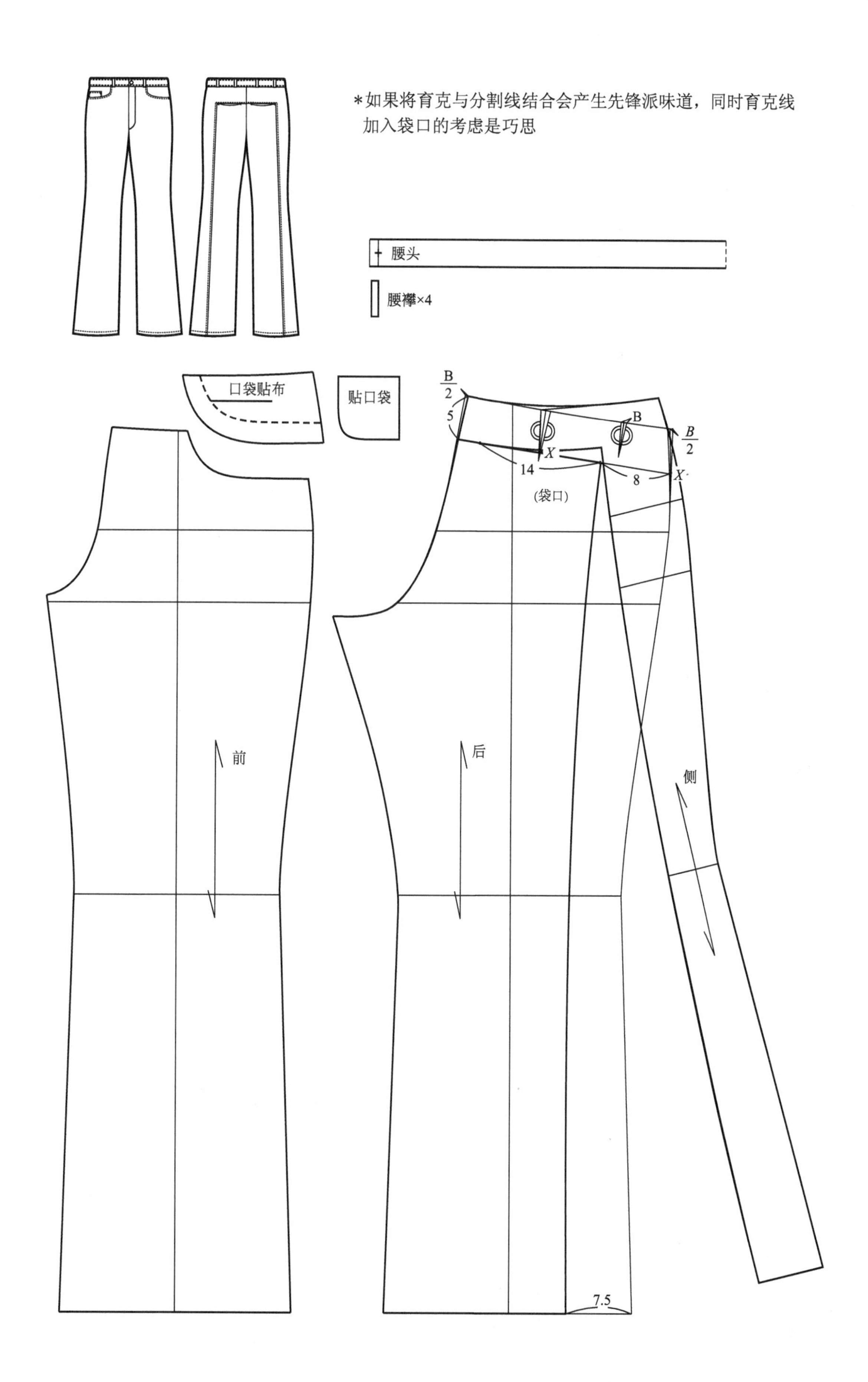

3. 一款多板U形线分割裤子纸样系列设计

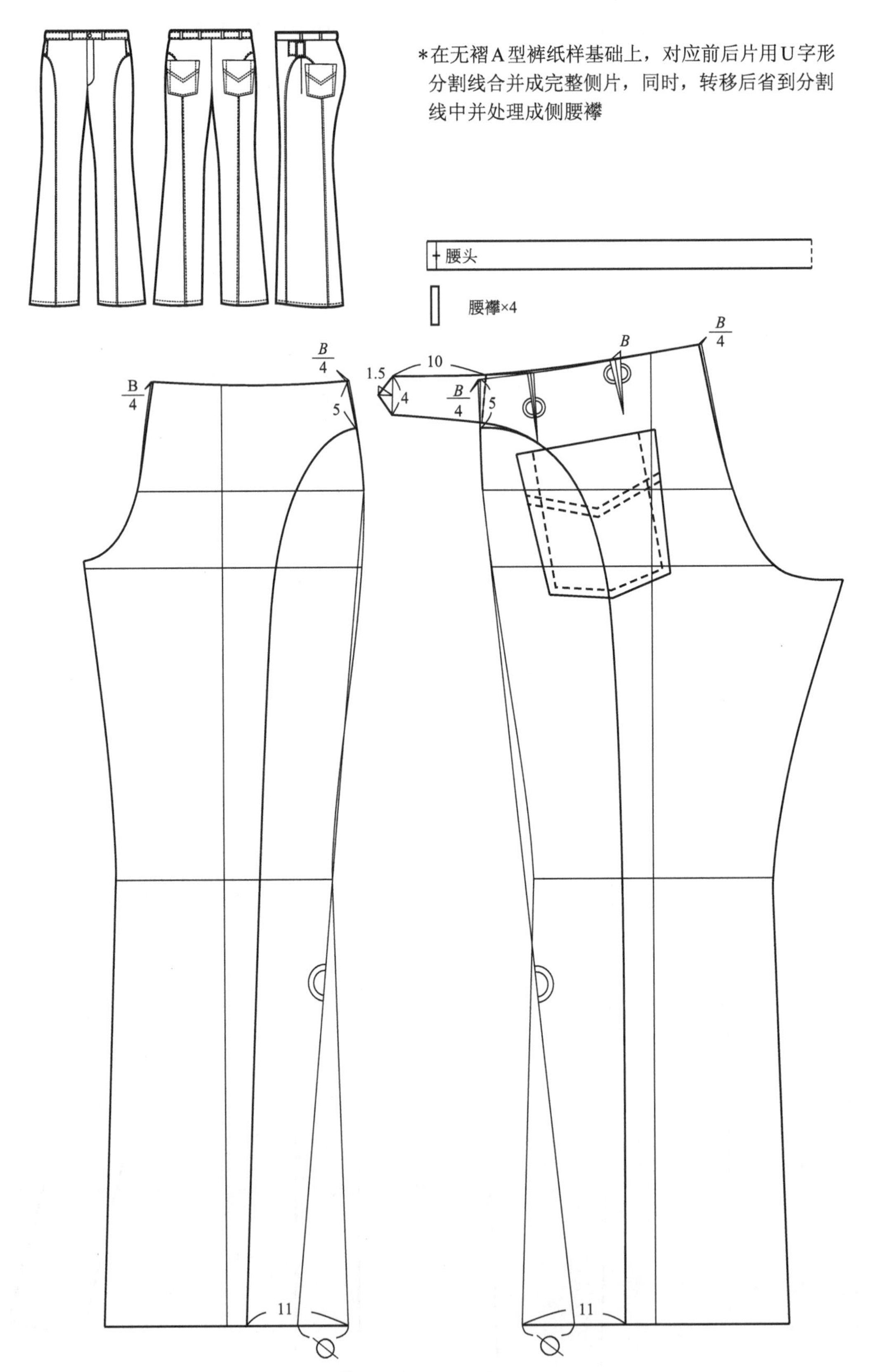

U形线分割A型休闲裤纸样

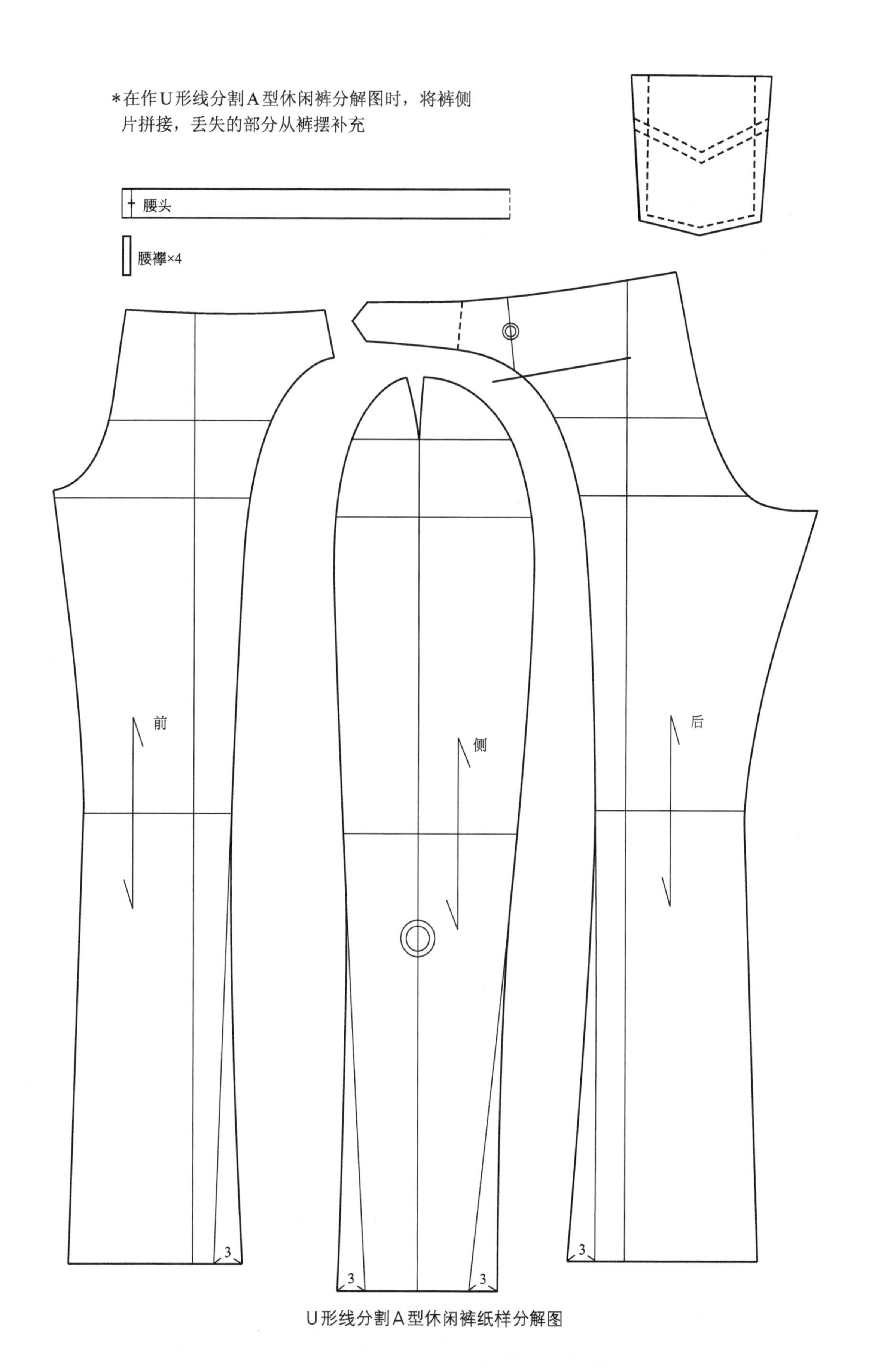

U形线分割A型休闲裤纸样分解图

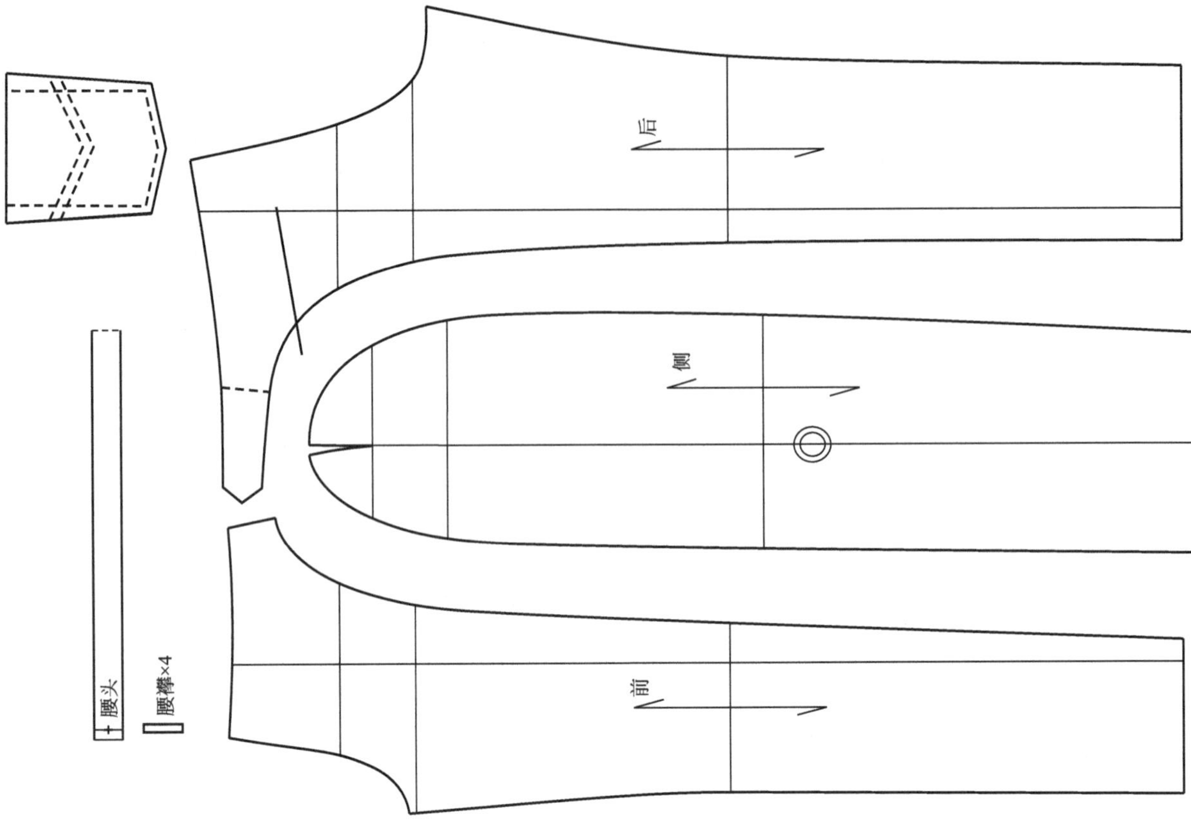

U形线分割H型休闲裤纸样分解图

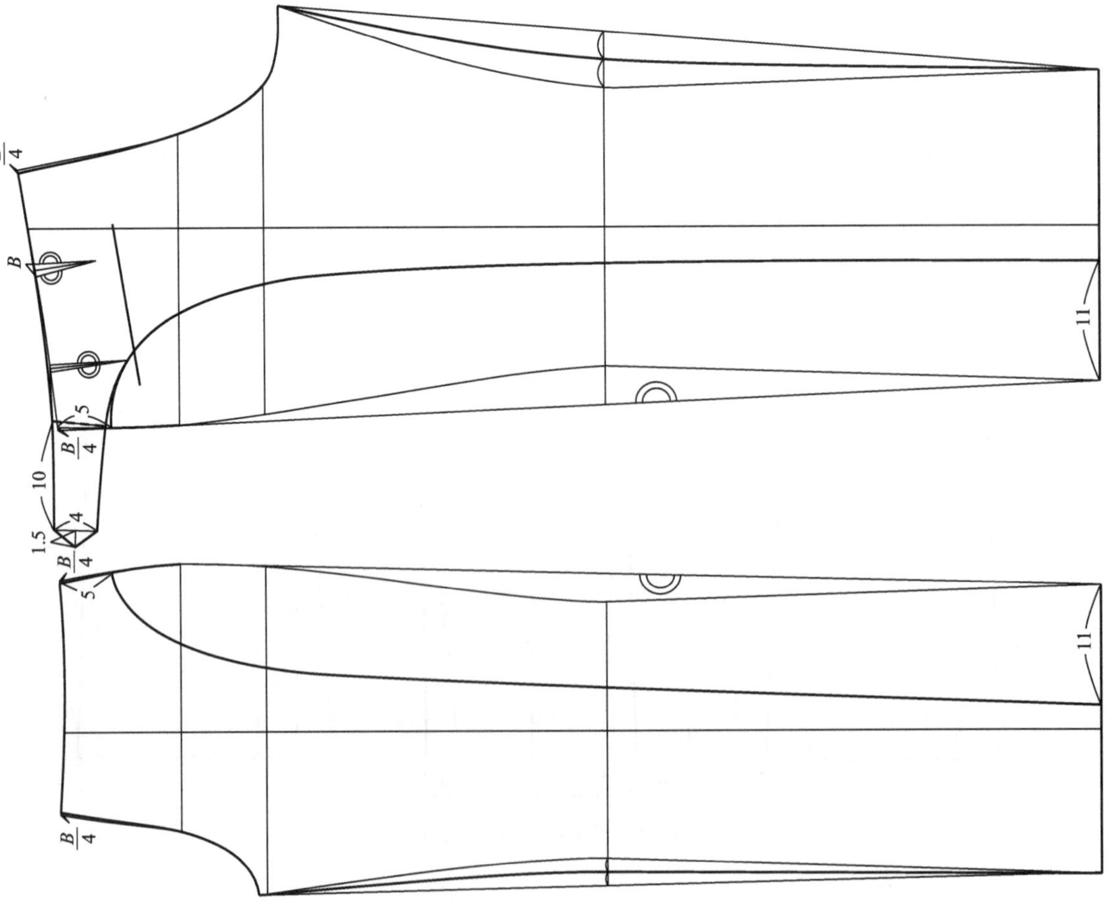

U形线分割H型休闲裤纸样

*在做U形线分割A型裤纸样基础上作直裤摆处理

*在做U形线分割A型裤纸样基础上作收紧裤摆处理

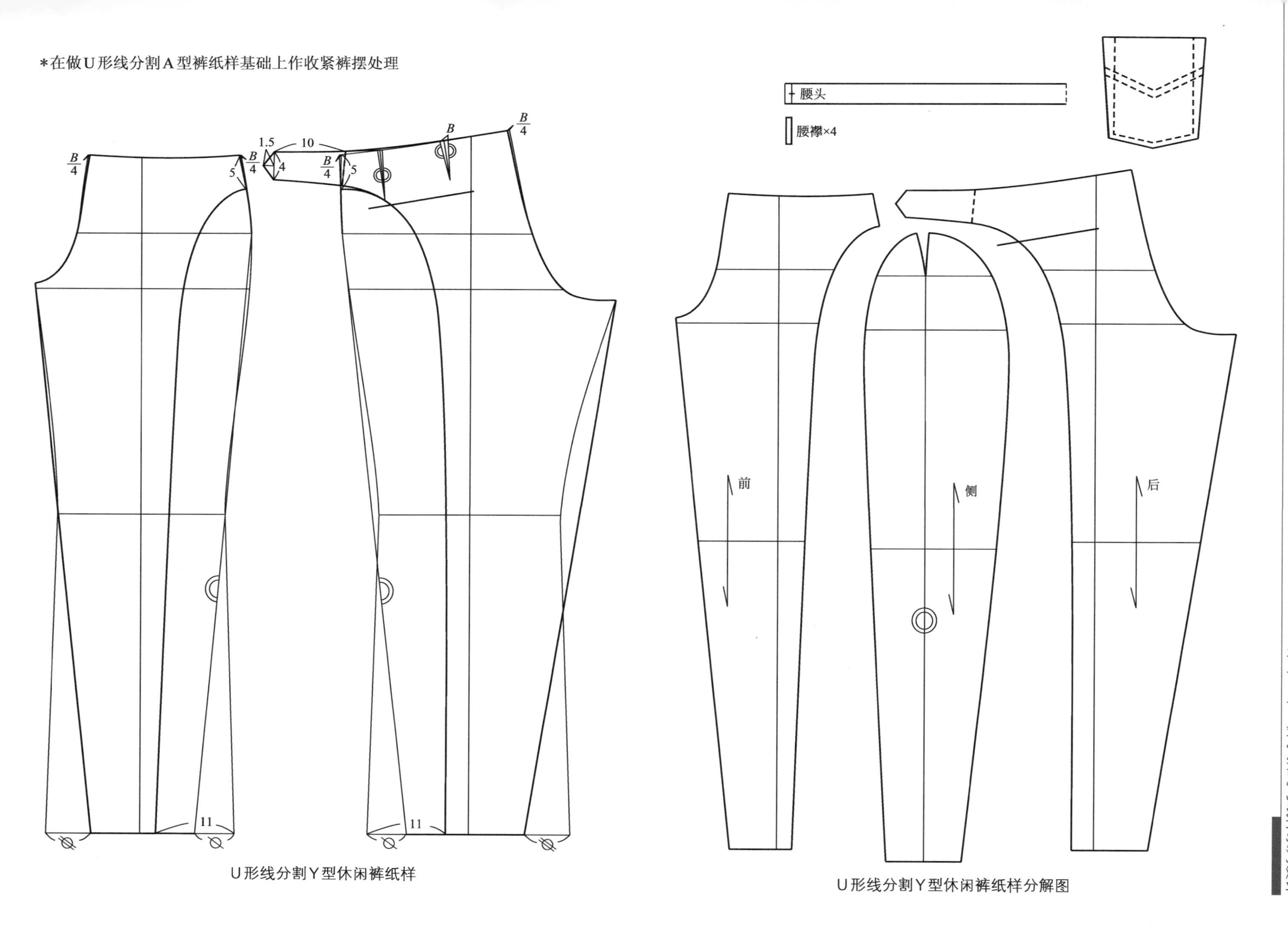

U形线分割Y型休闲裤纸样

U形线分割Y型休闲裤纸样分解图

4. 一板多款Y型裤子纸样系列设计

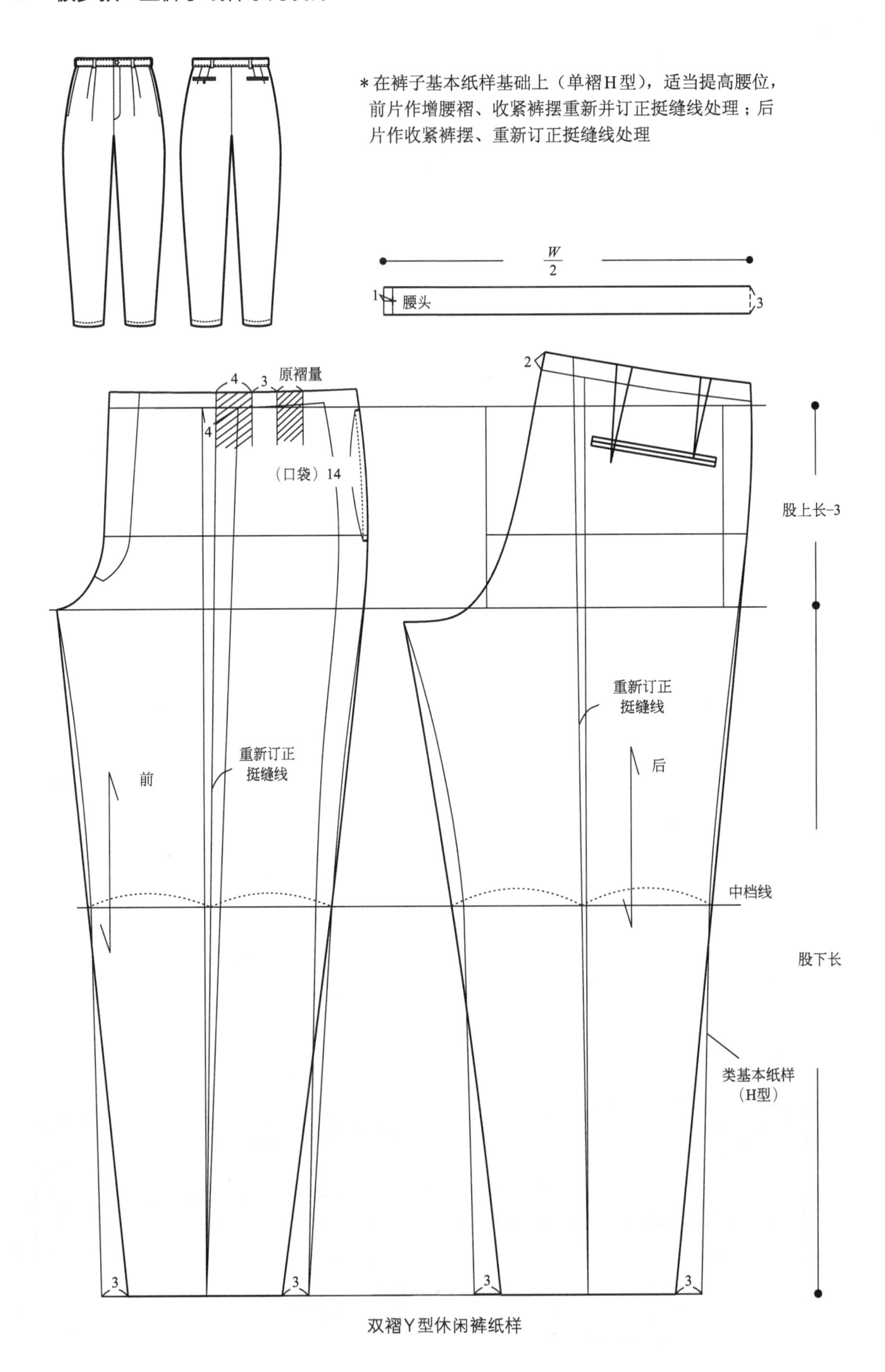

双褶Y型休闲裤纸样

*可视为Y型休闲裤纸样系列设计的基本纸样

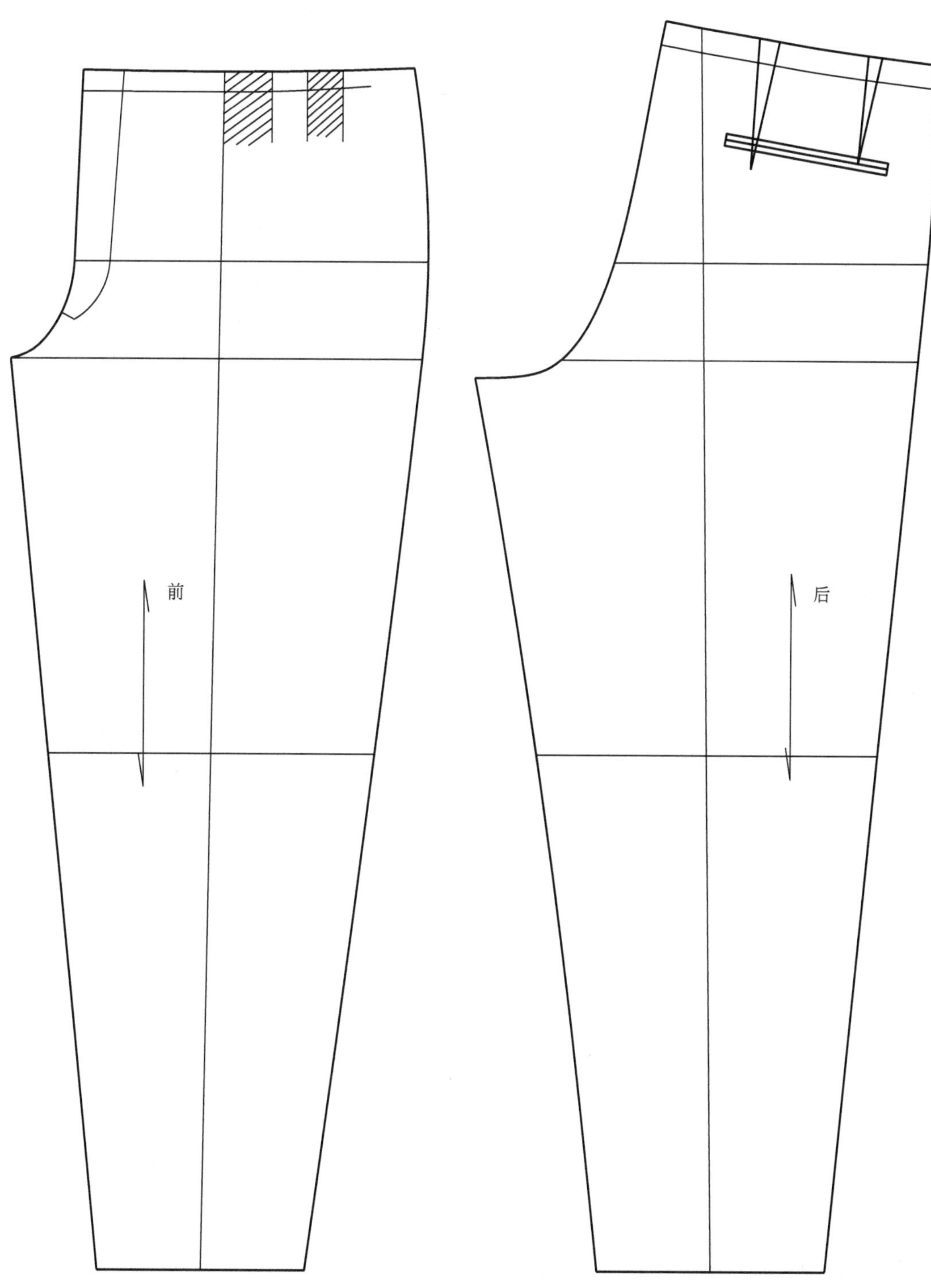

双褶Y型休闲裤纸样分解图

*在双褶Y型休闲裤纸样基础上做腰育克设计，注意前后腰育克在侧缝处要连裁

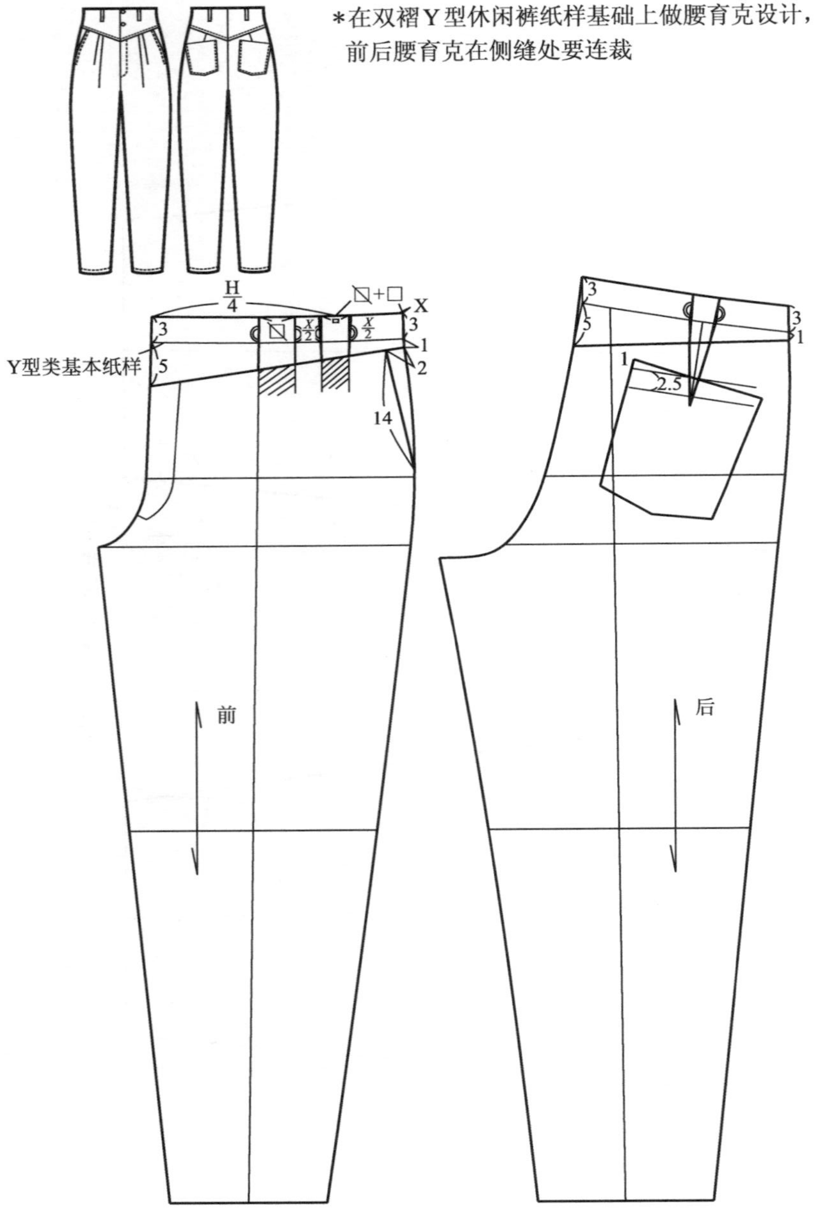

Y型类基本纸样 $\frac{H}{4}$ □+□ X 3 1 2 14 $\frac{X}{2}$ 5 前 后 2.5

腰直线育克Y型休闲裤纸样

*前腰育克和后腰育克并接后形成完整结构

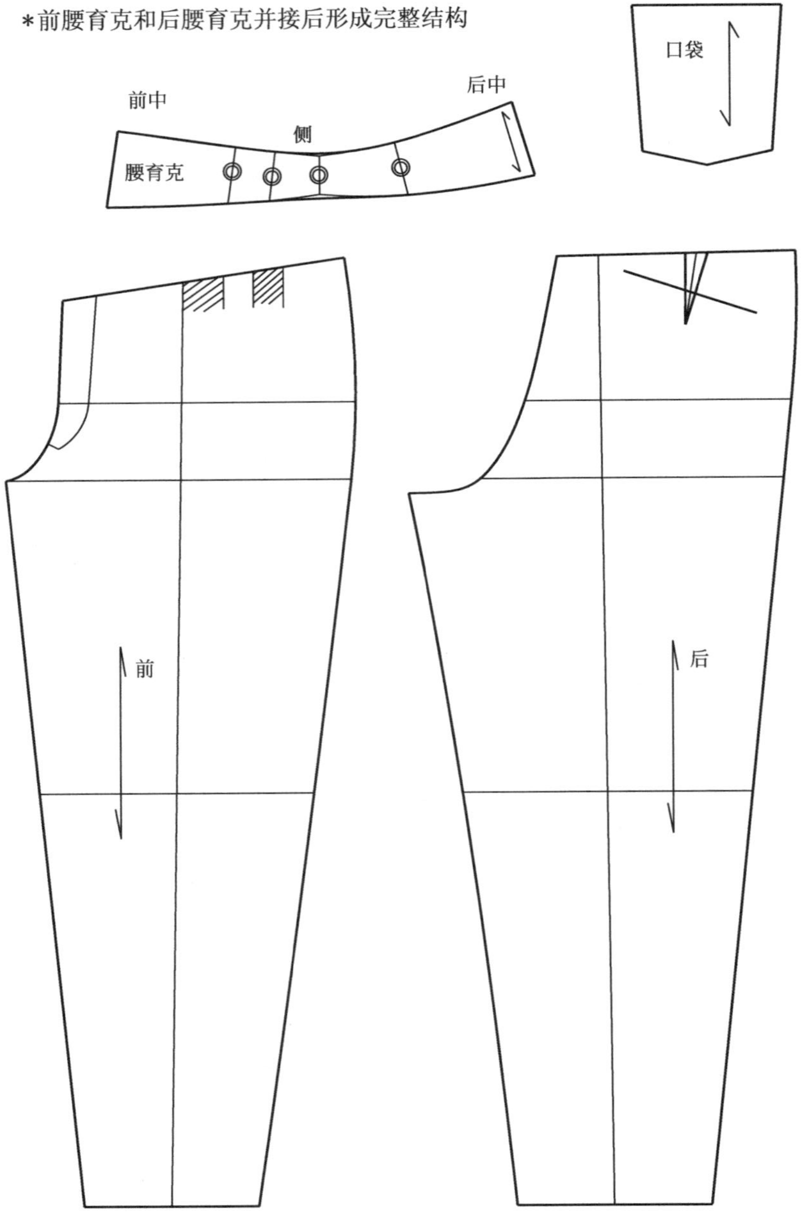

口袋 前中 后中 侧 腰育克 前 后

腰直线育克Y型休闲裤纸样分解图

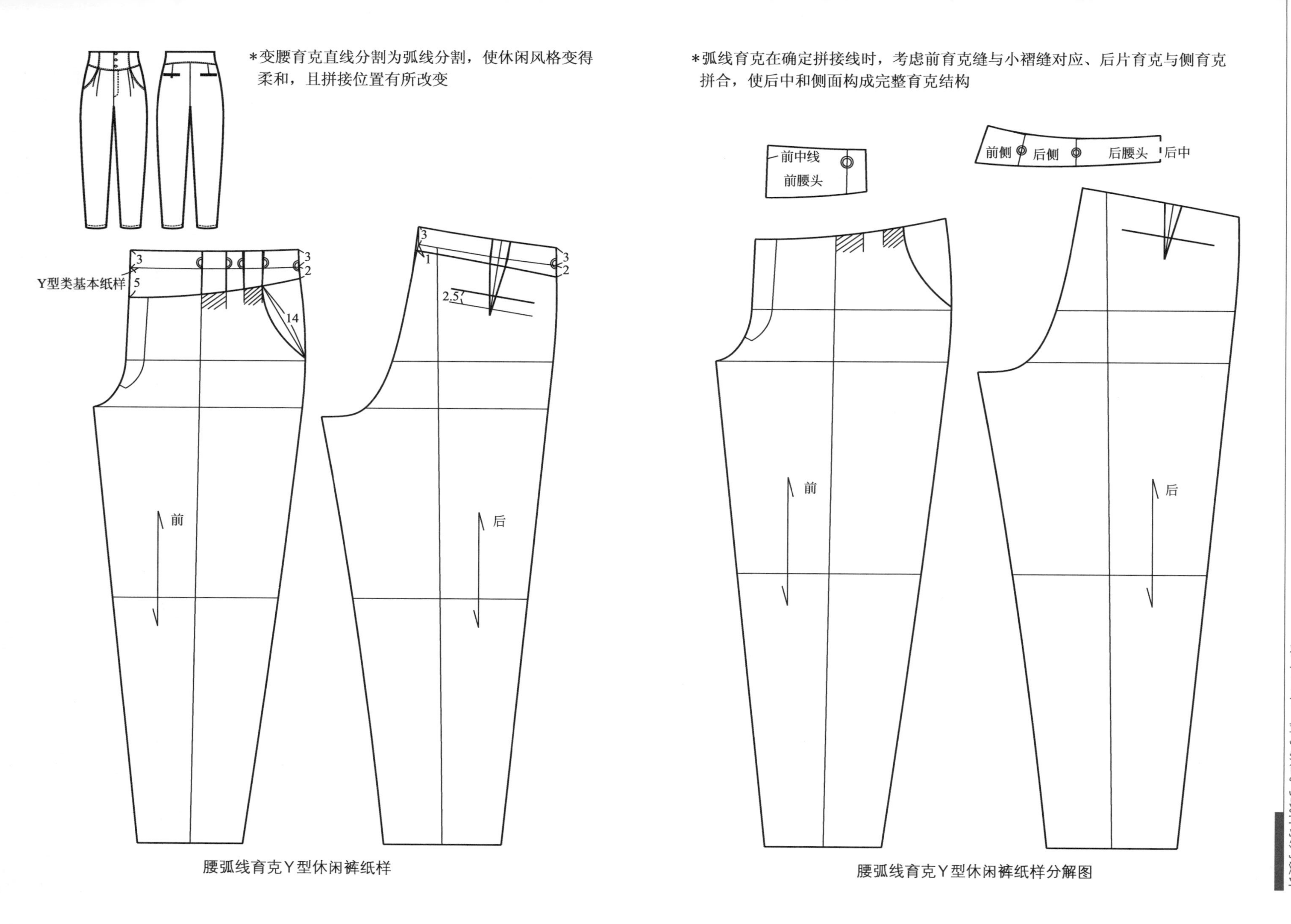

腰弧线育克Y型休闲裤纸样

腰弧线育克Y型休闲裤纸样分解图

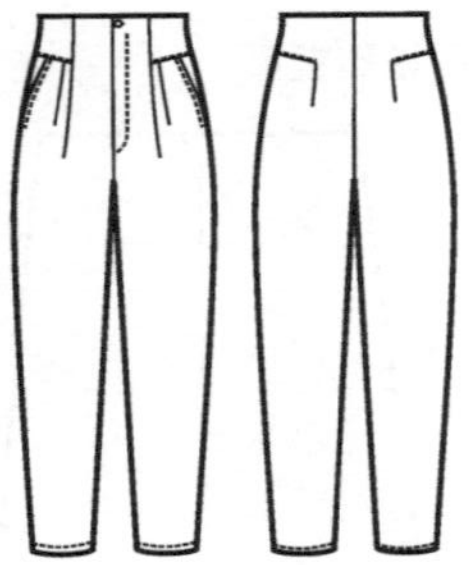

*按照腰育克设计的惯性，改变育克横竖线布局，形成腰育克个性化设计

*个性化腰育克Y型休闲裤分解图，腰育克的重新整合产生个性化概念

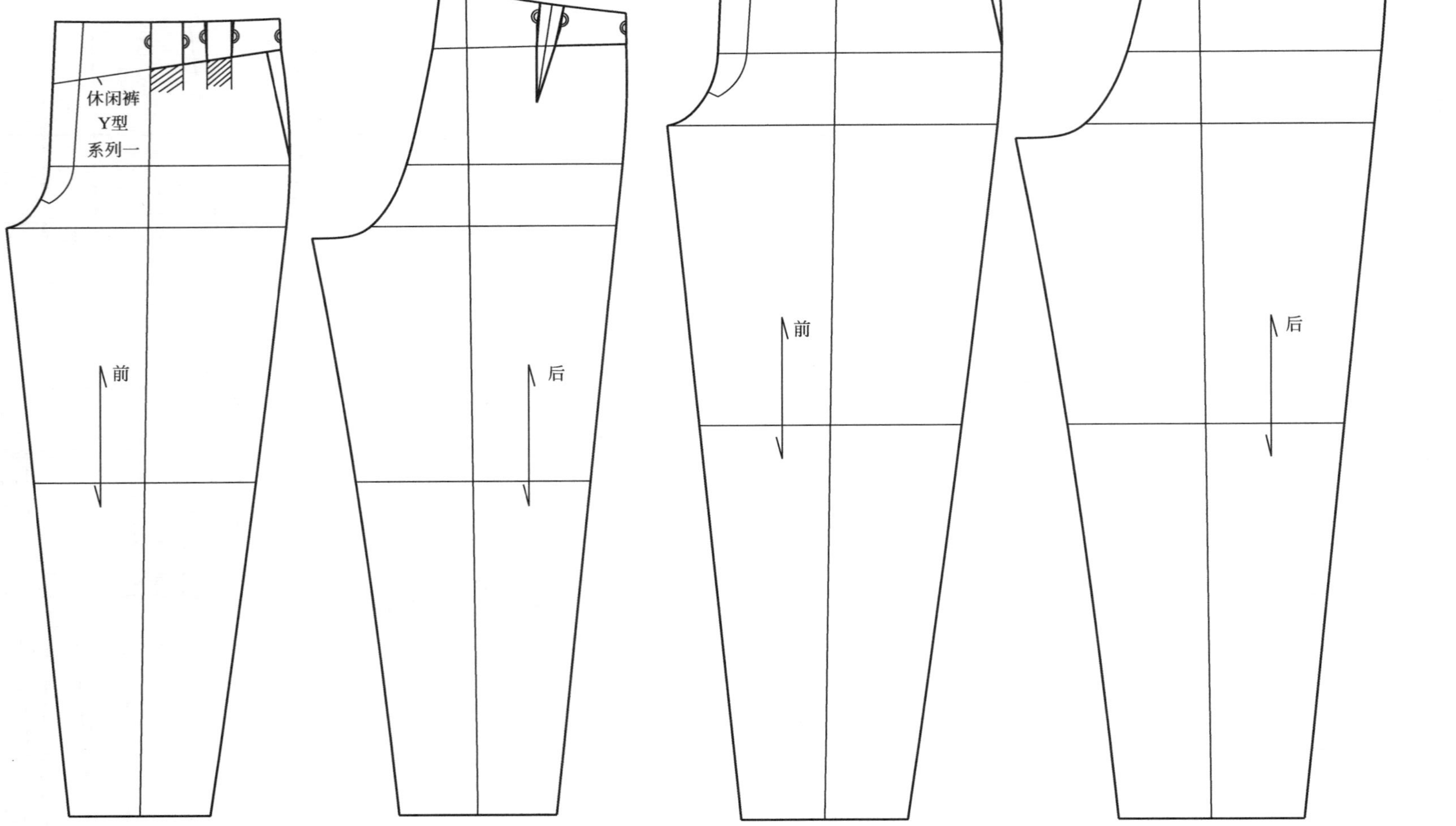

个性腰育克Y型休闲裤纸样及分解图

第十三章 ◆ 背心款式与纸样系列设计

一、背心（内穿）款式系列设计

1. 背心基本分类

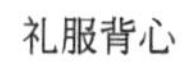

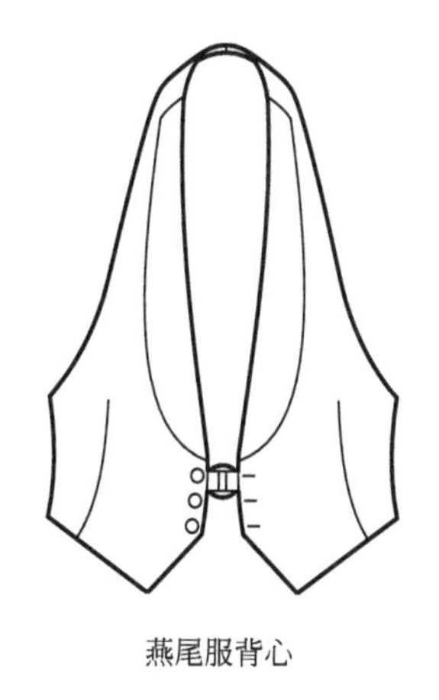

燕尾服背心

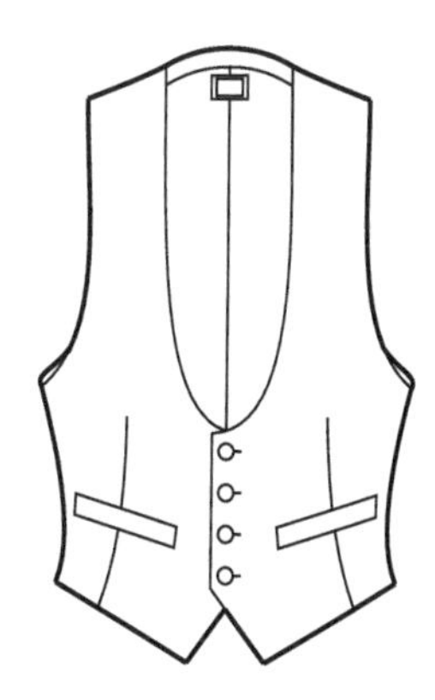

塔士多礼服背心

晨礼服背心

普通背心

套装背心

调和背心

2. 常服背心款式系列设计

标准款式

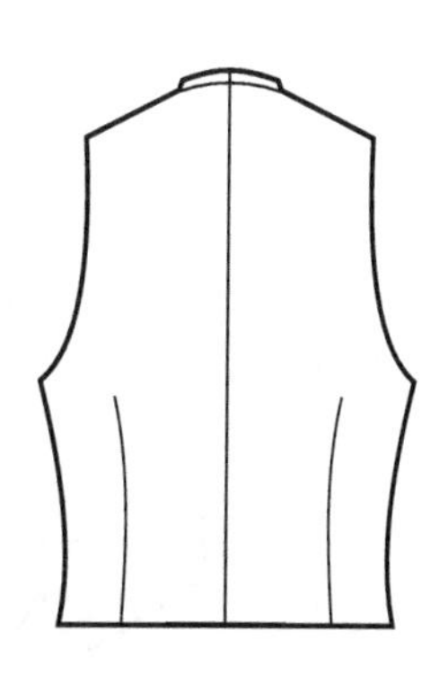

（1）常服背心口袋、门襟变化系列

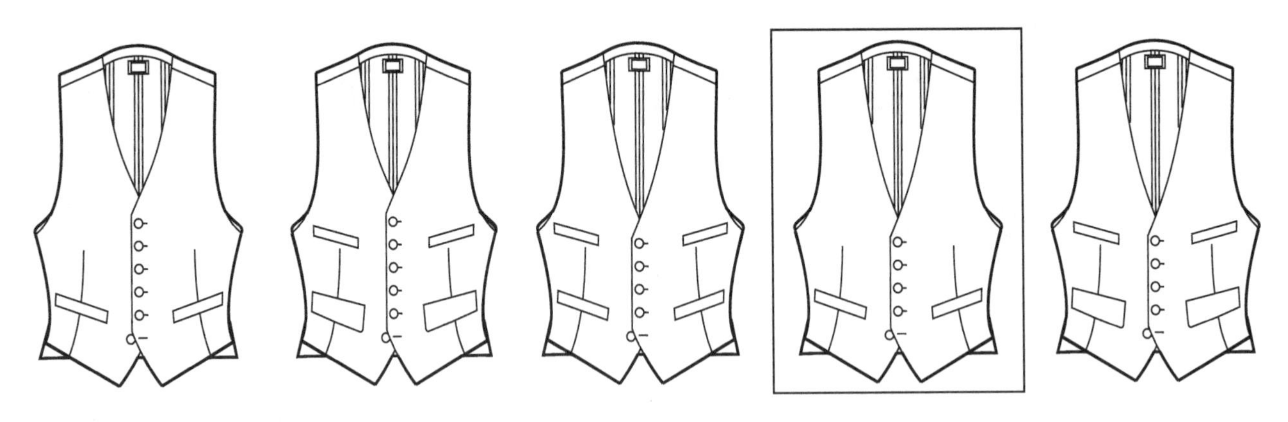

（2）常服背心领型主题变化系列

（3）常服背心断腰主题变化系列

（4）常服背心无省主题变化系列

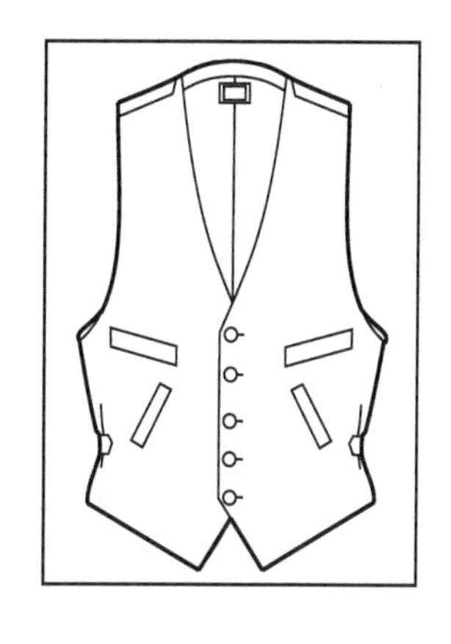

3. 晚礼服背心款式系列设计

标准款式

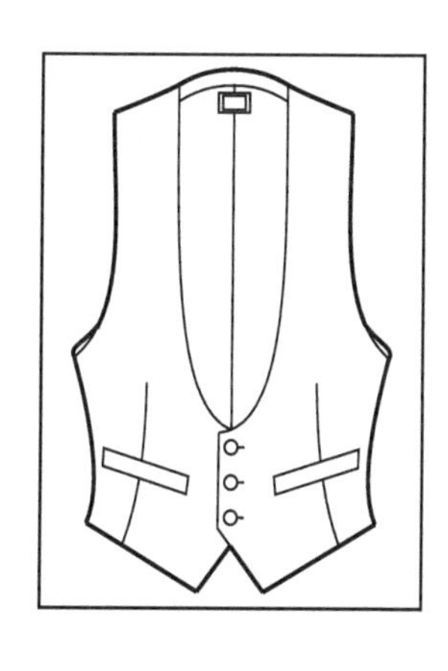
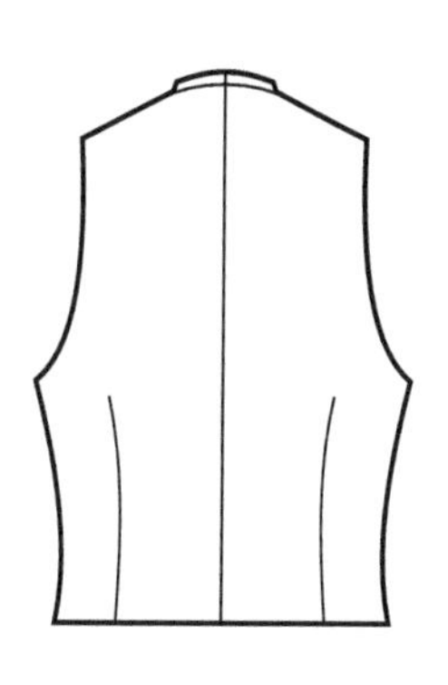

（1）晚礼服背心领型变化系列

四粒扣

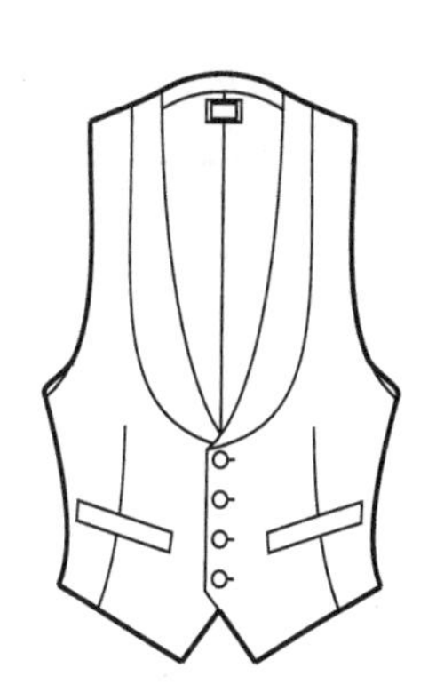

三粒扣

（2）晚礼服背心肩部（简化）变化系列

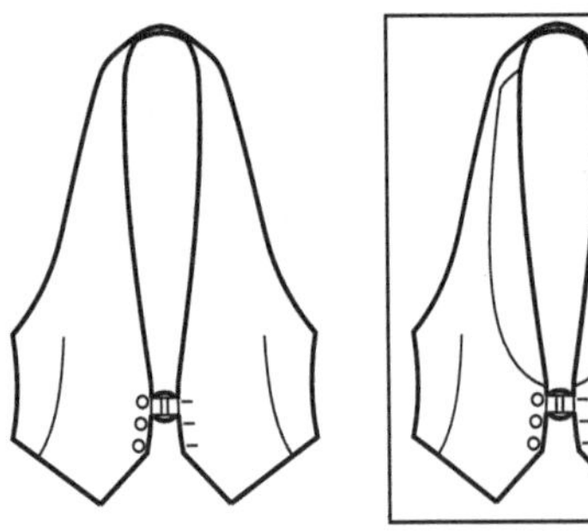
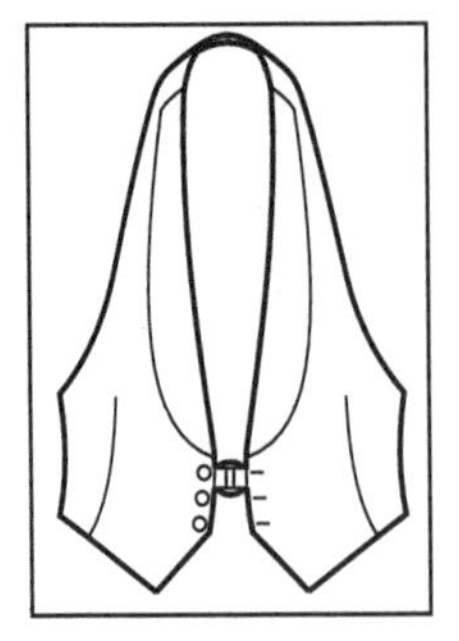
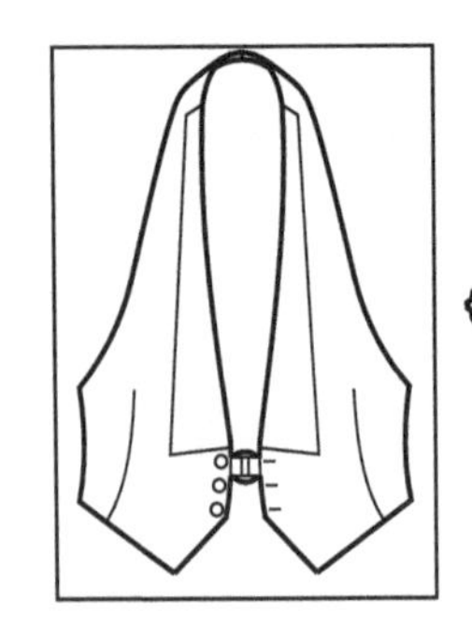
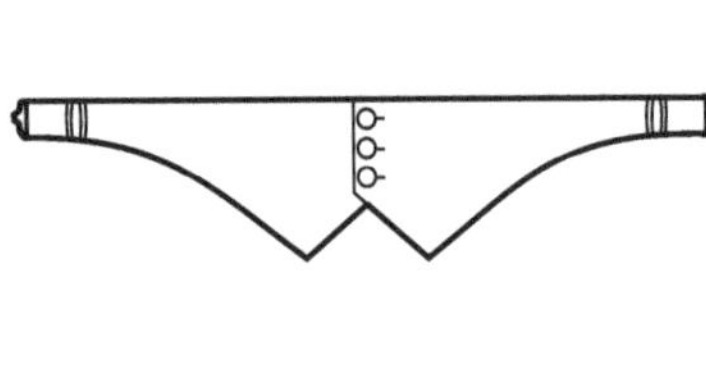

4. 晨礼服背心款式系列设计

标准款式

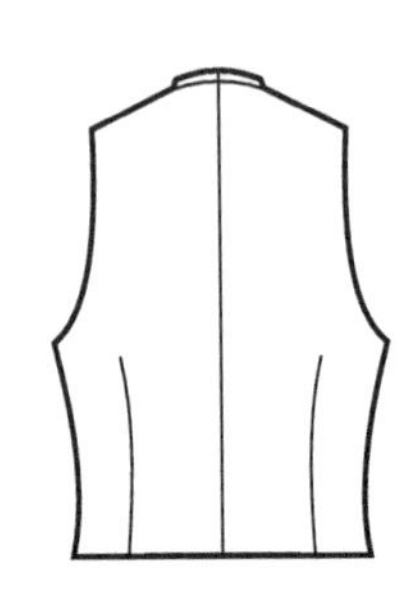

（1）晨礼服背心领型变化系列

双排六粒扣

双排四粒扣

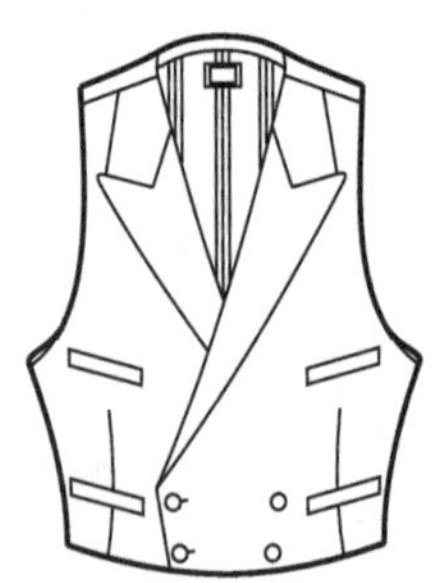

（2）晨礼服背心下摆变化系列

二、背心纸样系列设计

1. 一板多款常服背心纸样系列设计

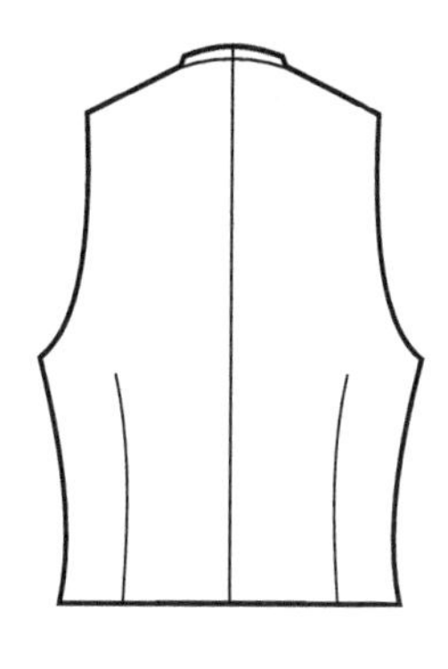

*运用基本纸样作胸围减量设计，这与户外服放量设计采用了相反的处理方法（内穿特点）

*六粒扣对称四袋是标准背心的基本特征

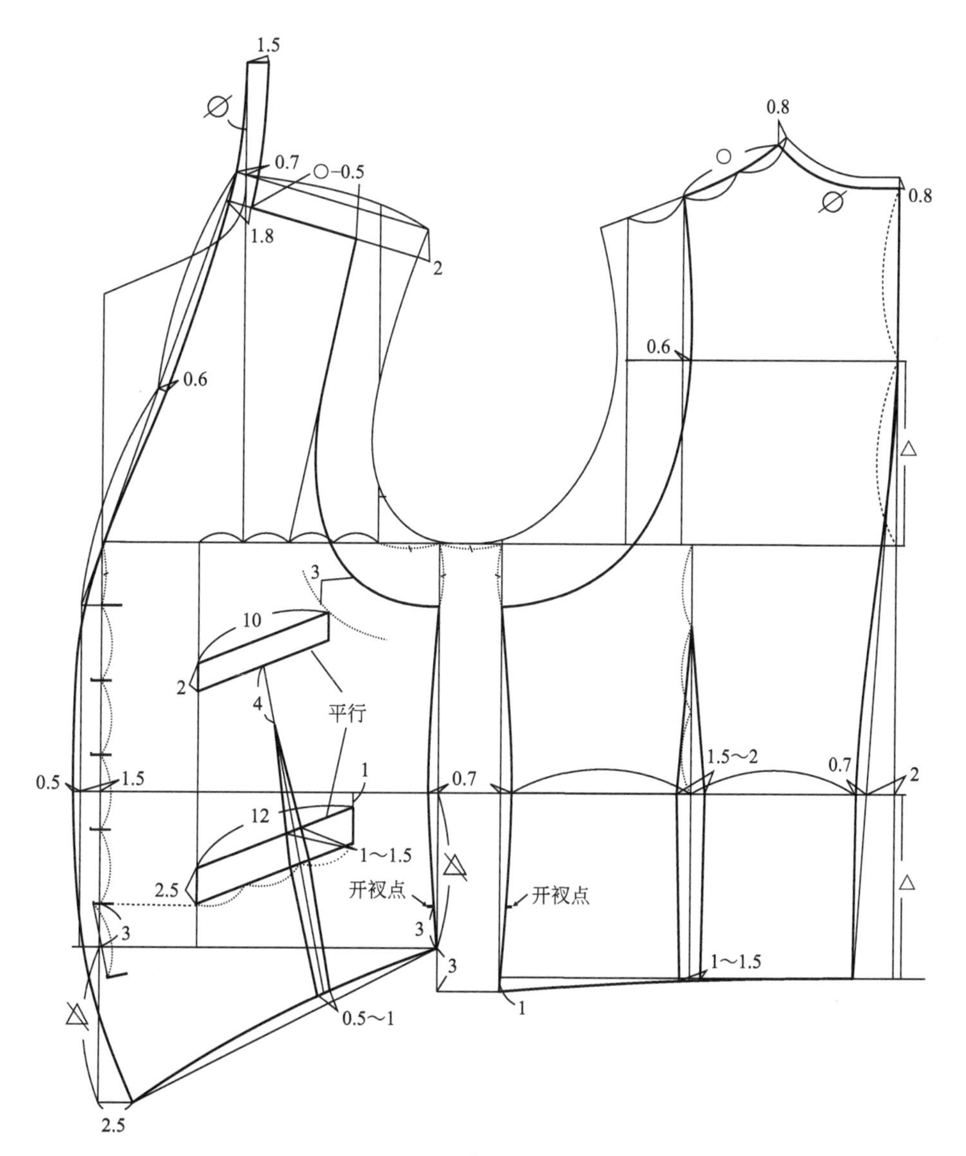

标准版背心纸样

*在标准背心纸样基础上做夹平驳领设计，驳领部分在肩线采用“夹缝”工艺，不采用真领（全领）结构是因为它与西装外衣组合，而后领不显臃肿

*作为内穿背心类基本纸样进行系列设计，内穿背心相对稳定，“一板多款”方法应用普遍

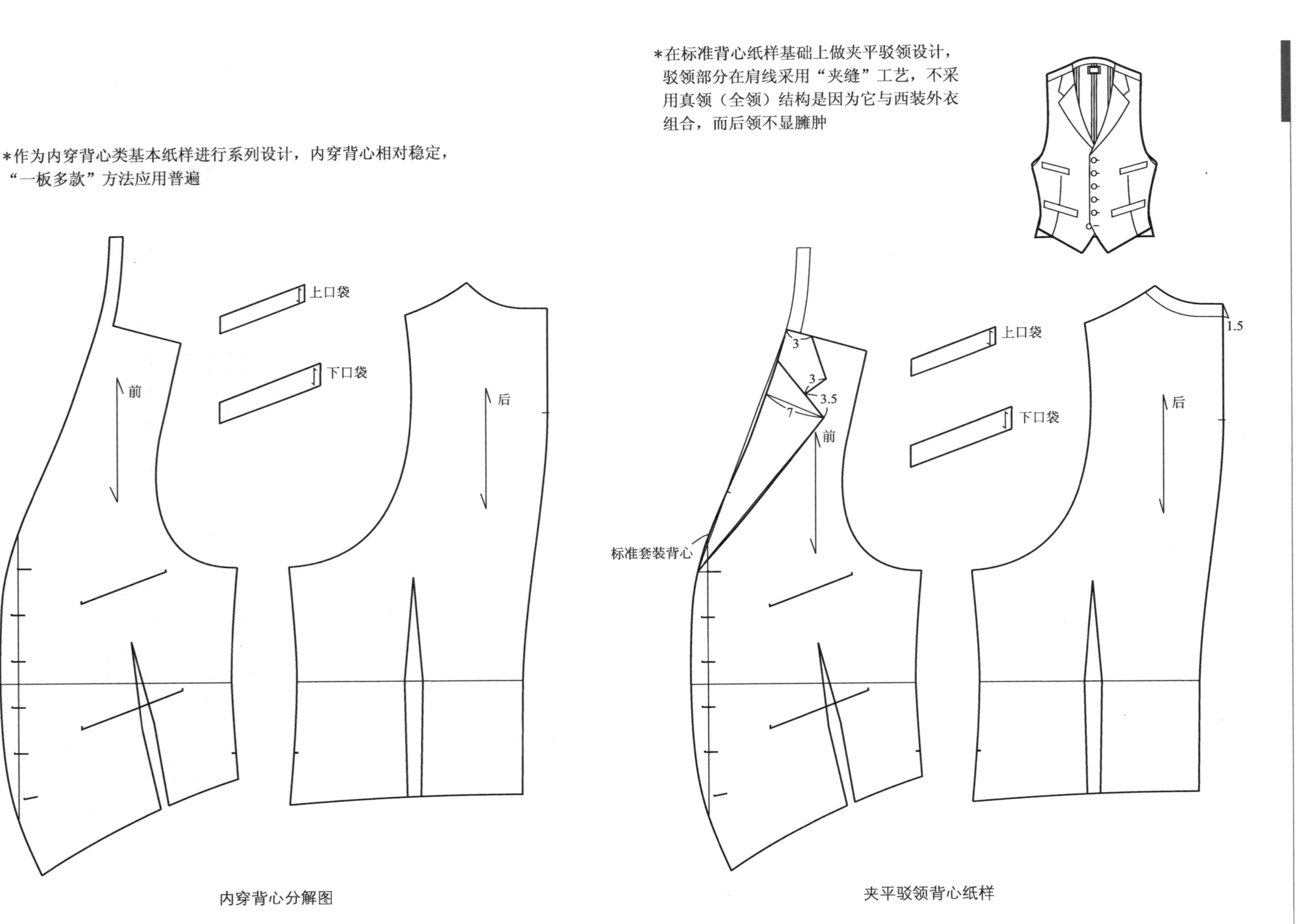

内穿背心分解图

夹平驳领背心纸样

*在标准背心纸样基础上将六粒扣通过调整扣位、扣距变成五粒，增添了休闲风格

*在五粒扣背心纸样基础上做夹平驳领设计，有新古典主义味道

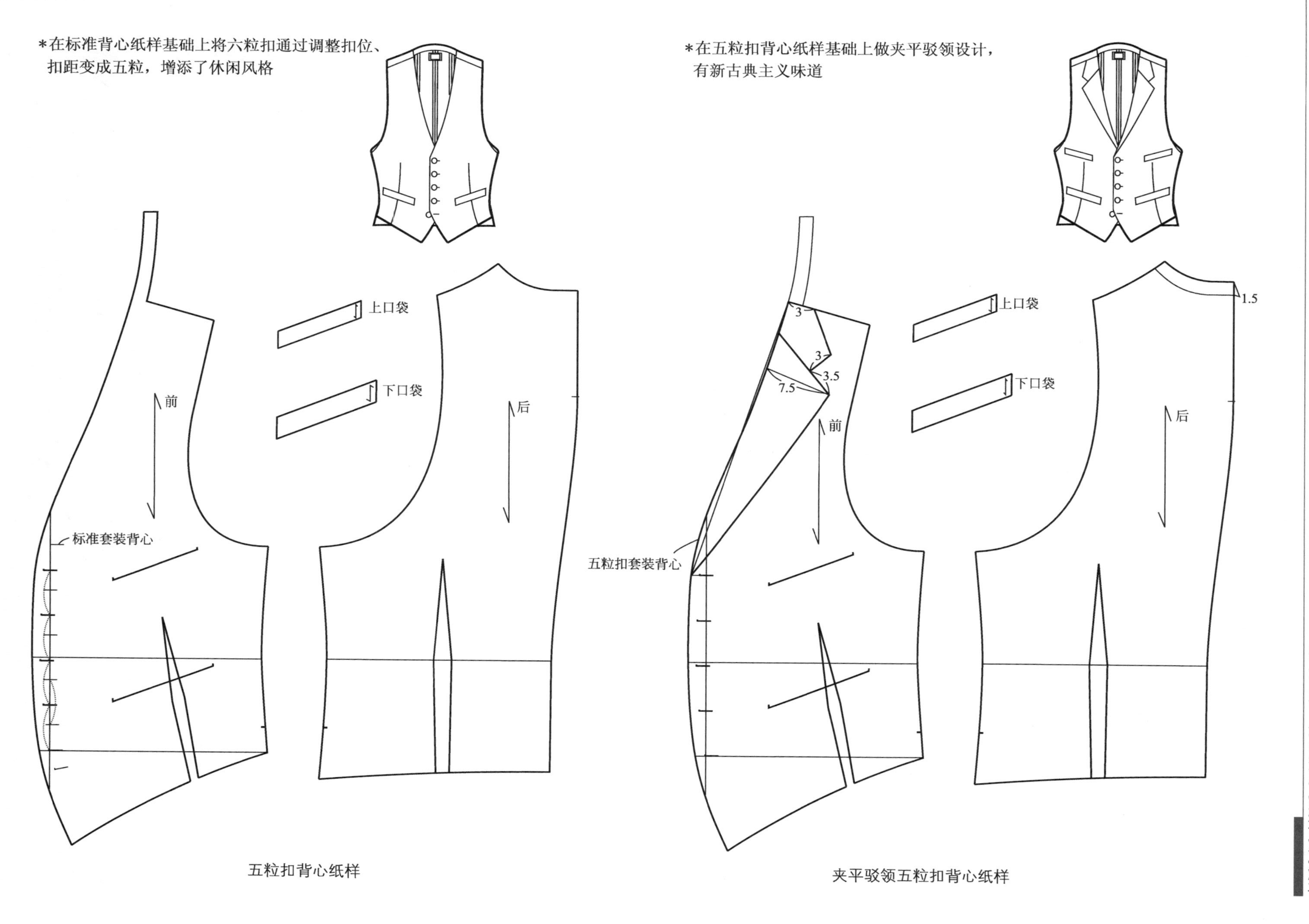

五粒扣背心纸样

夹平驳领五粒扣背心纸样

*在五粒扣背心纸样基础上，前身做破腰线夹袋结构设计
*破腰线使前衣摆并省成整片，同时后身处理成与前身同等长度

*在破腰线五粒扣背心纸样基础上做夹平驳领设计

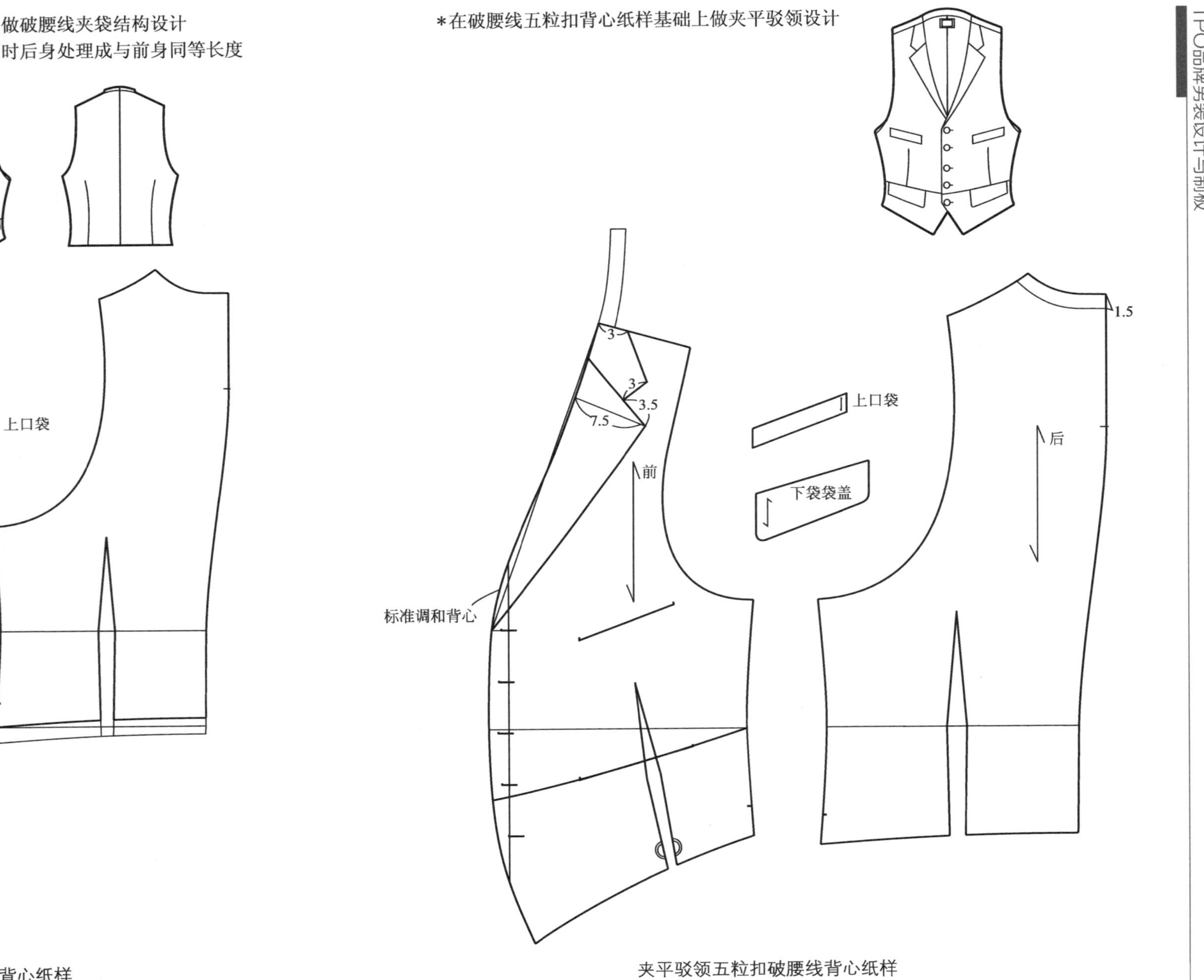

破腰线五粒扣背心纸样

夹平驳领五粒扣破腰线背心纸样

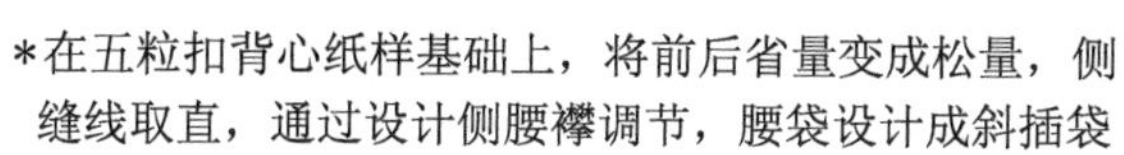

*在五粒扣背心纸样基础上，将前后省量变成松量，侧缝线取直，通过设计侧腰襻调节，腰袋设计成斜插袋

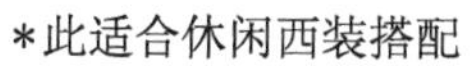

*此适合休闲西装搭配

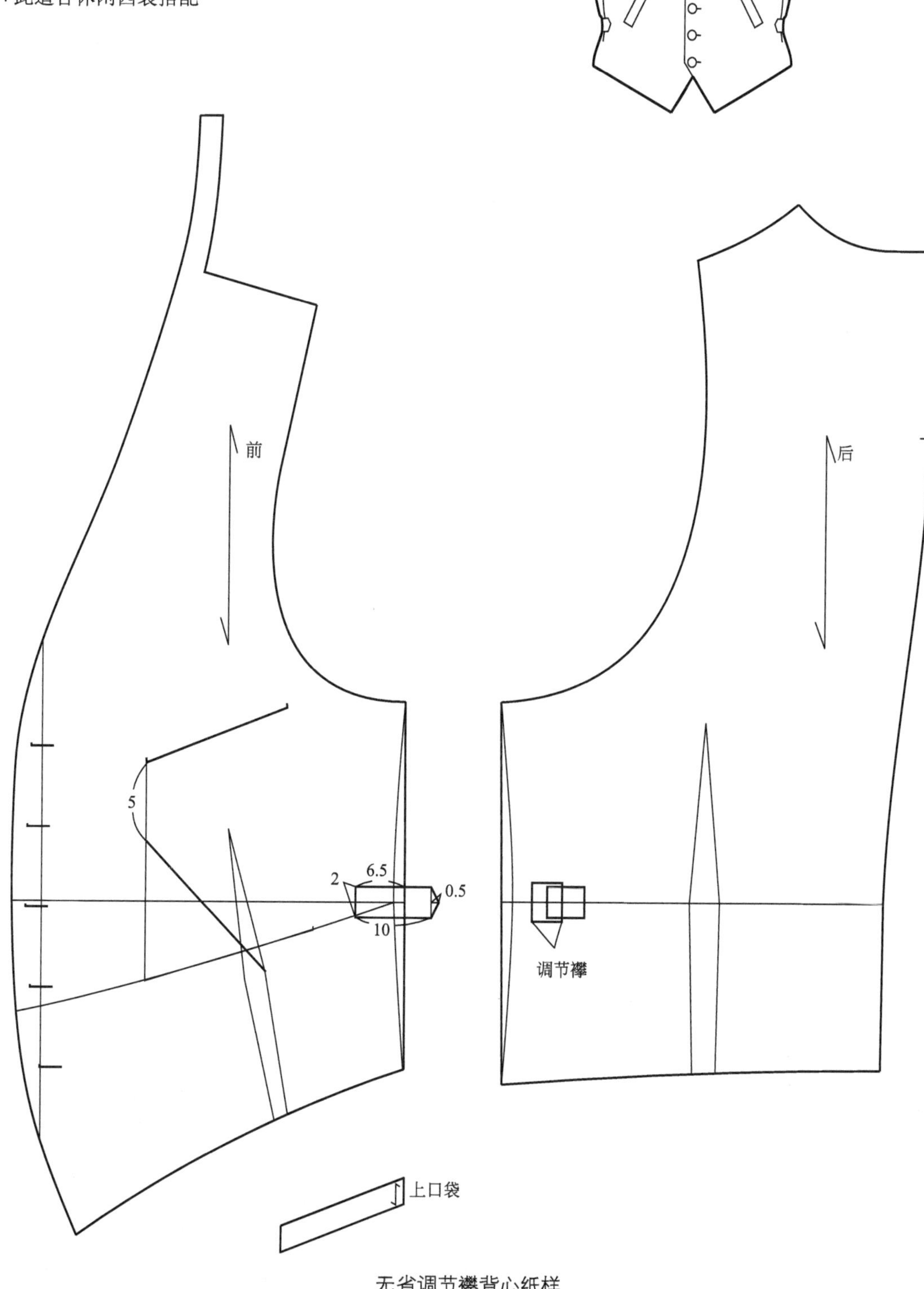

无省调节襻背心纸样

2. 一板多款礼服背心纸样系列设计

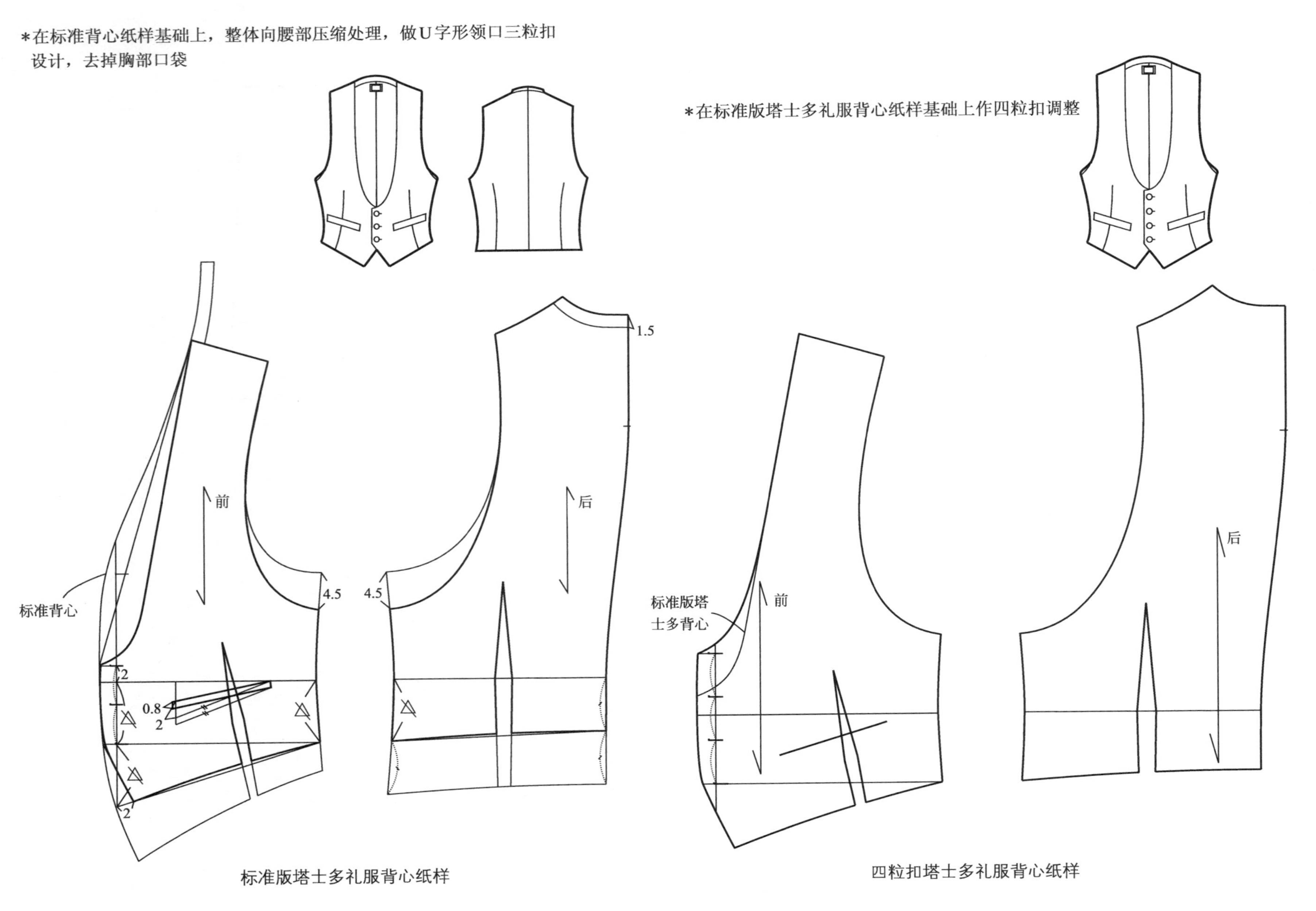

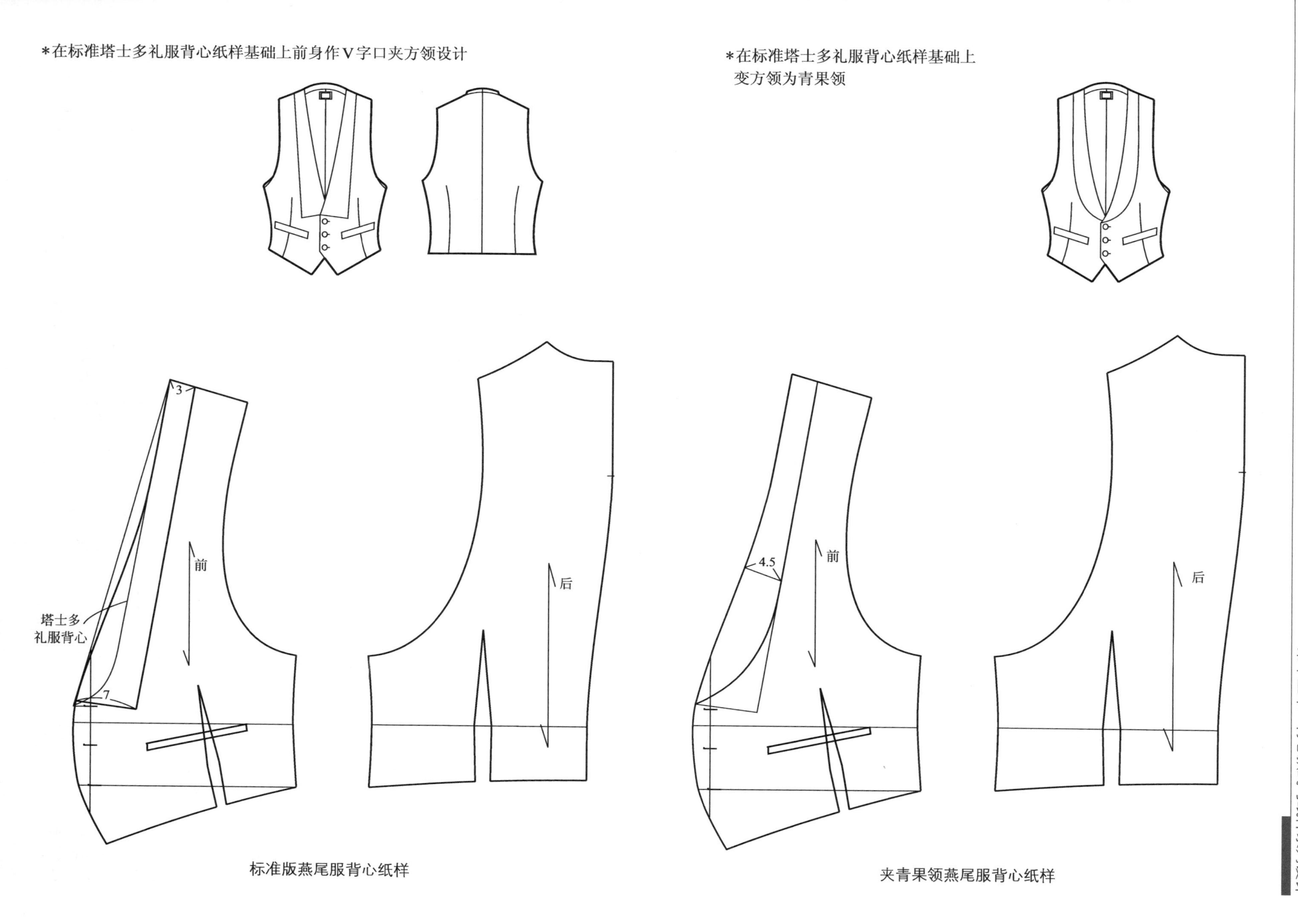

*在标准塔士多礼服背心纸样基础上前身作V字口夹方领设计

标准版燕尾服背心纸样

*在标准塔士多礼服背心纸样基础上变方领为青果领

夹青果领燕尾服背心纸样

*在基本纸样基础上做燕尾服背心的简装版结构处理，左右身由领缘连接，后身简化成带状结构，青果领保留主体结构并变窄，去掉口袋

简装版燕尾服纸样

*在简装版燕尾服背心纸样基础上变青果领为方领会产生个性变化和流行感
*简装版燕尾服背心常降格使用，与塔士多礼服搭配，但不能与日间礼服搭配

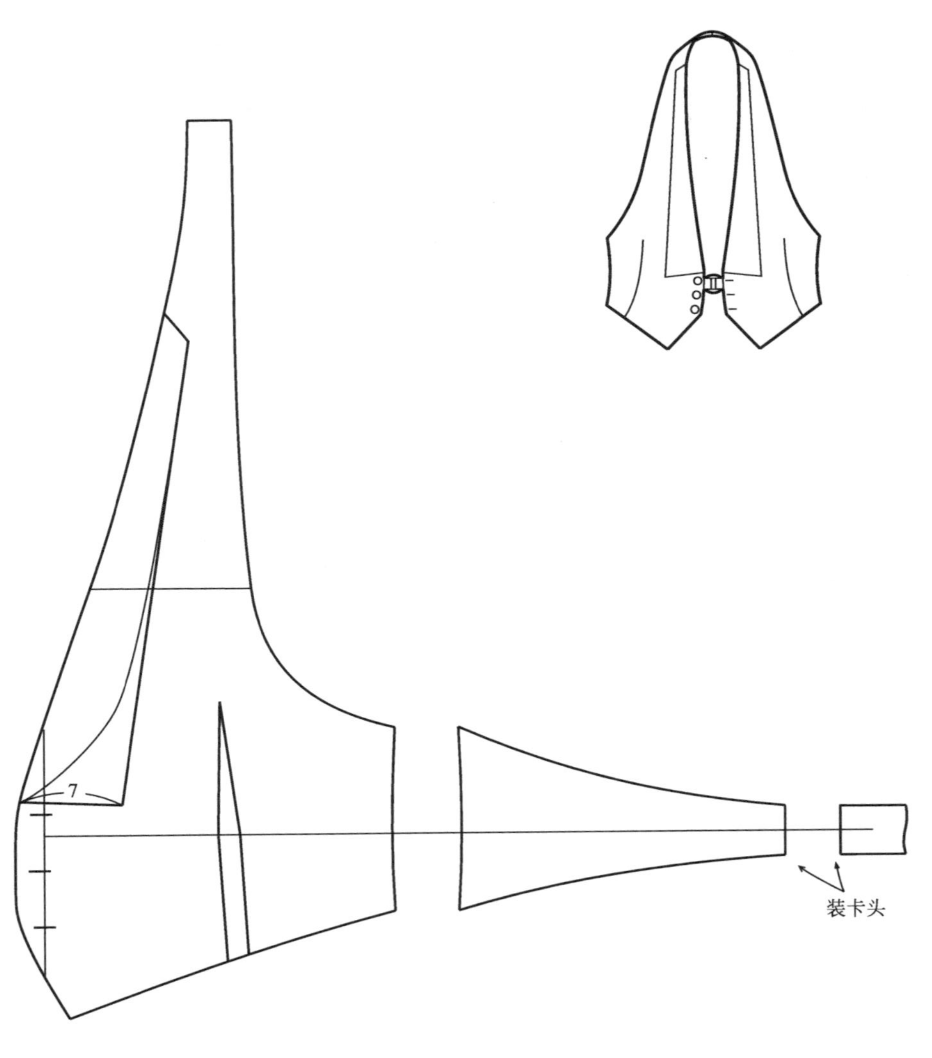

简装版燕尾服纸样分解图

*在标准背心纸样基础上设计双排六粒扣、平摆和夹青果领

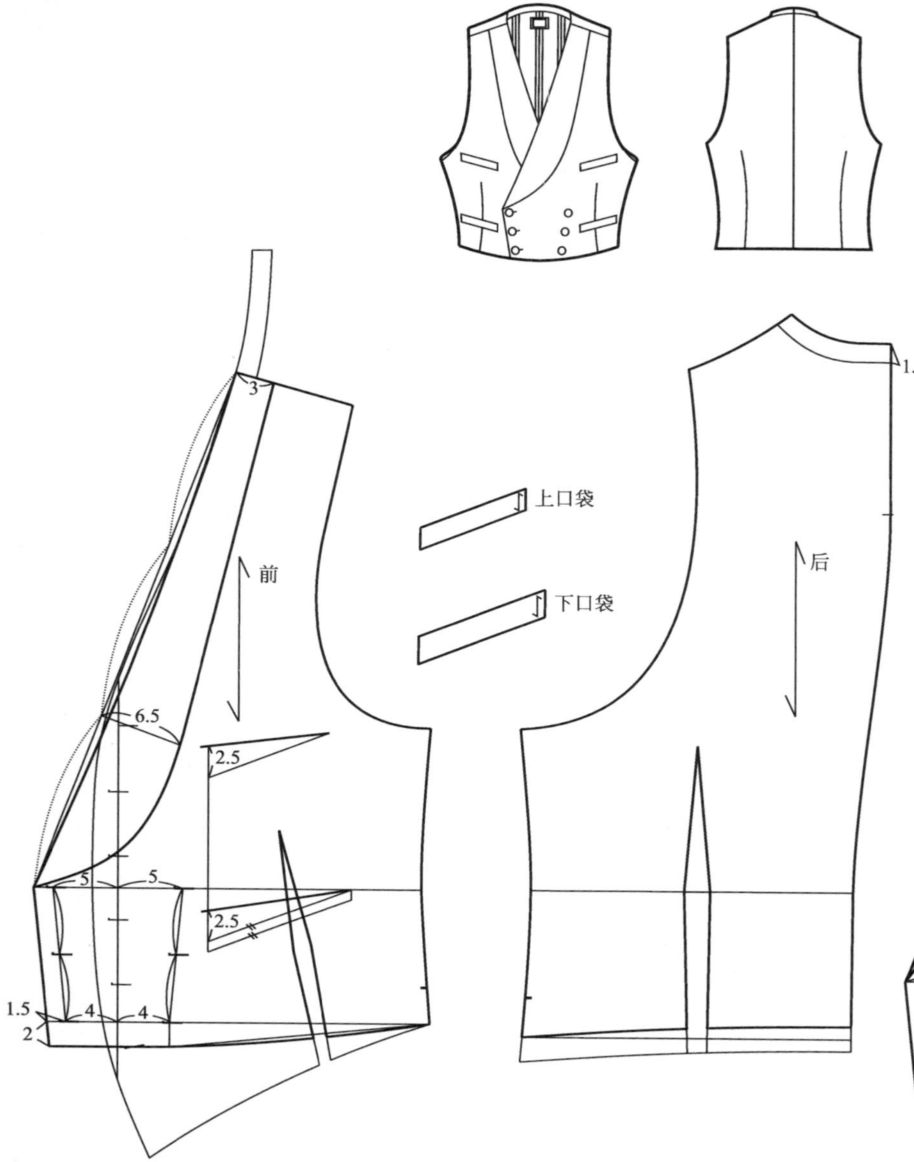

标准版晨礼服背心纸样

*在标准晨礼服背心纸样基础上将夹青果领变化为夹戗驳领

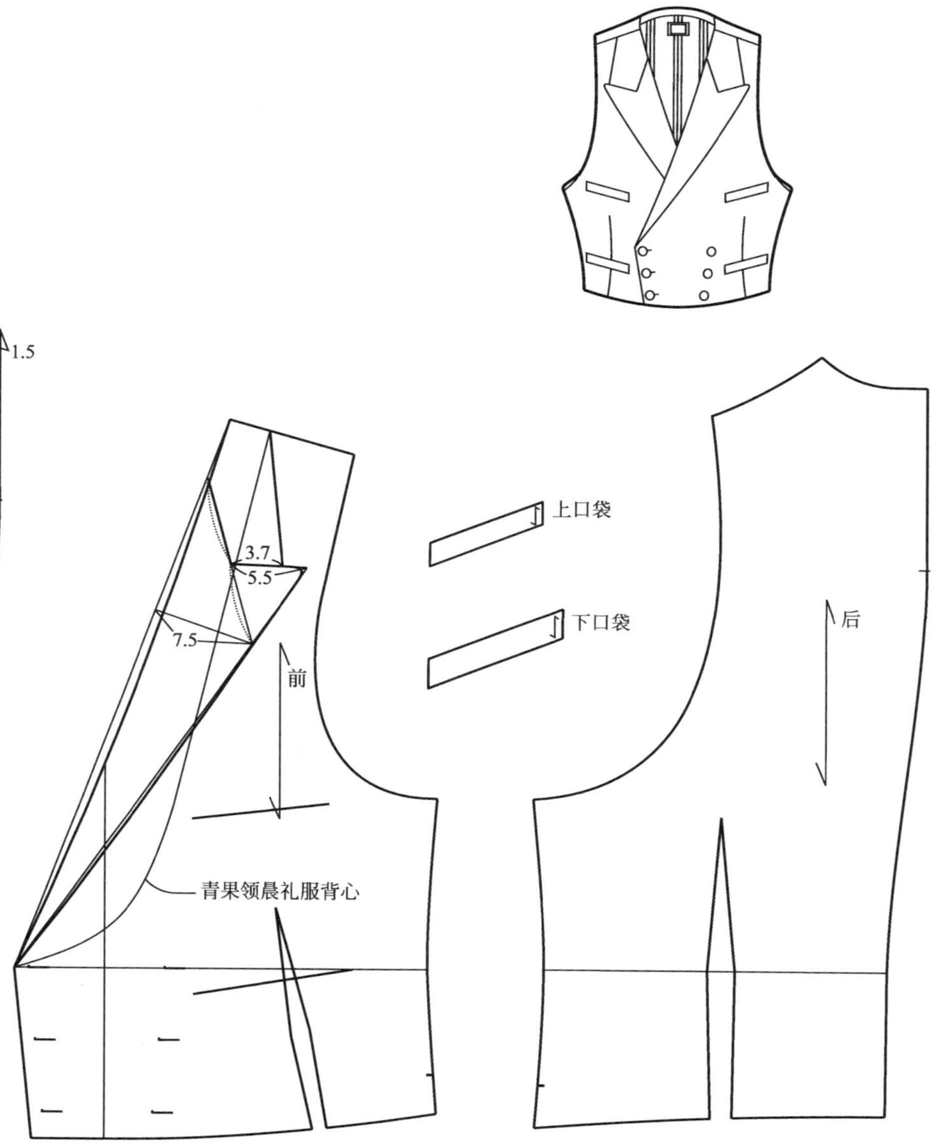

夹戗驳领晨礼服背心纸样

*在夹戗驳领晨礼服背心纸样基础上做半戗驳领处理

*在夹半戗驳领晨礼服背心纸样基础上去掉夹领部分

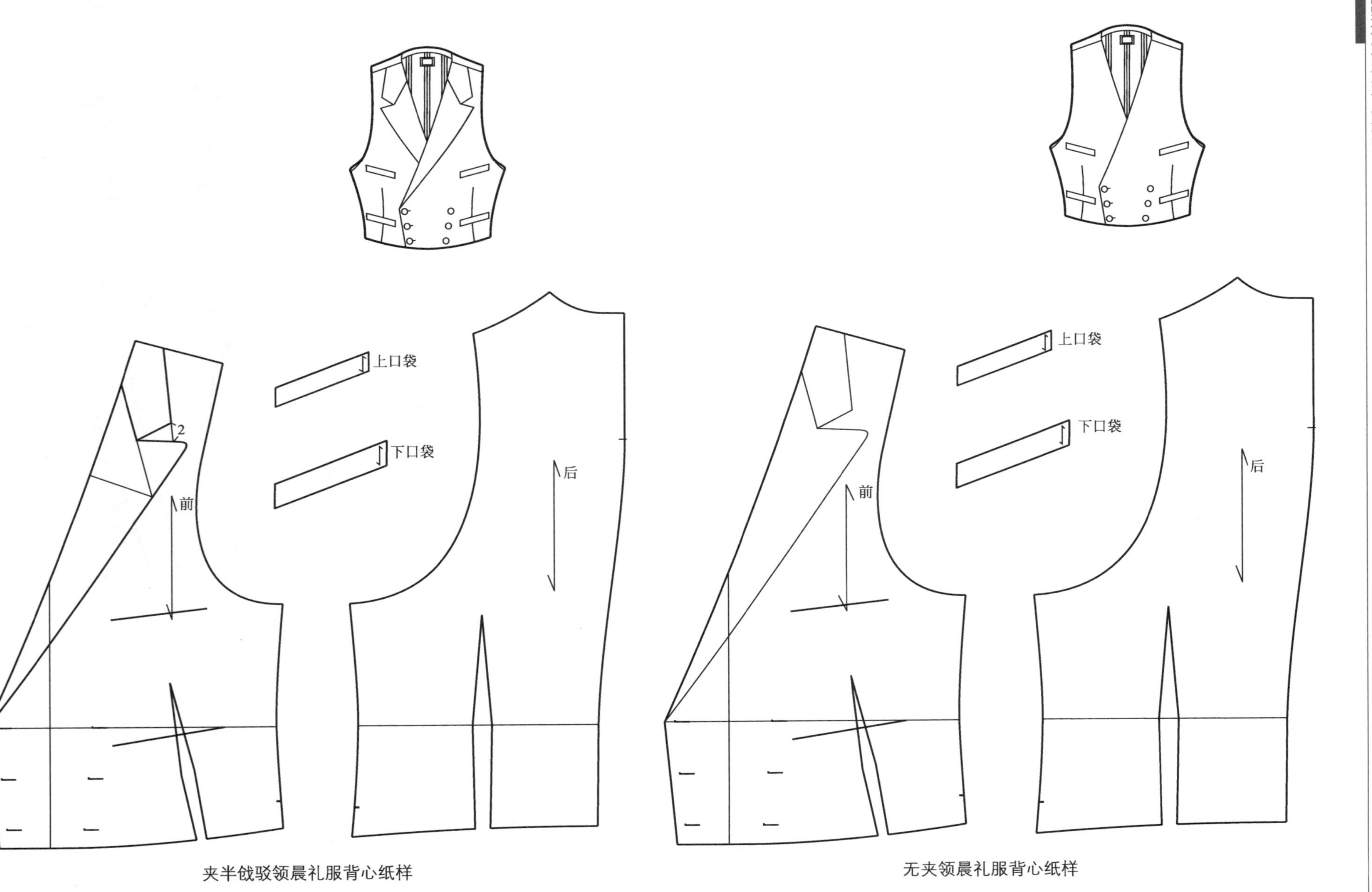

*如果对无夹领晨礼服背心纸样作大开领四粒扣处理则强化了现代概念

*如果在概念化晨礼服背心纸样基础上设计菱角下摆、去胸袋，表现出既简约又表现个性的礼服风格

*总体上无夹领晨礼服背心纸样系列，趋向简装版，可降格使用，常与董事套装、黑色套装、西服套装搭配，一般不与晚礼服搭配

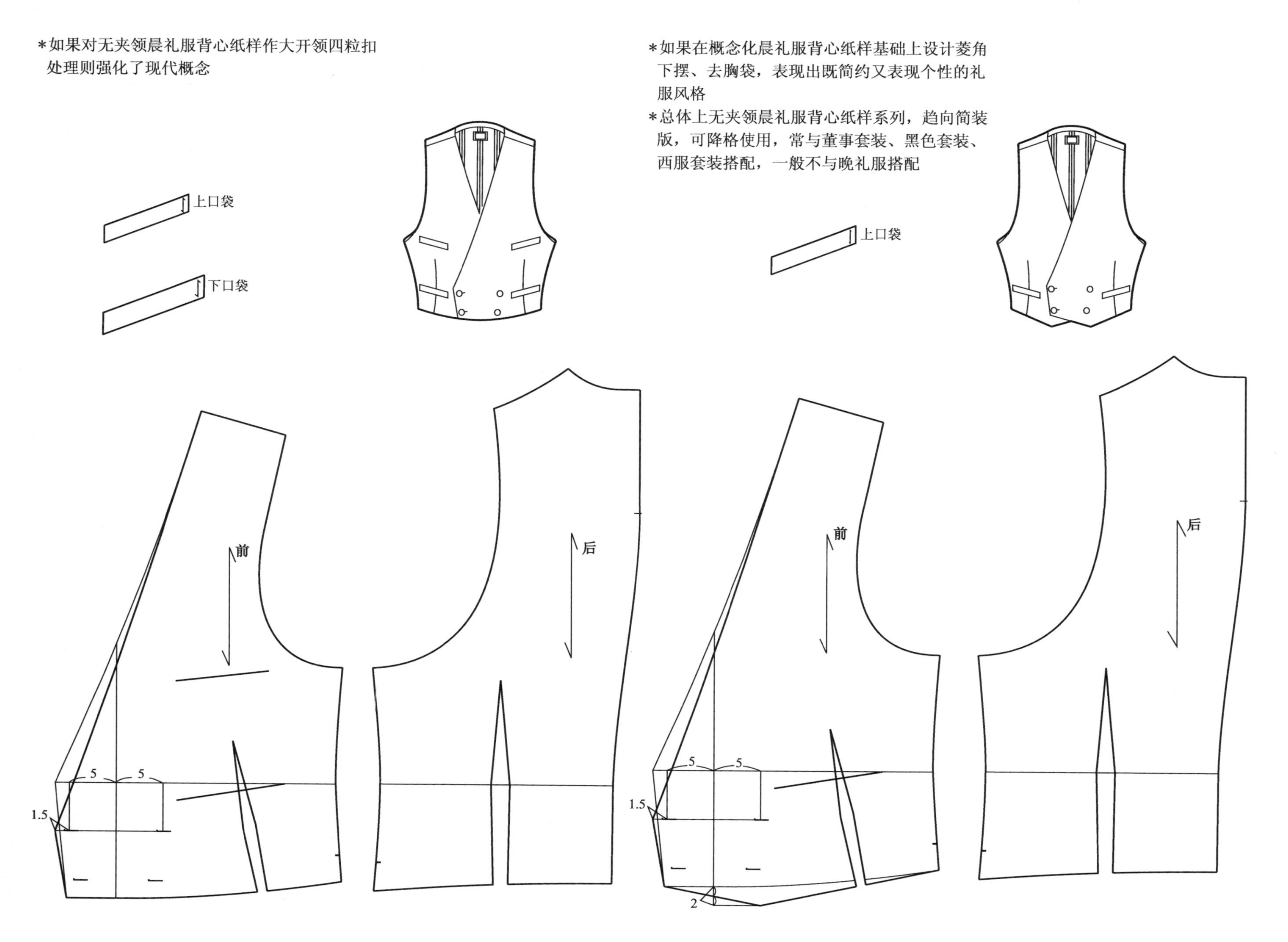

第十四章 ◆ 衬衫款式与纸样系列设计

一、衬衫款式系列设计

1. 衬衫基本分类

2. 普通内穿衬衫款式系列设计

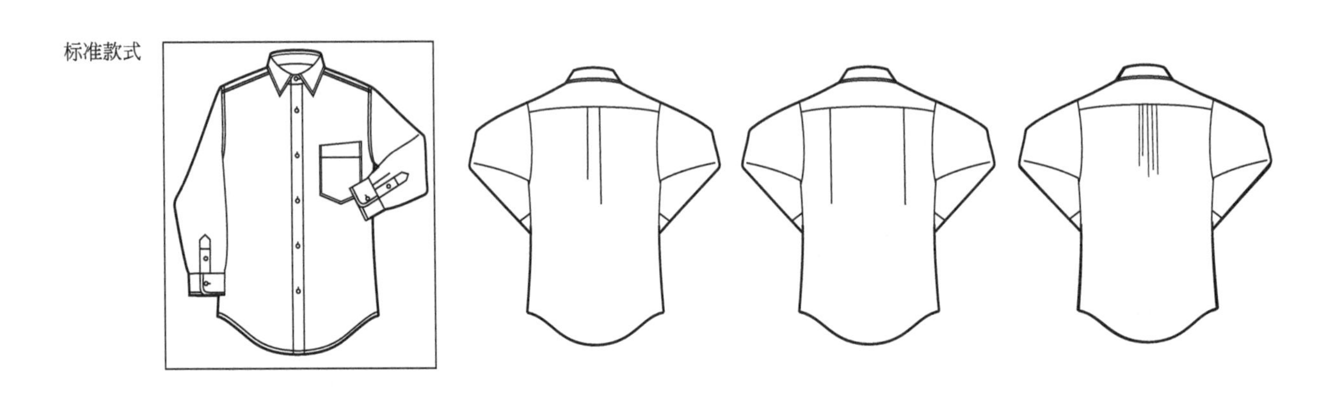

（1）普通内穿衬衫明门襟领型变化系列

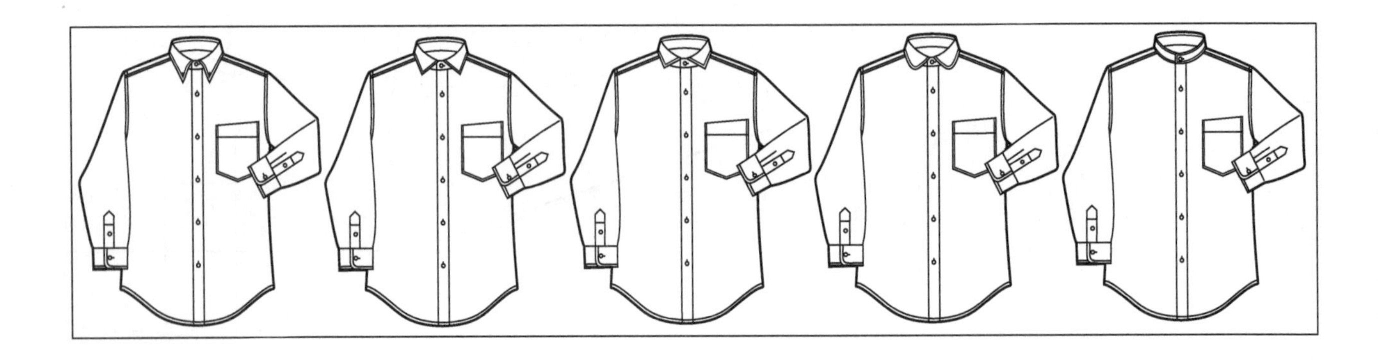

（2）普通内穿衬衫单门襟领型变化系列

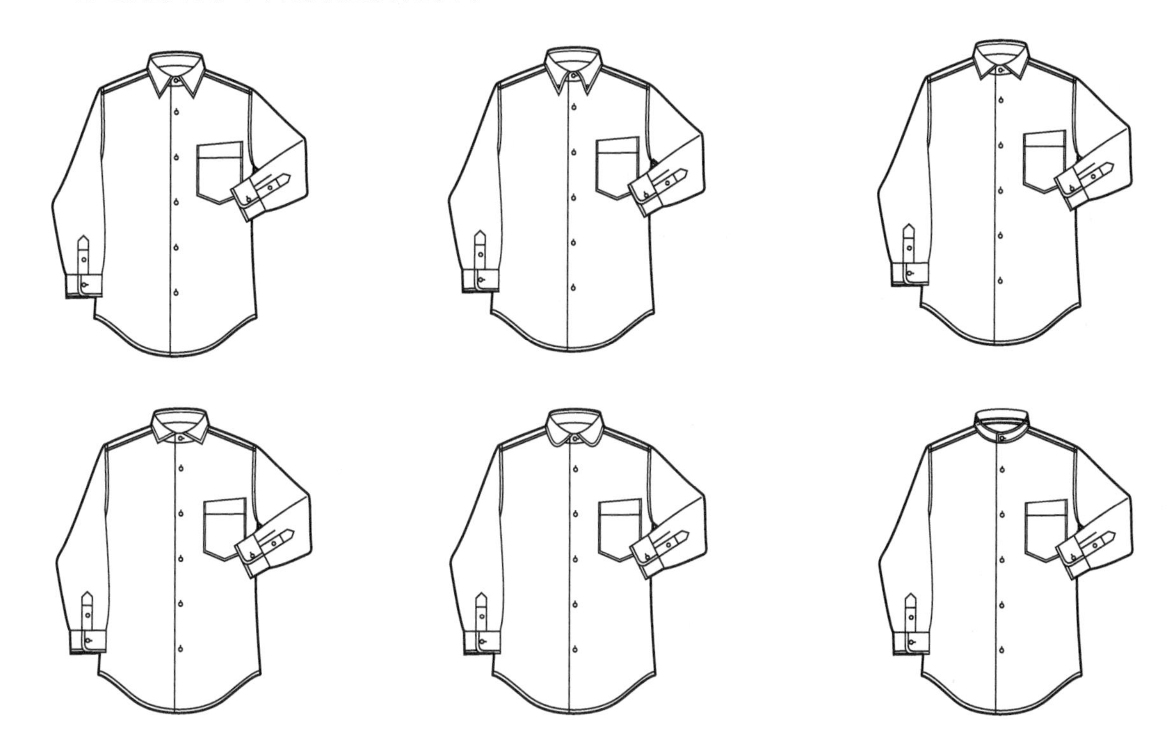

（3）普通内穿衬衫袖头变化系列

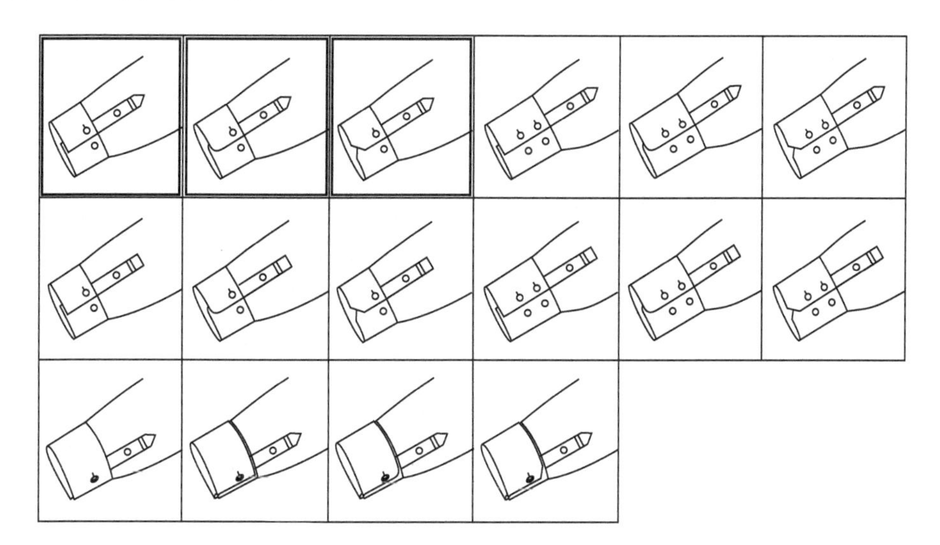

3. 晚礼服衬衫款式系列设计

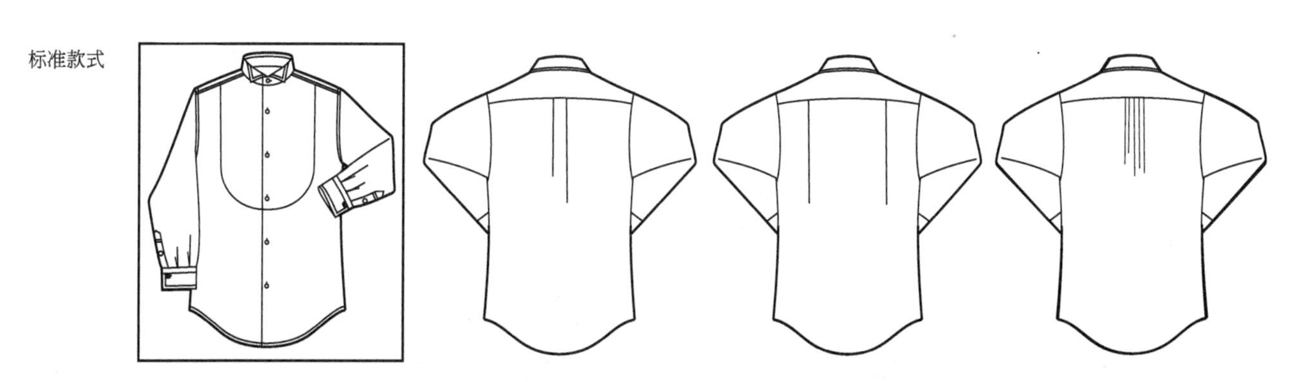

（1）晚礼服衬衫领型变化系列

（2）晚礼服衬衫胸挡变化系列

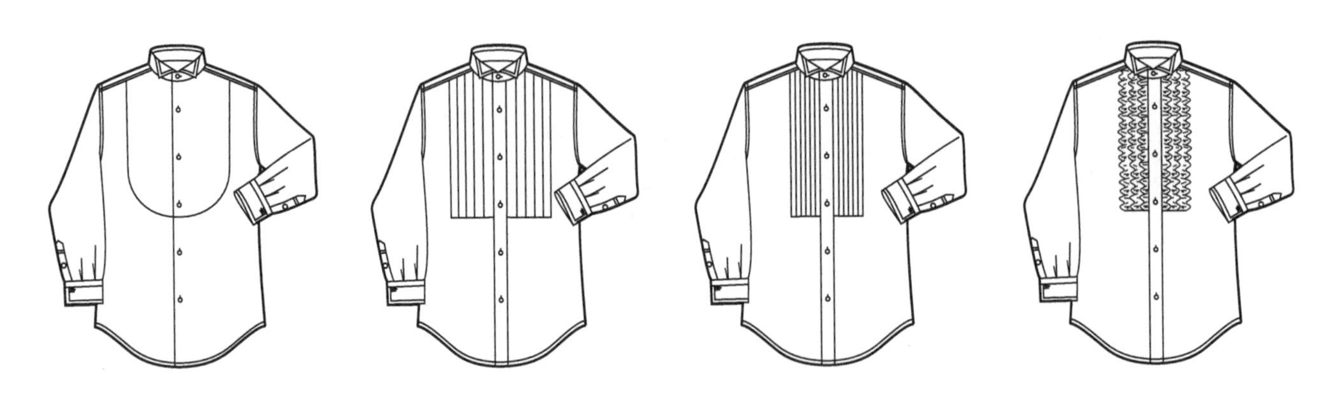

（3）晚礼服衬衫门襟变化系列

（4）晚礼服衬衫袖头变化系列

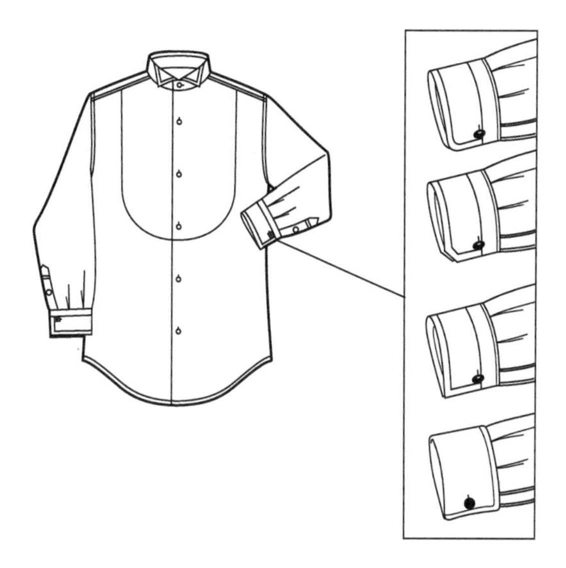

（5）晚礼服衬衫综合元素变化系列

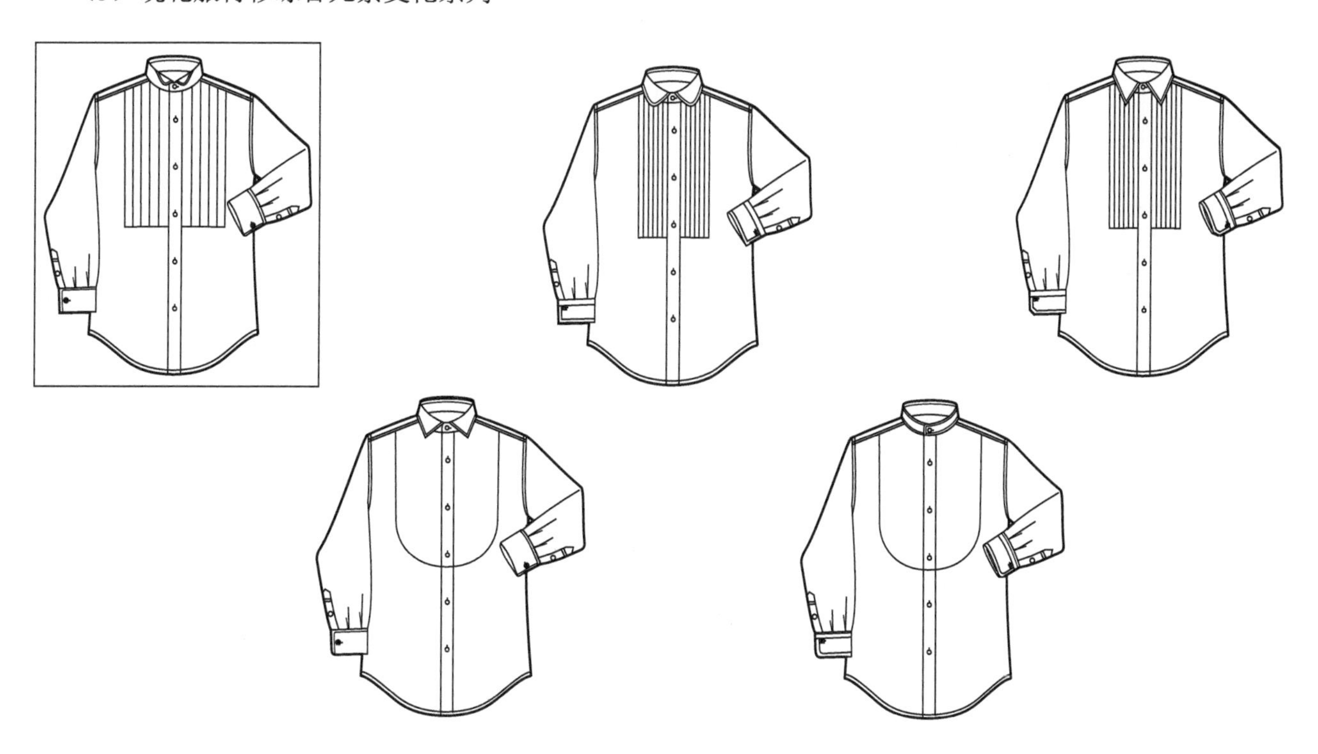

4. 晨礼服衬衫款式系列设计

标准款式

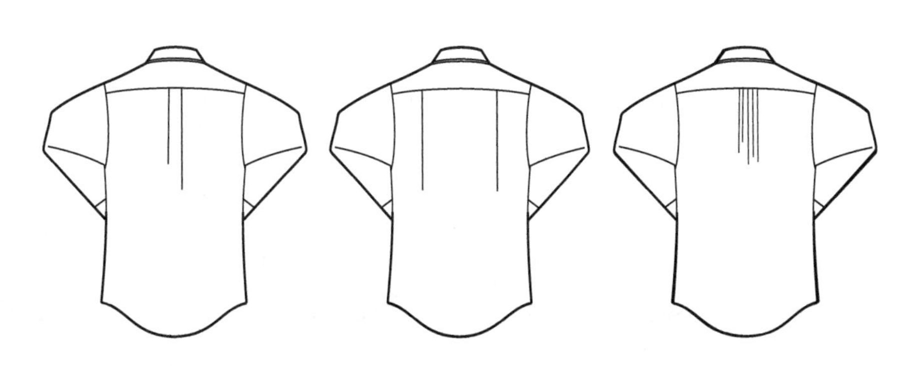

（1）晨礼服衬衫领型变化系列

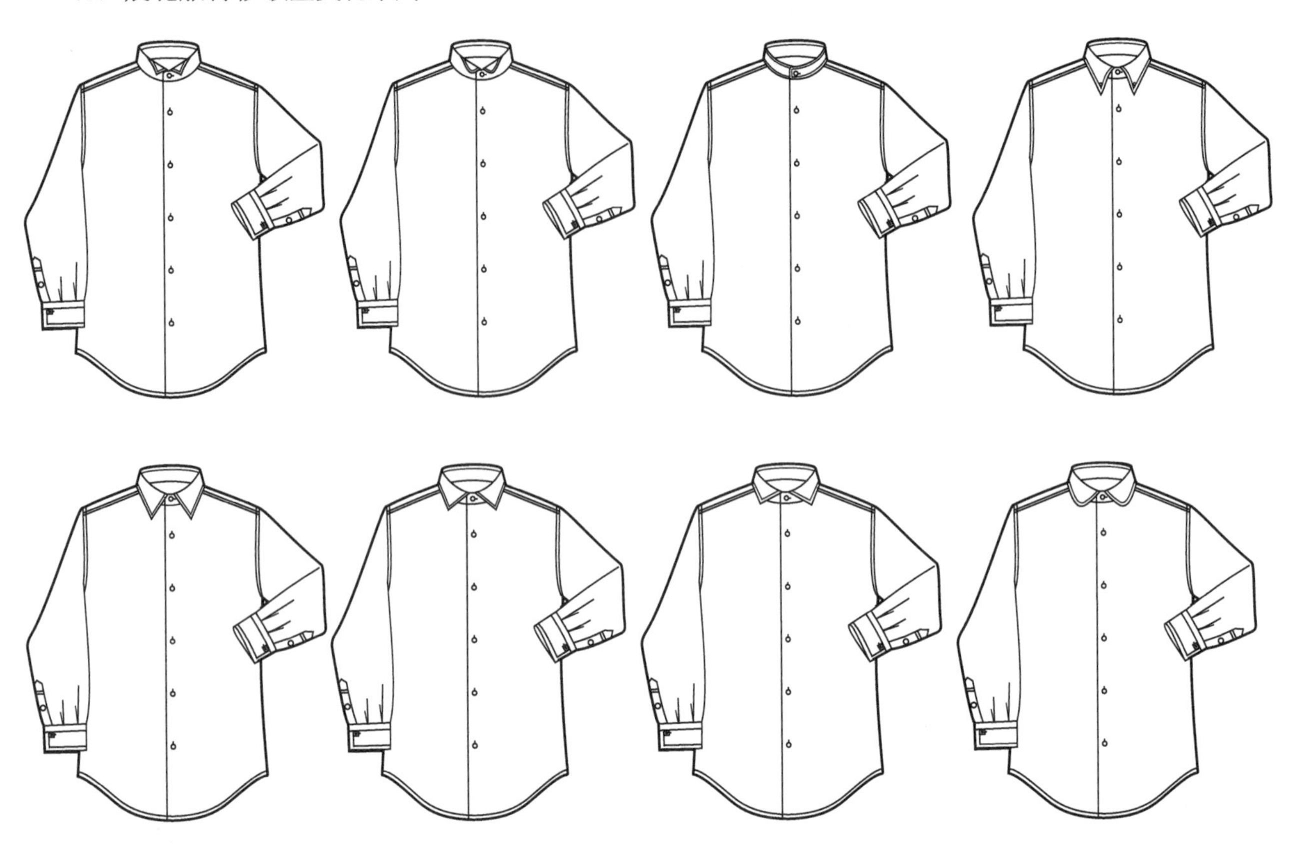

（2）晨礼服衬衫门襟变化系列

5. 外穿衬衫款式系列设计

标准款式

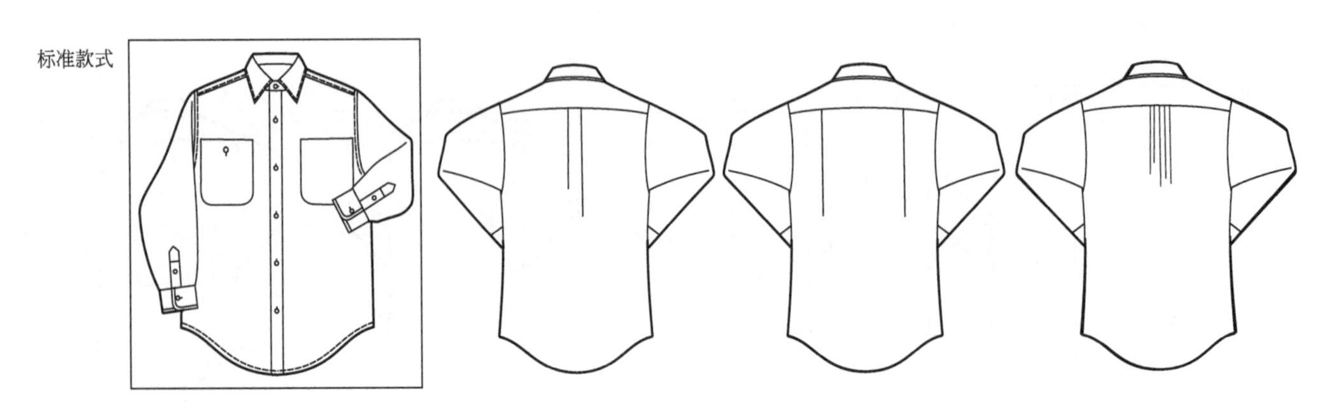

（1）外穿衬衫领型变化系列

（2）外穿衬衫门襟变化系列

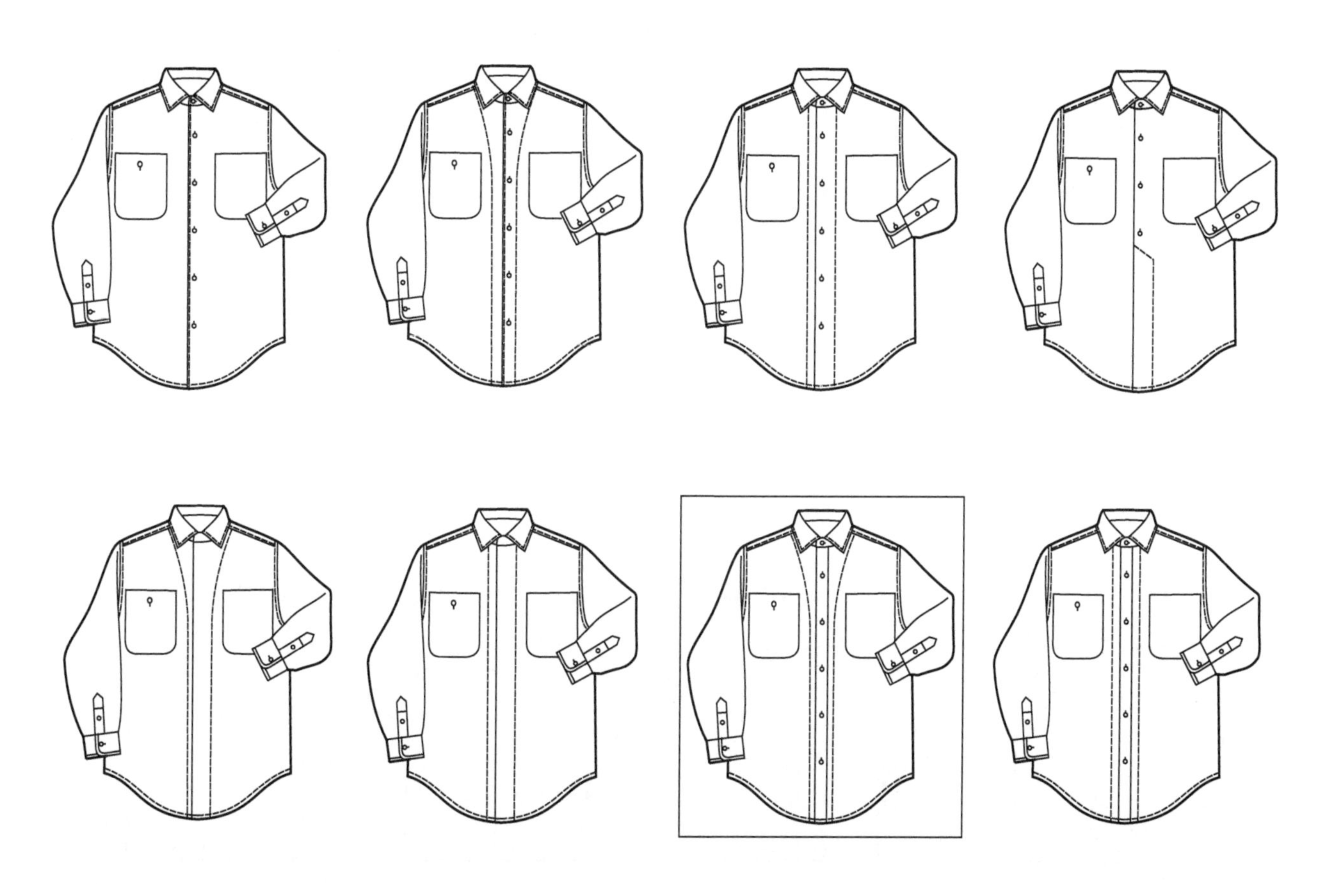

（3）外穿衬衫口袋变化系列

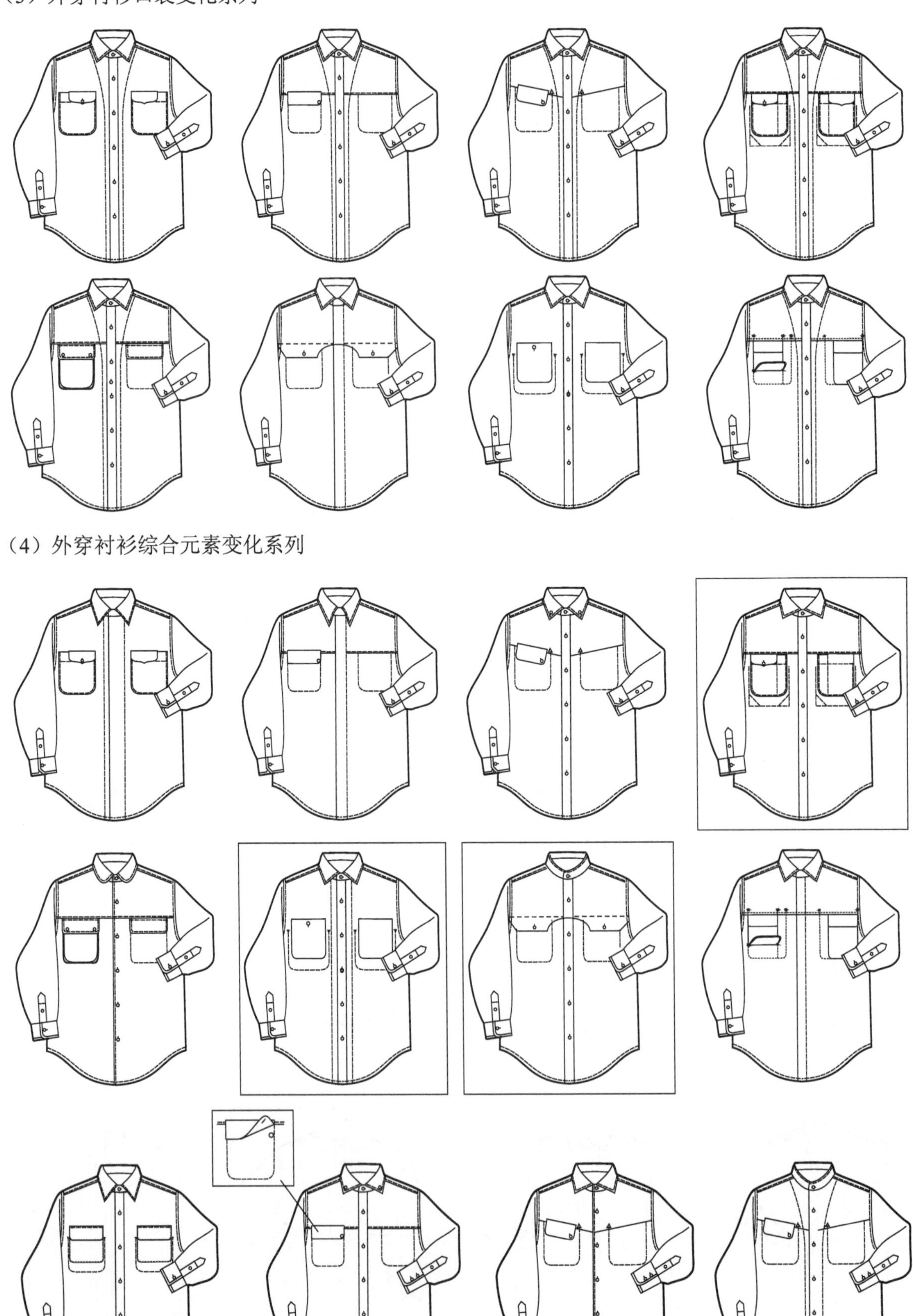

（4）外穿衬衫综合元素变化系列

二、衬衫纸样系列设计

1. 一板多款常服衬衫纸样系列设计

*运用基本纸样作胸围减量设计（前侧缝收进1.5cm），锐角企领、过肩、前短后长圆摆是标准领内穿衬衫标志性设计

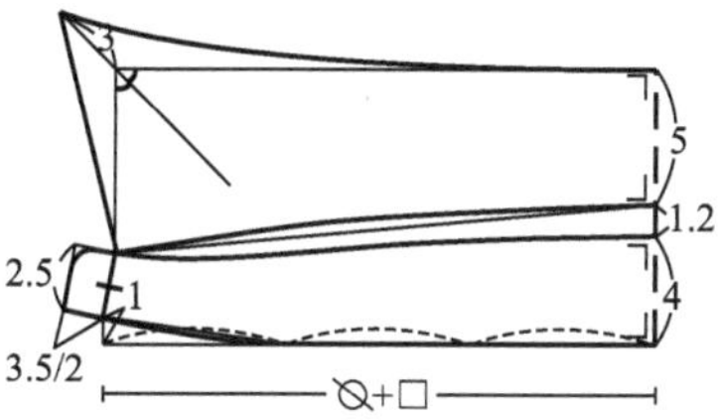

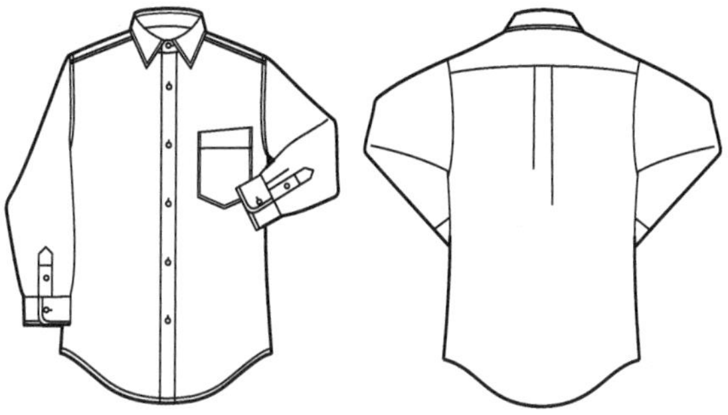

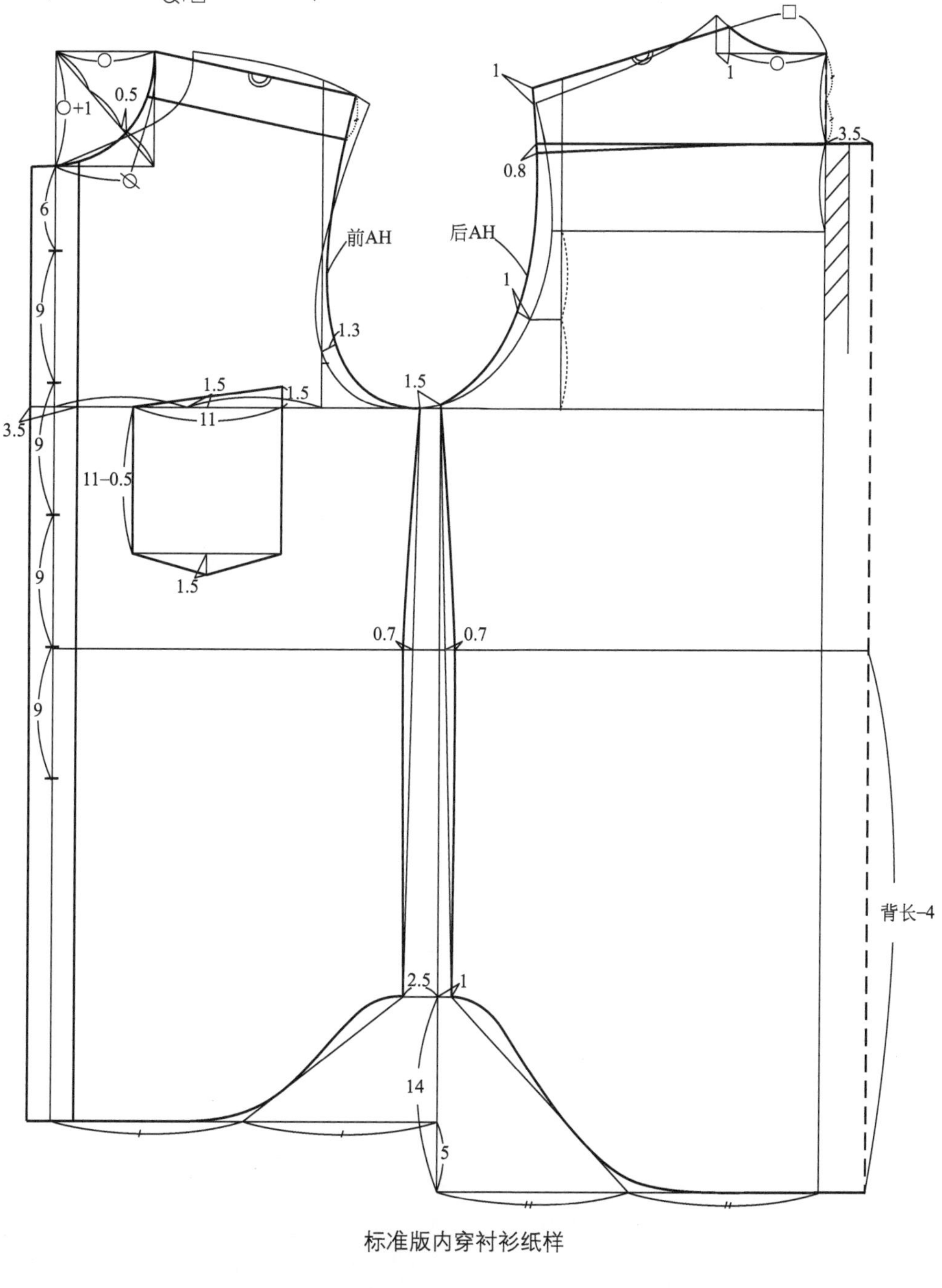

标准版内穿衬衫纸样

*内穿衬衫袖山高采用稳定的公式*AH*/6，*AH*是指完成的标准衬衫纸样前后袖窿弧长之和

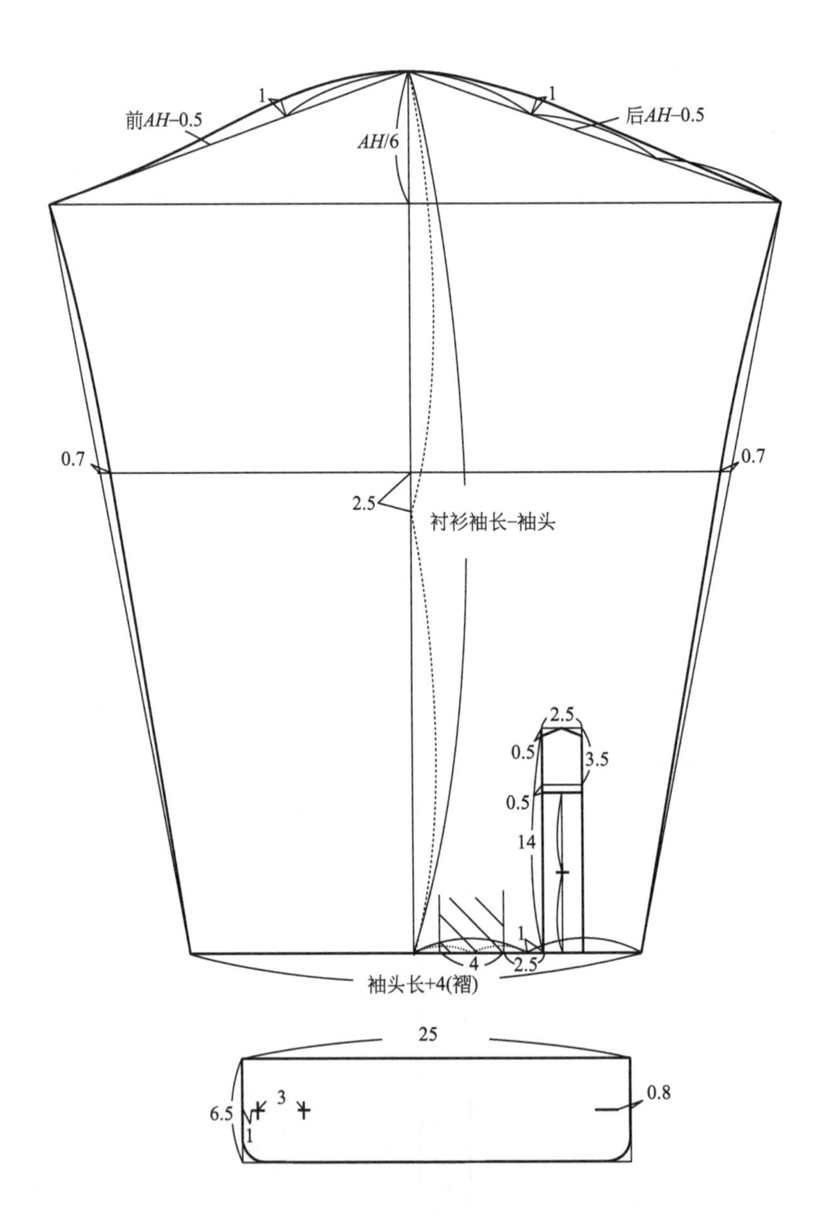

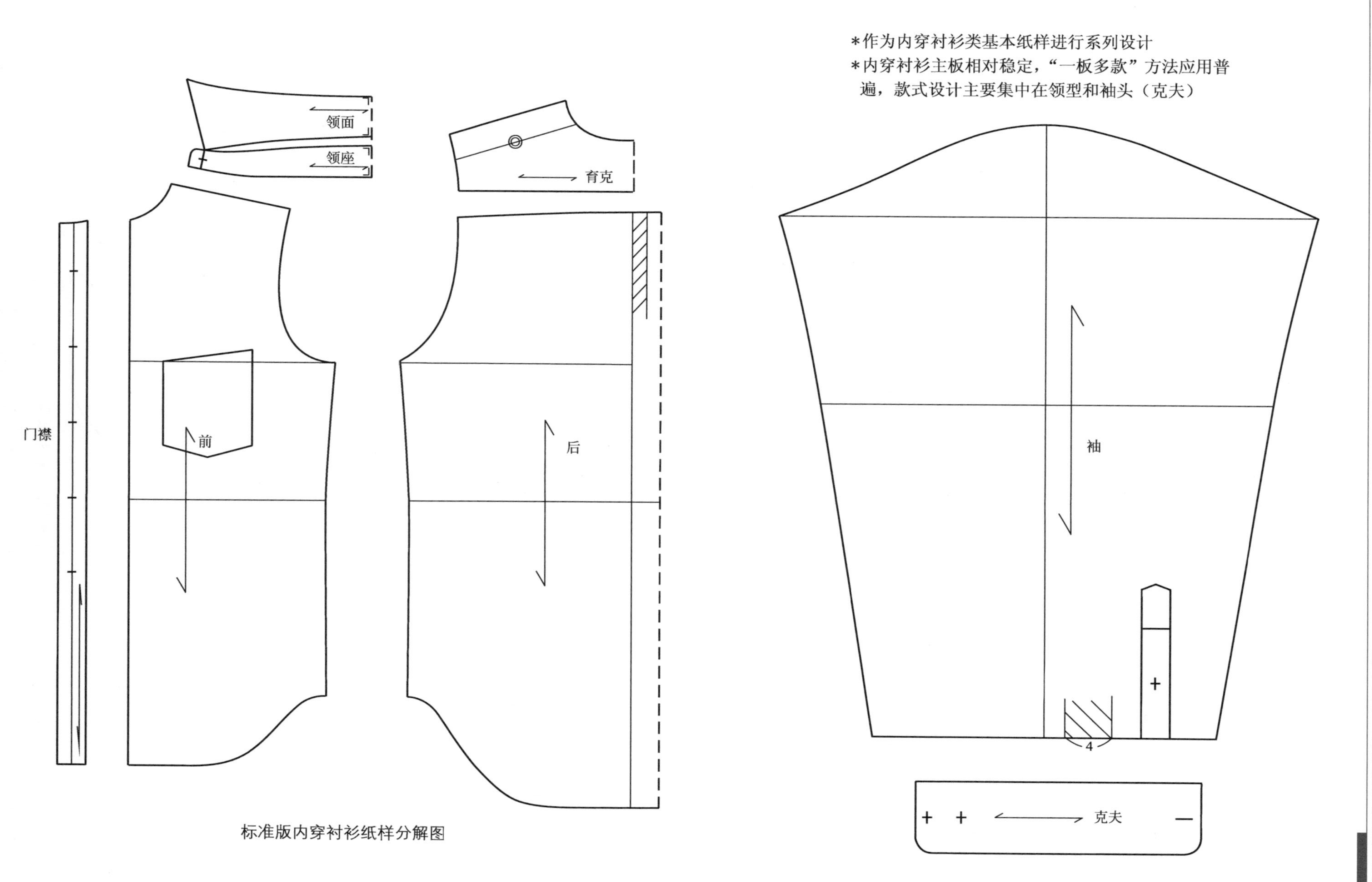

标准版内穿衬衫纸样分解图

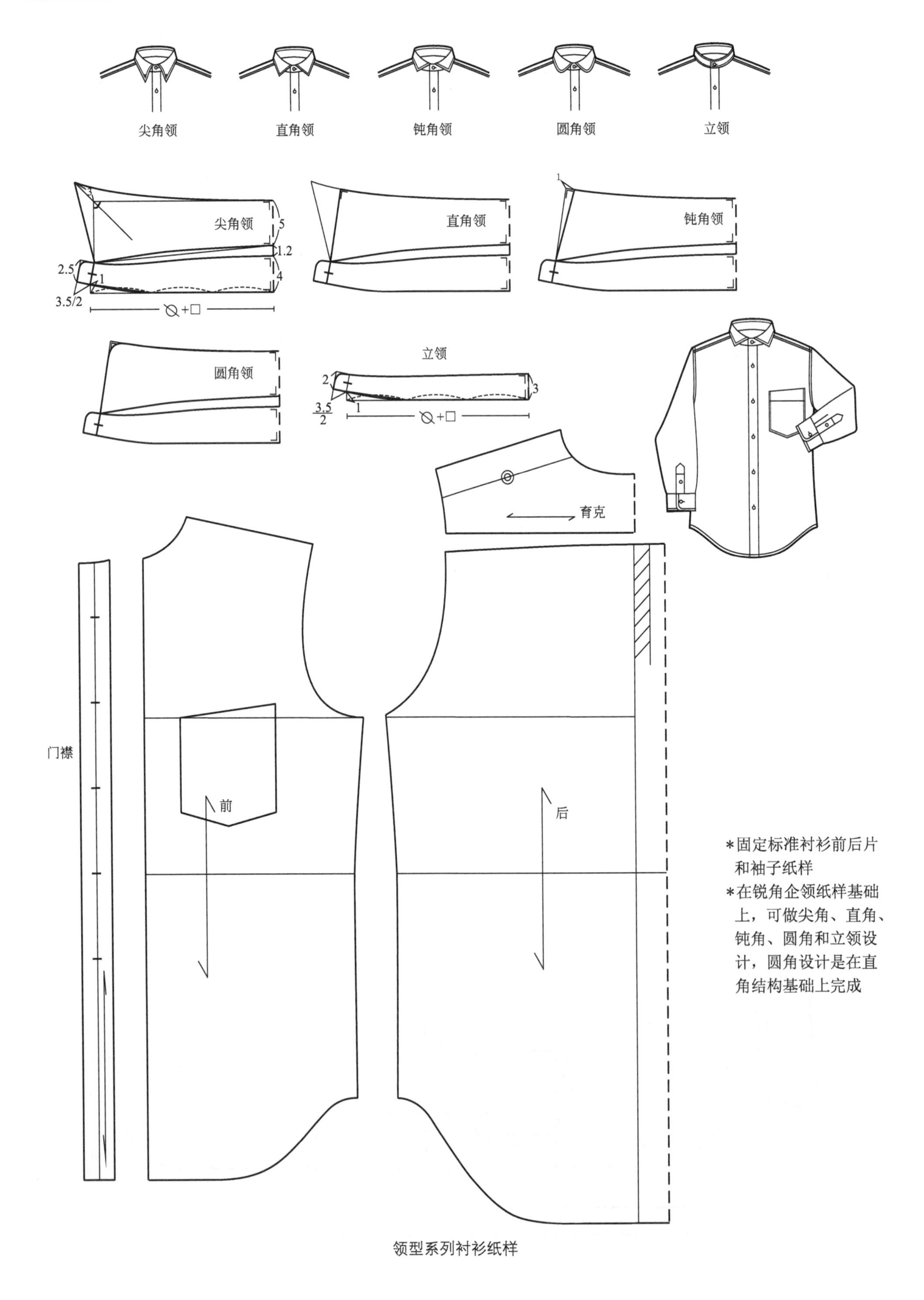

*固定标准衬衫前后片和袖子纸样
*在锐角企领纸样基础上，可做尖角、直角、钝角、圆角和立领设计，圆角设计是在直角结构基础上完成

领型系列衬衫纸样

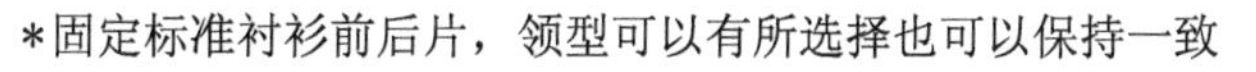

*固定标准衬衫前后片，领型可以有所选择也可以保持一致
*在袖子主板不变情况下，只改变克夫的款式，圆角克夫为标准版，还有直角和方角（切角）的设计

圆角克夫(标准版)

直角克夫

方角(切角)克夫

1.5

1.5

育克

门襟

前

后

袖克夫系列衬衫纸样

2. 一板多款礼服衬衫纸样系列设计

*在标准衬衫纸样基础上前身作U字形胸裆设计，后身和育克纸样通用
*领型采用翼领或翼领和立领组合设计，采用后者时，立领与大身，翼领与U字形胸挡要分别制作，使用时再将它们组合起来，且立领衬衫在内翼领胸挡在外组合
*各种角型的企领也可以加入该系列，翼领角也有大角、小角和圆角的变化

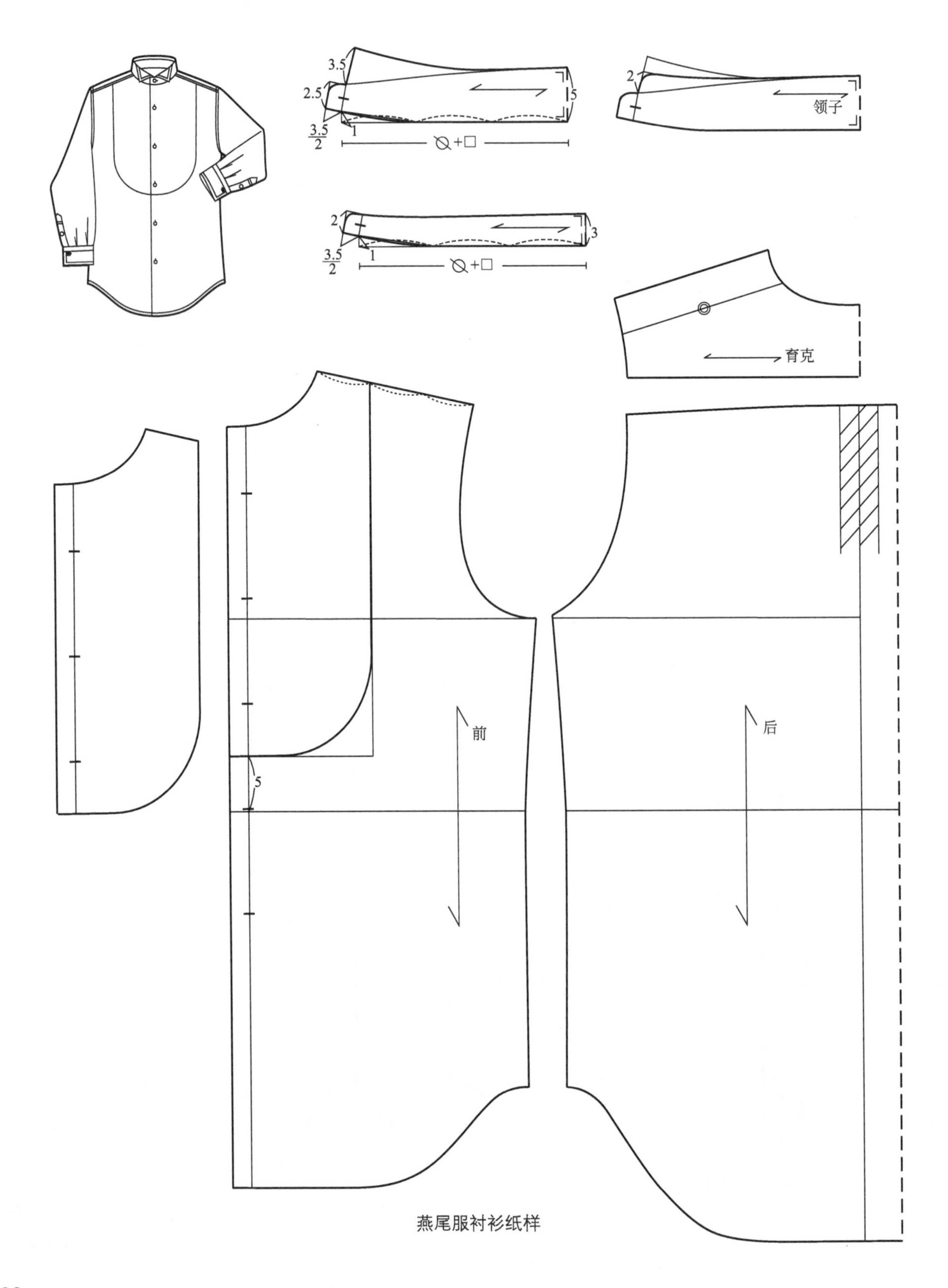

燕尾服衬衫纸样

*礼服衬衫袖子纸样采用双层克夫结构，在标准衬衫袖板基础上做双褶处理，克夫的宽度比标准宽度大一倍，它的系列也有圆角、直角和方角（切角）的变化

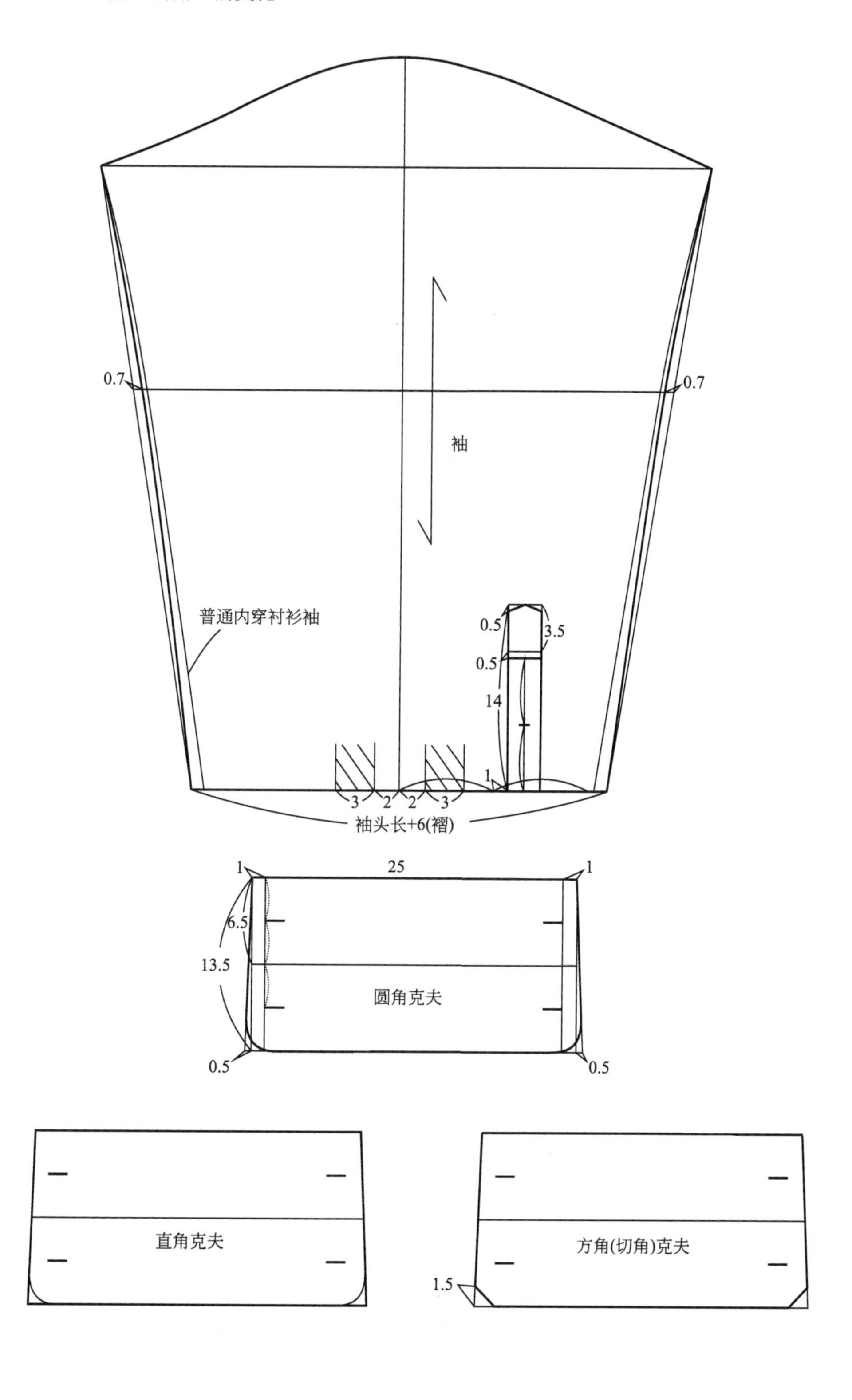

*塔士多衬衫和燕尾服衬衫都属于晚礼服衬衫，它们的最大区别是塔士多衬衫在U字形胸裆位置换成同料的褶裥
*领型和克夫纸样系列设计和燕尾服衬衫路径相同

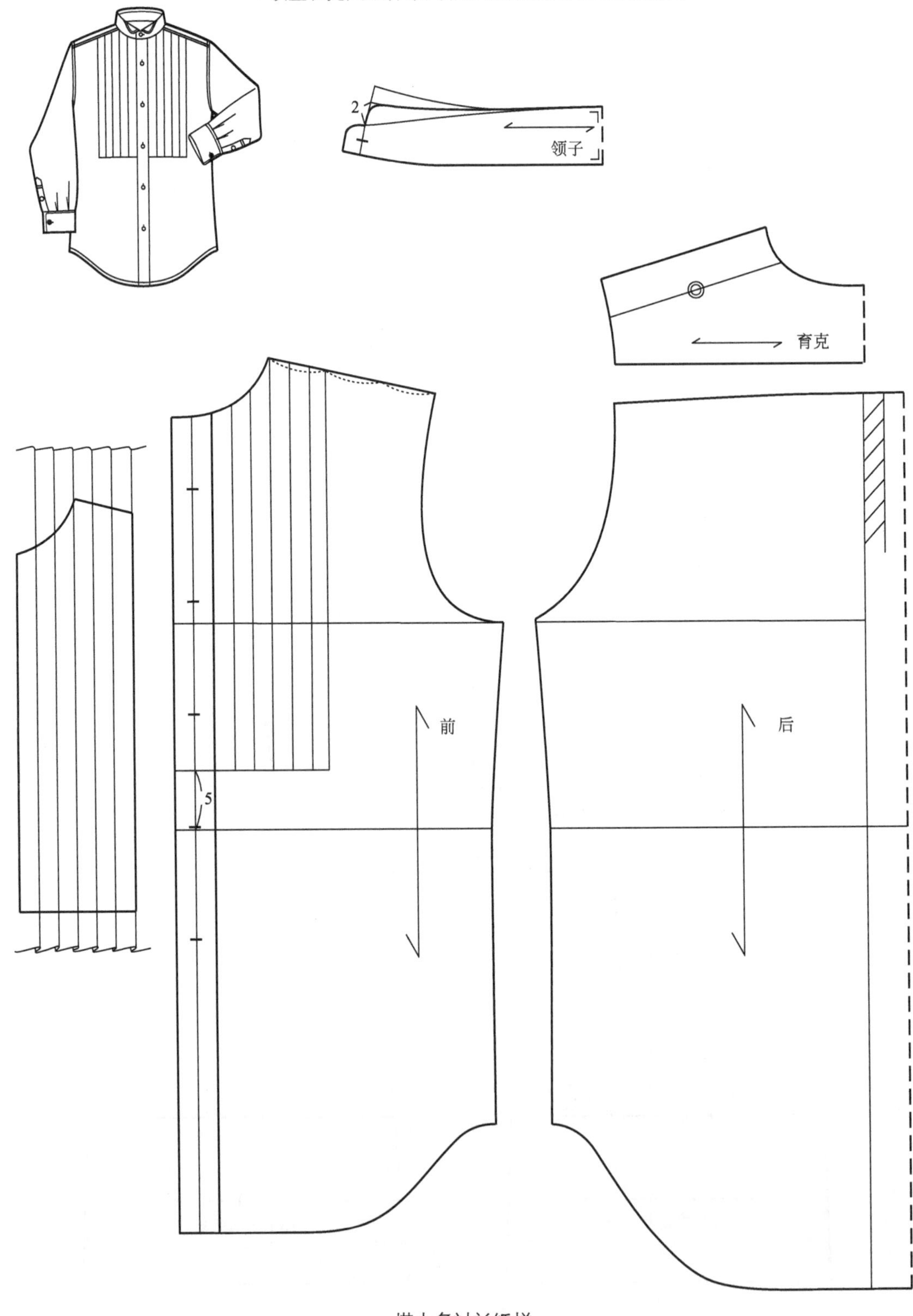

塔士多衬衫纸样

*在标准衬衫纸样基础上前身做缩胸处理
*领型和克夫纸样系列设计和燕尾服衬衫的路径相同
*礼服衬衫纸样系列中，不同的胸部元素是具有标签化的，其他纸样完全通用，包括翼领和企领系列

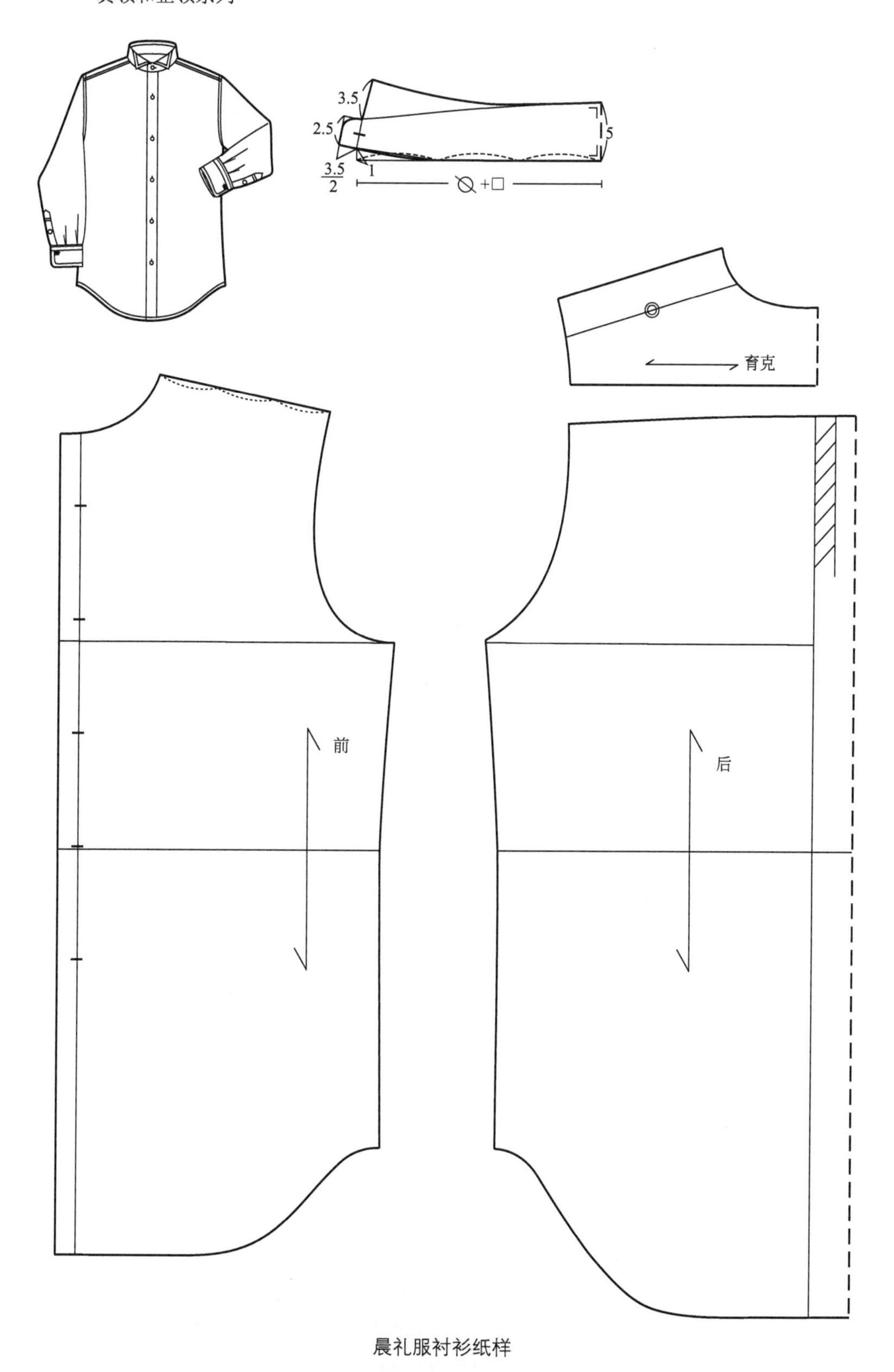

晨礼服衬衫纸样

3. 一板多款外穿衬衫纸样系列设计

*外穿衬衫和内穿衬衫纸样的最大区别是内穿衬衫作胸围收缩处理，外穿衬衫作胸围放量处理，属于变形亚基本纸样系统（户外服结构），但用在外穿衬衫纸样设计上要做领口还原处理，即后领口还原成基本纸样领口，并以此推导出前领口

*领型、育克、口袋等按新的比例设计，设计限制远远小于内穿衬衫

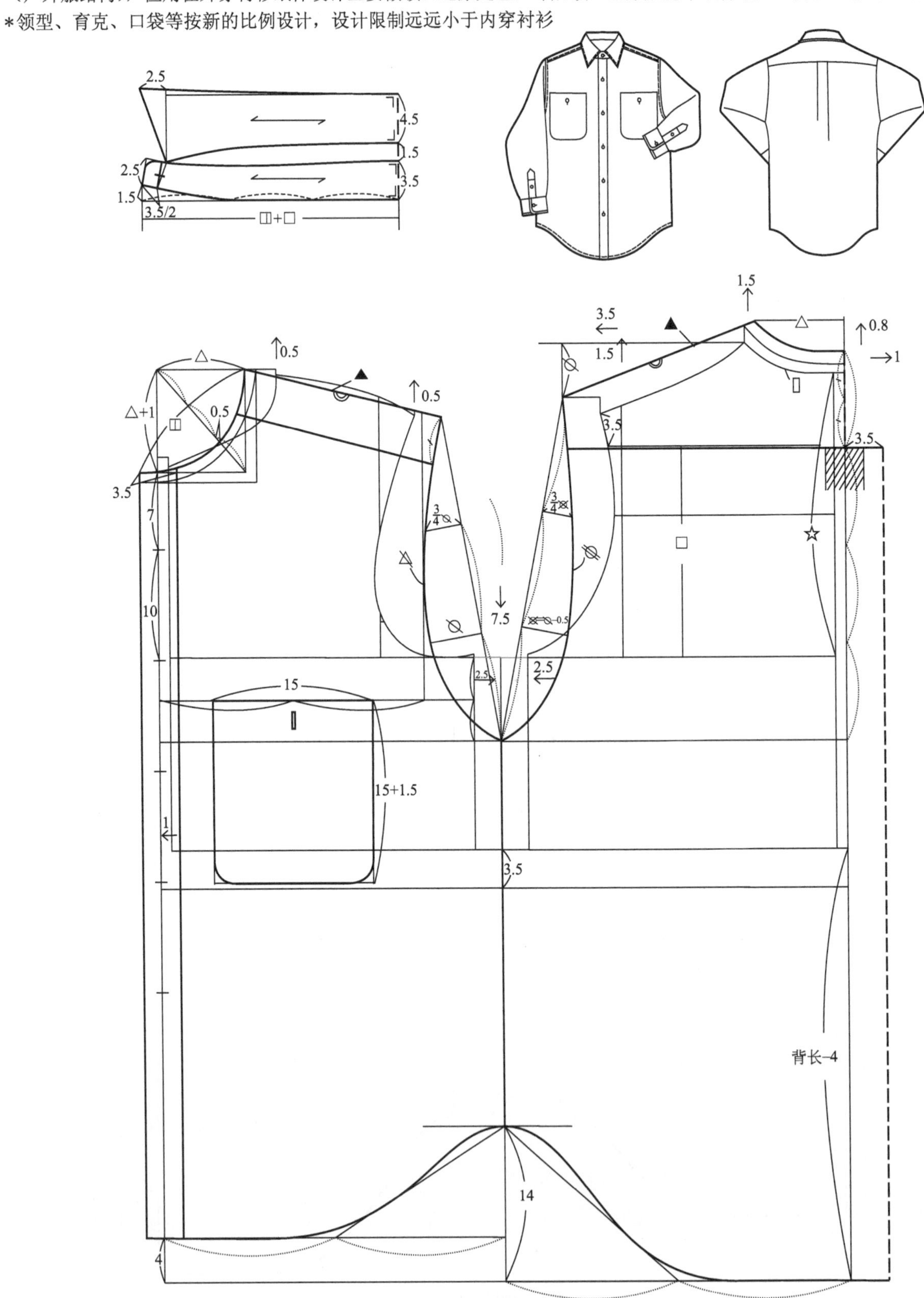

标准版外穿衬衫前后衣片纸样

*外穿衬衫袖子纸样设计与户外服相同，袖山高公式利用基本袖山（基本纸样中获取）减去袖窿开深量（-7.5），其他设计与内穿衬衫相同

*作为外穿衬衫类基本纸样进行系列设计
*外穿衬衫主板相对稳定，"一板多款"方法应用普遍，款式设计除内穿衬衫领型和克夫变化规律可以通用外，包括门襟、育克、口袋、下摆等几乎所有元素都可以按户外服设计规律进行

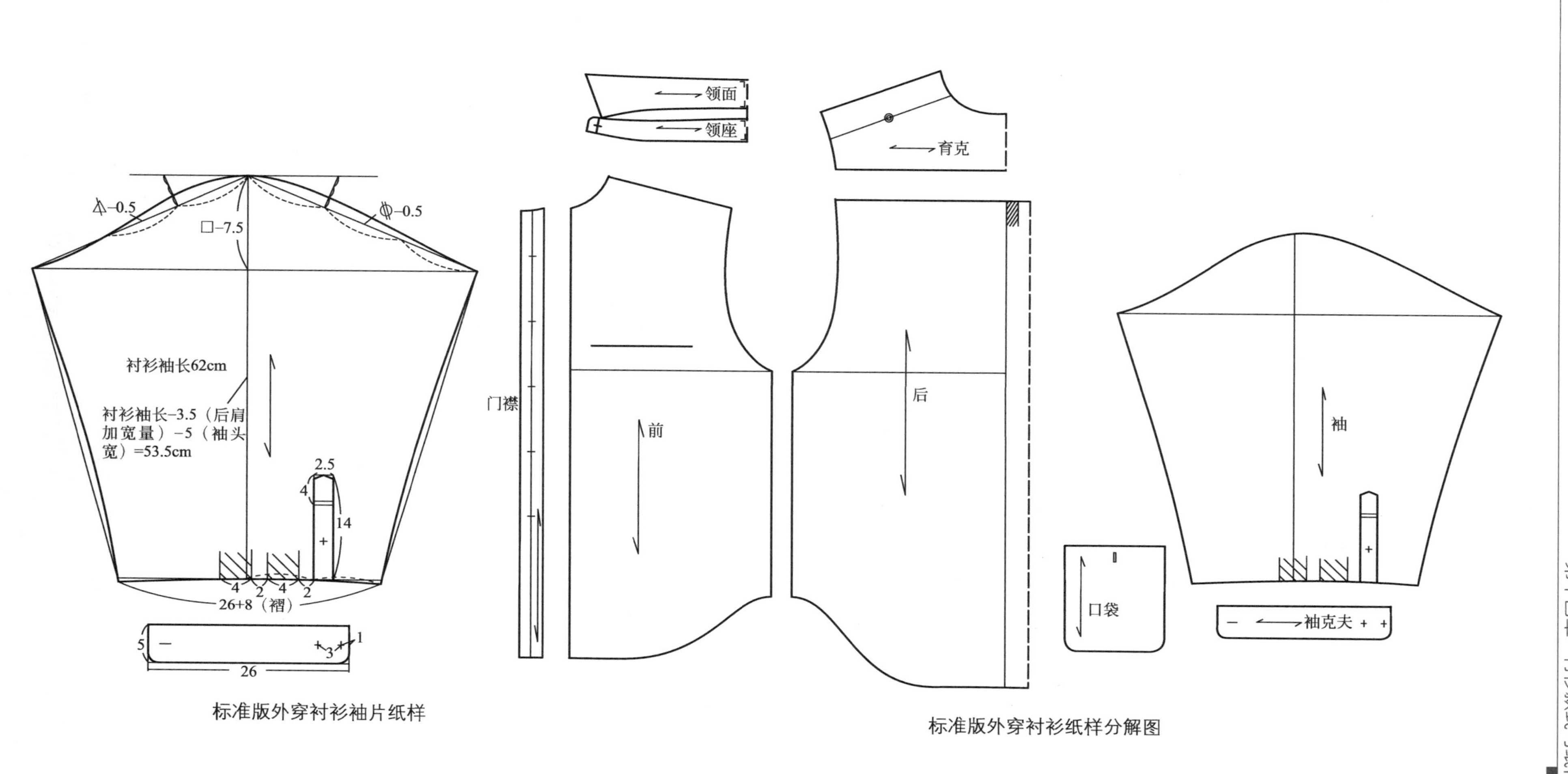

标准版外穿衬衫袖片纸样

标准版外穿衬衫纸样分解图

*直角领在外穿衬衫标准领纸样基础上做直角领处理
*暗襟明作，在外穿衬衫纸样基础上，前身作单门襟处理，内侧贴边设计成船型并缉明线
*其他纸样通用

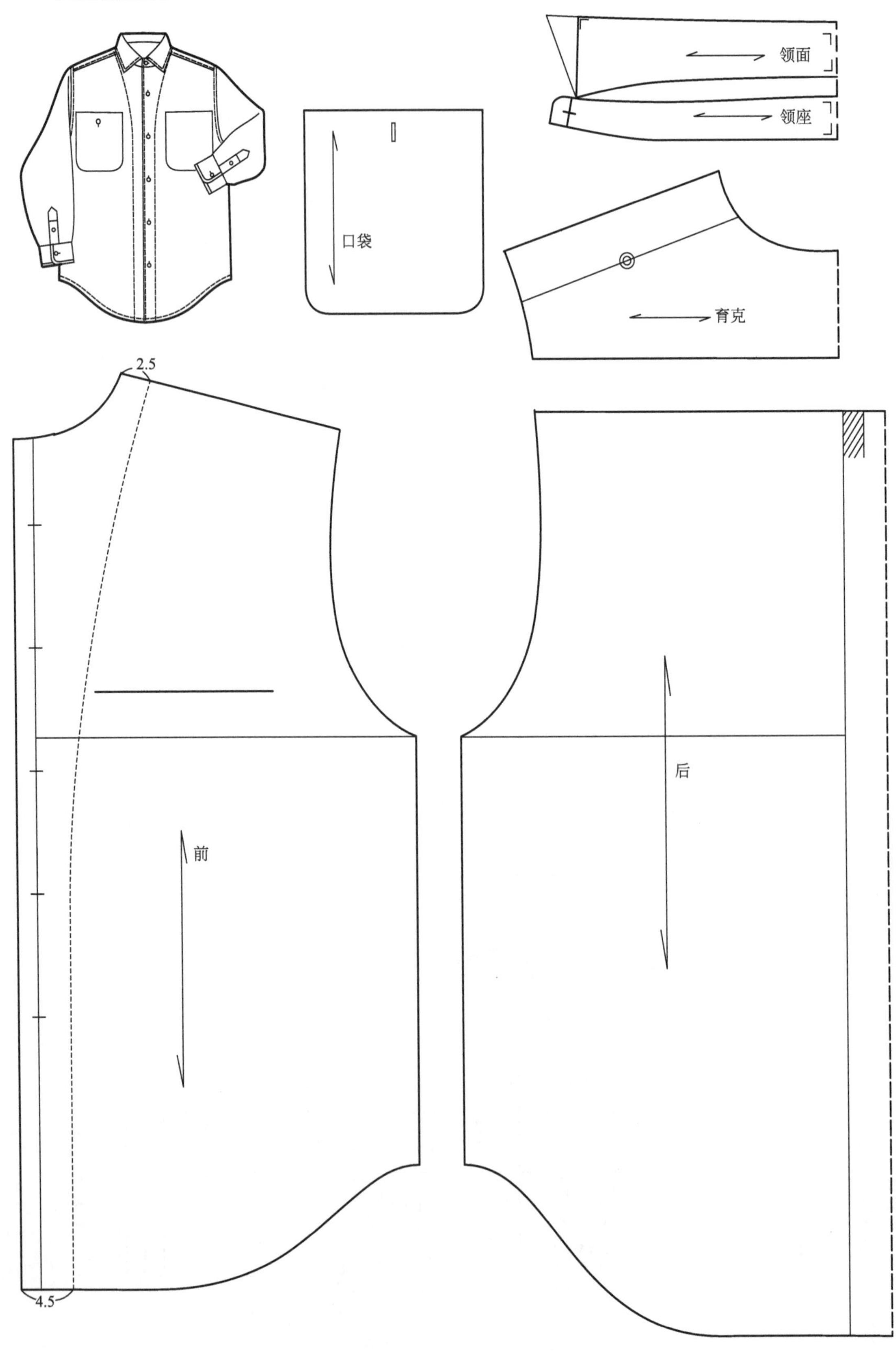

直角领暗襟明作衬衫纸样

*在标准衬衫领纸样基础上做钝角处理
*在前身原口袋位置作断缝并夹入明袋袋盖。明袋位置内侧稍低且此暗袋宽
*其他纸样通用

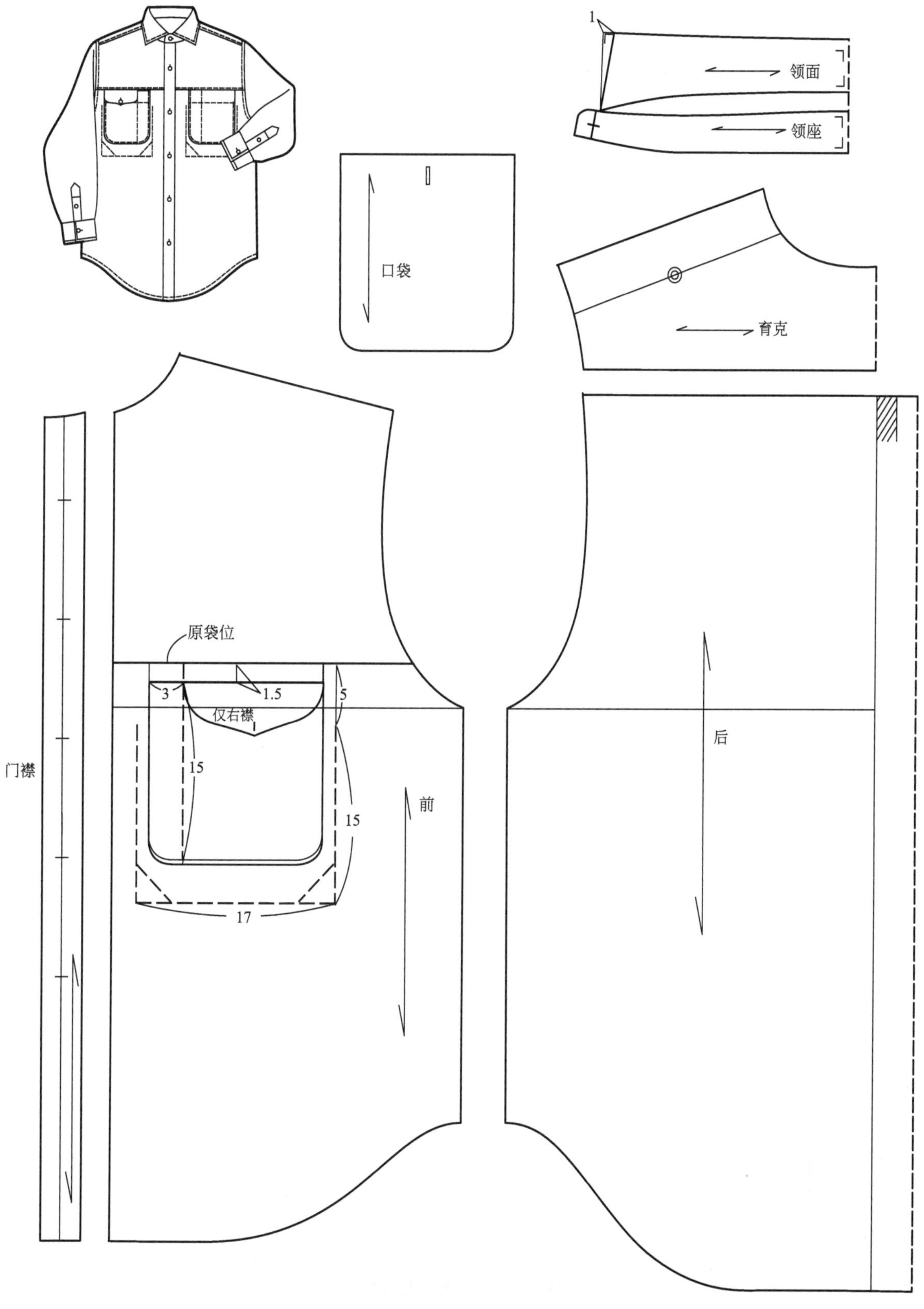

钝角领明暗复合袋衬衫纸样

*在钝角领明暗复合袋衬衫纸样基础上做明暗复合袋结构的简化设计，会产生个性化的简约风格
*其他纸样通用

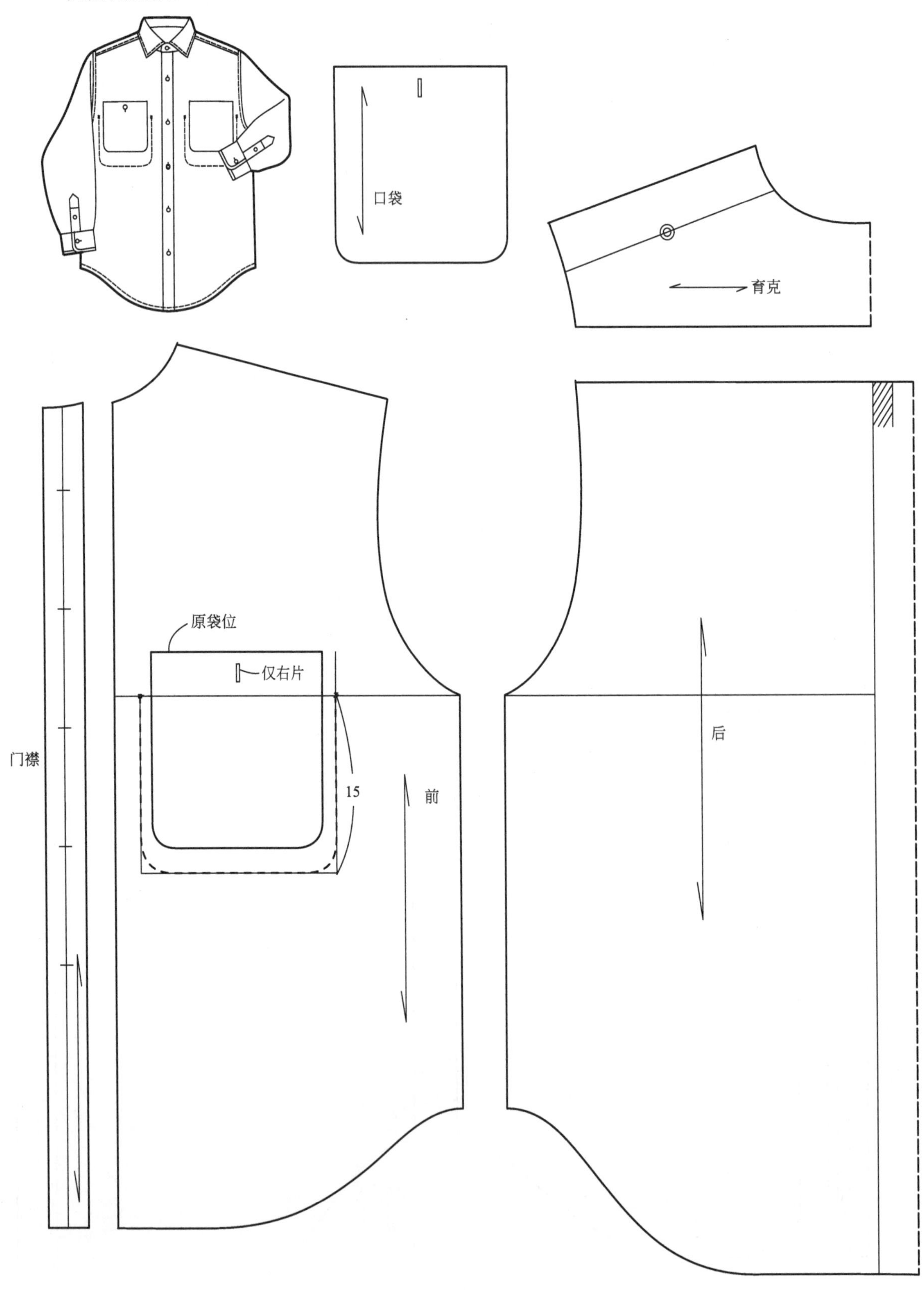

钝角领简化明暗复合袋衬衫纸样

*在标准衬衫领纸样基础上做窄立领处理
*异形口袋设计，在前身口袋位置作“台式”线分割，并处理成袋盖形式，口袋设计成“外挖内贴”结构

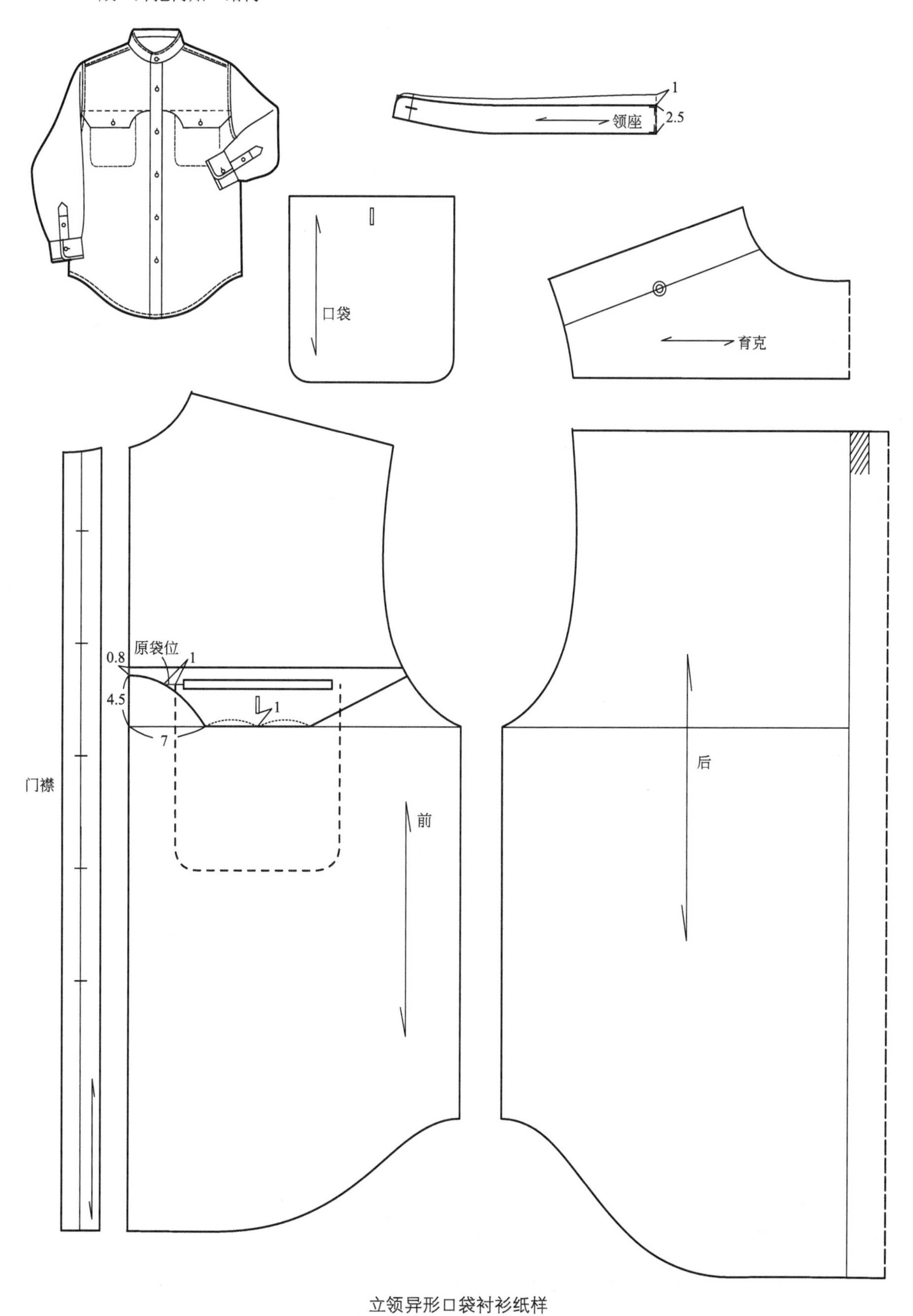

立领异形口袋衬衫纸样

参考文献

[1] [美]保罗·福塞尔著，格调：社会等级与生活品味[M].梁丽珍等译.北京：中国社会科学出版社，1998.

[2] 成功男人着装的秘密[M].戴卫编译.北京：华文出版社，2003.

[3] [德]伯恩哈德，勒策尔著，“衣”表人才，男人穿衣的成功法则[M].钟长盛，宁瑛，译.吉林：吉林美术出版社，2005.

[4] [美]保罗·富塞尔著，品位制服[M].王建华，译.北京：生活·读书·新知三联书店，2005.

[5] Riccardo，V.，& Giuliano，A.The Elegant Man——How to Construct the Indeal Wardrobe[M].New York: Random House，1990.

[6] Kim John Gross & Jeff Stone.Clothes[M].Butler and Tanner Ltd，From London，1993.

[7] Bernhard Roetzel.Gentleman[M].Germany for English edition，1999.

[8] Biegit Engel.The 24-Hour Dress Code for Men[M].Feierabend，2004.

[9] von Angelika Sproll.Fruhes Empire[J]，Rundschau，2008.

[10] Alan Flusser.Clothes And The Man[M].United States: Villard Books，1987.

[11] Alan Flusser.Style And The Man[M].United States: Hapercollins，Inc，1996.

[12] James Bassil.The Style Bible[M].United States: Collins Living，2007.

[13] Carson Kressley.Off The Cuff[M].USA: Penguin Group.Inc，2005.

[14] Cally Blackman.One Hundred Years of Menswear[M].UK: Laurence King Publishing Ltd，2009.

[15] Kim Johnson Gross Jeff Stone.Dress Smart Men[M].New York: Grand Central Pub，2002.

[16] Tony Glenville.Top To Toe[M].UK: Apple Press，2007.

[17] Man's Prevaiuing & Direction[M].Hanlin of China Publishing.Co，2000.

[18] Field Crew 2005 Collection.Chikuma & Co，Ltd， 2005.

[19] Care And White Chapel，2005.

[20] Bon 04-05 0ffice Wear Collection.

[21] Alpha Pier.2004 Spring & Summer Collection.Chikuma &Co，Ltd，2004.

[22] The Jacket.Chikuma Business Wear And Security Grand Uniform Collection，2004，05.

[23] Kim Johnson Gross Jeff Stone.Men's Wardrobe.UK: Thames and Hudson Ltd.，1998.

[24] [英] DI国际信息公司编著.Ultimo DI国际超前服装设计（女装版）[M].中国纺织科技信息研究所迪昌信息公司译，北京：中国纺织出版社，1994.

[25] [英]DI国际信息公司编著.DI国际服装设计：牛仔装[M].中国纺织科学技术信息研究所译.北京：中国纺织出版社，1999.

[26] [英]DI国际信息公司编著.DI国际服装设计：男休闲装与运动装[M]，中国纺织科学技术信息研究所兴纺纺织开发公司译.北京：中国纺织出版社，1996.

[27] 刘瑞璞，成衣系列产品设计及其纸样技术[M].北京：中国纺织出版社，1998.

[28] 刘瑞璞.男装语言与国际惯例——礼服[M].北京：中国纺织出版社，2002.

[29] 刘瑞璞，服装纸样设计原理与技巧·男装篇[M].北京：中国纺织出版社，2005.

[30] 刘瑞璞，谢芳.TPO规则与男装成衣设计[J].装饰，2008（01）.